国际电气工程先进技术译丛

中大功率开关变换器

（原书第2版）

[美] 多林 O. 内亚克苏（Dorin O. Neacsu）著
路秋生　译

机 械 工 业 出 版 社

本书对中大功率开关变换器系统的多学科方面进行了有关讨论，包括基本的电力电子技术、数字控制和硬件、传感器、模拟信号的预处理、保护器件和故障管理、脉冲宽度调制（PWM）算法、中大功率开关变换器等。

本书适合从事电力电子技术设计与制造的工程技术人员阅读，也可作为电气自动控制技术相关专业本科生和研究生的参考书。

译 者 序

作者 Dorin O. Neacsu 博士拥有罗马尼亚雅西科技大学的电子硕士和博士学位，并且拥有美国马萨诸塞州梅德福塔夫斯大学（Tufts University）著名戈登研究所的工程管理硕士学位。目前是罗马尼亚雅西科技大学的副教授。

Dorin O. Neacsu 博士拥有在美国和加拿大多个大学、研究所和公司的工作经历。是 IEEE 高级会员，曾担任多个 IEEE 学报的评论员工作，并在不同 IEEE 会议的技术程序委员会或组织委员会担任委员。他的主要研究工作集中在静态功率变换器、功率半导体器件、PWM 算法、微处理器控制和功率变换器的仿真与建模。他拥有三项美国专利，在加拿大和罗马尼亚与同事合作写了几本大学教材，并著有《功率变换器的仿真建模》一书，在先进的栅极驱动器、同步热插拔、并联三相电源变换器和交错式功率变换器等工作领域做出了创新性的工作。他在电力电子技术设计、研究和管理方面拥有丰富的理论和实践经验。本书也是作者在电力电子技术领域工作的结晶。

电力电子技术在家电、电梯、交直流电机驱动控制、电机节能控制、风电和光电电能变换、电动汽车的驱动控制、电池充放电管理、电能质量管理（例如谐波治理、EMI 抑制）等应用场合都得到了广泛应用。不同的驱动控制策略、不同的变换器电路拓扑结构使电力变换的性能结果不一样。使用的器件（例如 MOSFET、IGBT、SiC 器件等）不一样，电力变换电路的功率范围不一样，电力变换电路的工作性能也不一样。驱动控制算法对电力电子电路的工作性能有很大的影响。同时，为了节省电力电子电路的设计时间和对所设计的电力电子电路性能预先有所了解，电力电子电路的计算机仿真也是个很重要的话题。而在本书中对以上问题都一一做出了详细的分析和讨论。

本书是作者所著《中大功率开关变换器》一书的第 2 版，由 CRC 出版社于 2013 年出版。

本书包含许多新的特点，针对原书第 1 版对以下的有关章节进行了改进。

1）热管理和可靠性；

2）智能功率模块（IPM）；

3）AC - DC 和 DC - AC 电流源变换器；

4）多电平变换器；

5）以“开关网络”概念使用 IPM；

6）功率半导体器件；

7）矩阵变换器；

8）构建电力变换器的有关实用方面问题。

本书提供了功率电子技术最新的研究和技术发展信息，随着例如家电、航空、造船、汽车电子、工业电机驱动和可再生能源产品的电网接口等众多成功的实例，本书强调了功率电子封装技术的进步，跟踪了混合电路的发展，混合电路的发展使得能够在同一个封装内把控制电路和功率级封装在一起，并且本书从系统层面探讨了电路的可靠性设计。

机械工业出版社组织翻译出版了一系列从国外引进的优秀科技图书，目的是学习国外先进技术，促进国内相关行业的技术进步。译者很荣幸能够把这本优秀的科技图书介绍给国内同行，以期对他们的工作有所帮助。在翻译过程中得到了机械工业出版社给予的帮助和指导。在此，表示衷心的感谢。由于译者水平有限，错漏之处在所难免，敬请各位读者指正。

路秋生

2016年8月

原书前言

电力电子技术是致力于电能变换的一个电子技术分支。这个变换包括适应多种应用的电能变换，如电源电压或电流的变换、电气传动、电力系统有源滤波、分布式发电和智能电网、电化学过程、感应加热、照明和烹饪控制、分布式发电和海军或汽车电子。这个很广泛的应用促进了其研究和开发，每天都有电力硬件新控制方法推出。中大功率变换器系统要求基本电力电子等多学科知识，例如数字控制和硬件、传感器、信号的模拟预处理、热管理、可靠性、保护装置和故障管理，或数学演算。

由于对同一概念有许多不同的技术解决方案，这使得执业工程师或学生跟踪新的发展或在给定的时间内找到最合适的解决方案变得有点困难。这使得在开发一个推理问题的基础上，对系统层次的理解而不是针对百科全书收集的解决方案要更容易。这自然将问题从“如何做”变成了“如何做得更好”。因此，一个涉及工业活动的好工程师需要了解技术的演进、市场时机、元器件的可用性和技术的循环、社会环境和可靠性要求，所有这些都和经典的现代电路设计有关。图书馆和书店提供了大量关于电力电子技术的书籍，这些书籍没有太深入技术开发实践方面的内容，主要是一些侧重于理论性的学术教材。

其他出版物也提供了多种设计方案，这些设计方案被收录在百科全书式的手册中。给出了在工业界和学术界关注的边缘多学科知识的需要，并且给出了大量应用的各种技术资料，提供的这些技术应用资料往往超出了手册提供的范围。

相反地，本书提供了一个技术回顾，而不是各种设计步骤的集合。为读者提供了重要成就的历史信息，当今业界的预期，从激进到渐进式解决方案的技术演进，S 曲线和技术开发周期内的技术成果，以及可靠性设计或标准的现代要求。所有这些使本书有别于图书馆书架上的书，本书以一个非常独特的技术视角看待电力电子系统技术。这样，开发的决策并非完全取决于对电路进行调查然后再做出决策，而需要考虑到许多其他技术相关的标准。

本书也可以被看成是一个中大功率变换器尖端领域以精确方式论述的技术文摘，有大量的实例和参考文献。从过去的 25 年中世界各地出版的众多论文、专利、研究报告中介绍的有关方法，大都是相关行业已被选定为技术演进的样本。在电力电子技术和性能的改进的每个话题都给予强调和公正评价，并证明其在电力电子技术史上的地位。这本书最重要的焦点是专用的 PWM 算法，希望本书很好地表达了这一概念。

从简单的事实陈述到前沿研究课题，无须读者在电气工程或电力电子技术有很深的技术背景。在本书第1部分的章节结束部分留有有关问题以帮助读者提高学习效果。本书结合理论和实例，是作者多年来在不同大学教学的结果及作者大量来自工业“实践”的第一手经验。

本书首先概述了工作于中高功率工业电源变换器和功率半导体，介绍了包括市场的有关内容。在本书第2章简要对功率半导体技术回顾后，本书第3~5章通过对工作于脉冲宽度调制（PWM）的传统三相逆变器，定义了传统三相逆变器的基本工作。第6~10章结合许多实例，基于现有的工业平台主要介绍了有关具体实现的实际问题。本书第11~17章主要介绍来了其他特殊三相拓扑及有关控制。第14章介绍了一个在过去几年中已被更频繁使用，利用传统低功率变换器来实现更高的功率的解决方案。常用三相逆变器并联或交错运行有助于通过多个在市场上可以得到的低功率单元电路来提高变换器的功率容量。

最后，受益于IPM工作可靠性的提高和损耗的降低，本书第18章给出了未来采用开关网络的概念，给出了采用IPM作为构建模块的概念来构建新颖变换器拓扑结构有关研究课题的构思。作者相信开关网络概念可以代表当代电力电子从双极晶体管到集成电路的过渡，类似于20世纪70年代模拟电子技术过渡的年代。

本书涵盖了当代关心的三相中大功率DC-AC或AC-DC变换的相关主题，本书可以作为研究生的教材或作为业内工程师在工作中的参考书。

Dorin O. Neacsu
Iasi, Romania
和
Westford, Massachusetts

MATLAB®和Simulink®是MathWorks, Inc公司的注册商标。如需获得产品信息，请联系：

The MathWorks, Inc.
3 Apple Hill Drive
Natick, MA 01760-2098 USA
Tel: 508 647 7000
Fax: 508-647-7001
E-mail: info@mathworks.com
Web: www.mathworks.com

致　谢

我感谢所有教授、经理和同事帮助我作为一名工程师的个人职业发展和在本书中知识的共享。他们在电力电子领域的领导能力和远见有助于描绘现代大功率开关变换器的前沿发展趋势，我希望本书能对新一代电力电子工程师产生积极影响。这是找到其他领导人物需要做的工作，并为他们答疑解惑，使产生积极的影响成为可能。

我很感谢 Mihai lucanu 和 Dimitrie Alexa 教授对我开始在罗马尼亚雅西科技大学学习和工作的鼓励和指导，本书许多研究成果源于在他们指导下的有关教育项目。特别感谢 Venkatachari Rajagopalan（加拿大）和 Frede Blaabjerg（丹麦）教授引导我到了 IEEE 和高度竞争的现代技术世界。

我感谢所有美国工业界的同事，他们是德尔福汽车公司的 Kaushik Rajashekara、James Walters、T. V. Sriram、Fani Gunawan 和 Balarama Murty；国际整流器（IR）公司的 Toshio Takahashi、David Tam、Brian Pelly、HuaHuu Nguyen 和 Eric Person；美国赛康科技有限公司的 Ted Lesster、Bogdan Borowy、William Bonnice、Geoffrey Lansberry 和 Evgeny Humansky；Azure Dynamics/Solectria 公司的 James Worden、Viggo Selchau－Hansen、Lance Haines、Beat Arnet、Lu Jiang 和 Don Lucas。

作 者 简 介

Dorin O. Neacsu, PhD (IEEE M95, SM00) 分别于1988和1994在罗马尼亚雅西科技大学获得电子学硕士和博士学位。Neacsu博士还拥有美国马萨诸塞州梅德福塔夫斯大学 (Tufts University) 著名戈登研究所的工程管理硕士学位。

Neacsu博士在罗马尼亚雅西科技大学的TAGCM - SUT从1988年到1990年度过了他的强制性工业试用期。并在1990~1999年,在罗马尼亚的雅西科技大学电子系任副教授。在这期间,他还是位于加拿大Trois河畔的魁北克大学、美国通用汽车/德尔福、印第安纳波利斯、印第安娜的访问学者。Neacsu博士从1999年8月至2006年6月在美国工业界持有不同的位置(咨询顾问、工程师、产品经理),分别在国际整流器(IR)公司、Satcon技术公司和Azure Dynamics/Solectria公司工作过。他在先进的栅极驱动器、同步热插拔、并联三相电源变换器和交错式功率变换器等工作领域做出了创新性的工作。自2006年8月后,Neacsu博士在多个美国学术机构,包括新奥尔良大学、麻省理工学院和美国联合技术研究中心作访问学者或做短期工作。目前,Neacsu博士是罗马尼亚雅西科技大学的副教授。

Neacsu博士已在IEEE学报、会议和其他的国际期刊发表过80多篇论文和研究报告,并在各大洲举办的IEEE会议做了7场技术报告。他拥有三项美国专利,在加拿大和罗马尼亚与同事合作写了几本大学教材,并著有《功率变换器的仿真建模》一书。Neacsu博士是IEEE高级会员,曾担任多个IEEE学报的评论员,并在不同IEEE会议的技术程序委员会或组织委员会担任委员。他的主要研究工作集中在静态功率变换器、功率半导体器件、PWM算法、微处理器控制和功率变换器的仿真与建模。

目　　录

第1部分 传统功率变换器

第2部分　其他拓扑结构

第1章　中大功率开关变换器简介

1.1　中大功率变换器市场

1.1.1　技术现状

电子行业在过去的40年里，电力电子变换器已成为增长最快的市场领域[1]。电力电子装置在许多现代工业和消费应用中处于核心位置，直接销售额每年占180亿美元，估计另有5700亿美元的其他产品销售含有电力电子模块。

电力电子技术的主要应用领域是电能质量和保护、开关电源变换、电池和便携式电源、汽车电子、太阳能技术、通信电源和运动控制（分类类似于达内尔（Darnell Group）集团的市场报告）。大多数产品背后的技术在这些市场性能S曲线的饱和侧。工业界的努力集中在优化生产和成本效益。电子产品制造商组织（Organization of Electronics Manufacturers，OEM）清晰地表明供电行业远离定制设计的产品并向标准优化、修改标准和模块化可配置产品方向发展。

在电力电子行业需求压力下，技术逐渐发展起来，而且在过去的30多年时间里，有很多由工业界和大学的同行撰写优秀的论文。与技术现状同步，现在的学术努力定位于信息的组织、书和教程的编写，以及教育手段的改善。此外，世界上不断出现新兴地区，以及从事工程技术的新学生数量不断增加。这一变化趋势使得大公司的重点从全球市场的技术领导地位向全球市场的生产量、多样性，以及全球和区域覆盖方向变化。

这样一个令人印象深刻的统计信息来源可能是压倒性的。但是，每个出版物都有自己的目标，从基础学生教育教材到工业设计手册，或工作教程。本书的意图是以商业的角度了解当前的技术，以有组织的方式展现第一手的工程知识。本书着重于中大功率开关变换器，这个功率水平主要应用如下：

1）高压直流输电线路；

2）机车；

3）船舶推进；

4）大、中型的不间断电源（UPS）系统；

5）从马力功率到多MVA功率范围的电动机控制；

6）电动或混合动力汽车推进；

7）伺服驱动、机器人或焊接机系统；

8）电梯系统；

9）可再生能源分布式发电；

10）家用电器、空调、冰箱、微波炉、洗衣机；

11）汽车电子、动力转向、电动窗、门或汽车座椅；

12）工业用开关电源；

13）消费类电子产品、录像机、电视机和收音机用电源；

14）计算机分布系统。

本书涉及中大功率水平的电力电子变换器，侧重设计工作的具体细节，在应用层面没有进行太多的细节讨论，本章简要论述电力电子最有吸引力和新兴的应用。

本书第1版的介绍强调一系列的市场实情和数字，是因为21世纪初仍然存在一些追求技术领先的企业。一般技术性能的承诺一直青睐于一种数学方法，基于数量的竞争明确表明市场和技术的成果。目前，我们正在见证一个从成功定量表达的兴趣向全球覆盖和前景兴趣的转移。许多公司的最新财务年度报告不再是数据多，而是对公司全球层面的信息更为侧重。对这个发展趋势的敏感，本书第2版的推出将更主要侧重于主要技术成果，而较少地侧重市场数据。

在电力电子技术领域最先进的努力包括以下活动：

1. 半导体

（1）应用开发和碳化硅/氮化镓（SiC/GaN）器件同化。

（2）新一代的功率集成电路（IC），利用新的集成电路技术平台。

2. 低功率变换器

（1）数字电源，特别是用于服务器/计算机场合的数字电源。

1）支持英特尔VR10/11或AMD VID处理器的电源控制器；

通信和可变电压控制器、多种工作模式的数字电源；

2）生成和/或满足新的标准，在跨学科电源和服务器/计算机领域之间的数字电源。

（2）低电压输出，用于新一代的处理器（例如100A/1V）。

（3）用于能量收集装置如热电发电机的低电压输入。

3. 传统的低电压应用

（1）提高功率密度和工作效率（持续的努力集中在系统层面，包括热管理）。

（2）无源元件新材料的使用（磁性元件和电容器），使设计出的变换器水平适应其特有的性能。

（3）生成和/或满足源于性能饱和的标准。

（4）应用开发。

1）光系统，包括多个发光二极管；

2）在汽车系统中的能源管理，与多个电动机驱动的网络。

（5）鉴于现有的生产线以高产量工作，在可靠性、保护模型、计算、物理故障方面已做努力。

4. 中压变换器

（1）提高功率密度和工作效率（在系统层面持续的努力，包括热管理）。

（2）新拓扑和在引入控制更好地使用能源的同时，利用现有的性能饱和极限，如果不持续这样做，则需要很好地在系统级层面看问题。

（3）应用开发。

1）智能电网，包括能源传输的通信，为了更好的能源管理；

① 新产品，能源计量、检测、生产、存储和传输；

② 对各种性能指标软件计算的新算法；

2）应用开发和暖通空调（HVAC）及制冷系统内（相当新的产品应用）功率变换技术的同化（电动机驱动）；

这可能需要新的和适当的控制算法；

3）可再生能源的集成；

① 光伏；

② 风、阳光和水——这个话题慢慢进入维持模式。

（4）鉴于现有的生产线高产量的工作，我们已经在可靠性、保护模型、计算和物理故障等方面做出努力。

5. 高电压变换器

（1）新型功率半导体器件的介绍/设计。

（2）更多的能源电力电子控制，包括有源滤波器、静止同步补偿器（STATCOM）装置、电能质量控制器等。

（3）发明用于高压环境下的保护装置。

6. 在物理实验和医疗设备的新应用

（1）高压脉冲电源、等离子体科学和扫描显微镜系统。

（2）激光二极管、LED 或其他投射灯。

1.1.2　交通电气化系统

电力电子系统目前最重要的应用是交通系统的电气化。

1. 汽车

随着不断变化的市场和对新车辆不断的需求，汽车行业有越来越多的电子化特征。它们的范围从娱乐系统到推进系统。这个市场的增长速度在未来几年

（2005~2015年）预计将翻一番。研究报告表明[2]汽车行业以15.5%的年增长率增长，这是增长最快的市场。

这些都是电力电子市场的新部门，但由于工作效率、舒适性和安全性需求提高，因此他们必须迅速发展。另一项研究统计了约80个小功率驱动器，包括美国中产阶级家庭的两种新汽车。用于家庭应用的电力电子产品是专为低电压和低功耗设计的，本书对低功率伺服驱动器进行了介绍。

先进的电动和混合动力汽车的动力系统是一个新兴的应用领域，已有众多的电动和混合动力汽车投放市场。

当今努力目标如下：

1）扩展能量存储能力；

2）快速、非接触式充电器；

3）先进的控制算法；

4）改进的可靠性以确保汽车产品维持预期的寿命；

5）永磁电动机的新设计。

2. 航空

另一个与运输相关的工作是多电飞机的相关概念[3,4]。大飞机系统的特征电子系统在1MW功率范围。安装电力系统的功率随着越来越多的电力电子处理系统取代传统液压系统的引进而增加。如此大的功率，需要利用有诸如“按需所求电力”、提高工作效率、小型化等优势的电力电子系统处理。

下面介绍几个模块成功应用的著名实例：

1）集成驱动发电机；

2）变速恒频变换器的发动机驱动；

3）辅助动力单元（115V，400Hz）；

4）由冲压空气涡轮驱动的应急电源（RAT系统）；

5）高压直流（HVDC）电力系统及转换为低电压；

6）飞行控制驱动、制动系统和门；

7）空调和采暖系统。

与谐波有关的挑战是关于减少电磁干扰（EMI）和增加功率密度。所有这些和基于电力电子概念的多电飞机的研发努力相关，令人印象深刻。

3. 铁路

中压电动机驱动器的一个新兴的应用是在多兆瓦范围[5,6]的轨道推进系统。从20世纪开始有很长的研发道路要走，现在应用最广泛的四大铁路供电系统是：

1）直流1.5kV（在2003[5]的市场份额为6.5%）；

2）直流3kV（在2003[5]年市场份额为30.3%）；

3）交流50Hz，25kV（在2003[5]年市场份额为44.8%）；

4）交流16.7Hz，15kV（在2003[5]年市场份额为13.6%）；

此外，地铁系统大都采用直流 600 ~ 800V 的系统。

电力电子技术在机车推进中的应用，尤其是在欧洲和日本，鼓励使用替代门极关断（GTO）晶闸管的解决方案，改而采用现代的绝缘栅双极型晶体管（IGBT）驱动开关解决方案。传统的 GTO 晶闸管解决方案[6]自 20 世纪 90 年代早期，在由克劳丝马菲和西门子（Krauss - Maffei 和 Siemens）建造的 6.4MW 电力机车（EuroSprinter 机车）中开始使用，其他的例子是西班牙的 RENFE8252 和葡萄牙的 CPLE5600 机车。其他在铁路电气化发挥重要作用的公司是阿尔斯通（Alstom）、庞巴迪运输（Bombardier，合并了以前的 ABB/ADTranz），或新来者，如瑞士的与 ABB 合作的 Stadler Rail。

当代的研发努力目标如下：

1）高速列车用电力电子技术；

2）车载能量存储扩展；

3）永磁同步电动机的新概念；

4）电子变压器，尤其是 16.7Hz 应用的电子变压器；

5）磁场定向控制算法的改进；

6）能量传输和能量分配系统级问题的优化。

4. 船舶动力系统

船舶动力系统代表了当代市场成功的努力。在过去的 5 年（2008 ~ 2013 年）时间，众多的大型企业或小企业的努力已经发布了这个行业新设备和系统一个可观的数字。

电气推进已在大的游轮中得到使用，并且已越来越多地被军舰接受。不幸的是，受一些低功耗船舶或商业压力的影响，使得全电气解决方案不是很受欢迎。在这两个极端之间类型的船舶全电气解决方案可以获得成功。该解决方案提供了更安全、更灵活的潜力，并在未来可持续的船只及提高效率和降低生命周期成本的战舰编队中使用。

在过去，美国海军在军舰和潜艇中使用了船舶全电力推进系统。自 20 世纪 90 年代后期，伊顿 NCD（目前的 DRS 技术）已经交付了一个 2.2MW 的直流无刷电动机驱动的潜艇推进系统[7]，而这种努力继续在世界各地的国防工业中进行。

目前的努力主要是扩展到较小型的船舶，无论是军事、商业或娱乐船只的航行，为其提供越来越多的电气推进设备、服务、辅助电源，导航服务。小型可再生能源一体化、改进车载能量存储、电源管理、执行供应，努力应对不断增长的电力需求。

1.1.3　传统工业中的应用

1. 电动机驱动

尽管大量的生产设施和新设备开发的减少，工业部门仍要求电动机驱动。在过去40年的时间[1,10-12]，用于电动机驱动的市场份额在稳步发展。这个市场契机随着强大的研发努力使技术得到持续发展。然而，先进的知识使生产线的全自动化导致很快便产能过剩，这样反过来，导致了市场收入从1970年的16.6%的收入增长减少到2000年的5.5%[8]。由此产生的价格侵蚀已由引入新的半导体器件和改进控制算法及电动机设计、降低成本、提高效率来克服，并得到大量使用。此外，电动机驱动市场迅速获取了较大的非工业产品的市场占有率，相对于过去20年的发展趋势，终端市场已被工业占领。家用电器的电力电子与电动机驱动器得到广泛应用就是很好的例子。

2. 并网电源系统

电子功率变换器的另一大应用就是UPS或与电网相关的应用。在2001年，对于单独的UPS全球市场是53亿美元。这个市场的衍生物是分布式发电，这可能是自2002年以来在美国电力电子最具活力的研发部门。一个电网电源和非常规的电源组合、如柴油发电机组合、燃料电池或风机需要电力电子调节和保护。合适的电源变换器并不带来任何新的结构或封装，但它们的控制是一个挑战，需要加以解决。

其他相关的消费市场包括AC-DC电源，PC和工作站电源市场，以及通信电源市场。由于这些市场只使用低电压系统，因此它们不是本书的介绍重点。然而，这些迫切要求分布系统有更多的电力，这个分布系统由电子电路控制。

3. 中压

另一个新的细分与市场是3300V和2000A范围的中压电动机驱动，最近已推出了高电压IGBT，它们替代了越来越多的GTO晶闸管应用。这里有许多新的器件，例如集成门极换流晶闸管（IGCT），是一种传统的IGBT与栅极驱动器集成在一起的功率半导体器件，例如西门子公司提供的19000hp（马力）[⊖]电动机驱动器就使用了这种器件。

不同解决方案的多电平逆变器主要兴趣是用于中、高电压的应用场合，允许工作于高达25kV的工作电压。采用特殊的单相逆变器堆叠方法来实现，ABB和戴姆勒实验室已对此做了深入的分析。

但是由于开关频率有限，因此谐波性能是有限的。如碳化硅（SiC）新器件材料可能使中、高电压应用高频开关的梦想成真。

1.2 本书主要内容

电力电子变换器和其他领域电子产品的最大区别是功率协调。如果学生是学

⊖ 1米制马力=0.986hp（英制马力）=0.735kW。

习任何其他专业应用电子技术或方法的，则他们可以很容易地对来自不同制造商的电路或应用版本进行调试，并使其投入使用。然而，电力电子电路及其应用有很大的不同。一个采用晶闸管的三相整流电路拓扑结构可用于500MVA 的高压直流输电线路或用于一个 1kW 的电焊机。我们可以通过大学教科书来了解三相相控整流器的基本工作，但是两个系统实际上是非常不同的。教材中介绍了每个晶闸管电路有不同的实现方法，可以有从 TO－220 封装到一个六层的封装构建形式。保护电路也有很大的不同，范围可以从没有保护电路到电脑控制面板和自动热插拔更换单元集。最后，冷却系统可从环境空气冷却到复杂的冷却泵系统或风扇系统，冷却系统需要有大的电力供电系统，冷却系统的自身装机容量大，往往通过控制变频电力电子设备来控制。

鉴于这种多样性的功率水平和应用，不同的应用需要采用不同的功率半导体开关。图 1.1 所示为可用开关频率和单一设备装机功率关系的示意图。功率越大，越多的变换器可以并联连接使用。现代功率半导体器件，尤其是高功率的功率半导体器件，需要很好地掌握和控制它们的 dv/dt 和 di/dt 变化。这些可以通过第 2 章介绍的有关栅极控制和通过有关的电路的设计来实现，这有助于对电路工作和各种功率半导体器件参数的理解。

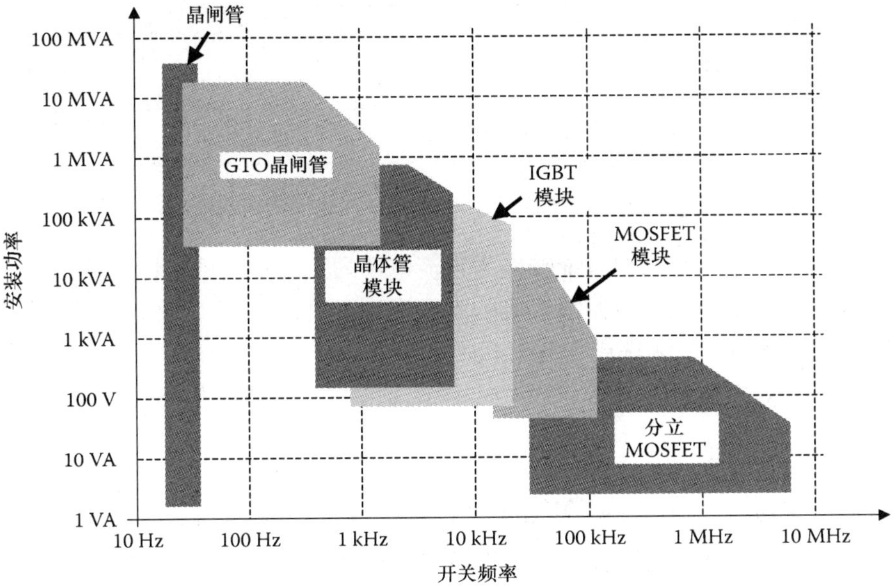

图 1.1　可用的功率开关器件与适用功率范围

任何电力电子变换器的核心都是控制算法，在本书中详细介绍了多种脉冲宽度调制（PWM）算法。这些控制方法实施的可能性是从历史的角度来让读者明白单片机嵌入式半导体技术不断影响我们对 PWM 算法的思考方式。

每类变换器专门列一章加以介绍，包括工业界需要的拓扑结构，以及已失去吸引力但仍有巨大学术和教育意义的拓扑结构。

最后一章介绍作者认为的一些先进概念，尽可能发现一些利用新概念在某些特殊应用常规产品场合进行改进的空间。

1.3　可调速驱动器

三相可调速驱动器（ASD）不仅仅包括功率变换器，它是一个包含电源变换器的完整系统。

图1.2所示为由三相可调速驱动系统的电路结构框图。

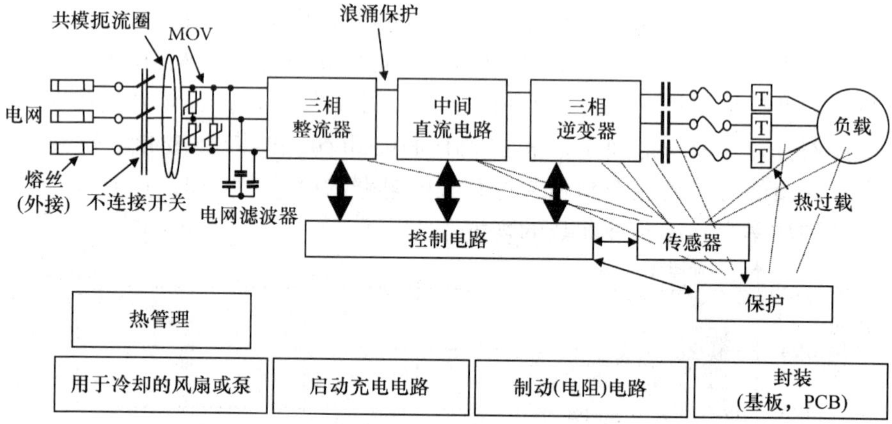

图1.2　三相可调速驱动系统的电路结构框图

1）一个能将电网三相系统转换为直流电压的三相整流系统；

2）通常由一个大电容器组组成的中间直流电路；

3）一个能够产生频率可变的三相逆变器，三相系统中的电压可变；

4）含有数字信号处理器（DSP）、微控制器或可编程序控制器（PLC）的控制电路；

5）传感器和模拟信号预处理器；

6）连接/断开电源开关、熔断器或保护电路；

7）基于散热器或冷却板的热管理系统和冷却系统；

8）具有直流母线电容器充电功能的启动电路；

9）制动电阻电路。

1.3.1　AC－DC变换器

被称为三相整流桥的输入级是建立在许多整流二极管应用基础之上的。直流母线电压等于 1.35 倍的线间电压（V_{LL}），并基本保持不变。对一个 460V 的线—线电压（V_{LL}）系统，对应的直流电压等于 620V。很少情况下，这个功率变换器使用晶闸管整流器，利用相控的办法来控制整流输出直流电压，这两种解决方案对电网会引入非常大的谐波电流。这些在大功率水平可能会污染电网，从而成为问题，并为其他用户制造许多麻烦。

在过去的几年中，解决方案经常使用可控器件，例如 IGBT 或 MOSFET 组成的有源前端整流器。这样的三相功率变换器可以直接处理电能，或它们可以作为有源滤波器提供理想的正弦波输出，而不是由二极管整流器输出的和方波电流波形。因此，结果是有源整流电路的额定功率较低。如果直接使用三相有源变换器，则由于升压变换工作，直流母线电压可能会较高，但这是有利的，因为高压电源供电更容易使电路工作于大功率水平。

1.3.2 中间电路

中间电路又称为直流链路，它是输入整流器和输出逆变器之间的直流链路，它作为一种储能电路，电路由电抗器电感和电容器组组成。流过电感滤波器的电流流过电容器，以避免电压降和发热，这两个元件在变换器电路中是体积最大的元件，如图 1.3 所示。

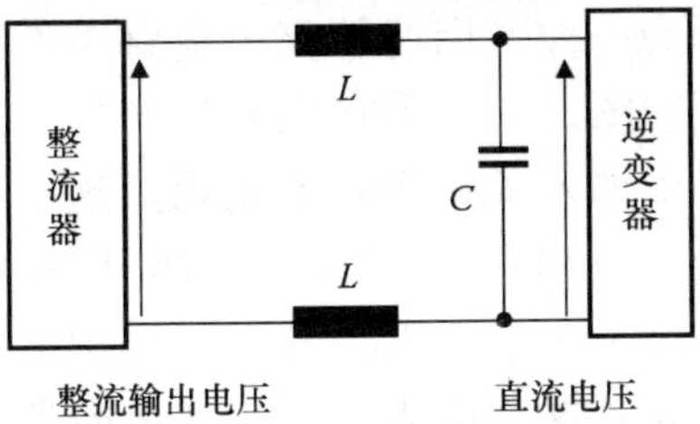

图 1.3　中间直流电路

许多 ASD 制造商在总线上使用一个非常大的电容，以保证电源总线在电网电力供电中断时使电动机继续工作。然而，由于这个大容量的电容器，因此一旦电源供电中断，则这个电容器的放电时间较长。

1.3.3 直流电容器组

直流（DC）电容器组的主要功能如下：

1）滤除由于开关器件而引入的谐波纹波，产生干净的正弦输入和正弦输出波形；

2）产生一个稳定的直流电压，确保系统稳定工作；

3）存储可用能量，以应对输出直流电压的瞬变；

4）与制动电阻一起限制在能量再生过程中“逆变器”功率级的直流电压；

5）限制过电压（钳位），在关断电源设备或启动其他辅助保护动作之前起到系统保护作用。

如果负载不平衡或是非线性的负载，则另一种电流会以两倍基波频率循环通过直流母线。这和直流侧电容器的参数值有关，这个电流会产生直流母线电压振荡现象。在直流链路，kVA 级的附加电容会迫使逆变器为不平衡负载或非线性负载供电。这意味着：

1）增加变换器的体积、重量和成本；

2）选择直流链路，以满足预期的最大不平衡或最坏情况下的非线性负载工作条件；

3）不同的有源滤波方案会增加电路损耗，降低直流链路的工作可靠性，可以认为是解决这个问题的途径。

1.3.4 软充电电路

ASD 的功率水平在超过 30hp（约 22.5kW）时可以采用软充电电路为驱动电路供电。没有这个软充电电路，在驱动电路加电瞬间，由于直流总线上电容的低阻抗放电，会产生一个很大的浪涌放电电流，这个大的浪涌放电电流如果没有损坏整流半导体器件，就会熔断熔断器。图 1.4 所示为一种可用的软充电电路工作原理图，电路中在电容的充电回路中加入了一个功率电阻，这个功率电阻可以配合一个热开关，使这个功率电阻在高于一定温度时断开这个电阻。一旦在电容器上的电压高于一个最低电压值后，这个功率电阻电路通过一个开关和电路断开。由于功率电阻需要冷却，因此可调速驱动电路只有在电路启动 1min 或 2min 后才能启动。

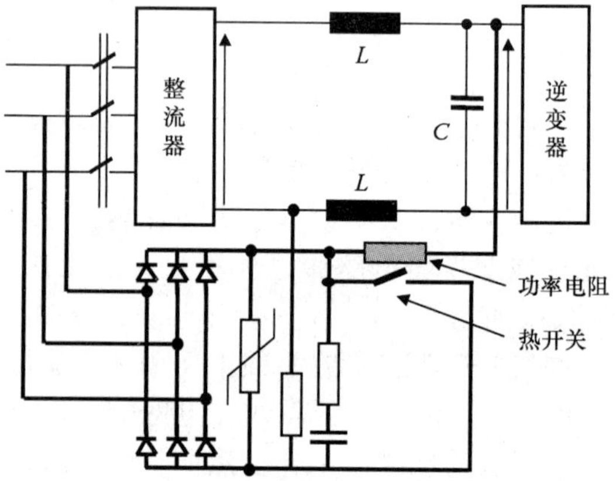

图 1.4 软充电电路工作原理图

1.3.5 直流电抗器

中间电路的其他重要电路部分还包括直流（DC）电抗器，这个电抗器也被称为扼流圈或直流线圈。它有以下两个基本功能：

1）具有可以在电源或电网电流减少约 40% 电流谐波的功能；

2）有助于减少电源供电中断，避免许多由于电源供电断路而引入的麻烦。

1.3.6 制动电路

中间电路也可以包含一个制动电路，在驱动器电路减速或停车时从直流供电吸收一部分功率，如图 1.5 所示。电路工作非常简单，当在电容器组上的电压增加超过一定值时，在逆变器的输入端，IGBT开通，功率电阻连接到直流供电母线。逆变器电流流过并联 *RC* 电路，这时很大一部分电流以放电电流的形式流过放电电阻。通常，制动电路是 ASD 电路的一部分，制动电阻的使用有时取决于特定应用场合的需要。

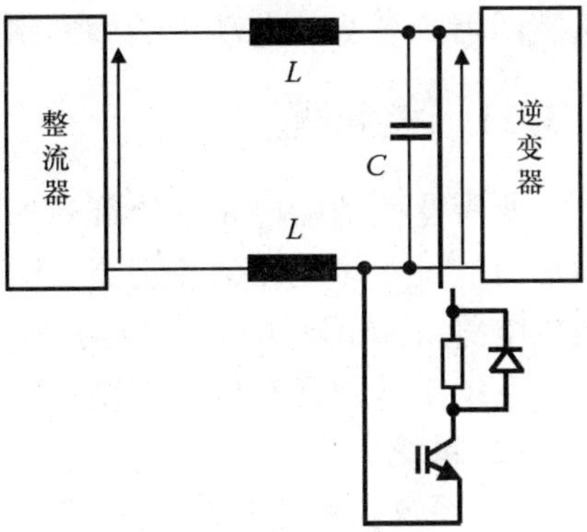

图 1.5　制动电路

制动电路的另一个用途是通过功率变换器将多余的电能再回馈给电网，这就是所谓的能量再生，这是能源回馈的效率优势。但是能源回馈的一个缺点是，它产生的谐波会影响输入变换器的电网电压。最后，另一个问题是能源回馈会使能量传输到另一个直流总线的电容器上去，这有时被称为负载均衡。

1.3.7　三相逆变器

该系统的第三大组成部分是三相逆变器，它用于将输入能量从直流电压转换为一个可变频率和可变电压的三相交流电压。通常情况下，拓扑结构是基于 6 个 IGBT 连接成一个桥电路的；这将在本书第 3 章的有关内容中将加以讨论。三相逆变器的控制采用 PWM。在本书的第 4 章和第 5 章将讨论不同的 PWM 方法。在本书的第 6 章和第 7 章将讨论直流－交流（DC－AC）变换的其他拓扑。

1.3.8　保护电路

整个 ASD 系统中一个非常重要的功能电路是保护电路，通过保护电路可以在电路出现过电压、过电流、过温度或在栅极驱动电路出现故障时保护每个功率半导体器件。保护电路将在本书的第 3 章加以介绍，更多的系统级保护电路包括输入或输出熔丝。

1.3.9　传感器

通过传感器监测电流输出的直流母线电压，一些生产商采用两个电流传感器在逆变器的输出端进行电流检测，也有的生产商采用三个传感器来分别检测三相逆变器每相的输出电流。

1.3.10　电动机的连接

大功率 ASD 包括电动机线圈，它可以使电动机工作于离可调速驱动系统较远距离的工作状态。例如，丹麦丹佛斯（Danfoss）驱动器的标准距离是 300m（1000ft）未屏蔽电缆和 150m（500ft）的屏蔽电缆[9]。如果不使用这些线圈，则从驱动器到被驱动电动机的标准距离低至50m（160ft）[9]。

1.3.11　控制器

所有这些功能电路模块都被加以检测和监测，并通过中央控制模块控制。这通常通过一个建立在微控制器、DSP、PLC、现场可编程门阵列（FPGA）或专用集成电路（ASIC）的数字电路来实现。

系统中必须含有以下控制功能：

1）系统命令；

2）系统初始化；

3）运行自动测试程序；

4）定义启动/停止功能和查看电路的工作状态；

5）定义系统的加速/减速；

6）定义旋转方向或位移检测；

7）接口；

① 显示数据；

② 用户接口；

③ 与较高层的通信；

8）控制和调整；

9）控制算法；

10）数据获取和数字处理；

11）调整；

12）控制变量的限制；

13）非线性工作特性；

14）整流器不是完全采用二极管构成时，整流器的控制；

15）同步；

16）命令角的产生；

17）谐波控制；

18）功率因数控制；

19）栅极控制；

20）逆变器控制；

21）三相系统的产生；

22）PWM信号的产生；

23）最小脉冲控制；

24）频率和电压的改变；

25）工作范围的限制；

26）监控；

27）保护；

28）故障诊断；

29）数据存储；

30）通过通信接口和上一级通信，报告有关控制信息。

本书第 6 章和第 7 章将对利用现代微控制器实现这些功能的有关实验进行讨论。

用于 ASD 的功率变换器一般需要满足一些技术指标和标准的要求，一些主要的要求将在下面进行讨论。

1.4　电网接口或分布式发电

电力电子技术已被用于控制和监测通过高压直流（HVDC）输电线路的电力传输，特别是在如加拿大和巴西单独的或当地的电力系统进行电力传输。在直流传输线两端可控整流桥背靠背连接，再经过 AC－DC－AC 变换[10]后可以控制高达 150MW 的功率。然而，这些系统相当罕见，随着电力电子技术在电力系统中的广泛使用，有源滤波器或电网接口的使用越来越多。许多公共事业公司在电能检测的使用侧提供设备级的解决方案。这种数兆瓦级的设备很昂贵，不易在市场上取得成功。

非常规的电源，如燃料电池、太阳能、微型涡轮机和风力发电，这些项目以分布式能源管理本地发电，功率范围在 1kW～1MW 的范围。例如，最大的一个基于燃料电池的设备是安装在美国阿拉斯加的安克雷奇（Anchorage，Alaska），功率可以高达 1MW[11,12]。

特殊功能是通过功率变换器控制把这些能源或常规的电池能源送到电网中[13]。在较高功率水平，能源交换基于三相系统，这些应用中有两种典型的工作模式。

（1）并网。功率变换器工作于与电网同步的工作状态，实现变换器与电网之间的能量交换。

（2）单机工作。在电网断开连接时，保持三相交流电的产生。

可以肯定的是，控制系统必须在电网断电或恢复供电的任何时刻在这些工作模式之间切换。这样的要求也在常规的 UPS 系统中有所要求。分布式发电系统的功率传输也存在电网和分布式发电之间的混合供电问题。电力电子系统也保留了在 ASD 系统中的许多保护和连接工作特性。让我们仔细看一下电网接口的有关技术要求，电源变换器的开关工作特性导致了对连接到电网的功率变换器电源供电质量的关心。

在电源质量方面已确立了许多标准，其中有些标准是关于逆变器的通用技术要求，有些是关于电网连接的要求，是任何新的电力电子设备专用于电网接口必须遵守的标准。但是，在世界上有不同的电网电压系统，不同的国家对电网的要求也不同。在后面的有关内容中将会介绍世界各地对低压电网的有关要求。下面将介绍相关标准的引用，它们可以用于较大电网电压供电系统的参考：

1）100V ~230kV 和60Hz 电力系统的额定电压值和工作误差[14]；

2）以图形和统计分析的报告方法显示电压下陷分析和下陷特征[15]；

3）对输电和配电电路的电流和电压畸变水平限制指南[16]；

4）供电和接地灵敏的电子设备[17]；

5）单相和多相交流电力系统的监控[18]；

6）和正常电力供电系统的现代电子设备的不兼容问题[19]；

7）电子电源系统与分布式能源的互联[20]。

1.4.1　电网谐波

大多数欧洲国家要求谐波符合 EN61000 -3 -2 的要求。标准中规定了对每次谐波的绝对限制值。日本的法规也参考了 EN61000 -3 -2。澳大利亚、美国和英国规定了对5%的最大总谐波失真（THD）和对每次谐波的最大值的限制。本书第9章给出了减少电网谐波的方法。

电源变换器也受到来自电网谐波的影响，一个变换器可以承受的电源谐波（电网）电压在欧洲标准 EN60146 -1 -1 中做出了规定[13,14]。

1.4.2　功率因数

功率因数等于1.00 被认为是最好的情况，而任何高于0.8 的功率因数值都是可以接受的。如果电力系统本身不能达到这个水平，则需要添加附加的单元电路进行功率因数校正。这是在可控硅整流或大电感负载的情况下电网需要面对的问题。

对输入电流的高频分量可以在电源供电或直流侧采用扼流圈进一步降低。直流电抗器需要防止与电网阻抗的谐振。直流电抗器在功率变换器中的使用可以减少40%的谐波电流[13,14]。

1.4.3　直流电流注入

电网没有直流分量注入是非常重要的。许多国家都避免开关变换器无变压器连接到电网。功率开关电源变换器必须是对称工作的，这样可以不产生直流分量。不同国家对直流电流的接受量是不同的。

英国允许的最大直流电流是0.5mA；澳大利亚法规允许的最大值为电源变

换器额定电流的 0.5% 或 5mA 的直流电流，以较高者为准；美国法规限制直流电流为最大额定电流的 0.5%；日本允许为额定电流最大值的 1%；德国允许每个连接到电网功率变换器的最大直流电流为 1A[13,14]。

1.4.4　电磁兼容性和电磁干扰

步进开关高达 15V/ns 或 5A/ns 的波形以 EMI 传导和辐射的形式产生电磁干扰（EMI）。传导 EMI 干扰以差模（对称）或共模模式（非对称）的形式产生。电流流入连接线，由于功率半导体器件电流的变化（di/dt）产生差模干扰信号。共模 EMI 干扰是由于高的（dv/dt）和对地寄生电容或连接线而产生的。

由于功率变换器而产生的 EMI 干扰或辐射干扰主要取决于以下因素：

1）变换器的开关工作频率；

2）开关工作的电压和电流变化率；

3）电力网供电的阻抗；

4）电网与被驱动电动机的连线长度。

相关标准已经对功率变换器以前的应用做出了定义，并应用到这些电网接口中。最常用的 EMI 标准是德国 VDE 标准或欧洲标准 EN55011，如图 1.6 所示。欧洲标准 EN55014 对电器进行了覆盖，而功率变换器产品由标准 EN61800－3 覆盖。

通常可以用线圈和电容器组成的滤波器来降低进入电网的干扰。如果功率变换器内没有加滤波器，则可以单独购买滤波器。“A 类”的滤波器适用于工业应用场合；“B 类”的滤波器适用于家庭应用场合。此外，使用屏蔽或铠装电缆可以限制功率变换器与开关电动机产生的干扰。

EMI 保护的新趋势是利用变换器的方法来减小共模电压，这将在本书的第 6 章进行详细分析。

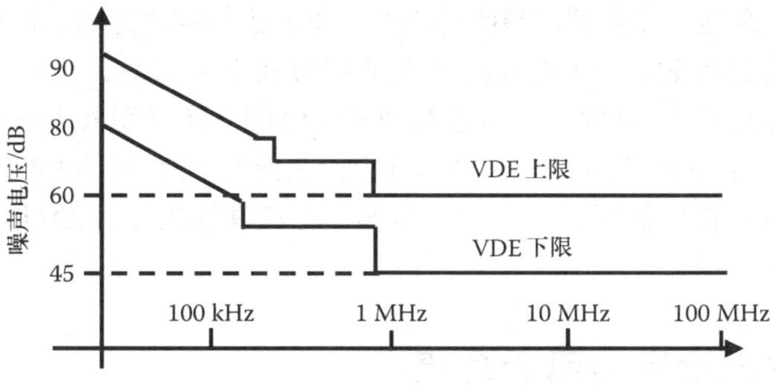

图 1.6　EMI 标准技术要求的举例

1.4.5 频率和电压变化

功率变换器并网工作只有在一定的电压和频率窗口范围内可以稳定正常工作是公认的。由于电压或频率的限制，因此对最大允许工作时间也给出了定义，随着国家的不同有很大不同，表1.1列出相关限制[20]。

表1.1 电压和频率变化

国家	电压			频率		
	最大/V	最小/V	工作时间/s	最大/Hz	最小/Hz	工作时间/s
澳大利亚	270	200	2	50～52	48～50	2
奥地利	253	195	0.2	50.2	49.8	0.2
丹麦	253	195	0.2	50.5	49.5	0.2
德国	253	195	0.2	50.2	49.8	0.2
意大利	264	184	0.1（@264V） 0.15（@184V）	50.3	49.7	0.1
日本	120	80	0.5～2	51.5	48.5	0.5～2
墨西哥	132	108	2	61	59	—
荷兰	244	207	0.1	52	48	2
葡萄牙	264	195	0.1～1	50.25	49.75	0.1
瑞士	264	195	0.2	51	49	0.2
英国	253	207	断开	50.5	47	断开
美国	164	64	0.022～0.100	60.6	59.3	0.1

注：源自 panhuber 的编辑数据，C. 2001。光伏系统的安装和联网在选定的 IEA 国家，IEA－PVPS 报告，T5，四月。

1.4.6 低压电网的最大连接功率

连接到电网接口变换器的最大功率并不总是由标准决定的。连接到低电压系统的单相变换器功率，如果在德国或奥地利为低于4.6kW，在英国或意大利为5kW，而在澳大利亚10kW就可以连接到低压电网。连接到低压三相电网的三相变换器功率，如果在墨西哥为低于25kW，在澳大利亚为30kW，而在葡萄牙100kW就可以连接到低压三相电网。显然，更高功率的变换器可以以更高的电压连接到三相系统。

1.5 多变换器电力电子系统

电力电子技术在工业的应用从构建电源变换器的问题向系统开发和不同功率

变换器之间相互作用的有关问题方向改变。许多现代工业系统是由以多驱动或多模块配置的几个 ASD 连接到同样的直流总线。多变换器的模块化设计是基于对每个功率变换器的个体分析而获得的知识。电能质量、工作效率和系统稳定性要受到各功率级之间相互依存关系的影响。

多变换器的应用举例如下所示：

1）工业多驱动系统；

2）通过并联运行来获得更高的功率；

3）电动或混合动力汽车；

4）飞机电力电子系统；

5）船舶电力电子系统；

6）空间电力电子系统。

图 1.7 所示为一个现代电力电子系统的工作示意图。电源可以是工业交流电网后接 AC - DC 电源变换（AC - DC），或主电源可以是一个非常规的能源，如太阳能、风能或热能。经过适当的变换后，整个电力驻留在直流母线。通过总线电源为多种电动机驱动供电。它们中的一些用电负载可以动态地工作在监控模式，有些用电负载由再生能源供电。最重要的是管理直流母线的电源，使总线电压保持在两个限定范围内（上限和下限）。这就提出了新的问题，如在不同负荷下直流母线电压的稳定性问题。如果一个 ASD 工作于调速恒转矩工作状态，则其负载功率可以认为是恒定的。带恒功率负载呈现负动态阻抗是总线电压不稳定的原因。本书第 9 章对多变换器电力电子系统做了深入的分析。

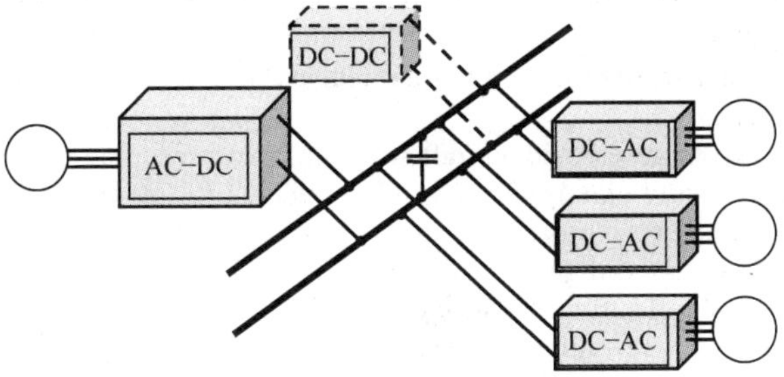

图 1.7　由多个驱动电路构成的复杂电力电子系统

多驱动或多变换器系统有以下的优点：

1）模块化，可以很方便地组合；

2）易于升级；

3）冗余；

4）可靠性，易于用新的模块替换出现故障的模块（可以热插拔）；

5）电子传动；
6）灵活性，模块化可以根据具体应用任意定制；
7）使用同样的板卡和软件，适用范围广，可以用于大量的应用场合；
8）同样的人员培训可以覆盖较宽的功率范围需求；
9）降低了板卡的布线量，易于集成到新的设计中；
10）减少备件需求，可以减少时间要求并节省资金；
11）在整个功率范围有同样的功率密度和封装；
12）具有采用单一大功率直流总线结构的技术优势；
13）优化冷却系统。

1.6 总结

电力电子技术已成为一个行之有效的技术手段，得到了广泛应用。本章展示了中大功率变换器的应用范围，集中讨论了 ASD 与电网接口的有关内容。简要列出了不同电源变换器在这些应用中的有关限制和标准。含功率变换器的设备正在越来越多地应用于我们生活的各个领域。大部分的能量是通过中大功率变换器处理的。下面的章节将深入讨论三相功率变换器的理论，给出关于它们更多的细节问题并提供问题的解决方案。

参考文献

1. Neacsu, D. 2005. Business plan for R&D operations in power electronics, Graduation Project, Tufts University, Gordon Institute, April 26, Scientific Advisers: Professors Arthur Winston and Mary Viola.
2. Anon, 2006. Market and Technology Study Automotive Power Electronics 2015, Arthur D. Little White Paper.
3. Wheeler, P. 2009. The more electric aircraft why aerospace needs power electronics, *European Power Electronics and Applications Conference, EPE'09*, pp.1–30.
4. Said, W. 2011. Aircraft electric power system—A power conversion perspective, *IEEE Power and Energy Magazine*, August.
5. Steimel, A. 2010. Power-electronics issues of modern electric railway systems, *10th International Conference on Development and Application Systems*, Suceava, Romania, pp. 1–6.
6. Bochetti, G., Bordignon, P., Perna, M., and Venanzo, P. 1993. 3MW converter for high power universal locomotive based on deionized water cooled GTO module—Improvements and type tests, *Proceeding of 5th European Power Electronics Conf. (EPE'93)*, Brighton, UK, 1993, pp. 241–246.
7. Divan, D. and Brumsickle, W.E. 1999. Powering the next millennium with power electronics, *Proceedings of the IEEE 1999 International Conference on Power Electronics and Drive Systems IEEE PEDS*, 7–17, Hong Kong, 1999, pp. 7–10 vol. 1.
8. Anon, 2001. Electronic motor drive market projected to top $19 billion by 2005. Appliance Design Magazine (www.appliancedesign.com), August 14, 2001.

9. Drives 101, Danfoss lessons, Danfoss Internet Documentation, www.danfoss.com.
10. Baker, M.H. and Bruges, R.P. 1991. Design and experience of a back-back HVDC link in western Canada, in *Proceedings of the IEE Conference on Advances in Power Systems Control Operation and Management*, Hong Kong, pp. 686–693.
11. Gilbert, S. 2001. The nation's largest fuel cell project: A 1 MW fuel cell power plant deployed as a distributed generation resource, Project Dedication August 9, 2000, *IEEE Rural Electric Power Conference*, Anchorage, Alaska, 2001, pp. A4/1–A8/1.
12. Bartos, F.J. and Gulalo, G. 1998. Power modules and devices advance motor controls. *Control Eng. J.*, 45(6), 91–101.
13. IEEE P1547 Std Draft 10 Standard for Distributed Resources Interconnected with Electric Power Systems, 2003.
14. ANSI C84.1–1989 American National Standards for Electric Power Systems and Equipment Ratings (60 Hertz).
15. IEEE Std 493–1900 IEEE Recommended Practice for Design of Reliable Industrial and Commercial Power Systems (IEEE Gold Book).
16. IEEE Std 519–1992 IEEE Recommended Practice and Requirements for Harmonic Control in Electric Power Systems, 1992.
17. IEEE Std 1100–1992 IEEE Recommended Practice for Powering and Grounding Sensitive Electronic Equipment (IEEE Emerald Book), 1992.
18. IEEE Std 1159–1995 IEEE Recommended Practice for Monitoring Electric Power Quality, 1995.
19. IEEE Std 1250–1995 IEEE Guide for Service to Equipment Sensitive to Momentary Voltage Disturbances, 1995.
20. Panhuber, C. 2001. PV System Installation and Grid Interconnection Guidelines in Selected IEA countries, Raport IEA-PVPS, T5, April.

第1部分 传统功率变换器

第2章 大功率半导体器件

2.1 功率半导体市场现状

功率半导体器件是电力电子变换器的核心器件。它们有50多年的历史，在技术发展和市场上均取得了成功。由于这些器件背后的技术较陈旧，因此新发布的器件之间的差异和这些变化的作用对学生而言不是很容易理解的。基于这个原因，本书提出了一个简短的市场调查的目标概述，解释了在功率半导体器件某些性能指标改进上所做的努力。了解半导体产业的具体情况也很重要。由于生产是基于大型资本设备的，因此技术开发以周期性的方式进行。

功率半导体器件是许多现代工业和消费终端应用的核心部件，以不同的形状、尺寸和等级形式出现。功率半导体器件的应用目标从低功率电源的几十瓦到4MW的机车或10MW的钢辊。

2011年的离散电力市场估计为129亿美元，较2010年增长超过了2%[1]。值得注意的是，对IGBT分立器件持续的高需求是对功率半导体器件需求增长的重要因素。这是由家用电器的新产品（例如房间空调和洗衣机），特别是针对亚洲市场所激起的。在2011年，标准功率MOSFET和晶闸管（SCR）的销售略有下降，在经济危机中仅有有限的新发展。

根据IMS的研究，2011年功率半导体模块市场的增长比2010年的离散功率半导体快，增加了32%，达到46亿美元。尽管需求放缓，但在2012年功率模块市场仍会持续增长。

与本书主题最相关的功率半导体器件有IGBT、MOSFET和各种现代的晶闸管变异器件。近20年来，它们在技术和性能方面有了惊人的进步。与功率器件容量相关的技术S曲线如图2.1所示[4]。

功率MOSFET是在20世纪80年代初引入的，开始漏极电流为3~5A、击穿电压为400V，关断时间在1.2ms范围内。由于技术发展的原因又出现了9A/

600V 或 100A/50V 的功率 MOSFET，关断时间减少到 600ns。最新的技术进展有 CoolMOS 器件，能够在 20A/600V、关短时间约为 100ns 的条件下工作。在各种 MOSFET 中，最大的市场增长是现在出现在大电流应用中新器件的不断推出。

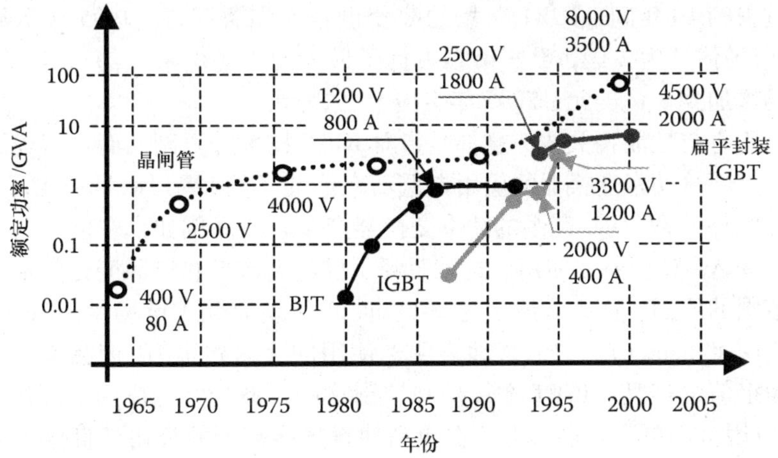

图 2.1　技术 S 曲线与器件最大额定值参数的关系曲线

IGBT 结合了 BJT 和 MOSFET 的优点，可用于需要大电流、高电压开关功率变换器的场合。IGBT 是在本书中提到用于功率变换器最有用的一类器件，在本书中会留有更多的篇幅来介绍 IGBT 的参数。

IGBT 的历史也是在 20 世纪 80 年代初开始的，但真正的 IGBT 技术出现是在 20 世纪 80 年代末和 90 年代初，当时有一些公司开发出了几代 IGBT。下面给出 IGBT 技术性能的主要进展：

1）1986 年，开始的技术参数为 50A/600V/3ms；

2）1990 年，由 50A 进步到 400A/1000V/1.8ms；

3）1995 年，由 50A 进步到 400A/1200V/1.3ms；

4）1996 年，进步到 800A/1600V/1.6ms；

5）1997 年，进步到 1200A/3.3kV/2.2ms；

6）2000 年，由 50A 进步到 400A/1200V/0.4ms 到 0.8ms；

7）2000 年，在较小的系列范围内可以获得 1000A/3.3kV 的器件；

8）2004 年，可以很方便地得到 1000A/1700V/1.2ms 的 IGBT，小范围可以得到高达 1200A/6kV 的 IGBT。

鉴于它们的大功率变换器应用，重点是改善功率变换的性能参数。在过去的 20 年里，我们已经看到了技术进步在以下方面的影响：

1）电流处理能力自 1982 年以来提高了 4 倍；

2）电压处理能力提高了 4 倍；

3）关断时间下降了20倍，达到今天的100ns；

4）开关频率从20世纪80年代早期的2kHz提高到1999年的150kHz，现在可以达到200kHz。

在过去的10年间，IGBT市场的演变也令人印象深刻。1995年世界市场对IGBT的市场估计为2亿，欧洲市场占据了最大的市场份额（约45%）。2003年全球市场增加到8亿美元，2005年突破10亿美元。

以上所有与性能相关的信息都是指对IGBT技术的限制，而对市场深度也值得一看。大部分功率变换器的应用在低功率范围（约kW）而不是几百kW的功率范围，此外，kW功率范围的功率变换器产量较高。例如，在世界上有比机车更多的逆变A-C设备在使用。这就解释了供应商数量和产品变化数量集中在较低功率范围的原因。图2.2所示为2011年11月所有北美市场经销商IGBT产品的一个说明（digikey）。它清楚地表明，使用的大多数IGBT产品类型是600V，<50A额定值的产品。IGBT在保护和控制这些设备的特殊应用方面比多kW的IGBT的应用范围更宽。事实上，在更高功率产品范围的公司与直接供应商签有协议，而不是与分销商沟通。

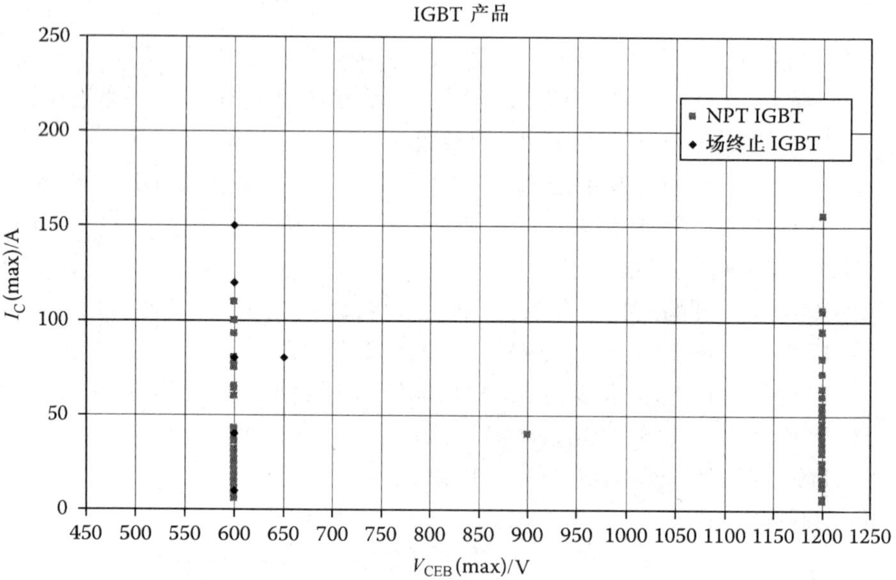

图2.2 基于digikey对IGBT提供的相关累积数据，于2011年11月发布

功率半导体器件现有的成功应用和新的应用激励新概念功率半导体器件的开发。今天，新兴的高频功率半导体器件（例如功率范围在1～10kW，开关工作频率在几百kHz）是一个非常热门的研发主题。

现在，分立功率半导体器件定位于以下市场：

1）IT和消费类市场占33.9%；

2）汽车 12.5%；

3）工业设备 23.8%；

4）家用电器 29.8%。

功率电子器件的第二类应用主要是较低功耗设备，以及过去的两个应用更与本书相关。然而，混合动力电动汽车（HEV）电力电子技术的出现，预计将增加在高电压汽车应用的市场份额。

特殊的市场细分是指专用于电源管理和电动机控制的集成电路。这一行业在过去几年的大型投资充满活力。

2.2　功率 MOSFET

2.2.1　工作原理

功率 MOSFET 比双极型晶体管的工作速度更快，因为它们在功率 MOSFET 的导通和关断工作过程中没有少数载流子参与工作，而是加一个正电压到 MOSFET 的栅极使其导通。通过一个外接栅极电阻为等效栅极电容充电，当栅极电压高于 $V_{GS(th)}$ 时，电流开始在漏极电路流动，电流大小（di/dt）与 MOSFET 的内部结构和外部电路有关。在这一时间间隔内，电荷被存储在 C_{ds}（漏—源电容）和 C_{gs}（栅—源电容）上。当漏极电流达到由外部电路确定的电流水平时，状态结束（电流被钳位于负载电流）。由于可能没有电流变化，因此栅极—源极电路的电压保持恒定在一个水平上，这个电压取决于负载电路电流，这个工作电平被称为“密勒平台”。

在此工作状态下，栅极—源极电容上具有恒定的电压，所有的栅极电流为栅极—漏极电容充电，这就决定了向地电位的漏—源电压变化触发，若这个漏极电压达到一个较低的水平，则栅极—源极电压上升到控制电压的电平。

在前两个工作状态的第一个导通瞬态，电荷通过杂散电容或耗尽层电容移动，在关断工作状态和有关活动区间的瞬态分析等效电路模型如图 2.3 所示。如图 2.4 所示，最后状态对应的漏极—源极电压 $V_{DS} < V_{GS} - V_{GS(th)}$，这时 MOSFET 进入欧姆区。在功率开关变换器内，$V_{GS} >> V_{GS(th)}$（通常 15V > 4V），欧姆区的边界有时近似 $V_{DS} < V_{GS}$，欧姆区的等效电路模型如图 2.5 所示。漏极—源极电阻对应导通损耗，大多是在漏极漂移区产生。这是 MOSFET 最重要的性能指标，现代的 MOSFET 可以使 $R_{ds(on)}$ 上的电压降低至 5mV。

在 MOSFET 瞬态工作期间，电容 C_{gd} 和 C_{gs} 的容量不是常数，可以通过更好的模型，利用这两个电容上的电压来定义电容器上的电压变化。电容 C_{gd} 持续变化表明可以用一个二级变化来近似，如图 2.6 所示。

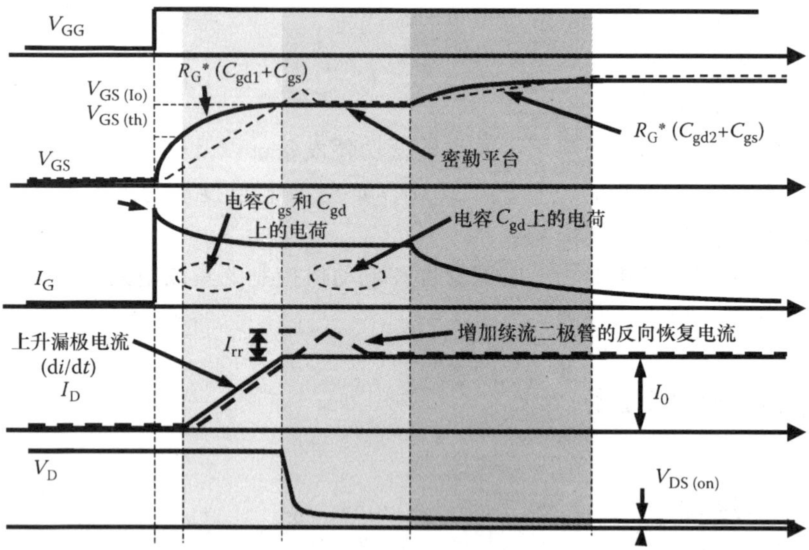

图 2.3　IGBT/MOSFET 功率器件通用导通波形

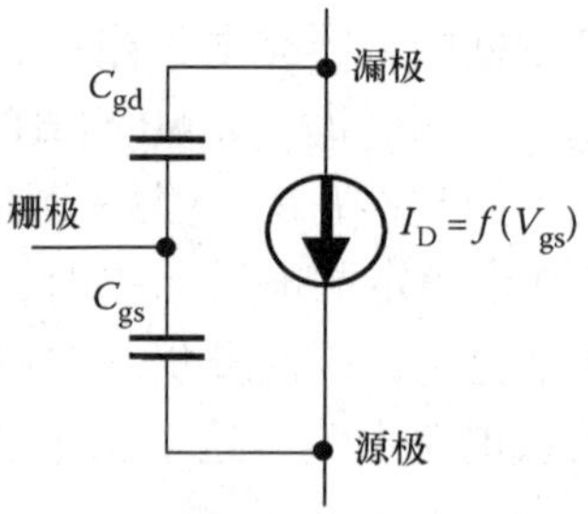

图 2.4　电路关断和有源工作区的瞬态分析模型

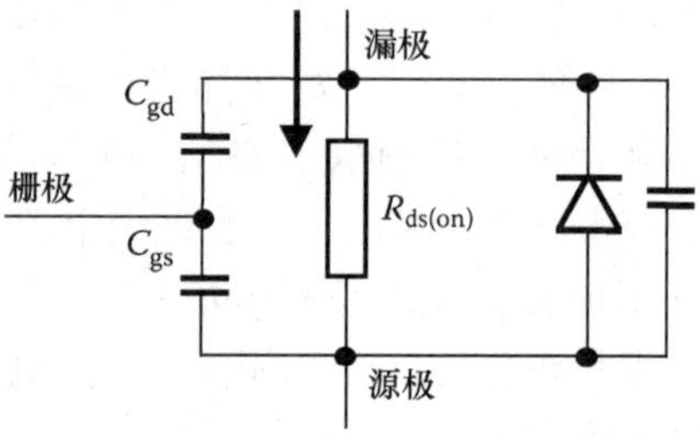

图 2.5　MOSFET 的欧姆区分析模型

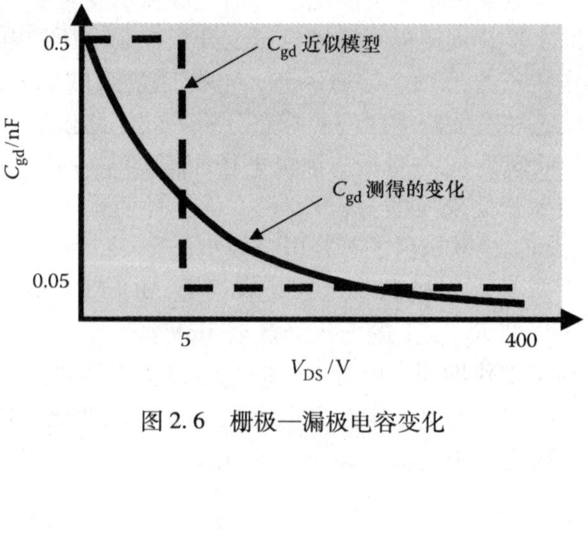

图 2.6　栅极—漏极电容变化

栅—源电容在第一个时间间隔保持常数，由于栅极氧化物电容的漏极重叠，因此在第二个时间间隔内栅—源电容容量增加，然后在第三个时间间隔和之后的时间内保持恒定。最后的值高于初始值 3 ~ 4 倍（两个电容值在几 nF 的范围内）。

在 MOSFET 的数据手册中会给出 C_{ISS}、C_{RSS}和 C_{OSS}的值，如下关系式 $C_{gd}=C_{RSS}$、$C_{gs}=C_{ISS}-C_{RSS}$和 $C_{ds}=C_{OSS}-C_{RSS}$可以表示 MOSFET 内部结电容参数之间的关系。

开关速度不仅由输入电容和栅极电阻电路决定，而且密勒阈值电平和器件跨导也会有影响，如图 2.7 所示。第一个斜坡（从零到密勒阈值）是由输入电容决定的，幅度高于第二个器件的斜坡。然而，第二个器件具有较高的跨导，因此，仅需要更小的栅极电压就可以得到给定量的集电极电流。具有较小输入电容的器件并不会总是工作得更快。

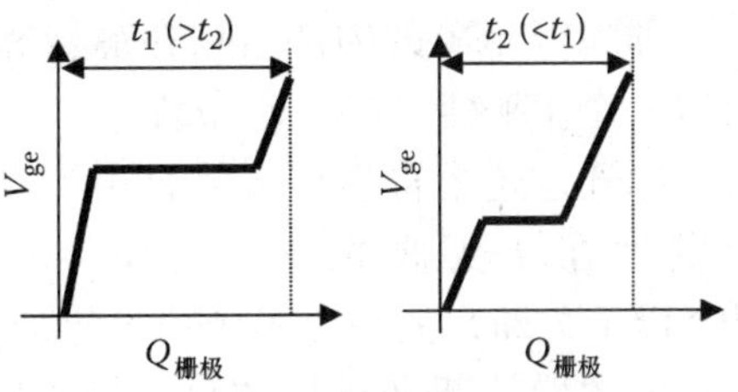

图 2.7 两种器件的栅极开关工作特性

在关断期间，栅极电压变为 0，栅极等效电容开始通过栅极电阻放电，如图 2.8 所示，电容 C_{gd}和 C_{gs}在第一个间隔期间开始放电，在栅极电压达到密勒平台时，电压被钳位，直至漏极电压上升到总线电压。在这段间隔期间，电荷改变只与电容 C_{gd}有关。在最后一个时间间隔，电流减小到零，而漏极—源极电压保持在总线电压水平。在器件的栅极电压低于阈值电压时可以考虑器件关断。图 2.8 还给出了 IGBT 的关断工作特性。IGBT 将在 2.3 节介绍。需要注意由于双极性效应电流拖尾和栅极控制的双极电压的使用使 MOSFET 关断之间的差异。

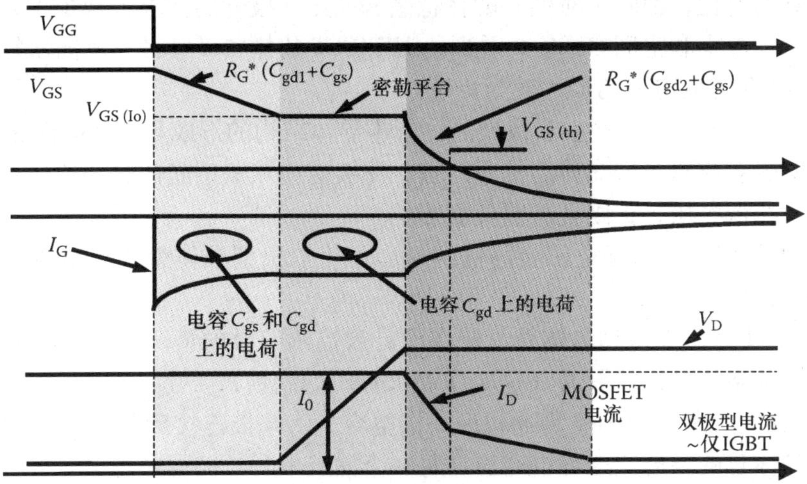

图 2.8 IGBT/MOSFET 功率器件的常见关断波形

MOSFET 的开关特性还取决于外部电路，切换感性负载的电流需要添加特殊的预防措施，包括无功电流续流二极管，如图 2.9 所示。由于该二极管不是理想的开关，因此其反向恢复电流对开关特性有重要影响。图 2.3 和图 2.8 中的虚线说明了续流二极管的反向恢复电流对功率 MOSFET 开关工作特性的影响。

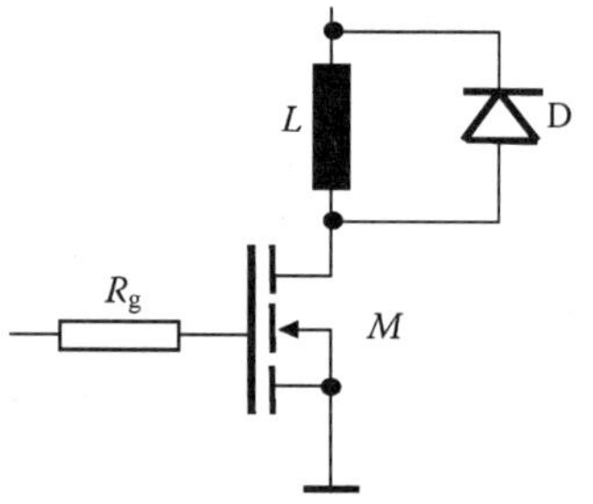

图 2.9 采用续流二极管的感性开关

使用反向并联续流二极管还有另一个原因，即 MOSFET 的内部结构在源极和漏极之间像一个 PN 结。在一定条件下，一个负电流可以通过这个寄生二极管自由流动，这可能发生在逆变器的一个引脚，这时一个 MOSFET 关断，另一个 MOSFET 导通。当对面的 MOSFET 试图导通时，由于杂散二极管的慢关断（或长的反向恢复时间），杂散二极管的导通就成为了一个问题，在对面的 MOSFET 试图导通时，如果 MOSFET 的体二极管导通，就会出现类似直通的短路工作状态。

这个问题的历史解决方案包括每个 MOSFET 使用两个附加的二极管电路。一个快速二极管（可以是一个肖特基二极管）与 MOSFET 的源极串联，以避免体二极管导通。第二个快速二极管用于并联 MOSFET 以允许续流电流的流动。肖特基二极管现在可提供高达 200V 的耐压，而其他快速恢复二极管可工作在更高的电压。此外，MOSFET 和快速二极管在同一封装内封装集成，以便于使用。

许多现代的 MOSFET 通过创建一个快速二极管来解决这一问题。例如，国际整流器（IR）公司已经引入了一个 500V 的 HEXFET 功率 MOSFET 族，具有快速二极管的特性，消除了对额外的肖特基和高压二极管的需求，减少了元器件数量，降低了成本和空间布局。L 系列的 HEXFET 的体二极管最大反向恢复时间小于 250ns，对更低电流的器件甚至更短。

注意，MOSFET 的寄生双极型晶体管半导体结构的形成与 MOSFET 的体区为基极，源极对应双极型晶体管的发射极，漏极对应双极型晶体管的的集电极，基极应保持在低电压，否则会造成负面影响。

1）MOSFET 的击穿电压会降低到这个寄生双极型晶体管的集电极与发射级电压；

2）这个寄生双极型晶体管可能在没有被控制信号的情况下，在没有任何关断可能性的条件下偶然导通（这叫做 MOSFET 的闩锁）；

3）快速关断 MOSFET 将通过栅—漏电容，将基极连接到集电极，导致寄生双极型晶体管的导通。这可以通过在每一个漏极串联二极管来避免。

现代技术避免了这种寄生双极型晶体管的存在，如图 2.10 所示。例如，现代 MOSFET 具有承受（dv/dt）大于 10000V/μs 电压变化率的能力。

我们关心 MOSFET 的技术演进，我们已经见证了几代成功的器件：

1）平面 MOSFET；

2）准平面结；

3）超结 MOSFET。

600V 级的代表性富士器件性能特点如下：

1）随时间的技术演进，如图 2.11 所示；

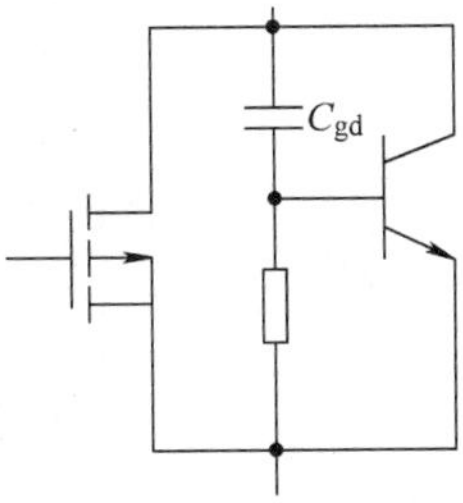

图 2.10　寄生双极型晶体管

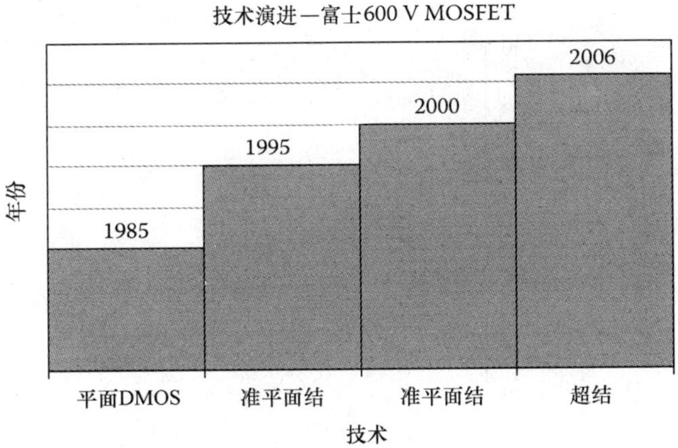

图 2.11　技术演进及产品发布年份

2）“$R_{on}\times Q_{gd}$”品质因数随时间的演进，如图 2.12 所示[3]；

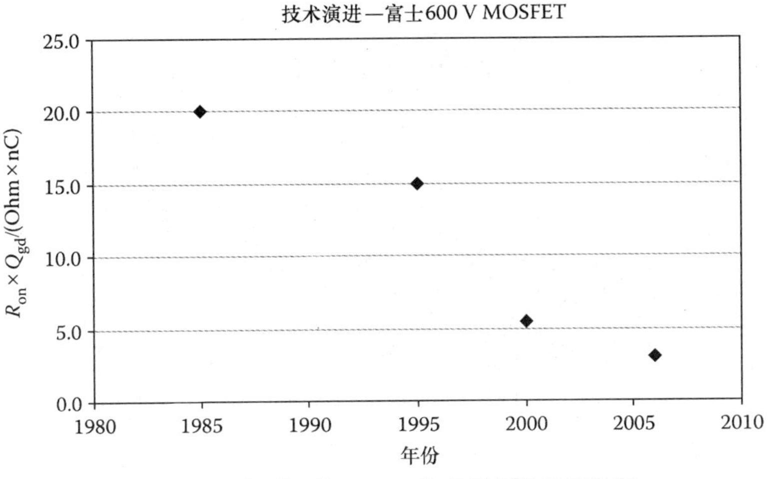

图 2.12　随时间“$R_{on}\times Q_{gd}$”品质因数的演进图

3）“$R_{on}\times$面积”品质因数随时间的演进，如图 2.13 所示[3]。

由于不同的技术更适用于主要针对汽车低电压功率开关（60V）的应用，因此在这一类产品的性能指标中分别提出。这里仅提供信息，因为这些器件是不直接用于中大功率变换器的（这是本书的主题）。最终结果说明的标准如下：

1）随时间的技术演进，如图 2. 14 所示；

2）“$R_{on}\times Q_{gd}$”品质因数随时间的演进，如图 2. 15 所示[3]；

3）“$R_{on}\times$面积”品质因数随时间的演进，如图 2. 16 所示[3]。

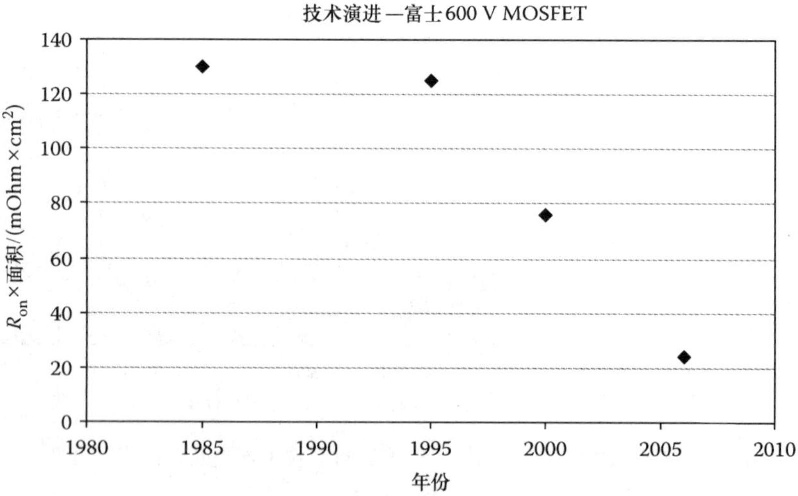

图 2. 13　随时间“$R_{on}\times$面积”品质因数的演进图

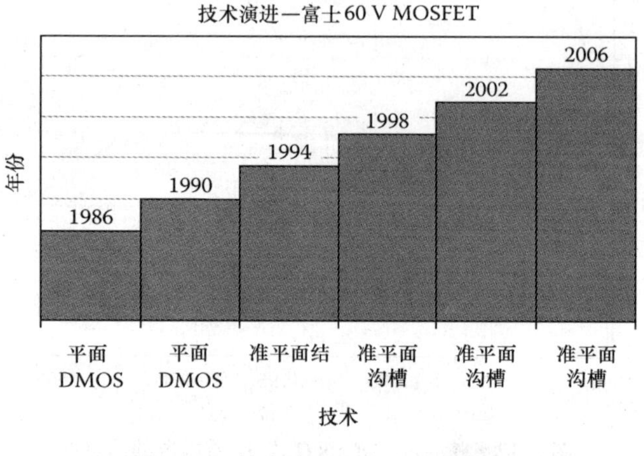

图 2. 14　技术演进和产品发布年份

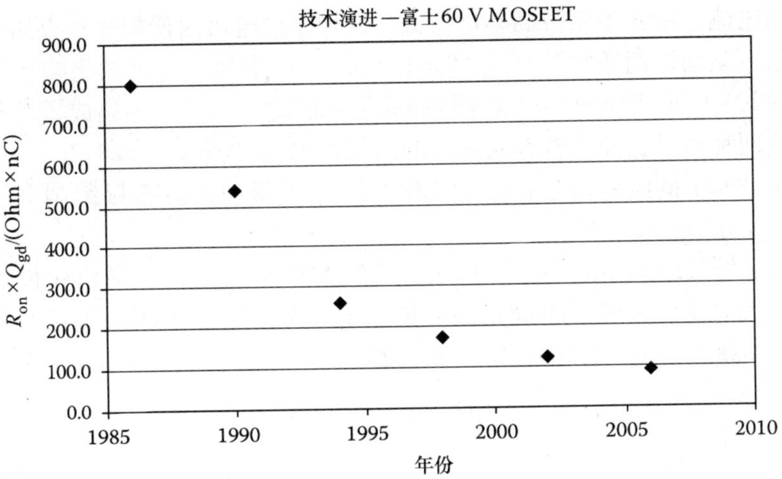

图 2.15　随时间"$R_{on} \times Q_{gd}$"品质因数的演进图

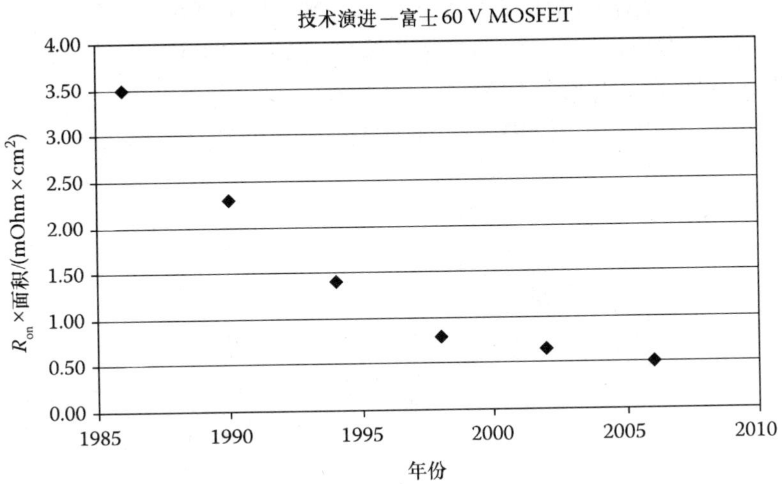

图 2.16　随时间"R_{on}×面积"品质因数的演进图

2.2.2　控制

栅极驱动器的设计取决于开关工作特性。数据表中给出的开关时间电气特性可以用于电阻负载开关。性能曲线用于半桥电感性负载，因为它们是 IGBT 最普遍的应用场合。

用于控制功率 MOSFET 的电路被称为栅极驱动电路。MOSFET 栅极驱动电路具有为栅极驱动控制电路提供电压的简单任务，并且功率 MOSFET 不需要大的栅极驱动电流。一开始栅极驱动电流大，栅极驱动电流由栅极驱动电路中的电阻限制。栅极驱动控制通常是利用逻辑电压（5V）或互补金属氧化物半导体缓冲器（15~20V）来实现的，取决于栅极阈值电压的大小。许多集成栅极驱动电路适用于这两种情况，并且含有快速关断的保护电路（例如 TPS2812）。

由于被充电的电容量小，因此 MOSFET 栅极驱动器应确保控制电压的快速变化斜率小于 20ns。

栅极—源极电压不应高于数据表给出的参数 $V_{gs(max)}$，这是由栅极氧化物不会被一个大电场损坏的要求确定的。另一个要考虑的是 MOSFET 的并联，关于 MOSFET 并联的有关内容将在第 12 章介绍。

2.3 IGBT

2.3.1 工作原理

IGBT 结合了双极型晶体管低导通损耗和 MOSFET 开关时间短的优点。所以，IGBT 的开关工作特性分析可以基于之前描述的 MOSFET 模型。IGBT 的导通工作特性更好地模拟了双极型晶体管饱和的工作特性。由于 IGBT 的导通电压降较小，因此 IGBT 可以用在比 MOSFET 更高工作电压的场合，如图 2.17 所示。

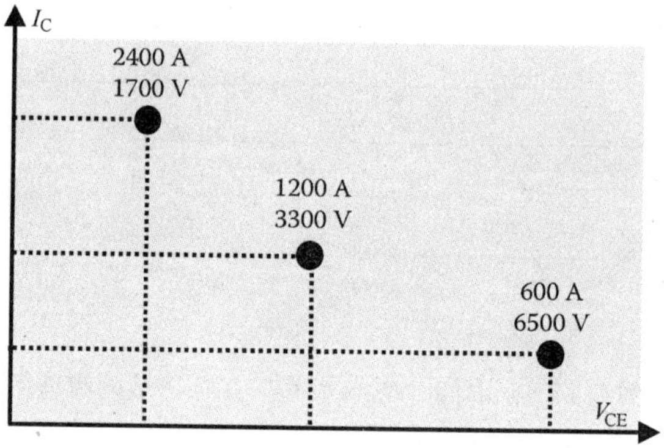

图 2.17 IGBT 技术呈现的限制（例子源自 EUPEC 产品线）

在进行半导体结构细节的讨论之前，首先将重点放在图 2.18 所示的 IGBT 模型的讨论。IGBT 的模型由一个 MOSFET 和一个 PNP 型晶体管形成一个达林顿组合。不同于传统的达林顿管，MOSFET 承担了大部分的电流。寄生 NPN 型晶体管相对于 MOSFET 结构而言相当于一个杂散晶体管。

IGBT 的开关特性和 MOSFET 的开关工作特性高度相似。主要区别在于在关断时的双极型效应，一个尾电流会持续存在一定的时间。因为这个尾电流，IGBT 不是很适合使用在零电压开关（ZVS）的场合，这时会引入额外的开关损耗。

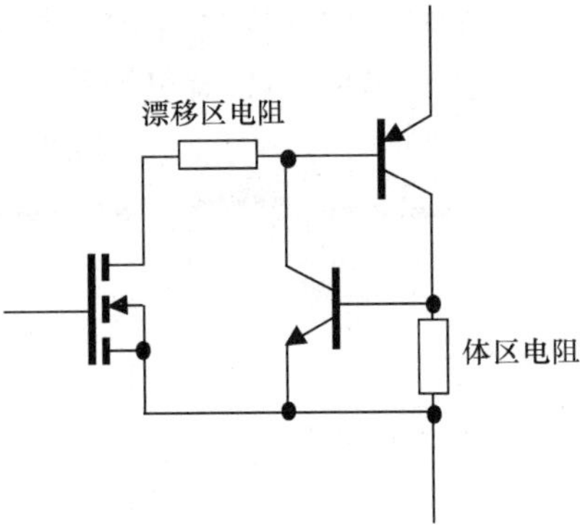

图 2.18　IGBT 器件的等效模型

尾电流也是设计折中时需要权衡考虑的一个有趣问题。这个尾电流的存在是由于电荷存储在漂移区。由于 MOSFET 是关闭的，没有施加反向电压的电路来产生负的漏极电流，因此不可能消除这些存储的电荷。最终可以在 IGBT 内通过重新结合而消除这些存储电荷，这需要权衡折中。导通状态下一个小的电压降需要大量的载流子寿命。这将决定一个缓慢的重新结合过程和存在的一个长时间尾电流。

这是减小尾电流幅度，或减小在 IGBT 内双极性电流幅度的常用方法。器件被设计成有 90% 或更多的漏极电流流过 MOSFET 结构，而只有少量的电流通过双极型晶体管，这可以利用低 β 值的 PNP 型晶体管来实现。

这个问题的另一种技术解决方法就是所谓的穿通（Punch – Through，PT）技术。PT IGBT 利用缩短拖尾的持续时间来使尾电流最小化，一个 n + 层的特性如同一个过多的孔槽。这种缓冲层允许漂移区小于非穿通（NPT）IGBT，最终导致在导通状态的电压降降低。

在过去几年的时间里，非穿通（NPT）IGBT 和穿通（PT）IGBT 的工作特性已得到了很大的改进，技术发展有以下几大特点。

穿通（PT）IGBT：

1）基于缓冲层结构的改进和降低载流子寿命的处理技术；

2）主要的有关缺点与以下因素有关：

① 缓冲层中过高的高载流子浓度会引起不需要的大关断电流，从而导致损耗加大；

② 减少载流子寿命的处理结果会导致正向压降的增加。

非穿通（NPT）IGBT：

1）基于几何优化的改进，可以减少晶片层厚度；

2）主要的缺点是厚的 n 漂移区会导致更高的静态和动态损耗。这个厚的 n 漂移区是电压阻断需要的。

利用较新的场阑（Field – Stop，FS）IGBT 结构，这种技术通过垂直收缩非穿通（NPT）IGBT 为薄的 n 漂移区结构来克服这两种结构的缺点，插入低掺杂场阑层而不是用于穿通（PT）IGBT的高掺杂场阑层，如图2.19所示。因此，场阑（FS）IGBT可以降低总损失并拥有更好的高电压工作性能。

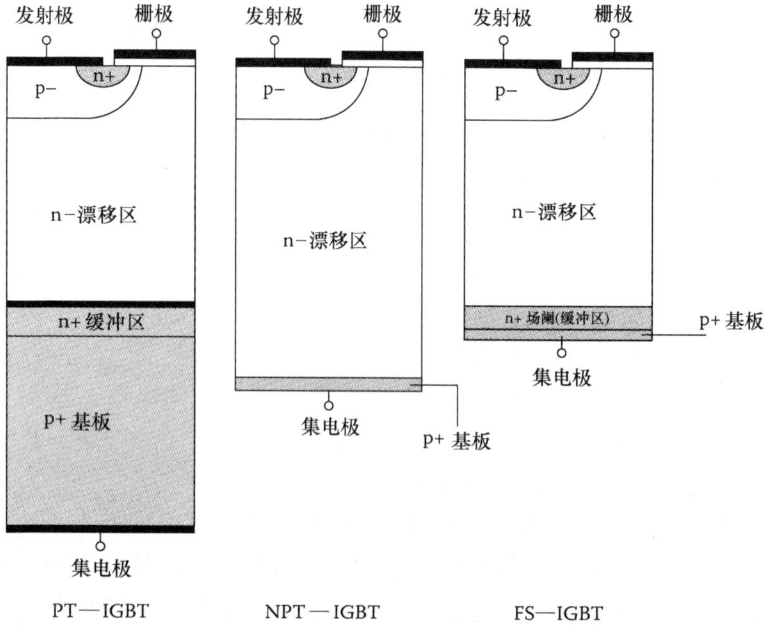

图2.19　三种IGBT技术的工作原理

场阑（FS）IGBT中的弱掺杂场阑层在正向阻断（类似于穿通（PT）IGBT）工作区呈现梯形电场分布，这比非穿通（NPT）IGBT的三角形电场分布更好。在相同阻断电压的情况下进一步降低了漂移区厚度。

NPT IGBT（低发射极效率和高载流子寿命）仍然保持其优点，因为场阑层仅在没有降低p发射极注入效率的正向阻断的情况下引导电场。不像在PT结构中由于高掺杂缓冲层而使注入效率降低。场阑IGBT技术的变化正在改进这些主要技术特性（例如先进的场阑沟槽IGBT，SFS—IGBT）。

这三种技术的实际性能（NPT IGBT，PT IGBT和FS IGBT）可以简单地从图2.20中富士器件给出的有关数据看出[4-7]。不同的制造商给出了自己相应技术的优点和缺点，采样一个单一制造商的产品性能，可以说明在一给定时间期间内该技术的状态。这些数据中采用的有关评判标准如下：

1）技术时间线，如图2.20所示；

2）相应技术每种芯片的最大工作电流，如图2.21所示；

3）逆变器损耗随时间的演进，如图2.22所示；

4）芯片面积（尺寸）随时间的演进，如图2.23所示；

5）半导体设计规则随时间的演进，如图2.24所示。

由英飞凌（Infineon）和赛米控（Semikron）公司生产的 IGBT 产品发表在技术演进报告中[8]，二者非常相似，对 FS IGBT 技术的性能也进行了研究[10,11]。

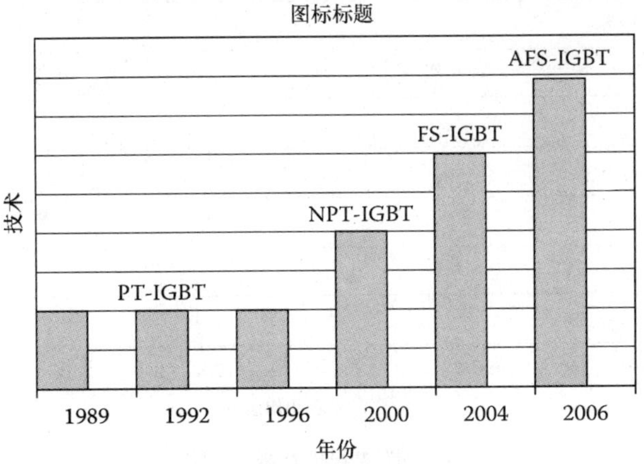

图 2.20　每种技术的近似发布年份

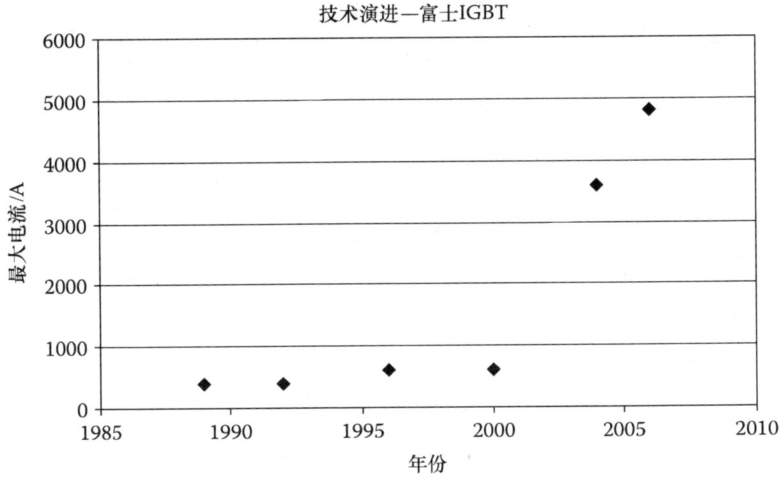

图 2.21　每种技术可以达到的最大工作电流

在 FS IGBT 出现后的最新一代 IGBT，特色是沟槽栅。沟槽栅技术与场阑控制技术（Field - Stop）同时开发，并应用于 MOSFET 和 IGBT，独立地使用场阑技术。沟槽栅器件的优点在于使用的垂直沟道，相对于平面结构的水平沟道需要较少的面积。这提供了一个更大的单元器件密度，更大的沟道宽度/单位面积，和较低的 $R_{ds(on)}$。此外，有些相邻单元之间没有寄生 JFET，这也有助于更大的单元密度和较低的 $R_{ds(on)}$。在较低的额定电压工作条件下较小的导通电阻是一个更为明显的优点，而器件的沟道电阻对导通电阻有更重要的影响。

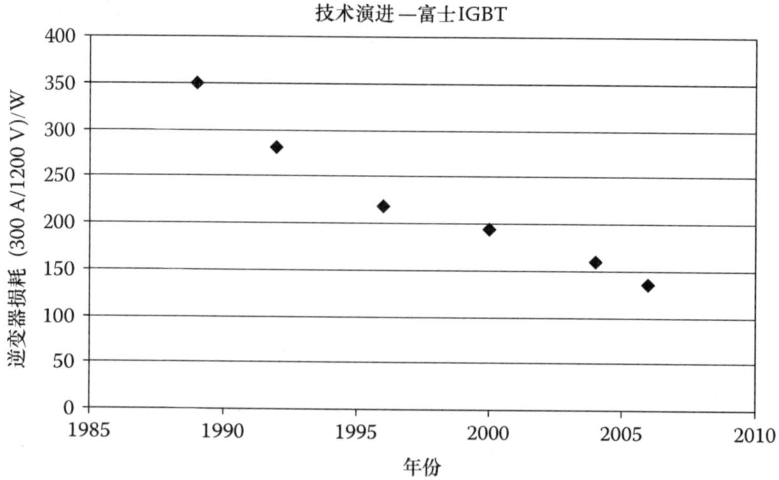

图2.22 逆变器损耗随时间的演进

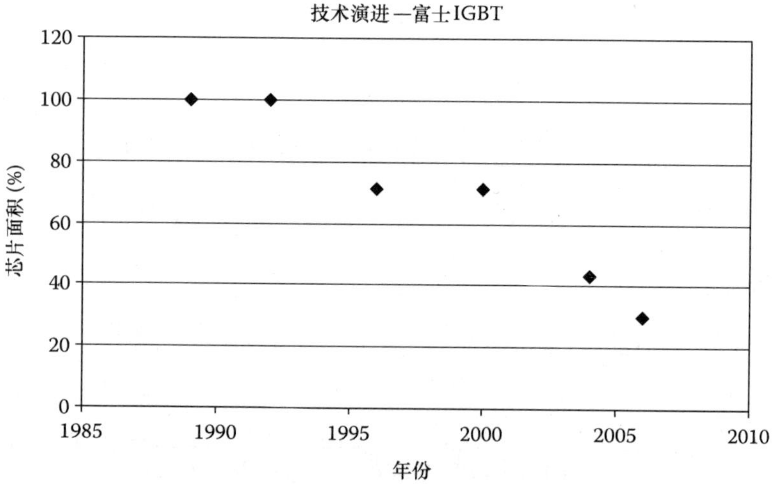

图2.23 芯片面积随时间的演进

2.3.2 控制及栅极驱动

1. 技术要求

对IGBT栅极驱动器的主要技术要求和对MOSFET的栅极驱动的技术要求高度相似。然而，除了被设计为单极性电压控制的一类IGBT外，IGBT的关断通常需要负栅极电压来关断。负关态控制电压和适当的栅极电阻可以防止器件的交叉导通。当逆变器引脚的高端IGBT导通时，在低端IGBT会出现一个高的电压时间变化率（dv/dt）。

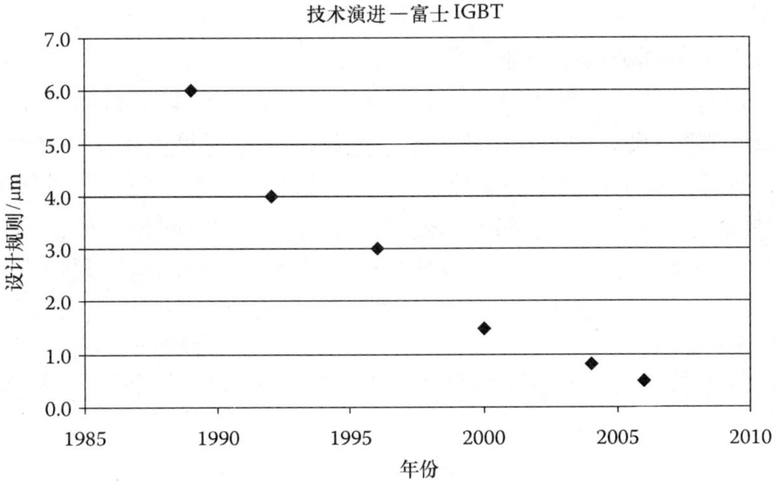

图 2.24　半导体设计规则随时间的演进

这会引起 IGBT 的栅极电流，从而使低端 IGBT 导通，导致直流供电母线短路。而一个负的栅极电压可以通过为栅极电流提供不同的通路而避免这种情况发生。同样由于（dv/dt）也会使 MOSFET 导通，但是由于输入电容不同，因此交叉导通的可能性不大。这可以通过查看对输入电容的反向传输比来理解，对 IGBT 而言这个反向传输比（C_{res}/C_{ies}）较大，这就加大了密勒效应，并且加大了集电极与栅极之间的噪声耦合。同时，一些低功率的 IGBT 不需要负栅极电压来关断 IGBT，由于低功率 IGBT 的设计使其 C_{res}较小（反向传输）。对 IGBT 的栅极需要加负栅极电压的另一个原因是随较高的（dv/dt）变化会使相应的噪声耦合增加。

图 2.25 所示为对栅极驱动电路的最低要求：一个能够确保足够栅极电流的电源、一个栅极驱动电路和一个栅极电阻。由于 IGBT 相对功率级的地可以浮动，因此两个电源和栅极驱动电路应该和变频器接地相隔离。这就为有限的栅极驱动电路数量配置留出了空间[12,13]。

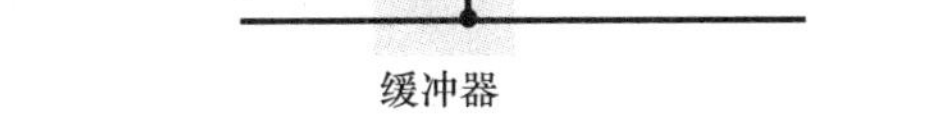

图 2.25　栅极驱动概念

1）具有分离电位的栅极驱动器；

2）具有感应传输功率的栅极驱动器（高达 1MHz 的中频电源）和直接的信息传输；

3）具有感应传输能量的栅极驱动器（高达 20kHz 的中频电源）和光耦合信

息传输；

4）没有电位隔离的栅极驱动器；

5）在所有这些用于发送开关控制信息的电平转移和具有自举升压电源的高端栅极驱动电路的设计中，在IGBT的导通和关断过程都使用了一个串联电阻，如图2.25所示，这个栅极电阻通常采用一个无源电阻来实现。先进的栅极驱动电路设计要求在IGBT的导通和关断过程中使用不同的电阻值。栅极驱动电阻的阻值范围由IGBT/MOSFET生产厂商给出，不同的栅极驱动电阻阻值会对栅极驱动电路的开关工作特性有不同的影响，图2.26所示为这个影响的关系图[14]。

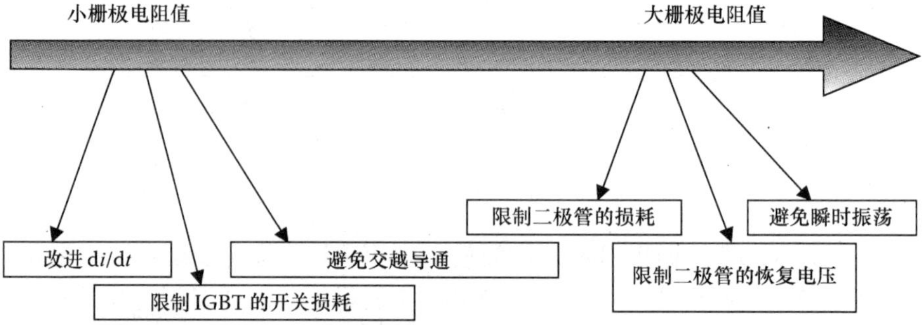

图2.26　栅极电阻的影响

栅极驱动电流和适当的电源供电电压取决于工作频率、偏置控制电压和总栅极电荷量。总栅极电荷会在IGBT/MOSFET数据表中给出，这和栅极控制电压有关。必要的栅极电荷对IGBT和MOSFET的开关工作特性很重要，较低的栅极电荷在给定的开关时间条件下，需要的栅极驱动电流较小[15]。

利用公式 $i_s = Q \times f$ 可以计算出平均栅极电流，可以利用公式 $P = i_s\,(V_{G+} - V_{G-})$ 预测栅极驱动所需要的总功率，所以，栅极驱动功率降低到了一个较低的功率水平和高峰值栅极电流，可以利用公式大致预测所需要的峰值驱动电流 $I_{G(峰值)} = (V_{G+} - V_{G-})/R$。

2. 栅极电阻的优化设计

如图2.26所示，栅极电阻的选择会影响变换器的工作性能。考虑到先进的栅极驱动器在IGBT或MOSFET的导通和关断时需选用不同的栅极驱动电阻值[16]，从而可以在IGBT或MOSFET在开关工作时控制（dv/dt）和（di/dt），优化开关管的工作状态，这样变换器可以工作于无缓冲器电路的工作状态[17,18]。

对优化设计的主要限制如下：

1）最大电流时（dv/dt）$_{on}$的最小值；

2）关断时的最大允许峰值电压；

3）任何电流时的（dv/dt）$_{off}$最小值；

4）避免由于（dv/dt）而引入的交叉导通现象——感应电流。

下面的有关计算参见图2.25。

（1）导通时的dv/dt。

现查看图2.3，在导通信号加到被控IGBT或MOSFET后，由于电流流过输入电容（C_{ge}和C_{gc}），电压V_{GE}由V_{Gmin}上升到$V_{GE(th)}$，因此在等效输入电容上的电压上升速率几乎是线性的（作为指数曲线一部分与时间常数$\tau_1 = R_{Gon} \times C_{ies}$的近似）。

在电压超过$V_{GE(th)}$时，集电极电流开始以电流/电压特性所决定的速率上升，见式（2.1）。

$$\left(\frac{\mathrm{d}i_C}{\mathrm{d}t}\right) = g_{fe} \cdot \left(\frac{\mathrm{d}v_{GE}}{\mathrm{d}t}\right) \approx g_{fe} \cdot \frac{I_g}{C_{ies}} \tag{2.1}$$

栅极电路中的电流可以用式（2.2）表示。

$$C_{ies} \cdot \frac{\mathrm{d}v_{Cies}}{\mathrm{d}t} \approx \frac{V_G^+ - V_{GE}\ (I_L + I_{RM})}{R_{Gon}} \tag{2.2}$$

式（2.2）中的V_{GE}（$I_L + I_{RM}$）表示密勒电压，V_G^+表示正栅极电源电压。对于栅极电路的电压方程应该包括由于IGBT封装电感和外接电感的寄生电感。这个值通常在IGBT或MOSFET的器件数据表中会给以L_E的形式提供，见式（2.3）。

$$V_G^+ = R_G \cdot I_g + L_E \cdot \frac{\mathrm{d}i_C}{\mathrm{d}t} + V_{GE}\ (I_C) \tag{2.3}$$

这样有式（2.4）成立。

$$\left(\frac{\mathrm{d}i_C}{\mathrm{d}t}\right)_{on} = \frac{V_G^+ - V_{密勒}}{\left(\dfrac{C_{ies} \cdot R_{Gon}}{g_{fe}}\right) + L_E} = \frac{V_G^+ - V_{GE}\ (I_L + I_{RM})}{\left(\dfrac{C_{ies} \cdot R_{Gon}}{g_{fe}}\right) + L_E} \tag{2.4}$$

在栅极电压达到密勒平台后，整个栅极电流流过栅极-集电极电容，导致集电极电压以式（2.5）所示的速度下降。

$$\left(\frac{\mathrm{d}v}{\mathrm{d}t}\right)_{on} = \frac{\mathrm{d}v_{CE}}{\mathrm{d}t} = \frac{i_G}{C_{gc}} = \frac{V_G^+ - V_{GE}\ (I_C)}{R_{Gon} \cdot C_{gc}} \tag{2.5}$$

在$I_C = I_{LOAD}$时达到最大值。

如果要得到的（dv/dt）值高于（更快）一个特定的最小值，则栅极驱动电阻值应低于式（2.6）给出的值。

$$R_{Gon} \leqslant R_{Gon,max} = \frac{V_G^+ - V_{GE}\ (I_L)}{C_{gc} \cdot \left(\dfrac{\mathrm{d}v}{\mathrm{d}t}\right)_{on}^{req}} \tag{2.6}$$

（2）在关断时的dv/dt。

当关断控制信号加到被驱动管时，IGBT 越过有源区，V_{GE}电压被钳位于一个恒定值，这个恒定电压值需要用来维持 I_L 负载电流，可以用式（2.7）表示电压 V_{GE}（I_L）的关系。

$$V_{GE}(I_L) = V_{GE(th)} + \frac{1}{2} \cdot \frac{I_L}{g_{fe}} \tag{2.7}$$

整个电流流过电容 C_{gc}，并且引起电容 C_{gc}上的电压发生变化。

$$\left(\frac{dv_{GC}}{dt}\right) = \frac{dv_{CE}}{dt} = \frac{i_G}{C_{gc}} = \frac{-V_G^+ + V_{GE}(I_L)}{R_{Goff} \cdot C_{gc}} = \frac{V_{GE(th)} + \frac{1}{2} \cdot \frac{I_L}{g_{fe}} - V_G^+}{R_{Goff} \cdot C_{gc}} \tag{2.8}$$

如果要求得到一个大于（更快）最小指定值的（dv/dt），则对应的栅极驱动电阻值应小于式（2.9）给出的值。

$$R_{Goff} = \frac{V_{GE}(I_L)}{C_{gc} \cdot \left(\frac{dv}{dt}\right)_{off}^{req}} \tag{2.9}$$

（3）二极管关断时的峰值电压。

逆变器引脚上的过电压应限制在一个预先设定的值（例如5%）。这个过电压会发生在任何快速电流变化（开关）的逆变器引脚，最重要的是在二极管关断时，恢复电流叠加到传统的负载开关电流，在 IGBT 导通时会发生这种情况。可以利用式（2.10）来计算栅极驱动电阻的设计值。

$$\left(\frac{C_{ies} \cdot R_{Gon}}{g_{fe}}\right) + L_E = \frac{V_G^+ - V_{GE}(I_L + I_{RM})}{\left(\frac{di_C}{dt}\right)} \Rightarrow$$

$$R_{Gon} \geqslant R_{Gon,min} = \frac{g_{fe}}{C_{ies}} \cdot \left[\frac{V_G^+ - V_{GE}(I_L + I_{RM})}{\left(\frac{di_C}{dt}\right)_{on}^{req}} - L_E\right] \tag{2.10}$$

设计公式也可以利用式（2.11）通过峰值电压来表示。

$$R_{Gon} \geqslant R_{Gon,min} = \frac{g_{fe}}{C_{ies}} \cdot \left[\frac{V_G^+ - V_{GE}(I_L + I_{RM})}{\frac{|V_{DC} - V_{Peak}|}{2L_{st}}} - L_E\right] \tag{2.11}$$

式（2.11）中的 L_{st}表示连接逆变器引脚（IGBT）和实际直流供电总线（通常为电解电容器）之间的杂散电感。

（4）避免交叉导通。

第4个设计约束来自要求避免由于大的（dv/dt）而导致的交叉导通问题。如果在 IGBT 器件两端突然加一个大的 dv/dt，则可能会有内循环电流出现。集电极—栅极电流将会成为栅极电流并通过实际的栅极电阻 R_{Goff}使 IGBT 导通。

有式（2.12）~式（2.14）成立。

$$i_{CG}=i_G+i_{GE} \tag{2.12}$$

$$C_{gc}\cdot\frac{dv_C}{dt}=i_G+C_{ge}\cdot R_g\cdot\frac{di_G}{dt} \tag{2.13}$$

$$C_{gc}\cdot\left(\frac{dv}{dt}\right)_{on}=\frac{V_G-V_{Gmin}}{R_{Goff}}+C_{ge}\cdot\frac{dv_G}{dt} \tag{2.14}$$

在密勒平台期间，栅极电压变化可以认为是 0（$dv_G/dt=0$），有式（2.15）成立。

$$C_{gc}\cdot\left(\frac{dv}{dt}\right)_{on}=\frac{V_G-V_{Gmin}}{R_{Goff}} \tag{2.15}$$

可以用式（2.16）表示引入栅极的峰值电压。

$$v_{Gmax}=V_{Gmin}+R_{Goff}\cdot C_{ge}\cdot\left(\frac{dv}{dt}\right)_{on} \tag{2.16}$$

利用式（2.5）~式（2.16）可以导出式（2.17）。

$$R_{Goff}=R_{Gon}\cdot\frac{V_{GE}(I_L)-V_{Gmin}}{V_G^+-V_{GE}(I_L)} \tag{2.17}$$

取适当的栅极电阻值可以防止这种穿越导通现象。在考虑到前面条件下定义的“导通”电阻时，“关断”的栅极电阻可以从不同的栅极电压和负载电流值关系计算出。

基于上述考虑及考虑到参数变化的因素，可以利用计算机实现设计过程自动化[18]。

2.3.3 保护

一个功率变换器设备中包括一整套保护电路和保护功能。本书第 6 章将详细介绍构建一个电力变换器的实例。在这样的设计完成前，需要对关于变换器工作限制的有关信息理解透彻。

一个 IGBT 或 MOSFET 的正确工作受到器件数据表给出参数的限制。集电极电流应有所限制，以避免器件闭锁。最大栅极—发射极电压被栅极氧化物击穿电压限制。在最大栅极—发射极电压下的最大短路电流为 4 ~ 10 倍的额定集电极电流。IGBT 的最大集电极—发射极电压由内部 PNP 型晶体管的击穿电压决定。最大结温为 150℃。

特别的数据信息是指安全工作区（Safe Operating Area，SOA）。IGBT 和 MOSFET 在短的开关时间内有方形的 SOA。如果导通时间间隔较长，则热因素会改变 SOA，现代的 IGBT 可以在 SOA 角的位置运行 10μs 的时间，如图 2.27 所示。

在大电流工作条件下通过触发栅极信号可以保护 IGBT。即 IGBT 可以在短路

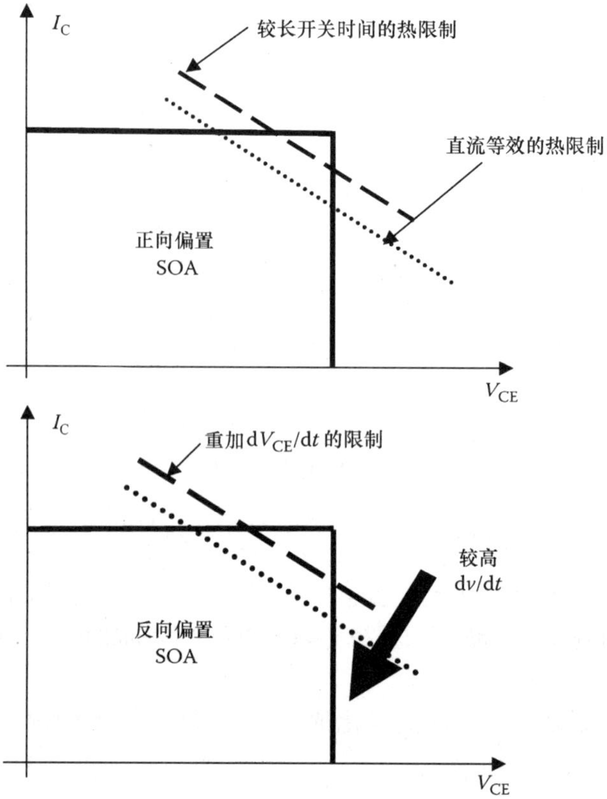

图2.27　理想SOA和由于特殊工作条件的限制

工作状态多达10μs的时间[12]。

集电极—发射极之间的寄生元器件确定真正的开关特性绝非一个方形。设计人员应确保器件的实际工作始终在SOA内，如图2.28所示。实际工作轨迹取决于杂散电感、寄生电容和MOSFET的开关特性（dv/dt）、（di/dt）。IGBT封装本身就有约10～20nH的杂散电感[12,19]。

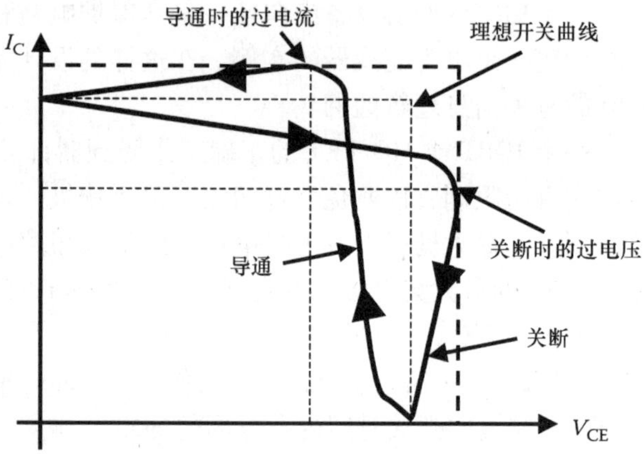

图2.28　开关工作特性

2.4 功率损耗估算

由于开关特性是非线性现象的结果，因此有不同的方法来估算功率损耗。在功率变换电路中使用 MOSFET 和 IGBT 时，功率级的功率损耗和工作效率是非常重要的参数。

有两种主要的方法可以用于损耗的预测：

1）基于对开关工作波形分析，计算能量损耗。

2）基于经验模型，通过实际测试估算能量损耗。

观察集电极电流和电压波形，可以通过计算对应的 VI 开关交越区来计算开关损耗。

可以利用式（2.18）计算 IGBT 在导通时的开关损耗能量[17,18]。

$$E_{\mathrm{Ton}}=0.5\cdot\left[V_{\mathrm{DC}}-L_{\mathrm{st}}\cdot\left(\frac{\mathrm{d}i}{\mathrm{d}t}\right)_{\mathrm{on}}\right]\cdot\frac{(I_{\mathrm{L}}+I_{\mathrm{RM}})^{2}}{\left(\frac{\mathrm{d}i}{\mathrm{d}t}\right)_{\mathrm{on}}}+0.5\cdot I_{\mathrm{L}}\cdot\frac{V_{\mathrm{DC}}^{2}}{\left(\frac{\mathrm{d}v}{\mathrm{d}t}\right)_{\mathrm{on}}}\tag{2.18}$$

式（2.18）中 L_{st}的可以认为是杂散电感，V_{DC}表示总线电压，I_{RM}表示临近二极管的峰值恢复电流，（$\mathrm{d}i/\mathrm{d}t$）和（$\mathrm{d}v/\mathrm{d}t$）表示选用的开关功率器件参数，可以从器件的数据手册查到。

可以利用式（2.19）计算器件的关断能量（见图 2.5）。

$$E_{\mathrm{Toff}}=0.5\cdot\frac{V_{\mathrm{DC}}^{2}}{\left(\frac{\mathrm{d}v}{\mathrm{d}t}\right)_{\mathrm{off}}}\cdot I_{\mathrm{L}}-0.5\cdot\left[V_{\mathrm{DC}}-2L_{\mathrm{st}}\cdot\left(\frac{\mathrm{d}i}{\mathrm{d}t}\right)_{\mathrm{off}}\right]\cdot\frac{(I_{\mathrm{L}})^{2}}{\left(\frac{\mathrm{d}i}{\mathrm{d}t}\right)_{\mathrm{off}}}+0.5k_{\mathrm{t}}\cdot V_{\mathrm{DC}}\cdot I_{\mathrm{L}}\cdot t_{\mathrm{tail}}\tag{2.19}$$

式（2.19）中的最后一项对应 IGBT 关断工作期间的尾电流，在使用 MOSFET 的应用场合可以省略。可以看出，栅极驱动电路（尤其是栅极电阻）会通过 $\mathrm{d}i/\mathrm{d}t$，$\mathrm{d}v/\mathrm{d}t$、I_{RM}和过电压影响开关损耗。

最后，可以利用式（2.20）表示逆变器引脚中的二极管在关断工作期间的损耗。

$$E_{\mathrm{Doff}}=0.5\cdot\left[V_{\mathrm{DC}}+2L_{\mathrm{st}}\cdot\left(\frac{\mathrm{d}i}{\mathrm{d}t}\right)_{\text{二极管}}\right]\cdot\frac{(I_{\mathrm{L}})^{2}}{\left(\frac{\mathrm{d}i}{\mathrm{d}t}\right)_{\text{二极管}}}\tag{2.20}$$

可以利用式（2.21）计算导通损耗。

$$P_{\mathrm{COND}}=\frac{1}{T}\cdot\int_{0}^{T}v_{\mathrm{on}}(t)\cdot i_{\mathrm{L}}(t)\,\mathrm{d}t\tag{2.21}$$

在一个周期时间 T 内，对一个周期时间的积分可以简化为对一个周期时间内导通时间间隔的积分。

通过考虑逆变器的拓扑结构，每个器件的调制函数，以及工作模式和负载功率因数将关断损耗和导通损耗相加，就可以计算出总损耗。

预测损耗的第二种方法是根据在指定工作条件下，基于实验测量得到的数据预测损耗，然后基于变换器电路的实际工作条件求出电路损耗。

这种损耗计算实例如本章参考文献［20］所示，其中对三相逆变器功率模块的功率损耗方程是基于实验而不是基于分析计算的。在这方面，首先确定功率损耗取决于实际负载电流和稳态测量的每个可能的负载电流。由于智能功率模块（IPM）的结构特殊，因此损耗的计算可以基于经验得到[20]。

这个经验模型考虑了每个开关工作状态来单独计算功率损耗，可以利用下面的相关公式计算功率损耗（对 IRAMS 器件有效[20]）：

$$E_{on} = (h_1 + h_2 \cdot I^x) \cdot I^k = [(7.69e-4) + (2.99e-2) \cdot I^{-1.159}] \cdot I^2 \tag{2.22}$$

$$E_{off} = (m_1 + m_2 \cdot I^y) \cdot I^n = [(1.76e-2) + (4.34e-2) \cdot I^{-0.492}] \cdot I^1 \tag{2.23}$$

$$V_{CEon} = V_T + a \cdot I^b = 0.51 + 0.46 \cdot I^{0.649} \tag{2.24}$$

这种方法的结果可以用于构建一个常用的电动机驱动应用，这里采用了一个20A 的 IPM，每个功率开关有 2.3W 的功率损耗，每个功率开关封装有 14.1W 的功耗，操作时，工作于室温环境，避免在结温接近 125℃的工作条件下工作。

2.5　有源栅极驱动电路

前面已经解释了无源栅极驱动电阻的作用。实际使用也表明不同栅极电阻值对开关电路工作特性的影响，如图 2.26 所示。这些性能方面并非基于同时现象，且通过一个可变的栅极电阻引入了理想化控制。一个可变阻值的栅极电阻可以通过有源栅极控制来实现[21-30]。

从历史上看，有源栅极控制首先应用于采用 IGBT 串联的场合。这在直流母线具有数 kV 电压范围的中等电压应用场合有所需求。IGBT 串联电压引起了这些串联 IGBT 之间电压不均等的问题。这些串联 IGBT 之间的不均等电压是由以下的原因所致：

1）栅极驱动器和功率半导体器件的不同延迟时间；

2）不同器件之间小的参数变化；

3）续流二极管不同的反向恢复工作特性；

4）随串联器件的数量增加而使（dv/dt）增加。

串联器件之间的均电压传统上是通过每个串联 IGBT 上的并联吸收电路来实

现的。为了减少无源器件的数量和体积，现代的有源吸收电路也有报告在使用，这样可以限制每个器件上的（dv/dt）并避免过电压现象出现，如图 2.29 所示。

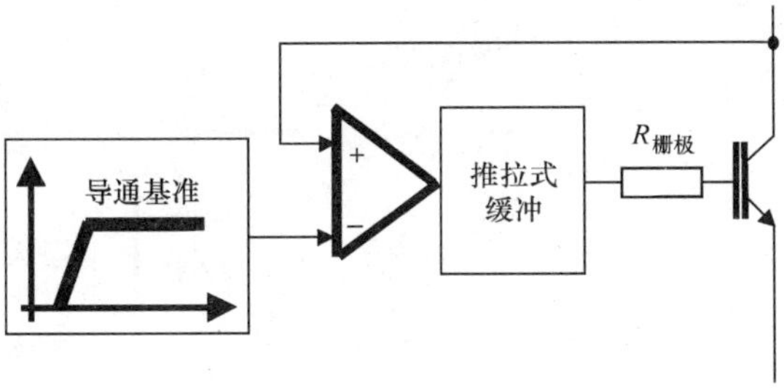

图 2.29 采用串联的 IGBT 的有源电压平衡电路

利用一个模拟快速反馈回路可以得到集电极的控制电压。稳定性要求在极点位置的频率要高于栅极电路的频率，极点频率在 1～10MHz 的频率范围内。利用高性能运算放大器可以实现 50～90MHz 的控制带宽。通过控制使 IGBT 闭环工作电压仅工作于峰值额定值附近可以明显地降低电路的工作损耗，在其他的工作范围可以考虑开环工作，这显然使控制电路复杂化了。

在感性负载下可以看出这个解决方案的缺点。IGBT 的电压不能响应栅极导通电压的控制，直至续流二极管关断。闭环工作方式可以实现栅极电路的快速充电，产生非常高的（di/dt）。

从历史来看，有源栅极控制电路设计的第二步是短路保护设计。如果集电极电路出现短路，则保护电路会试图关断栅极电路，切断栅极驱动电流。这会产生一个大的（di/dt）和大的过冲。在保护电路要通过软关断来关断 IGBT 而实现保护控制功能时，相应的等效栅极电阻会增大，这就可以避免大的（di/dt）和大的电压过冲。

栅极驱动电路可以通过一个附加的晶体管电路来实现 IGBT 的集电极电压过冲保护，如图 2.30 所示[31]。在 IGBT 的关断工作状态，晶体管 Q_{prot} 导通，电流通过它放电。当 IGBT 的集电极电压达到稳压二极管的击穿电压时，电流流过晶体管 Q_{prot} 的栅极会关断 IGBT，其余电流会流过电阻 $R_{gate(关断)}$，从而减缓（dv/dt）变化率。

现代的栅极驱动电路根据有关要求分别调节（di/dt）和/或（dv/dt），这样可以通过无缓冲电路的工作来实现电路电磁辐射干扰（Electron Magnetic Interference，EMI）或工作效率的改善。例如，优化栅极电阻可以通过受控的（di/dt）和/或（dv/dt）来降低电路的 EMI，通常，这个栅极电阻值会增加电路的损耗。由于这 2 个约束条件，在 IGBT 的开关工作过程中就需要取不同的栅极电阻值。

有不同方法实现有源控制（di/dt）和（dv/dt），如图 2.30 所示。最简单的控制方法是基于器件工作电流或电压斜坡的栅极电流反馈控制。利用分流电阻、开尔文发射极方法，或利用基于密勒效应检测信息就可以实现电流或电压斜坡检测。

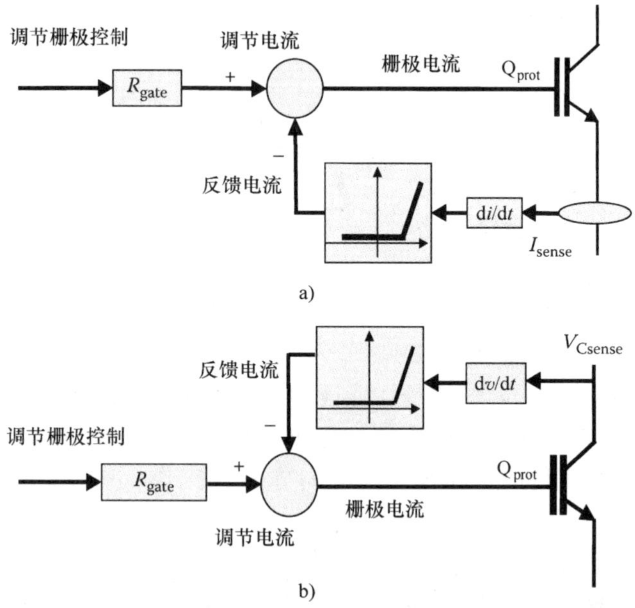

图2.30　有源栅极控制工作原理图

a）基于d*i*/d*t*优化　b）基于d*v*/d*t*优化

有源栅极控制不容易实现。电路设计者面临几个相关快速事件时间标定的约束条件，而这个快速事件不允许在模拟电路有延迟，并且取决于IGBT参数的反馈。

考虑图2.31和图2.32中给出的实验结果[21]。栅极电压有一个中间电压电平，这个中间电压电平在导通的第一个斜坡降会降低栅极电流的大小。会对ΔV_s和时间间隔Δt_{ts}在这个电平内进行调节。IGBT/MOSFET的工作特性是由可变电感决定的。尽管明确地介绍了有源栅极控制的工作原理，但是这个实验并不容易实现。一般而言，较强的非线性工作特征和密勒平台的检测是一个问题。

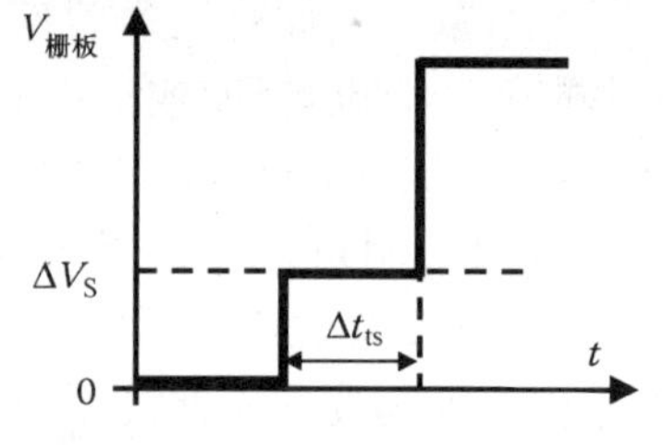

图2.31　简单实验原理

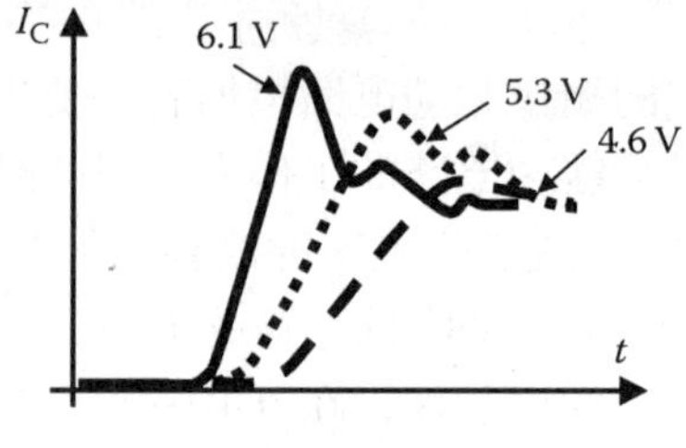

图2.32　简单实验结果

有源栅极控制的不同解决方案自20世纪后期在文献中就有所报到报道[32-42]。因为所有的有源栅极驱动器的设计都需要根据被控的实际IGBT来进行设计，这些技术并没有做成太多的IC解决方案。最近的几个IPM产品仅利用了动态栅极驱动控制器的优点。

2.6 GTO 晶闸管

从本章的有关介绍可以看出，门极关断（GTO）晶闸管主要用于大电流和高电压的应用场合。他们是晶闸管的衍生物，具有 p-n-p-n结构，可以控制器件的导通和关断工作过程。工作过程是基于传统开关器件的工作过程和 pn 结物理结构。

GTO 晶闸管的主要缺点是在关断期间门极电路需要大的关断门极电流。此外，GTO 晶闸管的增益非常低，这意味着它需要一个复杂且昂贵的门极驱动电路。因此，使用电荷提取驱动电路显得不切实际，所以 GTO 晶闸管有“尾效应”，即在少数载流子自然结合时 GTO 晶闸管仍然导通。

2.7 先进功率器件

尽管涉及的变换电路和变换器技术饱和，但功率半导体器件部门仍然很活跃。伴随现有的器件，如 MOSFET 和 IGBT 也在持续发展。新一代的 IGBT 和 MOSFET 每年投入市场，尤其是通过设计规则的改进（确定每个半导体区域形状的间距分辨率），工作性能得到不断的提高。

然而，最令人兴奋的消息是新器件通过颠覆性的创新来改变器件工作性能模式的能力，这些颠覆性的器件可以分为以下三类：

1）新器件解决了常规器件存在的一些问题，所以可以应用于一些特定的场合（例如 IGCT、IGBT-RC、IGBT-RB 等器件）；

2）高频、高电压器件旨在一定程度上提高器件的工作频率，因此需要对逆变器组件进行全面检修；

3）器件使用新的基板材料，并通过一些新的器件来提高工作效率。器件新的变化可能导致栅极驱动电路和/或保护电路的设计规则有所变化，所以不能用做现有器件的替代品。

2.7.1 特种器件

1. IGCT

用于中、大功率应用设备特种设计器件的一个很好的例子就是集成门极换流晶闸管（IGCT），它是结合了 IGBT 和 GTO 晶闸管最佳工作性能的器件。这种用于 2～6.9kV 中电压应用场合的新固态开关，最大额定工作电流值为 4000A，这种器件是建立在 IGBT 的高导通损耗和 GTO 晶闸管开关速度慢且需要用到附加电路缺点的基础上的。

通过这种新的器件结构，使得 IGCT 可以应用于过去不可用的场合。因此，设计工程师无需在设计过程中围绕 IGBT 和 GTO 晶闸管进行权衡，这往往限制了电动机的起动转矩和电动机驱动器的能量再生能力。

2. IGBT - RC

反向导通 IGBT（IGBT - RC）是英飞凌（Infineon）公司在 2009 年末期推出市场的新器件[43]。这种新的器件定位于电动机驱动市场，尤其是成功地应用于 120°无刷直流电动机（BLDC）的驱动控制场合，其他应用包括感应加热和感应加热炉内使用的软开关变换器。该器件采用单片 IGBT 集成二极管的方法，具有 IGBT 和集成二极管的低导通损耗的优点，这有助于减少整体电路损耗。

3. IGBT - RB

电力电子变换器在能量处理中的应用越来越广泛，这就引起了对诸如电流源逆变器（CSI）、矩阵变换器或需要交流开关的中点钳位逆变器拓扑结构的注意。所有这些拓扑结构针对给定的应用场合都有更好的功率密度。传统的防止反向导通常采用 IGBT 串联二极管的解决方案，这在器件导通工作状态下增加了器件的导通电压降。

另一种解决方案是在 2000 年代初提出的 IGBT - RB 器件，这种器件具有阻断两极电压而不添加任何附加串联二极管的能力。图 2. 33 是基于本章参考文献 [44，45] 给出的有关数据，它给出了器件在关断能量和在导通状态下电压降之间的权衡和性能改进。

图 2. 33 所示的依赖关系用于比较不同的功率半导体技术。每一条曲线代表一种典型的技术，并且不同的产品位于技术性能曲线上的某点位置。例如，电动机驱动用的 IGBT 可以定位于低开关频率的低导通电压降状态，降低导通电压降可以改进电路工作效率，这样的器件将位于技术曲线的左上角。相反，采用相同技术制作的 IGBT 产品可以用于高开关频率的 UPS 和电源应用的场合，这样可以降低对滤波器的技术要求。这样，IGBT 会位于技术曲线的右下角位置。图 2. 34 通常展示 Powerex 器件产品和相关技术进一步说明了 Powerex 器件产品的优点[46]。为避免对不同生产厂家产品之间进行直接比较（这不是这里的目标），Powerex 产品和技术在 1999 年已在图 2. 34 中进行了对比，2010 年的富士产品和技术如图 2. 33 所示。这两组数据都勾画出了器件性能的优点。

2. 7. 2　高频、高电压器件

另一种功率半导体器件就是在市场得到越加广泛应用的 CoolMOS 器件，CoolMOS 是一种特殊结构的 MOSFET，额定工作电压高达 600V，最大开关电流高达 50A，这些器件改变了我们对功率变换器的整个思维方式。

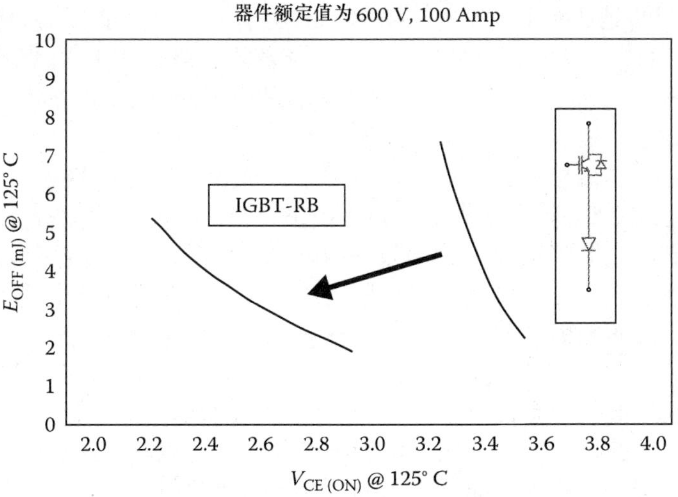

图 2.33 采用 IGBT – RB 器件（替代采用常规的 IGBT – 二极管）对的性能改进

功率级的设计受限于功率级电路杂散参数的影响（印刷电路或母线）。开关的构思（例如一个工作于 400V 总线电压，开关工作频率为 250kHz 的开关功率级）使开关功率级设计人员在设计电路的设计细节时要非常小心。

给定电力电子设备详细检查的技术要求，做为传统 IGBT 的替代，这些器件的使用不是非常引人注目的。对如某些高功率密度的航空系统应用场合，它们仍然是有吸引力的解决方案。

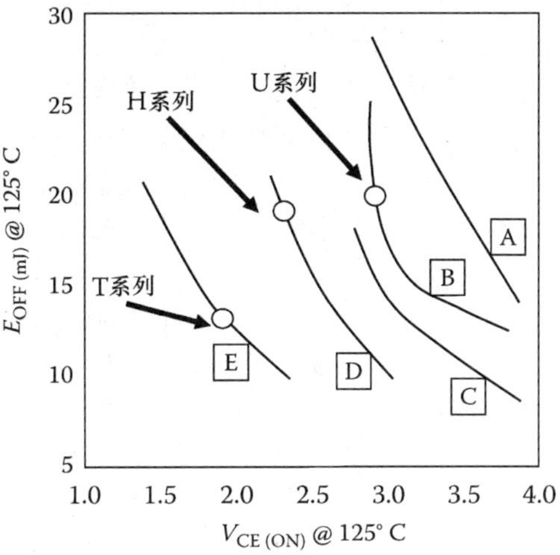

图 2.34 不同 Powerex IGBT 技术的评估

A = 常规 NPT，t_N = 250mm，J_c = 100A/cm^2

B = PT 平面栅极规范寿命控制，J_c = 100A/cm^2

C = 薄漂移区 NPT，t_N = 150mm，J_c = 100A/cm^2

D = PT 平面栅极，均匀寿命控制，J_c = 75A/cm^2

E = PT 沟槽栅极，局部寿命控制，J_c = 140A/cm^2

2.7.3 采用新基板材料的器件

新兴功率半导体器件的一个共通趋势是使用新基板半导体材料（SiC、GaN 等）[47]。

新器件技术的发展始于学术实验室和小商业公司，由于它们的实验特性，建议将它们用到较低功率变换器市场。首先可以用于混合动力汽车市场、IT 和消费产品市场、电网连接的低功率变换器或某些工业应用场合。根据参考文献

[44]，最活跃的是功率不大于kW功率范围功率因数校正变换器为代表的应用。碳化硅器件（SiC）技术是一个更为先进，能够用于高达MW功率范围的新器件技术。氮化镓（GaN）技术开始于2010年后的碳化硅（SiC）技术，目前主要用于二极管。

新型半导体基板材料的成功主要应用于二极管取代传统恢复二极管的场合。第一个应用是在2001年初用于功率因数校正电路。在功率因数校正电路（PFC）应用中使用SiC二极管可以使功率效率提高2.4%左右[47]且有更为优化的包装，极大地降低了损耗，几乎没有电路采用的成本。此外，可以从电路中省略如小电感缓冲器等不同的辅助部件，剩下的应用障碍是轻微的成本差异（要突破0.20美元/A的障碍）。

另一个很好的例子是最近推出IGBT－二极管的标准基于硅IGBT和新的SiC二极管共同封装的器件，主要用于电动机驱动控制器或新电路设计的替换器件。

相反，采用新基板材料的功率半导体开关器件的应用是有限的。新器件也需要特殊的栅极驱动控制电路和保护电路，这使得替换现有的设计更为复杂化。另一个限制是缺乏可靠性的信息或质量认证，限制了这些器件在关键使用寿命和耐用性技术要求场合的应用。

新衬底材料器件在低开关工作频率和中电压的应用场合中没有重要的性能改进。高电压工作（例如几kV工作范围）变换器的工作将受益于这些新器件。工作于50～100kV的等离子体科学或物理学仪器设备使用SiC二极管器件将会在SiC二极管上有可观的电压降性能的改进。

涉及高开关频率应用的应用场合，这里工作电压又是个很重要的问题。在非常低的工作电压，可以很方便地工作于谐振软开关，新基板材料器件的优点不明显，在中等工作电压（几百伏）新器件工作于高开关工作频率下较常规半导体器件的使用有明显的优点。

使用完整的基于SiC技术，而不是采用传统硅器件的主要优点可以简要说明如下[48]：

1）SiC JFET仅需要大约一半的芯片面积，就可以实现和Si MOSFET相同的工作效率；

2）当工作SiC器件的结温被限制在165℃以上时，散热器的温度可以更高，可以减小冷却系统的尺寸；

3）所以提高了系统的功率密度；

4）30%～40%的Si MOSFET芯片面积就可以实现和使用SiC器件相同的功率密度。

2.8　数据手册信息

功率变换器的成功设计很大程度上取决于功率半导体制造商所提供的数据手

册中的有关信息，每个功率器件或器件类型的特点是由被称为“数据表”的特殊技术文件给出的。从“数据表”可以得到器件的有关参数信息，并知道这些信息的含义是什么。

数据表的第一部分含有对器件的简短描述和器件的有关示意图。在大多数情况下，数据表也对器件的应用领域给出了建议。在数据表的第一个重要部分给出了器件的有关绝对最大额定值的信息。如果功率半导体器件的工作超过了这些额定值，则即使是瞬时，器件生产厂商就无论过载应力的工作条件或持续时间均不做出器件质量保证。通常生产商使用这些额定测试误差来确定器件的最大绝对额定值。但是，电路设计人员不应该指望这个误差带，因为它可能会随不同产品制造商而不同。另外，在器件超过工作绝对最大额定值时，保护组件可以用来保护器件。

任何器件数据表都会提供三个绝对最大温度额定值：

1）工作温度是功率器件可以工作的最大温度，即使没有任何保证，在整个工作温度范围内功率器件的电气性能仍将得到保证；

2）结温是指在任何环境或工作条件下，内部半导体晶片可以达到的最高温度；

3）存储温度是指器件在存储条件下能达到的最高温度。这也是器件制造商提供质量保证的温度空间。

另外还有一个关于防静电防护（ESD）的使用环境警告信息。

变换器的设计最具挑战性的信息来自电气特性表。每个性能特性指标都和测试条件有关，以三个指标给出最小值（MIN）、典型值（TYP）和最大值（MAX），制造商试图选择最重要的测试点。然而，电路设计人员应注意电路设计和生产商提供的测试数据之间的差异。在设计人员经历了自己对功率半导体器件的初步评估后，制造商对数据进行统计，以获得每个参数的平均值。后续的生产批次按这个数据表给出的信息进行统计抽样检验，统计产生的方差和结果分布的标准差。每个特性指标值的最大值和最小值在 6 倍的标准差中选取。这 6 个标准差点成为该参数的最小值和最大值，平均值通常为典型值。现代可靠性设计要求电路设计师考虑最大和最小值以便覆盖所有在工作过程中可能出现的故障，而不是降低设计要求而采用典型值。并且，设计人员可以用自己的评估统计过程对所设计电路测试的评价。

数据表的一部分包含参数随不同工作点变化的图和数据表。

与应用有关的部分通常包括参数测试信息或专用测量电路。应用部分涵盖负载驱动能力、电路板布局和散热建议、安全工作区曲线，如果包含，可能含有稳定电路工作的特殊控制电路或 SPICE 模型。所有这些信息是由有产品应用经验的应用工程师提供的，目地是很好地展现生产商生产的产品性能。这些例子是引人注目的，但并不一定是大批量生产最佳解决方案必需的。这就是为什么在设计各个阶段都应该应用现代可靠性设计原理的原因。

问　题

P2.1　试解释栅—漏和栅—源电容的变化。

P2.2　在25℃结温度，功率MOSFET的导通电阻等于120mΩ，温度高达100C°时的导通电阻线性上升到200mΩ，在负载电阻为10Ω，电源电压为150V的斩波器工作条件下，计算功率MOSFET的导通损耗。

P2.3　想象一个由一个双极型晶体管和一个功率MOSFET并联的混合电源开关。这样一个混合器件的优点是什么？

P2.4　定量描述一个短工作寿命的IGBT和长工作寿命的IGBT在关断工作期间集电极电流与工作时间的关系曲线，并解释之间的不同。

P2.5　定量描述IGBT通过不同的栅极驱动电阻在导通工作期间集电极电流的变化。

P2.6　定量描述IGBT通过不同的栅极驱动电阻在关断工作期间集电极电流的变化。

P2.7　基于本章给出的公式写一个计算机程序来进行功率损耗估算，并在简单工作条件下运行此程序于单IGBT开关，负载电阻为20Ω，工作频率为20kHz，直流供电母线电压为直流400V。通过器件生产商给出的数据表根据一个实际的IGBT的工作数据和与给定的数据表给出的数据比较。

P2.8　考虑一个MOSFET和具有相同的击穿电压和电流额定值的IGBT。如何比较这两种器件的栅—漏和栅—源电容？

参考文献

1. Anon. 2012. About the World Power Semiconductor Discretes and Modules Report, 2012 edition, IMS Research, July.
2. Anon. 2008. Power Semiconductors Market: Latest Trends 2008, Yano research.
3. Brown, J. and Moxey, G. 2003. Power MOSFET Basics: Understanding MOSFET Characteristics Associated With The Figure of Merit, Vishay-Siliconix Application Note AN-605, September.
4. Seki, Y. 2001. Present status and trends of power semiconductor devices. *Fuji Electr. Rev.* 47(2), 34–36.
5. Seki, Y., Hosen, T., and Yamazoe, M. 2010. The current status and future outlook for power semiconductors. *Fuji Electr. Rev.* 56(2), 47–50.
6. Fujihira, T., Kaneda, H., and Kuneta, S. 2006. Fuji' electric semiconductor: Current status and future outlook. Fuji Electr. Rev. 52(2), 42–47.
7. Yamamoto, T., Yoshiwatari, S., and Ichikawa, H. 2012. Expanded lineup of high-power 6th generation IGBT module families. *Fuji Electr. Rev.* 58(2), 60–64.

8. Gutsmann, B., Kanschat, P., Münzer, M., Pfaffenlehner M., and Laska, T. 2003. Repetitive Short-Circuit Behavior of Trench/FieldStop IGBTs, PCIM Europe 2003.
9. Schreiber, D. 2005. New power semiconductor technology for renewable energy sources application, Semikron Seminar in Sevilla, Spain, Internet documentation.
10. Kang, X., Caiafa, A., Santi, E., Hudgins, J.L., and Palmer, P.R. 2003. Characterization and modeling of high-voltage field-stop IGBTs. *IEEE Trans. Indust. Appl.* 39(4), 922–929.
11. Dodge, J. 2004. IGBT Technical Overview, Application Note APT0408, Advanced Power Technology Corporation, November.
12. Anon. 1998. Using IGBT Modules, Mitsubishi Electric, September.
13. Motto, E. 1996. Gate drive techniques for large IGBT modules, *PCIM Magazine*.
14. Zverev, I., Konrad, S., Voelker, H., Petzoldt, J., and Klotz, F. 1997. Influence of the gate drive technique on the conducted EMI behaviors of a power converter. *IEEE PESC* 2, 1522–1528.
15. Hefner, A.R. 1991. An investigation of the drive circuit requirement for the power insulated gate bipolar transistor. *IEEE Trans. Power Electron*. 4, 208–218.
16. Neacsu, D., Takahashi, T., and Nguyen, H.H. 2000. Using IR 2137, International Rectifier Design Tip 00-1.
17. Blaabjerg, F. and Pedersen, K. 1997. Optimized design of a complete three-phase PWM-VS inverter. *IEEE Trans. Power Electron.* 12(3), 567–577.
18. Neacsu, D.O. and Takahashi, T. 2000. Computer-aided design of a low-cost low-power snubberless three-phase inverter, *IEEE Workshop on Computers in Power Electronics, Blacksburg*, VA, June, pp. 204–210.
19. Neacsu, D., Takahashi, T., and Nguyen, H.H. 2000. Using IR 2137, IR Design Tip 00-1.
20. Wood, P., Battello, M., Keskar, N., and Guerra, A. IPM Application Overview—Integrated Power Module for Appliance Motor Drives, International Rectifier AN-1044.
21. McNeil, N., Sheng, K., Williams, B.W., and Finley, S.J. 1998. Assessment of OFF-state negative gate voltage for IGBTs. *IEEE Trans. Power Electron.* 13, 436–440.
22. Ferrieux, J.P., Forest, F., and Lienart, P. 1989. The insulated gate bipolar transistor: switching mode, *EPE Conference*, Aachen, pp. 171–175.
23. Gerster, C.H. and Hofer-Noser, P. 1996. Gate controlled dv/dt and di/dt—Limitation in high power IGBT converters. *EPE J.* 5(3/4), 11–16.
24. Musumeci, S., Raciti, A., Testa, A., Galluzo, A., and Melito, M. 1997. Switching behavior improvement of insulated gate-controlled devices. *IEEE Trans. Power Electron.* 12(4), 645–653.
25. Takizawa, S., Igarashi, S., and Kuroki, K. 1998. A New di/dt control gate drive circuit for IGBTs to reduce EMI noise and switching losses. *IEEE Power Electronics Specialists Conference*, Fukuoka, Japan, vol. 2, pp. 1443–1449, July.
26. Lee, H.G., Lee. Y.H., Suh, B.S., and Hyun, D.S. 1997. An improved gate control scheme for snubberless operation of high power IGBTs, *IEEE Industry Applications, Annual Meeting*, New Orleans, Louisiana, USA, vol. 2, pp. 975–982, 5–9 October.
27. Hong, S. and Lee, Y.G. 1999. Active gate-control strategy of series connected IGBTs for high power PWM inverter, *IEEE PEDS*, Hong Kong, vol. 2, pp. 646–452, 27–29, July.
28. Gerster, C., Hofer, P., and Karrer, N. 1996. Gate-control strategies for snubberless operation of series connected IGBTs. *IEEE PESC Conference*, Baveno, Italy, vol. 2, pp. 1739–1742, 23–27 June.
29. Idir, N., Franchaud, J.J., and Bausiere, R. 2000. New control technique achieves low di/dt and dv/dt. *PCIM Magazine*, February.
30. John, V., Suh, B.S., and Lipo, T.A. 1999. High performance active gate drive for high power IGBTs. *IEEE Trans. Indust. Appl.* 35(5), 1108–1117.
31. Heath, D. and Wood, P. 1999. Overshoot voltage reduction using IGBT modules with special drivers. International Rectifier Design Tip no. 99-1.

32. McNeil, N., Sheng, K., Williams, B.W., and Finley, S.J. 1998. Assessment of OFF-state negative gate voltage for IGBTs. *IEEE Trans. Power Electron.* 13, 436–440.
33. Ferrieux, J.P., Forest, F., and Lienart, P. 1989. The Insulated Gate Bipolar Transistor: Switching Mode, *EPE Conference*, Aachen, pp. 171–175.
34. Gerster, C.H. and Hofer-Noser, P. 1996. Gate controlled dv/dt and di/dt—Limitation in high power IGBT converters. *EPE J.*, 5(3/4), 11–16.
35. Musumeci, S., Raciti, A., Testa, A., Galluzo, A., and Melito, M. 1997. Switching behavior improvement of insulated gate-controlled devices. *IEEE Trans. Power Electron.* 12(4), 645–653.
36. Takizawa, S., Igarashi, S., and Kuroki, K. 1998. A New di/dt control gate drive circuit for IGBTs to reduce EMI noise and switching losses. *IEEE Power Electronics Specialists Conference*, Fukuoka, Japan, vol. 2, pp. 1443–1449, July.
37. Lee, H.G., Lee, Y.H., Suh, B.S., and Hyun, D.S. 1997. An improved gate control scheme for snubberless operation of high power IGBTs, *IEEE Industry Applications, Annual Meeting*, New Orleans, Louisiana, USA, vol. 2, pp. 975–982, 5–9 October.
38. Hong, S. and Lee, Y.G. 1999. Active gate-control strategy of series connected IGBTs for high power PWM inverter, *IEEE PEDS*, Hong Kong, vol. 2, pp. 646–452, 27–29, July.
39. Gerster, C., Hofer, P., and Karrer, N. 1996. Gate-control strategies for snubberless operation of series connected IGBTs. *IEEE PESC Conference*, Baveno, Italy, vol. 2, pp. 1739–1742, 23–27 June.
40. Idir, N., Franchaud J.J., and Bausiere, R. 2000. New control technique achieves low di/dt and dv/dt. *PCIM Magazine*, February.
41. John, V., Suh, B.S., and Lipo, T.A. 1999. High performance active gate drive for high power IGBTs. *IEEE Trans. Indust. Appl.* 35(5), 108–1117.
42. Luniewski, P., Jansen, U., and Hornkamp, M. 2005. Dynamic voltage rise control, the most efficient way to control turn-off switching behaviour of IGBT transistors, *pelincec Conference*, October 16–19, 2005, Warsaw, Poland, pp. 80.1–80.6.
43. Rebec, M. 2012. "RC-D Fast": RC-Drives IGBT optimized for high switching frequency, Infineon Application Note, July.
44. Hosen, T. and Yanagisawa, K. 2011. Fuji electric's semiconductors: Current status and future outlook. *Fuji Electr. Rev.* 57(3), 68–71.
45. Komatsu, K., Harada, T., and Nakazawa, H. 2011. IGBT module for advanced NPC topology. *Fuji Electr. Rev.* 57(3), 72–76.
46. Motto, E.R., Donlon, J.F., Takahashi, H., Tabata, M., and Iwamoto, H. 1999. Characteristics of a 1200 V PT IGBT with trench gate and local life time control, *IEEE IAS Annual Meeting*, pp. 811–816 vol. 2.
47. Anon. 2009. SiC and GaNi Power Electronics: Focus on PFC Market, Yole Development Report.
48. Schweizer, M., Waffler, S., and Kolar, J.W. 2011. SiC versus Si—Evaluation of potentials for performance improvement of inverter and DC–DC converter systems by SiC power semiconductors. *IEEE Trans. Indust. Electron.* 58(7), 2872–2882.

第 3 章　基本三相逆变器

3.1　用作简单开关的大功率器件

使用双极型晶体管和 MOSFET 工作于有源工作区在较大功率工作条件下的工作效率较低。工作于有源工作区的双极型晶体管用作稳压调节功能，由于双极型晶体管的集电极—发射极之间有较大的电压降，因此仅能提供 30% ~40% 的工作效率。相比之下，工作于开关工作模式相同器件的开关工作效率为 80% ~ 99%，具体工作于开关工作状态的开关工作效率与变换器的拓扑结构和使用的无源元器件数量有关。使用开关工作方式的整体思路是工作于高频恒定或可变的开关脉冲占空比，然后高频开关脉冲通过低通无源滤波器滤波。由于功率变换的作用就可以产生所需要的直流或低频成分。

以开关控制在负载上产生一个电压为例，如图 3.1 所示。这是降压 DC – DC 变换的简单工作情况。如果在开关脉冲占空比中注入低频交流分量，则会在负载上出现一个低频变化，换句话说，负载电压的低频分量反映了控制基准信号。图 3.2 所示为基于可变控制函数的 buck（降压）变换器脉冲宽度调制（或称之为脉冲占空比）工作原理。

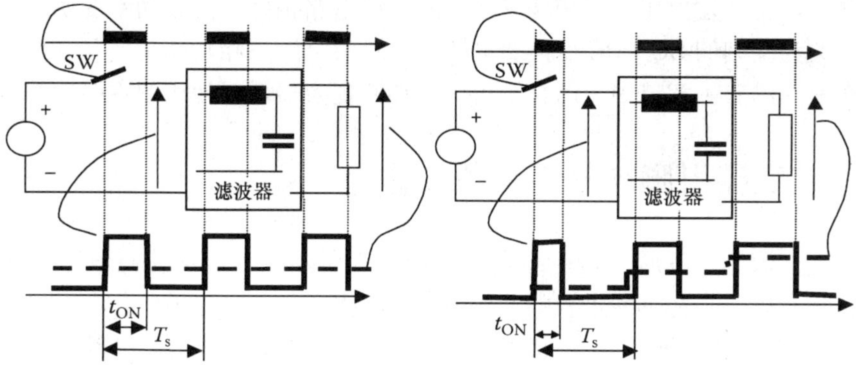

图 3.1　基本开关工作：固定和可变脉冲占空比

图 3.2 也有助于我们理解占空比和调制指数之间的差异。前者表示整个控制基准信号的变化，后者涉及每个开关的开关控制。因此，我们可以通过调制指数来调节负载上电压方均根（RMS）值的基本频率。

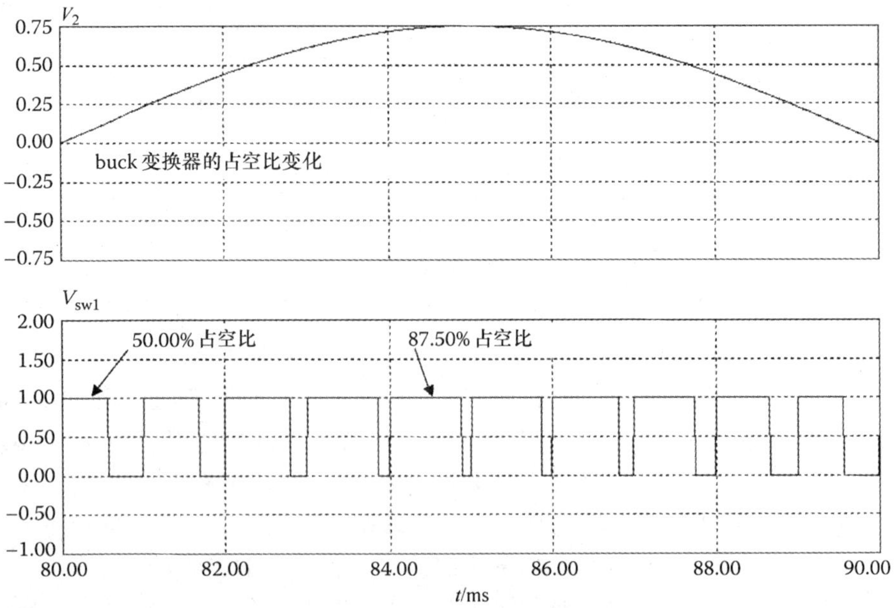

图 3.2　占空比与交流输入电压变化

电力负载中流过负载电流，功率变换的目标是为负载提供一个平滑的负载电流变化。这样，滤波任务就和负载电路中的电感分量有关，这个电感分量能够将脉冲电压转换成平滑的负载电流。如果负载已有足够的电感分量，则在电路系统中就没有必要再添加一个感应滤波器，负载本身就起到了滤波作用。

在更高功率水平的功率变换中需要通过三相电网系统提供电力，并为三相负载供电。现已开发出用于三相功率变换的专用电路拓扑，三相功率变换的工作比以单开关为基础的 DC－DC 变换要复杂，本章将介绍三相功率变换器工作的特殊性。在前面的有关章节中，已介绍了构建功率变换器需要使用的主要功率器件。

3.2　逆变器引脚与感性负载工作

产生交流输出波形最简单的电路如图 3.3 所示。为了简化对电路工作的解释，首先考虑一个纯感性负载的工作条件。在电感电流正半波工作期间，高压端开关 S_1 和低压端二极管 D_1 组成 buck 变换器。类似，在电感电流负半波工作期间，低压端开关 S_2 和高压端二极管 D_2 组成 buck 变换器。在任何开关（S_1 或 S_2）导通工作期间，基于导通时间间隔宽度电感上的能量被储能。二极管（D_1 或 D_2）用于确保在开关关断状态的电流流通路径。总体而言，以负载功率因数决定的延迟通过负载电感的电流以控制基准为准。由于控制基准信号和实际负载电流之间的相位移，使得必须控制两个开关工作于互补的开关工作方式。如果每

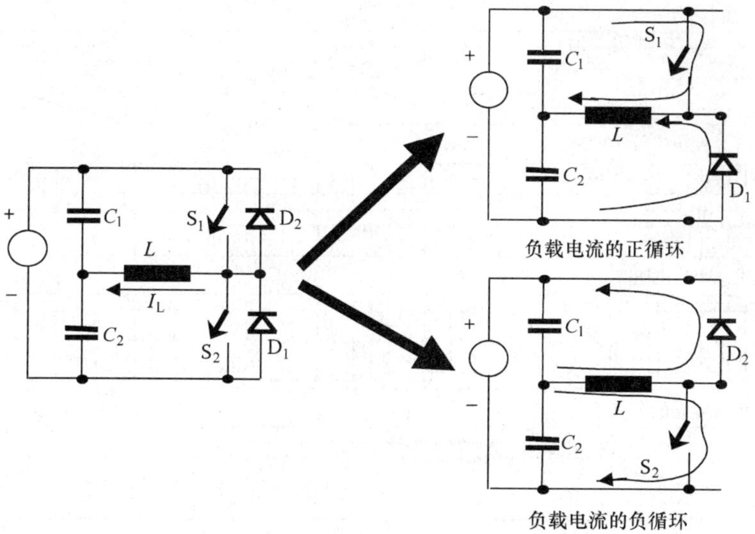

图 3.3 逆变器引脚的电流循环控制

个开关都控制在其适当 buck 变换器的一个半波，则一个没有任何开关工作的负载电压时间间隔是必要的，以确保电感电流通过二极管放电，如图 3.4 所示。互补控制如图 3.5 所示，负载电流总是受控于与基准信号之间有一个固定相位移的一个准正弦波。

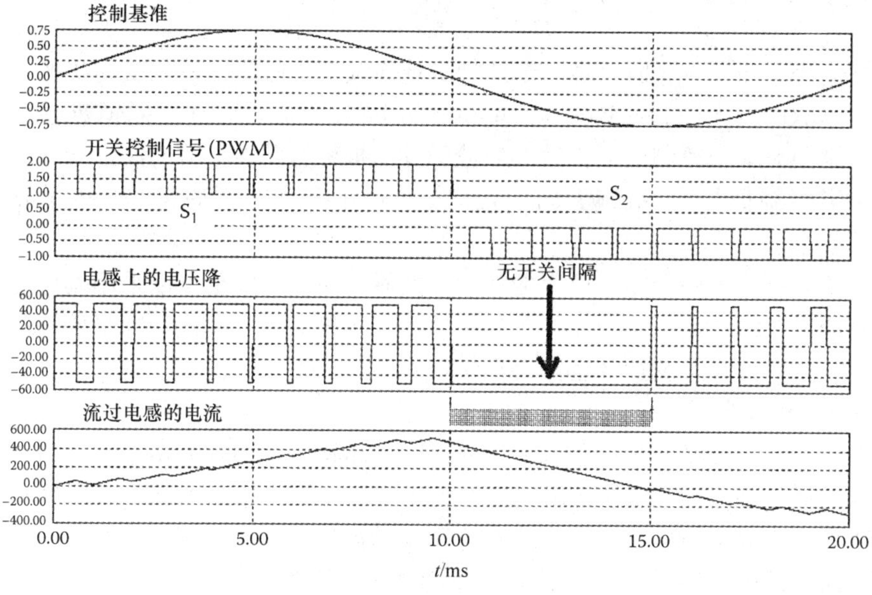

图 3.4 仅在适当的半波期间控制每个开关（1kHz 开关工作频率，100V，m = 0.75 和 0.5mH 电感）

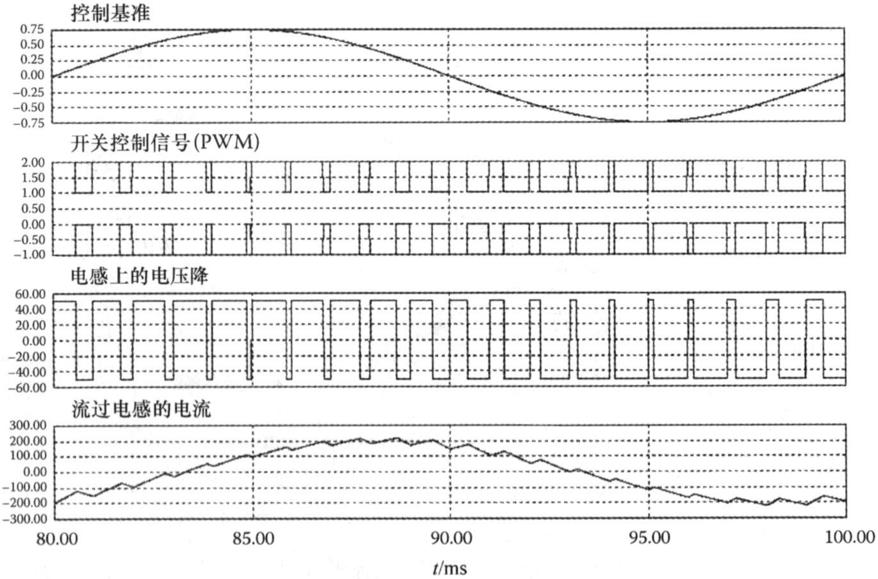

图 3.5　在整个波形中控制每个开关（1kHz 开关工作频率，100V，$m=0.75$ 和 0.5mH 电感）

3.3　什么是 PWM 算法

在图 3.4 和图 3.5 所示为一个加到负载连续变化电压脉冲宽度的实例，这就是所谓的脉冲宽度调制（Pulse Width Modulation，PWM），这里以恒定频率产生脉冲，调制波形与控制波形一致。载波脉冲由被称为载波信号的波形来保证。本节将给出调制信号和载波信号的产生方式，并且对不同的 PWM 算法进行了比较[10-14]。

图 3.2 所示为一个非常通用的功率变换器，在实用中也可以采用其他的电路拓扑结构，负载可能不是一个简单的电感。基于开关工作模式的能量传输可以确保高变换效率，并且变换效率始终保持不变，实践证明，基于这种工作方式的控制称为 PWM 技术。

在 AC－DC 变换的情况下，很明显，线电压输入电感或升压电感对所加电压起到低通滤波器（LPF）的作用。考虑到交流驱动的应用，电动机电感滤除由于开关工作产生的谐波成分。如果忽略电阻上的电压降和定子绕组的漏感，则无论负载电路上的电感表现如何，电动机绕组的磁通量都近似等于电动机绕组所加电压的时间积分，通过 PWM 来确保证电动机所需要的功率传输。

PWM 算法的最大优点是它能够控制在负载上的基波电压的含量，这是利用与调制指数相关的控制基准波形幅度来实现的。例如图 3.4 和图 3.5 中所示的图形就是基于调制指数为 0.75 的相关信号波形。脉冲宽度的变化不仅基于控制基准信号，同时也基于调制指数。脉冲宽度能调节负载电感内的能量储存和释放的时间间隔。因此，流过负载的电流纹波取决于脉冲宽度的变化。需要注意的重点是，图 3.2 所示的开关控制脉冲占空比与变换器的调制指数一致。图 3.6 所示为所有波形取决于调制指数的关系。负载电流纹波取决于调制指数参数值。

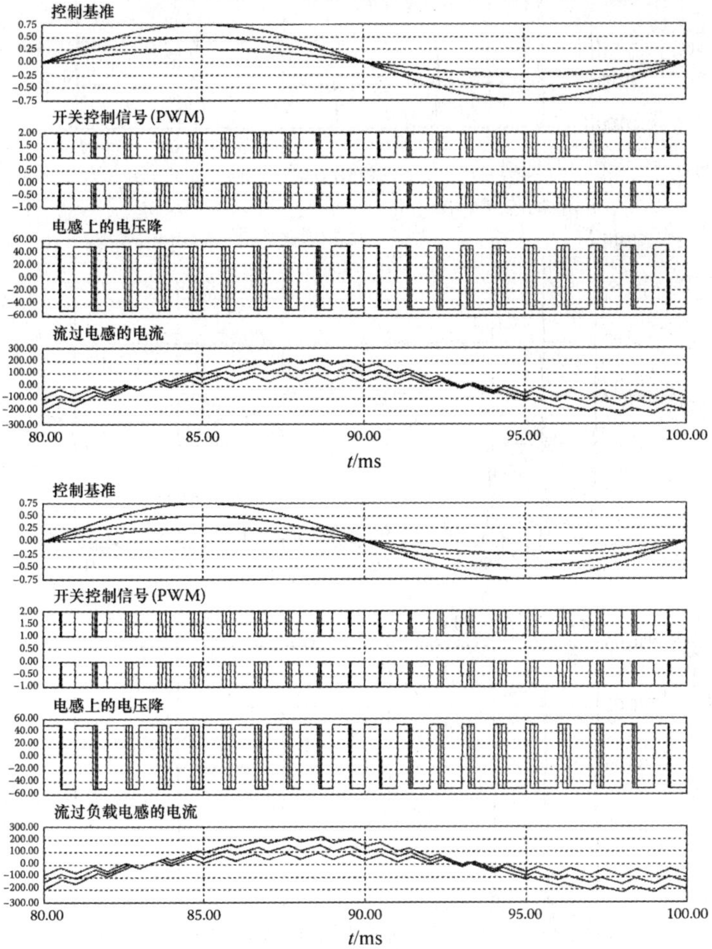

图 3.6　不同调制指数下的变换器工作波形特性

傅里叶或频率分析提供了工作于一个调制指数的变换器拓扑与其他变换拓扑的谐波大小或纹波大小的比较。图 3.2 所示变换器工作于不同的调制指数和不同开关频率下加到负载的电压的快速傅里叶变换（FFT），结果如图 3.7 和图 3.8 所示。

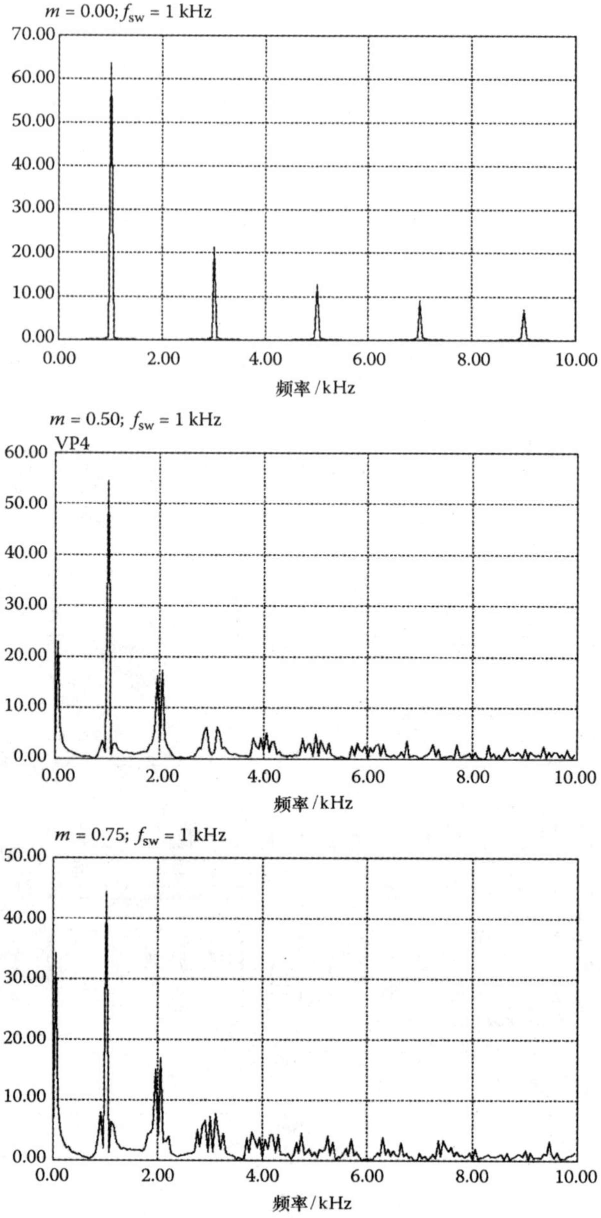

图3.7　图3.2工作于1kHz开关工作频率变换器不同工作模式下的输出电压频谱

如果没有采用调制，则在开关工作频率下输出电压的谐波频谱会显示很强的谐波分量。当调制指数增大时，开关频率位置的谐波成分减小，并且在调制信号加大时的低频分量增大，作为从开关频率分量到基频功率传输的一部分。最好的

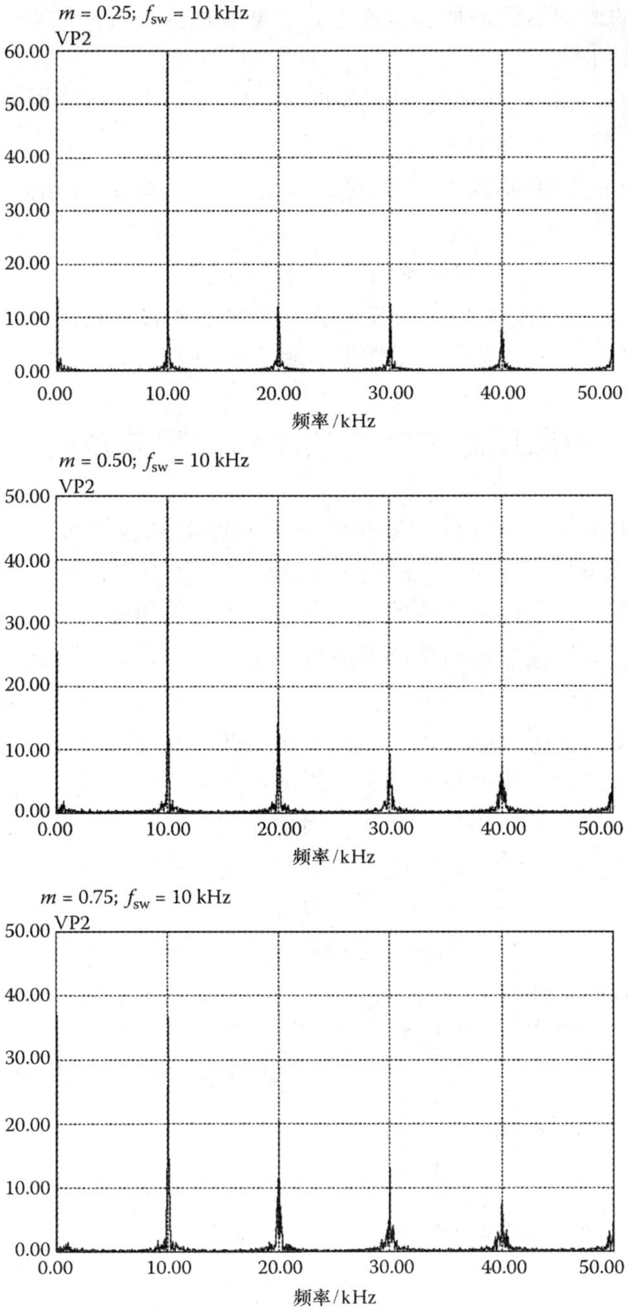

图 3.8　图 3.2 所示变换器（10kHz）不同工作模式下的频谱

情况下，使用更高的调制指数可以得到最纯的低频分量合成实现结果。但是，仅在工作模式符合整个取样（或开关）时间间隔时才可以增加调制指数。在这一点之后，任何的调制指数增加都会产生合成基频波形失真的结果。这些谐波结果可以分类总结如下：

1）调制的主要作用是谐波向更高的频率移动，而更高频率的谐波更容易被滤除；

2）负载电压频谱不含直流分量，仅含基波频率成分和开关频率的倍频成分；

3）当频率增大时，开关频率倍频成分的幅度减小；

4）在较低的调制指数工作状态可以观察到更多的谐波成分。总体谐波性能系数比想象的要好，本书第3.8节将对这些系数进行全面的讨论。

3.4 基本三相电压源逆变器的工作原理与功能

图3.2给出了从直流电源到单相交流负载能量变换的可用解决方案。利用PWM实现了负载的交流供电。在较高的功率水平常用三相用电和三相供电，所以在三相电力系统中电能在三相中均匀分布，因此每相的电流较小。

构成一个三相变换器最简单的解决方案是采用图3.2所示的三个类似电路结构。图3.9所示为这样的变换器。每一个逆变器引脚的工作方式和图3.3所示电路完全一致，图3.3所示电路每个引脚之间基准信号电压的相位差为120°。

一个星形联结的三相负载如图3.9所示，负载中性点被连接到电容器组的中点。由于负载电压跟随三相基准系统，因此加到负载的基波电压也形成一个三相系统。如果负载是对称的，则相电流形成一个没有零序的系统，这意味着没有从负载电流循环流到电容器组的中点，负载可以和电容器组的中点断开，也可以考虑另一种三角形联结方法，如图3.10所示。因为每相电流相加的和必须为零，所以在星形负载连接条件下没有连接到直流电容器组中点的零序电流。

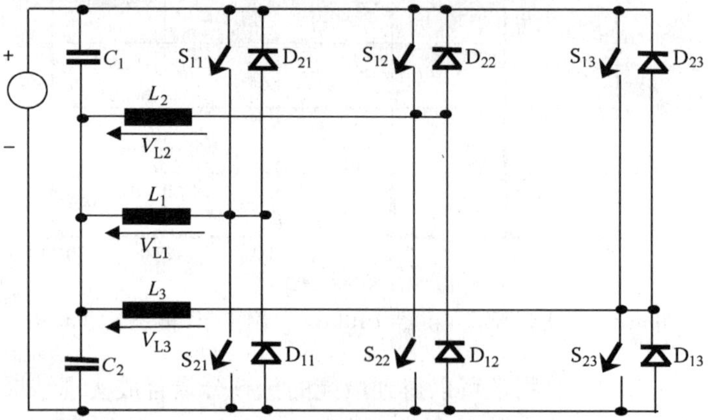

图3.9 由单相拓扑导出的三相逆变器

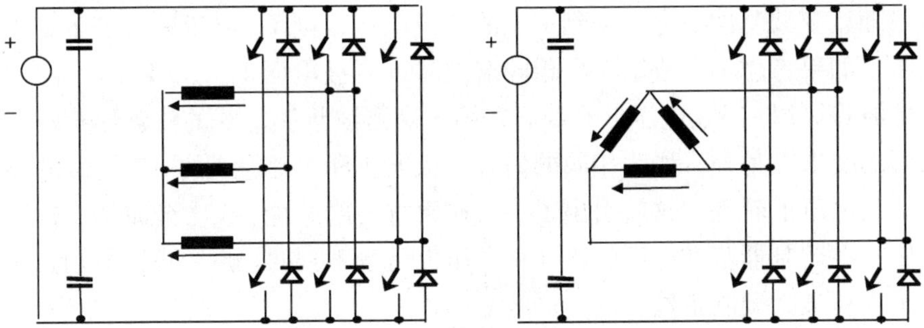

图 3.10　不同的负载连接方式

可以看出开关已经被控制在每相与正弦基准信号 PWM 的脉冲占空比。相电压可以用对开关电压降的依赖关系来表示。

对 PWM 信号产生的主要约束是需要在负载上产生一组对称的电压，如图 3.11 所示。可以用式（3.1）表示为

$$V_{\text{ph A}} + V_{\text{ph B}} + V_{\text{ph C}} = 0 \tag{3.1}$$

电路方程见式（3.2）

$$\begin{cases} V_{\text{ph A}} = V_{\text{pole A}} - V_{\text{NO}} \\ V_{\text{ph B}} = V_{\text{pole B}} - V_{\text{NO}} \\ \qquad \Rightarrow V_{\text{pole A}} + V_{\text{pole B}} + V_{\text{pole C}} = 3V_{\text{NO}} \\ \qquad \Rightarrow V_{\text{NO}} = \dfrac{1}{3}\left[V_{\text{pole A}} + V_{\text{pole B}} + V_{\text{pole C}} \right] \\ V_{\text{ph C}} = V_{\text{pole C}} - V_{\text{NO}} \end{cases} \tag{3.2}$$

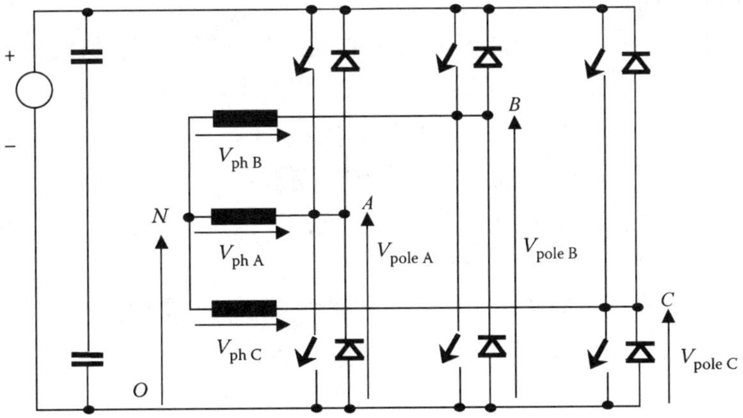

图 3.11　负载上的电压建立

这些方程给出的是平均值和瞬时值，平均分析忽略了所有开关过程。如果极电压跟随正弦波基准信号叠加到一半的直流电压，则 V_{NO} 电压总是等于一半的直流电压。如果考虑 1/3 或第 3 次相同谐波注入到极电压 $V_{pole\ A}$、$V_{pole\ B}$、$V_{pole\ C}$，则这个谐波将可以在 V_{NO} 电压上看到。在第 3 次谐波频率重复的任意形状信号将满足相同的要求。另外，作为相同的信号是极电压和中性电压的一部分，它不会再在输出相电压上看到。这就引出了一个非常重要的结论：3 次谐波和 3 次谐波的倍频信号在调制器基准电压的输出相电压上是看不到的。后面可以看出这个结论有助于提高最大调制指数。

前面以瞬时值给出的方程帮助证明了相电压等于 $1/3V_{DC}$、$2/3V_{DC}$、$-1/3V_{DC}$、$-2/3V_{DC}$ 或 0。这也意味着 V_{NO} 电压不会保持非常恒定的直流电压，但是会在每个开关工作过程中在不同电压之间变化。

理想变换器和一个 6 步调制或 PWM 的工作对输出相电压给出了以下的结论：

1）输出相电压中没有偶次谐波；

2）输出相电压中没有 3 次谐波或 3 次谐波的倍频成分；

3）输出相电压中没有直流成分。

因此，负载电压的典型频谱特征是由基波，一对 $6k\pm1$ 次谐波（5,7,11,13,17,19,…），高达开关频率及它的倍频成分。负载电压频谱的例子如图 3.12 ~ 图 3.14 所示。图中给出了一个开关频率和正弦基准频率低比值的例子，以便给出较低阶谐波的工作情况。

三相逆变器的 6 步工作（无调制）产生大的负载电压谐波，现引入下面给出的不同谐波改善方法：

1）通过变压器和相移控制连接几个相同的功率级，以叠加负载上的电压或电流波形幅度（如图 3.15 所示）；

2）利用下面介绍的相关 PWM 控制算法：

① 用编程的方式计算以减小低频范围的谐波系数，或降低一些低频谐波；

② 采用三角交叉或直接数字脉冲编程技术，以实现基于载波的 PWM 算法；

③ 矢量 PWM 法。

这些方法中的每一种都会在后面的具体应用实例中详细介绍。在进行这种分析之前，需要首先了解对三相逆变器性能指标的有关要求。

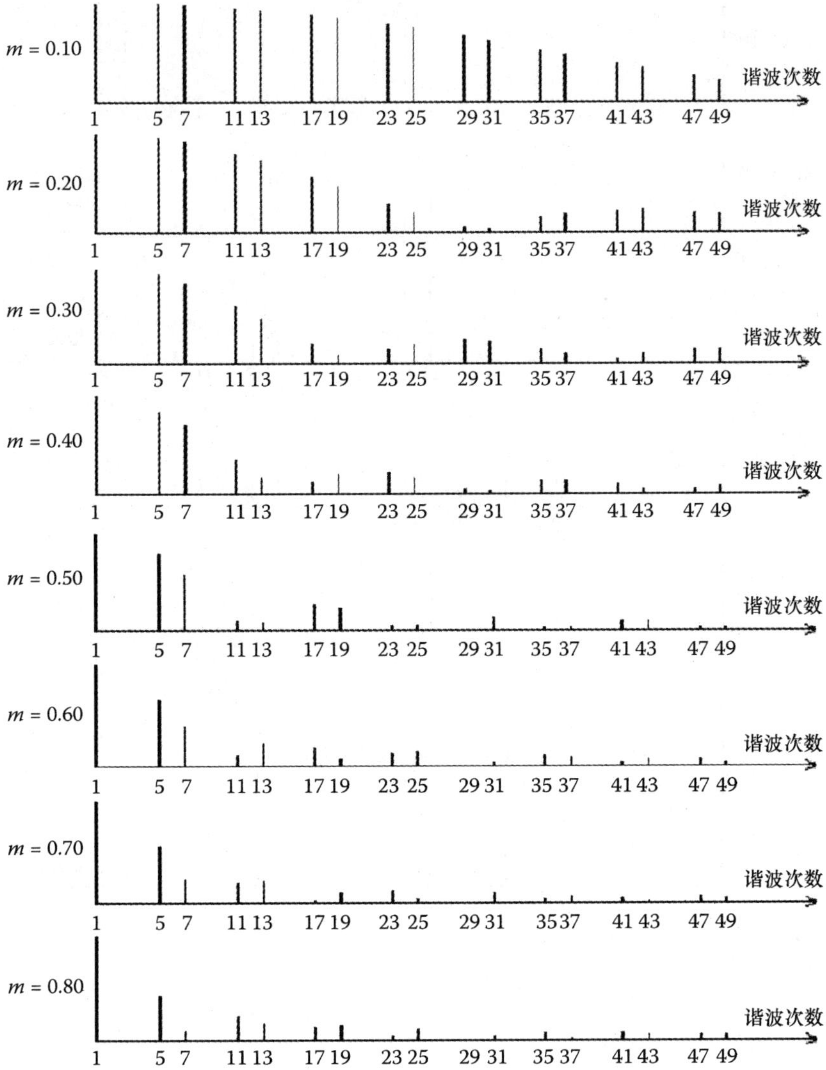
m = 0.10
m = 0.20
m = 0.30
m = 0.40
m = 0.50
m = 0.60
m = 0.70
m = 0.80
谐波次数
1 5 7 11 13 17 19 23 25 29 31 35 37 41 43 47 49

图 3.12　6 步工作

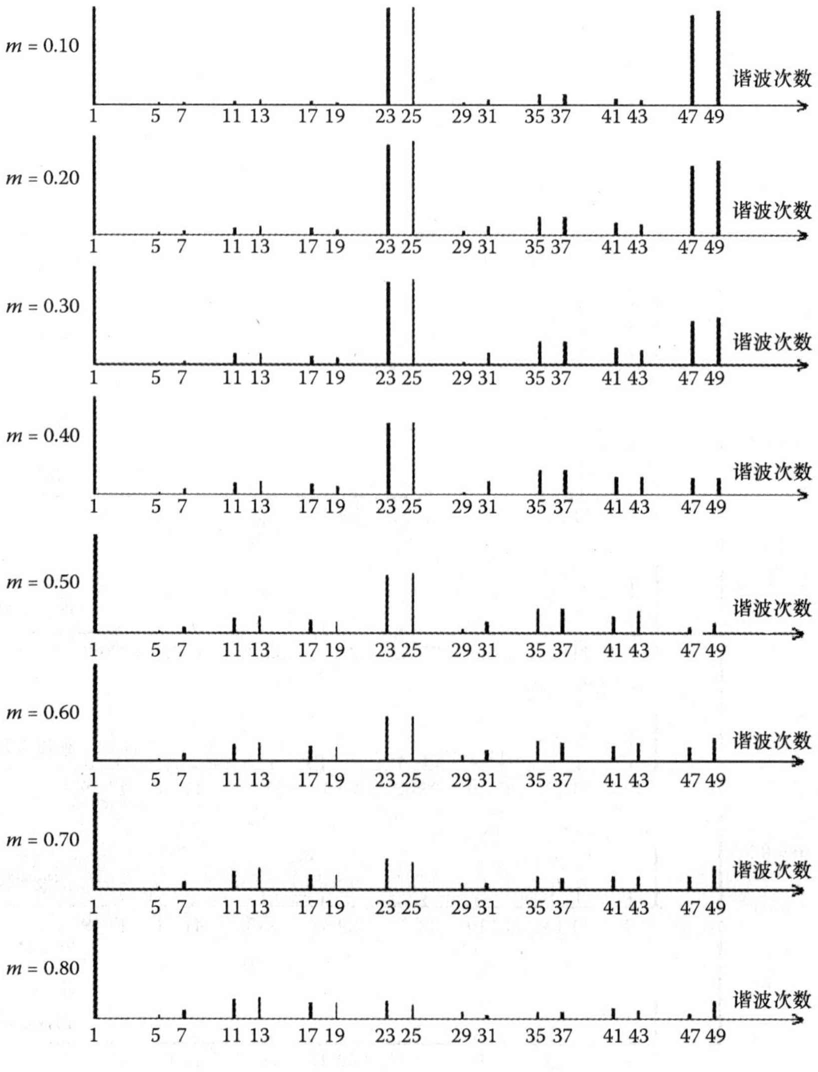

图 3.13　开关工作频率高于正弦基准频率 24 倍

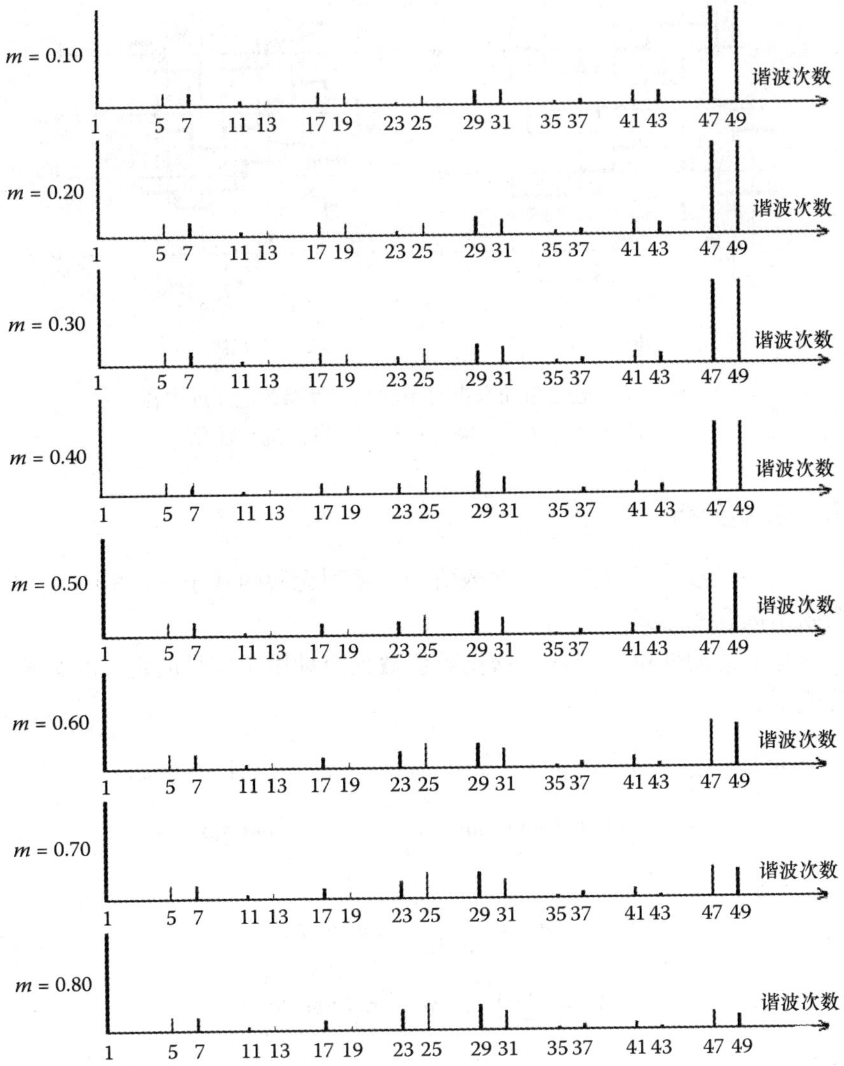

图 3. 14　开关工作频率高于正弦基准频率 48 倍

3. 5　性能指标的定义和在不同国家使用的术语

为了比较不同 PWM 算法和不同功率变换器的结果，基于频率分析确定了几个技术性能指标。这些分析基于功率转换器的输入或输出的电压和电流，可以根据傅里叶级数的系数或傅里叶变换进行。

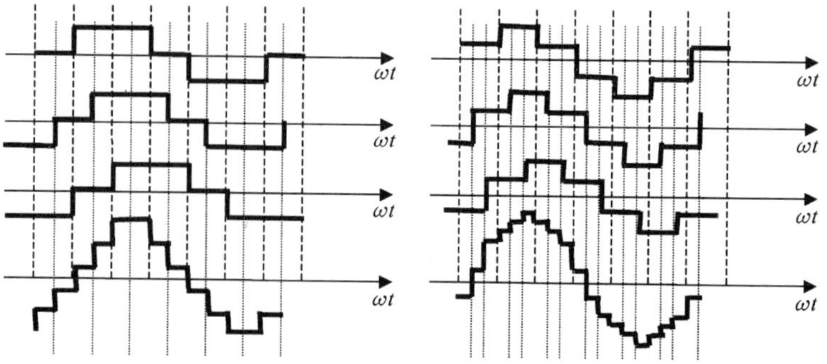

图 3.15　通过添加来自每个功率变换器的电压或电流波形改善谐波，需要进行相位移的离线优化

3.5.1　频率分析

任何周期函数都可以用一个常数值和一系列无限的基于基波的奇次和偶次正弦和余弦函数和的形式来表示。

这就是所谓的傅里叶级数，傅里叶级数很容易用于信号的定义和分析。如下面的公式所示。

$$u(\omega t) = \frac{A_0}{2} + A_1\sin(\omega t) + 2\sin(2\omega t) + \cdots\cdots + A_n\sin(n\omega t) + \cdots\cdots$$
$$+ B_1\cos(\omega t) + 2\cos(2\omega t) + \cdots\cdots + B_n\cos(n\omega t) + \cdots\cdots \quad (3.3)$$

式中

$$A_0 = \frac{1}{\pi}\int_0^{2\pi} u(\omega t)\mathrm{d}\omega t \quad (3.4)$$

$$A_n = \frac{1}{\pi}\int_0^{2\pi} u(\omega t)\sin(n\omega t)\mathrm{d}\omega t \quad (3.5)$$

$$B_n = \frac{1}{\pi}\int_0^{2\pi} u(\omega t)\cos(n\omega t)\mathrm{d}\omega t \quad (3.6)$$

同样的频率成分决定每次谐波的幅度。

$$V_n = \sqrt{A_n^2 + B_n^2} \quad (3.7)$$

可以用式（3.8）表示有效值。

$$V_n^{\mathrm{rms}} = \frac{V_n}{\sqrt{2}} \quad (3.8)$$

前面图 3.12 ~ 图 3.14 给出的研究结果已经使用了傅里叶级数分析。如果波形没有定义解析，而是作为一组测量或仿真结果，那么值得对它进行傅里叶变换。通过傅里叶变换把时域周期函数转换为被称为频谱函数的频域函数。

$$S(n\omega) = \frac{1}{T}\int_0^T u(t)\,\mathrm{e}^{-\mathrm{j}\omega nt}\mathrm{d}t \tag{3.9}$$

式中　$n\varepsilon(-\infty, \infty)$。

利用式（3.10）可以进行傅里叶反变换。

$$u(t) = \sum_{n=-\infty}^{n=\infty} S(n\omega)\,\mathrm{e}^{-\mathrm{j}\omega nt} \tag{3.10}$$

对被测信号的取样为 $u(kT) = u_k$。可以利用傅里叶积分近似实现数值计算。现取 $T = NT_s$ 和 $\mathrm{d}t = T_s$，有式（3.11）成立。

$$S(n\omega) = \frac{1}{NT_s}\sum_{k=0}^{N-1} u_k \mathrm{e}^{(-\mathrm{j}\omega kn/N)T_s} \qquad T_s = \frac{1}{N}\sum_{k=0}^{N-1} u_k \mathrm{e}^{(-\mathrm{j}\omega kn/N)T_s} \tag{3.11}$$

取样定理表明，信号的 N 次取样可以定义为对 $(N/2)-1$ 次正频谱分量和 $(N/2)-1$ 次负频谱分量的取样。函数 $u(t)$ 是周期性函数，这意味着 $S(-n\omega) = S((N-n)\omega)$。这进一步允许变换负频谱分量为较高频谱范围（$N/2$，$N-1$），在时域利用波形的 N 次取样来计算 N 次频谱成分。

在评估了下面的表达式后可以用计算机计算谱函数 $S(n\omega)$。

$$w = \mathrm{e}^{-\mathrm{j}2\pi/N}$$

有式（3.12）成立。

$$S(n\omega) = \frac{1}{N}\sum_{k=0}^{N-1} u_k \omega^{kn} \tag{3.12}$$

当考虑取样数为 2 的指数次幂时，可以减少微积分的序列，计算结果也叫 FFT。例如，选择 1024 次取样，这样采用 FFT 算法可以将计算时间降低到常规傅里叶变换计算所需时间的 1%。

由于傅里叶变换方法分辨率有限，因此每个变换成分在相邻间隔内的波形为三角波形状。这个三角形的底越小就表示对原始信号的取样越好，也就表示它的幅度越接近该频率成分的幅度。FFT 确定前面图 3.7 和图 3.8 所示的结果。

3.5.2　三相变换器的调制指数

对于一个三相逆变器，相对于调制指数的性能指标定义见式（3.13）。

$$m = \frac{V_S}{(2/3)\ V_{dc}} \tag{3.13}$$

3.5.3　性能指标

下面介绍常用的性能指标。计算结果可以用作例子，但忽略去了如何得到这些结果的细节，以简化介绍过程。不同的 PWM 算法的精细差异将在本书第 4 章和第 5 章加以介绍。

1. 基波含量（z）

z 表示输出相电压（V_{L1}）的基波均方根值与输出相电压（V_L）的均方根值之间的比值。主要用于欧洲。

2. THD

$$\mathrm{THD}(\%)=\frac{100}{V_{(1)}}\sqrt{\sum_{n=2}^{\infty}[V_{(n)}]^2} \tag{3.14}$$

这个系数的计算结果取决于计算的谐波数量，考虑谐波的次数几倍于开关频率是个很好的实践选择。

图3.16所示为不同的开关频率在调制指数在0.1~0.8之间变化，取样数非常大的取样条件下总谐波失真（THD）与调制指数之间的关系曲线。很明显，对于相同的调制指数，结果大致相同，与频率比为6时的开关工作频率无关。这表明PWM算法只是将谐波频率从低频率移到更高的频率，而没有改变对负载提供的功率。

3. HCF

作为感性负载基本上是一个低通滤波器（Low Pass Filter，LPF），将会衰减高次谐波电流。其余的电流频谱将随着PWM算法的不同由一个开关工作频率到另一个开关工作频率而不同。

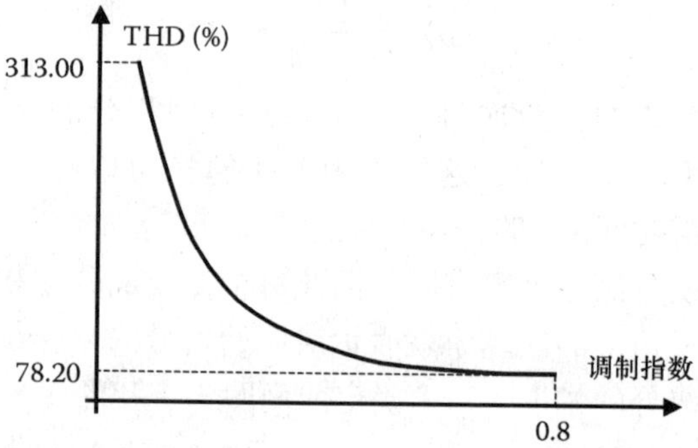

图3.16　当考虑的谐波高达150kHz时，THD随调制指数在开关频率为1.2、2.4、3.6kHz时的变化

关于电流谐波的系数将更好地定义一个PWM算法的性能。这样的系数称为谐波电流因子（HCF），见式（3.15），在变换器输出端HCF可以基于电压谐波来表示：

$$\mathrm{HCF}(\%)=\frac{100}{I_{(1)}}\sqrt{\sum_{n=5}^{\infty}[I_{(n)}]^2}=\frac{100}{(V_{(1)}/\omega L)}\sqrt{\sum_{n=5}^{\infty}\left[\frac{V_{(n)}}{n\omega L}\right]^2}$$
$$=\frac{100}{V_{(1)}}\sqrt{\sum_{n=5}^{\infty}\left[\frac{V_{(n)}}{n}\right]^2} \tag{3.15}$$

经过一系列计算，图3.17所示的HCF取决于图3.10所示的三相变换器的调制指数。开关频率越高，HCF 越低。

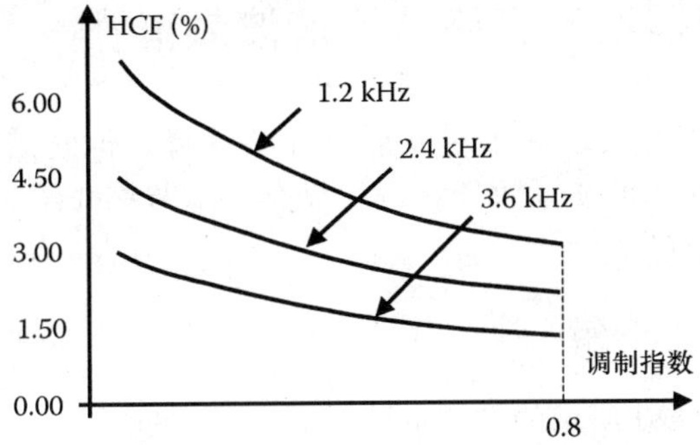

图 3. 17　当考虑的谐波高达 150kHz 时，HCF 随调制指数在开关频率为 1. 2、2. 4、3. 6kHz 时的变化

4. DF

$$\mathrm{DF} = \frac{I_{\mathrm{harm,rms}}}{I_{\mathrm{harm,6-step}}} \tag{3.16}$$

这个性能指标等同于 HCF。

交流电源要求低输出阻抗和在负载端电压低于 5% 的 THD。需要利用输出 LC 滤波器来降低输出电压的 THD，如图 3. 18 所示。

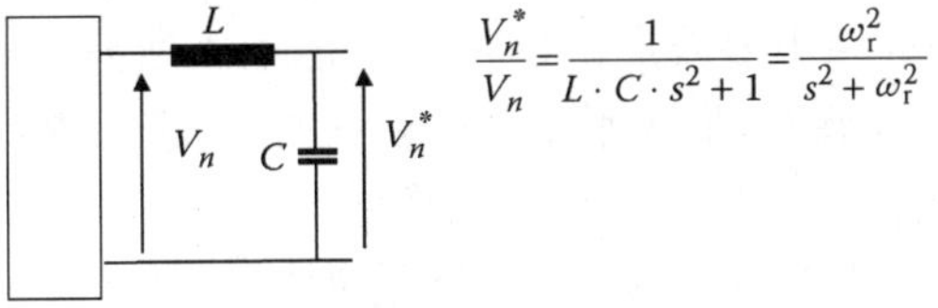

图 3. 18　有滤波器的电源输出

需要注意滤波器输出电压 V_n^* 的谐波。考虑滤波器和滤波器输出电压与逆变器之间传递函数的影响，可以利用式（3. 17）计算电流畸变因数（DF），如图 3. 19 所示。

$$\mathrm{DF}^2 = \frac{100}{V_{(1)}^*} \sqrt{\sum_{n=5}^{\infty} \left[\frac{V_{(n)}^*}{n}\right]^2} = \frac{100}{V_1} \sqrt{\sum_{n=5}^{\infty} \left[\frac{V_n}{n^2}\right]^2} \tag{3.17}$$

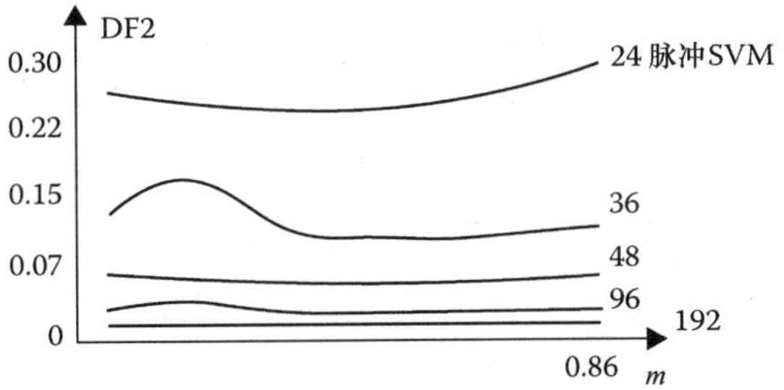

图 3. 19　常用 SVM 的 DF2，基波周期内有不同的脉冲数（改编自 Lucanu，M.，Neacsu，D. 和 Donescu，V. 1995。空间矢量 PWM 逆变器的优化功率控制策略，IPlasi 技术公告，Romania，Tomme XLI（XLV），Fasc. 1 – 2，pp. 97 – 102）

3.6 利用逆变器波形直接计算谐波频谱

任何版本的FFT都可以基于对波形取样的计算，但它需要很大的计算工作量。基于傅里叶定义的谐波系数计算也很复杂。本节将介绍无需采用积分计算进行快速估计谐波频谱的方法。

3.6.1 准矩形波形分解

让我们先从图3.20所示的准矩形波开始。

应用式（3.5），可以用式（3.18）表示电压谐波。

$$V_n = \frac{4}{\pi}\int_0^{\alpha} V_{dc}\cos(n\omega t)\,\mathrm{d}\omega t = \frac{4}{\pi}V_{dc}\frac{1}{n}[\sin(n\alpha)] \tag{3.18}$$

功率变换器的所有波形都可以用矩形波形来表示其波形特征。另外，这样的波形可以被分解为如图3.20所示的周期性基本准矩形波形。这种方法适用于所有的阶梯波、两电平和三电平波形的分析场合。

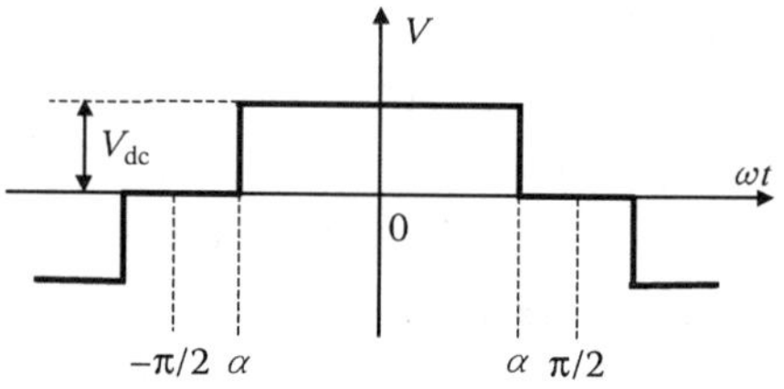

图3.20　在参数α时的波形

图3.21所示为一个阶梯波形的准矩形波形分解。

每个谐波分量可以通过同样阶数的谐波从每个准矩形波形通过简单相加计算得出。如式（3.19），前面介绍的傅里叶级数展开有助于通过简单的加法运算来进行谐波计算。

$$V_n = V_{dc}\frac{1}{n}[\sin(n\alpha_1)] + V_{dc}\frac{1}{n}[\sin(n\alpha_2)] + V_{dc}\frac{1}{n}[\sin(n\alpha_3)] \tag{3.19}$$

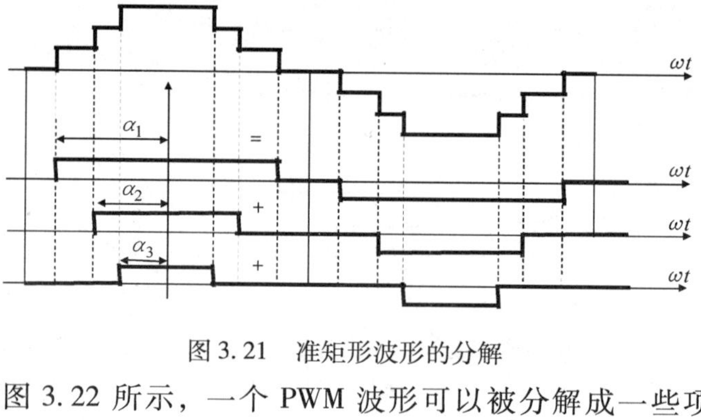

图3.21　准矩形波形的分解

类似，如图3.22所示，一个PWM波形可以被分解成一些项的代数和的形式。

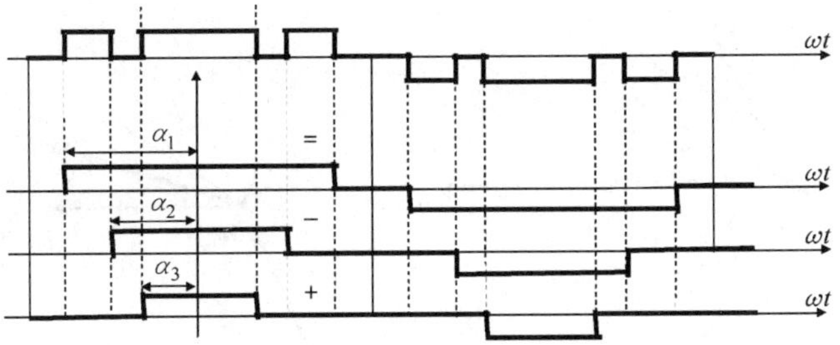

图 3.22　PWM 波形的分解

这种分解的数学表达式见式（3.20）

$$V_n = V_{dc}\frac{1}{n}[\sin(n\alpha_1)] - V_{dc}\frac{1}{n}[\sin(n\alpha_2)] + V_{dc}\frac{1}{n}[\sin(n\alpha_3)] \quad (3.20)$$

3.6.2　矢量法

任何周期波形都可以分解为简单的具有相位移的同样形状周期性矩形波形。每一个这样简单波形的傅里叶级数是众所周知的。此外，每个谐波分量可以表示为一个矢量。图 3.23 所示为一个由简单方波组成的波形例子。适当的波形求和等效于对应基频和类似阶数 n 的谐波相加的矢量和。

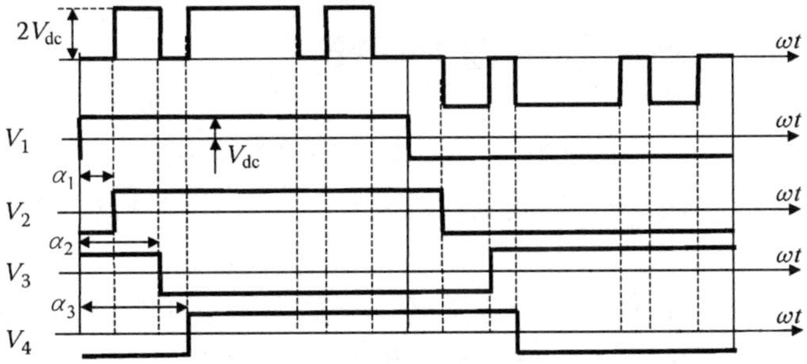

图 3.23　简单方波的分解

简单的数学关系可以表示为矢量合成。两个具有幅度和相位的矢量求和在数学教材中已有很好的定义。毫无疑问，这种方法对降低方波分解的项数是非常有用的。

每个方波傅里叶级数的第 n 次谐波幅度由式（3.21）决定。

$$V_n = \begin{cases} \dfrac{4V_{dc}}{n\pi}, & n = 1,5,9,\cdots \\ -\dfrac{4V_{dc}}{n\pi}; & n = 3,7,11,\cdots \end{cases} = (-1)^k \frac{4V_{dc}}{(2k+1)\pi},\ k = 0,\cdots,\infty \quad (3.21)$$

矢量化结果可以很容易地基于对每个特定矢量的实部和虚部分解来计算，然

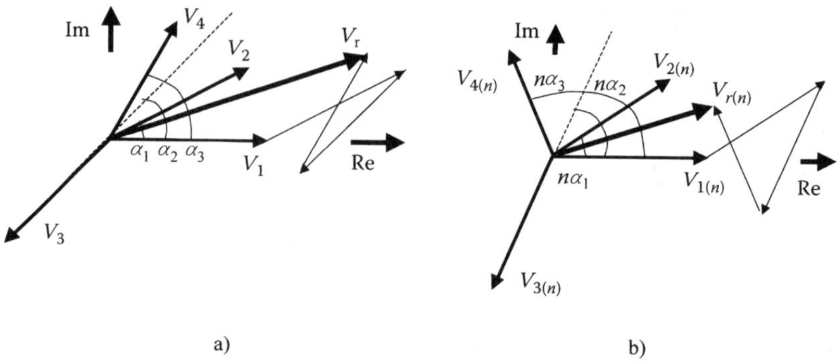

图 3.24 矢量合成

a）基波 b）n 次谐波

后对实数轴和虚数轴两个轴分别进行代数运算，如图 3.24 所示，有式（3.22）的结论成立。

$$\text{实部}:V_{2k+1}^{\text{All,Re}} = V_{2k+1}^{1}\cos\alpha_1 + V_{2k+1}^{2}\cos\alpha_2 + V_{2k+1}^{3}\cos\alpha_3 + \cdots$$

$$\text{虚部}:V_{2k+1}^{\text{All,Im}} = V_{2k+1}^{1}\sin\alpha_1 + V_{2k+1}^{2}\sin\alpha_2 + V_{2k+1}^{3}\sin\alpha_3 + \cdots + V_{2k+1}^{n}\sin\alpha_n + \cdots \tag{3.22}$$

3.7 三相逆变器的预编程 PWM

用于不同工业系统的 PWM 算法应用目的是改善电路总的谐波因数值，减少功率变换器或负载的损耗，降低电动机驱动应用的转矩脉动，降低电动机的噪声和振动。

很容易想象，通过优化离线定义开关时刻来实现这个目的。从所有可能优化标准的结果可以减少相同的低次谐波。因此这种 PWM 可以不工作在一个固定的频率，而工作于预编程工作模式。这种控制策略的缺点是需要用到大量的计算工作量，和基于载波 PWM 或矢量 PWM 相比较，预编程 PWM 控制策略具有以下特点：

1）降低逆变器开关频率约 50%；

2）直接工作于过调制并提供更大的输出电压；

3）减少直流电流的纹波并消除在输出滤波器出现振荡的可能性；

4）可以简化存储器查表。

3.7.1 用于单相逆变器的编程 PWM

用于单相电压产生的不同电路拓扑结构可以工作于双极型 PWM（两电平）或单极型 PWM（三电平）工作模式，如图 3.25 所示[7,8,14,15]。双极型波形也可以利用单极型 PWM 和一半幅度方波的差用数学推导的方法导出。下面的谐波分析假设波形与 cos 函数同步，并且 B_n 项等于零。

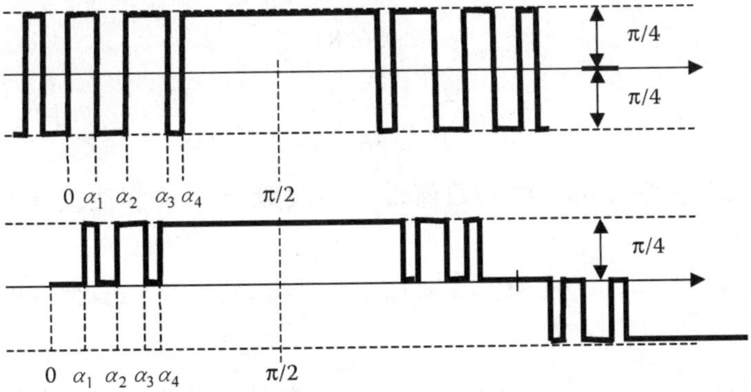

图 3.25 双极型和单极型 PWM 波形

可以用式（3.23）表示三电平（单极）PWM 的傅里叶级数。

$$A_n = \frac{1}{n}\frac{4V_{dc}}{\pi}\left[\sum_{k=1}^{N}(-1)^{k-1}\cos(k\alpha_k)\right] = \frac{1}{n}\left[\sum_{k=1}^{N}(-1)^{k-1}\cos(k\alpha_k)\right] \tag{3.23}$$

为了简化计算，取一个被认为是规范化的 π/4 的直流母线电压。所以可以用式（3.24）表示基波分量。

$$A_1 = \left[\sum_{k=1}^{N}(-1)^{k-1}\cos(k\alpha_k)\right] \tag{3.24}$$

第一个优化约束在于设置一个期望的基波水平。消除 3、5、7、9、11 次谐波要求适当的傅里叶系数为零。自由度的数目是由角坐标 α_k 的数值决定的，例如，在 90°区间输出电压有 6 级电平变化时，就可以达到控制基波和消除前 5 个奇次谐波的目的。

如果仅以消除前 5 个奇次谐波为目的，则可以写成式（3.25）的表达形式。

$$\begin{aligned}
A_3 &= \frac{1}{3}\left[\sum_{k=1}^{5}(-1)^{k-1}\cos(3\alpha_k)\right] = 0\\
A_5 &= \frac{1}{5}\left[\sum_{k=1}^{5}(-1)^{k-1}\cos(5\alpha_k)\right] = 0\\
A_7 &= \frac{1}{7}\left[\sum_{k=1}^{5}(-1)^{k-1}\cos(7\alpha_k)\right] = 0\\
A_9 &= \frac{1}{9}\left[\sum_{k=1}^{5}(-1)^{k-1}\cos(9\alpha_k)\right] = 0\\
A_{11} &= \frac{1}{11}\left[\sum_{k=1}^{5}(-1)^{k-1}\cos(11\alpha_k)\right] = 0
\end{aligned} \tag{3.25}$$

求解式（3.25），有式（3.26）所示的结果。

$$
\begin{aligned}
\alpha_1 &= 18.17^\circ \\
\alpha_2 &= 26.64^\circ \\
\alpha_3 &= 36.87^\circ \\
\alpha_4 &= 52.90^\circ \\
\alpha_5 &= 56.69^\circ
\end{aligned} \tag{3.26}
$$

用式（3.26）所示的这些参数值带入基波成分 A_1 的表达式（3.24），有式（3.27）成立。

$$A_1 = \cos 18.17^\circ - \cos 26.64^\circ + \cos 36.87^\circ - \cos 52.90^\circ + \cos 56.69^\circ = 0.74 \tag{3.27}$$

适当调整的直流电压 V_{DC} 可以修改基波 A_1 的值。对任何其他的谐波情况可以做类似的计算，见表3.1。

双极型（两电平）PWM波由傅里叶级数系数导出。

$$A_n = \frac{1}{n}\left[-1 + 2\sum_{k=1}^{N}(-1)^{k-1}\cos(k\alpha_k)\right] \tag{3.28}$$

对特定的谐波消除或基波成分控制可以写出一个类似的方程组。例如，消除5次和7次谐波及基波控制需要用到3个角度变量。

可以得到式（3.29）所示的计算结果。

$$
\begin{aligned}
A_1 &= [-1 + 2(\cos\alpha_1 - \cos\alpha_2 + \cos\alpha_3)] = V \\
A_5 &= [-1 + 2(\cos(5\alpha_1) - \cos(5\alpha_2) + \cos(5\alpha_3))] = 0 \\
A_7 &= [-1 + 2(\cos(7\alpha_1) - \cos(7\alpha_2) + \cos(7\alpha_3))] = 0
\end{aligned} \tag{3.29}
$$

由于这些方程类似于对三相逆变器的分析，因此下面会给出更为常用的三相逆变器的实用结果。

表3.1　消除谐波不限制的基波成分和适当的开关角

消除的谐波	5次	7次	11次	13次		
开关角	18.00° 30.00° 42.00°	21.43° 30.00° 38.57°	24.54° 30.00° 35.45°	25.39° 30.00° 34.61°		
消除的谐波	5次和7次	5次和11次	5次和13次	7次和11次	7次和13次	11次和13次
开关角	7.93° 13.75° 30.00 46.25° 52.07	7.93° 13.75° 30.00° 46.25° 52.07°	12.96° 19.14° 30.00° 38.88° 45.52°	15.24° 19.37° 30.00° 40.63° 44.76°	16.59° 20.80° 30.00° 39.20° 43.41°	19.03° 21.76° 30.00° 38.24° 40.97°

（续）

消除的谐波	5 次、7 次、11 次	5 次、11 次、13 次	7 次、11 次、13 次
开关角	2.25°	7.82°	9.48°
	5.61°	11.04°	11.61°
	21.26°	22.13°	23.26°
	30.00°	30.00°	30.00°
	38.74°	37.87°	36.74°
	54.39°	48.96°	48.39°
	57.75°	52.18°	50.52°

3.7.2　用于三相逆变器的编程 PWM

对一个三相电压源逆变器，在极电压（开关函数）消除低次谐波意味着消除相电压中的低次谐波。

线—线电压（V_{LL}）中的谐波电压与式（3.30）中相电压中的谐波有关。

$$V_n^{L-L} = V_n^{ph\,A} - V_n^{ph\,B} = \frac{1}{n}\sum_n \left[\cos(n\alpha_k) - \cos n\left(\alpha_k - \frac{2\pi}{3}\right)\right] \tag{3.30}$$

$$= \frac{1}{n}\sum_n \left[\cos(n\alpha_k) - \cos n\left(\alpha_k + \frac{\pi}{3} - \pi\right)\right]$$

$$= \frac{1}{n}\sum_n \left[\cos(n\alpha_k) + \cos n\left(\alpha_k + \frac{\pi}{3}\right)\right] \tag{3.31}$$

$$= \frac{1}{n}\sum_n \left[2\cos n\left(\alpha_k + \frac{\pi}{6}\right)\cos n\left(\frac{\pi}{6}\right)\right]$$

可以用式（3.32）表示线—线电压（V_{LL}）的傅里叶系数。

$$A_n = \frac{4}{n\pi}\left[-1 - 2\sum_{\substack{k=1 \\ B_n=0}}^{N} (-1)^k \cos(k\alpha_k)\right] \tag{3.32}$$

这和单相情况下的单极型 PWM 傅里叶级数一致。

考虑三相系统的对称性。由于对称性，开关工作模式的计算可以降低到 30°。在定义整个开关工作模式时，可以采用 30°间隔的最佳定义用于三相开关的整个工作模式。在第一个 30°区间的开关瞬间由区间开始测得的角坐标来定义 α。优化可以基于相电压、V_{LL}或电流源三相逆变器内相电流的三相电压源逆变器极电压的适当波形。同样，单相预编程控制 PWM 的工作对 90°需要有工作模式的定义。

因此，可以证明，在第一个 60°内的电压反转需要从开始位于 30°的中点镜像对称。例如，在 α_1 电压从 0 过渡到 V_{DC}意味着在 $60 - \alpha_1$ 电压从 V_{DC}过渡到 0。

然后，在60°区间波形的顶部不应有开关工作（从波形开始的60°和120°之间）。2次谐波的对称性如同在第一个60°区间和在下一个60°角区间叠加了一个相同角度延迟的瞬变。如果考虑到所有这些条件，则可以只分析一个单相波形，就可以自动实现2次和3次谐波的消除。

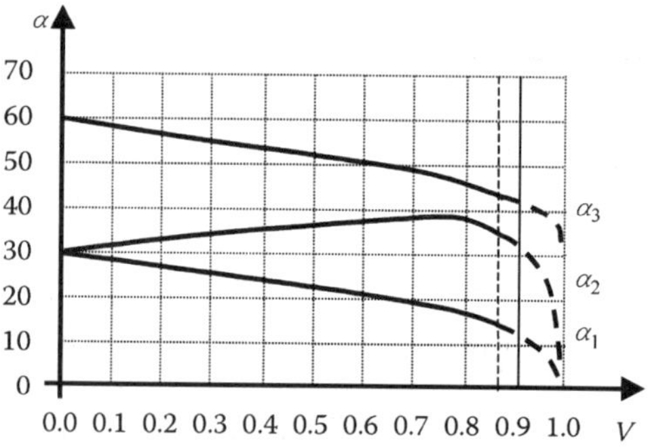

图3.26　采用控制基波的5次和7次谐波消除解决方案

如果考虑在30°扇区内的N个开关瞬态的工作模式，则可以定义N个变量。对一个给定的基波成分（A_1），对谐波消除有（$N-1$）°的自由度。这些约束的非线性使得优化计算复杂化。

$$\begin{cases} A_1 = V \\ A_5 = 0,\ A_7 = 0 \\ A_{11} = 0,\ A_{13} = 0 \\ A_{6M-1} = 0,\ A_{6M+1} = 0 \end{cases} \tag{3.33}$$

这里$6M$表示在30°扇区内开关瞬间次数，V表示所需要的基波电压（电流）。求解这个方程组可以对每个V值得到一系列的α_k值，因此，式（3.27）或式（3.33）的解可以用如图3.26所示的图形来表示，在三相系统中可能的波形形状如图3.27所示。

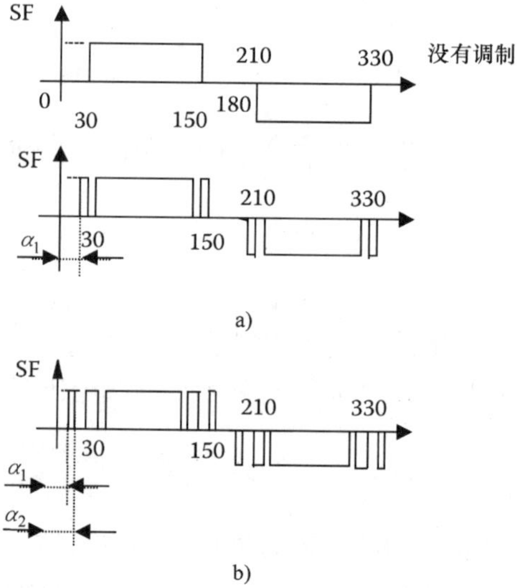

图3.27　消除了谐波的线—线电压举例

本节介绍消除特定谐波的方法，其他的优化标准可以考虑用于THD、HCF的最小化或转矩谐波优化[18]。这会导致更复杂的计算并需要大量使用计算机程序，例如需要使用MathCAD或Mathematica计算机程序。

3.7.3　二进制编程的PWM[1]

一个版本的谐波消除工作原理可以用于一个等间隔固定30°三相系统的实现。在每个取样瞬间插入一个变量，通过定义这些变量的正或零值来优化计算。

利用对称性，利用微处理器存储器中的数据构建出最终的波形。

例如，图 3.28 所示为将此原理应用于要求消除所有高达 13 次的谐波，并最大限度地提高基波成分的单相系统[1]。在 90°区间最终有 45 个取样波形，剩余的高次谐波幅度低于基波幅度的 0.45%。如果应用于感应电动机，则最终的转矩谐波结果将低于 3% 的基波成分转矩。

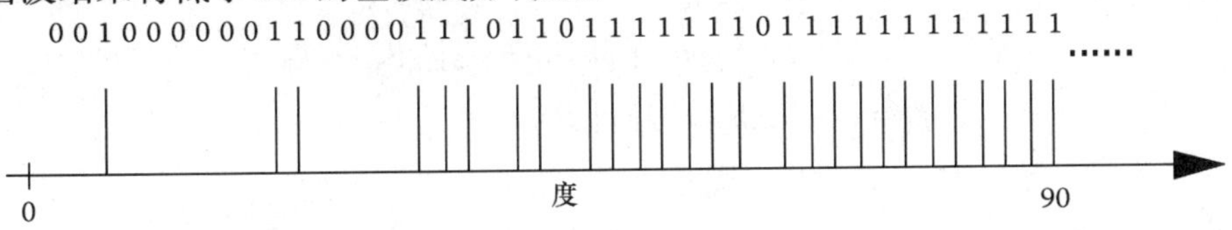

图 3.28　二进制编程 PWM

3.8　三相逆变器的开关函数建模

了解每个单相电路的工作有助于确定用于三相变换器的控制器，如图 3.3 所示。一个用于三相变换器工作的数学建模非常好的工具是基于开关函数的概念。给定开关功率器件在三相功率变换器内的重复工作方式，就可以以矩形脉冲叠加的周期函数来定义开关函数。开关函数可以在一个有限工作状态数量的情况下换向。这种数学表示仅在功率开关器件的开关不受电路工作支配的情况下是可能的（如晶闸管）。

如图 3.10 所示变换器的常规分析需要写出 36 个关于电流和电压的电路方程。如果考虑电路是三相对称电路，则这个系统的方程可以进一步降低到 3 个。为了简化数学模型，引入了开关函数。

开关函数的定义不是唯一的[2-4]。让我们考虑几个例子：

$$f_1=\begin{cases}1, & S_{11}=\text{开且}\ S_{21}=\text{关}\\0, & S_{11}=\text{关且}\ S_{21}=\text{开}\end{cases}$$

$$f_2=\begin{cases}1, & S_{12}=\text{开且}\ S_{22}=\text{关}\\0, & S_{12}=\text{关且}\ S_{22}=\text{开}\end{cases}$$

$$f_3=\begin{cases}1, & S_{13}=\text{开且}\ S_{23}=\text{关}\\0, & S_{13}=\text{关且}\ S_{23}=\text{开}\end{cases} \tag{3.34}$$

如式（3.35）所示，可以根据这些开关函数表示负载电压：

$$\begin{bmatrix}v_{L1}\\v_{L2}\\v_{L3}\end{bmatrix}=\frac{2}{3}V_{dc}\begin{bmatrix}f_1-0.5\ (f_2+f_3)\\f_2-0.5\ (f_1+f_3)\\f_3-0.5\ (f_1+f_2)\end{bmatrix} \tag{3.35}$$

如式（3.36）所示，基于这些函数也可以计算出直流电流：

$$i_{dc}=i_{ph\,A}f_1+i_{ph\,B}f_2+i_{ph\,C}f_3 \tag{3.36}$$

另一种可能是：

$$f_1=\begin{cases}1,\ S_{11}=\text{开且}\ S_{21}=\text{关且}\ S_{31}=\text{关}\\-1,\ S_{12}=\text{开且}\ S_{22}=\text{关且}\ S_{32}=\text{关}\\0,\ \text{其他}\end{cases}$$

$$f_2=\begin{cases}1,\ S_{12}=\text{开且}\ S_{11}=\text{关且}\ S_{31}=\text{关}\\-1,\ S_{22}=\text{开且}\ S_{12}=\text{关且}\ S_{32}=\text{关}\\0,\ \text{其他}\end{cases}$$

$$f_3=\begin{cases}1,\ S_{31}=\text{开且}\ S_{11}=\text{关且}\ S_{21}=\text{关}\\-1,\ S_{32}=\text{开且}\ S_{12}=\text{关且}\ S_{22}=\text{关}\\0,\ \text{其他}\end{cases} \tag{3.37}$$

现在负载电压可以用式（3.38）表示。

$$\begin{bmatrix}v_{L1}\\v_{L2}\\v_{L3}\end{bmatrix}=\frac{2}{3}V_{dc}\begin{bmatrix}f_1-0.5(f_2+f_3)\\f_2-0.5(f_1+f_3)\\f_3-0.5(f_1+f_2)\end{bmatrix} \tag{3.38}$$

如式（3.39）所示，基于这些函数也可以计算出直流电流。

$$i_{dc}=i_{ph\,A}f_1+i_{ph\,B}f_2+i_{ph\,C}f_3 \tag{3.39}$$

这种方法在一个三相变换器基于PWM控制算法、负载电压和直流电流之间提供了一种数学关系。基于这个概念也可以建立仿真工具，仿真工具可以在不考虑任何实际功率器件的所有瞬态细节相关情况下提供一个快速的仿真。例如，可以直接在MATLAB－SIMULINK[2]环境下做出这些方程的仿真，而在PSPICE下利用电流源和电压源就可以实现[3]。

3.9 电动机驱动电源变换器中的制动脚

三相逆变器在电动机驱动中应用非常广。图3.10所示为专门用于电动机驱动的6开关拓扑电源变换器的构建。这些电动机的制动减速将电能转换到了功率变换器的中间电路。对制动模块的基本要求在本书的简介中进行了分析。直流电压上升，直到频率变换器触发它要求的保护电路，有时，需要用到一个特殊的制动电路模块来吸收这些制动功率。对于功率大于6.8kW而小于20kW的功率变换器，本身就含有内部的制动电路，并且这个功率范围的变换器可以外接制动电阻[4,7]。这个制动电阻应安装在散热器上，并且需要加装外壳。对于更高功率水平变换器的应用场合，这种制动模块可以加在变换器外部[19]。

该电路可用于功耗的能量动态再生，避免了直流电容器的过充电。这种电路不是额定用于连续过载负荷的，但它需要在大负载动态范围内吸收峰值制动功率。平均功率是指在一个完整的周期内计算得到的功率。

$$P_{pk}=\frac{0.0055J\ (n_1^2-n_2^2)}{t_b}\ (\text{W}) \tag{3.40}$$

$$P_{av}=P_{pk}\frac{t_b}{t_c} \tag{3.41}$$

式中，J 为总的惯性能（kg m^2）；n_1 为起始转速（r/min）；n_2 为最终转速（r/min）；t_b 为制动时间（s）；t_c 为周期（s）。

必须确定制动电阻的最低阻值，以便限制通过制动电阻的电流和功率，然后，可以基于制动工作条件下的环境温度降低这个制动电阻值，如图 3.29 所示。

制动电动机的另一种方法是使用直流制动。直流电压加在电动机的绕组两端，从而在电动机定子绕组产生一个固定磁场。电动机的制动功率依然在电动机中，这有可能使电动机过热。由于这个原因，这种电动机制动方法只用于低速范围的电动机制动场合。

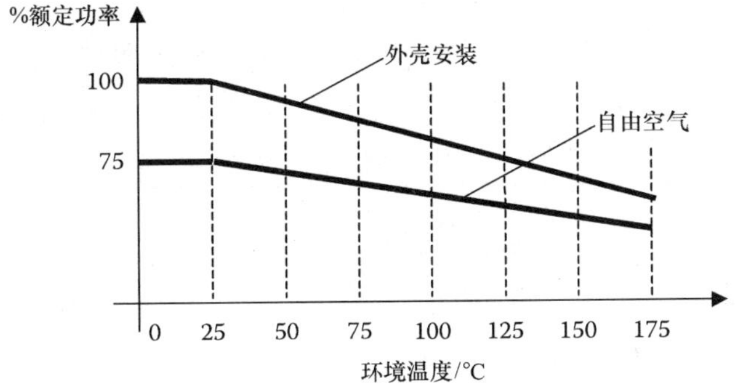

图 3.29　基于温度的降额

3.10　AC－DC－AC 电源变换器中的直流母线电容器

之前介绍了直流电容器组的作用和特点。总线电容器的选择和纹波相关的问题将在下面有关内容中讨论，直流电容器组的功能之一是降低纹波。输入三相逆变器的电流由对应开关时序的脉动电流组成。

以图 3.30 为例，这些脉冲成分的平均值表示输入到三相逆变器的有功功率。由其他谐波组成的波纹需要通过电容器组滤除[5,6,16,17]。

通常选用铝电解电容器，以实现对前端整流波形的滤波，并存储动态负载所需的能量，如图 3.31 所示。这种类型的电容器由一个阳极箔的氧化铝层用做电介质和一个没有经过氧化过程的阴极箔及一个隔离纸组成。所有这些材料卷绕在

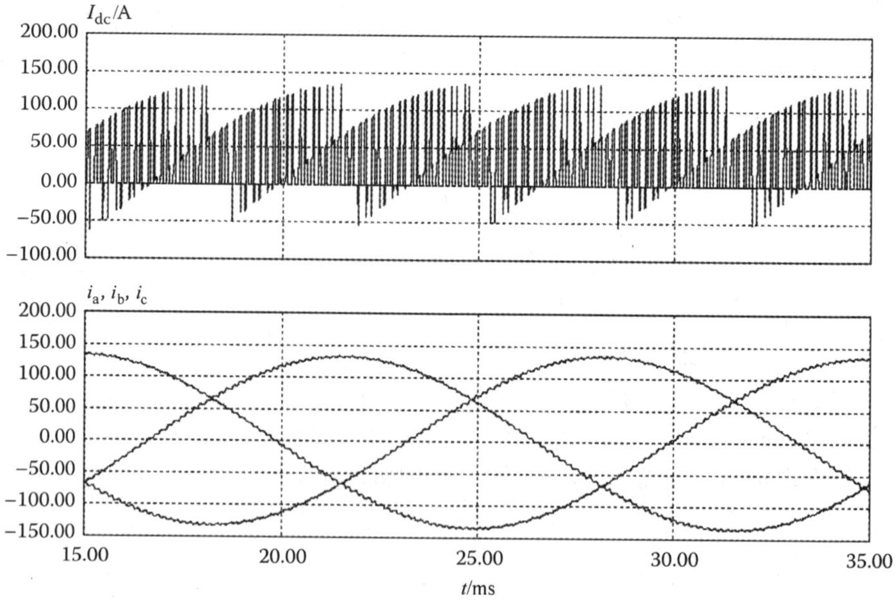

图 3.30　三相逆变器的直流电流和相电流

一起，并用电解质浸渍。

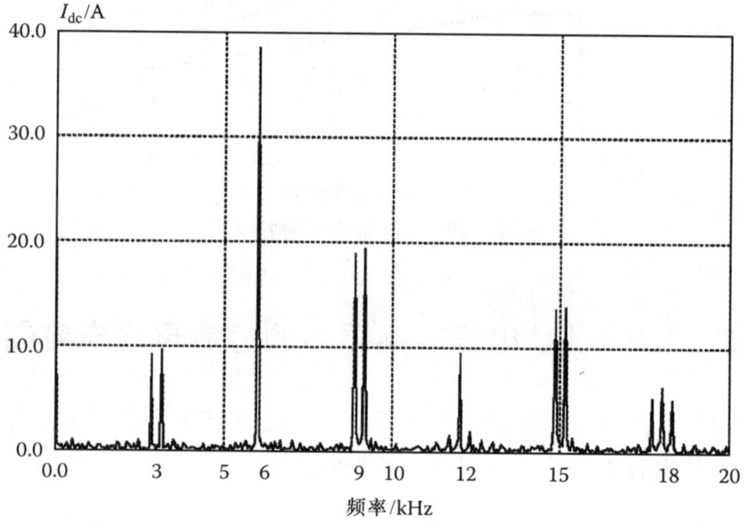

图 3.31　3kHz 正弦载波调制的直流电流频谱

铝电解电容器的等效电路如图 3.32 所示。最重要的电参数是电容量，电容器的电容量可以用式（3.42）来表示[5]。

$$C = 8.855 \times 10^{-8} \times \frac{\varepsilon S}{d} \tag{3.42}$$

式中，ε为介电常数，S为电介质面积（cm^2），d为电介质厚度（cm）。在任何铝电解电容器内的电介质介电常数为［8～10］，而介电层是非常薄的，约为15A/V。电化学腐蚀增加了表面面积，在低电压时铝箔面积增加高达100倍，在高电压时铝箔表面积增加高达25倍。这是铝电解电容器的主要优势，和其他类型的电解电容器相比它可以提供更大的电容量。

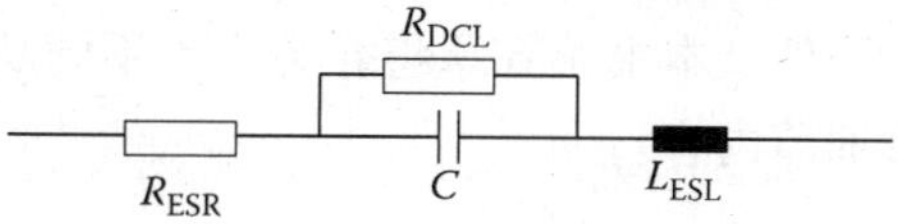

图3.32 铝电解电容器的等效电路

等效串联电阻（ESR）表示了当交流纹波电流加到电容器时产生的热量。它是由于铝氧化物厚度、电解间隔因素组合而产生的损耗，以及材料特性而引起的电阻，例如由铝箔长度、电极固定、导线和接触电阻等因素决定。

漏电流（DCL）对应通过电容器的直流泄漏电流。众所周知，在理想情况下电容器不允许有任何循环的直流电流流动。但是，小的泄漏电流是与电容量成正比，并且随所施加电压的降低而降低的。

一个电容器的电感（等效串联电感ESL）是一个常数，它取决于电容器引脚的机械安装。等效串联电感在3～40nH的范围内，等效串联电感只会影响电容器在非常高频率下的工作。

所有这些因素都对电容器的阻抗有影响。阻抗的频率特性，通常在几十千赫范围内有一个凹口，而在较低和较高的工作频率时的幅度较高。最低阻抗值对应谐振频率，这时电解电容变成了一个电感器[6]。在这个频率范围内的频率成分不会被电解电容器滤波。因此，一般可以将一个小的低电感薄膜电容（聚酯或聚丙烯）用在差分或共模补偿，用于电解电容器的频率特性补偿。一个简单的解决方案，就是使用并联连接的电解电容器，以滤除电流纹波的谐波分量和电磁干扰。在电解电容器端子处建议使用高频薄膜电容器并联于直流母线以降低电容器的连接电感。

最后，注意到在选择直流母线电解电容时的另一个重要参数就是电解电容器的额定电压和纹波电流。电解电容器的额定电压是指加到电解电容器的直流和交流电压的总合。如果纹波电流大于指定值，则由于过多的纹波电流而产生的热量，会缩短电容器的使用寿命。因此，通过电解电容器的电流纹波与电容器的ESR有一个反比关系。

3.11 总结

本章介绍了单相和三相逆变器，并介绍了逆变器满足谐波技术性能要求面临的挑战。预编程 PWM 的技术细节提供了用于计算谐波的数学工具。在所有可能的算法中，最常用的是基于载波的 PWM 和矢量 PWM 算法，在本书后面的章节中会介绍关于载波 PWM 和矢量 PWM 算法的有关内容。

最后，介绍的制动引脚和直流电容器组可以作为一个三相逆变器的可能辅助元器件。本书第 6 章将介绍用于不同功率等级三相逆变器的构建和保护电路的相关细节内容。

问　　题

P3.1　图 3.16 所示为在不同开关频率和不同调制指数工作条件下输出电压中 THD 之间的不同，如何解释?

P3.2　参考图 3.21，假设直流电压为 100V。写出要得到 48V 基波电压并消除 3 次、5 次谐波的数学约束条件（使用式（3.19））。求解这个系统方程，并寻找 $\alpha_1 < \alpha_2 < \alpha_3$ 的解决方案。

P3.3　参考图 3.22，假设直流电压为 100V。写出要得到 48V 基波电压并消除 5 次、7 次谐波的数学约束条件（使用式（3.20））。求解这个系统方程，并寻找 $\alpha_1 < \alpha_2 < \alpha_3 < 30°$ 的解决方案。这种工作情况也要保证 3 次谐波消失。

P3.4　对图 3.23 写出式（3.22），考虑 $\alpha_1 = 12$、$\alpha_2 = 18$ 和 $\alpha_3 = 23$ 的条件，计算前 7 次谐波。

P3.5　考虑 $V = 0.4$ 并从图 3.26 中读出 α_1、α_2、α_3，利用式（3.27）计算前 10 次谐波。

P3.6　对三相逆变器的开关函数构思一个新的定义，写出这些开关函数的相电压和直流电流之间的相互关系。

参 考 文 献

1. Said, W. 1989. Torque pulsations harmonics in PWM inverter induction motor drives. *etzArchiv* 11, 267–269.
2. Neacsu, D., Yao, Z., and Rajagopalan, V. 1995. Switching Function Analysis of Power Converters in MATLAB. Research Report, UQTR, Canada.
3. Salazar, L. and Joos, G. 1995. PSPICE simulation of three-phase inverters by means of switching functions. *IEEE Trans. Power Electron.* 9(1), 35–42.
4. Mohan, N., Undeland, T., and Robbins, W. 2002. *Power Electronics*, 3rd edition. John Wiley and Sons, New York.
5. Anon. 2000. United Chemicon Catalog H9.
6. Lai, J.S., Kouns, J.S., and Bond, J. 2002. A low-inductance DC bus capacitor for high-power traction motor drive inverter. *IEEE Industry Applications Annual Meeting,* 2002, Vol. 2 , pp. 826–831.
7. Thornborg, K. 1988. *Power Electronics.* Prentice Hall, London, UK.

8. Brichant, F. 1984. *Force-Commutated Inverters—Design and Industrial Applications.* MacMillan Publishing Company, New York, USA.
9. Alex, D., Turic, L., and Stiurca, D. 1985. Umrichtersystem mit hoherem grundschwingungsge-halt fur die Drehstromtraktion. Bulletin SEV/VSE, Zurich, Switzerland, pp. 490–492.
10. Holtz, J. 1992. Pulsewidth modulation—A survey. *IEEE Trans. IE* 39, 410–420.
11. Holtz, J. 1994. Pulsewidth modulation for electronic power conversion. *Proc. IEEE* 82, 1194–1212.
12. Buja, G.S. and Indri, G.B. 1977. Optimal PWM for feeding AC motors. *IEEE Trans. IA* 13, 38–44.
13. Patel, H.S. and Hoft, R.G. 1973. Generalized technique of harmonic elimination and voltage control in thyristor inverters. *IEEE Trans. Ind. Appl.* 9, 310–317.
14. Neacsu, D. 2001. Space Vector Modulation. IEEE IECON Tutorial.
15. Enjeti, P., Ziogas, P., and Lindsay, J. 1990. Programmed PWM techniques to eliminate harmonics: A critical evaluation. *IEEE Trans. IA* 26, 302–316.
16. Enjeti, P. and Shireen, W. 1990. A new technique to reject DC-link voltage ripple for inverters operating on programmed PWM Waveforms. *IEEE PESC* 705–711.
17. Dahono, P.A., Sato, Y., and Kataoka, T. 1995. Analysis and minimization of ripple components of input current and Voltage of PWM Inverter. *IEEE IAS Annual Meeting* 3, 2444–2450.
18. Sun, J., Beineke, S., and Grotstollen, H. 1994. DSP-based real-time harmonic elimination of PWM inverters. *IEEE PESC* 679–685.
19. Anon. 2001. Drives 101—Lessons. and Danfoss Internet documentation.
20. Lucanu, M., Neacsu, D., and Donescu, V. 1995. Optimal Power Control Strategies for Space Vector PWM Inverters, Technical Bulletin of IPlasi, Romania, Tomme XLI (XLV), *Fasc.* 1–2, pp. 97–102.

第 4 章　基于载波的 PWM 和工作限制

4.1　载波 PWM 算法：历史的重要性

图 3.2 给出了 PWM 控制的工作原理，但它没有就如何利用一个实际的硬件电路来产生调制结果提供任何信息。为了保持脉冲频率恒定，载波信号是必要的。在基准电压和一个具有固定幅度等于 1 的高频三角波信号的交点决定一定时间内改变开关的导通状态，工作原理如图 4.1 所示。

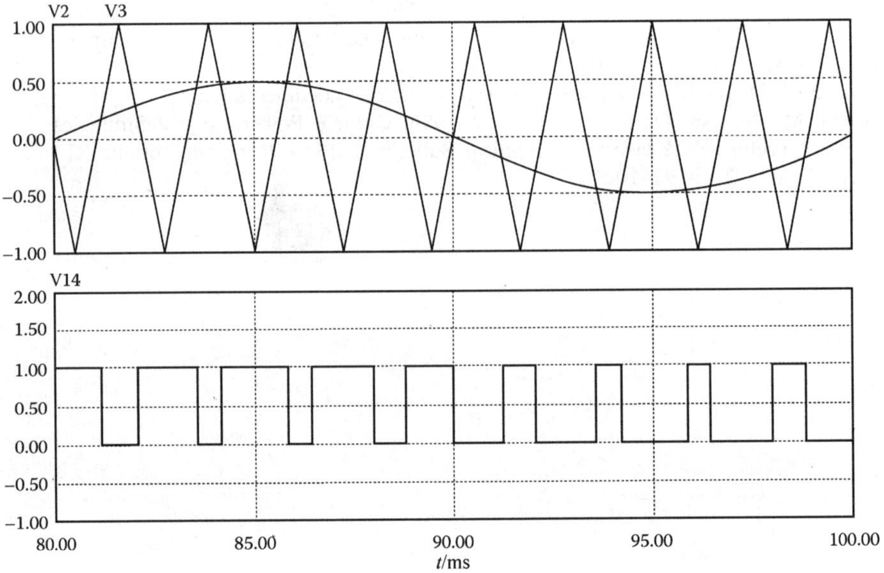

图 4.1　基于三角波信号和基准信号交叉的正弦 PWM

脉冲的频率保持恒定，而脉冲的占空比被调制。这就是所谓的自然采样法，次振荡或亚周期法，方法和名称是来自于最初的硬件实现。在 20 世纪 70 年代，当工程师们已经使用开关速度足够快的半导体功率来支持调制后，唯一可用的控制硬件就是模拟电路，因此，模拟电路很容易产生三角波载波信号，并与一个可变基准信号进行比较，实现调制。

图 4.1 中所描述的方法允许几个可能的形状用于三角波形，如图 4.2 所示：

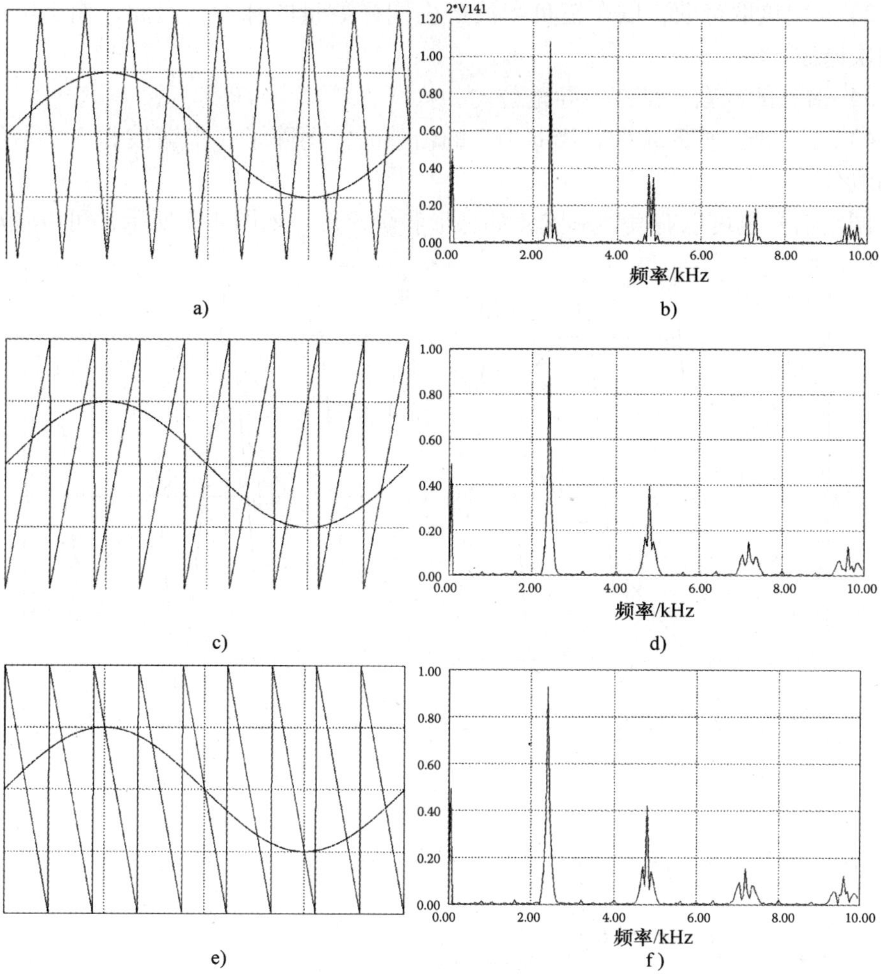

图 4.2　对 $q=9$ 的三角波和调制指数为 0.5，对工作于 2.4kHz 开关工作频率单相逆变器的不同波形

a）中心线对准三角载波的时域波形　b）采用在 a）中定义的调制输出电压频谱

c）右对齐三角载波的时域波形　d）采用在 c）定义的调制时输出电压频谱

e）左对齐三角载波的时域波形　f）采用在 e）定义的调制输出电压频谱

1）中心对齐；

2）左对齐；

3）右对齐。

其次，载波信号频率和基准信号频率之间的比值 q 可以取不同的值。如果取 q 值小，并且考虑到以下的因素，则可以改善谐波：

1）q 应该取整数，以得到同步波形，获得一个脉冲周期串；

2）q应该取奇数，以在正负半波产生同样数量的脉冲，因此，输出电压不含偶次谐波；

3）谐波的次数q是占主导地位的；

4）在一个三相系统中，当q为3的倍数时，消除了3次谐波和3次谐波的倍频成分。

调制信号也可以有其他形状，如梯形和阶梯形，如图4.3所示，可以在功率

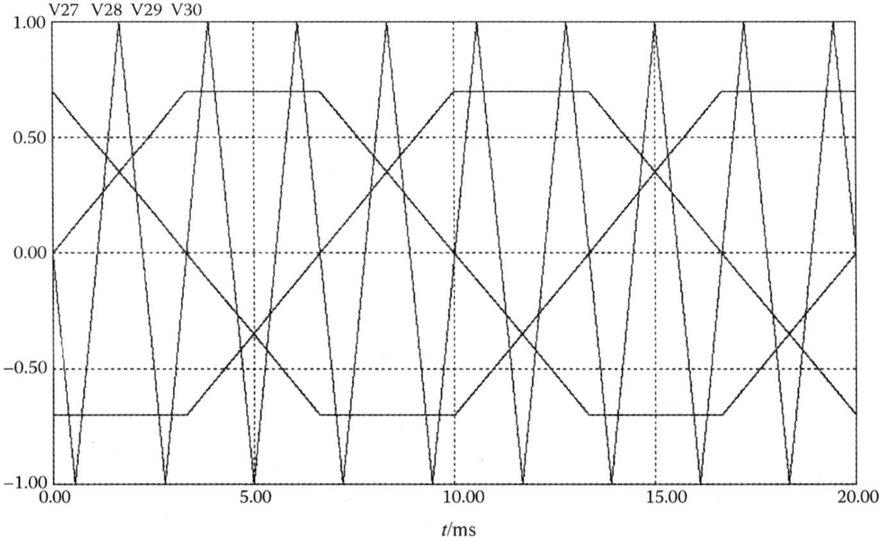

a)

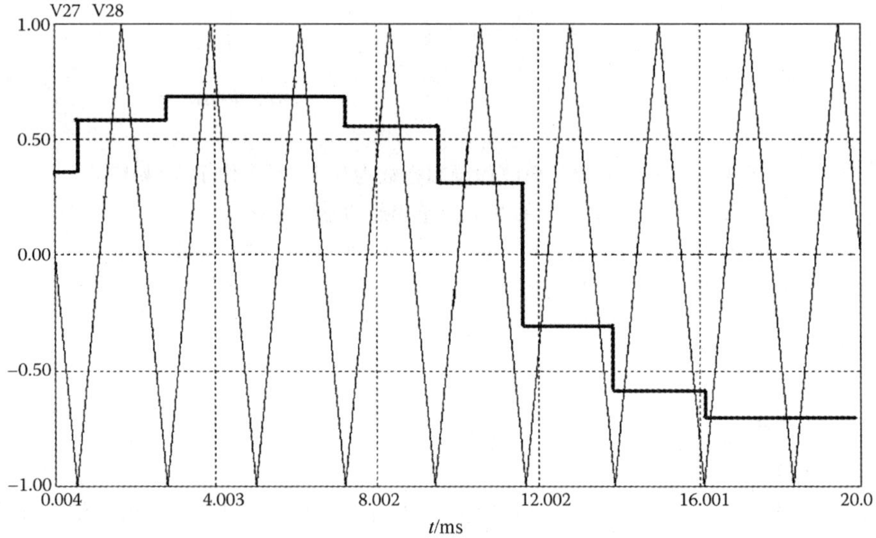

b)

图4.3　梯形和阶梯波基准信号

级优化开关工作特性，并且在控制器的硬件实现过程中提供优势[1-7]。

最后，注意统一采样 PWM 在数字实现中的优势。这种方法在和载波频率同样的取样频率下取样并保持正弦基准信号。由此产生的基准信号看起来像一个阶梯波形，阶梯波形的步长等于载波周期的宽度，图 4.4 所示为在低频载波下这种工作方法的波形。控制脉冲信号在 *S/H* 信号和三角波形的交点处得到，这些信号的合理同步就可以产生对称信号。

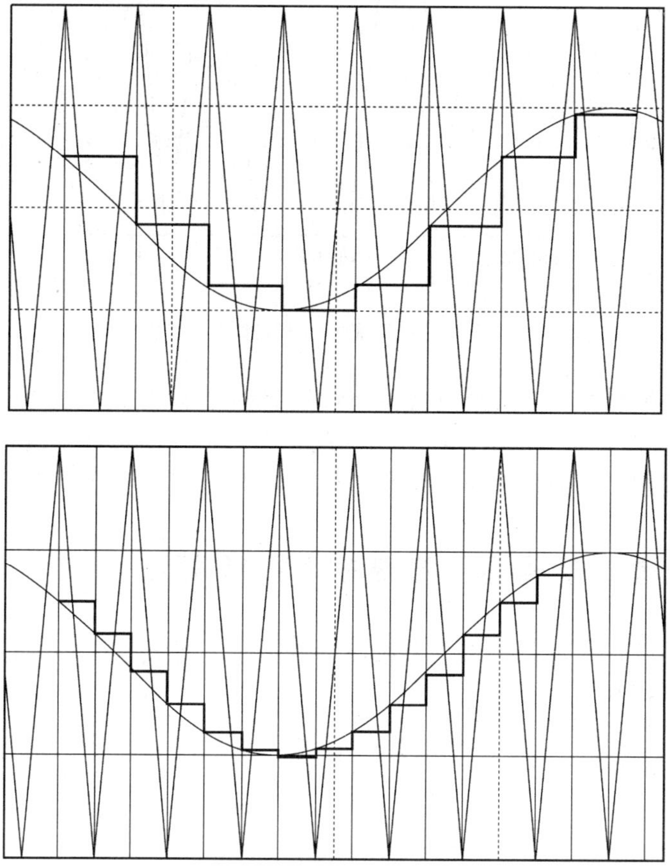

图 4.4　基准信号的均匀采样

这些基于载波方法的谐波数学表达是困难的，因为在基准信号周期内交点的位置不是呈线性或均匀分布的。谐波可以通过 FFT 应用于仿真和实测数据观察得到（如图 4.2 中右边的图形所示），对中心对齐脉冲可以获得最佳的谐波成分。

采用星形联结负载的三相系统工作情况下可以被视为三个单独的调制器，如图 4.5 所示。这种负载联结方法可以调整每相负载电压的波形。由于开关频率和基波频率的比值被选择为3的倍数（用6k表示），因此可以看到高频谐波在6k±1的位置成对出现，开关频率倍数的频率分量消失了。

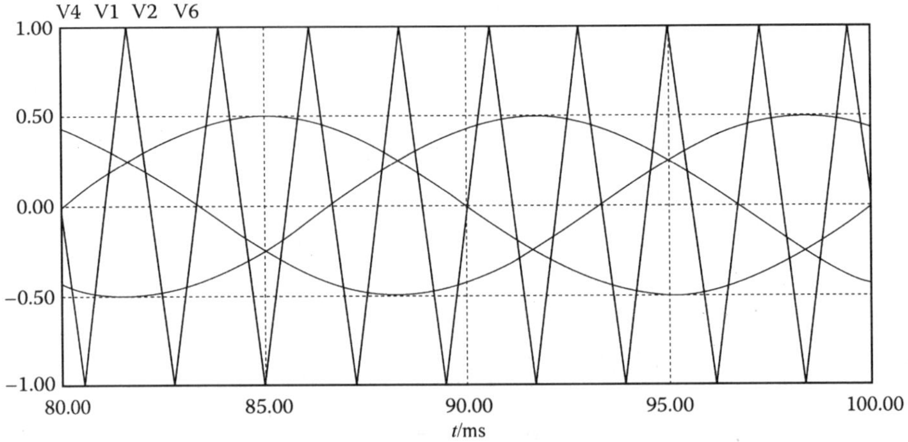

图4.5 三相系统中的PWM信号产生

中心对齐的脉冲宽度调制也被称为对称PWM，而左和右对齐的方法被称为非对称PWM。图4.2表示了这些方法中的每一个工作阶段的生成。三相变换器使用相同的调制器，但特殊的负载连接方式可以调节负载电压的波形和频谱。

4.2 改进基准信号基于载波的PWM算法

正弦基准的幅度可以扩展到载波波形的幅度，见式（4.1），这种情况对应于最大的调制指数。

$$m_{\max} = \frac{u_{(1)}}{u_{6步}} = \frac{\pi}{4} = 0.785 \tag{4.1}$$

这是明显低于在全直流母线极电压（脚）跳动情况下的。这种有限调制指数的不足之处是通过调节基准信号波形来校正的。

在第3.4节中，我们已经看到，一个三相逆变器可以在极电压下有3次或高阶的谐波，而在负载电压看不到3次或高阶的谐波。一般情况下，任何零序的波形都可以被叠加到基准信号，而在负载中没有被注意到。这个特点被用于限制加到负载的峰-峰值电压，而又要在这个负载上维持一个高的基波电压成分的场合。有无数满足这个条件而可以加到基准信号的信号波形。

首先，让我们考虑一个简单的有相位选择的3次谐波注入，以抑制正弦基准信号的峰值，如图4.6所示。

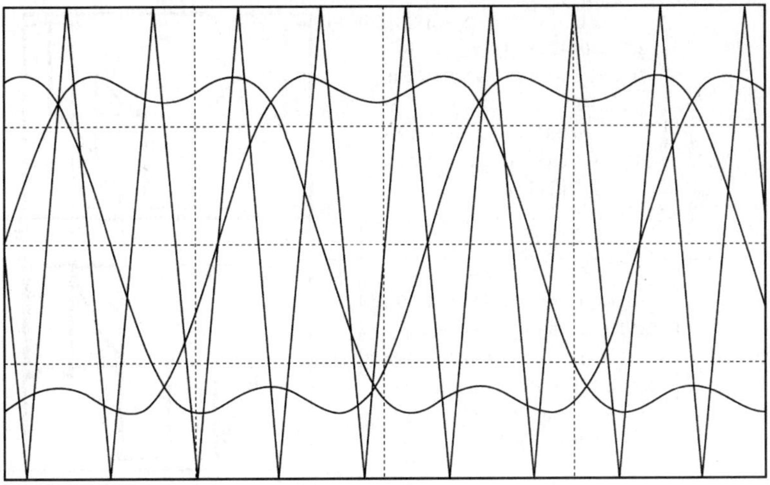

图 4.6　基准信号中注入 3 次谐波

$$\begin{cases} v_{\text{ref}}, v_{\text{ref,a}} = V\sin(\omega t) + kV\sin(3\omega t) \\ v_{\text{ref}}, v_{\text{ref,b}} = V\sin(\omega t + 120) + kV\sin(3\omega t) \\ v_{\text{ref}}, v_{\text{ref,c}} = V\sin(\omega t + 240) + kV\sin(3\omega t) \end{cases} \tag{4.2}$$

考虑到 k 作为一个参数，我们可以定义注入到基准信号的 3 次谐波量，以优化如最大基波含量或 HCF 的性能指标。

在参考文献［1］，考虑 THD 最小化和 $k=1/4$ 作为最优解。实验表明[2,3]当 $k=1/3$ 时的 3 次谐波可以得到最大基波电压。

由于极电压的波形不同于相电压的波形（参见本书第 3.4 节的有关内容），因此有可能保持逆变器的一个引脚不开关工作，而利用其他两相产生三相负载系统的正弦波形。由于三相系统的对称性，因此每个没有开关工作的时间间隔可以持续为 60°。所以，基准信号函数需要用 6 个函数集来定义，每个函数集的有效时间为 60°。由于每个开关的不工作时间为 60°，因此从理论上而言可以降低 50% 的开关损耗。这个可能性在参考文献［4，5］首先进行了探索，表明利用不连续的零序成分产生的不连续基准信号可以线性地扩展到大于 0.785，高达 6 步工作，从而降低开关损耗。后来，其他研究人员提出了其他形状（或函数）的零序分量，图 4.7 给出了几个实例[8-15]。

这些方法之间的区别是，我们选择了在逆变器的一个引脚不开关工作 60°的时间间隔。它有利于选择这些方法基于每个应用实例、考虑到开关损耗在很大程度上取决于通过 IGBT 的电流。可以使用第一种方法将功率变换器用于电网应用场合，使用这种方法在电压基准信号和相电流峰值工作期间没有开关工作区间产生。电动机驱动应用的典型特点是滞后电流，这时采用第二种方法会更好些，因

$$V_{\mathrm{ref}}(V,\alpha)=\begin{cases}1, & -30\leqslant\alpha\leqslant30\\ 2V\cdot\cos(\alpha-30)-1, & 30\leqslant\alpha\leqslant90\\ 2V\cdot\cos(\alpha+30)+1, & 90\leqslant\alpha\leqslant150\\ -1, & 150\leqslant\alpha\leqslant210\\ 2V\cdot\cos(\alpha-30)+1, & 210\leqslant\alpha\leqslant270\\ 2V\cdot\cos(\alpha+30)-1, & 270\leqslant\alpha\leqslant330\end{cases}$$

参考值(4.8)

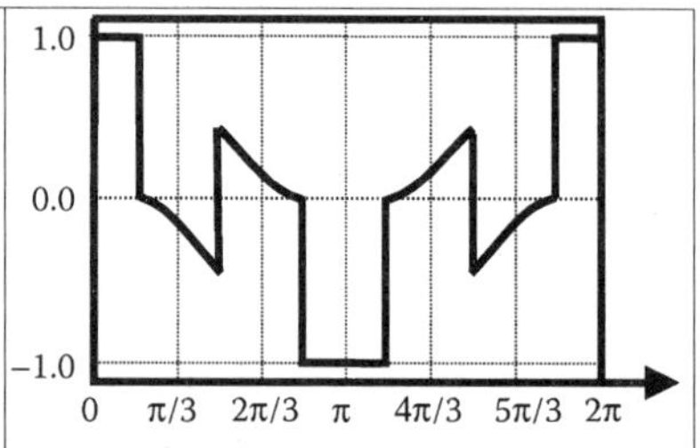

$$V_{\mathrm{ref}}(V,\alpha)=\begin{cases}1, & 0\leqslant\alpha\leqslant60\\ 2V\cdot\cos(\alpha-30)-1, & 60\leqslant\alpha\leqslant120\\ 2V\cdot\cos(\alpha+30)+1, & 120\leqslant\alpha\leqslant180\\ -1, & 180\leqslant\alpha\leqslant240\\ 2V\cdot\cos(\alpha-30)+1, & 240\leqslant\alpha\leqslant300\\ 2V\cdot\cos(\alpha+30)-1, & 300\leqslant\alpha\leqslant360\end{cases}$$

参考值(4.8)

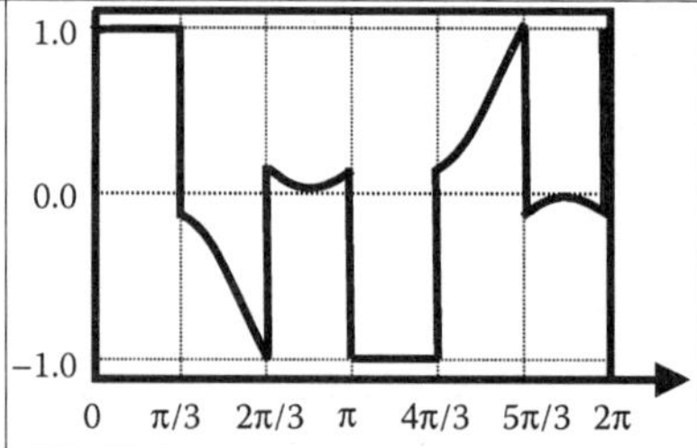

$$V_{\mathrm{ref}}(V,\alpha)=\begin{cases}2V\cdot\cos(\alpha-30)-1, & 0\leqslant\alpha\leqslant30\ \text{且}\ 90\leqslant\alpha\leqslant120\\ 1, & 30\leqslant\alpha\leqslant60\ \text{且}\ 300\leqslant\alpha\leqslant330\\ 2V\cdot\cos(\alpha+30)+1, & 60\leqslant\alpha\leqslant90\ \text{且}\ 150\leqslant\alpha\leqslant180\\ -1, & 120\leqslant\alpha\leqslant150\ \text{且}\ 210\leqslant\alpha\leqslant240\\ 2V\cdot\cos(\alpha-30)+1, & 180\leqslant\alpha\leqslant210\ \text{且}\ 270\leqslant\alpha\leqslant300\\ 2V\cdot\cos(\alpha+30)-1, & 240\leqslant\alpha\leqslant270\ \text{且}\ 330\leqslant\alpha\leqslant360\end{cases}$$

参考值(4.8)

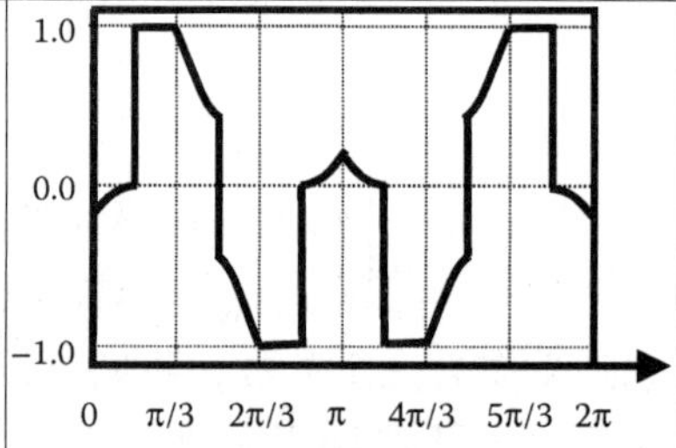

$$V_{\mathrm{ref}}(V,\alpha)=\begin{cases}2V\cdot\cos(\alpha-30)-1, & 0\leqslant\alpha\leqslant120\\ -1, & 120\leqslant\alpha\leqslant240\\ 2V\cdot\cos(\alpha+30)-1, & 240\leqslant\alpha\leqslant360\end{cases}$$

参考值(4.8)

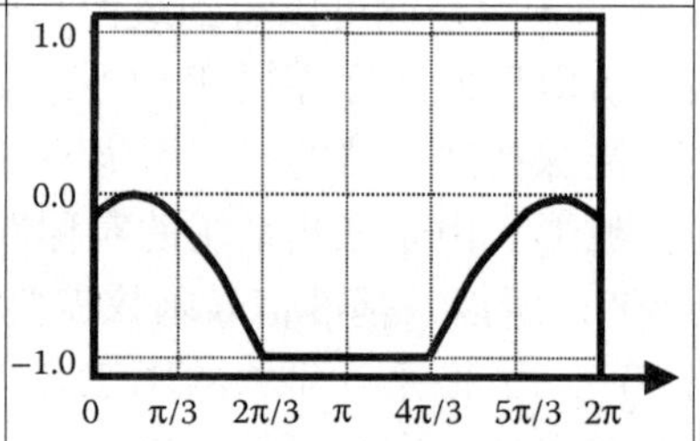

$$V_{\mathrm{ref}}(V,\alpha)=\begin{cases}-2V\cdot\cos(\alpha-30)+1, & 0\leqslant\alpha\leqslant120\\ 1, & 120\leqslant\alpha\leqslant240\\ -2V\cdot\cos(\alpha+30)+1, & 240\leqslant\alpha\leqslant360\end{cases}$$

参考值(4.8)

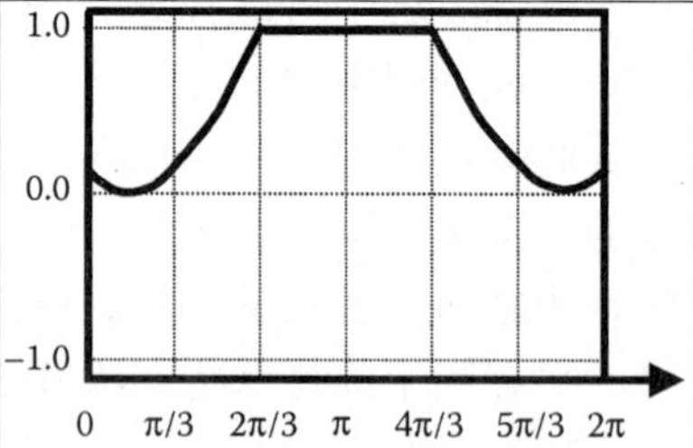

图4.7　用于不连续PWM，调制指数为0.5时的可能调制器基准信号

为这时在基准电压峰值后没有开关时间区间。如果在逆变器的构建中高端 IGBT 和低端 IGBT 是相同的，则使用最后两种方法会在高端和低端 IGBT 开关产生不同的功率损耗和发热。不使用最后的 2 种方法，因为它们在功率开关管之间有不同的损耗。密切观察这些控制方法的有关数字，使我们能够针对特定的应用定义一个广义的调制器结构。图 4.8 所示为广义 PWM 生成的方法。考虑正弦基准信号和载波波形峰值之间的不同，计算出注入零序列信号，这里载波波形峰值为 1。这种差异表示了需要加到现有基准系统顶部信号的量是多少，以便使调制器饱和，并且在 60°时间间隔中没有任何开关工作。很明显，角度 ϕ 的范围是在 0 和 60°之间。由于三相系统的对称性和在三相中的损耗相同，则可以认为是在所考虑的最大和最小基准信号交替工作于饱和。

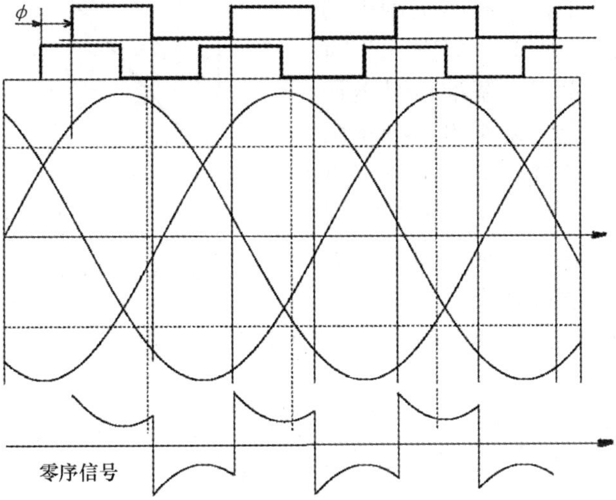

图 4.8　常规 PWM 信号发生器

尽管这些方法具有明显的理论优势，但它们在实际系统中并不常用。基于载波的 PWM 算法已经出现在基于模拟硬件电路中。使用不连续零序注入极大增加了模拟控制电路的复杂度和成本。此外，由于在调制函数的变化过程中窄脉冲的限制和过渡不稳定性，因此其工作性能在低调制度时很差。作为一种替代方案，工程师们仅在高调制指数时使用这种方法，在低调制指数应用场合继续使用常用的连续调制方法。

理解不连续的基准信号函数的基于载波 PWM 产生的工作原理，有助于后面定义减少损耗的空间矢量 PWM 方法。在本书第 5 章中大量地分析了基于数字实现的实例。由于它们在扩展线性范围并减少开关损耗的实用性，结合了数字实现的优点，因此目前它们已用于工业应用。

4.3 压/频驱动中使用的 PWM：根据要求的电流谐波系数选择脉冲数

工作于 PWM 三相逆变器的主要应用之一是电机驱动器。最简单和最常用的感应电动机的控制被认为是基于恒定 V/Hz（电压/频率）比基础上，电动机工作于恒定磁通量的工作条件。

在不考虑电动机驱动细节的情况下，让我们看看采用 PWM 逆变器用于电机驱动的结果是什么。首先，需要注意的是，在整个控制频率范围内的 V/Hz 特性不是线性的，如图 4.9 所示。在低驱动频率时，基准信号电压幅度小，而由于定子绕组电阻分量的原因，因此在定子绕组上的电压降大于感应电压分量。所以，考虑到要保持磁通量恒定和由于电阻分量造成的电压降，在控制器内加大了基准信号的幅度。此外，在高驱动频率，工作特性受限，以保持恒定的电压，这就确保了对弱磁场的控制。

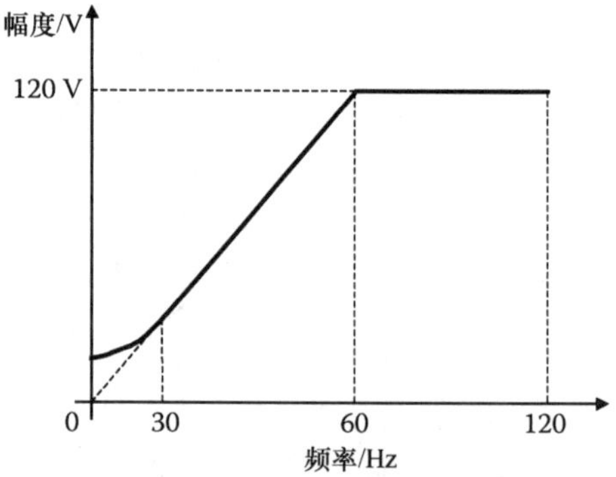

图 4.9 实际 V/Hz 工作特性

从控制和实施的角度出发，V/Hz 控制考虑了相位测试时的相电压产生，考虑在一个时间尺度上的变化多于考虑基波周期中的波形。相比之下，现代的矢量控制或磁场定向控制假设一个高频取样并保持驱动系统和控制独立的相位测量。在一个矢量控制系统中，在一个周期内，数字 PWM 生成不使用所需的相位电压波形，而是仅需要计算这些电压（或电流）的瞬时变化。V/Hz 控制改变幅度和相位，而矢量控制方法在一个固定的取样间隔改变电流基准信号。了解这个大的差异强调了采用载波 PWM 以 V/Hz 控制方法的优点[4-6,12,16]。

已证明，对于载波频率和基准信号波形频率比值非常大的情况下，这两个波形不需要彼此同步。但是，对于低频率比的应用场合，则必须波形同步，并且频率比仅可以采用特定的值（6 的倍数）。

4.3.1 工作于低频范围

在电动机驱动应用中，基波频率在很宽的范围内变化。另一方面，出于功率损耗和热的考虑开关工作频率必须在这个频率（低于标称频率）范围内。在整个频率范围内，利用单一的脉冲宽度调制发生器的模式来满足这两个约束条件是很困难的。基于开关频率的限制或优化的 HCF 的基础[4-6,12,16]，在不同的频率间隔内一般选取不同的频率比值。如果我们将此方法扩展到产生具有可变频率和幅度电压的应用场合，则可以在基于滤波器技术要求优化的基础上优化脉冲数。下面分别对每种方法进行分析。

（1）开关频率的限制。图 4.10 所示为一个可能的解决方案。对于每个频率间隔的基准信号，基波频率和载波频率（f_{sw}）之间存在着线性关系。特性曲线的斜率等于频率比。为了避免系统振荡，利用回滞来确保运行模式之间的切换。如图 4.10 所示，当工作频率加倍时改变工作模式，但是对频率比为 24→36→48→60→72 或 18→36→72→144→288 的系列值时，可以定义类似的控制。许多工业解决方案的比率值取最后一个频率间隔的频率比为 6，以 6 级不调制的工作方式结束。通常优选双倍频率间隔选择的解决方案，因为这样可以减少工作模式之间的转换的次数，并可以简化电路的实现（参见本书第 8 章的有关内容）。

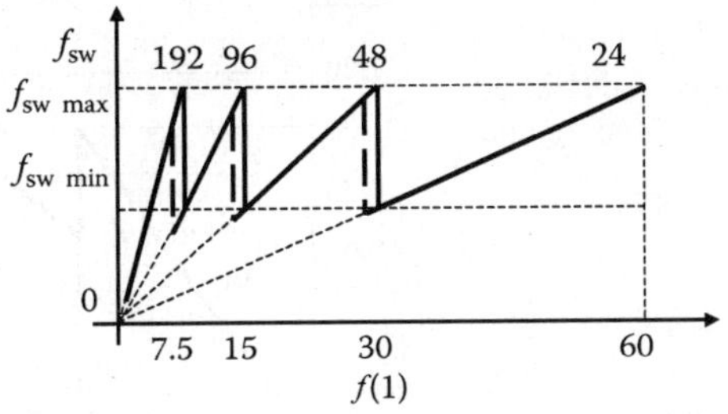

图 4.10　不同时间间隔采用不同的脉冲数

（2）HCF 的优化。已计算出对采用不同频率比工作模式的 HCF，计算结果如图 4.11 所示。如果具体应用要求限制该系数在给定的水平以下，则可以优化切换过程的次数，同时选择不同频率变化间隔的不同频率比来继续满足有关谐波技术要求（参见本书第 3 章的有关内容，参考文献［20］）。例如，当考虑一个最小值为 4% 时，最大开关频率为 1.5kHz 左右。在非常低速的范围内必须假定

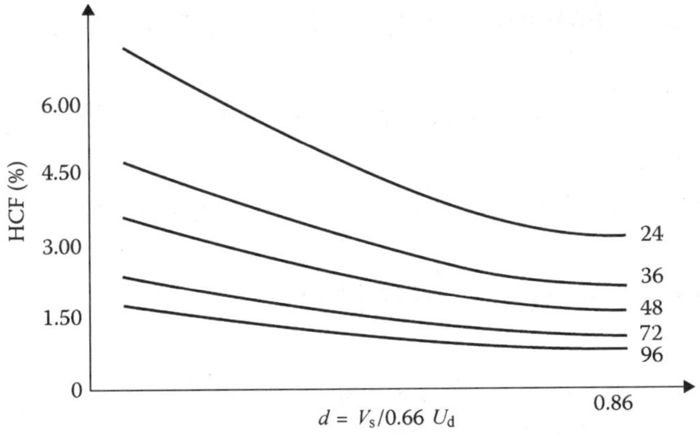

图 4.11　采用不同脉冲数 PWM 的 HCF

对频率比的限制，以简化电路的数字实现。因此，对工作频率低于几 Hz 的应用场合，需要放宽对 HCF 的限制。这时基于对基波频率（f_1）的采样频率（f_{sw}）如图 4.12 所示（参见本书第 3 章的有关内容，参考文献［20］）。

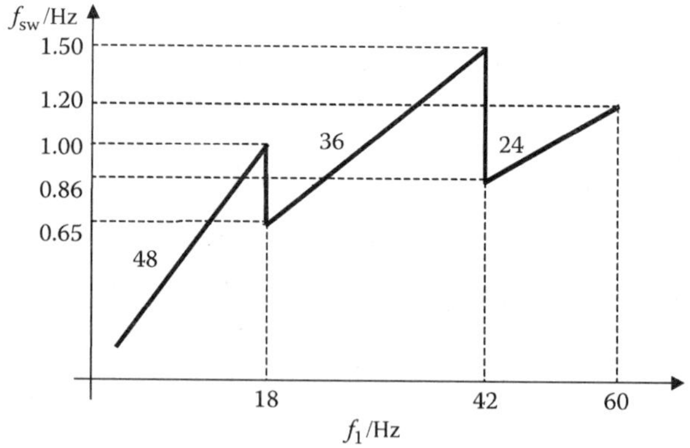

图 4.12　采样频率与输出频率

（3）电源滤波器的技术指标优化。工作于恒定频率和可变电压的大功率电源要求在负载端提供低输出阻抗和小于 5% 的 THD。它们的谐波性能分析已在本书第 3.5 节的有关内容加以介绍，对 DF 以频率比等于 24、36、48、72 给出了计算分析结果，频率比为 96 的情况如图 3.19 所示。对这些结果可以选择适当的频率比，以确保在任意调制指数时的 DF 值低于一定的值。

4.3.2 工作于高频范围

高频率范围是指频率范围为 60～120Hz，一个低脉冲数独特的 PWM 模式必须使用独立的频率和恒定的调制指数。这通常可以实现电路优化，以降低低阶谐波成分：

1）在输出相电压（参见本书第 3.6 节有关内容）选择性消除如第 5 次或第 5 和第 7 等次谐波；

2）全面降低几个低次谐波成分，例如，最小化 $V_5^2 + V_7^2$。

4.4 采用载波 PWM 实现谐波抑制

在本书第 3 章介绍了三相逆变器消除特定次谐波的有关解决方案。它们的实施需要大量的离线计算和存储在内存的查找表。这个解决方案对控制工程师而言优越性不大。相比之下，本章介绍的基于载波的 PWM 使用现代微控制器和无需离线计算的条件下很容易理解和实现。本书第 7 章将进一步详细介绍使用现代微控制器的不同实施策略。这些微控制器已有用于自然取样或基于载波的常规采样特殊的外围设备可供选用。在 20 世纪 90 年代初，研究人员已考虑使用这些数字硬件平台来实现谐波消除控制策略[17]。

让我们重新考虑图 4.13 中的数字 3.26。用于线－线电压（V_{LL}）的谐波抑制方案可以实现调制指数低于 0.866 的应用。调制指数大于 0.866 的工作可以通过如图 4.13 所示的扩展控制角度分辨率方法很容易地实现。作为一个巧合，这也代表了一个空间矢量调制算法的最大调制指数。此外，开关角对调制指数的依赖关系在调制指数接近 0.69 时是线性的，在 0.69 和 0.866 之间是非线性的。图 4.13 还表明，奇数开关角有负斜率，而偶数开关角有正斜率。所有这些特性的开始和结束点以式（4.3）所示的间隔表现。

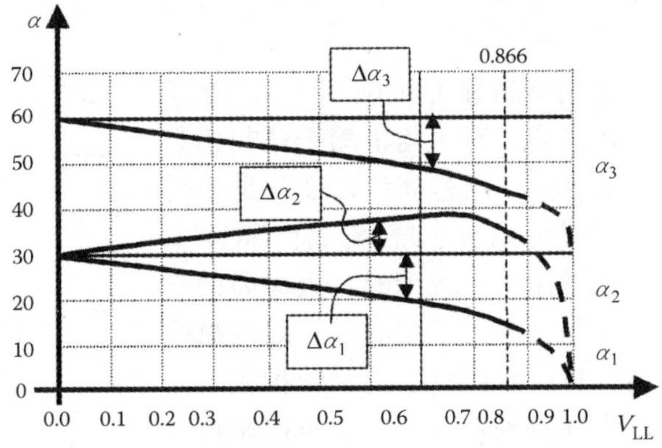

图 4.13　三相逆变器 V_{LL} 中的谐波消除开关角

$$\omega T_s = \frac{2\pi}{3(N+1)} \tag{4.3}$$

式（4.3）中的 N 表示在 60°间隔内的开关次数（在本例为 3）。

让我们考虑一个采样间隔（T_s）的常规采样 PWM。在每个采样周期中，根据常规采样 PWM 方法，可以分别实现对采样脉冲下降沿和前沿的控制。对每个控制，考虑正弦基准波形，如图 4.14 所示，从整个周期的开始，开关角以式（4.4）给出的绝对值工作。

$$\begin{aligned} &k=\text{奇数},\alpha_k=(k+1)\frac{T_s}{2}-m\frac{T_s}{2}\sin\left[(k+1)\frac{T_s}{2}+\varphi_1\right] \\ &k=\text{偶数},\alpha_k=(k)\frac{T_s}{2}+m\frac{T_s}{2}\sin\left[k\frac{T_s}{2}+\varphi_2\right] \end{aligned} \tag{4.4}$$

式（4.4）中的正弦项是微控制器实现所需要的，因为第一项是自然 PWM 算法已增量生成的。基准正弦波形的幅度表示调制指数 m，它以误差低于 3.5% 密切跟踪要求的负载上的电压大小。这些正弦基准信号的相位可以利用在每个采样时刻或以近似解曲线拟合的方法来决定。可以利用式（4.5）来表示这个近似解：

$$k=\text{奇数},\ \varphi_1=N\frac{T}{2}$$

$$k = \text{偶数}，\varphi_2 = \frac{T}{4} \quad (4.5)$$

在任何工作点，这种近似的最终误差小于0.25°，导致“取消”的谐波小于2%[17]。

对调制指数为0.69～0.866之间的应用场合，开关角依赖于调制指数是非线性的，通过非线性变化采样时刻的位置可以基于规则采样PWM实现。当调制指数增大时，采样周期变得越来越小，而所有的采样间隔都向0°挤。最后，对应最大调制指数，所有的采样时刻重合在0°，可以实现方波工作。

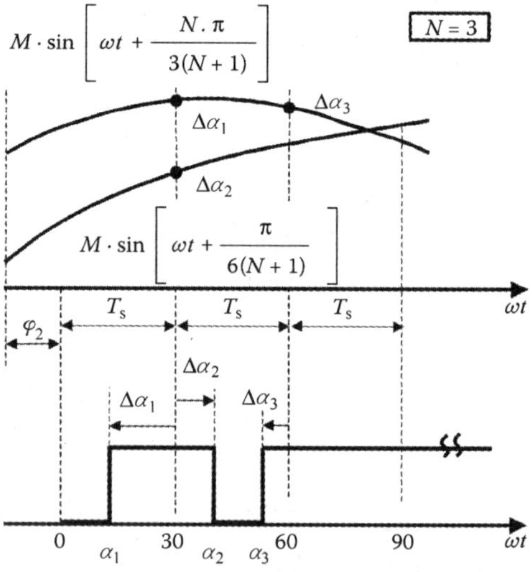

图4.14　谐波消除与规则采样PWM的等效

4.5　工作限制：最小脉冲宽度

图3.2给出的电路是理想的，当开关采用实际的半导体器件实现时，就会出现理想与实际不同的工作状态。图3.2也表示了在同一开关脚的开关和二极管之间电流换向的工作。有时PWM方法会影响加到负载的短脉冲宽度[18,19]。

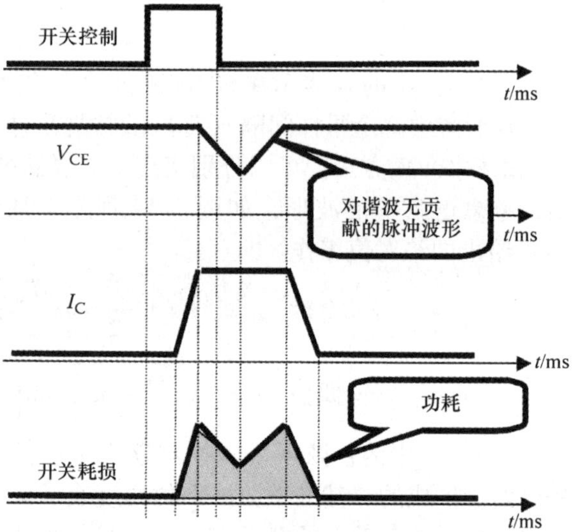

图4.15　短脉冲的开关波形

在一个实际的半导体器件上的延迟瞬间，负载上会出现窄的电压脉冲波形。在极端情况下，在负载上看不到任何明显的电压脉冲，而功率半导体器件仍在开关工作。换而言之，损耗依然存在，但没有实现在负载上的预期谐波改善。与这种工作情况有关的波形如图

4.15 所示。

为了避免在短脉冲期间功率级的换向，最常用的方法如下：

（1）脉冲删除。如果在小于一定量的时间间隔，没有功率变换器的开关工作发生，则从 PWM 波形中删除脉冲。这种工作方法的工作波形如图 4.16 和图 4.17 所示。可以看出，由此产生的负载电流基波成分增加，并且有更大的谐波成分。

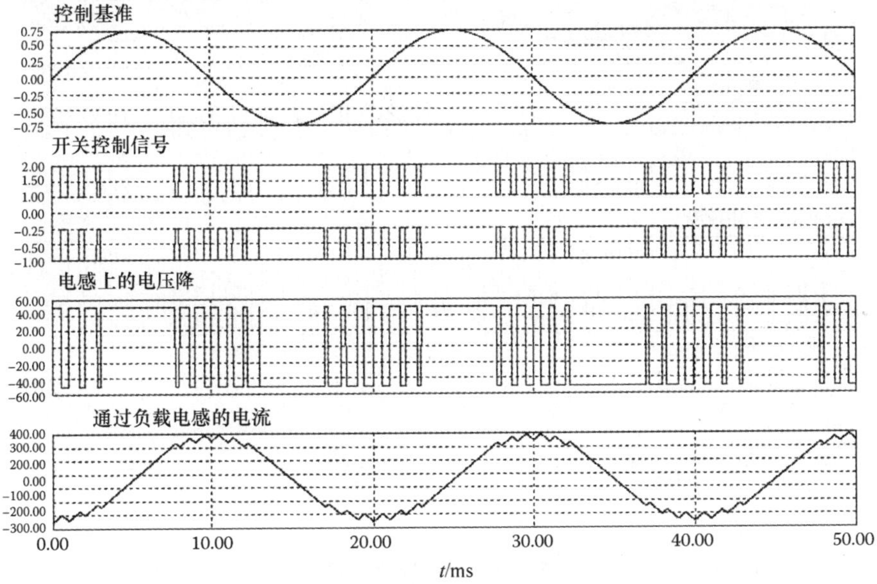

图 4.16　变换器波形脉冲下降的效果（来自图 3.3 所示的变换器）

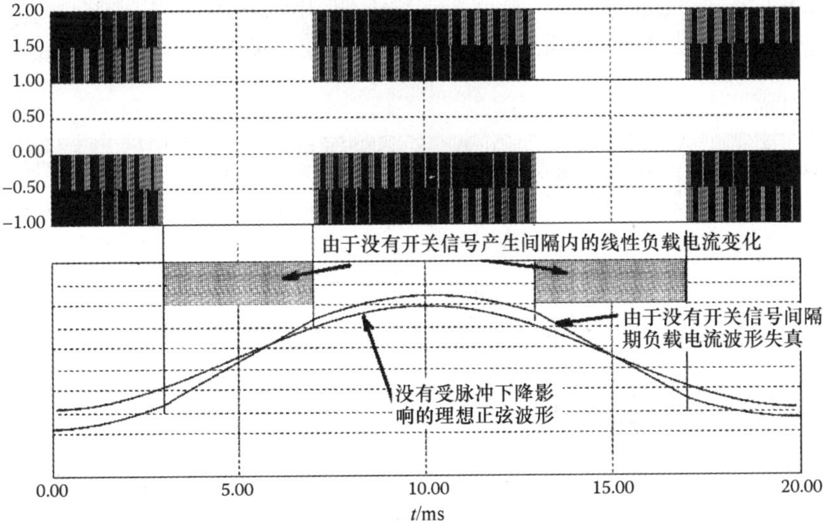

图 4.17　非常大脉冲下降间隔的效果（同样的变换器工作于 10kHz）

（2）脉冲限制。如果脉冲宽度低于一定值，脉冲宽度被限制在一个预定义的值，则开关转换在一定时间内工作于固定脉冲宽度的工作状态。这种工作方法的波形如图4.18和图4.19所示。基波损耗显而易见，在谐波成分的恶化也很明显。

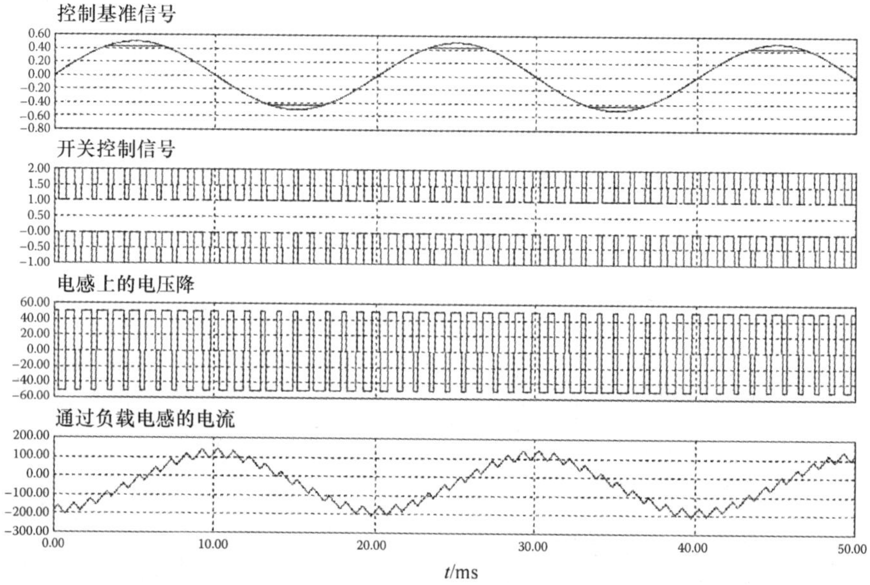

图4.18　变换器波形脉冲限制的效果（图3.3所示的变换器）

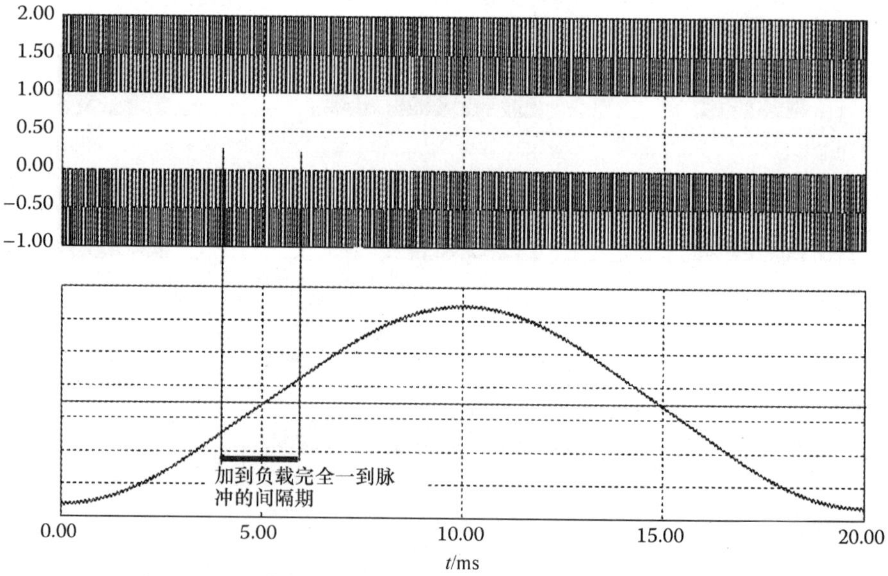

图4.19　非常大脉冲限制间隔的效果（同样的变换器工作于10kHz）

在调制指数特别高时会出现脉冲下降区域发生，对应调制指数相位电压的基波分量依赖关系如图 4.20 所示。在高调制指数下损耗或增益的特点更明显，这时也会出现大电流的情况。

对控制工程师而言脉冲下降区的出现提出了一个重要的问题。当脉冲被限制或被删除时，系统变成非线性，失去了可控性，最终导致系统工作的不稳定性。

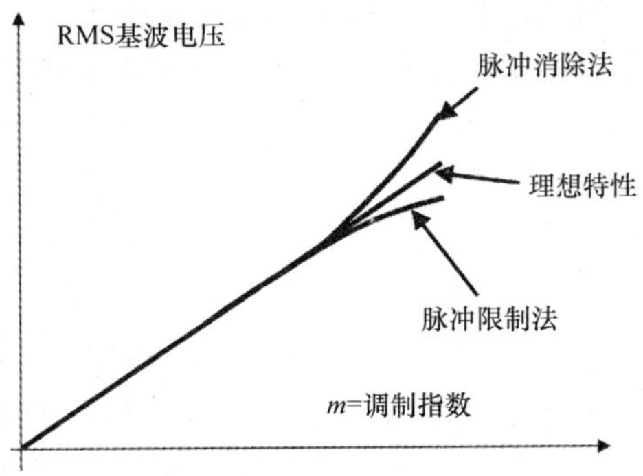

图 4.20　基波电压取决于调制指数

许多研究人员试图找到解决方案，以补偿脉冲下降的影响或避免在窄脉冲下工作。脉冲下降补偿的效果可以扩展逆变器在高调制指数范围工作条件下传输特性的线性。

图 4.21 所示为实际的基准电压信号饱和于 1 − δ 电平的工作状态，这里 δ 是可以接受的归一化最小脉冲。这种归一化于最大可用调制指数，这里的最大可用

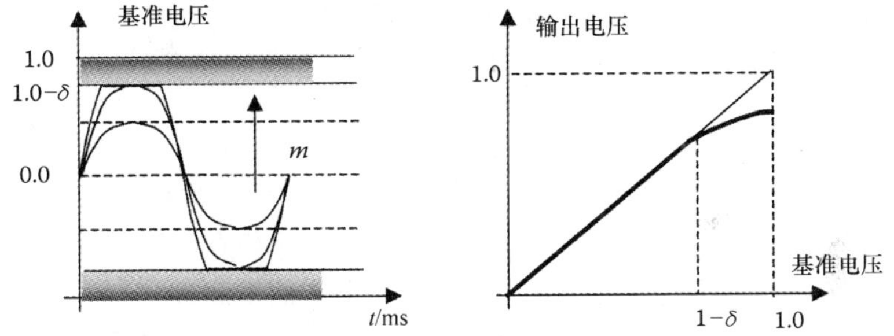

若 $m > 1 - \delta$：　$V_{out} = \frac{1}{\pi} \cdot \left\{ \sin^{-1}\left(\frac{1}{m_x}\right) + \frac{1}{m_x} \cdot \sqrt{1 - \frac{1}{m_x^2}} \right\} \cdot m_x \cdot V_{dc}$

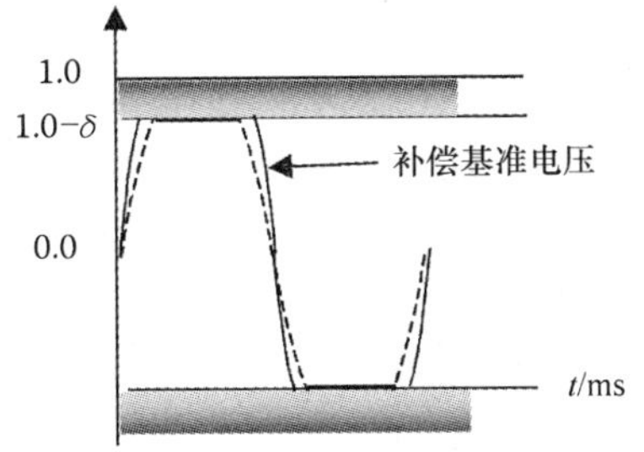

图 4.21　控制电压补偿（基准信号）以获得基于基波成分要求的线性关系

调制指数为0.785（或π/4）。

要计算基波频率成分，必须使用傅里叶系数的关系：

$$A_{(1)} = \frac{1}{\omega T}\int_0^{\omega T} v(\omega t)\cos(\omega t)\,\mathrm{d}\omega t$$

$$\Rightarrow v_{\mathrm{ref}} = \sqrt{A_{(1)}^2 + B_{(1)}^2}$$

$$B_{(1)} = \frac{1}{\omega T}\int_0^{\omega T} v(\omega t)\sin(\omega t)\,\mathrm{d}\omega t \tag{4.6}$$

这里用 m_x 表示饱和之前基准电压的幅度（对所考虑的归一化，大于1）。调制指数和饱和之前基准电压幅度 m_x 的关系见式（4.7）。

$$m_x = \frac{m}{0.785} = \frac{4m}{\pi} \tag{4.7}$$

饱和后的基波频率成分可以用式（4.8）计算。

$$v_{\mathrm{out}}^{(1)} = \frac{1}{\pi}\left\{\sin^{-1}\left(\frac{\pi}{4m}\right) + \left[\frac{\pi}{4m}\right]\sqrt{1-\left[\frac{\pi}{4m}\right]^2}\right\}\frac{4m}{\pi}V_{\mathrm{dc}}$$

$$= \left\{\left[\frac{4m}{\pi}\right]\sin^{-1}\left(\frac{\pi}{4m}\right) + \sqrt{1-\left[\frac{\pi}{4m}\right]^2}\right\}\frac{1}{2}\left[\frac{2V_{\mathrm{dc}}}{\pi}\right]$$

$$\Rightarrow \frac{v_{\mathrm{out}}^{(1)}}{[(2V_{\mathrm{dc}}/\pi)]} = \frac{1}{2} = \frac{1}{2}\left\{\left[\frac{4m}{\pi}\right]\sin^{-1}\left(\frac{\pi}{4m}\right) + \sqrt{1+\left[\frac{\pi}{4m}\right]^2}\right\} \tag{4.8}$$

已证明有用的几种方法：

1）以动态范围的缺点，如图4.21所示，在下降传递工作特性增加了反向比例的基准电压[11]。由于脉冲宽度的限制，观测对实际基准电压的限制，在调制指数与实际输出电压之间提供了一个数学关系。一个内存查找表的逆关系，有助于补偿截断的传输工作特性，以在负载上得到所需的基波成分。

2）以相位电流、逆变器和机器损耗的谐波成分的不足，如图4.22所示，向调制电压指令加一个方波信号[11]。方波信号的幅度（x）是基于所需波形的幅度（V）大小来计算的，所以，在“1”后饱和，在基波频率可以保持同样电平的成分。

3）增加计算量调制命令的其他再成形方法，如图4.23所示。

所有这些基于基准电压再成形的方法由于需要实时密集的计算，因此不是非常适合用于电动机驱动应用场合。在每个工作点，我们都需要对基准波形的线性度进行校正。

一种完全不同的方法是采用不会产生窄脉冲的楼梯PWM或其他PWM的方法。其思想是使用一个在低频变化而在高频由脉冲宽度调制发生器采样的基准电压，如图4.24所示。

使用这种方法导致在正弦基准波形基础上定义的脉冲宽度分辨率的损失。这对负载电压的谐波含量有影响。图4.25所示为使用这种方法限制脉冲的最小脉冲宽度得到的好处和使用阶梯基准信号，而不是使用正弦基准信号的不足。

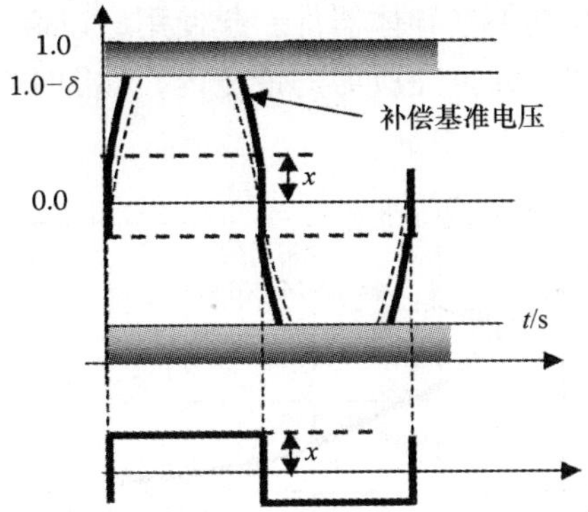

a)

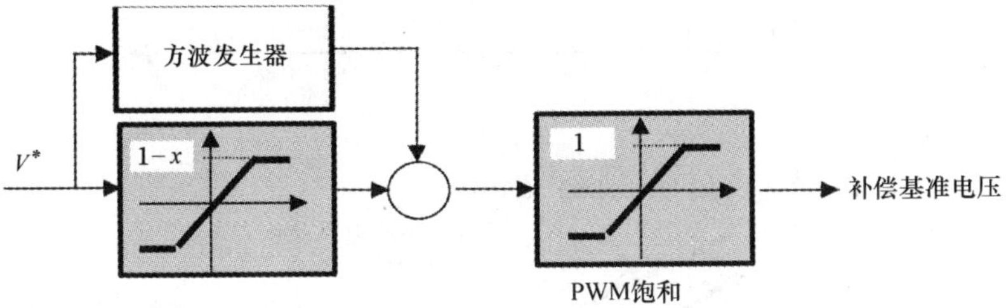

b)

图 4.22　通过添加方波函数来再成形控制信号电压（基准）

a）波形　b）控制器

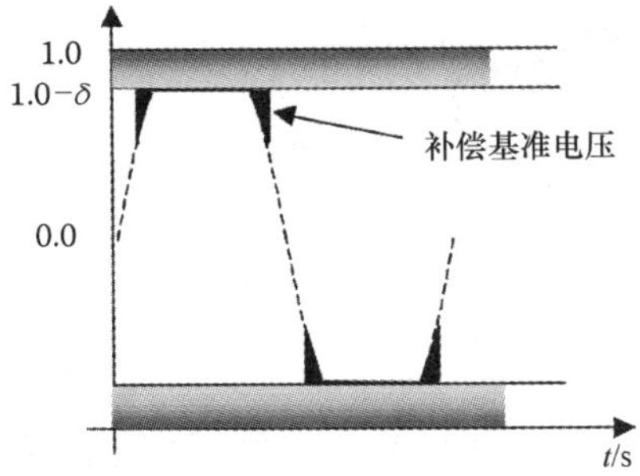

图 4.23　通过叠加方波函数来再成形控制（基准）电压

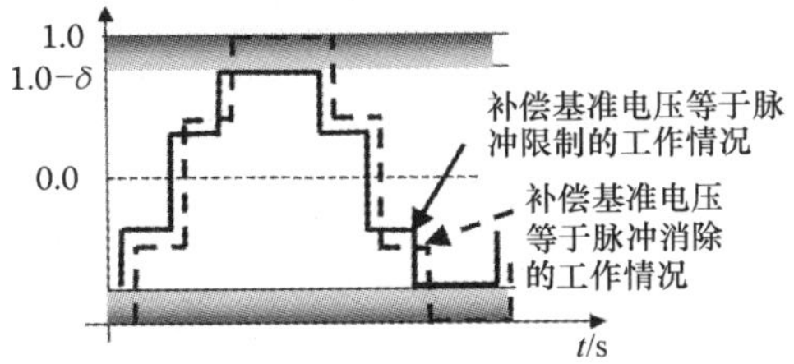

图 4.24　阶梯 PWM 波形产生工作原理

4.5.1　利用谐波注入避免脉冲下降[18]

本章回顾的最后一个解决方案是利用谐波注入可以避免小脉冲宽度。已证明，在开关函数或相电压中存在 3 次谐波，而在极电压没有出现 3 次谐波。

多年以来，这已被用于增加三相逆变器的线性传输范围。它最初是必需的，因为只用到了低开关工作频率的功率半导体器件。

同样的想法可以与高频功率半导体器件一起使用，以避免脉冲下降。这将会修改调制波形，以使脉冲宽度保持在所需的带宽内，如图 4.26 所示。

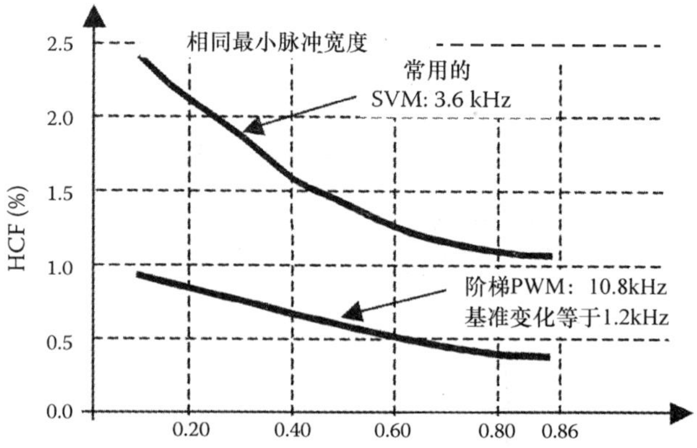

a)

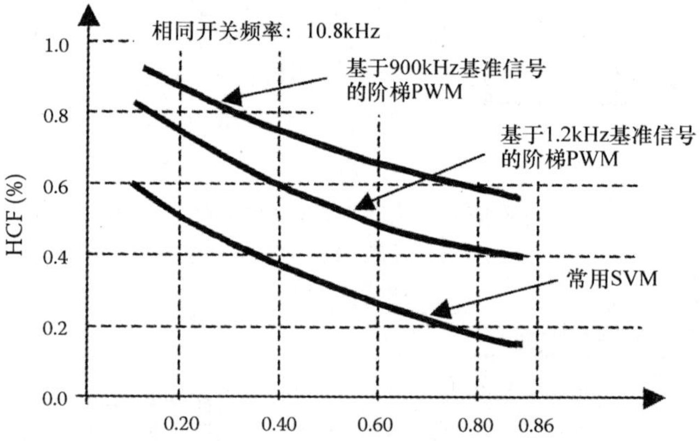

b)

图 4.25　负载电流的不同谐波结果（印刷得到 IEEE 的许可）

可以用式（4.9）、式（4.10）和式（4.11）在存在第 3 次谐波时来计算脉冲宽度。

$$\mathrm{PWMA}^* = \frac{m[\sin\theta + k\sin(3\theta)] + 1}{2} \tag{4.9}$$

$$\mathrm{PWMB}^* = \frac{m\left[\sin\left(\theta - \frac{2\pi}{3}\right) + k\sin(3\theta)\right]}{2} \tag{4.10}$$

$$\text{PWMC}^* = \frac{m\left[\sin\left(\theta - \frac{4\pi}{3}\right) + k\sin(3\theta)\right]}{2} \tag{4.11}$$

公式中的 θ 表示角坐标。这在使用 3 次谐波来提高调制范围的应用中是已知的方法。这些方程很容易在一个数字控制器与中心对准的 PWM 发生器中实现。实现实例将在本书第 9 章中给以介绍。

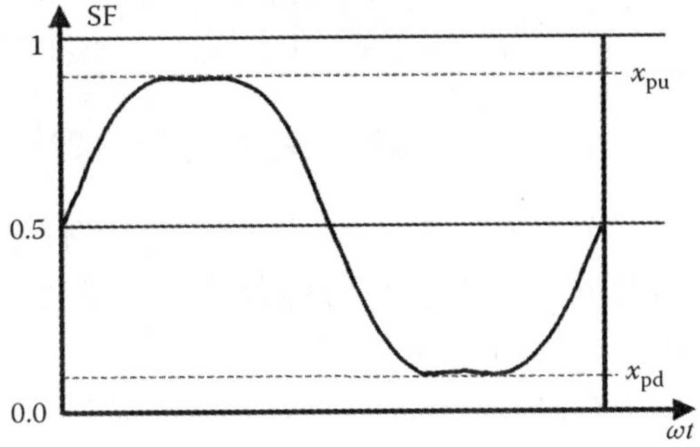

图 4.26　用 3 次谐波注入来限制脉冲宽度

考虑到这种 3 次谐波注入的唯一目地就是限制脉冲的宽度，以避免脉冲删除，3 次谐波量可以根据限制的最小脉冲计算出。

可以利用式（4.12）计算 PWMA、PWMB 或 PWMC 的极值点。

$$\frac{\partial \text{PWMA}}{\partial \theta} = 0 \tag{4.12}$$

对应 $\theta < 90°$，计算出的结果为 $\cos\theta = \sqrt{(9k-1)/12k}$ 和 $\sin\theta = \sqrt{(3k+1)/12k}$[15]，对应这点，PWMA 达到最大值。

一般而言，有最小脉冲宽度 < PWMA < 最大脉冲宽度，如图 4.26 所示。对特定的工作开关频率（脉冲周期）和最小脉冲宽度，可以自动产生可以接受的最大脉冲宽度。如式（4.13）：

$$\text{PWMA(max)} = \frac{T_s - T_{min}}{T_s} = x_{pu} \tag{4.13}$$

利用 PWMA 中定义的 $\sin\theta$ 和 $\cos\theta$ 分辨率替换（式（4.9））可以产生下面的结果[15]。

$$\begin{aligned} x_{pu} &= \frac{m[\sin\theta + k[3\sin\theta - 4\sin^3\theta]] + 1}{2} \Leftrightarrow \frac{(2x_{pu}-1)}{m} \\ &= [\sin\theta + k[3\sin\theta - 4\sin^3\theta]] \end{aligned} \tag{4.14}$$

$$\begin{aligned} \frac{(2x_{pu}-1)}{m} &= \sqrt{\frac{3k+1}{12k}}1 + k\left[3 - 4\frac{3k+1}{12k}\right]\Leftrightarrow \frac{(2x_{pu}-1)}{m} \\ &= \sqrt{\frac{3k+1}{12k}}\frac{2}{3}(3k+1) \end{aligned} \tag{4.15}$$

$$\begin{aligned} \left[\frac{(2x_{pu}-1)}{m}\right]^2 &= \frac{3k+1}{12k}\frac{4}{9}(3k+1)^2 \Leftrightarrow \left[\frac{(2x_{pu}-1)}{m}\right]^2 \\ &= \frac{3k+1}{12k}\frac{4}{9}(9k^2+6k+1) \end{aligned} \tag{4.16}$$

$$\frac{12k\cdot 9}{4}\left[\frac{(2x_{\text{pu}}-1)}{m}\right]^2=(27k^3+27k^2+9k+1) \tag{4.17}$$

$$\Leftrightarrow 27k^3+27k^2+\left[9-27\left[\frac{(2x_{\text{pu}}-1)}{m}\right]^2\right]k+1=0 \tag{4.18}$$

这个多项式方程有三个解，每个解的数值集适用于 PWM 周期的时间间隔、所需的最小脉冲宽度和调制指数。优选绝对值较小的解，以便不增加逆变器的额定值。

现在以 12kHz（83.3μs）的开关频率、调制指数为 1.0 和对最小脉冲宽度的不同限制为例。表 4.1[18] 给出了在每种情况下式（4.18）的解。可以验证对所有的解的和等于 -1。

对于在调制指数小于 1 和相同约束条件下，注入的 3 次谐波量较小。在低调制指数的条件下没有必要进行谐波注入。例如，图 4.27 所示为对要求的最小脉冲宽度为 5ms 的情况下 k 对调制指数的相互依赖关系。

这种依赖关系可以被存储在一个查找表中。在所有三个基准电压中需要注入的 3 次谐波，这在一个矢量控制的转换器、在（x，y）坐标是可用时、但不是相位基准的情况下似乎是困难的。此外，即使利用相位基准信号也很难估计注入的 3 次谐波的相位。然而，3 次谐波可以通过（x，y）坐标利用下面的公式计算。

表 4.1　多项式方程的解

最小 PW/μs	x_{pu}	解 k_3	解 k_1	解 k_2
0	1.0000	-1.4705	0.4089	0.0616
0.5	0.9939	-1.4580	0.3935	0.0646
1.0	0.9879	-1.4458	0.3780	0.0678
1.5	0.9819	-1.4335	0.3622	0.0713
2.0	0.9759	-1.4212	0.3459	0.0753
2.5	0.9699	-1.4089	0.3291	0.0799
3.0	0.9639	-1.3967	0.3115	0.0851
3.5	0.9579	-1.3844	0.2931	0.0913
4.0	0.9519	-1.3721	0.2733	0.0988
4.5	0.9459	-1.3598	0.2215	0.1083
5.0	0.9399	-1.3475	0.2257	0.1218
5.5	0.9339	-1.3352	0.1861	0.1491

注：源自 Neacsu，C. O.，Rajashekara. K.，and Gunawan，F. Linear Control of PWM Inverter by Avoiding the Pulse Dropping，*IEEE Workshop on Power Electronics in Transportation*，Detroit，MI，USA，October 24 -25. pp. 31 -38© （2002）. With permission of IEEE.

$$\begin{aligned} vt &= mk\sin(3\theta)=mk\sin\theta(3-4\sin^2\theta)\\ &= k\sqrt{v_{\text{sx}}^2+v_{\text{sy}}^2}\frac{v_{\text{sx}}}{\sqrt{v_{\text{sx}}^2+v_{\text{sy}}^2}}\left[3-4\frac{v_{\text{sx}}^2}{v_{\text{sx}}^2+v_{\text{sy}}^2}\right] \end{aligned} \tag{4.19}$$

$$vt = kv_{sx} = \frac{3v_{sy}^2 - v_{sx}^2}{v_{sx}^2 + v_{sy}^2} \quad (4.20)$$

在使用中心对齐的 PWM 发生器硬件之前，应该将这一项加到每个相位基准信号中。

将这种方法用于电动机驱动有助于改善相电流波形，并消除由于 PWM 算法产生的不希望的失真。比较结果如图 4.28 所示。

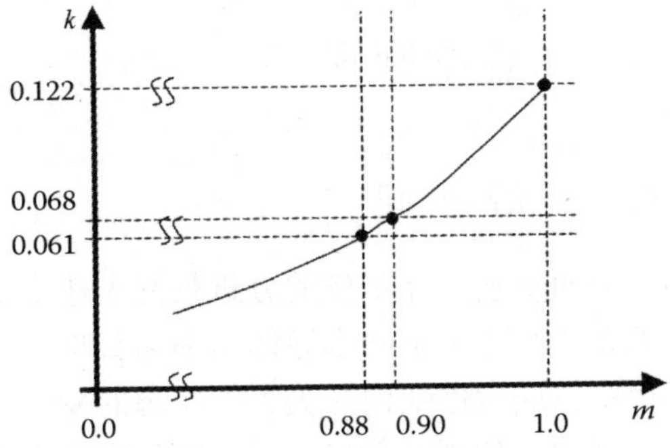

图 4.27　考虑实例的优化 k 值

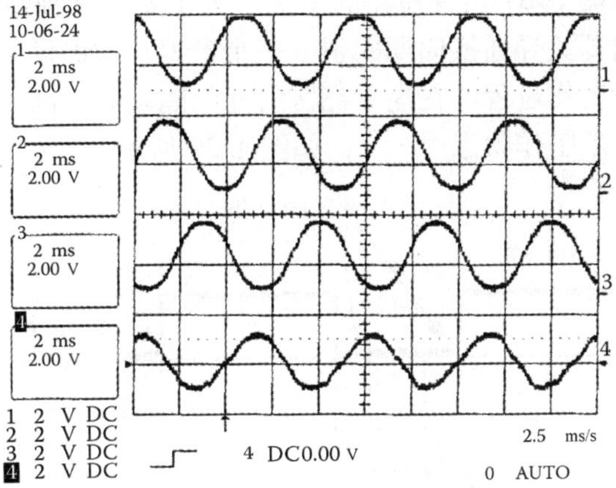

a)

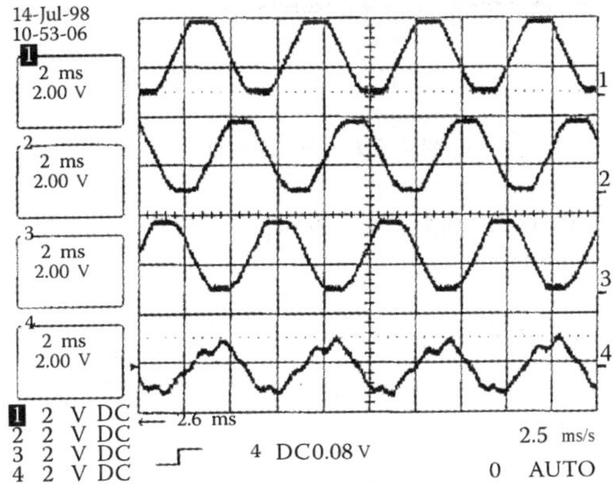

b)

图 4.28　矢量控制的工作波形，描述了用新的算法改进的电流波形

a）对应 $i_{ds}=25A$，$i_{qs}=80A$，$m=0.84$ 的新算法　b）在 $i_{ds}=25A$，$i_{qs}=80A$，$m=0.84$ 时用于正弦 PWM 法的脉冲宽度限制

摘自：Neacsu，D. O.，Rajashekara，K.，Gunawan，F. Linear Control of PWM Inverter by Avoiding the Pulse Dropping, *IEEE Workshop on Power Electronics in Transportation*，Detroit，MI，USA，October 24－25，pp. 31－38 ©（2002）With permission of IEEE.）

4.6 工作限制

4.6.1 死区时间

前面对逆变器工作的分析是基于逆变器引脚是理想开关的条件。但是，在本书第2章给出了不同半导体功率器件的开/关瞬态工作过程。在控制电路的设计过程中，应考虑任何开关工作状态的变化都需要有一个有限的时间间隔因素。

例如，如果在关断高端IGBT的命令发出后，迅速地出现导通低端IGBT的指令，会在高、低端IGBT出现短路的情况。为了避免这种情况，在其他开关器件关闭时，在控制开关导通换向期间引入一个延迟。这提供了足够的时间来确保开关器件完成关断工作过程。在这个死区时间间隔期间，高、低端的两个功率开关都被假定处于关断工作状态[20-27]，如图4.29所示。

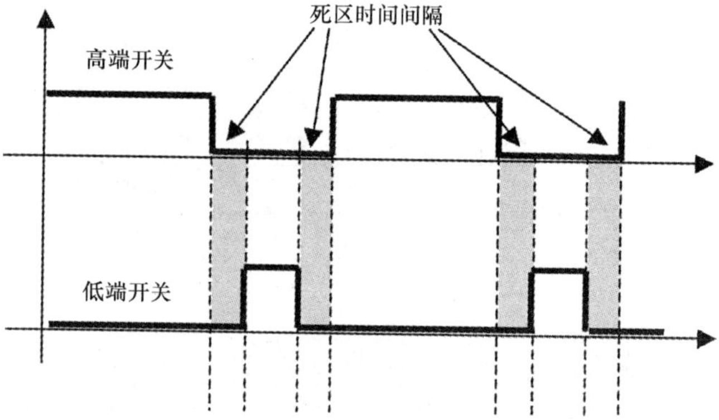

图4.29 死区时间

当使用的开关器件是IGBT而不是MOSFET时，由于集电极尾电流的原因，需要更长的延迟时间。这个尾电流是由于存储在双极型晶体管pn结的电荷而产生的。由于MOSFET的沟道停止导电，因此电子电流流动停止。现代的IGBT进行了优化，IGBT电流迅速下降至尾电流开始电流重组的水平。通过加快不同寿命的重组技术加速复合时间以减少尾电流。由于减小了双极型晶体管的增益，因此这些技术也增加了IGBT的电压降和导通损耗。所以，对加快关断工作过程有一定的限制条件。通过栅极控制，也不能改善尾流间隔。最后，在较高的温度下，瞬态工作特性变坏。

在开关序列中引入这个延迟改变了加在负载上的脉冲宽度及平均值。因此，改变了负载电流波形，同时也改变了负载电流的谐波频谱。

需要注意的是，适当地定义一个时间间隔是强制性的。如果死时间间隔太短，则电路可能出现短路，会产生一个大电流，并且产生的热量可能会损坏功率开关半导体器件。如果死区时间设定的太长，则脉冲波形形状变化更大，电流波形变化更大。

一个很好的估计死区时间间隔的长度实用方法是在没有负载连接时测量逆变器的直流输入电流。然后，唯一可能的电流会由于交叉导通而导致短路。这个实验可以按以下几个步骤进行：

1）使用一个非常大的死区时间间隔和在一个逆变器的引脚起动开关，在直流侧将会看到一个小的电流脉冲，当开关工作时，由于极电压的 dv/dt 通过密勒电容，因此这个电流可以达约 5% 的功率半导体开关的额定电流；

2）使用一个小的死时间间隔，在直流侧会有较大的电流，它取决于当另一个开关试着打开时尾电流任然保持流动的时间长度；

3）从这个小的死时间值增加死区时间间隔，观察通过直流侧的不同形状和脉冲电流值。死时间间隔值最好选择在这个电流达到初始值时的值。

这些测试在高温下进行时更有用。通常，如图 4.30 所示，死区时间由延迟导通时间产生。

在适当选择死区时间间隔值后，重要的是需要了解由于开关间隔延迟变换器失去了多少性能，由于同一开关脚的两个开关在死区时间间隔中，负载电流暂时导通，因此反并联的二极管维持电流流通。如果负载电流为正（电流由功率变换器流向负载），则在高端开关是关闭时，低端二极管将导通，如图 4.31 所示。这就决定了相对理想开关在负载上电压的损失。脉冲期间的极电压误差取决于死区时间宽度和直流母线电压。

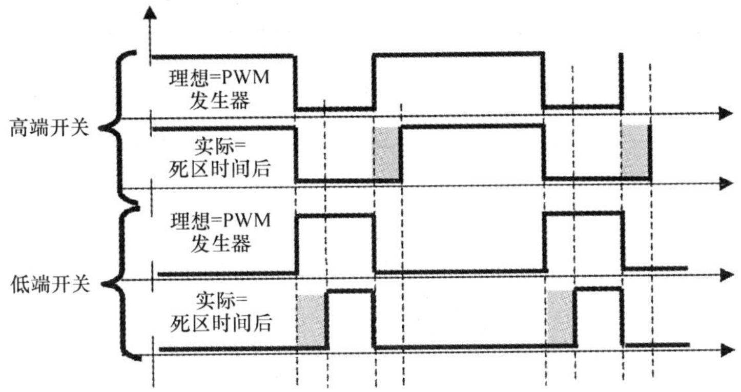

图 4.30　通过延迟每个功率开关器件的导通来产生可用的死区时间

相反，如果负载电流为负（从负载流到功率变换器），则负载电压在其正侧

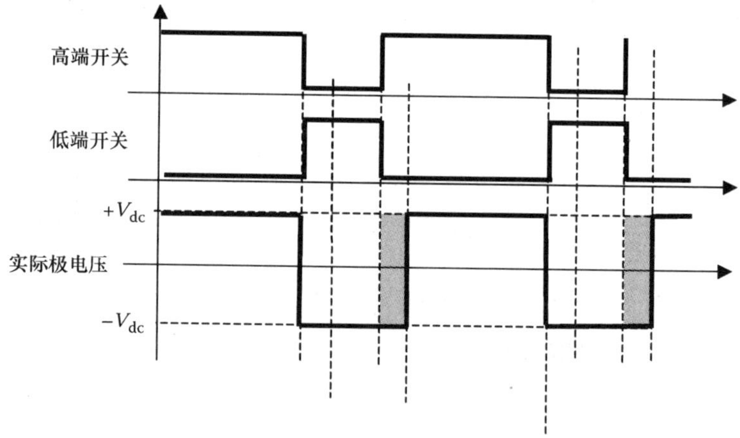

图 4.31　在死区时间期间正负载电流的效果

上得到一些电压，如图 4.32 所示。电压误差量又取决于死区时间宽度和直流母线电压。正和负的负载电流，在整个调制周期，电压误差量是保持恒定的，不依赖于所需的脉冲宽度。误差电压如图 4.33 所示。要注意的重点是，误差电压的量不依赖于基准电压的大小（调制指数）。在低调制指数的情况下电压误差大，例如工作于低速驱动下运行的 V/Hz 的工作状态。

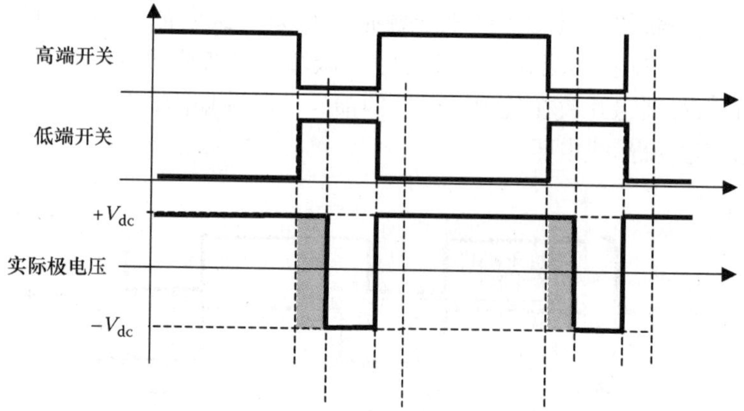

图 4.32　在死区时间期间负负载电流的效果

这个分析是假设在工作周期内所有的时刻功率开关工作于相同的瞬态的。这种近似是不准确的，因为已证明功率开关器件的瞬态斜坡和延迟取决于被开关的电流值和直流母线上的电压，通过直接测量负载上的电压可以很好地分析电压误差。

由于加到三相负载的死区时间引起的电压波形畸变会在每 60°的电流产生畸

变。在调制周期期间内，每相电流会被失真两倍。在考虑图 3.11a 所示的功率变换器时，这种失真对负载电流的影响将明显通过其他两相显现。

这里分析了由于死区时间而主要存在的以下弊端：

1）电压基准与加到负载的实际电压有明显的区别；

2）可以在逆变器输出电流、(d, q) 电流成分，或在转矩脉动上看到逆变器输入电流有 6 次谐波分量。

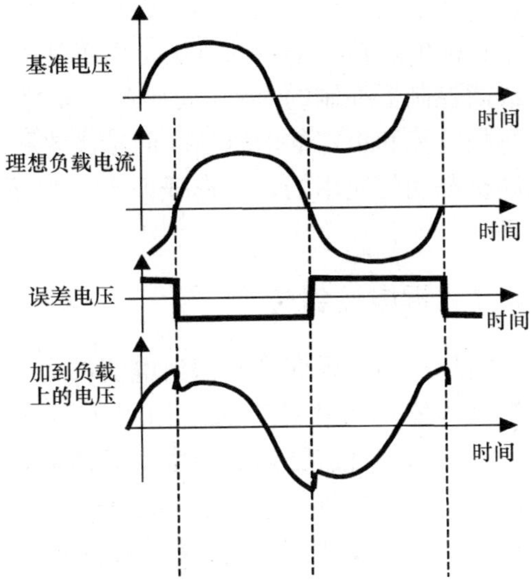

图 4.33　基于负载电流符号和负载功率因数（相位移）的电压误差

有几种方法适用于死时间补偿：

(1) 基于硬件电路的电压补偿器。构建一个电路用于测量负载上的实际电压，并与电路设计期望的基准信号符号相比较。这个比较的信号差异总是被用于下一个脉冲，这是所加电压的一个内在相位移，这是这种方法的主要问题。

(2) 比例积分（PI）电压反馈补偿。通过测量和基准电压之间的误差构建一个真正的比例积分控制器，这个比较结果被用作补偿电压加到实际的基准信号。这种方法不适合用于快速开关变换器的场合，但适用于如 GTO 晶闸管慢速器件变换器的场合，如图 4.34 所示。

(3) 基于脉冲的死区时间补偿。这种方法利用输出波形的对称性基于以前的脉冲电压调整每个脉冲宽度，这种控制方法对快速负载电流变化不太敏感。

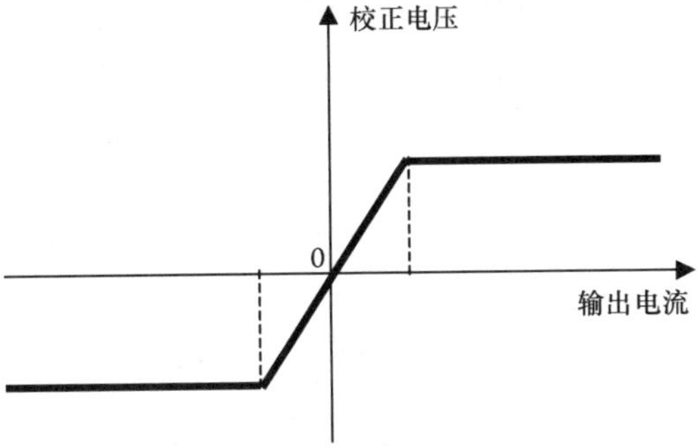

图 4.34　修改纠正死区电压补偿

(4) 电流反馈补偿器。这种方法根据电流的方向添加或减去一定量的脉冲宽度。它工作于开环，目标是近似一致瞬态事件死区时间的效果。一种改进的方法是根据当前的水平，对基准电压的校正量进行修正。对较大的电流加相同的脉冲宽度，但对小电流意味着要减少校正电压的量。

目前的反馈补偿器的方法是用于开关工作频率为 8 ~ 20kHz 和数字信号处理器或微控制器控制的 PWM 变换器的最简单实现。在每个采样间隔，利用检测到的每相电流和恒定的电压基准信号代数和来实现补偿。这种三相功率变换器用于电动机驱动的应用场合，在任何电动机运行速度下都可以观察到电动机的运行结果。

4.6.2 零电流钳位

实际三相电源变换器输出电流的另一种失真和零电流钳位有关，如图 4.35 所示，这是因为目前已知的功率半导体器件不能在非常小的负载电流下导通工作。当电流接近零时，功率器件保持在关断状态，负载电流被“钳位”为零，这种状态的持续时间间隔取决于在三相功率变换器中使用的功率器件、在电路中使用的电感元件数量、工作频率和电流的幅度等因素。对于一个给定的功率半导体器件和电路，在零交叉点的电流斜率决定了零电流钳位的时间间隔长度。假设电流的波形为一个准正弦波形，这个电流斜率（di/dt）取决于电流幅值和频率（$di/dt = 2\pi \cdot f \cdot I$），如图 4.36 所示，这个图不包括死区时间的影响。大死区时间的存在增加了零电流钳位间隔的宽度。

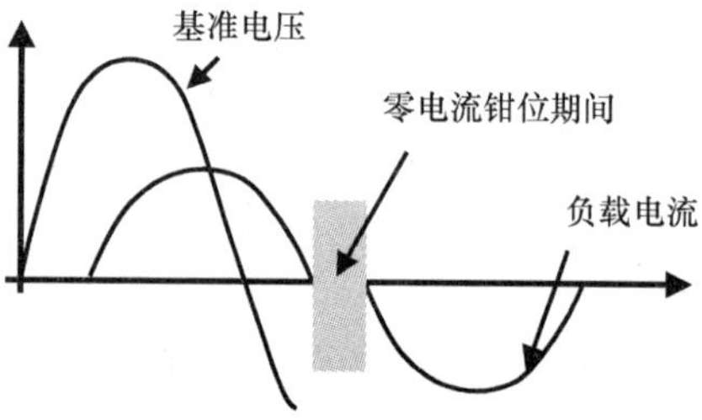

图 4.35　零电流钳位

4.6.3 过调制

基于载波的调制对调制指数高达 0.785 提供了线性特性。如前面介绍的有关内容所示，死区时间和最小脉冲宽度的限制，进一步降低了线性区。可获得的最大调制指数和 6 步工作之间的时间间隔称为过调制[28-32]。在此区间内工作的逆变器特征是由反馈控制器的非线性和工作不稳定性决定的。这和其他问题一起导致工程师需要设计特殊的 PWM 算法，使其能够充分利用逆变器的电压和高达 6 步工作的线性。

前面关于任何基准电压的饱和分析是基于相同的数学基础的。定义了逆变器的电压增益，如图 4.37 所示，逆变器的电压增益依赖于所需的调制指数。图 4.38 所示为另一种形式的相同的结果，它可以被认为是作为是传递特性的控制基准（所需的）与 6 步工作的实际调制指数计算最后一部分传递特性的一个缩放。

这些 PWM 算法需要非常大的基准信号，以便工作于过调制范围。例如，传统的正弦 PWM 需要一个幅度 4 倍于基准信号幅度与 6 步工作的正弦信号。对不

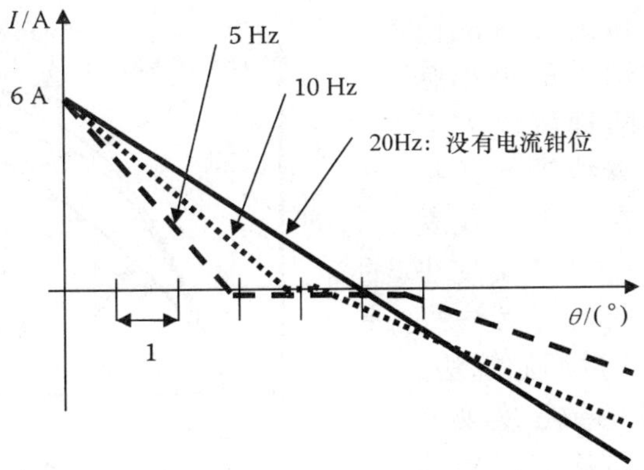

a)

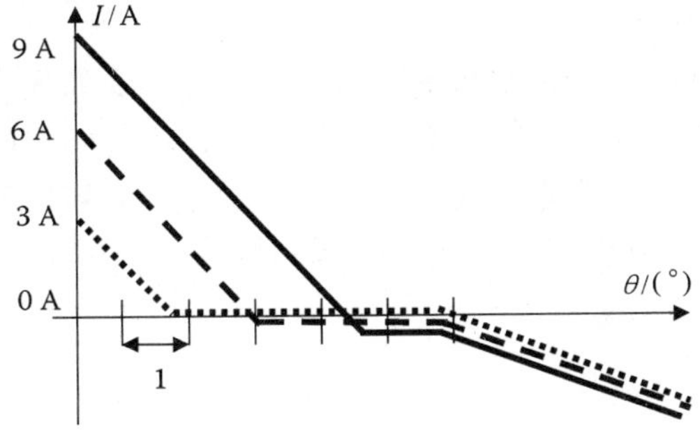

b)

图 4.36　取决于电流频率和幅度的零电流钳位

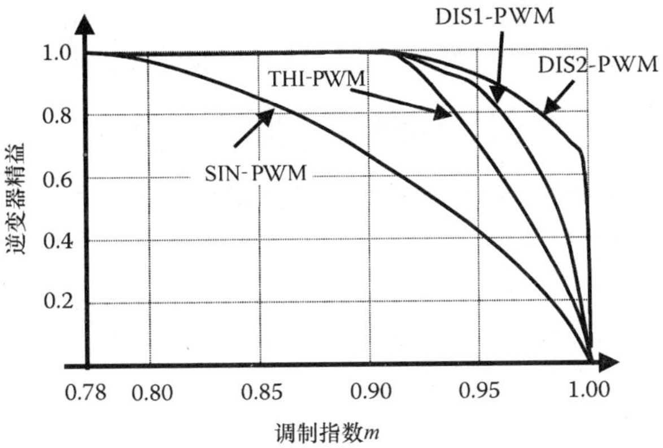

图 4.37　逆变器电压增益

连续的调制可以获得最快的变化：当调制器的幅度为 1.81 时可以实现 6 步工作。

电压增益线性比

实现 6 步工作的最简单解决方案就是提高基准电压的幅度[33]。另一个解决方案是定义类似的在基准信号中加入方波信号的最小脉冲补偿法。这两种解决方案都需要大量的离线计算并将计算结果存储在一个查找表中。与均匀采样 PWM 实现法相比，正弦－三角交叉法提供了更为简单的过调制算法。均匀采样 PWM 的数字实现方法需要基于加到基准信号的过调制函数计算的软件编程。

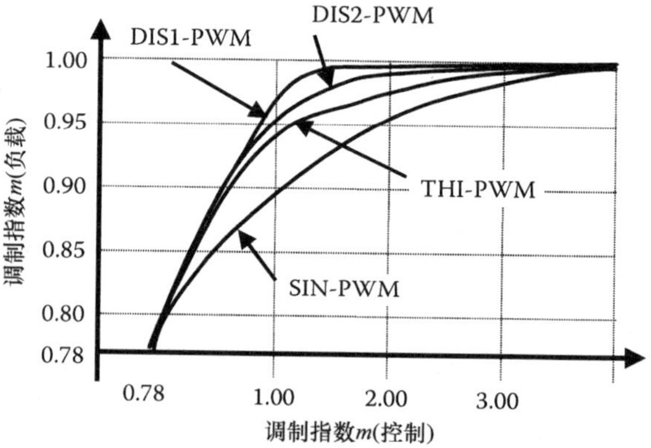

图 4.38　逆变器电压增益

即使可以用其中的方法实现过调制，但在过调制期间系统的工作性能会受到强烈的影响，仅推荐用于动态或瞬态工作的场合。在这些方法的研究中，不连续 PWM 可以对死时间和最小脉冲提供较好的工作性能和较低的影响。最后，PWM 算法的矢量分析和空间矢量 PWM 的定义可以更容易地定义过调制算法。

4.7　总结

本书第 3 章提出了一种基于正弦波和三角波形之间交叉 PWM 信号的简单方法，并详细介绍了在三相逆变器中实施和使用这一原理的有关问题。不幸的是逆变器的工作受最小脉冲宽度、死区时间的选择和最大可用电压的影响。本书为每一个这些影响提出了补偿解决方案，也给出了相应的改进方法。

问　　题

P4.1　传统的 PWM 控制是采用在正弦波形和高频三角波信号交叉点来产生逆变器 IGBT 开关控制信号的方法。相交的时刻不容易用数学表达式来表达。它们是如何影响输出相电压谐波含量的？

P4.2　使用计算机程序和计算机图形化的功能，绘制式（4.8）或式（4.9）对大调制指数的依赖关系，考虑 $\delta=0.10$ 的情况。

P4.3　对于同一个算例，计算对应图 4.22 补偿方波的幅度。

P4.4　如何将阶梯 PWM 与基波同步，以获得最合理的最小脉冲宽度？

P4.5　重新利用式（4.15）～式（4.19）在开关工作频率为 20kHz、最小脉冲宽度为 3μs 时进行所有的微积分计算，在调制指数为 1.00 时 3 次谐波的计算结果是多少？使用计算机程序绘制依赖于调制指数的曲线。

P4.6　式（4.8）被确定应用于正弦幅度调制的正弦基准信号幅度大于 1

（或调制指数为 0.785）的场合。确定一个类似的用于基波幅度为 0.25，考虑 3 次谐波，饱和后对基波类似的相互关系。

P4.7　考虑一个工作于 10kHz 的三相大功率 IGBT 逆变器（调制指数在 6 步工作时已做出定义），逆变器的死区时间固定为 4μs，调制指数固定为 0.5。忽略 IGBT 开关瞬变的电压和电流，计算相电压实际误差的均方根值，用该电压与实际负载相电压的百分比来表示。

P4.8　考虑一个幅度为 2.00 的正弦函数，但是正和负的幅度部分限制在 1.00，计算波形的基波有效值。如果正弦波形的幅度等于 1.00 对应的调制指数为 0.78，那么对应于新波形的调制指数值为多少？

参考文献

1. Buja, G.S. and Fiorini, P. 1980. A microprocessor based quasi-continuous output controller for PWM inverters. *IEEE International Conference on Industrial Electronics*, Philadelphia, PA, pp. 107–111, March.
2. Buja, G.S. and Indri, G.B. 1975. Improvement of pulse width modulation techniques. *Archiv fur Elektrotechnik* 57, 281–289.
3. Houndsworth, J.A. and Grant, D.A. 1984. The use of harmonic distortion to increase voltage of three-phase PWM inverter. *Trans. IA* 20(5), 1224–1228.
4. Scorner, J. 1975. Bezugsspanung zur umrichterssteuerung. *ETZ-b* 27, 151–152.
5. Depenbrock, M. 1977. Pulse width control of a three-phase inverter with nonsinusoidal phase voltages. Conference record, *IEEE International Semiconductor Power Conversion Conference*, pp. 399–403.
6. Rajashekara, K.S. and Vithayathil, J. 1982. Microprocessor based sinusoidal PWM inverter by DMA transfer. *IEEE Trans. IE* 29, 46–58.
7. Lucanu, M. and Neacsu, D. 1995. Optimal voltage/frequency control for space vector PWM three-phase inverters. *ETEP* 5(2), 115–120.
8. Legowski, S. and Trzynadlowski, A. 1993. Minimum loss vector PWM strategy for three-phase inverters. IEEE IECON, pp. 785–792.
9. Chung, D.W. and Sul, S.K. 1997. Minimum loss PWM strategy for three-phase PWM rectifier. *IEEE PESC*, pp. 1020–1026.
10. Trzynadlowski, A. and Legowski, S. 1993. Minimum loss vector PWM strategy for three-phase inverters. *Applied Power Electronics Conference and Exposition, APEC'93*, San Diego, CA, USA, pp. 785–792, 7–11 March.
11. Hava, A., Kerkman, R., and Lipo, T.A. 1998. A high-performance generalized discontinuous PWM algorithm. *IEEE Trans. IA* 34(5), 1059–1071.
12. Narayanan, G. and Ranganathan, T. 2002. Two novel synchronized bus-clamping PWM strategies based on space vector approach for high power devices. *IEEE Trans. PE* 17, 84–93.
13. Lai, R.S. and Ngo, K.D.T. 1995. A PWM method for reducing of switching loss in a full-bridge inverter. *IEEE Trans. PE* 10, 326–332.
14. Trzynadlowski, A., Kirlin, R., and Legowski, S. 1997. Space vector PWM technique with minimum switching losses and a variable pulse rate. *IEEE Trans. IE* 44, 173–181.
15. Faldella, E. and Rossi, C. 1994. High efficiency PWM technique for digital control of DC/AC converters. *IEEE APEC*, pp. 115–121.
16. Bose, B.K. and Sunderland, A. 1983. A high performance PWM for an inverter fed drive system using a microcomputer. *IEEE Trans. IA* 19, 235–243.

17. Bowes, S. and Clark, P. 1995. Regular-sampled harmonic elimination PWM control of inverter drives. *IEEE Trans. PE* 10(5), 521–531.
18. Neacsu, D., Rajashekara, K., and Gunawan, F. 2002. Linear control of a PWM inverter in the pulse dropping region. *IEEE WPET*, pp. 37–47.
19. Kerkman, R., Seibel, B., and Legate, D. 1992. PWM control in the pulse dropping region. U.S. Patent 5,121,043.
20. Kimball, J. and Krein, P. 1997. Real-time optimization of deadtime for motor control inverters. *IEEE PESC*, vol. 1, pp. 597–600.
21. Murai, Y., Riyanto, A., Nakamura, H., and Matsui, K. 1992. PWM strategy for high-frequency carrier inverters eliminating current-clamps during switching dead-time. *Industry Applications Society Annual Meeting*, Houston, TX, vol. 1, pp. 317–322, 4–9 October.
22. Choi, J.W. and Yong, S.I. 1994. Inverter output voltage synthesis using novel dead-time compensation. *IEEE PESC*, pp. 100–106.
23. Choi, J.W. and Sul, S.K. 1994. New dead time compensation eliminating zero current clamping in voltage-fed PWM inverter. *IEEE IECON*, pp. 977–984.
24. Ben-Brahim, L. 1998. Analysis and compensation of dead-time effects in three-phase PWM inverters. IEEE Industrial Electronics Society, Aachen, Germany, vol. 2, no. 31, pp. 792–797, 31 August–4 September.
25. Legate, D. and Kerkman, R. 1997. Pulse-based dead-time compensator for PWM voltage inverters. *IEEE Trans. IE* 44(2), 191–197.
26. Munoz, A. and Lipo, T.A. 1999. On-line dead-time compensation technique for open-loop PWM-VSI drives. *IEEE Trans. PE* 14(4), 683–689.
27. Kameyama, T. 1999. Inverter control device. U.S. Patent 5,872,710.
28. Hava, A., Kerkman, R., and Lipo, T.A. 1998. Carrier-based PWM-VSI overmodulation strategies: Analysis, comparison and design. *IEEE Trans. PE* 13(4), 674–689.
29. Kerkman, R., Leggate, D., Seibel, B., and Rowan, T. 1993. An overmodulation strategy for PWM voltage inverters. *IEEE IECON*, pp. 1215–1221.
30. Floricau, D., Fodor, D., Ionescu, F., and Hapiot, J. 1996. Extension of the two-level SVM control strategy for the overmodulation area including the six-step mode, *Int'l Conference OPTIM*, Brasov, Romania, pp. 1471–1478.
31. Khambadkone, A. and Holtz, J. 2002. Compensated synchronous PI current controller in overmodulation range and six-step operation of space vector modulation based vector controlled drives. *IEEE Trans. IE* 49(1), 574–581.
32. Kaura,V. and Blasko, V. 1996. A method to improve linearity of a sinusoidal PWM in the overmodulation region. *IEEE PEDES*, pp. 325–331.
33. Kerkman, R., Leggate, D., Seibel, B., and Rowan, T. 1993. Inverter gain compensation for open-loop and current regulated PWM controllers. *IMACS-TCI*, pp. 7–12.

第 5 章　用于基本三相逆变器的矢量 PWM

本书前面的章节解释了市场对 PWM 的需求、三相变流器的控制，并给出了一些每相独立产生 PWM 的传统方法。由于它们在实际应用中的一些限制，激励了寻找其他产生 PWM 控制方法的努力。最为引人注目的方法就是利用矢量空间理论在复平面中分析三相逆变器。了解在复平面逆变器工作的数学表示，为新的 PWM 算法提供了一种新的生成工具，称为空间矢量调制（Space Vector Modulation，SVM）（注意与矢量空间的区别，即一个为矢量空间和一个为空间矢量，即意味着一个有空间位移的矢量）。

SVM 在工业和大学中已成为一种中、高功率开关变换器的标准。过去的 20 年中出版了大量的出版物，充分定义了 SVM 理论。基于这一原理考查了不同的数字平台，并开发了一些专用集成电路。最初开发用于三相电压源逆变器的 SVM 理论已经扩展到其他三相拓扑结构的新应用。这些方法将在本书后面的有关章节中介绍。

5.1　空间矢量理论回顾

5.1.1　概念的历史和演变

Park[1]、Kron[2]和 Stanley[3]首先引入了三相系统中的矢量表示方法。给出了工作于三相电气驱动在两个轴上的分离效果。首先，Park[4]用转子旋转绕组虚构的变量替换与定子绕组有关的变量。这项工作可以被认为是用于异步或同步驱动众所周知的矢量控制或磁场定向控制理论的基础。在 20 世纪 30 年代末，Stanley[3]使用相同的想法用于感应电动机驱动，但他替换转子变量为固定在定子的架构。在 20 世纪 60 年代，晶闸管的出现导致将空间矢量理论用于三相电动机驱动系统的分析和控制。Kovacs 和 Racz[4]提供了有关数学处理和物理描述方法，和对机械系统通过电变换器驱动应用场合机械传动瞬变工作状态的理解。

空间矢量推导方法在 20 世纪 70 年代初被业界广泛使用，许多书籍都介绍了这一理论。Stepina[5]和 Serrano – Iribarnegaray[6]建议使用空间相量来分析电动机的工作。

现在，空间相量的概念主要用于电动机电流分析和磁通测量分析的场合。

在 20 世纪 80 年代初，又是半导体技术推动了对矢量分析理论的更多考虑。在工业中大量使用微处理器，为发现更加适用于电动机驱动的 PWM 生成算法实现、电流控制、基于场定向控制的电动机驱动控制开始了一个新的研究领域。在1983年，Murai和Tsunehiro[7]报道了一种源于一个三相逆变器工作的矢量分析的改进PWM方法。几年后，不同的研究人员[8-11]考虑所有三相用一个独特的矢量开发出了SVM理论，进一步控制逆变器开环工作，之后，又将其用于逆变器闭环控制。新的控制方法利用新的微控制器技术在数字实现中提供了巨大的优势。

5.1.2 理论：矢量变换和优势

可以唯一的由一个旋转矢量u_S在复平面上通过$u_x(t)$、$u_y(t)$和$u_z(t)$定义一个三相系统，见式（5.1）。

$$\underline{u_S}=\frac{2}{3}[u_x(t)+\underline{a}\cdot u_y(t)+\underline{a^2}\cdot u_z(t)] \quad (5.1)$$

这里，$\underline{a}=e^{j\frac{2\pi}{3}}$和$\underline{a^2}=e^{j\frac{4\pi}{3}}$

在复平面上的所有矢量构成一个矢量空间[12]。矢量空间的数学理论为下面提供了一种分析工具。由矢量空间组成的矢量系统b（b_1，b_2，b_3）是来自矢量b线性组合的矢量空间V任何数的一个独特表示。例如：

$$\vec{V}=b_1(\omega_j)\cdot v_d+b_2(\omega_j)*v_q+b_3(\omega_j)\cdot v_0 \quad (5.2)$$

或

$$\vec{V}=b_1(\omega_j)\cdot v_d+b_2(\omega_j)\cdot v_q \quad (5.3)$$

式（5.2）中的v_d、v_q和v_0也被称为坐标。如果矢量空间有有限的维度，那么所有可能的基矢量都有相同数量的基矢量元素。矢量空间的维数是指任何基矢量的矢量数。在作用于三相电力系统或功率变换器时，矢量空间的维度为3，这意味着任何基矢量都有三个元素。如果所有的矢量都是单位矢量，并且任何2个不同的矢量都是正交的，则这个基矢量就是正交归一化的。矢量空间的数学理论也为在同一矢量空间不同基矢量之间进行转换提供了工具。这些转换是独特和可逆的，矢量可以具有线性或旋转效果。

在前面介绍的所有论文中提到的三相电力电子系统中间接考虑了式（5.4）、式（5.5）和式（5.6）所示的正交基矢量。

$$[b_1(\omega_i)]^T=\frac{3}{2}\left[\cos\omega_i t\cos\left[\omega_i t-\frac{2\pi}{3}\right]\cos\left[\omega_i t-\frac{4\pi}{3}\right]\right] \quad (5.4)$$

$$[b_2(\omega_i)]^T=\frac{3}{2}\left[\sin\omega_i t\sin\left[\omega_i t-\frac{2\pi}{3}\right]\sin\left[\omega_i t-\frac{4\pi}{3}\right]\right] \quad (5.5)$$

$$[b_3(\omega_i)]^T=\frac{3}{2}\times[111] \quad (5.6)$$

矢量集的选择不是唯一的，每项中的系数和函数也可以有其他的形式，这主要取决于它们的应用场合。

在给出的三相系统例子中，会使用到 sin 和 cos 函数，因为相电压是这种类型变化的量，利用坐标方程式（5.2）可以分离出直流量（常数）。在本书第 3 章提出的不连续 PWM 算法可以扩大这一理论的应用领域。导通时间的变化可以用不连续函数表示，这主要取决于相位变量坐标和矢量控制算法的传统输出。由变量类型选择基向量的特性将直接转化矢量控制算法的准直流量为一个导通时间变化的函数，这个导通时间变化的函数可以用于控制 PWM 发生器。

另一个例子可以参考文献［2］中的系数选取。从能量守恒和幅度守恒约束的角度出发，工程师分析电力系统通过定义基矢量和变换系数都利用到了这一属性。因此，从式（5.4）和式（5.5）计算出的系数（3/2）用于保持在复平面上矢量的幅度。但是，一些工程师使用 $\sqrt{3/2}$ 为系数通过变换来保持阶数。

基本上，这一理论表示，我们可以在复平面分解任何以式（5.2）表示的矢量，基矢量可以有式（5.4）~式（5.6）给出的形式。式（5.2）的坐标 v_d 是第一相电压 $\cos(\omega_i t)$ 后有第 2 项 $\cos\left(\omega_i t-\frac{2\pi}{3}\right)$ 和含有 $\cos\left(\omega_i t-\frac{4\pi}{3}\right)$ 项的第 3 项的结果。

类似，式（5.2）中的坐标 v_q 是由于第 1 相电压 $\sin(\omega_i t)$ 后有第 2 项 $\sin\left(\omega_i t-\frac{2\pi}{3}\right)$，然后又有第 3 项 $\sin\left(\omega_i t-\frac{4\pi}{3}\right)$ 的结果。

最后，所有相中的准直流成分都加了 v_0。用式（5.2）替换式（5.4）~式（5.6）就可以得到在不同基矢量基础上坐标之间的关系，关系式见式（5.7）。

$$\vec{V}=\begin{bmatrix}u_x\\u_y\\u_z\end{bmatrix}=\frac{3}{2}\begin{bmatrix}\cos\omega_i t\\ \cos\left(\omega_i t-\frac{2\pi}{3}\right)\\ \cos\left(\omega_i t-\frac{4\pi}{3}\right)\end{bmatrix}\cdot v_d+\frac{3}{2}\begin{bmatrix}\sin\omega_i t\\ \sin\left(\omega_i t-\frac{2\pi}{3}\right)\\ \sin\left(\omega_i t-\frac{4\pi}{3}\right)\end{bmatrix}\cdot v_q$$

$$+\frac{1}{2}\begin{bmatrix}1\\1\\1\end{bmatrix}\cdot v_0\Rightarrow\begin{bmatrix}u_x\\u_y\\u_z\end{bmatrix}=\frac{3}{2}\begin{bmatrix}\cos\omega_i t & \sin\omega_i t & \frac{1}{3}\\ \cos\left(\omega_i t-\frac{2\pi}{3}\right) & \sin\left(\omega_i t-\frac{2\pi}{3}\right) & \frac{1}{3}\\ \cos\left(\omega_i t-\frac{4\pi}{3}\right) & \sin\left(\omega_i t-\frac{4\pi}{3}\right) & \frac{1}{3}\end{bmatrix}\cdot\begin{bmatrix}v_d\\v_q\\v_0\end{bmatrix}\tag{5.7}$$

这是一个通过坐标 $u_x(t)$、$u_y(t)$ 和 $u_z(t)$ 到坐标 $u_d(t)$、$u_q(t)$ 和 $u_0(t)$ 矢量变换的核心理念，反之亦然。这种三相系统变换操作以一个独特的矢量跟着在准直流坐标（d，q，0）的正交矢量坐标变换就是所谓的三相系统 Park/Clark 变换。

1. Clarke 变换

首先让我们变换相表达式为 1/3 同极正交坐标系（或零序）坐标。在复平面上的任一矢量可以分解为两个正交坐标（u_α，u_β，u_0）和一个单极坐标 u_0。

$$\begin{bmatrix} U_\alpha \\ U_\beta \\ U_0 \end{bmatrix} = \frac{2}{3}\begin{bmatrix} 1 & -\frac{1}{2} & -\frac{1}{2} \\ 0 & \frac{\sqrt{3}}{2} & \frac{-\sqrt{3}}{2} \\ \frac{1}{2} & \frac{1}{2} & \frac{1}{2} \end{bmatrix} \cdot \begin{bmatrix} u_x \\ u_y \\ u_z \end{bmatrix} \tag{5.8}$$

这里（U_α，U_β）构成一个正交两相系统，这里$\underline{u_S} = U_\alpha + jU_\beta$，如果系统相电压是对称的，则单极项等于0，这样在前面变换中的单极项就可以被消除。并且，这个变换是唯一的，如图5.1所示。

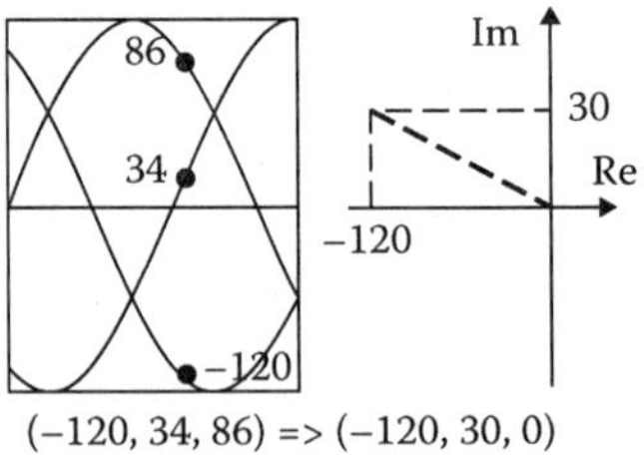

图5.1　一种等效于三相系统的矢量推导

2. Park 变换

这种变换对于SVM算法的表示并没有直接的必要，但是在电力变换器的矢量控制中电气工程师经常使用。两个坐标（α，β）利用旋转频率与电频率相同的矢量旋转进行变换，见式（5.9）。

$$\begin{bmatrix} U_d \\ U_q \\ U_0 \end{bmatrix} = \begin{bmatrix} \cos\theta & \sin\theta & 0 \\ -\sin\theta & \cos\theta & 0 \\ 0 & 0 & 1 \end{bmatrix}\begin{bmatrix} U_\alpha \\ U_\beta \\ U_0 \end{bmatrix} \tag{5.9}$$

通常情况下，在一个单一的变换级使用这两个变换，这和在一开始式（5.7）与引入的矢量空间理论一致。

$$\begin{bmatrix} U_d \\ U_q \\ U_0 \end{bmatrix} = \frac{2}{3}\begin{bmatrix} \cos\theta & \cos\left[\theta - \frac{2\pi}{3}\right] & \cos\left[\theta - \frac{4\pi}{3}\right] \\ \sin\theta & \sin\left[\theta - \frac{2\pi}{3}\right] & \sin\left[\theta - \frac{4\pi}{3}\right] \\ \frac{1}{2} & \frac{1}{2} & \frac{1}{2} \end{bmatrix}\begin{bmatrix} u_x \\ u_y \\ u_z \end{bmatrix} \tag{5.10}$$

这些变换中的每一个变换都有一个逆变换，逆变换允许从正交坐标变换为相位表达。式（5.11）给出了普通的逆变换。

$$\begin{cases} u_x(t) = \mathrm{Re}[\underline{u_S}] + u_0(t) \\ u_y(t) = \mathrm{Re}[\underline{a}^2 \cdot \underline{u_S}] + u_0(t) \\ u_z(t) = \mathrm{Re}[\underline{a} \cdot \underline{u_S}] + u_0(t) \end{cases} \tag{5.11}$$

这里，$u_0(t) = \frac{1}{3}[u_x(t) + u_y(t) + u_z(t)]$，表示单极成分，也可用于Park和Clarke逆变换的特定形式。

5.1.3　三相控制系统的应用

这种数学表示的三相表达将三相系统作为一个整体来进行分析，而不是单独考虑每相的方程。许多三相系统的控制方法都源于这种数学方法。

电气驱动（异步电动机或同步电动机驱动）是通过所谓的磁场定向控制工作原理来控制的，如图 5.2a 所示。现在，三相电网接口或 AC－DC 变换器被视为瞬时功率控制成分（$p-q$）理论的受控有源滤波系统，如图 5.2b 所示。所有这些系统在最后的控制阶段都使用 PWM 控制算法。

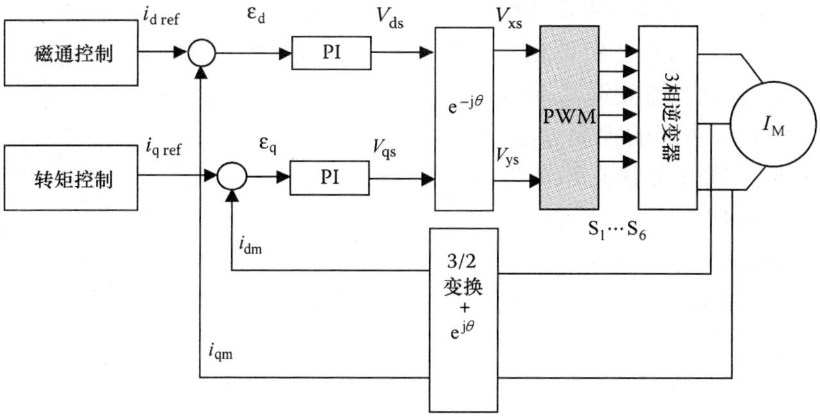

a)

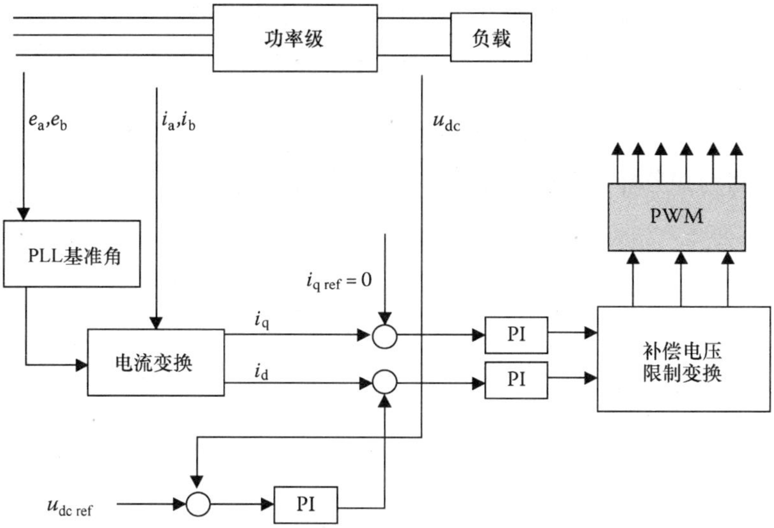

b)

图 5.2　控制中使用矢量表示的应用实例

5.2 三相逆变器的矢量分析

5.2.1 在复平面6步工作电流空间矢量轨迹的数学推导

图5.3所示为三相逆变器的电路工作原理框图，电路由6个IGBT构成。但是，根据使用的电压和电流额定值，电路也可以用其他功率开关器件构成。

图5.4所示为没有PWM的输出电压波形图。这就是所谓的6步工作，它也是这种类型功率变换器最简单和最古老的控制方法。图5.4中对不同开关状态用数字代码表示（例如1 0 1），表示是否高端IGBT导通（用1表示）或低端器件导通（用0表示）。另一个可能的表示方法就是使用一个符号来表示极点终端（A，B，C）的连接。

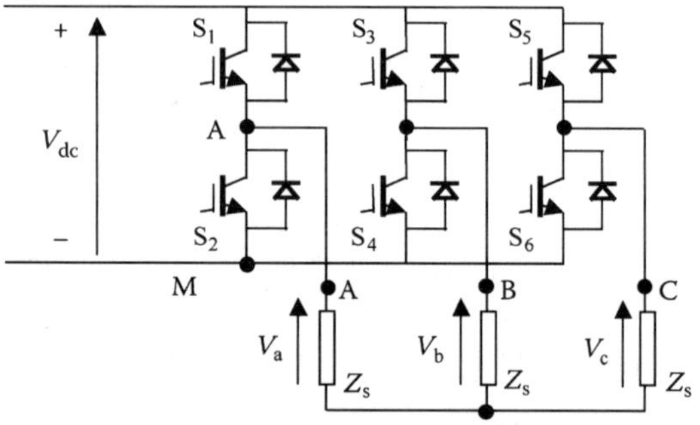

图5.3　三相电压源逆变器的基本拓扑

在复平面上，功率变换器的每一个工作状态都会导致一个开关矢量。因此，在复平面上6个开关矢量 V_1，…，V_6 等同地分配了6个工作扇区，如图5.5所示。

对该系统工作的矢量分析首先针对一个电感性三相负载进行。可以通过对每相电压方程的积分导出每相电流波形，见式（5.12）。

$$\begin{cases} v_a = L_s \cdot \dfrac{di_a}{dt} \\ v_b = L_s \cdot \dfrac{di_b}{dt} \\ v_c = L_s \cdot \dfrac{di_c}{dt} \end{cases} \tag{5.12}$$

应用式（5.2），对空间矢量变量可以写出相同的方程。

有式（5.13）成立。

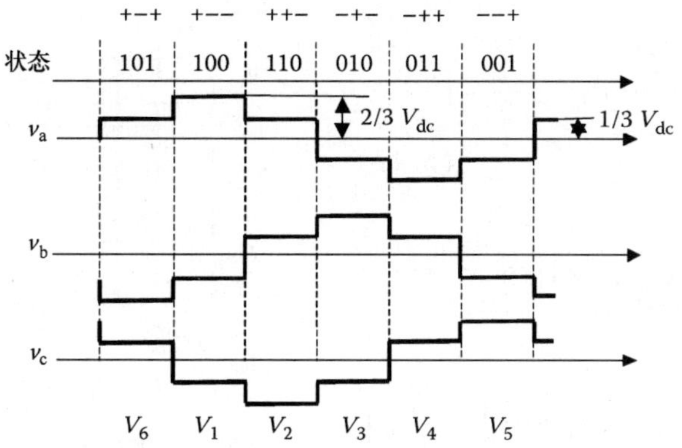

图 5.4 6 步工作的输出电压波形和工作状态编码

$$\underline{v}_s = L\frac{d\,\underline{i}_s}{dt} \tag{5.13}$$

当相电压加倍时，相电流的变化斜率加倍，这里相电流的最大值用 I_M 表示。在时间间隔［t_1，t_2］期间，输出电压矢量为 V_1，相电压为$\frac{2}{3}V_{dc}$、$-\frac{1}{3}V_{dc}$和$-\frac{1}{3}V_{dc}$。

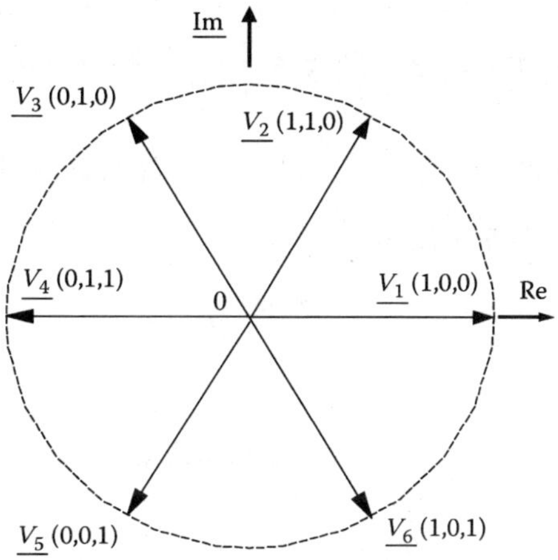

图 5.5 对应逆变器 6 步工作的开关矢量

选择时间原点位于 t_1（$t_1=0$），从图 5.6 可以看出，在时间间隔（t_1，t_2）期间，负载电流和负载电压可以用时间的线性函数表示。有式（5.14）成立。

$$\begin{cases} i_a(t) = -0.5I_M + \dfrac{2V_{dc}}{3L}\cdot t \\ i_b(t) = -0.5I_M - \dfrac{V_{dc}}{3L}\cdot t \\ i_c(t) = I_M - \dfrac{V_{dc}}{3L}\cdot t \end{cases} \tag{5.14}$$

应用定义式（5.1）的空间矢量到相关联的电流和电压波形，有式（5.15）~式（5.19）成立。

$$\underline{v}(t) = \frac{2}{3}[v_a(t) + \underline{a}\cdot v_b(t) + \underline{a}^2\cdot v_c(t)] \tag{5.15}$$

$$\underline{i}(t) = \frac{2}{3}[i_a(t) + \underline{a}\cdot i_b(t) + \underline{a}^2\cdot i_c(t)] \tag{5.16}$$

这里

$$\underline{a} = -\frac{1}{2} + \mathrm{j}\frac{\sqrt{3}}{2} \cdot \underline{a}^2 = -\frac{1}{2} - \mathrm{j}\frac{\sqrt{3}}{2} \tag{5.17}$$

导致有

$$\underline{v}(t) = \frac{2}{3}V_{\mathrm{d}} + \mathrm{j} \cdot 0 \tag{5.18}$$

和

$$\underline{i}(t) = \left[-\frac{I_{\mathrm{M}}}{2} + \frac{2}{3}\frac{V_{\mathrm{d}}}{L} \cdot t\right] + \mathrm{j} \cdot \left[-\frac{\sqrt{3}}{2}I_{\mathrm{M}}\right] \tag{5.19}$$

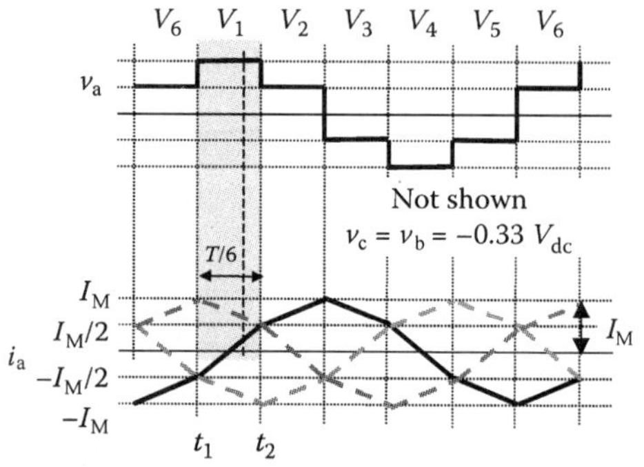

图5.6　输出相电流和相电压波形
（上）计算结果　（下）全周期轨迹

可以从式（5.18）看出，每个电压开关矢量的幅度为$\frac{2}{3}V_{\mathrm{dc}}$。在复平面上电流空间矢量的顶端为线性变化，在时间间隔［t_1，t_2］内，复数的实部线性由$-0.5I_{\mathrm{M}} \sim 0.5I_{\mathrm{M}}$变化，持续时间为$\frac{T}{6}$，如图5.7所示。

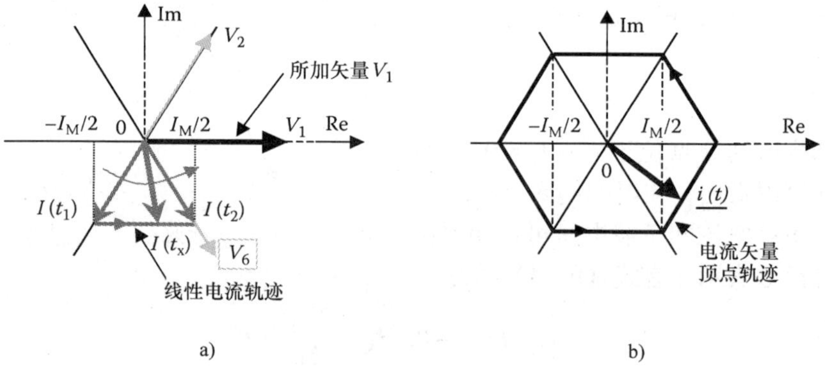

图5.7　纯电感性负载在复平面的电流矢量

此轨迹为导向，所以当前的空间矢量是准垂直于电压空间矢量的，从电感负载方程的积分形式而言，是期望如此的。实轴上的矢量投影表示第一相电流的值。考虑到在区间［t_1，t_2］相电流的变化，可以决定最大电流值I_{M}。有式（5.20）和式（5.21）成立。

$$\frac{2}{3}V_{\mathrm{dc}} = L \cdot \frac{0.5I_{\mathrm{M}} - (-0.5)I_{\mathrm{M}}}{\frac{T}{6}} \tag{5.20}$$

$$I_{\mathrm{M}}=\frac{2}{3L}\cdot\frac{T}{6}\cdot V_{\mathrm{dc}} \tag{5.21}$$

电压空间矢量和开关矢量 V_2 在下一个时间间隔是相同的。电流空间矢量在矢量 V_6（在 t_2 时刻）和 V_1（在下一个时刻 t_3）之间移动。类似的计算证明了这个轨迹的线性。同样的原因，延伸到所有 6 个可能的电压开关矢量定义了复平面上电流矢量的顶点轨迹。

由此产生的轨迹是一个六边形的电压开关矢量。任何时刻在实轴上的投影都等于第一相的电流。两个虚轴上在 120°和 240°条件下的投影可以分别以图形方式显示其他两相的电流或电压。这个矢量分析提供了系统中所有电压和电流的信息。此外，因为工作 60°的对称性，足以实现对 60°扇区内的矢量分析。

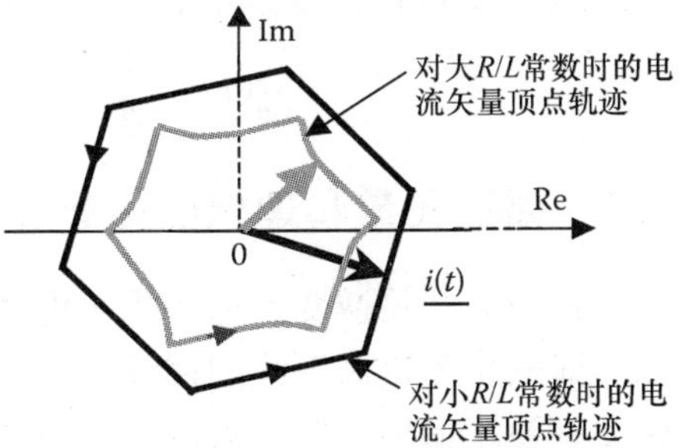

图 5.8　*RL* 负载时在复平面的电流矢量轨迹

扩展这种分析延伸到 *RL* 负载的一般应用场合，如图 5.8 所示，考虑负载电路的矢量方程式（5.22）。

$$\underline{V_{\mathrm{s}}}=\underline{i_{\mathrm{s}}}\cdot R_{\mathrm{s}}+L_{\mathrm{s}}\cdot\frac{\mathrm{d}}{\mathrm{d}t}\underline{i_{\mathrm{s}}} \tag{5.22}$$

利用式（5.23）给出的通解

$$\underline{i_{\mathrm{s}}}(t)=\frac{1}{R}\cdot\underline{V_{\mathrm{s}}}+\underline{C}\cdot\mathrm{e}^{-\frac{t}{\tau}} \tag{5.23}$$

式（5.23）中的 C 表示复数常数，$\tau=R/L$ 表示负载的时间常数。换言之，对加到负载的每一个开关矢量，电流轨迹是指数曲线的一部分。为了更好地定义这样的轨迹，首先假定起始值为 i（0）$=I$，经过时间 $T/6$ 后终值可以用下式表示：

$$\underline{i}\left[\frac{2\pi}{6\omega}\right]=I\cdot\mathrm{e}^{-\mathrm{j}\frac{\pi}{3}}$$

这些条件有助于确定时间常数 C 和初始值 I。

$$\left.\begin{aligned}&t=0\Rightarrow\underline{I}=\frac{1}{R}\cdot\underline{V_{\mathrm{s}}}+\underline{C}\\&t=\frac{\pi}{3}\Rightarrow\underline{I}\cdot\mathrm{e}^{\mathrm{j}\frac{\pi}{3}}=\frac{1}{R}\cdot\underline{V_{\mathrm{s}}}+\underline{C}\cdot\mathrm{e}^{\frac{-\pi}{3\omega\tau}}\end{aligned}\right\}\Rightarrow$$

$$\Rightarrow\begin{cases}\underline{C}=\underline{I}-\dfrac{1}{R}\cdot\underline{V_{\mathrm{s}}}\\\underline{I}\cdot\mathrm{e}^{\mathrm{j}\frac{\pi}{3}}=\dfrac{1}{R}\cdot\underline{V_{\mathrm{s}}}+\underline{C}\cdot\mathrm{e}^{\frac{-\pi}{3\omega\tau}}\end{cases}\Rightarrow\begin{cases}\bar{C}=\bar{I}-\dfrac{1}{R}\cdot\underline{V_{\mathrm{s}}}\\\underline{I}\cdot\mathrm{e}^{\mathrm{j}\frac{\pi}{3}}=\dfrac{1}{R}\cdot\underline{V_{\mathrm{s}}}+\underline{\left(\underline{I}-\dfrac{1}{R}\cdot\underline{V_{\mathrm{s}}}\right)}\cdot\mathrm{e}^{\frac{-\pi}{3\omega\tau}}\end{cases}\Rightarrow$$

$$\Rightarrow\begin{cases}\underline{C}=\underline{I}-\dfrac{1}{R}\cdot\underline{V}_{s}\\ \underline{I}\cdot\left(e^{j\frac{\pi}{3}}-e^{\frac{-\pi}{3\omega\tau}}\right)=\dfrac{1}{R}\cdot\underline{V}_{s}\left(1-e^{\frac{-\pi}{3\omega\tau}}\right)\end{cases}\Rightarrow\begin{cases}\underline{C}=\dfrac{1}{R}\cdot\underline{V}_{s}\cdot\left(\dfrac{1-e^{\frac{-\pi}{3\omega\tau}}}{e^{\frac{j\pi}{3}}-e^{\frac{-\pi}{3\omega\tau}}}-1\right)\\ \underline{I}=\dfrac{1}{R}\cdot\underline{V}_{s}\cdot\dfrac{1-e^{\frac{-\pi}{3\omega\tau}}}{e^{\frac{j\pi}{3}}-e^{\frac{-\pi}{3\omega\tau}}}\end{cases}\tag{5.24}$$

用式(5.23)替换复数常数C，有式(5.25)成立。

$$\underline{i}(t)=\frac{1}{R}\cdot\underline{V}_{s}\left[1-e^{-\frac{t}{\tau}}\right]+\underline{I}\cdot e^{-\frac{t}{\tau}}\tag{5.25}$$

5.2.2 磁通矢量和理想磁通轨迹的定义

三相功率开关逆变器通常用于电动机驱动或驱动一个大的感性负载。电动机系统的漏电感和机械系统的惯性与由于不连续的功率流而产生的谐波需要进行低通滤波有关。如果可以忽略由于电动机定子绕组电阻和漏感抗而引起的电压降，则电动机中的磁通量近似等于外加电压对时间的积分。产生的电动机磁通矢量可以用式（5.26）表示。

$$\underline{\lambda}=\int\underline{V}_{s}\mathrm{d}t\tag{5.26}$$

对AC－DC应用场合，可以做出一个非常相似的定义，升压输入电感可以用于由于功率级PWM产生的电压脉冲的低通滤波。

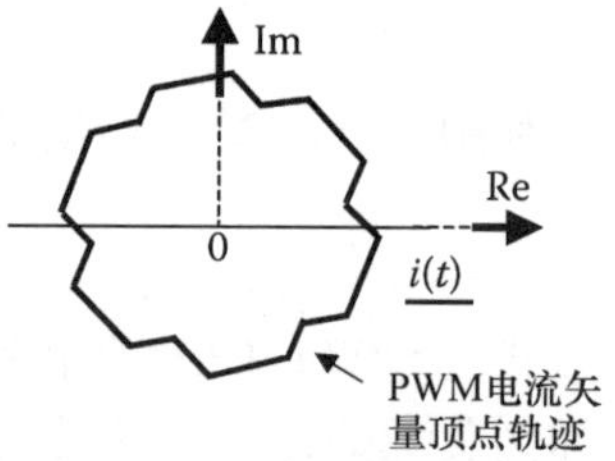

图5.9 简化PWM应用的电流空间矢量轨迹

如果磁通量的大小保持恒定，则磁通轨迹为圆形，所有这些应用将正常工作。由于在复平面上V_s的离散位置不同，因此V_s的时间积分是一个接近圆的多边形，如图5.9所示。以前没有说明在PWM控制的磁通轨迹零矢量的存在。当所有功率器件都连接到直流母线的正或负端后就可以得到一个零矢量，这个零矢量又被称为单极矢量。在第3章中介绍了工作中使用零矢量状态的有关PWM算法，在这种情况下，加到每相负载上的电压等于0，并且，对这些电压的积分显示没有磁通轨迹的位移。这个直接的后果是使用零矢量来调节磁通轨迹的速度的可能性，如图5.10所示。

PWM工作磁通的实际轨迹表明其具有径向和角度误差。径向误差是指沿圆周轨迹半径的变化，而角度误差是由于恒定旋转速度的变化。在电动机驱动中，磁通轨迹的任何误差都会对电动机转矩脉动有直接影响。基准信号之间的差异λ_0在复平面上的轨迹是个圆，并且由PWM逆变器产生的实际轨迹λ会引起转矩振荡。

对转矩脉动磁通量误差的径向和角分量已经进行了分析，并在参考文献［13－17］中给出了有关分析，分析指出转矩振荡对角度误差比径向误差更敏感。通过工作于更平滑的旋转速度可以减少角度误差，这可以通过在磁通轨迹采用更多的零状态来实现。通过优化的所有边缘保持接近所需圆形轨迹的多边形磁通轨迹可以减小径向误差。

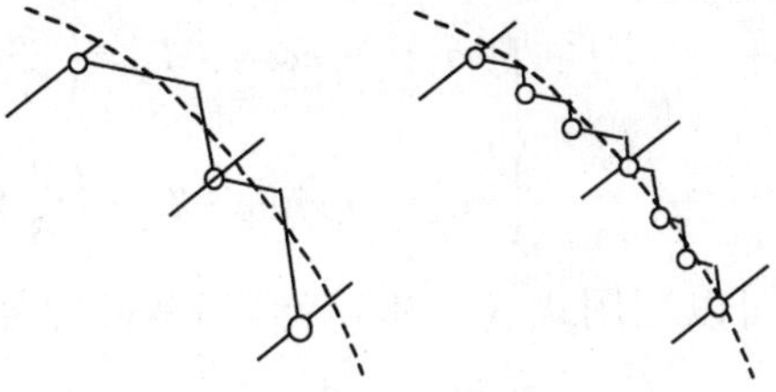

从一个具有边沿数量减少的脉宽调制模型中导处的磁通轨迹

从先前的三个相同的脉冲组重复脉冲的脉宽调制模型导出的磁通轨迹

图 5.10　通过增加开关频率，即使使用相同形状的脉冲的磁通轨迹改善

角度误差是比径向误差更重要的误差，在使用更高的载波频率（更多的零矢量状态）时，尽管会使多边形磁链轨迹边的数目减少，但是转矩脉动也会更小。要求有限的开关频率是有完全不同的原因的，例如降低开关损耗。

5.3　SVM 理论：通过有源和零状态平均时间间隔的推导

在许多出版物[18－21]和参考文献［7－11］中介绍了 SVM 的重要性。图 5.3 所示的三相逆变器在负载上产生一个对称的三相电压。如果相位电压的幅度为 V_s，则这等效于产生恒定半径的圆形轨迹。这样一个理想的轨迹不能通过开关电源变换器实现，开关电源变换器会导致仅有电压空间矢量的 6 个离散位置。只通过平均相邻两个有源矢量和零矢量的之间的平均关系可以合成在圆形轨迹上每个所需的位置，有式（5.27）成立。

$$\underline{V_s}\cdot T_s=\underline{V_a}\cdot t_a+\underline{V_b}\cdot t_b+\underline{V_0}\cdot t_0 \tag{5.27}$$

式（5.27）中的 T_s表示给定圆轨迹的取样时间周期（例如，在通常情况下开关频率不等于载波频率，最好把 T_s叫做采样周期），时间 t_a、t_b表示相邻矢量 V_a与 V_b之间的时间间隔。平均是由于低通滤波作用于负载上电压脉冲的结果。零矢量是保持采样间隔为常数时所必要的，可以用式（5.28）计算有关时间。

$$t_0=T_s-t_b-t_a \tag{5.28}$$

为了计算在复平面上的电压矢量要求位置的相关联时间间隔，首先需要注意到在 60°间隔后的对称性。

这就开创了一个分析可以限制到一个广义的 60°扇区的可能性，重复进行 6 次。为了简化计算，这个扇区可以被认为是与复平面第一扇区的叠加。

基于复数的实部（所有数值的 Re）和虚部（所有数值的 Im）在复平面分解方程式（5.27），有式（5.29）成立。

$$\begin{cases}\text{Re}: V_s \cdot \cos\alpha \cdot T_s = \left(\frac{2}{3}V_{ds}\right) \cdot t_a + \left(\frac{2}{3}V_{dc}\right) \cdot \frac{1}{2}t_b \\ \text{Im}: V_s \cdot \sin\alpha \cdot T_s = \left(\frac{2}{3}V_{dc}\right) \cdot \frac{\sqrt{3}}{2}t_b\end{cases} \tag{5.29}$$

可以利用式（5.30）计算 PWM 信号产生的时间间隔，如图 5.14 所示。

$$\begin{cases}t_a = \frac{3V_s}{2V_{dc}} \cdot T_s \cdot (\cos\alpha - \frac{1}{\sqrt{3}}\sin\alpha) = \frac{\sqrt{3}V_s}{V_{dc}} \cdot T_s \cdot \sin\left[\frac{\pi}{3} - \alpha\right] \\ t_b = \frac{\sqrt{3}V_s}{V_{dc}} \cdot T_s \cdot \sin\alpha \\ t_0 = T_s - t_a - t_b\end{cases} \tag{5.30}$$

与每一个有源状态相关的时间间隔计算仅是 PWM 算法生成的第一步，第二步是决定开关频率。现代微控制器可以实现和利用与每个开关导通有关的时间间隔特殊表达式的功能。这可以使 SVM 方法在中心对齐的 PWM 硬件中实现。脉冲宽度的计算是基于内存查找表为正弦函数在 60°区间或在 30°间隔区间以 $\sin\alpha$ 和 $\sin(60° - \alpha)$ 函数实现的。替代的解决方案是基于实时插值的最小化查找表法。这种插值也可以通过模糊逻辑[22,23]实现。本书第 8 章将给出市场上提供的可以实现 SVM 的硬件解决方案。

查看式（5.30）和图 5.11 可以得出最大的调制，它将对应于最大半径的圆轨迹，可以用式（5.31）来计算。

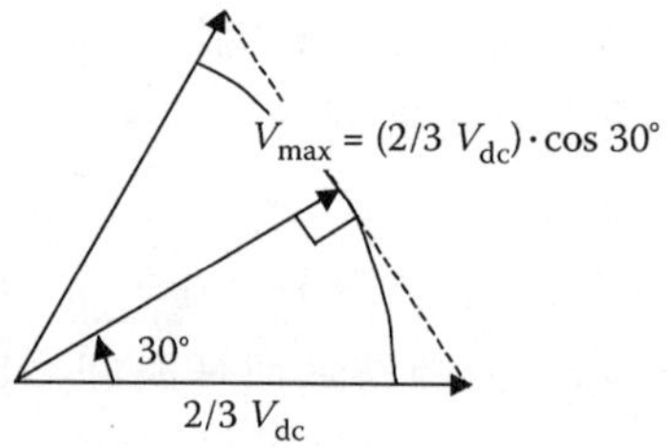

图 5.11　最大调制指数定义

摘自：Neacsu, D. O. Tutorial presented at IECON'01: The 27th Annual Conference of the IEEE Industrial Electronics Society 2001, IEEE Paper 0 - 7803 - 7108 - 9/01 (2001). With permission of IEEE.

$$V_{max} = \frac{2}{3}V_{dc} \cdot \cos\frac{\pi}{6} = \frac{1}{3}V_{dc} = 0.577V_{dc} = 0.866\left[\frac{2V_{dc}}{3}\right]$$

$$m_{max} \xrightarrow{\text{定义}} \frac{V_{max}}{V_{\text{应用6步}}} \Rightarrow m_{max} = 0.866 \tag{5.31}$$

这个值高于正弦调制最大调制指数的 15%。

如式（5.30）所示的取样周期 T_s。注意采样间隔/采样频率和开关间隔/开关频率命名之间的差异。使用相同的方程，可以通过改变取样频率导出一种新的 PWM 算法。频率调制是由于在基波频率或周期时间[10,17]内调节 T_s的结果。通过把取样频率作为一个自由度来优化一个或多个标准，已经开发出几种实现方法：可以降低谐波，减小 HCF 等，但是所有重新定义的 T_s作为 N 是基波周期的间隔数（在频率f）。传统 PWM 的特点是 $\delta=0$，而优化方法要求 T_s被调制，从而在 0～60°区间得到更短的周期时间，但是在每个 60°扇区内在 30°的位置时间更长。这可以确保最小的角度误差，以及在低谐波电流下的电流失真因子和最小的转矩振荡。随机 SVM 是一种特殊的频率调制方式。

$$T_s=\frac{1}{N\cdot f}\cdot(1+\delta\cdot\cos(6\alpha)) \tag{5.32}$$

最后，请注意，在这里使用的平均原理不提供在 t_0 期间对零矢量产生的任何要求。此外，在取样周期内有源和零矢量的序列不是唯一的，这些自由度造成了空间矢量方法之间的差异。最著名的替代方法将在本章后面的内容中进行分析。

5.4　自适应 SVM：直流纹波补偿

在式（5.30）中存在直流电压 V_{dc}补偿了直流母线电压上的纹波[24]，如图 5.12 所示。在背靠背变换器结构功率级的输入整流器，如果滤波不足，则可以产生这种纹波。采取在每个取样间隔或以较大的取样周期可以适当地补偿直流电压，可以通过式（5.30）计算在输出电压中的这种纹波效应。

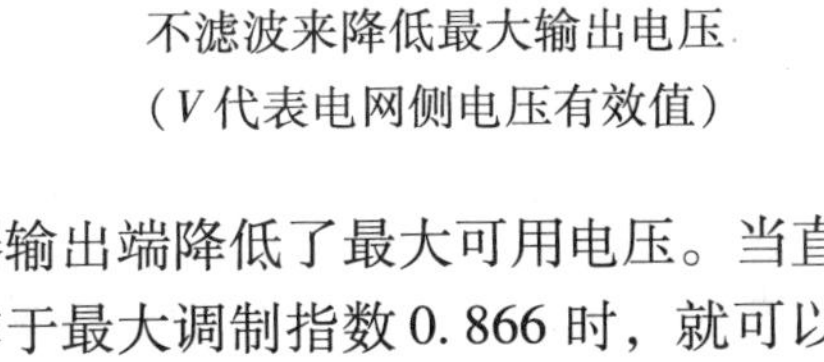

图 5.12　通过 6 步整流直流母线不滤波来降低最大输出电压（V 代表电网侧电压有效值）

图 5.12 所示为时间间隔 t_a、t_b如何受直流母线电压变化的影响，以保持在负载上相同的谐波。这种方法的缺点是在逆变器输出端降低了最大可用电压。当直流母线在纹波范围内有较低的值和逆变器工作于最大调制指数 0.866 时，就可以得到最大可用的输出电压。

5.5　连接到矢量控制：在（d，q）坐标系中不同形式和时间间隔方程表达式

这种 SVM 算法基于要求的空间矢量位置极坐标（V_s，α）的每个状态来计

算时间间隔。这对用于驱动和有源滤波的矢量控制方法不是很方便的。

矢量控制方法的结果以坐标（V_x，V_y）给出，这也可以以极坐标形式来表示，见式（5.33）~式（5.38）[25]。

扇区1

$$\begin{aligned} v_x &= V_s \cdot \cos\alpha \\ v_y &= V_s \cdot \sin\alpha \end{aligned} \tag{5.33}$$

扇区2

$$\begin{aligned} v_x &= V_s \cdot \cos\left[\alpha + \frac{\pi}{3}\right] \\ v_y &= V_s \cdot \sin\left[\alpha + \frac{\pi}{3}\right] \end{aligned} \tag{5.34}$$

扇区3

$$\begin{aligned} v_x &= -V_s \cdot \cos\left[\frac{\pi}{3} - \alpha\right] \\ v_y &= V_s \cdot \sin\left[\frac{\pi}{3} - \alpha\right] \end{aligned} \tag{5.35}$$

扇区4

$$\begin{aligned} v_x &= -V_s \cdot \cos\alpha \\ v_y &= -V_s \cdot \sin\alpha \end{aligned} \tag{5.36}$$

扇区5

$$\begin{aligned} v_x &= -V_s \cdot \cos\left[\alpha + \frac{\pi}{3}\right] \\ v_y &= -V_s \cdot \sin\left[\alpha + \frac{\pi}{3}\right] \end{aligned} \tag{5.37}$$

扇区6

$$\begin{aligned} v_x &= V_s \cdot \cos\left[\frac{\pi}{3} - \alpha\right] \\ v_y &= -V_s \cdot \sin\left[\frac{\pi}{3} - \alpha\right] \end{aligned} \tag{5.38}$$

对第1扇区，用式（5.30）替换式（5.33），有式（5.39）成立。

$$\begin{cases} t_a = \dfrac{3}{2V_{dc}} \cdot T_s \cdot (v_x - \dfrac{1}{\sqrt{3}} v_y) \\ t_b = \dfrac{\sqrt{3}}{V_{dc}} \cdot T_s \cdot v_y \\ t_0 = T_s - t_a - t_b \end{cases} \tag{5.39}$$

对第2扇区

$$\begin{cases} v_x = V_s \cdot \left[\cos\alpha \cdot \dfrac{1}{2} - \sin\alpha \cdot \dfrac{\sqrt{3}}{2}\right] \\ v_y = V_s \cdot \left[\sin\alpha \cdot \dfrac{1}{2} + \cos\alpha \cdot \dfrac{\sqrt{3}}{2}\right] \end{cases} \Rightarrow \begin{cases} \sin\alpha = \dfrac{1}{2}\dfrac{v_y}{V_s} - \dfrac{\sqrt{3}}{2}\dfrac{v_x}{V_s} \\ \cos\alpha = \dfrac{1}{2}\dfrac{v_x}{V_s} + \dfrac{\sqrt{3}}{2}\dfrac{v_y}{V_s} \end{cases}$$

$$\Rightarrow \begin{cases} t_a = \dfrac{3}{2V_{dc}} \cdot T_s \cdot (v_x + \dfrac{1}{\sqrt{3}} v_y) \\ t_b = \dfrac{\sqrt{3}}{V_{dc}} \cdot T_s \cdot \left(\dfrac{1}{2} v_y - \dfrac{\sqrt{3}}{2} v_x\right) \end{cases} \tag{5.40}$$

类似的计算会导致下面的结果[25]。

扇区 1

$$t_a = \frac{3}{2}\frac{T_s}{V_{dc}} \cdot (v_x - \frac{1}{\sqrt{3}} v_y)$$

$$t_b = \frac{\sqrt{3}T_s}{V_{dc}} \cdot v_y \tag{5.41}$$

扇区 2

$$t_a = \frac{3}{2}\frac{T_s}{V_{dc}} \cdot (v_x + \frac{1}{\sqrt{3}} v_y)$$

$$t_b = \frac{\sqrt{3}T_s}{V_{dc}} \cdot (\frac{1}{2} v_y - \frac{\sqrt{3}}{2} v_x) \tag{5.42}$$

扇区 3

$$t_a \frac{\sqrt{3}T_s}{V_{dc}} (v_y)$$

$$t_b = \frac{\sqrt{3}T_s}{2V_{dc}} \cdot (-v_y - \sqrt{3} v_x) \tag{5.43}$$

扇区 4

$$t_a = \frac{3T_s}{2V_{dc}} \cdot (-v_x + \frac{1}{\sqrt{3}} v_y)$$

$$t_b = -\frac{\sqrt{3}T_s}{V_{dc}} \cdot v_y \tag{5.44}$$

扇区 5

$$t_a = \frac{\sqrt{3}T_s}{2V_{dc}} \cdot (-v_x - 2v_y)$$

$$t_b = \frac{\sqrt{3}T_s}{2V_{dc}} \cdot (-v_y + v_x) \tag{5.45}$$

扇区6

$$t_a = \frac{3T_s}{2V_{dc}} \cdot (v_x - \frac{2\sqrt{3}}{3}v_y)$$

$$t_b = \frac{\sqrt{3}T_s}{2V_{dc}} \cdot (v_y - \sqrt{3} \cdot v_x) \tag{5.46}$$

对应零矢量的时间间隔见式（5.47）。

$$t_0 = T_s - t_a - t_b \tag{5.47}$$

式（5.48）给出了（v_x，v_y）坐标变换为时间间隔的另一种形式，这是从有源开关矢量的（x，y）直角坐标导出的，这里以（V_x^2，V_y^2）和（V_x^1，V_y^1）表示。可以用式（5.48）表示时间间隔关系。

$$t_1 = \frac{[V_y^2 \cdot v_x - V_x^2 \cdot v_y] \cdot T_s}{V_x^1 \cdot V_y^2 - V_x^2 \cdot V_y^1}$$

$$t_2 = \frac{[V_x^1 \cdot v_y - V_y^1 \cdot v_x] \cdot T_s}{V_x^1 \cdot V_y^2 - V_x^2 \cdot V_y^1} \tag{5.48}$$

表示时间间隔的任何表示形式仅是实现PWM的第一步。接下来，对应逆变器开关状态的时间间隔需要被转换为一个加到IGBT栅极的逻辑开关序列信号。为了实现这一步，定义了开关基准函数（也称为调制函数）。

5.6 开关基准函数的定义

一旦知道每个状态的时间间隔，就需要确定这些间隔的序列。如果尝试直接使用先前的关系，则可以仅用软件来实现开关序列的定义。定义一个称为开关基准函数的函数更有利，这个开关基准函数代表了每个逆变器引脚的脉冲占空比，或对一个给定的开关取样时间内归一化导通时间。这是一个中心位于0.5，在0~1之间变化的数学函数，这个函数也被称为调制函数。

可以利用前面计算出的时间间隔，通过代数运算推导出开关基准函数。例如，利用图5.13在第一扇区：

1）从采样周期开始，开关S_1开始的导通时间等于t_{01}，而且开关S_1的开关基准函数值等于$[t_{01}/T_s]$；

2）在开关S_3开始导通的时刻，这个时间等于从采样周期开始的延迟时间$t_{01}+t_a$，开关S_3的开关基准函数值等于$\left[t_{01}+\frac{t_a}{T_s}\right]$；

3）在开关S_5进入导通的瞬间，开关延迟时间为从采样周期开始，为$t_{01}+t_a$

$+t_b$，开关 S_5 的开关基准函数值等于$\left[t_{01}+\frac{t_a}{T_s}\right]$。

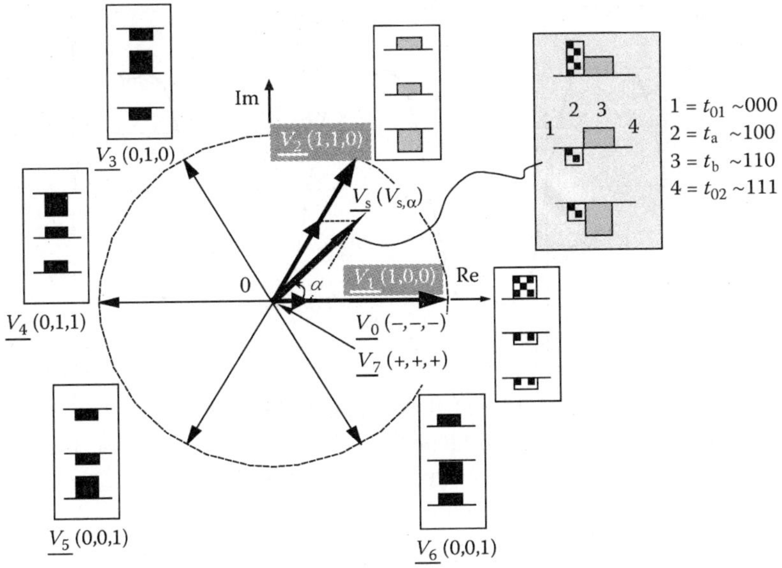

图 5.13　基于 SVM 的电压空间矢量生成

摘自：Neacsu, D. O. Tutorial presented at IECON' 01: The 27th Annual Conference of the IEEE Industrial Electronics Society 2001, IEEE Paper 0 - 7803 - 7108 - 9/01© (2001). With permission of IEEE.

开关基准函数在采样时刻计算，真正的波形变化是一个阶梯波形，可以用如图 5.14 所示的插值计算法。开关基准函数和基于 PWM 算法的正弦三角比较法的基准信号有相同的含义。因此，使用简单数学定义的连续函数不受取样频率比率的影响。在这点，也更容易理解为什么在 PWM 产生的重复频率被称为取样频率。它简单地意味着开关基准函数的取样。

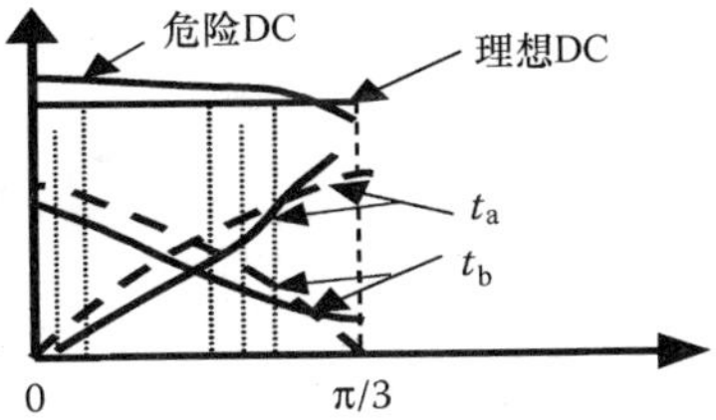

图 5.14　有自适应补偿的 SVM

经过从式（5.38）~式（5.43）的推导，可以计算用于所有扇区的开关基准函数。这是在图 5.15 所示的用于常用 SVM 的情况。这个函数和一个纯余弦函数之间的差异是由以下丰富 3 次谐波内容的式（5.49）决定的。

$$PW_{man}=\begin{cases}0.500\sin\alpha & \alpha\in(0,60)\\ 0.866\cos\alpha & \alpha\in(60,120)\\ -0.500\sin\alpha & \alpha\in(120,180)\end{cases}\tag{5.49}$$

3 次谐波是以开关基准函数形式表达的，但它没有表示输出相位或线电压。

它只通过图 5.16 表示了 A－M 电压的平均值。

$$v_{AB}=v_{AM}-v_{BM}\Rightarrow 3 \text{ 次谐波消失} \tag{5.50}$$

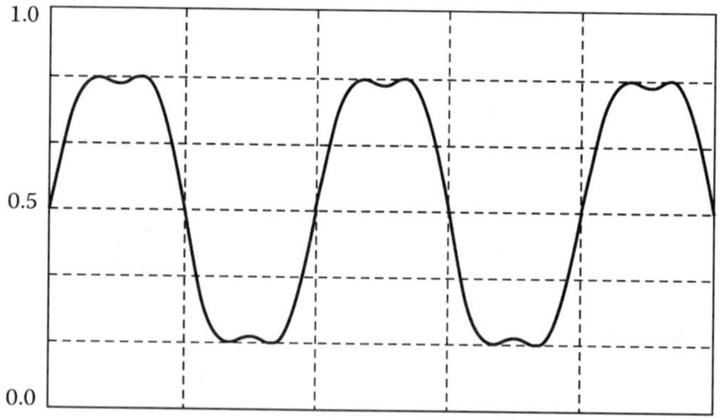

图 5.15 常用 SVM 的开关基准函数

摘自：Neacsu, D. O. Tutorial presented at IECON'01: The 27th Annual Conference of the IEEE Industrial Electronics Society 2001, IEEE Paper 0－7803－7108－9/01© (2001). With permission of IEEE.

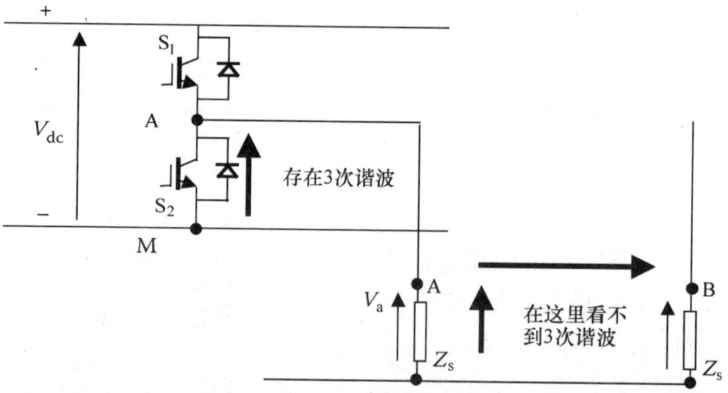

图 5.16 在 SVM 生成的 3 次谐波

本书前面的内容给出了在正弦调制中 3 次谐波注入的作用和意义。谐波注入量已表明基于优化目标不同而注入量不同：

1）最大基波成分含量（幅度为 0.25 正弦基准信号的 3 次谐波）；

2）最小总谐波含量（幅度为 0.16 正弦基准信号的 3 次谐波）。

SVM 法中的 3 次谐波是在前面计算出的值之间，大约为 0.22。参考文献［26－30］分析了规则波、采样正弦－三角波法和 SVM 之间的等效。并得出结论，这两种方法是类似的，传统数字中心对齐 PWM 器件可以用于 SVM 算法的实现。

5.7　开关序列的定义

5.7.1　连续基准函数：不同的方法

利用特殊的开关时序排列可以减少开关次数，以便逆变器的一个引脚中在一个开关工作状态向下一个开关工作状态切换时只有一个开关工作。当使用图 5.13 所示的两个可用的零状态时，一个零状态将开始这个开关时序，另一个零状态将终止这个开关时序。例如，开关状态时序必须为_ _ _0 1 2 7 2 1 0_ _ _。唯一剩下的自由度由时间 t_0 在矢量 $V_0 \sim V_7$之间分配。

平均理论用于 SVM 计算没有定义时间 t_0 在可能的零矢量状态之间分配。在原始的方法中，时间 t_0 在两个同样的零向量之间均匀分配，但这不是最优化的分配方案。对相同的低采样频率算法同时也对不同的零状态分配进行了分析。考虑了所有区间和平分线对称性，也考虑了零状态矢量交替。图 5.17 和图 5.18 给出了基波低采样间隔数（等于 24）的分配比[31,32]。在较高的采样频率，差异较小。

这些结果还表明高性能的 SVM 系统可以通过采样间隔内的零状态不同位置进一步改进。

零状态间隔分配的两个极端情况是：

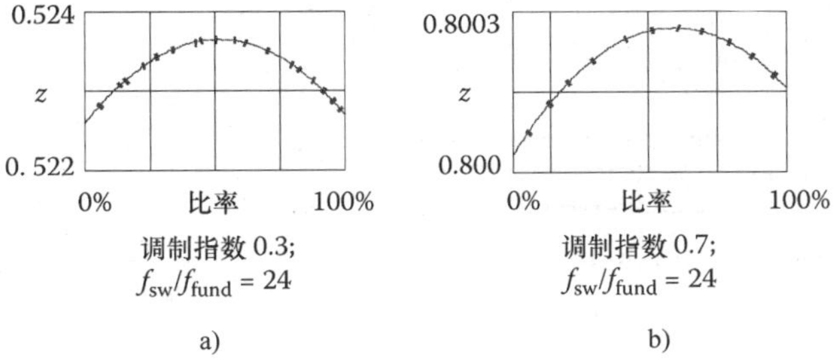

图 5.17　在基波（Z）成分零状态间隔不同分配的效果

摘自：Neacsu, D. O. Tutorial presented at IECON' 01: The 27th Annual Conference of the IEEE Industrial Electronics Society 2001, IEEE Paper 0－7803－7108－9/01© (2001). With permission of IEEE.

（1）D－I－H 法（直接－逆－半），如图 5.19 所示。在每个取样时间间隔内（$t_0 = t_7$）[10,11]，有相电压波形的平等分配零矢量时间间隔。观察由这个序列生成的电流矢量顶点轨迹。

（2）D－I－O 法（直接－逆－1），如图 5.20 所示。在每个取样周期内仅有一个零矢量间隔（即 $t_0=0$，$t_7=T_s-t_a-t_b$）。

这两种方法确定每个取样周期内的三个开关。在高采样频率下常采用方法 D－I－O，而在较低的采样频率，在输出相电压它会产生偶次谐波，由于波形的对称性，可以不加以考虑。如果采样频率足够高，如图 5.21 所示，则方法 D－I－H 或方法 D－I－O 输出电压频谱之间的差异很小。

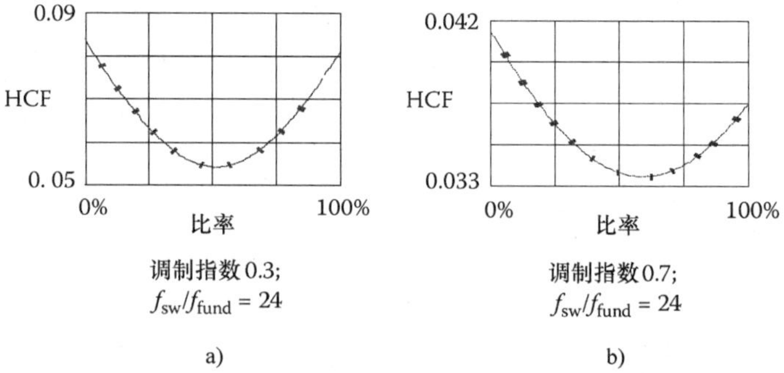

图 5.18　在 HCF 零状态间隔不同的分配效果

摘自：Neacsu，D. O. 2001. Tutorial presented at IECON’01：The 27th Annual Conference of the IEEE Industrial Electronics Society 2001，IEEE Paper 0－7803－7108－9/01. © （2001）. With permission of IEEE.

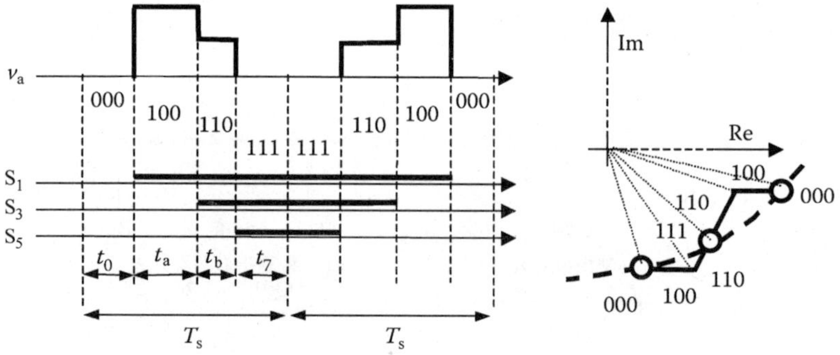

图 5.19　D－I－H 脉冲产生方法

简单直接 SVM 或 S－D－H 法。输出电压矢量合成的最简单的方法是在采样周期的开始时刻导通所有连接到相同直流链路电位的开关（采样周期），并按采样时间间隔顺序的关断这些开关。零矢量间隔在 $V_0\sim V_7$之间分配（$t_0=t_7$）。缺点在于在采样间隔中点的某个位置开关所有三相逆变器的引脚，以实现从 $V_0\sim V_7$的变化（例如，开关序列…0127－0127－0127…）。这种方法类似于通用的正弦三角与基于 PWM 的比较，如图 5.22 所示。

对称生成的 SVM。这种调制方案是基于在每个采样周期内的对称序列。相

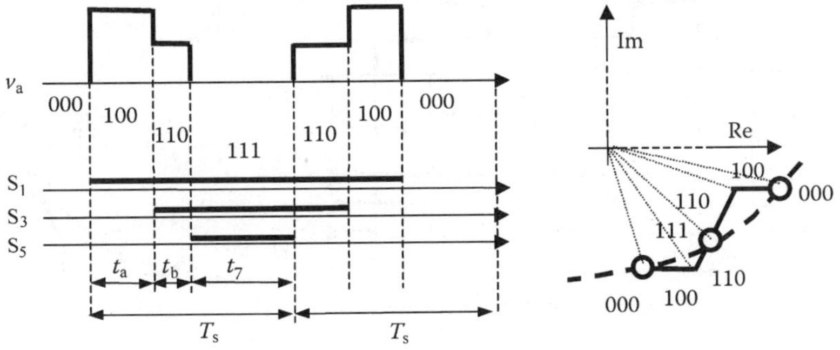

图 5.20　D－I－O 方法的脉冲生成

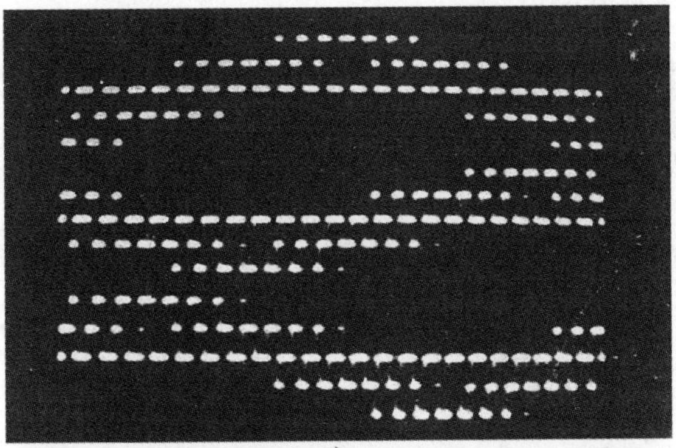

a)

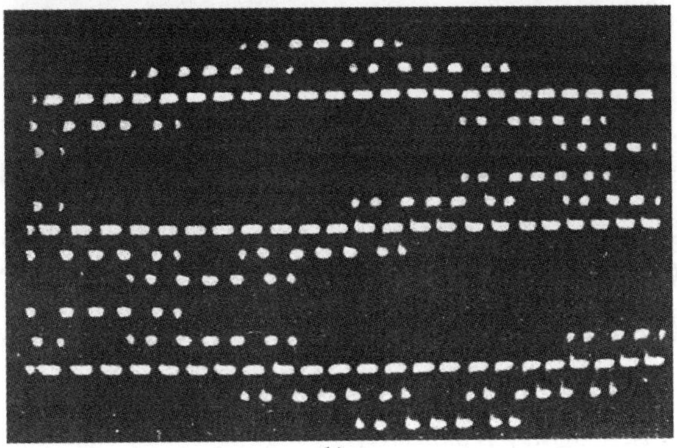

b)

图 5.21　三相电压波形

a）直接－逆　b）低取样频率的直接序列

电压和开关信号类似于 D－I－H 方法，而现在直接－逆序列是在同一个采样周期内，如图 5.23 所示。这种方法与中心对准的 PWM 器件类似，可直接在现有的 PWM 芯片上实现。需要注意到在对称生成的 SVM 和上面描述的其他 PWM 算

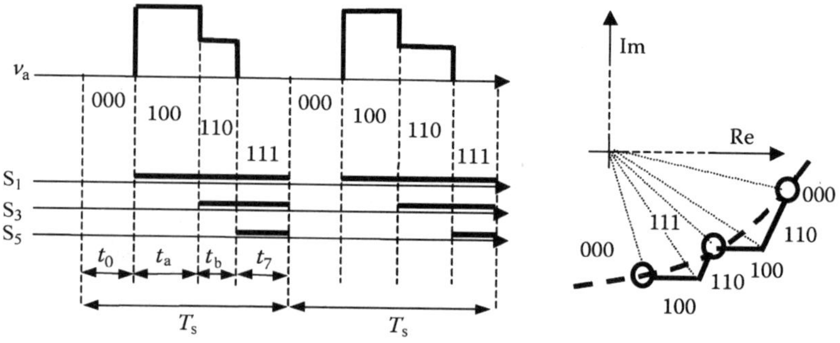

图 5.22　S－D－H 方法的脉冲生成

法之间有一个非常重要的区别。

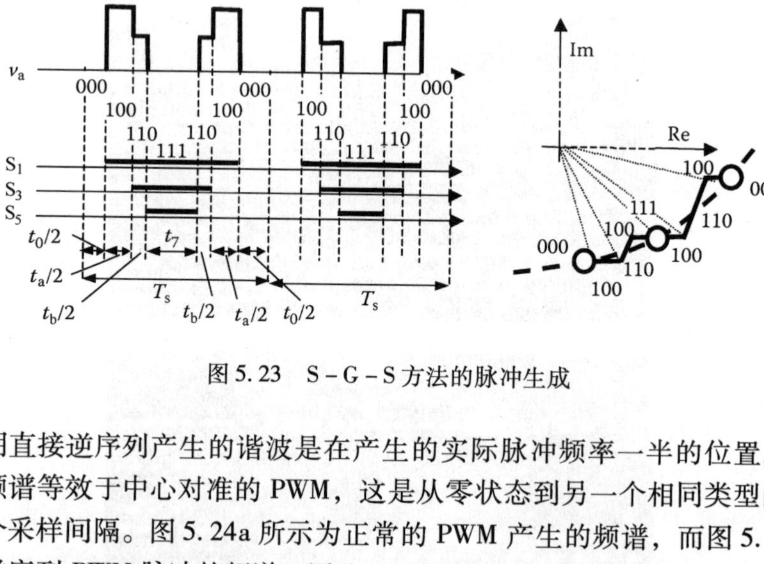

图 5.23　S－G－S 方法的脉冲生成

使用直接逆序列产生的谐波是在产生的实际脉冲频率一半的位置。这意味着，该频谱等效于中心对准的 PWM，这是从零状态到另一个相同类型的零状态测量这个采样间隔。图 5.24a 所示为正常的 PWM 产生的频谱，而图 5.24b 所示为直接逆序列 PWM 脉冲的频谱。因此，可以看到在一半脉冲频率位置高次谐波的表现。这意味着，降低开关瞬间数是有代价的。图 5.25 重复了脉冲比为 48 的脉冲测试。因此，它的结论是，这种类型的 PWM 相对于中心对准的 PWM 要好些，而不是引用直接－逆的两个脉冲序列。

5.7.2　用于降低开关损耗的不连续基准函数

本书前面有关章节介绍了规则采样 PWM 算法，证明了降低逆变器开关损耗[33－37]不连续的算法的优点。现在将同样的想法用于 SVM 算法[38－42]。

用于 SVM 计算的平均理论没有定义开关状态的序列。如果时间间隔计算正确，则任何可能的状态序列将满足平均关系。在逆变器的一个引脚，任何 2 个相

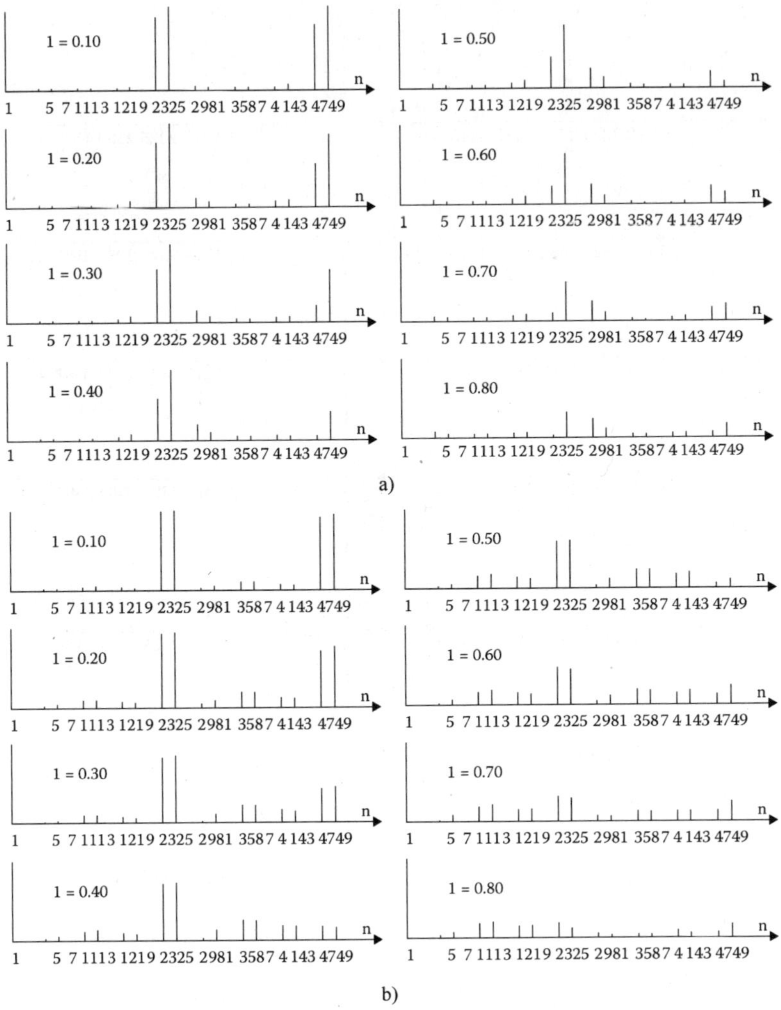

图 5.24　脉冲比为 24 时的 PWM 谐波结果

邻矢量只有一个开关是不同的。因此，始终选择不改变零矢量状态的零矢量。例如，如图 5.13 所示，在第一个扇区，当有源矢量发生改变时（从 1 0 0 到 1 1 0，反之亦然），第一个引脚不开关工作。单极矢量的选择不是唯一的，每次可以用两个零矢量。总是选择 1 1 1 作为零矢量意味着在整个第一个扇区第一个引脚不开关工作（例如，序列……－1 1 1－1 1 0－1 0 0 －1 1 1－－1 1 0 －1 0 0－1 1 1－……）。但是这个解决方案并不唯一。在第一个扇区，当有源矢量改变时，第三个引脚不开关工作。这时在两个活动状态（从 1 0 0 到 1 1 0 或反之亦然）较低的开关将会导通。总是选择 0 0 0 为零矢量意味着在整个第一

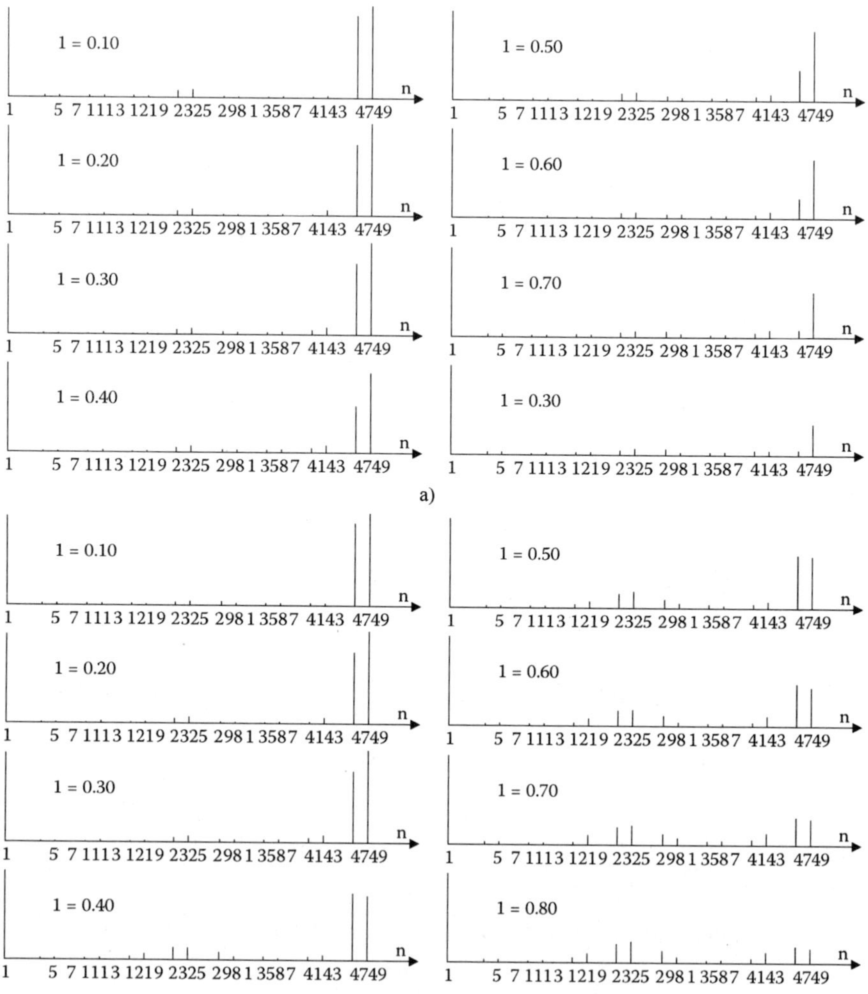

b)

图 5.25　脉冲比为 48 时的 PWM 频谱

个扇区第三个引脚不开关工作（例如，序列……-0 0 0-1 0 0-1 1 0-0 0 0 -1 0 0-1 1 0-0 0 0……）。使用这些解决方案中的任何一个解决方案的优点是可以降低开关损耗。在复平面的每个扇区内有两种解决方案可以最小化开关过程的数量。这就提出了一个问题，是否改变或不选择零矢量和在过渡到下一个工作扇区时优化整个工作序列。

如果我们不改变零矢量的选择，并且总是选择 0 0 0 或 1 1 1 作为零矢量，则可以得到以下解决方案之一：

1）方法 DZ0：零矢量总是固定为［0 0 0］；

2）方法 DZ1：零矢量总是固定为［1 1 1］。

可以按本书第 5.5 节介绍的有关内容计算开关基准函数，这会导致如图 5.26 所示的波形，波形中，逆变器 6 个 IGBT 开关中的每个开关没有开关工作的时间间隔更大。这些函数也不是线性的。

可以看出，不开关工作的开关总是位于低端（选择0 0 0 为零矢量）或位于高端（选择1 1 1 为零矢量）。三个开关导通是为了扩展周期时间，这可能会在例如使用自举电路或电荷泵电路的隔离电路作为栅极驱动电路的逆变器桥造成一些问题。这就是为什么这些方法在工业中没有得到应用的原因。

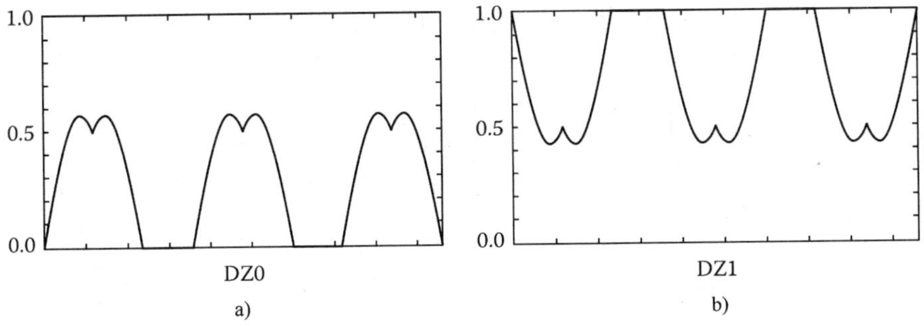

图 5.26　利用 DZ0 和 DZ1 法的 PWM 生成计算开关基准函数

为了使在功率开关器件上有对称的应力，自由度应位于每个零矢量 60°交替的间隔内。由于在每相内可以保持在 120°内连续不开关工作，这样在选择以 60°序列零矢量精确变化有一定程度的自由度。例如，第一个引脚可以从 -60° ~60°范围内保持不开关工作（注意在扇区 1 的矢量1 1 0 和1 0 0 及在扇区 6 的矢量1 0 0 和1 0 1），但是在这个范围内必须选 60°的间隔区间。开关损耗与开关电流的幅度成正比，应避免在逆变器开关引脚中高的瞬时开关工作电流，以限制电路开关损耗。换言之，选择在 60°开关时间间隔内应当没有开关电流峰值。

如何选择开关序列？可以基于在每个取样间隔的四个状态来选择开关序列：零矢量位于开始位置，第一个有效开关工作状态，第二个开关工作状态，以另一个零状态结束。应用前面介绍的这个工作原理可以得到如图 5.27 所示的开关序列。如同在 S - D - H 方法中介绍的可以获得同样的相电压。

然而，这样的序列违背一次只有一个开关工作的要求，导致在一个取样间隔时间内有四个开关工作。关于这个约束实现和利用在 60°区间无开关工作规则不同于常用的 SVM 的优点。这里使用了直接 - 逆序列：

$$| V_{A1} - V_{A2} - V_Z | V_Z - V_{A2} - V_{A1} | V_{A1} - V_{A2} - V_Z | \quad （见图 5.28）$$

选择这个开关序列可以最大程度地减少使用开关数量。

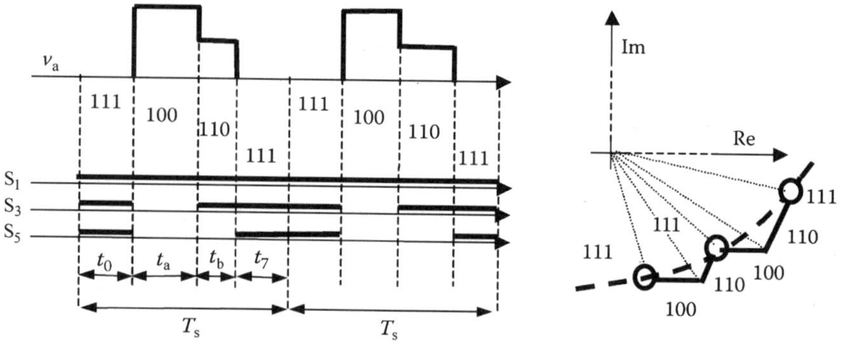

图 5.27　利用在第一引脚无开关规则优势有 4 个状态的开关序列

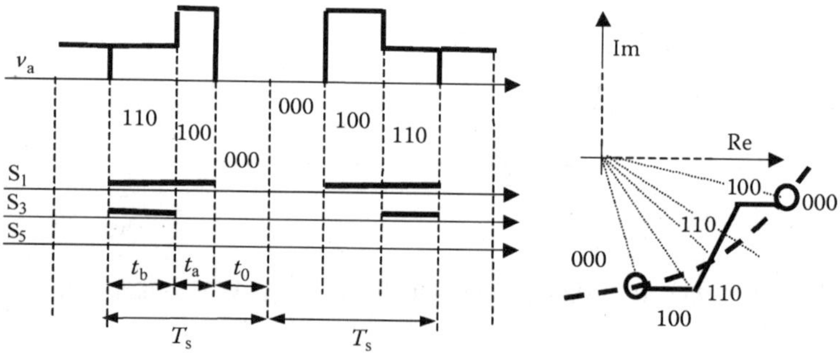

图 5.28　修正的空间矢量调制

在工业界有几种可以接受的解决方案：

（1）DD1 法：在没有开关的时间间隔和平面扇区重合。分配给扇区 1，3，5 一个空矢量［1 1 1］，扇区 2，4，6 分配一个零矢量［0 0 0］。紧接着在相电压峰值后在 60°时间间隔内没有不开关工作状态出现。一般情况下，电流滞后于相电压和峰值电流基波在下一个 60°峰值电压后面，如图 5.29 所示。

（2）DD2 法：60°无开关间隔在基波电压峰值附近均匀分配。这种方法对于电网有关的应用场合降低开关损耗是非常有用的，在这种应用场合功率因数为 1，峰值电流接近于峰值电压的位置，如图 5.29 所示。

（3）DD3 法：在没有开关的 60°间隔区间可以在测得的相电流峰值附近均匀分配。尽管检测相电流有一定的难度，但因为它跟踪的最大损耗降低，这个解决方案还是有吸引力的。但是，相电流和相电压之间的相位差大于 30°，60°的无开关区间可以克服这个矢量扇区损耗降低的优势，如图 5.30 所示。

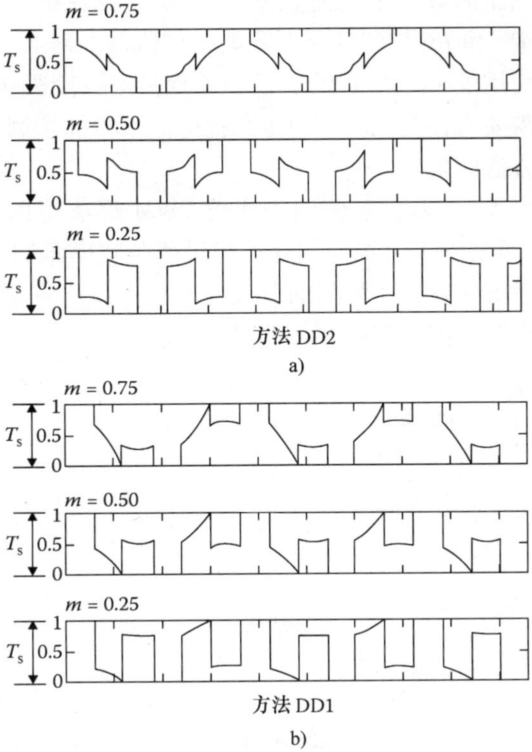

图 5.29　对 DD1 和 DD2 不同调制指数的脉冲产生法

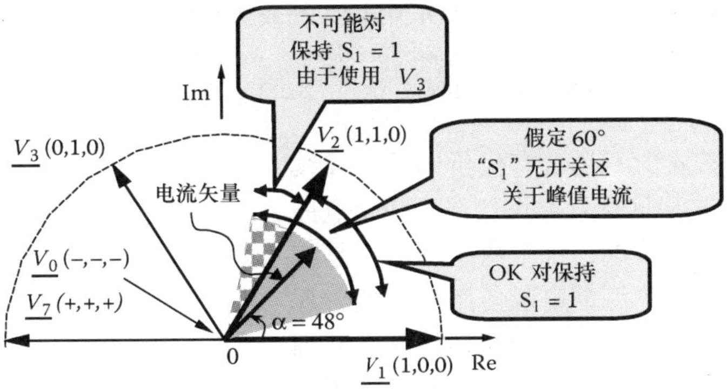

图 5.30　关于 DD3 法的矢量讨论

摘自：Neacsu，D. O. 2001. Tutorial presented at IECON’01：The 27th Annual Conference of the IEEE Industrial Electronics Society 2001，IEEE Paper 0 – 7803 – 7108 – 9/01. With permission.

例如，如果电压矢量 V_1 和电流矢量位于48°，则在第一逆变器引脚围绕电流矢量导致在区间18°和78°均匀分配无开关工作区间。对 $\alpha>60°$，扇区2由于在第一阶段的开关使用了 V_3（0 1 0），所以要保持第一阶段导通是不再可能的了。在其他两相中不需要有任何开关，但是其他电流不再能控制电路的复杂性，从而损害了这种控制方法的优点。

让我们分析图5.31来了解使用不连续PWM算法可以节省多少功率损耗。工作于不连续PWM算法开关电源损耗被相对负载功率角归一化。结果是基于计算机辅助分析，考虑了在开关瞬间的负载电流水平和开关过程的开关次数。最好的情况下可以实现开关损耗50%的降低[42-44]。

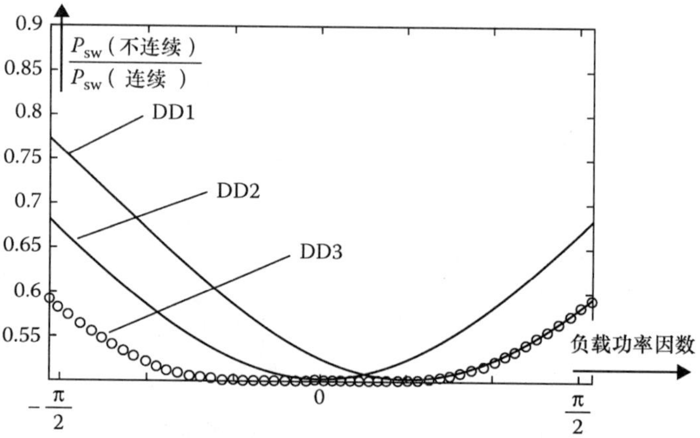

图5.31 归一化工作于不连续脉冲宽度调制开关损耗和工作于连续脉冲宽度调制开关损耗与负载功率角的关系曲线

摘自：Neacsu，D. O. The 27th Annual Conference of the IEEE Industrial Electronics Society 2001，IEEE Paper 0-7803-7108-9/01© (2001). Printed with permission of IEEE.

开关损耗减少不是没有代价的。不连续PWM方法有在扇区变化时围绕扇区变化点周围引入振荡的小缺点，这个扇区里的点是变化的。这是由于在每个扇区使用不同的方程组来计算时间间隔的原因。在低输出基波频率的影响更为明显，这会导致在负载上损耗的增加，并可能会在反馈控制系统引入不稳定工作的问题，如图5.32所示。

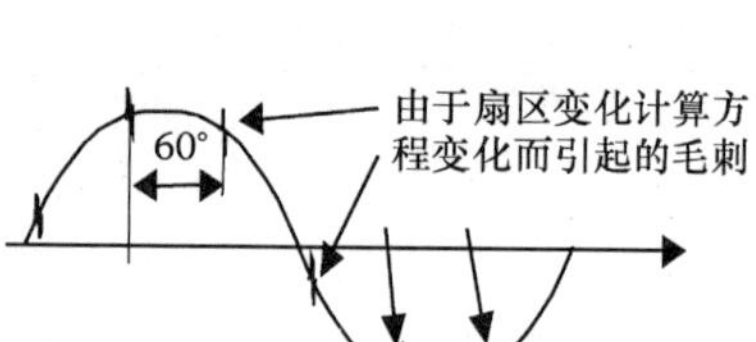

图5.32 采用不连续PWM算法时的输出相电流

5.8 不同矢量 PWM 之间的比较

5.8.1 损耗特性

采用 SVM 技术的导通损耗低于总损耗的 3%。开关特性如表 5.1 所示。

5.8.2 THD/HCF 的比较

如本书前面章节介绍的有关内容所示，功率变换器的最重要的性能指标是指在输出（输入）电流中的谐波含量。这可以用一个和基波成分有关的谐波成分归一化参数来表示。

表 5.1　开关工作特性

方法	在时间 T_s 内的开关次数	THD	开关状态数
直接 - 逆（DIH）	3		4
直接逆（DIO）	3		3
简单直接（SDH）	6		4
对称产生（SGS）	6	最少	7
直接 - 直接/000（DZ0）	4		3
直接 - 直接/111（DZ1）	4		3
直接 - 直接/部分（DD1）	4/2		3
直接 - 直接/峰值（DZ2）	4/2		3
直接 - 直接/mes（DD3）	4/2		3

$$\mathrm{HCF}(\%) = \frac{100}{V_{(1)}} \cdot \sqrt{\sum_{n=5}^{\infty} \left[\frac{V_{(n)}}{n}\right]^2} \tag{5.51}$$

这些 PWM 算法在取样间隔期间内有不同的序列,并且开关过程的次数也不同。基于这个原因,不同的算法对应的开关频率定义方法不同。一个适当的比较必须考虑相同的开关频率,即使使用不同的实现方法,也必须考虑相同的开关工作频率,从而做出合理的比较。

在高调制指数工作条件下降低损耗的算法可以实现最佳谐波含量。在低调制指数工作条件下可以通过传统的 SVM 方法实现最佳谐波含量结果。这种比较的近似阈值是基于调制指数约为 0.6 的工作条件。

许多其他的研究人员或工程师提出了在 6 步工作的开关功率级通过归一化所得到的谐波来表示谐波电流的方法。图 5.33 所示为 6 步工作逆变器和工作于 PWM 逆变器之间的差异。在低频,6 脉冲工作方式引入了较大的谐波，如图 5.34

所示。

通过归一化这个波形,改变了单调变化的情况。使用这个著名的方法采用SVM的结果如图5.35所示。

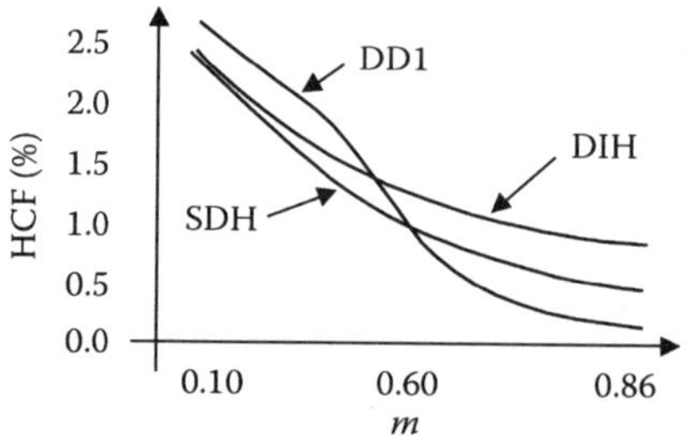

图5.33 在$f_1=50\text{Hz}$,$f_{sw}=3.6\text{kHz}$工作条件下,针对几种调制方法计算出的HCF

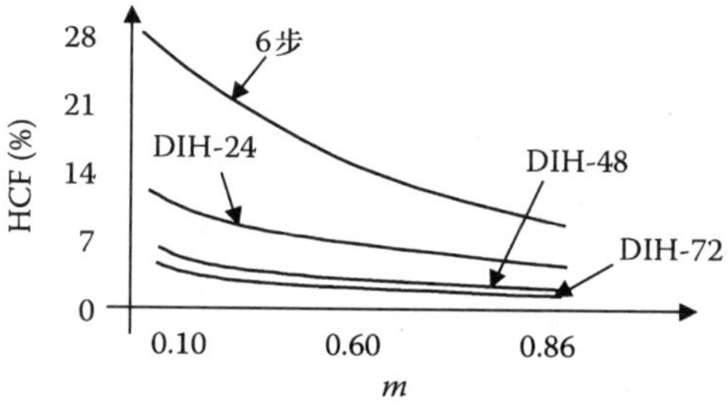

图5.34 在基波内不同取样间隔数的HCF

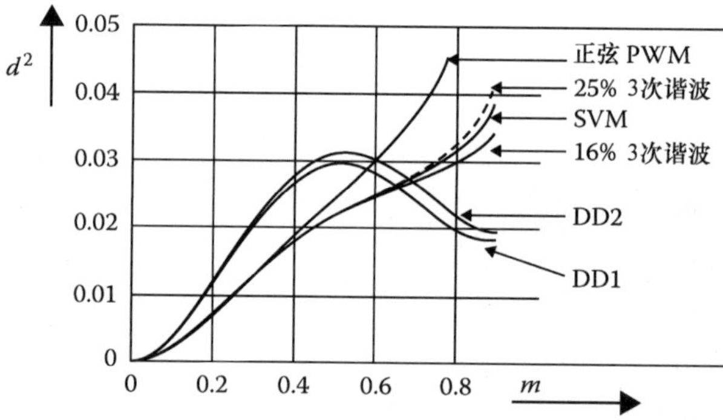

图5.35 失真因子与调制指数的关系曲线

摘自:Neacsu, D. O. Tutorial presented at IECON'01: The 27th Annual Conference of the IEEE Industrial Electronics Society 2001, IEEE Paper 0-7803-7108-9/01©(2001). With permission of IEEE.

5.9 SVM的过调制

已证明，在最大半径的圆形轨迹与开关矢量切线形成的外部六边形时，常用SVM算法实现最大调制指数，如图5.11所示。在这一点PWM结束了它的线性特性。

然而，许多应用需要更多的电压高达6步工作模式。这两个限制之间的工作称为过调制，并在本书第4章的有关内容中加以了介绍。让我们考查一下在

SVM 工作方式下，可以如何定义过调制算法。

首先，工作是以平均空间矢量沿圆周半径 $m>0.866$ 的轨迹，只要剩余的部分沿六角形的边，圆弧位于六角形内为特点。只要平均空间矢量的顶点在圆周上，就可以采用 PWM 生成相同的式（5.30）。对于所有点位于六边形边上的情况，就没有零状态（$t_0=0$）和采用下列方程用于有源工作状态。

$$t_a = T_s \cdot \frac{\sqrt{3}\cos\alpha - \sin\alpha}{\sqrt{3}\cos\alpha + \sin\alpha}$$

$$t_b = T_s \cdot \frac{2\sin\alpha}{\sqrt{3}\cos\alpha + \sin\alpha} \tag{5.52}$$

当 $m=0.952$ 时，显示轨迹位于六边形，没有移动到圆形轨迹的部分。为了向 6 步工作移动，定义了工作模式 2。这时，平均空间矢量顶点的速度得到了控制。期望的调制指数越高，每个六边形中心点的速度越高，在角的位置速度越低。当轨迹在复平面上被限制为 6 个离散的位置时，这种工作模式平滑地收敛为一个 6 步工作。在每个取样间隔内脉冲的结构仅由两个有源状态组成，这里从未使用零状态。

这两种操作模式的特点是非线性传输特性的谐波，这会使电路的谐波工作性能变差。这是很自然的，因为 6 步工作已经表现出有很重的谐波。

5.10　PWM 逆变器的 V/Hz 控制

本书第 4 章介绍了与 PWM 技术相关的伏/频（V/Hz）控制。也表明，工业中对不同基波频率间隔使用不同脉冲数的 PWM，如图 5.36 所示。因此，对低频应用场合，使用一个更大的频率比，而工作于高基波频率的功率变换器采用较小的频率比。下面将这种方法扩展到 SVM 控制。

图 5.36 所示为一种开关工作频率低于 900Hz 的 SVM 控制的 GTO 晶闸管逆变器的 SVM 控制[45]。开关工作频率受限于 GTO 晶闸管，具有足够宽的脉冲用于补偿在定子绕组电阻上的电压降。相应地得到以下工作模式：

（1）在更高的工作频率。优选一个具有恒定电压的工作模式，以便不会超过感应电动机的额定值。在 40～80Hz，采用 24 脉冲的 SVM，电压保持恒定。

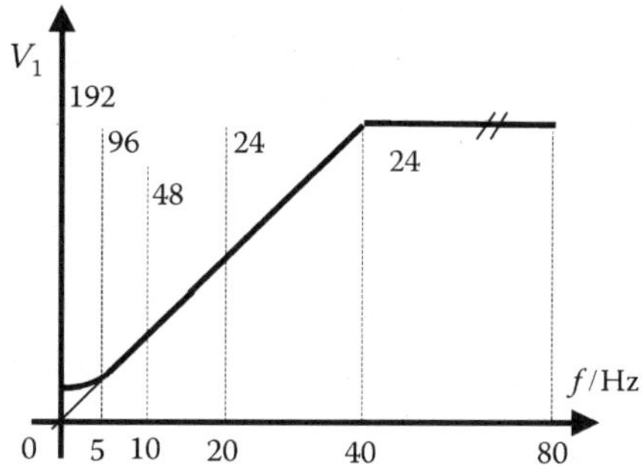

图 5.36　V/Hz 控制

（2）在较低的工作频率。采用 V_1/f = 常数的 PWM 工作方式，在不同的工作频率间隔采用的脉冲数如下：24 脉冲，…在 20 ~ 40Hz 工作频率范围内；48 脉冲，…在 10 ~ 20Hz 工作频率范围内；96 脉冲，…在 5 ~ 10Hz 工作频率范围内；192 个脉冲，…在 < 5Hz 工作频率范围内。图 5.37 所示为在每个工作模式下 SVM 的有关技术特性。

5.10.1 低频工作模式

V_1/f = 常数的关系可以被写为 V_1QT_s = 常数，这里的 Q 表示在基波周期内的脉冲数（也叫频率比），每个频率间隔如图 5.36 所示，输出相电压的幅值和有效值采取有限的间隔值，这种工作的矢量表示在一个环形内（例如，在如图 5.38 所示的 V_{s1} 和 V_{s2} 之间）。

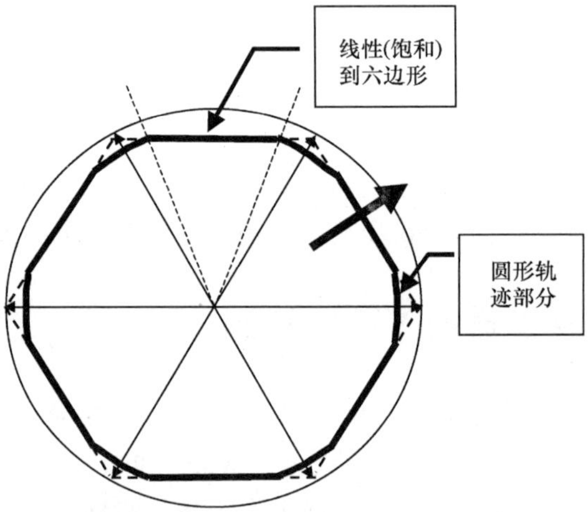

图 5.37 工作模式

分配给相邻开关矢量要求的空间矢量位置在本章前面的式（5.30）中已给予了定义。这个公式 $V_s \times T_s$ 在复平面给定的方向上可以被看作是 t_a 和 t_b = 常数。式（5.30）和电压/频率控制（V_1QT_s = 常数）之间的相似性意味着通过调整取样间隔 T_s，而 t_a，t_b 保持常数，就可能修改输出电压的有效值，如图 5.39 所示。

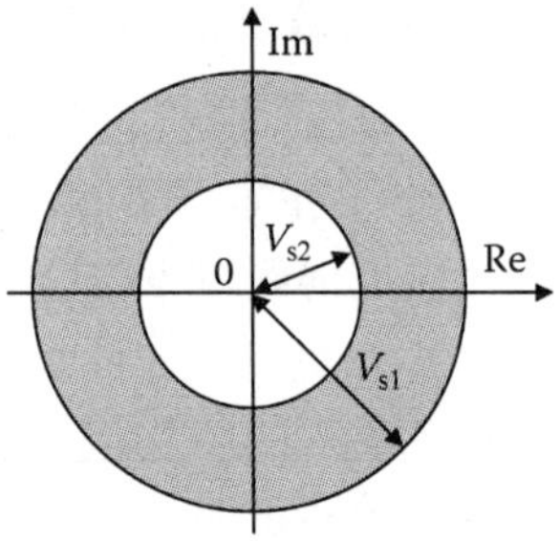

图 5.38 环形轨迹

为了降低频率，通过加大零状态的间隔就可以加大采样周期。当周期加倍时，就会过渡到下一个域。这个域将通过分裂以前的采样周期为 2 个间隔

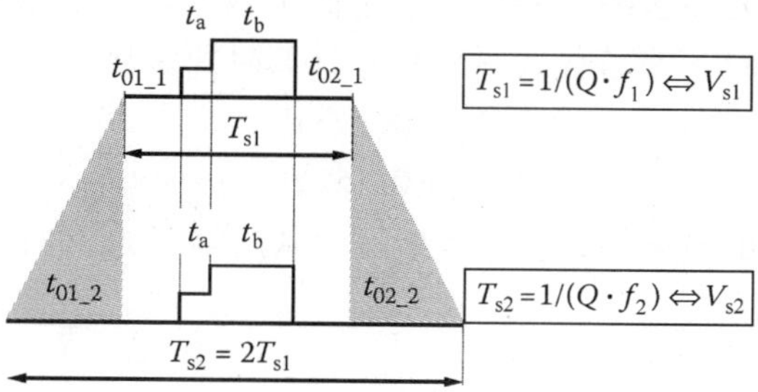

图 5.39　在复平面环形轨迹的脉冲宽度变化

而得到两倍的脉冲数为特征。所以，改进微控制器和使用内存查找表，有可能在所有低频率的工作模式使用相同的时间常数。图 5.40 所示为从一个域过渡到下一个域，在同样幅度的计算条件下，空间矢量顶点所有可能位置的图示。基于相同的时间常数，通过加大零状态时间间隔，中间幅度值是很容易生成的。这个图很重要的另一方面是因为它表示出了需要在内存中存储时间常数的位置。所有其他位置都将使用相同的时间常数（t_a，t_b）。考虑到所有其他对三相系统对称性的限制，存储位置的总数将由式（5.53）给出。

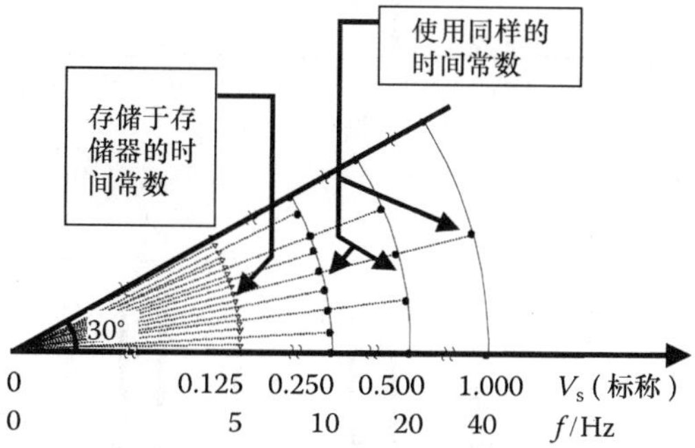

图 5.40　30°扇区的工作

$$N_{ML}=2\times\left[1+\frac{m}{12}\right]\tag{5.53}$$

5.10.2　高频工作模式

工作于高基频范围的感应电动机意味着有电压的限制[46]。对所有这些频率建议采用相同的 PWM 模式。由于高频工作特性，工作于这种模式的脉冲数是有限的（在本例采用 24 脉冲），并且谐波结果也不是很好。基于谐波消除或这个工作域全局谐波最小化，定义一个最佳的 PWM 算法是一个很好的实践方法。

在考虑一个三相系统对称性的情况下，把这种工作模式降低到 30°的区间，可以看出在实轴上的位置为一个在中间位置，最后一个在 30°的方向（对应基波周期 24 个脉冲的工作模式）。在忽略式（5.30）后，这里有一定的自由度，定义一个新的优化时间常数集，而不是基于优化约束条件计算时间 t_a，t_b。例如，可以设定基波电压为要求的值，并且限定两个基波电压的最小值为（$V_5^2+V_7^2$）。即可以利用式（5.54）来替代式（5.30）计算时间常数。

$$t_a=0.793T_s$$
$$t_b=0.152T_s \tag{5.54}$$

这些值产生输出电压的5和7次谐波为基波电压的3%以下。这些谐波的结果如图5.41所示。

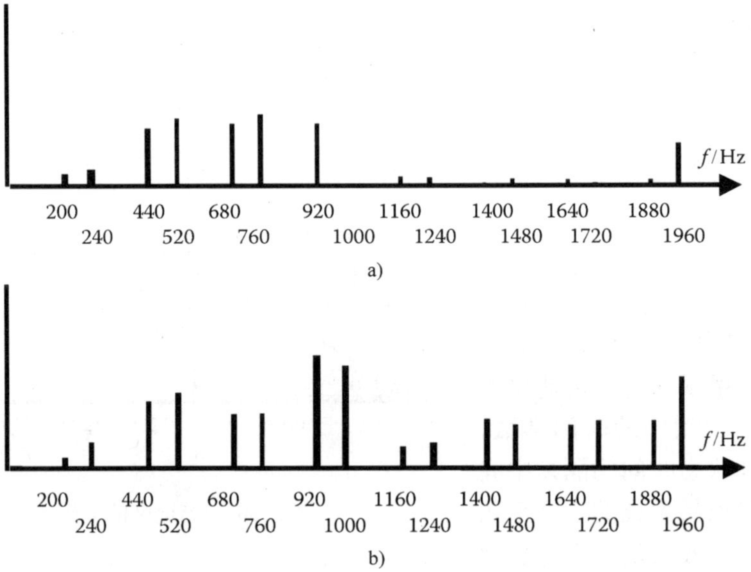

图5.41　40Hz下不同PWM格式的频谱

a）在基波频率40Hz优化的频谱　b）在基波频率40Hz优化的SVM频谱

5.11　改善高速变换器的瞬态响应

大量的电动机驱动器需要工作于高速运行状态，要求具有快速的瞬态响应。这可以在执行器上施加尽可能多的电压来实现。利用现代嵌入式控制器实现控制器的饱和过调制工作，以允许这种工作电压的加大。

为了量化这种可以工作于最高电压的工作情况，让我们与转子短路一起考虑一个对称的三相系统与隔离中性点的感应电动机驱动[47]，可以用式（5.55）来表示用复变函数表示的感应电动机定子电压方程。

$$\vec{v}_{s\lambda}=R_s\cdot\vec{i}_{s\lambda}+\frac{d\vec{\psi}_{s\lambda}}{dt}+j\omega_\lambda\cdot\vec{\psi}_{s\lambda} \tag{5.55}$$

这里

$$\vec{\Psi}_{s\lambda}=L_s\cdot\vec{i}_{s\lambda}+L_m\cdot\vec{i}_{r\lambda}=L_{\sigma s}\cdot\vec{i}_{s\lambda}+L_m\cdot(\vec{i}_{r\lambda}+\vec{i}_{s\lambda})\tag{5.56}$$

$$\vec{v}_{s\lambda}=R_s\cdot\vec{i}_{s\lambda}+\frac{d}{dt}(L_{\sigma s}\cdot\vec{i}_{s\lambda}+L_m\cdot(\vec{i}_{r\lambda}+\vec{i}_{s\lambda}))+j\omega_\lambda\cdot(L_{\sigma s}\cdot\vec{i}_{s\lambda}+L_m\cdot(\vec{i}_{r\lambda}+\vec{i}_{s\lambda}))\tag{5.57}$$

我们可以在 $\omega_\lambda=0$ 的条件下考虑基准系统。

$$\begin{aligned}\vec{v}_{s\lambda}&=R_s\cdot\vec{i}_{s\lambda}+\frac{d}{dt}(L_{\sigma s}\cdot\vec{i}_{s\lambda}+L_m\cdot(\vec{i}_{r\lambda}+\vec{i}_{s\lambda}))\\&=\left[R_s\cdot\vec{i}_{s\lambda}+\frac{d}{dt}L_{\sigma s}\cdot\vec{i}_{s\lambda}\right]+\frac{d}{dt}[L_m\cdot(\vec{i}_{r\lambda}+\vec{i}_{s\lambda})]\\&=\left[R_s\cdot\vec{i}_{s\lambda}+\frac{d}{dt}L_{\sigma s}\cdot\vec{i}_{s\lambda}\right]+\vec{e}\end{aligned}\tag{5.58}$$

在电动机和逆变器（执行器）之间的视在功率传输有式（5.59）成立。

$$\begin{aligned}S&=\left(\frac{3}{2}\right)\cdot(\vec{v}_{s\lambda}\cdot\vec{i}^*_{s\lambda})=\left(\frac{3}{2}\right)\cdot\left[R_s\cdot\vec{i}_{s\lambda}+\frac{d}{dt}(L_{\sigma s}\cdot\vec{i}_{s\lambda})+\vec{e}\right]\cdot\vec{i}^*_{s\lambda}\\&=\left(\frac{3}{2}\right)\cdot\left[\left(R_s\cdot\vec{i}_{s\lambda}+L_{\sigma s}\cdot\frac{d}{dt}(\vec{i}_{s\lambda})\right)\cdot\vec{i}^*_{s\lambda}+\vec{e}\cdot\vec{i}^*_{s\lambda}\right]\end{aligned}\tag{5.59}$$

为了分离有功功率和无功（虚部）功率成分，首先定义电子电压 v_s 与反电动势电压 e 之间的相位移 φ，有式（5.60）和式（5.61）成立。

$$P_1=\frac{V_{s\lambda}\cdot E}{\left(\frac{3}{2}\right)\cdot|(R_s+j\omega\cdot L_{\sigma s})|}\cdot\sin\varphi\tag{5.60}$$

$$Q_1=\frac{V_{s\lambda}\cdot E\cdot\cos\varphi-E\cdot E}{\left(\frac{3}{2}\right)\cdot|(R_s+j\omega\cdot L_{\sigma s})|}\tag{5.61}$$

有功功率 P 与相位移角度 φ 有很大的关系，而无功功率 Q 与电动机定子绕组上的电压 $V_{s\lambda}$ 幅值有很大关系。

在速度基准信号快速变化的情况下，负载转矩需要快速增加到一个最大值，以增加速度到一个最大速度值，并且能在减速的情况下迅速下降到最低限定的速度值。在这样的转矩瞬态变化情况下，在机械系统和逆变器之间有一个临时的无功（虚）功率传递，如图 5.42 所示。当施加的电压（$V_{s\lambda}$）较

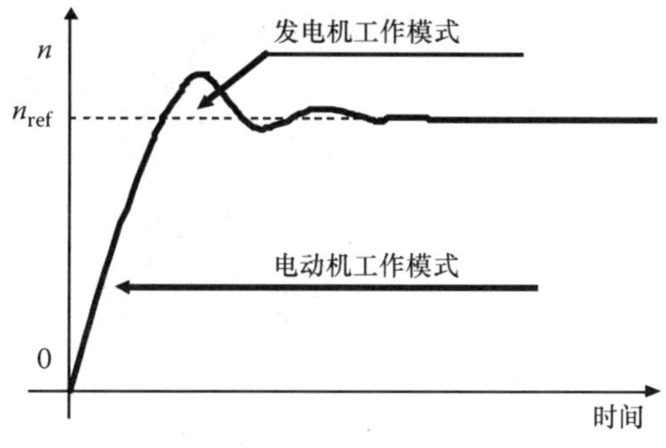

图 5.42　对瞬态过程中功率传输的解释

高时，无功电能量（来自功率 Q）会降低系统的有功功率。这时逆变器会更快地吸收来自负载的能量，这会产生一个更快的瞬态变化。

这意味着，由逆变器驱动电动机的驱动电压可以较高（或更高的直流母线电压），从而允许有更快的瞬态驱动工作特性。对于一个给定的设定电压，可用在一定限定范围内通过控制增加所加电压。如果这样的控制是通过嵌入式软件实现的，则控制速度取决于采样间隔和软件配置，这通常会产生相当慢的反应。

另一种方法[47、48]建议在零状态间隔期间利用仅两个开关从逆变器的运行导出额外电压。观察正弦工作电流的电源变换器可以证实两相的驱动电流，而第三个电流是来自对中线零电流求和。在传统的SVM算法框架上开发出的PWM算法利用了电流的这个特性。该控制器在零状态工作期间使用了两个开关导通。

根据第三个电流的值和方向，不受控制的逆变器的引脚可以到相同的直流电位，和其他两个引脚一起产生一个真的零电压矢量，或可以跟随其他的直流电位在负载上产生一个有源矢量。相电流自动确定加到负载零状态期间第三相的电压值。

图5.43所示为有关工作模式的定义。对每个开关的每个导通状态（0或1）都给出了定义。第一组3个数字对应的高端开关，下一组3个数字对应低端开关。不受控制的开关以数字0表示，而根据PWM算法其他开关可以采取任何值（0或1）。更详细的，所有可能的状态都显示在表5.2中。显示在表5.3中的同样数据是基于电流矢量相位的条件，用于在每个取样间隔期间单零状态矢量的PWM工作条件：

α = 在60°扇区内要求的电压矢量角坐标；

φ = 电压矢量和电流矢量之间的相位移。

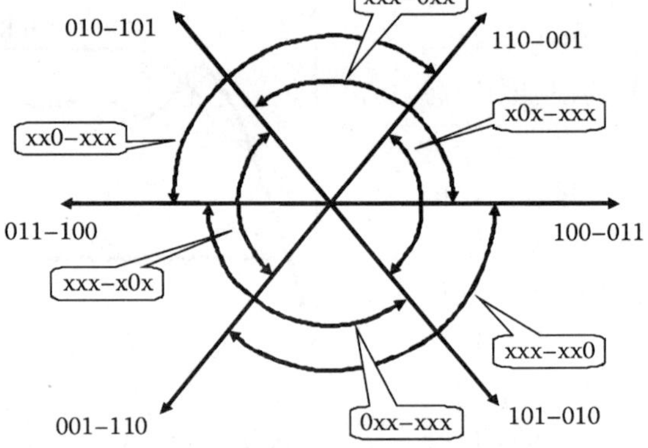

图5.43 逆变器的开关状态定义

例如，在第一个扇区（0～60°）内开始工作时，贡献的附加电压 ΔV 被叠加在要求的电压矢量上，这可以利用平均公式来计算。

如果 $\varphi < 90° \Rightarrow I_a > 0 \Rightarrow \Delta V = 0$

如果 $90° < \varphi < 150°$

对 $\alpha < \varphi - 90° \Rightarrow I_a < 0 \Rightarrow \quad V = \underline{V1}$ 及

$$\Delta \vec{V} = \frac{t_{000}}{T_s} \cdot \vec{V}_1 = \frac{1}{2} \cdot \left[1 - m \cdot \cos\left(\alpha - \frac{\pi}{6}\right)\right] \cdot \vec{V}_1 \tag{5.62}$$

表 5.2　基于相电流极性在零矢量状态产生的电压矢量

区间1：0～60°	零矢量0-0-0	000-011	$I_a \geq 0 \Rightarrow V = 0$	$I_a \geq 0 \Rightarrow V = V_1$
	零矢量1-1-1	101-000	$I_b \geq 0 \Rightarrow V = V_6$	$I_b \geq 0 \Rightarrow V = 0$
区间2：60°～120°	零矢量0-0-0	000-011	$I_a \geq 0 \Rightarrow V = 0$	$I_a \leq 0 \Rightarrow V = V_1$
	零矢量1-1-1	110-000	$I_c \geq 0 \Rightarrow V = V_2$	$I_c \leq 0 \Rightarrow V = 0$
区间3：120°～180°	零矢量0-0-0	000-101	$I_b \geq 0 \Rightarrow V = 0$	$I_b \leq 0 \Rightarrow V = V_3$
	零矢量1-1-1	110-000	$I_c \geq 0 \Rightarrow V = V_2$	$I_c \leq 0 \Rightarrow V = 0$
区间4：180°～240°	零矢量0-0-0	000-101	$I_b \leq 0 \Rightarrow V = 0$	$I_b \geq 0 \Rightarrow V = V_3$
	零矢量1-1-1	011-000	$I_a \geq 0 \Rightarrow V = V_4$	$I_a \leq 0 \Rightarrow V = 0$
区间5：240°～300°	零矢量0-0-0	000-110	$I_c \geq 0 \Rightarrow V = 0$	$I_c \leq 0 \Rightarrow V = V_5$
	零矢量1-1-1	011-000	$I_a \geq 0 \Rightarrow V = V_4$	$I_a \leq 0 \Rightarrow V = 0$
区间6：300°～360°	零矢量0-0-0	000-110	$I_c \geq 0 \Rightarrow V = 0$	$I_c \leq 0 \Rightarrow V = V_5$
	零矢量1-1-1	101-000	$I_b \geq 0 \Rightarrow V = V_6$	$I_b \leq 0 \Rightarrow V = 0$

表 5.3　基于电流矢量相位的电压矢量生成

区间	零矢量0-0-0	
0～60°	$\varphi < 90° \Rightarrow$	$\Rightarrow I_a > 0 \Rightarrow V = 0$
	$90° < \varphi < 150° \Rightarrow$	
	①对 $\alpha < \varphi - 90°$	$\Rightarrow I_a < 0 \Rightarrow V = V_1$
	②对 $60° > \alpha > \varphi - 90°$	$\Rightarrow I_a > 0 \Rightarrow V = 0$
	$\varphi > 150° \Rightarrow$	$\Rightarrow I_a < 0 \Rightarrow V = V_1$
120°～180°	$\varphi < 90° \Rightarrow$	$\Rightarrow I_b > 0 \Rightarrow V = 0$
	$90° < \varphi < 150° \Rightarrow$	
	①对 $\alpha < \varphi - 90°$	$\Rightarrow I_b < 0 \Rightarrow V = V_3$
	②对 $60° > \alpha > \varphi - 90°$	$\Rightarrow I_b > 0 \Rightarrow V = 0$
	$\varphi > 150° \Rightarrow$	$\Rightarrow I_b < 0 \Rightarrow V = V_3$

（续）

区间		零矢量 0-0-0
240°~300°	$\varphi<90°\Rightarrow$	$\Rightarrow I_{\underline{c}}>0\Rightarrow V=0$
	$90°<\varphi<150°\Rightarrow$	
	①对 $\alpha<\varphi-90°$	$\Rightarrow I_{\underline{c}}<0\Rightarrow V=V_{\underline{5}}$
	②对 $60°>\alpha>\varphi-90°$	$\Rightarrow I_{\underline{c}}>0\Rightarrow V=0$
	$\varphi>150°\Rightarrow$	$\Rightarrow I_{\underline{c}}<0\Rightarrow V=V_{\underline{5}}$
区间		零矢量 1-1-1
60°~120°	$\varphi<90°\Rightarrow$	$\Rightarrow I_{\underline{c}}<0\Rightarrow V=0$
	$90°<\varphi<150°\Rightarrow$	
	①对 $\alpha<\varphi-90°$	$\Rightarrow I_{\underline{c}}>0\Rightarrow V=V_{\underline{2}}$
	②对 $60°>\alpha>\varphi-90°$	$\Rightarrow I_{\underline{c}}>0\Rightarrow V=0$
	$\varphi>150°\Rightarrow$	$\Rightarrow I_{\underline{c}}>0\Rightarrow V=V_{\underline{2}}$
180°~240°	$\varphi<90°\Rightarrow$	$\Rightarrow I_{\underline{a}}<0\Rightarrow V=0$
	$90°<\varphi<150°\Rightarrow$	
	①对 $\alpha<\varphi-90°$	$\Rightarrow I_{\underline{a}}>0\Rightarrow V=V_{\underline{4}}$
	②对 $60°>\alpha>\varphi-90°$	$\Rightarrow I_{\underline{a}}<0\Rightarrow V=0$
	$\varphi>150°\Rightarrow$	$\Rightarrow I_{\underline{a}}>0\Rightarrow V=V_{\underline{4}}$
300°~360°	$\varphi<90°\Rightarrow$	$\Rightarrow I_{\underline{b}}<0\Rightarrow V=0$
	$90°<\varphi<150°\Rightarrow$	$=0$
	①对 $\alpha<\varphi-90°$	$\Rightarrow I_{\underline{b}}>0\Rightarrow V=V_{\underline{6}}$
	②对 $60°>\alpha>\varphi-90°$	$\Rightarrow I_{\underline{b}}<0\Rightarrow V=0$
	$\varphi>150°\Rightarrow$	$\Rightarrow I_{\underline{b}}>0\Rightarrow V=V_{\underline{6}}$

对 $60°>\alpha>\varphi-90°\Rightarrow I_a>0\Rightarrow\quad \Delta V=0$

如果 $\varphi>150°\Rightarrow I_a<0\quad\Rightarrow V=\underline{V1}$ 及

$$\Delta\vec{V}=\frac{t_{000}}{T_s}\cdot\vec{V}_1=\frac{1}{2}\cdot\left[1-m\cdot\cos\left(\alpha-\frac{\pi}{6}\right)\right]\cdot\vec{V}_1 \tag{5.63}$$

将这些方程用于所有区间，可以产生利用用于附加电压的图 5.44 所示图形来表示结果。所有这些附加电压的引入是自然的，除了利用零状态的新定义，没有使用任何特殊的软件算法。

此外，在电流相位移低于 90° 的情况下，对传统的 SVM 算法运作无需做修改。

为了进一步量化这个工作方法，在产生电压的整个基波周期内，在给定的调

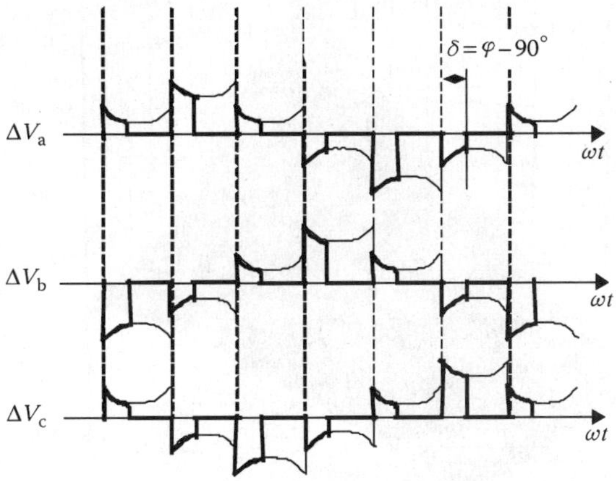

图 5.44　由于电流－电压相位移的附加电压

制指数 m 和同样的相位移 φ（为常数）情况下，可以完成对稳态工作的计算。附加电压的有效值可以以相移 $\delta=\varphi-90°$ 和要求的调制指数 m 的函数用式（5.64）和式（5.65）来计算。

$$V_{\mathrm{rms}}=\sqrt{\frac{1}{2\pi}\cdot\int_{0}^{\delta}[f(\alpha)^{2}]\cdot\left[\frac{1}{9}+\frac{4}{9}+\frac{1}{9}+\frac{1}{9}+\frac{4}{9}+\frac{1}{9}\right]\cdot V_{\mathrm{dc}}^{2}\mathrm{d}\alpha}$$

$$V_{\mathrm{rms}}=\sqrt{\frac{4}{18\pi}A\cdot V_{\mathrm{dc}}^{2}\cdot\int_{0}^{\delta}\left[1-m\cos\left(\alpha-\frac{\pi}{6}\right)\right]^{2}\mathrm{d}\alpha}\tag{5.64}$$

$$V_{\mathrm{rms}}=V_{\mathrm{dc}}\cdot\sqrt{\frac{4}{18\pi}\cdot\begin{Bmatrix}\delta-2m\cdot\left[\sin\left(\delta-\frac{\pi}{6}\right)+\frac{1}{2}\right]+\frac{1}{2}\delta\cdot m^{2}\\+\frac{1}{2}m^{2}\cdot\left[\sin\left(2\delta-\frac{\pi}{3}\right)+\frac{\sqrt{3}}{2}\right]\end{Bmatrix}}\tag{5.65}$$

这种依赖性如图 5.45 所示，它代表了一个理想的最大电压的情况。在暂态工作过程中，相位移有规律地变化，同时附加电压也在变化。这有助于理解这种方法的局限性和优点，并对在实际工业应用中的可用性进行评估。使用这种改进 PWM 算法的效果如图 5.46 所示。

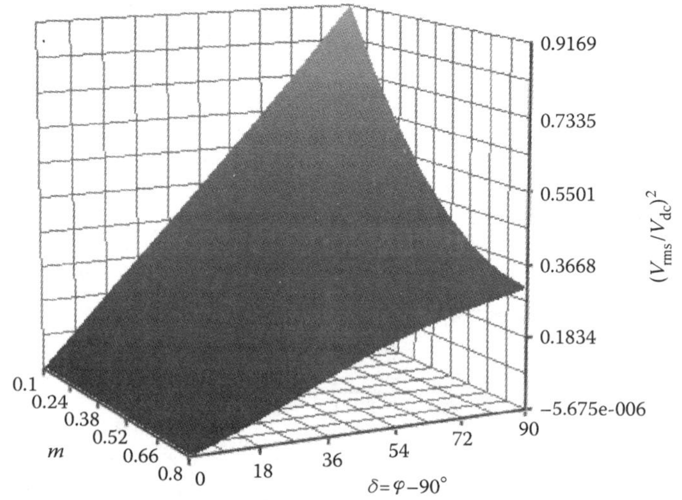

图 5.45　相对于电流 - 电压相位移和调制指数 m 的附加电压

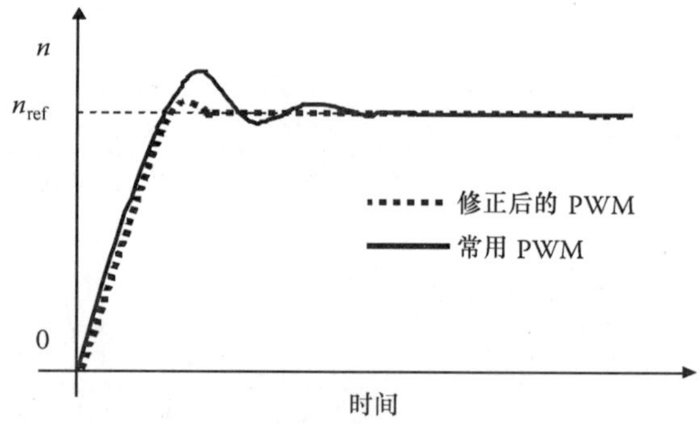

图 5.46　基于数学模型的结果（速度为基准信号）

5.12　总结

空间矢量理论已为业界所知有半个多世纪的时间，但仅在过去的 20 年中它才被考虑用于三相变换器的控制。本章详细讨论了基于矢量表示的 PWM 产生，以及将这个概念用于电动机驱动器的有关内容。对所有 SVM 变化的内容进行了回顾，并概述了不连续基准函数的优点。

问　题

P5.1　写出 Park/Clarke 的直接变换和逆变换的关系，并证明能量守恒和幅度守恒系数的含义。

P5.2　建立图 5.26 波形的数学表达式。考虑每一个波形为一个相函数，并写出考虑了 120°和 240°相位移的其他两相的数学表达式。

P5.3　考虑在 P4.2 中定义的功能，并在向量空间定义类似于在式(5.4) ~式（5.6）定义一个新的基矢量。然后定义一个矢量变换能够转换（d，q，0）准直流坐标为在图 2.22 中的相电压。使用计算机程序（MathCAD，MATLAB）来实现这些关系变换，并运行计算机程序来描绘控制功能。

P5.4　构想一个 PWM 模式，这个 PWM 模式同步于一个基波周期，并且一个基波周期内有 24 个脉冲：

① 绘制出电压矢量定点的空间分布图；

② 确定每一个离散的位置，使用在式（5.31）中定义的调制指数为 0.55，利用式（5.29）和式（5.30）计算每个相邻有源矢量的时间；

③ 考虑有源矢量在采样间隔的中间位置，利用图 5.13 给出的有关信息，在第一扇区（方法 D-I-H）中在第一相画出电压随时间的演化图。

P5.5　如果一个三相逆变器是由一个非常弱的滤波或不滤波的三相中点整流器供电，在没有过调制的情况下，计算在逆变器输出端可以得到的最大电压。使用图 5.11 和式（5.31），在定义了整流器的最低整流电压（V_{dc}）后，考虑电网供电有效值电压为每相 120V。

P5.6　验证式（5.41）~式（5.46）。

P5.7　使用图 5.13 中的有源开关矢量和复平面上的正坐标，为每个扇区写出式（5.48）。

P5.8　使用图 5.23 和定义的 6 个 IGBT 中每个 IGBT 的导通瞬间。

① 从采样间隔开始时写出它们以延迟的表达式：例如，$f(S_1)=t_0/2, f(S_2)=T_s-t_0/2$ 等，利用式（5.41）~式（5.46）更新每个扇区的定义，将这些结果作为一个在微控制器中实现的一个中心对准的 PWM 发生器的流程图。

② 编写一个计算机程序，绘制出随导通时间变化的关系曲线，并将计算结果与图 5.15 进行比较。

P5.9　和问题 P5.7 一样。开关时序如图 5.28 所示，将结果与图 5.29 进行比较。

P5.10　利用图 5.30、图 5.32 和最好的 HCF 优点解释一个算法，如何可以通过修改开关基准函数，以确保从一个工作模式到另一个工作模式的平稳过渡？

参考文献

1. Park, R.H. 1929/1933. Two-reaction theory of synchronous machines. *AIEE Transactions*. No. 48, pp. 716–730 and no. 52, pp. 352–355.
2. Kron, G. 1942.The application of tensors to the analysis of rotating electrical machinery, Schenectady, NY, USA, General Electric Review.
3. Stanley, H.C. 1938. An analysis of the induction motor. *AIEE Trans.* 57, 751–755.
4. Kovacs, K.P. and Racz, I. 1959. Transiente Vorgange in Wechselstrommachinen. Budapest, Hungary, Akad Kiado.
5. Stepina, J. 1967. Raumzeiger als Grundlage der Theorie der Elktrischen Maschinen. *etz-A* 88(23), 584–588.
6. Serrano-Iribarnegaray, L. 1993. The modern space-phasor theory, Part I & Part II. *ETEP J.* 3(2), March/April, 3 May/June.
7. Murai, Y. and Tsunehiro, Y. 1983. Improved PWM method for induction motor drive inverters, IPEC, Tokyo, pp. 407–417.
8. Holtz, J., Lammert, P., and Lotzkat, W. 1986. High speed drive system with ultrasonic MOSFET-PWM-inverter and single-CHIP microprocessor control. *Conference Record 1986 IEEE Industry Applications Society Annual Meeting*, Part 1, Denver, Colorado, USA, pp. 12–17.
9. Van der Broeck, H.W., Skudelny, H.C., and Stanke, G. 1986. Analysis and realization of a pulse width modulator based on voltage space vectors. *IEEE-IAS Annual Meeting Conference Record*, Denver, USA, pp. 244–251.
10. Fukuda, S., Hasegawa, H., and Iwaiji, Y. 1988. PWM technique for inverter with sinusoidal output current. *19th Annual IEEE Power Electronics Specialists Conference*, Kyoto, Japan, vol. 1, 11–14 April, pp. 35–41.
11. Granado, J., Harley, R.G., and Diana, G. 1989. Understanding and designing a space vector pulse-width-modulator to control a three phase inverter. *Trans. SAIEE* 80, 29–37.
12. Halmos, P. 1986. *Finite-Dimensional Vector Spaces*. Springer-Verlag, New York.
13. Abrahamsen, J., Pedersen, J.K., and Blaabjerg, F. 1996. State-of-the-art of optimal efficiency control of low cost induction motor drives. *PEMC'96*, vol. 2, Budapest, Hungary, 2–4 September, pp. 163–170.
14. Murai, Y., Gohshi, Y., Matsui, K., and Hosono, I. 1992. High-frequency split zero-vector PWM with harmonic reduction for induction motor drive. *Trans. IA* 28(1), 105–112.
15. Murai, Y., Sugimoto, S., Iwasaki, H., and Tsunehiro, Y. 1983. Analysis of PWM inverter fed inductions motors for microprocessors. *Proceedings IEEE/IECON*, San Francisco, CA, USA, 10–14 November, pp. 58–63.
16. Fukuda, S., Iwaji, Y., and Hasegawa, H. 1990. PWM technique for inverter with sinusoidal output current. *IEEE Trans. PE* 5, 54–61.
17. Andersen, E.C. and Hann, A. 1993. Influence of the PWM control method on the performance of frequency inverter induction machine drives. *ETEP* 3(2), 151–160.
18. Holtz, J. 1992. Pulsewidth modulation—A survey. *IEEE Trans. IE* 39(5), 410–420.
19. Holtz, J. 1994. Pulsewidth modulation for electronic power conversion. *Proc. IEEE* 82(8), 1194–1212.
20. Handley, P.G. and Boys, J.T. 1991. Space vector modulation—An engineering review. PEVSD, London, UK, 87–91.
21. Neacsu, D. 2001. Space vector modulation. *Seminar IEEE-IECON*, San Jose, CA, USA, December.
22. Neacsu, D., Stincescu, R., Raducanu, I., and Donescu, V. 1994. Fuzzy logic control of a PWM V/f inverter-fed drive. *ICEM'94*, vol. 3, Paris, France, pp. 12–17.
23. Saetieo, S. and Torrey, D. 1998. Fuzzy logic control of a space vector PWM current regulator for three-phase power converter. *IEEE Trans. PE* 13(3), 419–426.

24. Enjeti, P. and Shireen, A. 1992. A new technique to reject DC-link voltage ripple for inverters operating on programmed PWM waveforms. *IEEE Trans. PE* 7(1), 171–180.
25. Schermann, M. and Schroedl, M. 1993. Methods of generating the voltage space vector by fast real-time PWM. *IEEE-PCC*, Yokohama, Japan, pp. 322–327.
26. Jacobina, C.B., Nogueira Lima, A.M., da Silva, E.R.C., Alves, R.N.C. and Seixas, P.F. 2001. Digital scalar pulse-width modulation: A simple approach to introduce non-sinusoidal modulating waveforms. *IEEE Trans. PE* 16(3), 351–359.
27. Lai, Y.S. and Bowes, S.R. 1996. A universal space vector modulation strategy based on regular-sampled pulse-width modulation [invertors]. *Proceedings IEEE IECON*, 22nd, vol. 1, pp. 120–126.
28. Bowes, S.R. and Lai, Y.S. 1997. The relationship between space-vector modulation and regular-sampled PWM. *IEEE Trans. IE* 44(5), 670–679.
29. Sun, J. and Grotstollen, H. 1996. Optimized space vector modulation and regular-sampled PWM: A re-examination. *Conference Record of the 1996 IEEE Thirty-First IAS Annual Meeting IAS '96*, San Diego, CA, USA, vol. 2, pp. 956–963, 6–10 October.
30. Holmes, D.G. 1992. A unified modulation algorithm for voltage and current source inverters based on AC–AC matrix converter theory. *IEEE Trans. IA* 28(1), 31–40.
31. Neacsu, D. and Lucanu, M. 1992. Output waveform optimization of the SVM inverters. *Proceedings of National Conference Electric Drives*, Iasi, Romania, 22–24, October, pp. B1–B6.
32. Holmes, D.G. 1995. The significance of zero space vector placement for carrier based PWM schemes. *Conference Record of the Thirtieth IAS Annual Meeting IEEE Industry Applications Conference, IAS '95*, Orlando, FL, USA, vol. 3, pp. 2451–2458, 8–12 October.
33. Kolar, J.W., Ertl, H, and Zach, F.C. 1989. Calculation of the passive and active component stress of three-phase PWM converter. *Proceedings EPE*, Aachen, Germany, pp. 1303–1311.
34. Alexander, D.R. and Williams, S.M. 1993. An optimal PWM algorithm implementation in a high performance 125 kVA inverter. *Conference Proceedings of the 1993 Eighth Annual Applied Power Electronics Conference and Exposition, APEC '93*, San Diego, CA, USA, pp. 771–777, 7–11 March.
35. van der Broeck, H.W. 1991. Analysis of the harmonics in voltage-fed inverter drives caused by PWM schemes with discontinuous switching operation. *Proceedings EPE '91*, pp. 3/261–3/266.
36. Houldsworth, J.A. and Grant, D.A. The use of harmonic distortion to increase the output voltage of a three-phase PWM inverter. *IEEE Trans. IA* IA-20, 1224–1228.
37. Hava, A.M., Kerkman, R.J., and Lipo, T.A. 1998. A high performance generalized discontinuous PWM algorithms. *IEEE Transactions on Industry, Applications*, vol. 34, no. 5, pp. 1059–1071, September–October.
38. Trzynadlowski, A.M. and Legowski, S. 1994. Minimum-loss vector PWM strategy for three-phase inverters. *IEEE Trans. PE* 9(1), 26–34.
39. Chung, D.W. and Sul, S.L. 1997. Minimum-loss PWM strategy for a 3-phase PWM rectifier. *Proceedings of the 28th Power Electronics Specialists Conference PESC*, St. Louis, MO, USA, vol. 2, pp. 1020–1026, 22–27 June.
40. Lai, R.S. and Ngo, K.D.T. A PWM method for reduction of switching loss in a full-bridge inverter. *IEEE Trans. PE* 10(3), 326–332.
41. Trzynadlowski, A.M., Kirlin, R.L., and Legowski, S. Space vector PWM technique with minimum switching losses and a variable pulse rate. *IEEE Trans. IE* 44(2), 173–181.
42. Faldella, E. and Rossi, C. 1994. High efficiency PWM techniques for digital control of DC/AC converters. *Conference Proceedings of the Ninth Annual Applied Power Electronics Conference and Exposition, APEC '94*, Orlando, FL, vol. 1, pp. 115–121, February 13–17.

43. Perruchoud, P.J.P. and Pinewski, P.J. 1996. Power losses for space vector modulation techniques. *IEEE-WPET*, Dearborn, MI, USA, pp. 167–173.
44. Ahmad, R.H., Karady, G.G., Blake, T.D., and Pinewski, P. 1997. Comparison in space vector modulation techniques based on performance indexes and hardware implementation. *23rd International Conference on Industrial Electronics, Control and Instrumentation, IECON 97*, New Orleans, LA, USA, vol. 2, pp. 682–687, 9–14, November.
45. Lucanu, M. and Neacsu, D. 1995. Optimal V/f control for space vector PWM three-phase inverters. *Eur. Trans. EPE* 5(2), 115–120.
46. Prasad, V.H., Borojevic, D., and Dubovsky, S. 1997. Comparison of high-frequency PWM algorithms for voltage source inverters. *Conference Proceedings of the 13th Annual Applied Power Electronics Conference and Exposition, APEC 1997*, Atlanta, GA, USA, pp. 857–863, 23–27 February.
47. Neacsu, D.O. 2007. Mathematical model for induction machine drives with modified PWM. *IEEE Int'l Symposium SCS, 2007*, pp.1–4.
48. Lucanu, M., and Neacsu, D. 1992. Optimization of the controller synthesis for three-phase inverters using space vector pulse width modulator. *The Transactions of the SAIEE*, vol. 83, no. 2, June 1992, pp.113–117.

第6章　构建三相功率变换器的实践

6.1　三相逆变器中功率器件的选择

本书前面的章节已经说明了一个三相变换器的工作和需要用到的PWM。本章将以三相功率变换器作为一个系统进行探讨，概述保护和封装问题。

应在确定功率变换器的额定值和应用要求后选择用于三相功率变换器的功率半导体器件，并在给定的功率水平考虑有关冷却和应力的要求。

6.1.1　电动机驱动

当功率变换器用于电动机驱动的场合时，功率变换器的额定功率值主要和电动机的以下性能指标有关。

1. 负载特性

应提供应用所需要的最大转矩信息。在负载过载的工作条件下，功率变换器应考虑可以增加大约60%的转矩输出。有时，这种过载是对在标称转矩降额的情况下额定转矩降额的考虑。

2. 可以提供的最大电流

最大相电流可以基于电动机提供的额定功率数据导出。

3. 最大视在功率

功率变换器必须能够处理整个视在功率，包括产生转矩的有功功率和无功功率。

4. 最大有功（负载）功率

在固定工作模式下，如果电动机的工作效率和电动机损耗已知，就可以计算功率变换器可以能够的最大功率。这个标准不是很有效的，因为在工作模式下电动机的工作效率和电动机损耗这两个技术指标会变化很大。

在查看了用于电动机驱动的功率变换器最大相电流和相电压额定值后，选用功率半导体开关器件时还需要考虑功率开关器件的过电压和过电流余量。

6.1.2　电网应用

从电网中传输的电力主要是以基波频率的形式传输的，功率半导体开关的额定值可以基于功率开关器件需要处理的有功功率和允许的功率因数值来考虑。固定的电网电压自动设定一个固定功率半导体开关的最大电压。可以考虑电流和电压这两个参数值，并且分别考虑过电压和过电流参数值。现代无缓冲变换器不需要考虑过电压额定值一定要大于在功率半导体器件上的工作电压。

一旦对功率半导体开关器件的最大电流和最大电压水平有一个粗略的想法，就必须检查功率变换器的冷却系统。基于功率开关器件模型和功率开关器件的参数表就可以计算变换器的功率和功耗。例如，Powerex IGBT 可以提供在不同工作情况下的开关功耗预测。根据每个功率半导体器件的损耗（导通损耗和关断损耗），可以确定对功率变换器的冷却要求。功率开关参数表还会提供关于每一个半导体器件封装到外壳的热阻信息。

功率变换器的应用还应提供有关冷却系统（空气或冷却液）和冷却液剂的温度和压力信息。简单的计算方程可以确定在这些冷却条件下，在功率损耗是已知的条件下温度的变化。如果系统必须在高温下工作，则应考虑在较大功率器件中的迭代过程。在一些情况下，对功率变换器的热要求会变成比最大电流更重要的技术要求。例如，一个用于电动汽车的 27kW/300V/90A 采用 IGBT 功率开关器件的 DC－DC 功率变换器可以工作于 90℃ 的入口冷却液工作条件下。选用 100A 的功率开关器件，功率开关器件产生的结温会高于器件数据表给出的结温。

迭代设计导致选择 300A 的功率开关器件，以克服功率变换器对热约束的技术要求。由于采用不同的技术，高电流器件具有较低的热阻，可以更好地用于高温工作条件下。在许多应用场合，由于功率开关器件具有较低的热阻，因此这种解决方案比考虑采用一个更先进的冷却系统要更便宜。

功率半导体器件应在极端的工作条件和故障情况下受到保护。在任何功率级工作条件下有几个保护要求已成为功率转换器的标准保护要求。

6.2 保护

6.2.1 过电流保护

由于不同的工作原因会有一个非常大的电流通过功率半导体开关器件。我们首先试图了解过电流的主要来源和熔丝烧断前电子保护的有关手段。

绝缘击穿或错误的连接可以在输出线（相线）之间产生短路故障，如图 6.1 所示。利用一个简单并联电阻的线性光耦或直流总线上的霍尔传感器可以检测直流总线上当前的突发电流峰值。另一种用于电流控制的保护方法包括使用相同的相电流传感器，这里每一相电流与正负两个极端的阈值电流相比较。

接地故障是过电流故障的另一个可能来源，接地故障可能是由于电动机绝缘对地击穿而引起的，如图 6.2 所示。利用前面介绍的检测直流电流或每相电流的

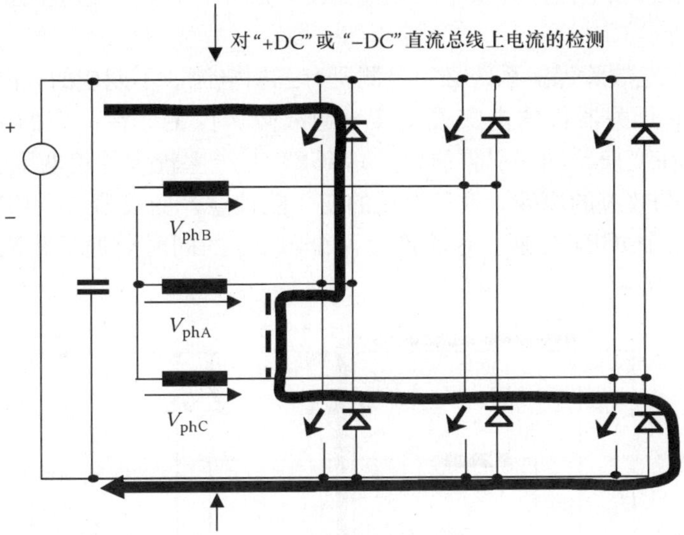

图 6.1　两相之间的短路

方法也可以检测这些过电流故障。重要的是要注意，许多采用矢量控制方法的工业电源变换器并不会测量所有的三相电流，而仅测量其中的两相工作电流。这是因为它们考虑到了三相系统的对称性，利用其他两相电流和三相电流和为零的

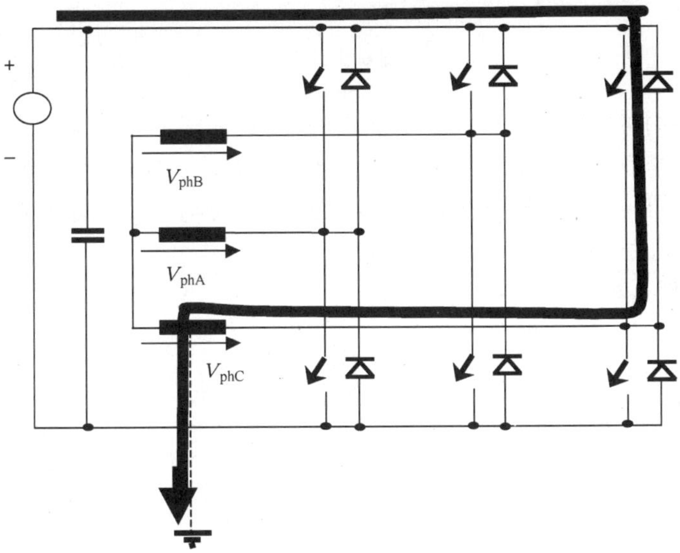

图 6.2　接地故障

关系计算出第三相电流。如果第三相电路出现故障，则这样的检测系统不能检测出接地故障。

因此，接地故障保护系统必须检测所有三相电流。不期望的大电流另一个来源是由于功率开关器件的击穿或交叉导通故障产生的。在一定的工作条件下，IGBT 导通会在变换器同一引脚的另一只 IGBT 上产生较大的正电压变化率（dv/dt）。由于密勒效应的原因，这种电压的变化能被意外变成第二个 IGBT 的栅极电流，并使第二个 IGBT 导通。这将产生两个 IGBT 的同时导通，并使直流母线短路，如图 6.3 所示。

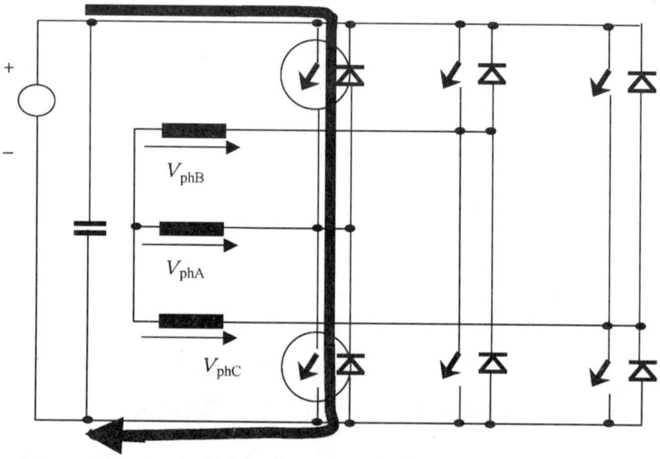

图 6.3 击穿

一般的保护方法为采用检测每个 IGBT 上的电压，以避免在受控 IGBT 的导通期间建立电压。对这种检测有许多电路实现方法：所有这些检测方法均检测 IGBT 的集电极 - 发射极电压，并把检测到的电压与一个固定基准电压相比较。一旦检测电压大于基准电压就关断 IGBT。

用于实现这种保护的简单电路如图 6.4 所示，这个电路被称为去饱和（Desat）保护，这个名字来自双极型晶体管的饱和，基于这个电路可以确认受控功率开关晶体管是否处于正常导通工作状态（或对双极型晶体管而言是否处于“饱和”工作状态）。检测功率开关晶体管上的电压

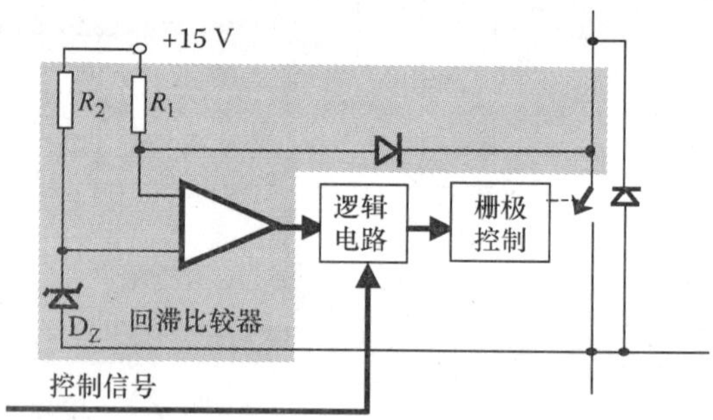

图 6.4 去饱和保护

降，并把这个检测到的电压与来自齐纳二极管提供的基准电压相比较。

如果功率开关晶体管不饱和，则这个检测电压会高于指定值，这时滞后比较器会中止这个控制信号，关断功率开关晶体管。

需要注意的是，所有这三个过电流源（线 - 线、接地或击穿）中的任何一个过电流信号都可以触发系统保护电路，关断三相逆变器中所有的 6 个功率开关管。由于电感元件会保持电流继续流动的原因，因此快速关断通常会产生一个大的电压尖峰。

这可以通过在过电流故障工作状态下的 IGBT 软关断来实现避免这种情况，当然代价是会使控制电路的复杂性增加。

软关断方法利用一个能慢化关断波形的大阻值栅极电阻来关断功率开关晶体管的栅极。同步关断所有 6 个功率开关仅体管的栅极意味着会使栅极控制电路变得更为复杂。因为这个原因，软关断常用于低功率电平的场合，这里采用集成电路技术可以很容易地协调外部电路的工作。IR 公司有一个很好的系列高压（600V 和 1200V）栅极驱动器（IR21xx 和 IR22xx）解决方案，能够在马力级功率范围实现软关断。

6.2.2　熔断器保护

在高压电路中的功率变换也意味着需要对过电流故障实现保护，特别对短路故障更需要保护。熔断器（保险丝）是最常用的过流保护方法。熔断器是一种装置，它能在过电流时通过自己的损坏而终断大电流的通过。图 6.5 所示为熔断器的结构。

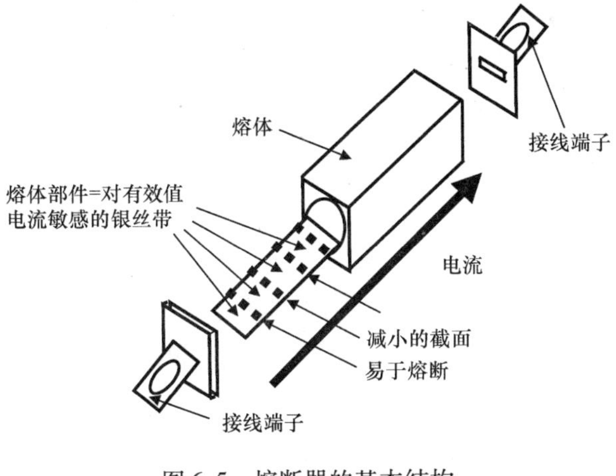

图 6.5　熔断器的基本结构

电流通过熔断器的熔丝产生热量，尤其是在熔断器减少截面的部分会产生更多的热量。在大电流时，这些区域会熔化，从而熔断熔断器的熔丝。熔断器的额定电流是指能通过熔断器而又没有损坏熔断器的最大电流。这种连续额定电流与测试程序在 IEC269 或 UL248 标准中针对环境温度、露天、50Hz 或 60Hz 的交流供电电压（电网供电）条件下给出了定义。另一个标准 UL1981（工业用直流熔断器）对工业应用提供了熔断器的直流额定电流要求。

熔断器的一个重要的参数是 I^2t（平方的均方根电流乘以断开时间），它定义了熔断器在高故障电流下的熔丝熔化，如图 6.6 所示[1]。当较低电流较长时间通过熔断器时，熔断器也能熔化。这个标准定义了一个与所加电流成反比的熔断时间依赖关系，如图 6.7 所示。

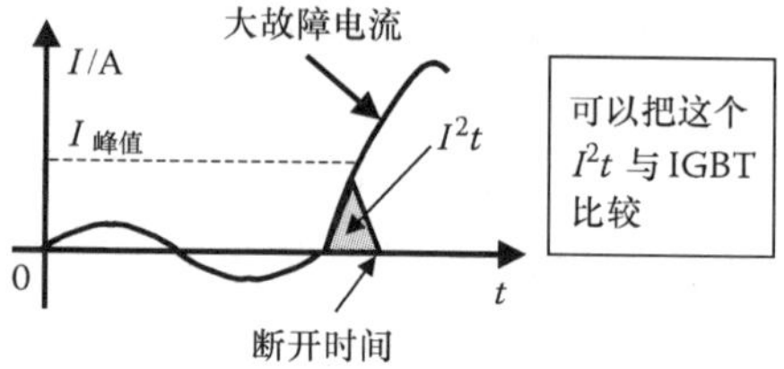

图 6.6 在大故障电流下熔断器的动作电流与断开时间的关系曲线

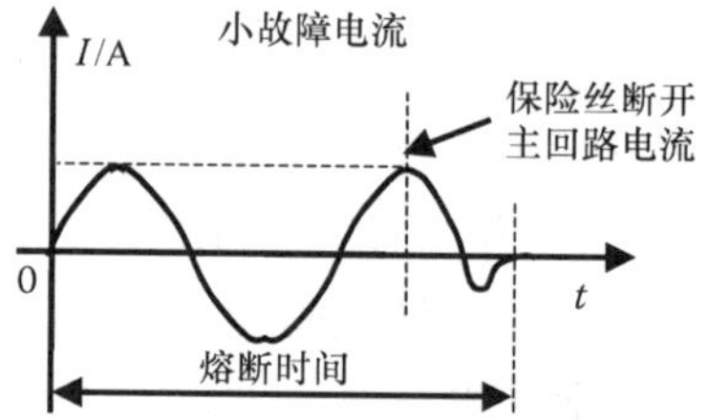

图 6.7 由于长时间通过大电流熔断器的熔断

电源变换器保护熔断器的选择取决于电压、总电流有效值、功率开关半导体器件的损坏 I^2t 值、功率开关半导体器件的电流 di/dt、回路电感、环境温度，连接方式等因素[1-3]。二极管和其他整流半导体生产厂商会提供一个基于 50Hz 或 60Hz 正弦半周期的器件可以承受的半周期浪涌电流脉冲幅度额定值信息。这个值相关的半周期的长度（8.33ms 或 10ms）被用于计算功率开关半导体器件的 I^2t 值。

熔断器的选择取决于基波和谐波电流的总电流，这在 IGBT 熔断的应用场合是特别重要的因素。由高开关工作频率产生的趋肤效应和邻近效应会所造成流过熔断器的电流分布不均匀。这些效果不是很清晰地知道或加以定义，但可以证明这些效应在开关工作频率下会使熔断器过早断开。在参考文献［4］中给出了关于有谐波通过熔断器的工作条件下熔断器功率损耗的详细分析。

基于 IGBT 的电路发生短路故障时，IGBT 的集电极－发射极之间的电压趋于立即增加到一个较高的值，并迅速增加 IGBT 的内部功耗，从而使 IGBT 器件失效。在本书前面的有关内容介绍了有关保护电路。在保护电路失效或不使用保护电路时，熔断器可以用作电路保护。在 IGBT 电路中不加保护电路会产生 IGBT 的发射极连接熔断断裂，或熔化其他电路连线的故障。如果缺失 IGBT 损坏的 I^2t 数据，则一个好的做法是利用式（6.1）计算键合铜丝的 I^2t 参数：

$$I^2t = (100,000...110,000)\ S^2 \tag{6.1}$$

式（6.1）中 S 的单位为 mm^2，表示熔断器的截面积。

这将确保在 IGBT 使用情况下较实验确定的值要低一些。在一个功率变换器内有几种熔断器可能的分布情况。一个完整的解决方案包括对直流母线、相电流和所有 IGBT 器件的保护。这是不完全合理的，一个简单或更便宜的解决方案通常也可以满足电路保护要求。三相逆变器中熔断器位置分布最好的折衷如图 6.8 所示。

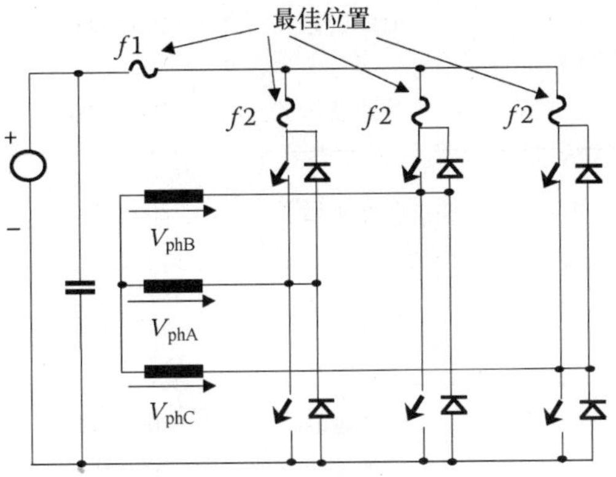

图 6.8　熔断器的最佳安放位置

当熔断器需要在直流电路中中断感应电流时，电路中的电感量决定了断开时间。电感量越大，熔断器就越难断开电路。如果一个熔断器能够抑制给定的能量，则熔断器的直流电压额定值仅对一个特定的由电感量决定的时间常数的影响有效。例如，一个典型电容器组、电池供电、分布式电路或 UPS 逆变器的时间常数小于 10ms，直流电动机电枢有一个 20～40ms 的典型时间常数，牵引系统的时间常数不到 100ms。

表 6.1 给出了整个 UL（美国保险商实验室）关于低压熔断器的分类（几百伏）。“支路”级熔断器是最坚固的直流熔断器。目录的数量可能会随熔断器的生产厂商有所不同，这些熔断器可以分为几类，每类都具有不同的性能特点和尺寸大小。这样的类是 RK－1 和 RK－5（0.1～600A）、T（1～1200A）和 CC（0.1～30A）。其中，最受欢迎的是 RK－1 和 RK－5 熔断器适用于房屋和许多家庭的中心配电的过电流、安全开关断开应用场合。这些 RK 系列的熔断器都集中用于 125V 额定值电压等级的短尺寸和 250V 或 600V 额定值的较长尺寸的熔断器的场合。也可以按电流来分类熔断器（0.1A～30A、35A～60A、70A～100A，110A～200A、225A～400A 和 450A～600A）。

表 6.1　低压熔断器的 UL 实验室分类（额定值）

UL 分类	熔断器的过载工作特性	额定值/A	交流电压（额定性）	可用电流额定值/A
L	时间延迟	200，000	600	200～6000 601～4000 200～2000

（续）

UL 分类	熔断器的过载工作特性	额定值/A	交流电压（额定性）	可用电流额定值/A
RK1	时间延迟	200，000	250 600	0.10～600
	快速动作	200，000	250 600	1～600
RK5	时间延迟	200，000	250 600	0.10～600
T	快速运作	200，000	300 600	1～1200 1～1200
J	时间延迟 快速动作	200，000 200，000	600 600	1～600 1～600
CC	时间延迟 快速动作	200，000 200，000	600 600	0.10～30 0.25～30 0.10
CD	时间延迟	200，000	600	35～60
G	时间延迟	100，000	480	0.50～60
K5	时间延迟 快速动作	50，000	250 600	1～600
H	快速动作可再生熔断器	10，000	250 600	1～600

在北美，中电压应用的熔断器（kV 范围内）可以分为以下几类：

（1）“E”熔断器一般用于变压器和通用应用场合。

1）低于100A的“E”额定熔断器必须在200%～240%的连续额定有效值电流范围内在300s的时间内熔断；

2）“E”额定电流在100A以上的熔断器必须在600s的时间内，在240%～264%的连续额定有效值电流范围内熔化；

（2）“R”熔断器用于具有高起动电流的电动机应用场合，一般都是后备熔断器，为电动机电路提供短路保护；

R级熔断器会融化在电流等于100倍的“R”额定值条件下，在15～35s的时间范围内融断。

在母线或印刷电路板上安装的熔断器应确保熔断器的最小接触电阻，并且熔断器的安装支架应起到为熔断器散热而不导致熔断器被加热的作用。

6.2.3 过温度保护

功率半导体器件的额定结温通常在 -40～150℃的范围，汽车、航空航天或军用的应用场合要求半导体器件的额定结温低于 -40℃，或高于 +150℃。例如，用于混合动力汽车的电力电子设备使用相同的冷却路径为发动机提供冷却，使冷却剂工作于 90℃的工作条件。今天市面上可以得到 175℃或 200℃结温的 MOSFET 器件。以碳化硅为基础的电力电子器件的出现将使工作结温高于 250℃成为可能。

直接测量结温是非常困难的。在市场上有可用的基于检测同一封装内的二极管结温来实现 IGBT 器件温度的测量，但是它们价格较贵，所以，这类 IGBT 器件应用并不广泛。

最常见的过温度保护方法是采用安装在冷板上或安装在 IGBT 散热器上的温度传感器来实现过温度保护。热电偶安装应尽量靠近 IGBT，这样可以为 IGBT 提供一个良好的 IGBT 封装温度传感效果。温度传感器后面接模拟信号处理电路。但是，热电偶传感器的工作特性是非线性的，如果确实需要温度测量，则需要进行线性化处理。这个线性化过程通常是通过采用分段线性化方法来实现的。过温度保护并不是真的需要这种线性化或精确的温度测量，仅是一个和基准温度的比较而已，以触发电路热关断功能。

冷却系统需要额外的温度监测，这些冷却系统是基于气冷或液体冷却的。有些系统在用液体冷却的同时，还需要检查冷却介质的压力。

6.2.4 过电压保护

需要监测功率变换器电路的直流母线电压和相电压。如果检测到直流母线电压过电压，就需要关断三相逆变器中的 IGBT。电力电子系统可能需要监测相电压，以便在系统过电压的情况下关断系统。电压监测电路是基于电阻分压电路或变压器电压检测的，然后再把检测到的电压与基准电压相比较。在高压下，需要用到变压器的隔离作用来实现与电源线的隔离。

除这些意外过电压故障要求栅极控制电路要动作快之外，较慢暂态的过电压保护器件叫做浪涌抑制器。例如，在电力电子电路连接到电源线的应用场合会发生这种类型的过电压现象。

有两类浪涌抑制器，分别是撬棍（过电压）保护和钳位保护。撬棍保护器件在受到大电压的作用时，撬棍保护器件的阻抗会发生快速变化，从而撬棍保护器件导通。在导通间隔期间，在撬棍保护器件上的电压降被限制到小于 15V，允许大电流通过这个撬棍保护器件。它可以和功耗电阻、限流装置或与一个熔断器串联使用，可以由于大电流时的撬棍保护电路导通实现保护。能量不会消散在撬棍保护器件上。撬棍保护技术也被用于低电压 DC－DC 电压调节器电路中。

最常用的撬棍保护器件是空气间隙保护器、炭块保护器、气体放电管和晶闸管。

第二类浪涌抑制器由钳位器件组成，由于钳位器件的内部电阻不同，这样就可以通过吸收一些瞬态能量来限制电压瞬态变化。这在大电流应用场合是一个严重的限制，这类器件中有齐纳二极管和金属氧化物压敏电阻（MOV）。MOV 广泛应用于功率变换器的场合，MOV 有一个电压控制的可变电阻工作特性，可以支持大电流保护。然而，它们往往随着时间的推移，如果高峰值电流重复出现则会使 MOV 降额。

压敏电阻保护器件的额定电流峰值从 20～70000A，峰值能量额定值范围为 0.01～10000J，安装选项支持范围广泛的应用。产品主要有下面两类：

（1）多层压敏电阻（MLV）类产品是增强性能的紧凑表面贴装器件与电路板级应用的滤波特性。他们防止静电放电、EFT 和浪涌，提供高数据传输速率的低电容和 EMI 滤波的大电容，并广泛应用于电脑、手持设备和汽车电子场合。

（2）MOV 类最适合用于本主题提出的电路。它们抑制如电负载开关所产生的高能量电压瞬变。它们提供安装选项，包括支持裸片、终端连接或径向和轴向引线封装。

MOV 器件具有低功耗容量，他们会被重复的瞬变损坏。MOV 的寿命应该按照特定的使用场合仔细考虑。

6.2.5 缓冲电路

在本书第 2 章中解释了功率半导体开关和二极管之间的电流瞬态变化。一旦电流从关断器件转移到导通器件，电压则开始摆动。在这个器件导通的大电流和关断的大电压转换期间，这个硬开关过程会有一个如图 2.2 和图 2.7 所示的时间间隔，这对应感性负载由于电流变化（di/dt）而引起的过电压更为重要。

1. 理论

对应于实际工作的 I_C、V_{CE} 轨迹如图 6.9 所示，这和电路的杂散电感、寄生电容和 IGBT 的 di/dt、dv/dt 开关特性有关。例如，IGBT 封装本身就有几十纳亨利的电感（nH）（对数百安培的器件而言）。最大的寄生电感由逆变器的直流母线连接引入。对尽量减少电路的寄生电感，合适的电路布局设计是一个非常重要的因素[5,6]。

作为 di/dt、dv/dt，可以部分通过栅极驱动电路来调整，并且会减小数据手册给出的实际安全工作区。由于二极管恢复产生的过电压也可以通过加大栅极电阻来加以限制。

通过接入一个串联电感来限制在功率半导体器件开启时的电流斜率是有必要

的，在现代器件中这种情况并不常见，但是对一些 GTO 晶闸管或基于双极型晶体管的逆变器这是需要的。由于开关电流再加上二极管的恢复电流，有时可以采用一种可饱和电感器与一个铁氧体磁心和二极管串联的替代解决方案。这个电感应该吸收在恢复过程中所有的电压，它可以减小恢复电流。

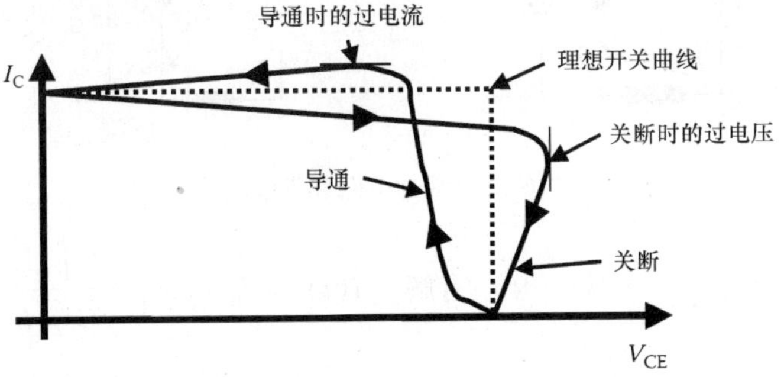

图 6.9　实际电路的工作轨迹

在关断工作期间，很有必要限制电压的斜率。利用缓冲电路可以实现更好的电压斜率限制并降低功率损耗[7]，如图 6.10 所示。当不使用缓冲电路时，由于半导体器件的寄生电容和连接电感会产生谐振现象，因此必须利用缓冲电路来抑制这些振荡。

在低功率应用场合，IGBT 的封装寄生电感和安装在母线上的电感小于直流链路上的电感。这是用于在几十安培应用案例的离散 IGBT 或 IGBT 功率模块的情况下的。由于功率模块的所有连线都在模块内部，因此功率模块具有极低的寄生电感。常见的解决方案包括在整个逆变器的引脚加一个简单的去耦电容，为电流变化过渡提供一个无电感的通路（见图 6.10a）。高频聚丙烯薄膜电容器或其他低等效串联的电感－电容器被专门设计用于双模块 IGBT，它们被直接安装在模块端子上，见表 6.2[8,9]。

根据所估计的等效寄生电感，去耦电容的取值范围为 100nF～10μF，通常 1μF 的去耦合电容对应通过功率半导体开关中的 100A 电流。在忽略了功率开关半导体器件的关断细节后，可以简化电容器参数值的计算，如图 6.11 所示。功率开关晶体管的集电极－发射极电压可以利用式（6.2）和式（6.3）计算。

$$V_{CE}(t) = V_{dc} - L_p \cdot \frac{di(t)}{dt} \Rightarrow \frac{di(t)}{dt} = \frac{1}{L_p} \cdot [V_{dc} - V_{CE}(t)] \tag{6.2}$$

$$V_{CE}(t) = V_{dc} + \frac{1}{C_s}\int i(t)\,dt \tag{6.3}$$

有式（6.4）成立。

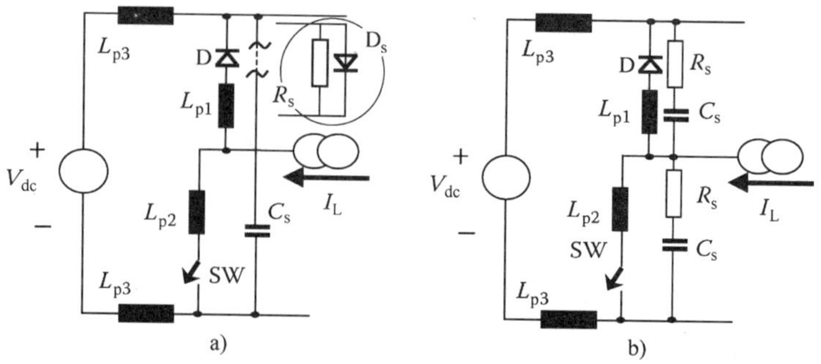

图 6.10　缓冲电路和等效电路

$$\frac{\mathrm{d}i(t)}{\mathrm{d}t}=-\frac{1}{C_s\cdot L_p}\cdot\int i(t)\,\mathrm{d}t\quad \text{有解}\quad i(t)=I_0\cdot\cos\left[\frac{1}{\sqrt{C_s\cdot L_p}}\cdot t\right] \tag{6.4}$$

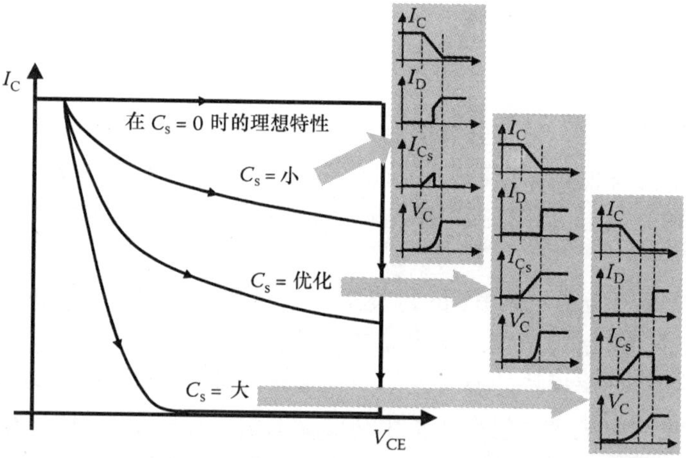

图 6.11　对缓冲电容器参数值的讨论

其中 I_0 为在关断期间的负载电流，对式（6.3）进行置换，有式（6.5）成立。

$$v_{CE}(t)=V_{dc}+I_0\cdot\sqrt{\frac{L_p}{C_s}}\cdot\sin\frac{t}{\sqrt{C_s\cdot L_p}} \tag{6.5}$$

可以为 IGBT 定义一个所需要的最大电压 V_{max}，和前面一样进行方程定义的最大延迟替换，有式（6.6）成立。

$$V_{max}=V_{dc}+I_0\cdot\sqrt{\frac{L_p}{C_s}}\Rightarrow C_s=L_p\cdot\left[\frac{I_0}{V_{max}-V_{dc}}\right]^2 \tag{6.6}$$

因此，计算所需的电容值取决于对寄生电感的估计值。

在直流母线电感和这个电容器产生一个大的总线振铃时，单独使用的去耦电容可能不是问题的解决方案。另一种解决方案是在电容器串联电路中插入一个电阻和二极管电路。这个电路可以钳位振铃信号。当开关关断时，储存在 L_{p3} 的能量转移到电容 C_s 上。通过振荡将能量返回到总线电感的趋势由二极管 D_s 阻断了。此外，在导通期间电容去耦合，直流母线的寄生电感会平滑导通过渡过程，并适当地减少开关损耗。这种方法的缺点是通过电阻二极管连接在电路中引入了附加电感。

对于大功率应用场合，可以采用图 6.10b 提出的解决方案。在每个功率半导体开关加入一个 R_s-C_s 缓冲器电路。电容 C_s 的容量必须是功率半导体开关寄生电容和安装分布电容的两倍。为支撑整个负载电流，在电容器 C_s 放电时引入了电阻 R_s 来维持整个负载电流。

因此，有结果 $R_s=\dfrac{V_{dc}}{I_L}$ 成立。

利用 R_s 的第二个条件，从放电过程的时间常数可以导出 R_s。在下一个关断时刻前，缓冲电容器应放电回 V_{dc}，即

$$R_s=\frac{1}{6C_s\cdot f_{sw}} \tag{6.7}$$

由于电阻的固有损耗原因，这个电阻的引入降低了系统的工作效率。可以利用式（6.8）计算在关断期间的电阻损耗。

$$P_{Rs}(\text{关断})=\frac{1}{2}C_s\cdot[V_{pk}^2-V_{dc}^2]\cdot f_{sw} \tag{6.8}$$

在导通时的损耗可以近似认为有相同的数值。

使用一个电阻－二极管组件来阻尼电压振荡是另一种选择。在这种方法的优点类似于对整个直流母线的钳位方法。在 IGBT 导通期间，缓冲电容完全放电，而在 IGBT 的关断期间，它是完全充电的。在这种情况下，在缓冲电阻上的损耗明显更高，可以用式（6.9）表示在缓冲电阻上的损耗。

$$P_{Rs}(\text{关断})=\frac{1}{2}C_s\cdot V_{pk}^2\cdot f_{sw} \tag{6.9}$$

2. 元件选择

缓冲电容器要受到高峰值电压、高有效值电流和大的 dv/dt 影响。现在业内可以提供专门用于这个缓冲用途的电容器。缓冲电容器可作为分立元件单独购买，也可以直接连接在 IGBT 模块终端，这样可以降低端子电感。表 6.2 所示为 Cornell－Dubilier[9] 给出的缓冲电容器不同解决方案。

缓冲电阻应选用具有最小电感的电阻。可以选用碳复合材料或金属膜电阻，但这些材料的电阻不容易得到高功率的电阻。在这种情况下，可以选择低电感的

绕线电阻。缓冲电路中的二极管和缓冲电容器一样承受相同的峰值电压：平均电流小，但是峰值电流大。二极管的阻断动作应该比实际被保护的功率半导体器件的动作要快。用于缓冲电路的快速开关二极管的缓冲电容器电压和峰值电流额定值需要合理选用。

表6.2 专用缓冲电容器解决方案

代码	电介质	电极	电压/V	电容/μF	最大（dV/dt）/（V/μs）
			封装类型：缠绕和填充轴向引线		
WPP	聚丙烯	箔	250 ~ 1000	0.001 ~ 2.0	300 ~ 10.000
DPF	聚丙烯	箔	250 ~ 2000	0.001 ~ 0.47	3000 ~ 10.000
940 - 1	聚丙烯	双金属化	600 ~ 3000	0.1 ~ 4.7	100 ~ 2000
942 - 3	聚丙烯	双金属化	600 ~ 2000	0.1 ~ 4.7	500 ~ 5000
			封装类型：径向引线		
CDx	云母	箔	500 ~ 1500	0.1 ~ 10nF	> 10.000
			封装类型：直接安装在IGBT模块端子		
SCD	聚丙烯	双金属化	600 ~ 2000	0.1 ~ 10.0	100 ~ 2000

3. Undeland 缓冲电路

利用电阻、电容和二极管（RCD）缓冲电路为逆变器引脚的功率半导体开关做缓冲电路需要很多元件，如演示所示，这种缓冲电路会引入大的功率损耗，Undeland专门提出了可以减少元件数量并降低缓冲电路损耗的缓冲电路，如图6.12所示。该电路的损耗仅局限于一个电阻，简化了能量回收过程。

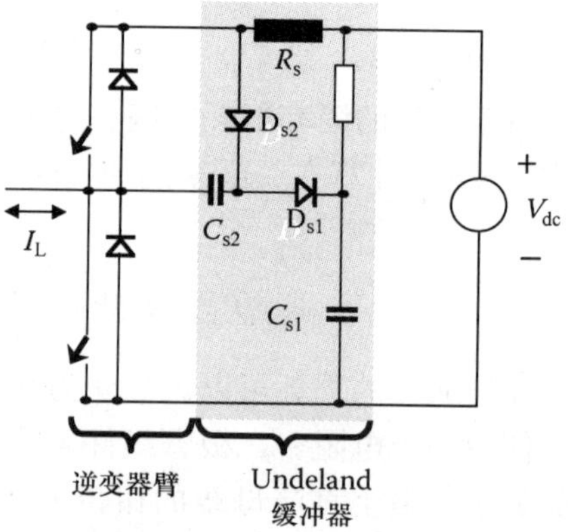

图6.12 可以降低功耗的Undeland缓冲电路

在功率开关级开关切换的间隔期间，电容 C_{s2} 起到分离缓冲电路和功率开关级的作用。在每个开关周期的结束期间，电感中多余的能量通过二极管 D_{s2} 和 D_{s1} 释放到电容 C_{s1}。电容器 C_{s1} 上的电压会超过直流母线电压，电压差降在缓冲电阻 R_s 上，能量通过能量再生缓冲电路的电阻 R_s 可以进一步回收到直流母线。

4. 超大功率再生缓冲电路

功率级的功率越大，与之配套的6个功率开关相关的缓冲电阻上的损耗越大。因为这个原因，大功率变换器电路能够恢复一些能量到直流供电母线上[10,11]。这种电路通常被称为再生缓冲器，如图6.13所示[12-14]。

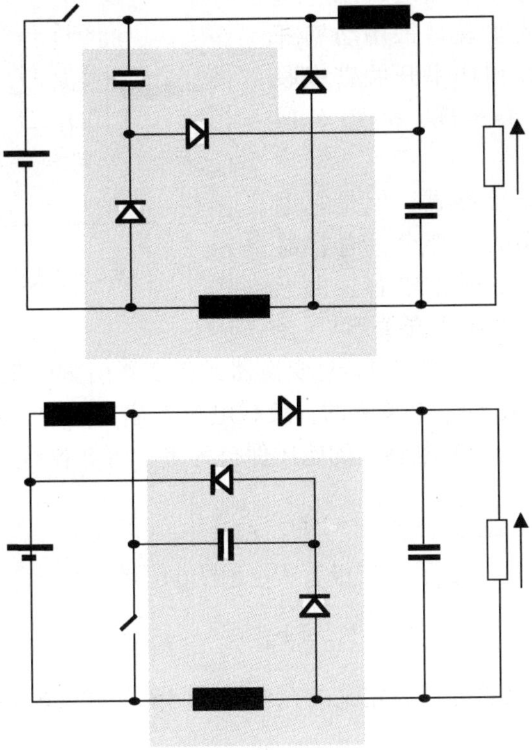

图 6. 13　再生缓冲器电路举例

值得注意的是再生缓冲器在采用如 GTO 晶闸管的慢速功率开关器件的大功率变换器中是有用的，这里开关损耗大。这样的设备仍在许多地方使用，一些公司现在也在生产采用 GTO 晶闸管的功率在几 MW 范围的大功率变换器。另一方面，例如，现代功率半导体器件 IGBT，目前 1kA 范围的 IGBT 是可供选用的。使用中，有些 IGBT 根本不需要缓冲电路。利用如 Powerex megapack（300V/1000A）的 IGBT 构建无缓冲电路的功率变换器使得缓冲器这个话题显得过时。但是，由于历史的原因，目前采用以 GTO 晶闸管为基础的变换器仍在大量使用，所以这里对能量再生缓冲器电路进行了讨论。

5. 谐振缓冲电路

使用缓冲电路的整体思路是减小功率开关管在导通的电流增加变化的斜率，在关断和导通期间减小电压的变化斜率。采用元件最少的解决方案是在功率开关管导通时串联一个电感器，关断时并联一个电容器。对包括电阻和二极管的完整解决方案已做了介绍。另一个把功率开关管的功耗排除在功率开关半导体器件外的概念是采用零电压或零电流开关技术。这个概念最初是在 20 世纪 80 年代提出的，这个概念被称为谐振缓冲器。这个概念的最简单的实现是采用功率开关管并联一个电容和功率开关管串联一个电感的方法来实现，如图 6.14 所示。

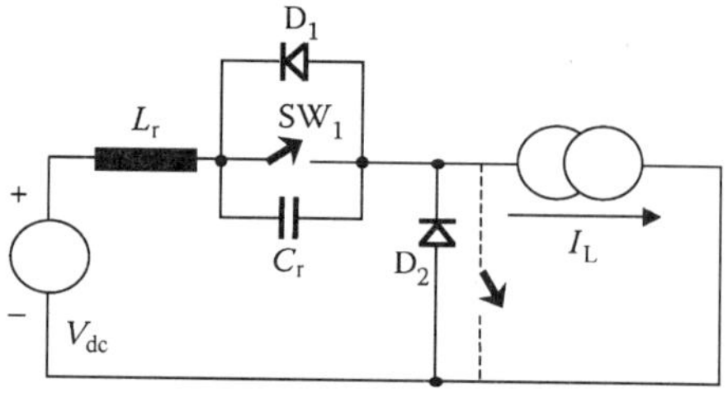

图 6.14　谐振缓冲器的工作原理

这是一个 buck 变换器，但是它也可以是变换器引脚的一部分，电容器可以是 MOSFET 上的寄生电容。由于谐振的原因，功率半导体开关 SW_1 会在零电压位置产生切换。类似 buck 变换器或逆变器引脚的工作，这个普通开关是受控的。假设开关 SW_1 是关断的，负载电流 I_L通过 C_r和 L_r对电容充电。假设一个恒定的电流 I_L，谐振电感上的电压保持为零，而电容器上的电压线性增加。

$$V_{Cr}=\frac{I_L}{C_r}\cdot t \tag{6.10}$$

可以用式（6.11）表示在二极管 D_2 上的电压降。

$$V_{D2}=V_{dc}-\frac{I_L}{C_r}\cdot t \tag{6.11}$$

然后，这个二极管导通，定义的充电时间间隔如式（6.12）所示。

$$t_1=\frac{V_{dc}}{I_L}\cdot C_r \tag{6.12}$$

需要注意的是，由于谐振在 I_L/C_r，开关 SW_1上的电压上升斜率非常有限，因此在时间区间 t_1 并不会明显改变变换器的工作。

接下来，作为负载电流的一部分，二极管 D_2导通，而其余的电流通过串联谐振电路的 L_r-C_r谐振电路循环流动，可以利用微分方程式（6.13）求解电容 C_r上的电压：

$$L_r\cdot C_r\cdot\frac{d^2v_{Cr}(t)}{dt^2}+v_{Cr}(t)=V_{dc} \tag{6.13}$$

这里以 $v_{Cr}=V_{dc}$为起始条件。

电容器上的电压可以用式（6.14）表示。

$$v_{Cr}(t)=V_{dc}+\sqrt{\frac{L_r}{C_r}}\cdot I_L\cdot\sin\left[\frac{1}{\sqrt{L_r\cdot C_r}}\cdot(t-t_1)\right] \tag{6.14}$$

这表明在二极管 D_2导通后电容器上电压的增加，然后按谐振摆动的规律向零减少，如果满足式（6.15）所示的条件，则电容器上的电压过零。

$$V_{dc}\leqslant\sqrt{\frac{L_r}{C_r}}\cdot I_L \tag{6.15}$$

这对正弦逆变器是一个非常强的约束，对小负载电流，电容上的电压不会过零。在这段时间里通过 L_r 和 C_r 的电流变化是一个余弦函数。对应于零电容电压的时刻可以用式（6.16）表示。

$$\Delta t_x = \sqrt{L_r \cdot C_r} \cdot \left[\pi \arcsin \frac{V_{dc}}{Z_r \cdot I_0} \right] \tag{6.16}$$

在这一时刻后，二极管 D_1 导通，使流过 L_r 的电流继续流动，电容 C_r 不再流过电流。电感 L_r 两端的电压被钳位在 V_{dc}，流过电感 L_r 的电流线性变化为零。在这个时间区间里电流减小，在开关 SW_1 上的电压保持为零，在零点的任何导通命令都会产生换流，然后流过 L_r 的电流变为零。可以利用式（6.17）计算与此段相关的时间。

$$\Delta t_y = \sqrt{L_r \cdot C_r} \cdot \frac{I_L \cdot \sqrt{\frac{L_r}{C_r}}}{V_{dc}} \sqrt{\left[1 - \left[\frac{V_{dc}}{I_L \cdot \sqrt{\frac{L_r}{C_r}}} \right]^2 \right]} \tag{6.17}$$

关断间隔持续时间由谐振电路的参数决定，如式（6.18）所示。

$$\Delta t_x \leqslant T_{off} \leqslant \Delta t_y \tag{6.18}$$

可以看出功率开关半导体器件在零电压下开关，没有开关损耗。在开关 SW_1 导通后，由于 L_r 处于恒定电压 V_{dc} 下，流过开关 SW_1 的电流缓慢增加。在二极管 D_1 导通期间，在相同的等效电路下二极管 D_1 在另一个短的时间内维持导通。在通过二极管 D_2 的电流为零时，这个时间间隔结束。这个电流差等于负载恒电流 I_L 和通过开关 SW_1 的线性电流差。

三相逆变器的一个完整解决方案如图 6.15 所示。电容器与每个开关并联分布，而电感被放置在直流母线上，起加大寄生电感值的作用。现代基于 MOSFET 的逆变器可以利用 MOSFET 内部的固有并联电容。在估算好寄生电感的参数值后，可能需要加额外的电感来获得要求的谐振频率，谐振频率会影响电压摆率斜率和延迟过零。

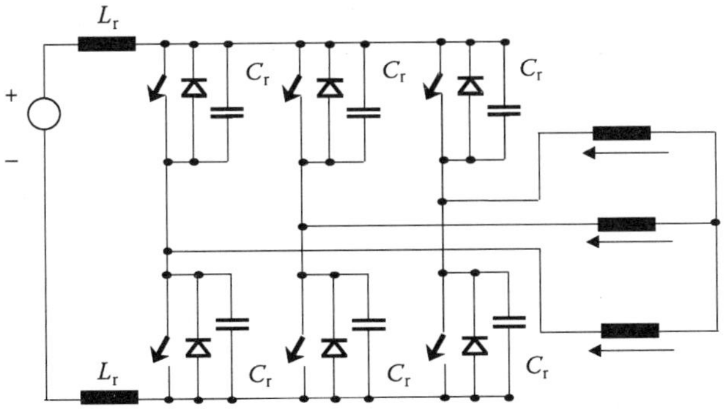

图 6.15　分布式谐振缓冲器

在20世纪90年代早期IGBT得到了爆发性的发展，这个概念已经广泛应用于今天的谐振变换器。本书后面有一个专门的章节来讨论这个主题。

6. 有源缓冲电路

电压过冲保护也可以通过栅极驱动级电路的附加电路来实现，如图6.16所示[15]，在关断期间，保护晶体管Q_p导通，功率开关晶体管的栅极通过Q_p放电。当IGBT的集电极电压达到稳压二极管的击穿电压时，电流流经Q_p的栅极，并使Q_p关断。剩余电流流过电阻R_{off}，减缓dv/dt变化率。这种方法的另一个好处是减少了一半的开关功耗。

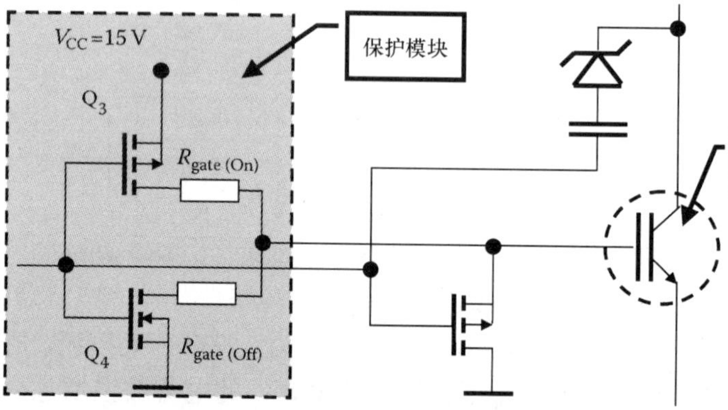

图6.16　有源电压过冲保护

6.2.6　栅极驱动器故障

另一个可能的故障会发生在栅极驱动电平，栅极驱动器的一个操作失误会导致在IGBT的栅极没有控制脉冲信号的故障，但是这个故障可以在逆变器关断时的所有6个栅极驱动器检测到。这一般可以通过控制器件来处理，例如可以使用FPGA和DSP电路来实现这种故障检测。

6.3　系统保护管理

复杂的系统包括多个电源变换器、源或负载有一个保护系统，这个系统在它们之间设置几个级别的优先级来完成它们之间的通信。这个内容将在本书的第7章进行讨论[16]。

6.4　通过逆变器技术降低共模 EMI

在本书第 1 章的有关内容中已介绍了降低开关功率变换器中的共模和差模 EMI 的重要性和相应的标准。在电网连接的应用场合，特殊 EMI 滤波器的电流可以高达 100A。它们是基于较高阶的无源滤波器，根据标准以限制 EMI。

现在让我们来看看一些用于共模电磁干扰抑制的电路解决方案。不连接中性线的三相逆变器中性点对地电压连续变化。在图 6.17 中针对 PWM 算法给出了这个三相逆变器的一个有效和零状态信号序列。

如表 6.3 所示，逆变器的每一个工作状态产生不同的中点电压。使用零状态时，产生最大的中点电压变化（阶跃）。通过在 PWM 生成避免零状态可以减小共模电压和接地电流[17,18]。这种解决方案的缺点是增加了电动机电流的纹波并限制了最大调制指数。

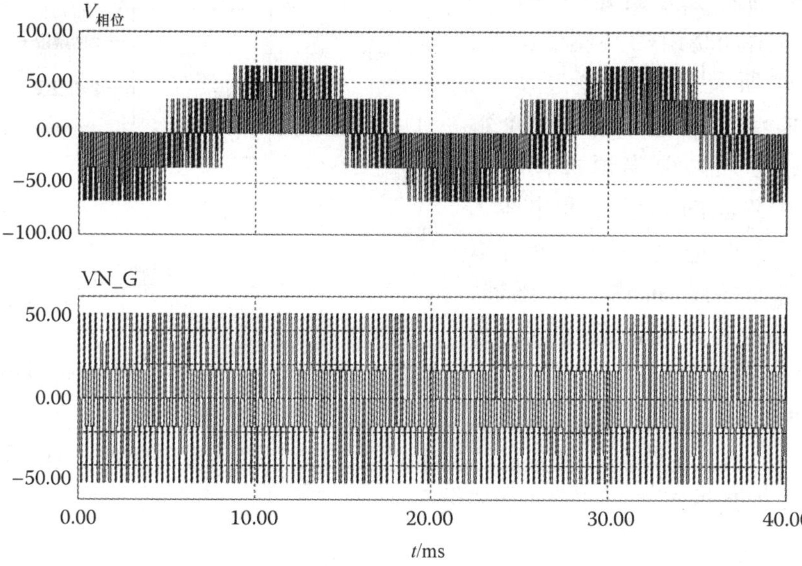

图 6.17　在 3kHz 正弦 PWM 调制和 $V_{dc}=100V$ 直流链路中点与中性点电压变化的关系曲线

负载和接地中性点之间的寄生耦合为共模电流的流动提供了一个路径。需要注意的是，中性点电压变化的斜率跟随功率半导体开关电压变化。这些开关速度越快，接地电流越大。图 6.18 所示为共模电流的电容器流经路径。

表6.3 逆变器工作的每个状态中点电压

[1 0 0]	$-0.16V_{dc}$
[1 1 0]	$0.16V_{dc}$
[0 1 0]	$-0.16V_{dc}$
[0 1 1]	$0.16V_{dc}$
[0 0 1]	$-0.16V_{dc}$
[1 0 1]	$0.16V_{dc}$
[1 1 1]	$0.50V_{dc}$
[0 0 0]	$-0.50V_{dc}$

电容 C_g 可以是机器的杂散电容或对地分布杂散电容。这些共模电流会产生EMI的问题，也会通过轴承电流损坏电动机、影响轴电压、绝缘击穿或通过电动机和电动机支架之间的杂散电容流过电流。这些电流的频率范围在100kHz~几十MHz范围，这些电磁干扰频率成分并不能通过普通电抗器或EMI滤波器（例如平衡非平衡阻抗转换器）完全滤除。

现有的解决方案是一个通过电阻短路附加绕组的共模变压器，如图6.18所示[19-21]。通过RC三相网络监测中点电压。对这个解决方案，必须采取谨慎选择与每相负载相并联的电阻R和电容C元件。一个改进是利用一个可以提供非常大的阻抗铁心变压器，这个变压器和每相负载并联，如图6.19所示，利用这个电路来产生电路的中点电压。最终，电流通过四绕组铁心共模电感的第四个绕组[22]流动，这可以用于消除共模电流的场合。此外，可以使用一个RC电路来限制电路的功率耗散，只有在共模电压的边缘得到处理，以尽量减少其斜率。

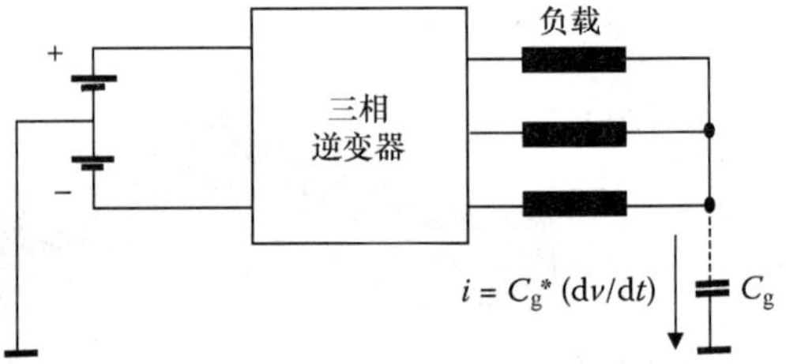

图6.18 共模电流

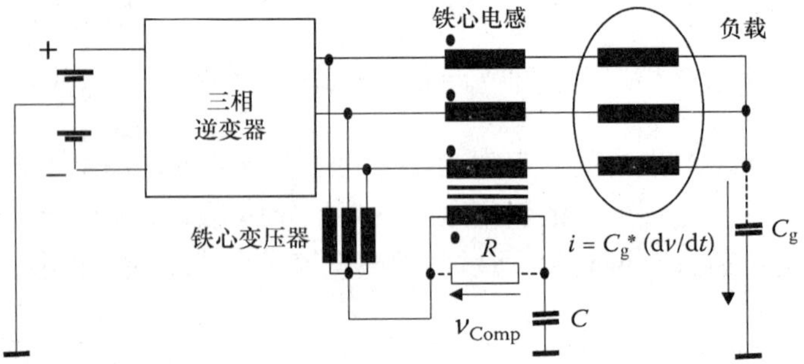

图6.19 共模变压器

这类方法在非周期性地消除地电流方面已被证明工作效率低下。现尝试采用有源电路[21,23]来消除振荡和非周期性的地电流（共模电压）。电路可以用于马力功率级范围的高频晶体管共模电压控制场合。这些解决方案之一如图6.20[24]所示。利用逆变器引脚上接的一组小电容 C_x 重建逆变器输出端的共模电压。通过通过变压器 T_r 在逆变器的输出端加了一个补偿电压，这可以在负载上完全消除共模电压。

这种方法的实现问题涉及有源电路中的晶体管的选择。晶体管工作在有源区内，并具有宽频率带宽和低的输出阻抗，以消除补偿电压对输出电流的任何影响，高频带带宽可以确保补偿电压精确地跟踪逆变器输出电压的斜率。电路中在这些晶体管的功率耗散非常小（~0.5%），这是因为晶体管只承担了负载电压的瞬变部分。

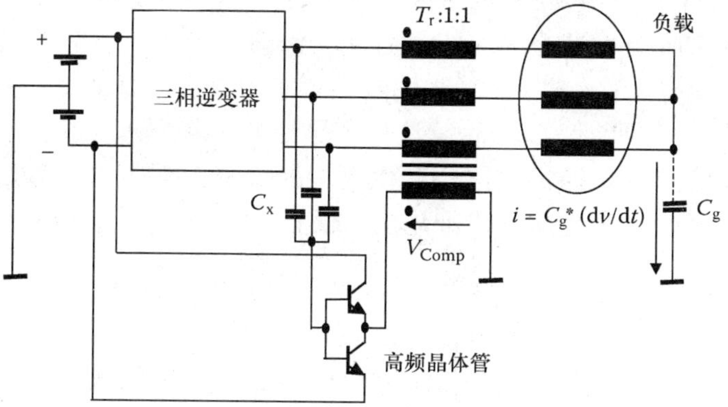

图6.20　采用高频带带宽的晶体管有源控制

在大功率级，这些方法没有一个基于有源共模电压消除的方法使用方便[25]。替代解决方案时采用一个第4引脚的逆变器，如图6.21所示。

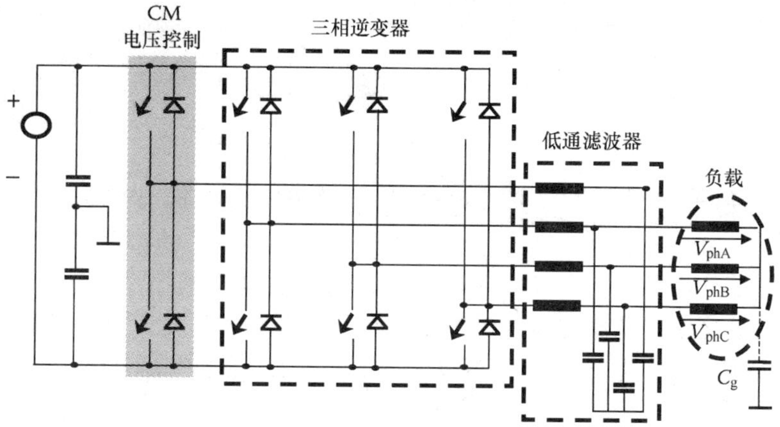

图6.21　四引脚逆变器

功率变换器变成了一个4个相同引脚的变换器，这个变换器后面接了一个*LC*低通滤波器。对平衡系统，第4个引脚相对于传统的逆变器可以降低功率额定值。这个附加引脚的作用是用于补充中性电压，使所有极电压的瞬时值总和为零，不会产生共模电流。缺点是为了补偿电流增加了第4负载相，有些不实用。四相的滤波系统可用于虚拟创建第4相并在中性点消除共模电压。如果负载完全对称，则这个想法可以完美地工作。这仅受限于用于滤波器和负载无源元件传递函数的频率特性。

当通过表6.2的信息反相，产生了第4引脚电压时，通过低通滤波器的电压求和，也就是说，始终有两个开关连接到正直流电源轨和两个开关连接到负直流电源轨。但是，这种方法不能使用零状态。然而，其他的PWM算法可以被定义为没有使用零状态。一种可能的解决方案是利用2个相反的向量来创建零状态的效果。例如，如果在零状态之前的最后一个活动状态为［1 0 0］，则通过使用活动状态［1 0 0］和［0 1 1］来创建零状态的效果，每个用于要求零状态的一半时间。图6.22所示为PWM算法一个脉冲的工作原理。在负载相电流，由于有源状态相关扩展的时间间隔会产生更多的纹波。换言之，适当地选择PWM算法可以帮助降低共模电压，代价是在负载上增加了纹波。

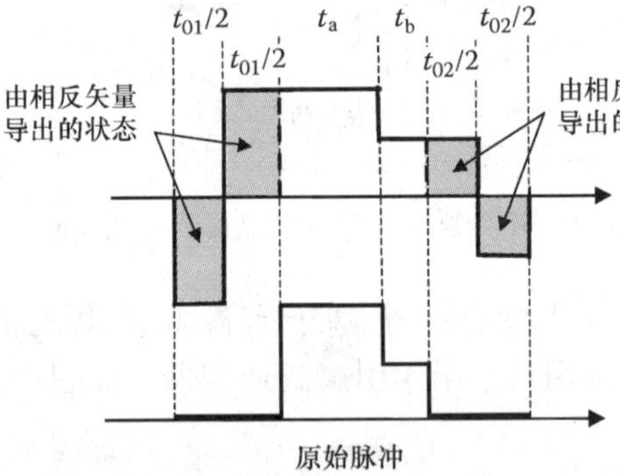

图6.22　没有零状态的PWM

6.5　取决于功率等级的传统逆变器典型构建结构

如本书第1章介绍的有关内容所示，相同的电路拓扑结构可用于10A或1000A，但是功率变换器的合理构建和变换器功率水平有关。为了了解对不同功率水平功率变换器封装的限制，现以电力半导体器件的封装开始讨论。

6.5.1　功率半导体器件的封装

图6.23 所示为用于IGBT 器件的不同封装图。对几十安培的工作电流采用通孔封装，例如 TO-220、TO-247 封装，是功率半导体开关的首选，它们使用印刷电路板（PCB）来构建电流低于40A 的功率变换器。使用 PCB 板构建功率变换器是由于造价和可以利用现有的 PCB 制造工具的原因。这些封装的好处是把功率半导体开关和相关的二极管组装在同一个电路板上，每安培的组装成本非常低。例如，一个20A/600V 的IGBT/二极管的单个组件可以以1.50 美元得到，一个60A/600V 的 IGBT 以单个组件可以以低于5 美元得到（Digikey 数据显示 2012 价格有所下降）。

图 6.23　IGBT 封装

对低功率和中功率应用，IGBT 以双封装（逆变器的引脚）或 6 封装组件的形式封装。不幸的是，封装从一个制造商到另一个生产商却不一致，并且和以前的双极性晶体管达林顿功率模块封装类似。

现代功率模块在同一封装内还包括控制电路和保护电路，以简化逆变器的构建和降低辅助部件成本。这些 IPM 没有标准，它们之间没有控制、保护和工作性能的互换性，这使这些模块的并联成为了一个严重限制。单行封装（SIP）和双列封装（DIP）模块是低功率电器用功率模块的另一种选择。鉴于这些封装器件在过去几年中的广泛出现，本书有一个专门的章节内容专门对它们进行介绍。

在过去几年中，不同的制造商已经尝试提供标准的封装，特别是对低功率模块市场，这个市场功率变换器的制造基于更多的自动化。EconoPACK 和 EconoPIM 模块是专门面对低于20kW（1200V，100A）的封装，如图 6.24 所示，这种模块内部封装有全桥，包含带通孔的端子，可以连接来自 PCB 的控制电路。

对应100kW以上的应用，可以采用集成混合模块（Integrated Hybrid Modules，IHM）。

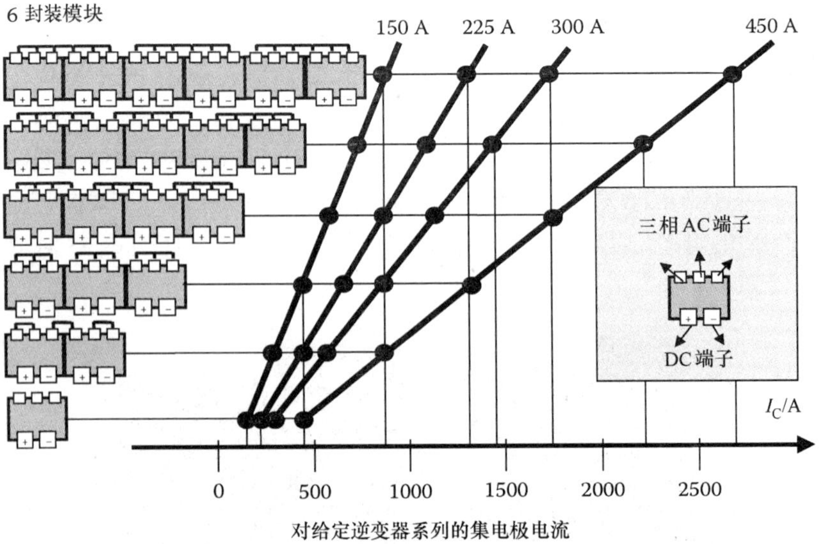

图6.24　并联应用封装：EconoPACK +

因为功率变换器制造商通常需要在宽功率范围并提供大量小功率级生产的解决方案，所以在过去几年里一个新的方法已经赢得了市场份额。封装已改为易于并联使用，使用并联功率模块来实现一个大功率范围的应用，并且很容易生产制造。主要特点是：

1）通过分离功率直流端子于一侧，而相输出端为另一侧，定义一个流通的概念；

2）必要时并联一个6封装3引脚的IGBT封装；

3）使用相同的外壳模具，支持电流范围为150～450A，易于实现散热器、总线条和驱动器的升级。

在更高的电流，IGBT模块直接安装在散热器或冷板上，而电气端子通过螺钉连接到被称为母线的特殊结构。

在中等功率范围，总希望通过并联多个低功率TO－247封装TO－220封装的IGBT来省钱。但是，这样的方法失去了印刷电路板安装的优点，并要求所有半导体功率端子大电流布线。

所有这些较高功率模块的价格更昂贵。例如，一个300A/600V双（半桥）IGBT可以以150美元的单组价格购买到，600A/1200V双IGBT可以以400美元的单组价格购买到；而在系列中最大容量的1400A/1200V双IGBT可以以低于1000

美元的价格在市场上找到（Digikey数据显示2012秋季已下降）。重要的是需要了解一个模块的成本主要是依赖于机械的封装，而不是内含半导体芯片的大小。这就是为什么如果模块内部可以容纳尽可能大的半导体芯片，则这样成本变得有利。

在非常高的功率范围，IGBT仅以分立元器件的形式封装。

6.5.2　变换器的封装

一旦选择了功率半导体器件，并对相应模块的大小和端子有所了解，接下来需要了解的是变换器的封装。前面已经提到，PCB是40A以下应用的最好解决方案，多层印刷电路板允许在不同的隔离层流过大电流。多层印刷电路板适用于有通孔端子的功率器件。

在更高的电流工作条件下，有两个供配电方案可供选择：

（1）大电流（大截面积的电线）电线。大截面积电线可以使用在合理的功率水平，但它们会引入布线困难和在变换器的外壳内部难以布线弯曲的问题。

（2）电缆接头用螺纹连接的铜母线。铜母线有不同的尺寸，并且可以以一个简单、可靠的方式通过电流。

铜母线相互间应该有几in㊀的距离，并从橱柜中分离出来，并用玻璃纤维增强塑料垫片隔离。

最近推出了一种替代的解决方案，即使用多层结构的铜和电介质绝缘层的母线。它们首先使用在计算机和电信系统，但是最近引入中－大功率变换器的应用场合，如图6.25所示。这种技术的优点是可以更好地实现冷却，导线电阻低（电压降低），可以减少杂散电感（低电压过冲），并有可能使用不同的铜层叠层封装用于不同的应用场合。例如，用双绞线和一个叠层母线展现新解决方案的直流电阻是原先的一半（0.006Ω与0.0032Ω的对比），和可降低线缆在高频下（1MHz）的阻抗，由于高频阻抗引起的电压降可以从0.078V降低到0.019V，每一层电缆线可以用于不同的功能，在高达1000A或5000V的应用场合高度改善了功率变换器的封装。

由于坚固耐用，它们也可以被用来作为辅助部件的安装平台，例如用于电路保护断路器或缓冲器[27]的安装平台。此外，特别构建的IGBT或模块可以适应他们的端子连接，如图6.25所示。

6.5.3　外壳

在电子封装和组装完成后，整个模块器件应安放在外壳内。外壳由NEMA

㊀ 1in＝0.0254m。

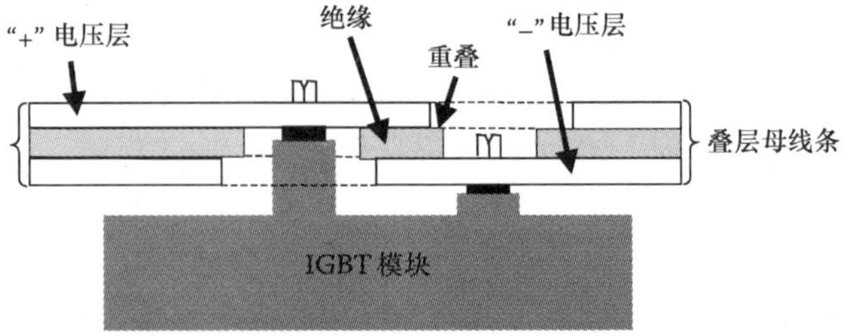

图 6.25　一种叠层母线在 IGBT 模块连接的可能应用

标准 ICS1－110 定义如下[28]：

1）类型 1 是一种通用外壳，可用于室内，定位于人员保护和内部的电子电路的水滴保护；

2）类型 4 是一种防水、防尘、不通风的室内或室外外壳封装；

3）类型 12 是一种防尘、密封、室内外壳封装。

通常，外壳用规格为 10～12 的钢材构造，偶尔与也可以采用规格 14 的钢材。所有的门都应该安全闭合。独立的外壳应该在 90in 以下。

IP 代码（防护等级）[29]提供了另一种分类方法，并且对对入侵的坚固物体（包括对身体的手和手指部分）、灰尘、偶然接触、机械外壳和电器外壳的水提供了保护程度要求。IP 代码的格式为 IPXX，其中 XX 代表从编码方案的数字。序列中的第 1 个数字表示对外界固体对象的入侵保护程度（0＝不评价；1＝大于 50mm 直径；2＝大于 12.5mm 直径；3＝大于 2.5mm 直径；4＝大于 1mm 直径；5＝防尘；6＝密封）。第 2 个数字标志着对水分入侵的保护程度，可以从0～8 取值（0＝不评价；1＝来自垂直方向的滴水；2＝倾斜 15°的滴水；3＝喷水；4＝溅水；5＝水射流；6＝强力喷射水；7＝暂时浸泡；8＝连续浸泡）。测试程序通常伴随着实际的评价，以便更好地了解外壳的防水能力。

通过辐射和对流实现外壳冷却。参考文献[28]提供了用于评估环境温度低于 50℃温度上升的经验关系式：

辐射

$$T_{\text{rise}}\,(℃) = \left(\frac{426W\ (\text{W/in}^2)}{\eta}\right)^{0.84} \tag{6.19}$$

对流

$$T_{\text{rise}}(℃) = [714W(\text{W/in}^2)]^{0.80} \tag{6.20}$$

对第 1 种情况，η＝辐射系数（参见表 6.4）。

表 6.4 某些材料的辐射发射系数

材料	发射系数
抛光银	0.02
抛光铝	0.05
抛光黄铜	0.60
铜	0.15
氧化钢	0.70
铸铁	0.25
铝漆工	0.55
黑色光泽涂料	0.90
白漆	0.95
白色搪瓷	0.95

6.6 辅助电源

6.6.1 技术要求

许多栅极驱动电路及电流和电压检测电路需要隔离电源。如果低功率变换器（马力级范围）的栅极驱动可以简单地提供通过自举升压电源供电，则在更高的功率水平有必要采用专用栅极驱动供电电源。

这些隔离电源的通道数可以是非常高的。例如，常规的三相逆变器可能需要6个栅极驱动供电电源，一个用于相电流测量电路的双极型电压，一个用于测量直流母线电压，一个用于5V或3.3V数字控制电路供电，并有可能将一些用于隔离通信通道的供电。因此，内部配电系统变得非常复杂。

为了减少元件数量，并保持系统的高工作效率，常采用反激式变换器拓扑结构。反激式变换器电路结构简单，是一个单开关变换器，在二次侧允许产生多个电压。由于多路输出的反激式变换器输出电压调节是采取调节一个通道的输出电压，其他不同通道的输出电源电压的调节效果可能比预期的调节效果要差。如果是这样的话，则可以采用本地非隔离的稳压电路来进一步改善多路输出反激开关电源的稳压性能。反激开关稳压电源的输出稳压控制和任何其他低电压PWM型稳压器类似，可以采用相应的PWM控制集成电路按Bob Mammano提供的原始设计来实现。

6.6.2 用于电源的集成电路

PWM 控制芯片的引入是一个很好的例子，是一个颠覆性的创新。该集成电路在 1975 由 Bob Mammano[30]发明的，并由 Silicon General 公司于 1976 年引入市场，例如集成电路 SG1524。在 20 世纪 70 年代，类似的 PWM 控制芯片由如摩托罗拉公司的 MC3420、美国德州仪器（TI）公司的 TL454、Signetics 公司的 NE5560、Ferranti 公司的 ZN1066 和富士公司的 FA553[32]多个产品开发推向市场，如图 6.26 所示。

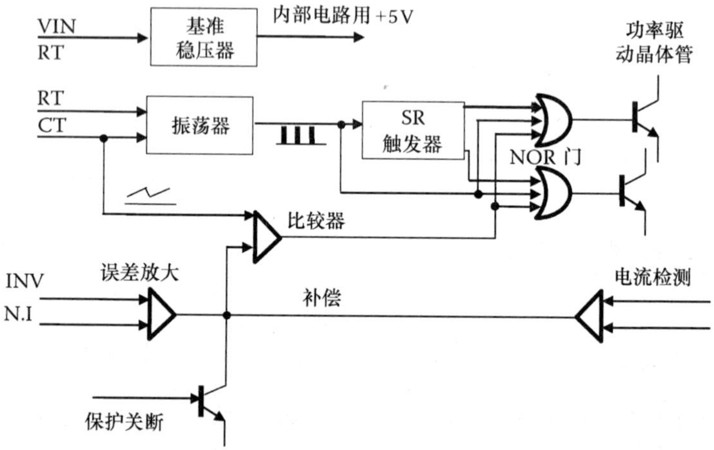

图 6.26　PWM 控制集成电路的结构

集成电路基于今天众所周知的非常简单结构的混合模式集成电路技术。它的出现恰逢在 20 世纪 70 年代的晚期，即开关电源技术的发展初期，开关电源确实能满足市场需要，能够为客户提升产品价值。通过有趣的范例（供应商竞争的客户）开关电源还帮助创造了一个新的市场。它确实开发了新的电源技术，随后又逐步地渐进发展。例如工作于电流工作模式的集成电路、逐周期电流限制保护、单端、推挽式开关电源、低压降输出稳压电源（LDO）、热插拔电源、软开关电源等开关电源技术的不断发展和进步，这些技术进步都得益于原来的 PWM 集成电路芯片的构思。

今天，电源控制集成电路行业的市场已经超过 50 亿美元。

随开关电源基础技术的开发，开关电源的一些附加功能也和 PWM 技术、电流稳流技术一起开发出来加到开关电源控制集成电路中，下面列出了一些开发出的开关电源新技术特性：

1）先进的软启动技术；

2）准谐振反激变换；

3）低 EMI 的谷底开关技术；

4）待机电源技术要求；

5）空载电源技术要求（例如空载功耗 <300mW）；

6）电流型控制；

7）工作模式之间自动切换的多模节电开关电源；

8）脉冲跳跃或脉冲密度调制；

9）突发工作，变为硬开关；

10）绿色模式状态指示器（可以禁用 PFC）；

11）电源供电和负载电压过载保护；

12）有限的频率范围，频率折返。

一种用于反激式电源的衍生产品就是 PWM 控制芯片，它是隔离开关电源最常用的一类集成电路，整个开关电源控制集成电路有 8 引脚封装。原 Unitrode 公司的产品具有里程碑的意义，有以下特点：

1）20 世纪 80 年代——引入了 UC3842：电路结构简单，采用 144 个晶体管，采用 7. 5mm 技术，单片售价为$1. 75；

2）20 世纪 90 年代——性能改进：推出 UCC3802，采用 478 个晶体管，采用 3. 0mm 技术，单片售价为$0. 85；

3）本世纪——更多的工作性能：推出 UCC38600，采用 1158 个晶体管，采用 0. 5mm 技术，单片售价为$0. 45。

单路输出的应用电路如图 6. 27 所示，类似的设计可以考虑使用单一的控制集成电路芯片来产生多个次级电压输出。

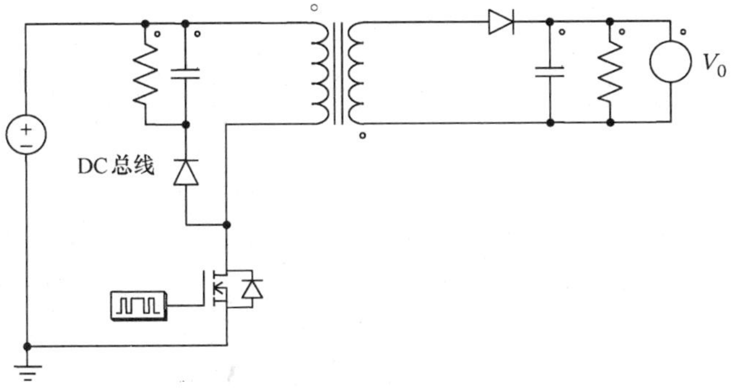

图 6. 27　单开关反激式开关稳压电源

6.6.3 反激式开关电源变换器的工作

取决于功率开关 MOSFET 的导通状态，电路有两个工作状态。当功率开关 MOSFET 导通时，反激变压器二次侧的二极管反向偏置，处于关闭工作状态。功率开关 MOSFET 允许通过初级绕组的电流流通，磁心电感的磁通从它的初始值开始线性增加。

$$\phi(t) = \phi(0) + \frac{V_{dc}}{N_1} \cdot t \tag{6.21}$$

经历功率开关 MOSFET 的导通期间 t_{on}后，功率开关 MOSFET 关断，储存在反激变换变压器初级的磁能使电流在反激变压器的次级绕组通过二极管 D 流动，次级绕组的电压变为［$-V_0$］，反激变压器的磁通线性减小。

$$\phi_{max} = \phi(0) + \frac{V_{dc}}{N_1} \cdot t_{on} \tag{6.22}$$

$$\phi(t) = \phi_{max} - \frac{V_0}{N_2} \cdot (t - t_{on}) \tag{6.23}$$

在稳态工作条件下，终值磁通量等于下一个周期的起始磁通量。

$$\phi_{fin} = \phi_{max} - \frac{V_0}{N_2} \cdot (T - t_{on}) = \phi(0) + \frac{V_{dc}}{N_1} \cdot t_{on} - \frac{V_0}{N_2}(T - t_{on}) = \phi(0) \tag{6.24}$$

所以

$$\frac{V_{dc}}{N_1} \cdot t_{on} = \frac{V_0}{N_2} \cdot (T - t_{on}) \Rightarrow \frac{V_0}{V_{dc}} = \frac{N_2}{N_1} \cdot \frac{D}{1-D} \tag{6.25}$$

可以利用式（6.26）计算脉冲占空比 D。

$$D_{CCM} = \frac{V_0}{\frac{N_2}{N_1} \cdot V_{dc} + V_0} \tag{6.26}$$

这种计算采用了 buck－boost 变换器类似的方法。但是，反激式电源变换器的工作可能受到不连续工作模式（DCM）的影响，这时方程变得更加复杂。在这种情况下，输出电压也和取负载有关，如图 6.28 所示。

而工作在 DCM，整个能量被转移到负载，脉冲占空比 D_{DCM}取决于加到负载的能量、输入电压和电感量 L 有关，这时 D_{DCM}的计算公式见式（6.27）。

$$D_{DCM} = \sqrt{\frac{2P_{DCM} \cdot L \cdot f_{sw}}{V_{dc}^2}} \tag{6.27}$$

式（6.27）中的 V_{dc}表示输入直流电压。

值得注意的是，能量传输控制是在反激变压器的初级通过功率开关 MOSFET

储能，而在功率开关 MOSFET 关断时能量传送到负载。这意味着在能量传输到负载的时间内没有控制可能性。如果变换器工作于电流连续导通工作模式（CCM），就意味着存储在反激变压器初级绕组的能量在传送到负载的过程中可能在控制信号完成动作之前在几个周期的时间内不受控。这种工作特性也可以被看成是在右半平面零的小信号模型。随增益的增加相位减小，这在确定控制回路补偿时必须考虑这个问题。右半平面零变换器的一般规则是在最低输入电压和最大负载电流设计电路，限制反馈环路的带宽约为五分之一的右半平面零频率。可以利用式（6.28）计算对应电流 CCM 的右半平面零频率 f_{RHPZ}。

$$f_{\mathrm{RHPZ}} = \frac{(1-D)^2 \cdot V_0}{2\pi \cdot L \cdot D \cdot I_{\mathrm{out}} \cdot \left(\frac{N_2}{N_1}\right)^2} \tag{6.28}$$

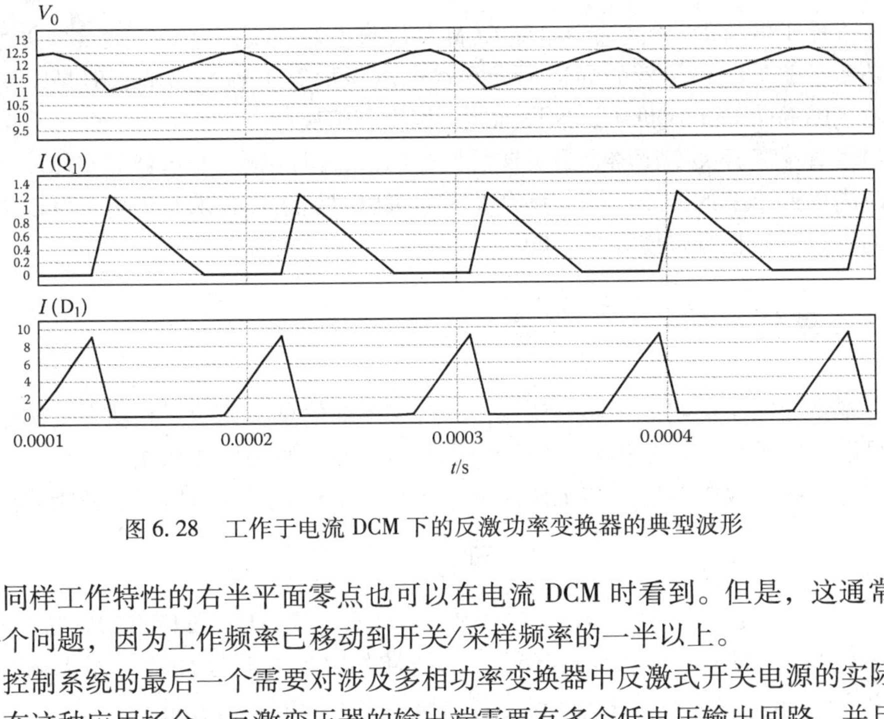

图 6.28　工作于电流 DCM 下的反激功率变换器的典型波形

同样工作特性的右半平面零点也可以在电流 DCM 时看到。但是，这通常不是一个问题，因为工作频率已移动到开关/采样频率的一半以上。

控制系统的最后一个需要对涉及多相功率变换器中反激式开关电源的实际使用。在这种应用场合，反激变压器的输出端需要有多个低电压输出回路，并且这些低电压输出回路需要静电隔离。这些负载的工作电流可变，在一段时间内调节所有的输出电压几乎是不可能的。通常采取的折衷方法是在对要求高的数字电路供电回路设置反馈回路。其余的解决方案需要没有隔离的小型 3 端稳压器来稳定输出负载电压。但是对栅极驱动器和一些电流、温度和电压检测器件而言（以不同方式连接）不需要精确的电压调节。

最新推出的反激式控制集成电路具有以下特点[31,32]：

1）工作于可变频率的工作模式，以保持电流DCM或边界导通工作模式（也被称为过渡工作模式），具有以下优点：

① 工作效率优化（由于零电流关断二极管的工作是几乎无损耗的，因此没有二极管的反向恢复，提高了电路的工作效率）；

② 要求较小的电感量，反激式变压器的体积变小；

③ 小信号建模，对电压控制模式或电流控制模式与工厂模型减少了一阶模型；

2）工作于“绿色”工作模式，在低负载工作条件下关断PWM驱动输出信号序列，工作于突发工作模式；

3）如过电压检测、最大导通时间编程、快速闭锁故障恢复和热关机等特殊保护功能。

工作于电流DCM或边界电流CCM的峰值电流较大，这是个缺点，会对EMI和功率开关MOSFET管的导通损耗和过电压保护有不利的影响。但是，使用较大电流的MOSFET代价小，这样问题可以得到解决。

尽管反激开关变压器是最关键的设计部件，但反激式变压器的实际设计和构建超出了这本书的介绍范围，反激变压器可以根据系统要求在市场上可以买到现成的，也可以根据系统要求定购。

6.7 总结

本章介绍了构建三相功率变换器的有关详细信息。关于三相功率变换器的信息可以很容易地在许多教科书中找到，但是变换器的保护和构建也很重要。现代技术已证明了改进和提高如工作效率、功率密度和输入或输出谐波性能的标准。

问　　题

P6.1　构建一个采用IGBT和二极管，工作于20kHz，24V/120V的Boost变换器。IGBT采用缓冲电容器作保护。该电路的寄生电感为10nH，最大输入电流为100A，最大允许电压上升5%，计算所需的缓冲电容器容量。

P6.2　选择一个电阻构成的RC缓冲电路用于前面介绍的变换器，计算电阻内的损耗。

P6.3　考虑一个在单相IGBT逆变器的每个IGBT回路加一个缓冲电路，直流电压为270V，开关频率为16kHz，最大电流为120A，允许有10%的电压过冲。母线寄生电感估计已经在20nH。确定缓冲电路中的电阻和电容参数值，并估算在缓冲电阻上的功率损耗。

P6.4　在前面的问题中，解释如何与负载并联连接一个 RC 网络，在 IGBT 的关断期间用作所有 4 个 IGBT 的关断缓冲电路。计算 RC 网络中的元件参数值，估算在 RC 缓冲电路上的功率损耗。为什么以前问题的解决方案更为可取？

P6.5　重写 SVM 的时间公式。

P6.6　共模电流是由于中点电压的原因产生的。对使用不产生大的中点电压变化 PWM 的情况下，这个电流较低。考虑表 6.3 和前章节内面介绍的有关 SVM 算法内容，确定产生最低峰 - 峰值共模电流的状态序列。

P6.7　对每一个序列共模电流做定性的演化绘制。最重要的频率成分是什么？

P6.8　Buck 变换器的 IGBT 和二极管开关工作频率为 f_{sw}，具有恒定的脉冲占空比，生产一个导通损耗为 100W，开关损耗为 $0.01f_{sw}$。IGBT 的最大结温为 150℃，结到外壳的热阻为 2℃/W，冷却系统保持在 60℃ 恒温条件下，允许的最大开关频率为多少？

P6.9　考虑相同的 IGBT 在散热器的安装方式，同时环境温度是 27℃，考虑开关频率为 16kHz，计算最大的散热器热阻是多少。

参考文献

1. Mohan, N., Undeland, T., and Robbins, W. 2002. *Power Electronics*. 3rd edition. John Wiley and Sons, New York.
2. Cline, C. 1995. Fuse protection of DC systems. *Annual Meeting of the American Power Conference*.
3. Anonymous 2002. *Semiconductor Fuse—Application Guide*. Ferraz-Shawmut Corporation, January.
4. Anonymous 2002. *Introduction to Power Electronics and Protection Methods*. Ferraz-Shawmut Corporation, January.
5. Severns, R. 1997. Design of snubbers for power circuits. *PCIM*.
6. Zhang, Y., Soghani, S., and Chokhawala, R., 1995. Snubber considerations for IGBT applications. IRF Design Tip Documentation
7. Severns, R. 2008. Snubber Circuits for Power Electronics, Ed.
8. Iov, F., Blaabjerg, F., and Ries, K. 2003. Prediction of harmonic power losses in fuses located in DC-link circuit of an inverter. *IEEE Trans. IA* 39(1), 2–9.
9. Anonymous 2004. *Cornier-Dubilier Databook. Documentation*. Chicago, IL
10. Thiyagarajah, K., Ranganathan, V.T., and Ramakrishna, R.M. 1991. A high frequency IGBT PWM rectifier/inverter system for AC motor drives operating from single phase supply. *IEEE Trans. PE* 6(4), 576–584.
11. Deacon, J.H., Van Wyk, J., Schoeman, J. 1999. An evaluation of resonant snubbers applied to GTO converters. *IEEE Trans. IA* 23(2), 292–297.
12. Steyn, C. and Van Wyk, J. 1989. Optimum nonlinear turn-off snubbers: Design and applications. *IEEE Trans. IA*, 25(2), 298–304.

13. Swanepoel, P.H. and Van Wyk, J.D. 1994. Analysis and optimization of regenerative linear snubbers applied to switches with voltage and current tails. *IEEE Trans. PE* 9(4), 433–442.
14. Steyn, C. 1989. Analysis and optimization of regenerative snubbers. *IEEE Trans. PE* 4(3), 362–370.
15. Heath, D. and Wood, P. 1999. Overshoot voltage reduction using IGBT modules with special drivers. IRF Design Tip Documentation.
16. Donescu, V. 2001. Fault detection and management system broadcasts motor drive faults. *PCIM*, June.
17. Cacciato, M., Consoli, A., Scarcella, G., and Testa, A. 1998. Continuous PWM to square-wave inverter control with low common mode emissions. *IEEE PESC*, pp. 871–877.
18. Holmes, DG. 1996. The significance of zero space vector placement for carrier based PWM schemes. *IEEE Trans. IA* 32(5), 1122–1129.
19. Ogasawara, S. and Akagi, H. 1996. Modeling and damping of high frequency leakage currents in PWM inverter-fed AC motor. *IEEE Trans. IA* 32(5), 1105–1114.
20. Swamy, M.M., Yamada, K., and Kume, T.J. 2001. Common mode current attenuation techniques for use with PWM drives. *IEEE Trans. PE* 16(2), 248–255.
21. Ogasawara, S., Ayano, H., and Akagi, H. 1998. An active circuit for cancellation of common mode voltage generated by a PWM inverter. *IEEE Trans. PE* 3(5), 835–841.
22. Shimizu, T., Kimura, G. 1996. High frequency leakage current reduction based on a common mode voltage compensation circuit. *IEEE PESC*, pp. 1961–1967.
23. Pelly, B. 2002. Active common mode filter connected to the AC line. Patent application No. 20020171473, November 2002.
24. Oriti, G., Julian, L., and Lipo, T.A. 1997. An inverter/motor drive with common mode voltage elimination. *IEEE IAS, Conference Record*, vol. I, pp. 587–592.
25. Julian, L., Oriti, G., and Lipo, T.A. 1999. Elimination of common mode voltage in three-phase sinusoidal power converters. *IEEE Trans.* 14(5), 82–989.
26. Whistler, R.J. 1999. Laminated bus bars eliminate unmanageable cabling in high power systems cabinets. PCIM Magazine, June 1999, pp. 1–4.
27. Dimino, C.A., Dodballapur, R., Pomea, J.A. 1994. A low inductance simplified snubber power inverter implementation. *Proceedings of the HFPC*, April.
28. Sueker, K. 2005. Power electronics design. *Newnes Ed.*
29. Bisenius, W.S. 2012. Ingress protection: The system of tests and meaning of codes. *Compliance Engineering Magazine*, www.ce-mag.com.
30. Mammano, B. 2007. A historical perspective of the power electronics industry, plenary session. *APEC*.
31. Picard, J. 2010. Under the hood of flyback SMPS designs. *2010 Texas Instruments Power Supply Design Seminar, SEM1900*, Topic 1, TI Literature Number: SLUP261, 2010.
32. Fujii, M., Maruyama, H. and Boku, K. 2002. FA5553/FA5547 series of PWM control power supply IC with multi-functionality and low standby power. *Fuji Electr. Rev.* 54(2), 68–72.
33. Pelly, B. 1994. Choosing between multiple discretes and high current modules. IRF Design Tip Documentation.

第 7 章　热管理与可靠性

7.1　热管理

7.1.1　理论

在封装上的最重要的标准包括热管理。它不仅说明了器件保护最高温度的额定值，而且还希望器件在较低的温度下工作。在较低温度下功率半导体器件工作得更好，可以使器件的性能指标保持在指定的数据指标内。此外，功率半导体器件的工作寿命与工作温度有很大的关系。对于硅器件的一个经验法则是，在工作温度低于 50℃时，工作温度每升高 10～50℃，硅器件的故障率通常会加倍。

功率损耗已在器件的计算水平时，可以确定冷却系统的规模。随后可以进行任何级别的热计算：

1）在功率开关器件层面，从半导体芯片到外部散热片和/或选择功率开关器件的封装；

2）在变换器层面，选择散热器或冷板，计算对外部的热辐射传导；

3）在设备层面选择适用的外壳。

所有功率半导体器件要排放开关损耗产生的热量，这些开关热量应尽可能快地散掉。由于这个热损耗功率主要通过表面接触的冷却系统来排放，因此电源变换器的整体尺寸和功率密度依赖于选定冷却系统热传输的质量。现代功率变换器的期望散热功率密度为 200～500W/cm^2，这大约为太阳表面平均功率密度的一半。

一个典型功率半导体器件的热电路模型如图 7.1 所示，温度变化范围在给定的功率损耗 P 条件下，从结温到冷却剂温度（$T_j - T_s$），相互关系可以用式(7.1）表示。

$$T_j - T_s = P \cdot [R_{thjc} + R_{thcs} + R_{thss}] \tag{7.1}$$

式（7.1）中的 R_{thjc} 表示功率开关器件结与外壳之间的热阻，R_{thcs} 表示外壳到冷却体的热阻，R_{thss} 表示冷却液（空气、水、液体）与冷却系统到表面的热阻。所以，很明显较低的等效热阻可以确保要保持交界面的温度接近冷却剂的温度。前两项由功率半导体器件生产厂商提供，对给定的功率开关晶体管器件提供的数据是一样的。硅本身的热阻只有 2%～5% 的总热阻，冷却系统的热性能更重要。所有这些因素中，热传导性对温度的变化对热模型有很大的影响。幸运的是，导热特性对铝和铜材料的依赖性是最小的，可以认为它们的热阻在整个工作范围内为恒定值。

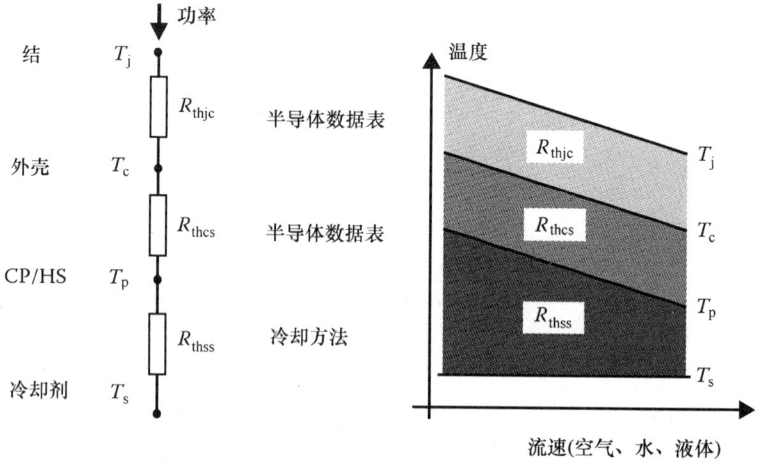

图 7.1　半导体器件热系统的等效模型

关于式（7.1）的第二个问题涉及对温度的解释[2]。基于三维系统的热分析指出，即使在一个平衡的状态，在每个几何方向上温度也会有变化。式（7.1）给出的温度值是一个实际情况的平均近似值，而本书提出的整个理论忽略了实际的温度分布。式（7.1）也可以被看作是对一个一维情况的分析。

对一个给定结构的改进解决方案是工作于更高的额定值，以便尽量减少热阻。式（7.1）中的最后一项对应于冷却系统，这取决于所选择的冷却方法、冷却剂、散热器的材料或冷板的材料和形状、冷却剂的流速等因素，下面分析有关选择。

图 7.1 所示为较高的流速、较小的热阻和更好的冷却的图。但是，冷却器件本身和连接管、散热片、或冷板限制了冷却介质的流速。其次，我们注意到众多的冷却系统选择，它们的选择取决于系统的要求和成本，如图 7.2 所示。

冷却剂可以是空气、水或具有较大热容量的特殊液剂。例如，基于风冷散热的三相变换器散热 244W 的相同功耗产生 40℃的温升，而对水冷系统只有 2.8℃的温升。具有更好的热容量的液体是基于不同的乙二醇溶液[3]。

较简单的散热解决方案是空气冷却。其中散热器是器件/散热器和环境的必要接口。这可以是一个简单的铜或铝板，或更复杂的散热片结构。例如[5]，在在 10W/cm^{2}的热通量时，一个 1mm 厚的铜板温度可以下降约 0.25℃，在 100W/cm^{2}时增加到 2.5℃，在 500W/cm^{2}时增加到 12.5℃。散热器在低热通量时是相

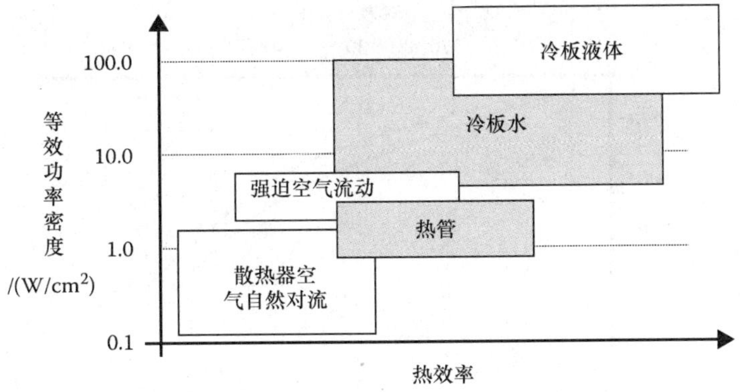

图 7.2　不同冷却方式的热效率

当有效的，在更高的热通量时变得毫无吸引力。这一结论为液体冷却留下了空间，如图 7.2 所示。

从历史上看，在电子设备附近进行液体冷不是很有吸引力的解决方案。随着电力电子技术的成熟，新的技术发展努力从电力电子设备转移到辅助设备，包括散热装置。首先，在 1982 引入了液冷系统到大规模集成电路[5]。在 20 世纪 90 年代初 IGBT 的出现，也促进了液体冷却板在电力电子设备中的使用。今天，液体冷却是中、大功率变换器冷却选择的方法。

大多数液体冷却系统基于水且需要防冻保护，这使冰晶体形成的目标温度地方冰水流动成为问题，如图 7.3 所示。由于这个原因，乙二醇在解决方案中使用率高达 40%。最近重点环境建议使用丙二醇，而不是使用乙二醇，见表 7.2。任何类型的乙二醇需要是足够纯的，在这个意义上，它应该不含有例如用于汽车应用的其他添加剂。一旦选择了冷却方法，冷板或散热片的类型就是下一个需要考虑的问题焦点[5]。在生产过程中使用如铝或铜等不同的材料（见表 7.1），它们的形状可以是不同的，以便于散热。基于热传导、热辐射、空气自然对流或相对流的物理理论，设计出了能满足这些要求的材料和散热器件形状。这里最终标准是散热设备的成本，作为一个更复杂的机械结构，能够去除更多的热量，成本也会更高。

7.1.2　瞬态热阻抗

前面所有的分析都基于平均功率损耗是已知的稳态热方面。在许多应用中，功率半导体器件都会面临通过瞬时过电流太大的大瞬时损耗问题。

瞬态热阻抗建模需要一个新的参数，即对热容量的定义。这些参数代表了相对于材料温度热能量的变化率。单位体积产生的热容量可以用式（7.2）表示。

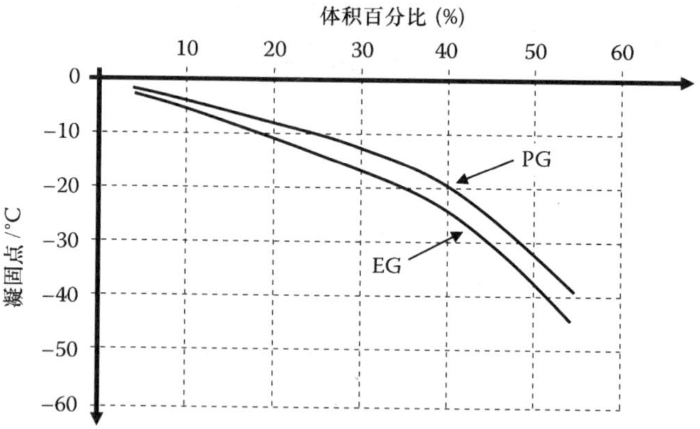

图 7.3　各种冷却剂的凝固点（如 EG = 乙二醇、PG = 丙二醇）

表 7.1　用于热提取的不同材料热导率

材料	热导率/(Cal − g/cm²/s/℃)
水	1.00
铁	0.11
铝	0.50
铜	0.92

表 7.2　液体导热系数

液体	热导热系数/(W/m K)
水（新鲜）	0.609
乙二醇	0.258
丙二醇	0.147

$$\frac{dQ}{dT} = C_v \tag{7.2}$$

对结温的瞬态行为是与时间有关的热扩散方程，通过如图 7.4 所示模拟等效电路简化的解决方案常被称为 Cauer 模型，当应用功率有一个阶跃变化时，等效热容量表示能够减慢结温变化的能力。地面电位代表环境温度，热容量表示连接到周围环境的每个节点（接地电位）。这种模型可以很容易通过任何模拟电路软件实现。作为一个替代选择，Foster model 模型考虑了所有的热容量和并联等效热电阻。最新的计算机模型考虑热传输的三维建模。

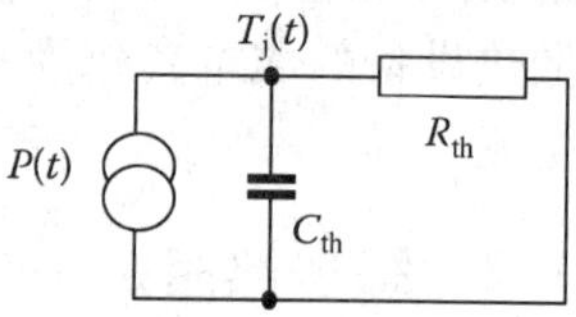

图 7.4　瞬态热模型

类似的模拟电路，热时间常数可以被定义为

$$\tau_{th} = \frac{\pi}{4} R_{th} \cdot C_{th} \tag{7.3}$$

封装材料和结构设计总是尽量减少以平均值表示的损耗功率热阻。由于这个原因，对一个器件而言，热时间常数和设备的功率瞬态能力是有限的。然而，已证明，功率半导体器件可以承受超过其平均功率额定值的较大过载能力。利用瞬态模型，完成图 7.1 产生的等效电路如图 7.5 所示。在空间上所加脉冲功率的温度变化也给予了显示。

瞬态热模型在高频可变占空比功率变换器的热分析中是非常有用的。冷却系统应维持相当大热动力的功率脉冲。作为一个例子，让我们考虑一个为间歇性风扇电动机供电的三相电源变换器。稳态运行的电路已有 240W 的功耗，风扇在每 60s 的时间内工作 20s。冷却用非常简单的铜板将允许稳态温度增加 $\Delta t_{jav} = 32\text{K}$，完整的热动力学仿真结果如图 7.6 所示。

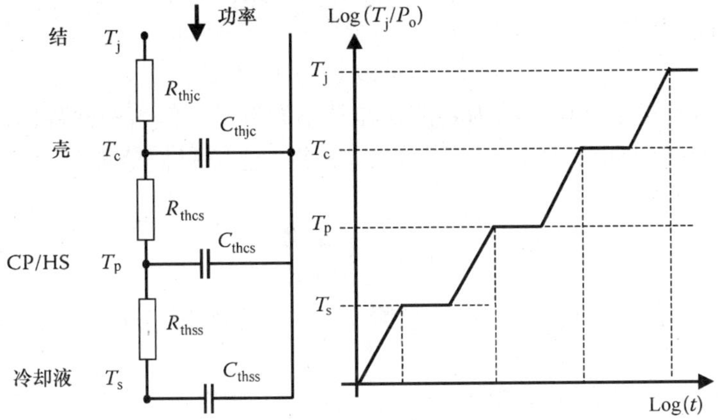

图 7.5 暂态等效电路与空间温度变化

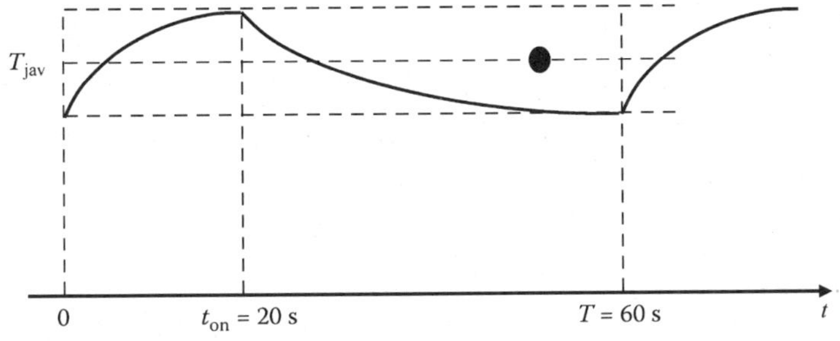

图 7.6 考虑瞬态热行为的实例

7.2 可靠性和寿命定义理论

从数学的角度看，可靠性是指在特定环境条件下，在一定时间内，执行其预定功能的概率。可靠性也可以被看作是一个累积故障的概率分布，分析表达式见式（7.4）。

$$R(t) = \frac{\text{在时刻 } t \text{ 的元件存活数}}{\text{在 } t = 0 \text{ 的元件存活数}} \tag{7.4}$$

多年来，可靠性这个术语得到了更广泛的定义，主要是因为它已经超越了分析的意义，用来表达质量是可靠的，这在一定程度上基于反复试验、测试或测量程序产生相同的结果。

故障率可以表示为$f(t)$函数。

$$f(t) = \frac{\text{在时刻 } t \text{ 每个时间单元故障元件数}}{\text{在时刻 } t \text{ 存活的元件数}} \tag{7.5}$$

对恒定故障率有式（7.6）成立。

$$R(t) = \exp(-f \cdot t) \tag{7.6}$$

这个定义不是很好用，因为它涉及非常小的数字。作为一种替代，我们可以使用在指定的时间间隔为1×10^9内的故障率。这使我们能够定义为式（7.7）（故障时间 FIT）。

$$\text{FIT} = \frac{1 \times \text{故障}}{1 \times 10^9} \tag{7.7}$$

设备的高可靠性是必须的，半导体器件的故障率通常从 10 ~ 100FIT（$1\text{FIT} = 10^{-9}/\text{h}$）[44]。

平均故障间隔时间（MTBF）是预测在系统工作失效之间固有的时间。

$$\text{MTBF} = \frac{1}{f} \tag{7.8}$$

一个电子器件的寿命是指在指定时间，电参数主要由于磨损偏离了一些特定的电参数限制，如图 7.7 所示。在现实中，在时间间隔与恒定的故障率条件下，由于不正确使用器件或由于意外环境因素可能发生的器件故障，通常被认定为随机故障。作为一个经验法则，如果在使用间隔内（随机故障间隔）的故障率在 0.1% 以上，就应该反过来仔细修改该系统的设计。

可靠性的这些所有措施有统计特性。数据可以通过加速功率和温度循环测试，从大量的实验或现场测试数据加以描述。

电力电子设备的可靠性已成为任何系统开发人员需要考虑的一个优先事项[6]。一旦对电力电子设备的知识进行了完善，可靠性研究就成为了优先考虑的问题。在 2012 年，可靠性是电力电子领域中最活跃的研究对象之一。虽然研

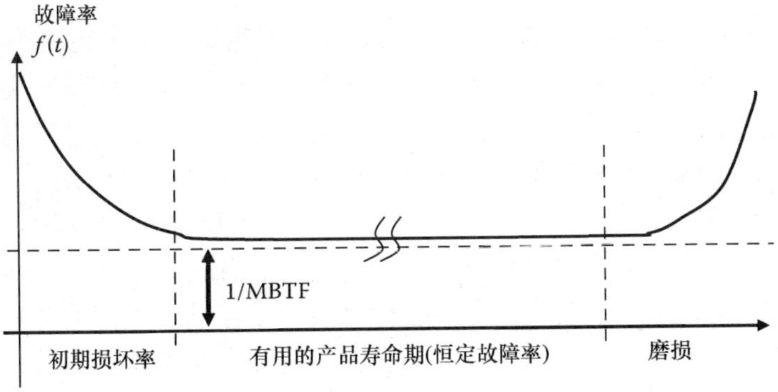

图 7.7　电力电子设备的浴缸寿命曲线

究致力于不同的应用领域（集成电路[7]、网络能源的分布[8]、风能[9, 10]、分布式发电[11]、光伏系统[12]、大功率变换器[13]），本章为电力电子设备的可靠性提供一个概述。

为了提高设备的寿命和可靠性，需要在器件的各个生命阶段努力：

（1）在制造过程中，关注质量。统计过程控制（SPC）是用统计的方法来进行过程监控以确保它所有性能的工作，生产合格产品在生产过程中的应用。这是必要的，以产生尽可能多的符合要求或可靠的设备和系统，尽可能产生最少的废品。

（2）在生产过程中，环境条件应当受到严格的监测，控制系统的适应性取决于外部因素。先进的控制系统被设计成在一般认为是不确定的参数或干扰可以承受各种环境条件或参数变化的控制系统。在这方面，现代计算机模拟和优化工具允许在复杂的标准要求条件下设计。大概 H－无限环形鲁棒控制技术[14]是一个最重要的例子，H－无限环形技术是由剑桥大学的 Duncan McFarlane 和 Keith Glover 开发的。H－无限环形方法减少了系统对频谱的敏感性，确保证了在干扰进入系统时，系统将不会较大地偏离期望工作轨迹。另一个例子是 LQG/LTR，这个控制方法的开发适用于克服 LQG 控制的鲁棒性问题。

（3）由于工作和故障约束的复杂性，在现代控制系统中加入了专家系统。可靠性设计（DFR）包括一个先进的故障管理系统，能够决定电力电子设备在特殊情况或随机发生故障出现时系统的工作。专家系统能够预测故障，提供摆脱故障工作模式的方案，与/或对最小危机化，优化系统工作。故障管理系统是专家系统针对可靠性改进的一个简单实例。一个特殊案例就是冗余设计。这意味着如果系统中的一部分工作失效，则有一个例如备份系统的可靠替代方案。一个不间断电源系统（UPS）可以使用两部分电池。如果部分电池故障或被放电，使用其他电池的 UPS 仍可以工作。冗余显著提高了系统的工作可靠性，而且通常是唯一可行的可靠性设计方法。

（4）准确的寿命预测应该有助于调度每个单独组件和进行定期的维修。这通常是通过加速测试计划实现的。因为可靠性是一个概率，即使是高度可靠的系统也有一定的失效率。一个单一的测试是不能够产生足够的统计数据的。多次测试或长时间的测试通常又非常昂贵。为了确保故障和可靠性分析所必要的统计信息，有一组专门设计的实验设计方法，它已经由 G. Taguchi 开发出来。该方法包括引入噪声因素的实验，以量化不同的影响，并使用一个信号 - 噪声度量标准。设计的实验方法大量用于制造过程中鲁棒性设计的校准。不同的功率器件和系统的寿命需要不同的测试集。加速寿命试验的目的是在实验室引入现场故障以更快的速度提供一个更严厉的，但具有代表性的测试环境。在这样的测试中，基于破坏性能量等价的原理，被测试设备或系统预计在实验室中失败，因为它将在现场失效（但在更短的时间内）。这有助于在高应力寿命条件下发现故障模式或预测的正常现场工作寿命。建立适当的加速测试计划本身就是一门科学。

7.3 故障和寿命

7.3.1 系统故障率

整个系统的故障率是根据每个单独组件的故障率来计算。在大多数系统中，如电力电子电路的情况下，所有的组件被认为是重要的。从可靠性的角度来看，这意味着组件被认为是一个“串联”系统。在一个包括 n 个组件的串联系统中，可以利用式（7.9）计算整个系统的故障率 $\lambda_{系统}$。

$$\lambda_{系统} = \sum_{i=1}^{N} \lambda_i \tag{7.9}$$

式（7.9）中的 λ_i 对应元素的失效率[15]。

7.3.2 器件故障率

即使在相同的条件下制造的器件，也取决于器件的使用情况[44]。该器件的故障率可以有一个以10为因子的变化因子。每个器件被认为有一个恒定失效率 λ，如式（7.10）所示，这个失效率通过一系列的应力因素被加权（降级）。

$$\lambda = \lambda_{\text{base}} \cdot \prod_{i=1}^{m} \pi_i = \lambda_{\text{base}} \cdot \pi_{\text{T}} \cdot \pi_{\text{S}} \cdot \pi_{\text{A}} \cdot \pi_{\text{R}} \cdot \pi_{\text{E}} \cdot \pi_{\text{C}} \cdot \pi_{\text{Q}} \tag{7.10}$$

应力因子 π_i 分别指温度、电压应力、电路/应用、额定值、环境、电路实现因素和产品质量等有关的因素。取决于制造、环境条件和器件在电路中的使用等因素的恒定失效率，有数据表给出数据降额的含义。

作为一个例子，现考虑一个最大额定电流为1A的硅整流二极管[44]的实例，环境温度为30℃，最大额定结温 $T_{jmax}=150℃$，整流器实际电流为0.5A，工作于40%的额定电压，在环境温度下，基于一个固定的接地系统，结温 $T_j=100℃$。产品数据表提供的基本失效率 $\lambda_{base}=0.0010/10^6h$。生产厂商也提供以下的加权因子：

对给定的应用（地面）$\pi_E=6.0$；

对给定的生产线 $\pi_Q=2.4$ 和 $\pi_C=1.0$；

工作于 $T_j=100℃$ 时，$\pi_T=8.0$

工作于40%的额定电压时，$\pi_S=0.11$

利用上面给出的有关参数，可以利用式（7.11）计算参数 λ_p。

$$\lambda_p=\lambda_{base}\cdot\prod_{i=1}^{m}\pi_i=0.0010\times(8.0\times0.11\times1\times1\times6.0\times1\times2.4)=0.0126/10^6 \tag{7.11}$$

在大多数情况下，稳态温度仅是并入模型 π_T 的一个因素。例如，一个IGBT一直工作在125℃的结温总会比工作在结温75℃的IGBT的工作寿命短。这可以用式（7.12）的Aarhenius定律来说明。

$$\lambda_T=\lambda_{ref}\cdot\exp\left(-\frac{E_{dev}}{k\cdot T}\right) \tag{7.12}$$

式（7.12）中的 E_{dev} 表示一个实际故障的热活化能量，$k=8.617\times10^{-5}eV/K$，表示玻尔兹曼（Boltzman）常数，也可以用类似的式（7.13）表示。

$$\pi_T=\pi_{ref}\cdot\left(-\frac{E_{dev}}{k\cdot T}\right) \tag{7.13}$$

热激活能（或称为活化能）的概念来自于化学反应，它代表了一种将正常稳定的分子转化为反应性分子所需的最小能量。功率半导体器件不同故障模式下的活化能水平范围为0.1～2.0eV。

由于可能的不同的磨损机制（参见第7.3.4节），每一种都可以提供具有不同活化能的故障率，整个系统的等效活化能的计算基于显性故障[16]或基于加权计算活化能。由于能量激活和衡量因素主要取决于功率半导体器件的制造，因此很难维持单一的一组加权值。这就是采用活化能法进行可靠性计算的优点和缺点所在。

忽略由于其他因素的变化，而不是由于稳态温度因素的原因是可能的，因为温度最重要的是应力因素。类似Aarhenius方程，其他关系也可以描述其他应力因子。此外，其他常见确定寿命应力的关系模型有Eyring模型、逆幂律模型（Inverse Power Law Model）、温度－湿度模型、温度非热模型（Temperature Non-thermal Model）。

7.3.3 用于电力电子系统不同元器件的失效率

每个元器件的基础故障率、可靠性或 MTBF 参数是由厂家或行业标准提供的。行业标准比较通用，行业标准没有考虑到每个生产线的具体细节。生产厂商提供的可靠性数据是基于测量和加速寿命试验的。它们根据每个产品的实际运行状况（环境和电路）需要进行加权提供的基准值。

表 7.3 给出了以美国军用标准 MILHDBK－217 为例给出的数据。如同后面的研究工作所示，这种类型的标准规定不提供关于大功率开关半导体器件的数据，数据需要利用传统的晶体管或模块提供的数据进行调整。

所有这些元器件都用于不同的电力电子系统中。在中、大功率变换器中，功率半导体器件更为重要。

表 7.3 电子元器件的故障举例

元器件	元器件类型	平均无故障时间/年（MTBF）
连接器	每个引脚	2283
半导体器件	硅二极管	2283
	硅晶体管	1426
电阻	碳电阻	11，415
	线绕	4566
	薄膜	2283
电容器	电解电容器	76
	钽电容器	114
	纸介电容器	228
	陶瓷电容器	456
	塑料薄膜电容器	5707
磁性材料	功率电感/铜	2283
	变压器/铜	570

如前所示，整个系统的故障是由每个元器件的故障率决定的。因此，最关键的元件是直流母线电解电容器。

电容器的寿命以可预测的方式来预测，是由于有限的电化学降解的原因造成的，温度和电压应力环境因素加速了电容器的电化学降解。从历史上看，电解电容器的寿命从 40 年前的 65℃时 1000h 到今天的温度 105℃时寿命 15000h[17]。在给定的温度下，由所有商业电容器供应商使用 Arrhenius 定律方程来预测电容器的寿命。例如，一个额定工作温度为 105℃，额定寿命为 10000h 的电容器，在 65℃下的额定寿命为 160000h。

功率半导体模块的可靠性取决于许多不同的物理和化学过程。可以证明，功率半导体模块有助于比单独的组件为系统提供更好的可靠性和工作性能[18]。此外，功率模块提供了一个更好的热设计和一个极好的布局，这些对系统可靠性都有影响。对逆变器应用推荐使用生产厂商提供的功率模块，而不是使用由单独元器件来构建逆变器。

7.3.4　功率半导体器件的故障模式

大部分的研发工作专门用于电力半导体器件的可靠性计算和改进，将在下面的有关内容进行详细介绍。电力电子设备主要故障有两类：

1）随机故障（意外）；

2）磨损机制。

电力半导体器件生产厂商考虑利用新技术来改善可靠性[19]。安全工作区需要扩大，设备非常坚固，能够承受的电流、电压和温度条件远远超过其标称连续额定值。

7.3.5　功率半导体器件的损耗机制

由于磨损机制，对功率半导体器件最观察到的故障是与封装相关的因素，磨损机制由于热机械应力加速[20]。

考虑到电力电子设备的运行时间足够长，期间将会显示参数的变化。这些变化在全球范围内被称为磨损机制，它们的发生是由于半导体芯片和机械封装的原因[21]。

发生在功率半导体封装与组装中的磨损机理举例：

1）键合线；

2）键合线剥离；

3）键合线脚跟裂纹；

4）铝金属损伤；

5）键合导线中的电迁移；

6）焊点退化；

7）直接铜键的老化；

8）裂纹与孔洞的形成；

9）铜金属化的脱层；

10）因其他预先存在的缺陷而导致的失效。

磨损机制的例子在半导体芯片（大多类似于微电子研究）[22, 23]：

1）离子污染；

2）热载流子注入；

3）慢俘获；

4）栅氧化层击穿；

5）负偏压温度反演。

热－机械磨损过程是最重要的[24]。这些磨损机制可以单独利用热活化能概念来分析。

器件老化（磨损）是通过与应用相关的应激因素，例如重复保护短路[25]工作下来加速实现的。在参考文献[25]中定义了一个临界能量，以解释重复短路的累积退化效应，而且有足够的时间允许在电路短路之间进行设备的冷却。已表明，对一个传统的600V IGBT[25]需要有大约10000次短路保护直到器件失效。

重复短路事件产生的热循环在IGBT内产生大的温差。由于在铝金属与硅芯片之间的热膨胀系数（CTE）不匹配，因此这种热循环在发射极金属化薄膜引入重复的压缩和拉伸应力。由于金属电阻加大的效果和削弱的键合线接触（电阻产生更多的耗散，从而增加器件温度，接着就是器件的疲劳）的影响，因此这种应力导致塑性大的变形。

了解了所有可能的磨损机制，以及这些磨损机制带来的后果，设计工程师设置状态监测系统能够告知元器件或子系统在每一个时刻的实际状态，以及在下一次维修检查前元器件或子系统仍然可以运行多少小时。这种系统是众所周知的，比如利用笔记本电脑完成电池电量仍然可以使用多长时间的电池状态监测，在任何时间向用户报告预测的寿命。类似的系统可以用于基于IGBT的设备实现，他们的研究还处于一个萌芽状态[26]。方法是监控和测量电路中最重要器件的参数（栅极阈值电压、漏电流、导通电压降），利用这些检测到的参数可以预测IGBT器件的工作温度、性能退化和老化等信息。

7.4 寿命计算与建模

7.4.1 问题的提出

给定设备的寿命计算归结为每个元器件寿命的分析计算公式。每个元器件寿命的建模和/或计算通常和独立的最终设备无关。通过分析所有可能出现的故障，对每个元器件的寿命进行研究。有时根据实验（现场）得到的数据[27]建立一个故障树。每个单独的故障机制是隔离的，通过适当的测试或物理模型做进一步调查分析，如图7.8所示。

如果一个单独的故障模式需要通过实验来确定故障率，则由于大多数失效机制是基于累积退化（磨损），因此需要经过长时间的工作，有必要采用一系列的加速试验。第二种可能方法是基于系统物理描述的基础来确定某一故障模式的故

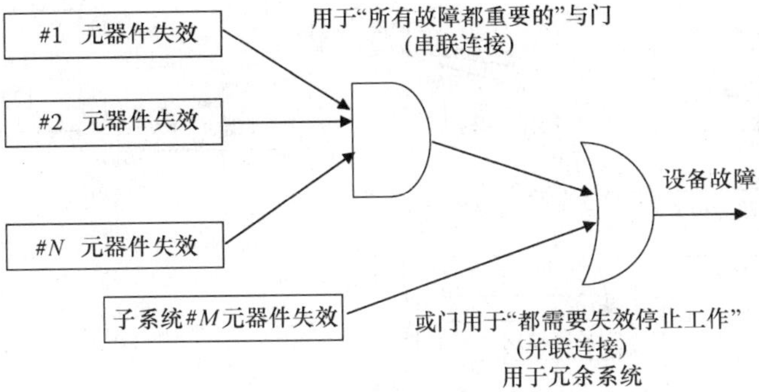

图 7.8 功率变换器的故障树举例

障率。在特定电路和环境条件下的计算方程来检测合格的量化生产故障。这时，在主要调查热机械故障（封装）的条件下，开发出更多的物理失效方法用于半导体材料（微电子）。

让我们假设，在正常工作数小时后，某些设备在一个特定的时刻失效了。明显的问题是“发生了什么?”第一反应将是由于一个外部事件的原因。如果没有明显的外部事件发生（没有任何机械、热或电应力意外来自外部，系统中的每个设备/组件在设备内部都正常工作），则调查应返回到制造方法和每个器件使用的技术上。在该设备中的设备或器件受到了多个故障机制的影响，每个故障机制都由它自身累积的退化而触发。对每个所关心的元器件机制基于元器件的应力状态，利用多机制模型推断独立加速因子。加速因子的概念和每个累积降级机理的热依赖性将在下一节的有关内容进行介绍，如图 7.9 所示。

7.4.2 电子设备的加速测试

1. 使用活化能的方法

由于电力电子设备的预期寿命是 10 ~ 30 年，因此从实际的寿命实验收集数据是不实际的。30 年前一些技术或新一代的设备甚至没有被发明出来。由于这个原因，寿命估计是基于加速应力因子。合格测试只需要持续一个较短的时间，通过寿命预测统计模型可以更容易地确定电力电子设备的寿命。

式（7.9）中给出了多个应力因子，对温度应力作为主要的应力因子做有限次测试是可行的。因此，设计用于加速试验的温度作为唯一的应力因子。可以再考虑使用式（7.14）给出的 Aarhenius 定律。

$$\lambda_T = \lambda_{ref} \cdot \exp\left(-\frac{E_{dev}}{k \cdot T}\right) \tag{7.14}$$

式（7.15）有助于描述失效时间。

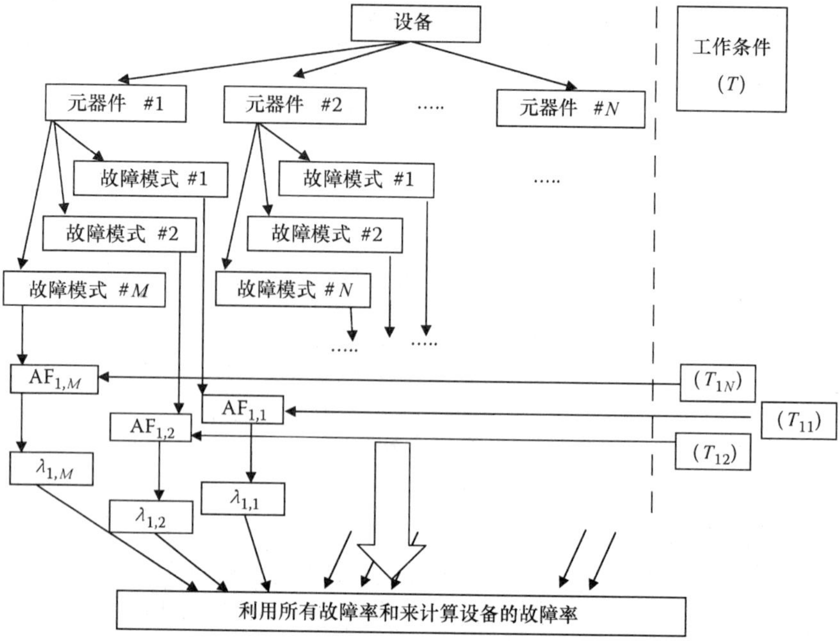

图7.9 多重机制模型

$$\tau = A \cdot \exp\left(\frac{E_{\text{dev}}}{k \cdot T}\right) \tag{7.15}$$

因此，实际的故障时间/温度依赖关系属于同一特性的故障加速时间/测试温度点。通过选择测试应力温度 T_s，并测量测试失效时间 τ_s，就可以得到在一个较低的实际温度 T_0时关于实际故障时间 τ_s 的信息，如图7.10所示。这种测试也被称为高度加速应力测试（HAST）。

加速因子常见的定义如式（7.16）所示。

$$\mathrm{AF_T} = \frac{\tau_0}{\tau_s} = e^{\left(\frac{E_{\text{dev}}}{K}\left(\frac{1}{T_0}-\frac{1}{T_s}\right)\right)} \tag{7.16}$$

下面看对几个功率变换器在125℃的条件下进行测试的例子，对应激活能量为0.5eV的故障模型，统计失效时间被定为1000h。在现场变换器的一致工作测试表明工作温度为50℃，加速因子 $\mathrm{AF_T}$见式（7.17）。

$$\mathrm{AF_T} = e^{\left(\frac{0.5\text{eV}}{8.617\times10^{-5}\text{eV}}\left(\frac{1}{273+50}-\frac{1}{273+125}\right)\right)} = e^{\left(\frac{0.5\text{eV}}{8.617\times10^{-5}\text{eV}}\left(\frac{75}{323-398}\right)\right)} = 26.3 \tag{7.17}$$

因此，在实际工作条件下预测出的故障时间见式（7.18）所示。

$$\text{故障时间} = 1000\times26.3 = 26300\text{h} = 3\text{年} \tag{7.18}$$

如果对相同的器件有多个已知的故障模式，则可以考虑一个通用的热活化能

（加权或平均）。另外，一个更准确的模型将考虑所有可能的失效机制，每一个失效机制有自己的热活化能和自己的加速测试计划。从和所有故障模式有关的结果计算出寿命，如图 7.9 所示。用 FIT 表示的故障率见式（7.19）（在 10^9h 内的失效数）。

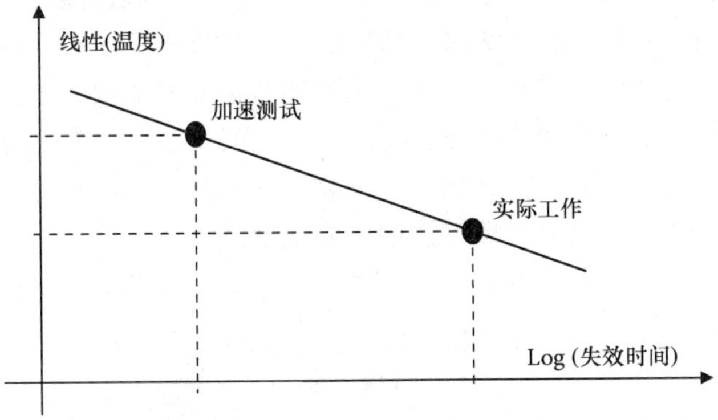

图 7.10　热相关磨损的加速试验

$$\mathrm{FIT} = \sum_{i=1}^{\beta}\left[\frac{x_i}{\sum_{j=1}^{k}\mathrm{TDH}_j \times \mathrm{AF}_{ij}}\right]\cdot\frac{M \times 10^9}{\sum_{i=1}^{\beta} x_i} \tag{7.19}$$

式（7.19）中：

1）β 表示用于研究所考虑的不同故障机制数量；

2）k 表示计算每个故障 i 组合的不同寿命试验数；

3）x_i 表示特定故障机制（β 的一个）的失效总数；

4）TDH_j表示在一定的故障 i 前的测试小时数；

5）AF_{ij}表示故障 i 与试验的 j 相关的加速因子；

6）M 表示一个由置信水平决定的因子（所谓的卡方置信值，Chi square confidence value）。

这种方法可以以两种方式工作：

1）当我们要预测每个元器件的故障率时，独立工作只为模拟加速测试，方向是从加速测试到标称值（基准值）；

2）否则，我们可能知道一个标称寿命值，并考虑在加速因子工作条件影响下，用实际的工作条件来预测实际寿命。

加速测试计划可以被设计为对电压应力或湿度应力的测试。在使用温度和电压应力因子时，可以用公式 $A = \mathrm{AF_T} \cdot \mathrm{AF_V}$ 计算加速测试因子，这里 $\mathrm{AF_T}$表示热加速因子，$\mathrm{AF_V}$表示与电压相关的加速因子。如式（7.20）所示，可以用指数规律来表示。

$$AF_n = \exp[\gamma \cdot (V_A - V_0)] \tag{7.20}$$

然而，实用中对电力电子设备的电压和/或湿度降额不是常用的。

2. 温度循环

另一个加速试验过程是指温度循环。这次，要计算温度变化对设备寿命的影响。每次设备加电到环境温度上升至实际的工作温度，这里，温度梯度比失效时间的影响要大。这个测试对包装和整体装配的验证非常重要，不需要在电路中加电。器件利用如炉子来实现外部热源加热和冷却，以产生 ΔT_{jc} 的变化。具有不同热膨胀系数的材料和温度循环热 - 机械膨胀会引起一定的故障。这样的故障可能以封装开裂、模裂、丝键剥离、接触电阻增加的形式出现。

Coffin - Manson 模型通常用于加速试验设计。失效时间 τ 正比于$(\Delta T)^n$，如式（7.21）所示。

$$\tau = A \times (\Delta T)^n \tag{7.21}$$

式（7.21）中的 A 为常数，可以利用式（7.22）计算加速因子 AF。

$$AF = \left(\frac{\Delta T_s}{\Delta T_0}\right)^n \tag{7.22}$$

式（7.22）中的 ΔT_s 表示应力温度差，ΔT_0 表示实际工作温度差。

现考虑一个例子，温度循环测试设计了温度从 -65 ~ 125℃的温度变化，统计确定的故障失效时间为 1000 个循环（1000 个循环左右后元器件失效）。该元器件生产厂商提供的封装信息 $n=6$。对应每一天工作 100 个循环的同一个系统，在 25℃环境温度和 90℃稳态运行温度之间时，故障失效时间为多少?

首先确定加速因子：

$$AF = \left(\frac{125 + 65}{90 - 25}\right)^6 = 623.794 \tag{7.23}$$

在实际工作条件下产生的预期失效时间见式（7.24）。

$$\tau_{实际} = \frac{623.794 \times 1000(周期)}{100 \times 365} = 17.09\ 年 \tag{7.24}$$

3. 反复加电加速试验

大量的电动机驱动应用需要频繁的加速和停止工作。这是一个城市列车、电梯等牵引电力变换器的工作情况。短途火车旅行仅运行几分钟就停车，并预计需要现场工作 30 年。这对应一个寿命为 100000 ~ 135000h 和 5 ~ 10 百万次的运行和停止工作[32]。其他类似应用包括不同的机床或家用电器设备[31]。这种工作的温度来自经常加热和冷却的功率半导体器件，温度梯度大，有特定的磨损机制。鉴于可能的负载分布（例如站间不同的距离等），定义一个独特的测试配置程序几乎是不可能的。现场报道显示，使用 IGBT 器件经常运行于这个运作模式，常会遇到与下面有关的磨损和失效机制：

1）从硅芯片断开铝连接线（键合线剥离）；

2）模块的 R_{thjc} 加大。

为了符合这一类型电力电子设备的工作，设计了加电循环的加速测试[32]。这些测试涉及器件与电力的操作，如图7.11所示。功率半导体器件在一个固定的栅极控制电压信号下导通，集电极电流是通过外部电路来接通和关闭的，电流值非常大。密切监测结温的目的是评估一个非常大的温度差。温度差 ΔT_{j-c} 的变化越大，产生的热应力大，功率半导体的寿命越短。同样的原因，设计的实验在图7.10中有所解释，如图7.12所示。

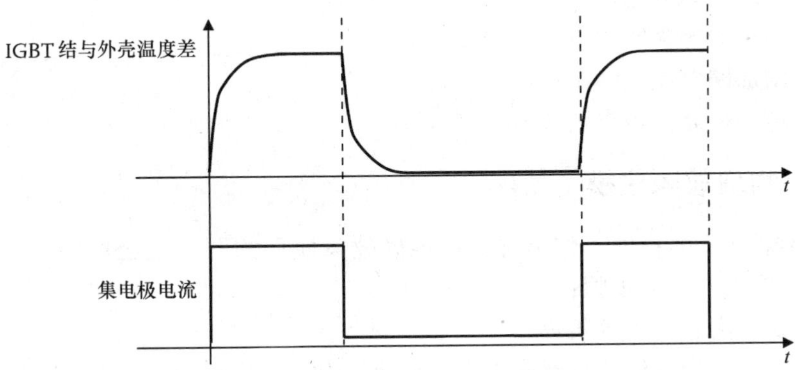

图7.11　功率循环原理

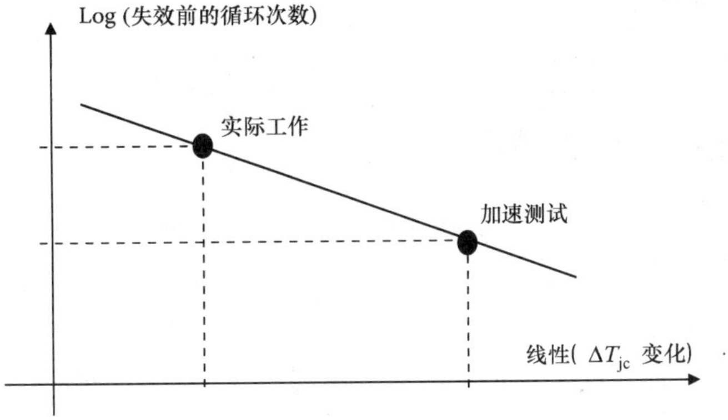

图7.12　功率循环的加速测试

很明显，由于参数和测量方法的不同会有不同的变化[32-35]。

在IEC标准60747-9-2001的第8.2.6节规定了功率循环测试的一个非常

不同的方法。它被命名为“间歇性工作寿命试验”，是基于控制 IGBT 的打开和关闭循环的一个非常大的负载电流来进行功率循环功率循环测试。在过去大多数由工业界和学术界提出的功率循环测试符合 IEC 测试要求。但是，它们没有实现通过栅极控制功率循环。因此，这两种方法之间的差异是，IEC 的测试方法包括设备的开关损耗，而在器件保持永久导通的测试中不含开关损耗。不期望这会明显影响测试结果。

一旦确定了测试程序，工程师就需要定义失效标准。

通常，这被定义为以下的一个或多个：

1）加大导通电压降 5% ~0%；

2）增加热阻 R_{thjc}20%；

3）增加栅源极阈值电压 20%；

4）增加漏电流 20%；

5）增加稳态栅极电流 20%。

7.4.3 物理故障建模

基于器件实际物理工作情况，在准确故障模型的开发上已作出了巨大的努力。通常采用了以下步骤：

1）识别潜在的失效机理；

2）将功率半导体器件暴露于高度加速应力，以找到最主要的根源；

3）确定占主导地位的失效作为最弱的一环；

4）对主导机制建模；

5）收集数据；

6）对占主导地位的失效建立分析模型。

7.5 标准和软件工具

7.5.1 标准

不同的标准用来为计算电子元器件的可靠性提供指导。被引用最多的参考标准是美国军用手册“电子设备的可靠性预测”（MIL－HDBK－217）[36]。基于 MIL－HDBK－217 预测认为系统在一个系列的任何设备故障都是重要的。类似的工作发表在 Telcordia SR－332 的第三个主题（题目为“电子设备的可靠性预计程序”）中，文件于 2011 年 1 月发布[37]。Telcordia 模型使用黑盒技术，利用稳态失效率、质量加权、应力和温度额定值来计算失效率。

$$\lambda_{BB} = \lambda_G \cdot \pi_Q \cdot \pi_S \cdot \pi_T \tag{7.25}$$

其他的标准是由美国 NERC 和 NIST 发布的，用于电力系统。最后，国际电工委员会（IEC）已详细阐述了该领域的标准[8]：

1）IEC 61709 标准于 1996 年出版，是来自一个生产厂商的标准，和 MIL 标准非常相似。在不同环境条件下工作的项目，从现场得到的数据外推出的失效率和影响因素。他们针对在 20 世纪 90 年代上半期制造的设备。

2）在 2004 年 IEC62380 标准发布，编写和收集了 1999 ~ 2001 年间从电信部门收集到的有关数据。然而，标准只适用于地面和机载设备。

所有这些标准都只适用于传统的基本元器件，为如电阻器、电容器、电感器、变压器、晶体管和二极管提供模型。不包括新的如 IGBT、GTO 晶闸管、IGCT 等功率器件的模型。关于这些新功率器件实际上没有任何模型标准可用。

2005 年，欧洲电源生产厂商协会发布了份题为“了解可靠性预测的指南”的文件[38]。该报告提出了 16 个欧盟公司提出的可靠性预测方法，结果非常令人失望。例如，在室温（25℃）下的平均无故障时间（MTTF），对 MTTF 从 95 ~ 11895 年的变化范围，有 10 个元器件的 1W 的 DC – DC 变换器，MTTF 的变化范围为 125：1！它们认为这种变化的主要原因是考虑盆栽产品为“混合装配”的一个不恰当假设，重新计算显示的 MTTF 变化范围从 1205 ~ 11895 年，变化范围为 9. 9:1。

我们应该期望在不久的将来，更努力地定义可靠性预测程序和标准。在这方面，我们注意到在 2012 年 12 月 31 日，北美电力可靠公司（North American Electric Reliability Corporation，NERC）向联邦能源监管委员会提交了一个新的可靠性标准（EOP – 004 – 2），新的可靠性标准对电网的供电可靠性有所影响。

7.5.2　软件工具

1. 从可靠性理论推导出的工具

这些标准信息被用来阐述软件工具的可靠性预测，并简单地修改了几个软件工具例子。这些解决方案考虑电子设备的一种静态工作状态，在恒定失效率下，没有对时间参数的变化建模（磨损）。简单地将标准的技术需求转换为软件格式。由于这些解决方案是由小公司提供的，可能会不经意地出现和消失，因此这个列表只是提供了了解目前解决问题的能力，而不是最终解决方案。

（1）DFR 解决方案。提供了一种叫 SHERLOCK 的软件工具能够用于电子 PCB 的可靠性预测。该软件能够从 SPICE 模拟仿真输入元材料清单，建立有限元分析（FEA），并对振动、冲击和温度变化定义产品生命周期，它也能对某些焊点疲劳的物理疲劳、板通孔疲劳、陶瓷电容器击穿和 IC 磨损进行失效分析。在 2007 ~ 2011 年间，在一个文件库中有超过 250 个根本原因的调查报告。

（2）T – Cube 系统。提供可以直接实现 MIL – 217 标准的 RELCALC，类似的

工具提供了不少于25年的时间。

（3）Relex Scandinavia。自1986年以来提供类似叫做Relex可靠性的工具包。

2. 来自微电子的工具

基于不同的思路，可以开发出用于微电子器件磨损的模型[39]：

1）FaRBS[40]（名字来源于SPICE的失效率）=在微电子器件内，基于物理失效和失效和的方法，可以用于失效率估计；

2）Cadence的BSIMProPlus[41]；

3）由Celestry提供的用于低于0.13μm集成电路技术的降级HCI和NBTI的SPICE仿真程序RelXpert（原来的BTABERT）。

这些程序允许如阈值电压、跨导、栅极电荷、漏电流、I－V特性（包括器件上的电压降）等参数随时间的变化。值得提及的是由Cadence公司开发的Age-MOS模型[42]，AgeMOS模型包括由于热载流子注入和负偏电压温度不稳定性而造成的器件退化因素。

2003年，IBM公司提出了一项名为RAMP的项目，这个项目能够模拟例如微处理器（微电子学）半导体器件的磨损。项目使用了一个竞争风险的模型，考虑了如电迁移、应力迁移、时间依赖性击穿、温度循环、热载流子注入和负偏置温度反演等故障因素。

3. 电力电子的技术特性

从20世纪90年代中期开始就有对电力电子设备可靠性的评估工作报告[43]。因为没有一个程序是基于元器件失效率为常数，通过实际工作点加权来做电路仿真和可靠性计算的，所以研究人员一直试图通过程序间的数据传递来实现这一目标[27,39]。

直到2012年，也没有一个用于电力电子可靠性预测的完整程序可供选用。微电子技术和封装技术的知识是互补的，我们期待有一个能够模拟这两种类型故障的解决方案模型出现。

由于IGBT内部不同结点材料热膨胀系数不匹配造成的热机械故障的重要性，此类故障通常被认为主要的和寿命估算有关，他们通常会导致键合线发射或焊料层退化。

如电迁移、时间依赖性击穿、热载流子注入、负偏置温度倒置，甚至栅极氧化物击穿或钝化半导体器件的故障，在微电子和电力半导体器件领域它们的活化能看起来是足够低的，占优势是众所周知的。它们的出现将改变IGBT的参数并加速对热机械问题的讨论。这可能是电力半导体公司直接把他们的可靠性工作努力集中在以下两个方向的原因：

1）热载流子注入和辐射硬化的姐妹关系现象；

2）维持一个更强大的设计技术参数变化的最小化。

为了确保常用同样封装的 IGBT 和 MOSFET 的所谓“Hi - Rel”功率半导体器件技术参数变化最小，在大多数情况下，认为可以采用密封封装，以减轻偶尔接触到如灰尘、湿度特殊的环境条件而带来的影响。

总之，应该在一种先进的模型内考虑同时发生在微电子和封装磨损是理想的。采用竞争风险模型有助于减少用于低功率器件（例如电源用 MOSFET）和大功率的，如 IGBT 和 IGCT 热机械封装失效和故障（如电源 MOSFET）的微电子学（半导体）分析。

最后，我们注意到，任何这些工具都是不完整的，因为没有人确实把这些工具完全与传统的电路模拟器融合使用，这是下一步应提供的。例如，现在还没有工具能够在一个单一的计算步骤回答如“是否这个变换器从 10 ~ 20Ω 改变栅极电阻，MTBF 会从 100000h 到 145000h 变化”的问题。

7.6　半导体厂商的可靠性测试

所有功率半导体生产厂商按自己的方法对功率半导体器件进行一系列的可靠性测试[2, 44]。这些测试可以分为以下两大类别：

1）初始老化测试以减少器件初期失效率[45]；

2）基于样本的合格测试。

即使生产厂家之间采用不同的测试方法，合格测试的目的都是满足 JIS C 7021（日本）或 IEC60747、IEC60068 和 IEC60749（欧洲）的标准技术要求。这种测试的目的是基于一定的失效标准测试产品“通过”或“没有通过”。这些测试仅用于功率器件的加速测试，不同于模拟本书第 7. 4. 2 节给出的用于电子设备实际使用的测试，这些测试是基于生产样品的测试。

这些合格考试可以分为三组：

1）芯片相关测试（高温反向偏压测试、高温栅极应力测试等）；

2）在指定的工作和存储温度下的封装稳定性测试（稳态和瞬态）；

3）封装的机械完整性测试（振动和冲击）。

7.7　可靠性设计

可靠性设计（Design For Reliability，DFR）是关于产品设计过程中可靠性的一门新兴学科。在系统设计过程中，顶层可靠性设计技术要求被分配给一起工作的子系统设计和可靠性设计工程师。如前所示，使用框图的可靠性模型和故障树可以以图形化的手段提供一个系统不同部分之间关系的评估方式。这些模型包括基于零件失效率历史数据计数的预测。在绝对意义上而言，虽然预测往往是不准确的，但是，他们在评估设计方案的相对差异性方面是有价值的。

作为一种替代，失效物理代表了一种依赖于对物理过程应力、强度和在一个非常详细的元器件级故障设计技术的理解，这有助于对每个元器件的重新设计，以减少失效的概率。最典型的，如失效物理评价归结为测试和新材料的引入。高集成度功率模块可靠性相关问题及各种无源元器件代表了一个非常活跃的研究领域，需要热机械应变多途径控制的方法用于可靠性控制并充分利用生产能力。

设计努力从电路设计和有效性向提供可持续和可靠性设计方向的变化，打开了一个新的研发方向：

1）以时间为基准的器件或系统的适用性分析；

2）基于常规内容或利用新材料、新知识确定器件或系统完成设计任务的能力；

3）在极端条件下，器件或系统在故障工作模式下的抵抗能力，以及器件或系统失效而又不会造成灾难性后果的能力；

4）一种功能单元能在规定的时间内完成其所需功能的概率计算。

纯可靠性工程在很大程度上依赖于如可靠性预测、韦伯（Weibull）分析、热管理、可靠性测试、加速寿命测试的数学模型。由于大量的可靠性技术，他们的费用，以及在不同情况下所需不同程度的可靠性要求等问题，最近被认为是更系统和/或更学术的探讨问题。

有关高集成度功率模块及各种无源元器件的可靠性代表了一个非常活跃的研究领域，需要多途径热机械应变控制可靠性知识并充分利用生产能力。

通过对结构的反思勾画出了围绕关于功率模块研究的有关主题：

1）半导体制造缺陷和工作中缺陷迁移的影响；

2）在热循环和功率循环工作条件下，半导体模块中的热疲劳现象；

3）键合线上的应力在一个功率半导体器件的键合焊盘接口和疲劳模型能够推荐适当的连接形状；

4）在绝缘基片底板上的应力。

随着对可靠性关注越来越多，最近对在设计阶段需要考虑可靠性的问题方面有许多的技术报告。例如，参考文献[46]报道了开关频率的在线操作和为了防止过热的限流调节损耗，以及因此 IGBT 功率模块功率循环失效的方法。

7.8 总结

本章主要介绍了与中、大功率电力电子设备设计相关的热学和可靠性方面的问题。热计算是众所周知的可以用于冷却系统的合理尺寸计算的场合。

最近几年人们在可靠性预测方面表现出越来越大的兴趣。这里重新审视可靠性理论，并揭示了这个理论对电力电子设备相关特殊方面的应用。半导体芯片和热机械装置的性能下降可以使电力电子系统工作发生故障。最重要的失效机制需要进行实验测试或查看物理失效并分析模型。无论是温度循环或功率循环，实验测试都需要基于实验理论基础进行设计。分析模型需要对失效过程中出现的现象有更深入的了解。在任何情况下，监测的实际工作特性有助于寿命的准确估算，这有助于预测失效和正确的服务或维护调度。

最后，DFR 原则帮助我们在设计的早期阶段考虑可靠性问题，以提高产品的鲁棒性和工作寿命。

可靠性预测和估计的整个领域是基于主要的调查结果，在不久的将来，我们可能会看到更多的相关标准和可靠性设计软件工具。

参考文献

1. Sparrow, E.M., Chevalier, P.W., and Abraham, J.P. 2006. The design of cold plates for the thermal management of electronic equipment. *Heat Transfer Eng.* 27(7), 6–16.
2. Lutz, J., Sclangenotto, H., Scheuermann, U., and De Doncker, R. 2011. *Semiconductor Power Devices—Physics, Characteristics, Reliability*. Springer, Heidelberg/Dordrecht/London/New York.
3. Anon. 2002. Thermal management products. Application Note, Ferraz-Shawmut.
4. Sueker, K.H. 2005. *Power Electronics Design—A Practitioner's Guide*, Ed. Newness/Elsevier, Amsterdam/Boston/ Heidelberg/London/ New York/Oxford/Paris/ San Diego/San Francisco/ Singapore/ Sydney/Tokyo.
5. Kandlikar, S.G. and Hayner, II, C.N. 2009. Liquid cooled cold plates for industrial high-power electronic devices—Thermal design and manufacturing considerations. *Heat Transfer Eng.* 30(12), 918–930.
6. Blaabjerg, F. 2012. Power electronics and reliability in renewable energy systems. *IEEE IECON Keynote Speaker.*
7. Wyrwas, E.J. and Bernstein, JB. 2011. Quantitatively analyzing the performance of integrated circuits and their reliability. *IEEE Instrumentation and measurement Magazine*, February 2011, pp. 11–31.
8. Anon. 2007. Advanced power converters for universal and flexible power management in future electricity networks, Report D6.1, Project co-funded by the European Community under the Sixth Framework Programme.
9. Tavner, P. 2010. Reliability and availability of wind turbine electrical & electronic components. Durham University Document.
10. OKeefe, M. 2009. Thermal stress and reliability for advanced power electronics and electric machines. *NREL Presentation at 2009 U.S.DOE Hydrogen Program and Vehicle Technologies Program Annual Merit Review and Peer Evaluation Meeting.*
11. Waseem, I., Pipattanasomporn, M., and Rahman, S. 2009. Reliability benefits of distributed generation as a backup source. *IEEE Power and Energy Society General Meeting, PES'09*, pp. 1–9, http://ieeexplore.ieee.org/xpl/mostRecentIssue.jsp?punumber = 5230481.
12. Kaplar, R., Marinella, M., and Brock R. 2011. Stress testing of semiconductor switches for PV inverter applications at Sandia national laboratories. *Utility-Scale Grid-Tied PV Inverter Reliability Workshop*, Sandia Laboratories.

13. Wolfgang, E., Amigues, L., Seliger, N., and Lugert, G. 2008. Building-in reliability into power electronic systems. *ECPE Workshop*, pp. 246–252.
14. Kozola, S. 2008. Reliability analysis and robust design using MATLAB® products. *LMCS Journée nationale pour la modélisation et la simulation 0D/1D*, 17th April.
15. Calleja, H., Chan, F. 2010. Reliability: A neglected topic in the power electronics curricula. *J. Power Electron.* 10(6), 660–666.
16. Lall, P. 1996. Tutorial: Temperature as an input to microelectronics—Reliability models. *IEEE Trans. Reliabil.* 45(1), 3–9.
17. Parler, S. 2000. Reliability of CDE electrolytic capacitors. *CDE Internet Paper*.
18. Liu, J. and Henze, N. 2009. Reliability consideration of low-power grid-tied inverter for photovoltaic application. *24th European Photovoltaic Solar Energy Conference and Exhibition*, Hamburg/Germany, September.
19. Blake, C., McDonald, T., Kinzer, D., Cao, J., Kwan, A., and Arzumanyan A. 2005. Evaluating the reliability of power MOSFETs. *Power Electron. Technol.* 40–44, November.
20. Lu, H., Bailey, C., and Yin, C. 2009. Design for reliability of power electronics modules. *Microelectron. Reliabil.* 49, 1250–1255.
21. Ye, H., Lin, M., and Basaran, C. 2002. Failure modes and FEM analysis of power electronic packaging. *Finite Elements Anal Design* 8, 601–612.
22. Li, X., Qin, J., and Bernstein, J.B. 2008. Compact modeling of MOSFET wearout mechanisms for circuit-reliability simulation. *IEEE Trans. Device Mater. Reliabil.* 8(1), 98–121.
23. Shen, C.C., Hefner, Jr, A., Berning, D.W., and Bernstein, JB. 2000. Failure dynamics of the IGBT during turn-off for unclamped inductive loading conditions. *IEEE Trans. Industry Appl.* 36(2), 614–624.
24. Patil, N., Das, D., Goebel, K., and Pecht, M. 2008. Failure precursors for insulated gate bipolar transistors. *2008 Int'l Conference on Prognosis and Health Management.*
25. Arab, M., Khatir, Z., and Lefebvre, S. 2008. Investigations on ageing of IGBTs under repetitive short-circuit operations. *Power Electron. Europe* 5, 22–24.
26. Yang, S., Xiang, D., Bryant, A., Mawby, P., Ran L., and Tavner P. 2010. Condition monitoring for device reliability in power electronic converters: A review. *IEEE Trans. Power Electron.* 25(11), 2734–2752.
27. Smith, M.A. and Atcitty, S. 2009. Power electronics reliability analysis. *SANDIA Report SAND2009-8377*, Printed December.
28. Anon. 2010. *Power Semiconductor Reliability Handbook*. Alpha and Omega Semiconductor, May.
29. Celaya, J.R., Patil, N., Saha, S., Wysocki, P., Goebel, K. 2009. Towards accelerated aging methodologies and health management of power MOSFETs (Technical Brief). *Annual Conference of the Prognostics and Health Management Society.*
30. Chamund, D. and Newcombe, D. 2010. *AN 5945 IGBT Module Reliability*. Dynex Semiconductor, pp. 1–8, October.
31. Neacsu, D.O. 2010. Towards an all-semiconductor power converter solution for the appliance market. *IEEE Industrial Electronics Conference IECON*, Glendale, AZ, USA, November.
32. Beutel, A.A. 2006. A novel test method for minimising energy costs in IGBT power cycling studies, PhD Thesis, University of the Witwatersrand, South Africa.
33. Schuler, S. and Scheuermann, U. 2010. Impact of test control strategy on power cycling lifetime. *PCIM*.
34. Amro, R.A. 2009. Packaging and interconnection technologies of power devices, challenges and future trends, world academy of science. *Eng. Technol.* 49, 691–694.

35. Amro, RA. 2006. Power cycling capability of advanced packaging and interconnection technologies at high temperature swings. PhD Thesis, Chemnitz University of Technology.
36. Anon. 1990. *MIL-HDBK-217F = Military Handbook—Reliability Prediction of Electronic Equipment*, Original copy of 1990 (with subsequent revisions).
37. Anon. 2011. SR-332 = Reliability prediction procedure for electronic equipment. Telcordia (www.tecordia.com), January.
38. Anon. 2005. Reliability guidelines to understanding reliability prediction. European Power Supply Manufacturers Association, 24 June.
39. White, M. and Bernstein, J.B. 2008. Microelectronics reliability: Physics-of-failure based modeling and lifetime evaluation. NASA JPL Publication 08-5 2/08.
40. Bernstein, J.B., Gurfinkel, M., Li, X., Walters, J., Shapira, Y., and Talmor, M. 2006. Electronic circuit reliability modeling. *Microelectron. Reliabil.* 46, 1957–1979.
41. Anon. 2003. BSIMPro, Cadence datasheet.
42. Anon. Cadence virtuoso UltraSim full chip simulator datasheet. Cadence Design Systems. Available from: http://www.cadence.com/.
43. Kamas, LA. and Sanders, S. 1996. Power electronic circuit reliability analysis incorporating parallel simulations. *IEEE Workshop, Computers in Power Electronics*, Portland, OR, USA, pp. 45–51.
44. Anon. 1998. Semiconductor device reliability. Mitsubishi high power semiconductors. *Application Note*, August.
45. Gerstle, D., and Lee, P. 2005. Impact of burn-in on power supply reliability. *Power Electron. Technol.* 20–25, September.
46. Murdock, D.A., Torres, J.E.R., Connors, J.J., Lorenz, R.D. 2006. Active thermal control of power electronic modules. *IEEE Trans. Industry Appl.* 42(2), 552–558.

第 8 章　PWM 算法的实现

8.1　模拟 PWM 控制器

PWM 控制器代表在反馈控制回路中的最后一个功能模块电路，如图 8.1 所示。因此，它适用于以控制模块电路同样的技术实现该模块的控制功能。如果反馈控制是采用模拟高速、闭环控制的方式实现，则这个 PWM 控制器就是模拟的。

PWM 模块的基本作用是将基准信号转换为一系列脉冲占空比随基准信号而变化的脉冲串[17, 18, 19, 26, 29]。在三相系统中基准信号由一组三相变量表示，这一组三相变量通常是对称的，PWM 模式由三相逆变器中的 6 个开关决定。

最简单的 PWM 控制器实现方法是单独为每个逆变器引脚产生 PWM 信号。通过基准信号和具有恒定幅度和频率的三角波信号进行比较产生高端开关驱动信号。这已在本书第 3 章的有关内容中做了介绍。图 8.2 所示为采用简单的运算放大器来实现最简单可用的 PWM 信号发生器实例，这个运算放大器提供轨到轨的输出。

运算放大器负输入端的输入信号是由输出电压对电容器充放电产生的三角波信号。运算放大器的正输入端是来自输入基准电压 V_{ref} 通过电阻 R_4 和 R_3 的正反馈电压信号。基本上这个运算放大器工作于施密特触发比较器的工作方式，输入电压 V_{ref} 控制着输出脉冲信号的脉冲占空比。根据输入电压的极性和数值，脉冲宽度在以一半的脉冲开关周期变化。最后，低端开关控制信号是由高端开关控制信号的反向来实现。

该解决方案不提供外部信号对生成的 PWM 信号的同步功能，所产生的 PWM 信号周期由于电源电压和温度的变化而发生变化。一种改进的解决方案是使用集成电路定时器 555 电路用于输入信号的同步和提供模拟基准信号。控制命令脉冲可以利用同一个 555 定时器电路实现，控制命令脉冲信号和 PWM 两个信号也可以利用同一个双定时器 556 电路来产生。555 电路用于生成命令脉冲，这个命令脉冲信号可以作为输入信号加到所有三相电路中。利用另一个 555 电路，基于每相产生这个 PWM 信号，如图 8.3 所示。

一个替代解决方案是基于精确的压控振荡器，所有三个通道使用相同的三角波信号，如图 8.4 所示。

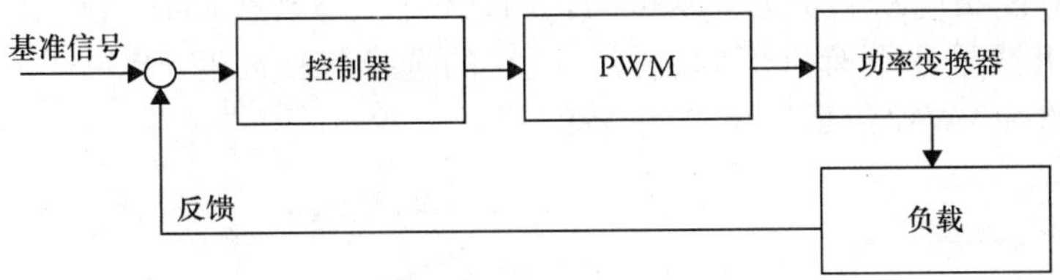

图 8.1　含电源变换器的反馈控制回路电路工作原理框图

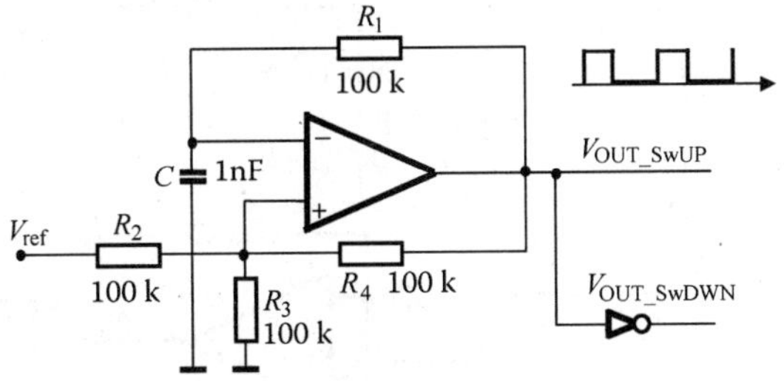

图 8.2　基于运算放大器的简单 PWM 发生器

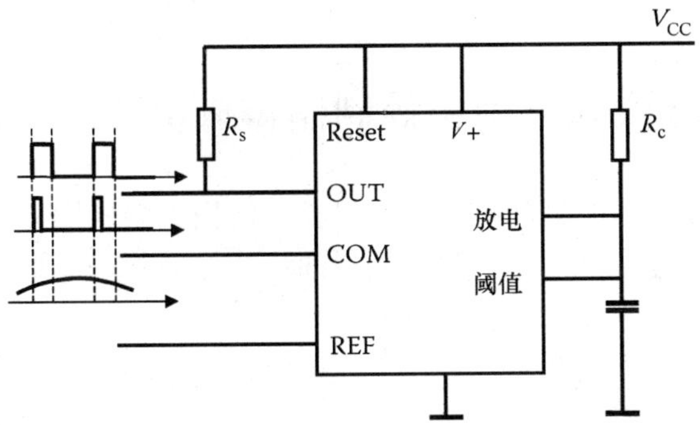

图 8.3　采用 555 振荡器的 PWM 发生器

有许多类似的解决方案可以用于模拟 PWM 控制器的实现，这里解释它们的工作原理。最先进的解决方案还包括在有故障出现时设有可以中断每个通道 PWM 发生器工作的关断引脚。此外，相对 PWM 信号控制的现代功率传输要求可能会有所不同。

TI 公司生产的 TL5001 主要用于电源控制，采用了用于最后功率级控制的一个死区时间发生器和一个集电极开路输出晶体管这种类型的控制电路结构。同时还含有如欠压锁定和短路保护等附加功能。

鉴于改变 PWM 参数有限的灵活性，这些基于模拟电路的解决方案很不好使用。由于对控制回路的带宽要求极高，因此模拟 PWM 控制在高频电动机驱动的应用场合仍然是一个有价值的选择。现在的选择包括高速 FPGA[16] 或具有预定义控制环路和 PWM 信号发生器的 ASIC。

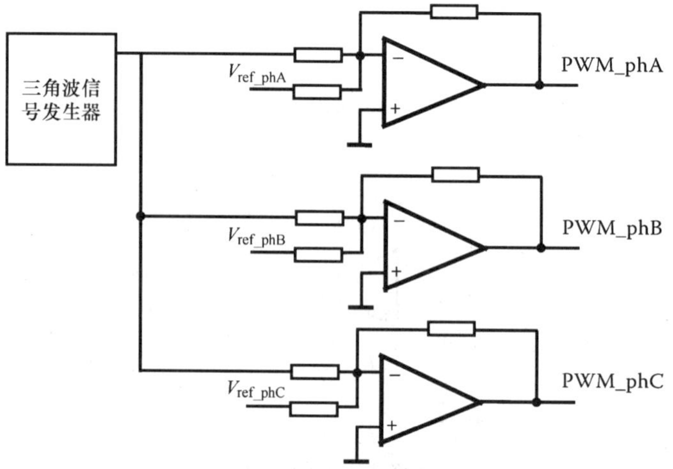

图 8.4 具有专用三角波发生器的三相 PWM 发生器电路工作原理框图

8.2 混合工作模式电动机控制器集成电路

在马力功率范围内的电动机驱动可以在不使用太多外围元器件的条件下利用控制集成电路来实现。这在用于商业用途的场合，必须降低电动机驱动器造价的情况下，已成为标准的要求。

市场上有很多优秀混合工作模式集成电路技术解决方案，他们主要用于控制低电压电动机驱动和消费类产品的场合。这些控制器内含模拟控制器、具有保护功能和死区保护的 PWM 信号发生器功能电路和栅极驱动器。最先进的解决方案还包括用于高端 MOSFET 的电源电路，而不是采用常规的自举升压外置供电电路。在一些汽车应用场合，栅极驱动电路需要单独的供电回路，可以避免例如直流母线电压低于适当栅极控制电压限制的应用。例如，来自美国 Allegro Microsystems 公司的 A3948[1] 集成电路就含有一个自举升压电感，以维持 3 对驱动电路的栅极控制电压。

控制系统可以根据应用分为两类：一类是能够提供连续旋转常用的直流无刷电动机（BLDC）控制，另一类是能够提供起动/停止操作或很好定位的步进电动机控制。对这两种应用都可以提供采用混合工作模式技术的集成电路控制解决方案。

第一代步进电动机将 PWM 电流控制器和功率控制级集成在了一起，例如 Allegro 公司的 A3966，在 A3966 中要求通过外部基准信号来设定相基准电流。进一步发展的技术推出了一个完整的解决方案，这个解决方案包括用于设定电流水平的数字——模拟控制器（A3967 - A3977）。在这些模型中的数字接口允许与更高层面的通信。进一步的研究是开发具有串联或并联数字通信接口的故障工作状态信号传输的专用应用。

所有这些解决方案都处于集成电路技术的边缘，未来可能会看到具有更好保护和控制功能，可用于更高功率水平或更强数字和模拟控制功能的产品出现。目前，这些解决方案限于低电压变换器总线和小功率电动机的应用场合。

8.3　计数器的数字结构：FPGA 实现

8.3.1　数字 PWM 控制器工作原理

定时器后面接一个和基准信号比较的电路也可以通过数字计数器电路和比较单元电路来实现。现代微控制器内含有比较单元电路和定时器/计数器电路，可以直接生成 PWM 控制信号。如图 8.5 所示，一个单通道的 PWM 可以用计数器来实现。

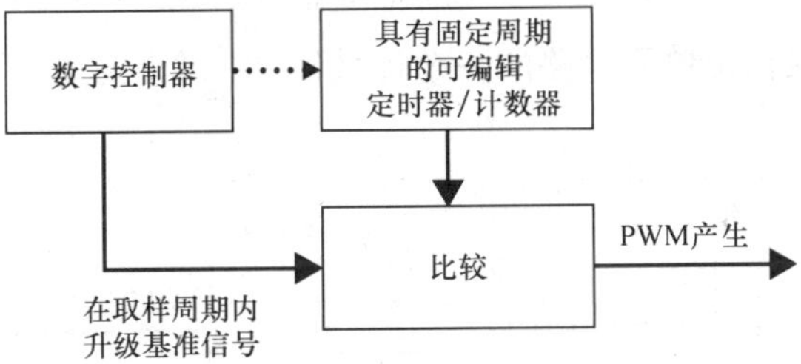

图 8.5　采用单通道 PWM 发生器的计数器/定时器电路工作原理框图

利用计数器电路可以用几种方法来生成一个三相逆变器中 6 个开关的 PWM 信号。一般情况下，生成的一个信号产生用于每相电路，通过逻辑反转可以生成互补的低端或高端信号。设计人员必须注意加到 IGBT 栅极/MOSFET 的信号极性。作为一个经验法则，在美国使用或建造的栅极驱动器通常不反转控制信号极性，而那些在欧洲或日本制造的栅极驱动电路需要改变控制信号极性。这就是为什么最初为日本或欧洲市场设计的所有来自微控制器的 PWM 信号有负输出，要求栅极驱动信号反转信号极性。

最后，设计工程师需要验证数字系统，可以自己建立死区时间或采用一个外接的死区时间发生器电路。有时，栅极驱动器电路本身就能够产生固定值的死区时间。

可以用下面介绍的电路拓扑之一利用计数器来产生一个三相逆变器所需要的PWM 控制信号。

一个公用计数器和3个比较单元电路，使用相同的计数器件，一个用于一相的电路结构如图8.6所示。

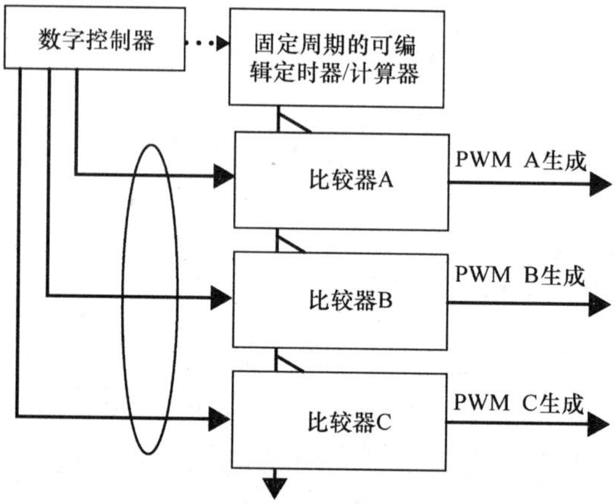

图8.6　采用一个计数器电路来产生三相PWM信号

用于每个单独相位单元电路的一个计数器和一个比较单元电路的电路结构如图8.7所示。

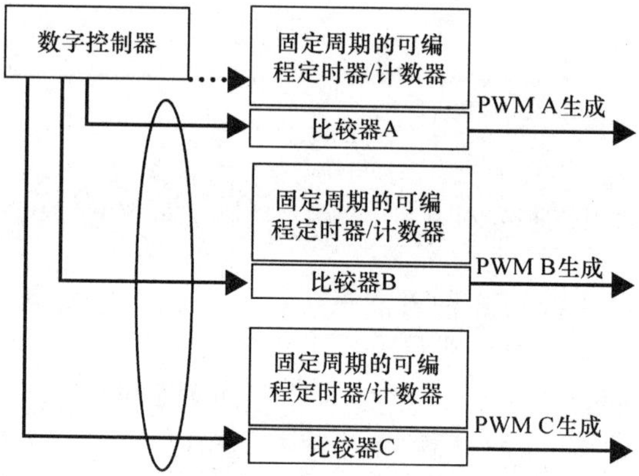

图8.7　采用3个计数器和3个比较器的三相PWM信号产生

根据每个定时器的内部结构产生的脉冲宽度可以不同，图8.8a给出了左对齐的可变PWM，图8.8b给出了右对齐的PWM，图8.8c给出了中心对齐的PWM。最后一个是使用前两个解决方案背靠背的逻辑结果。商业可用的PWM发生器电路通常采用实现中心对齐的方法。

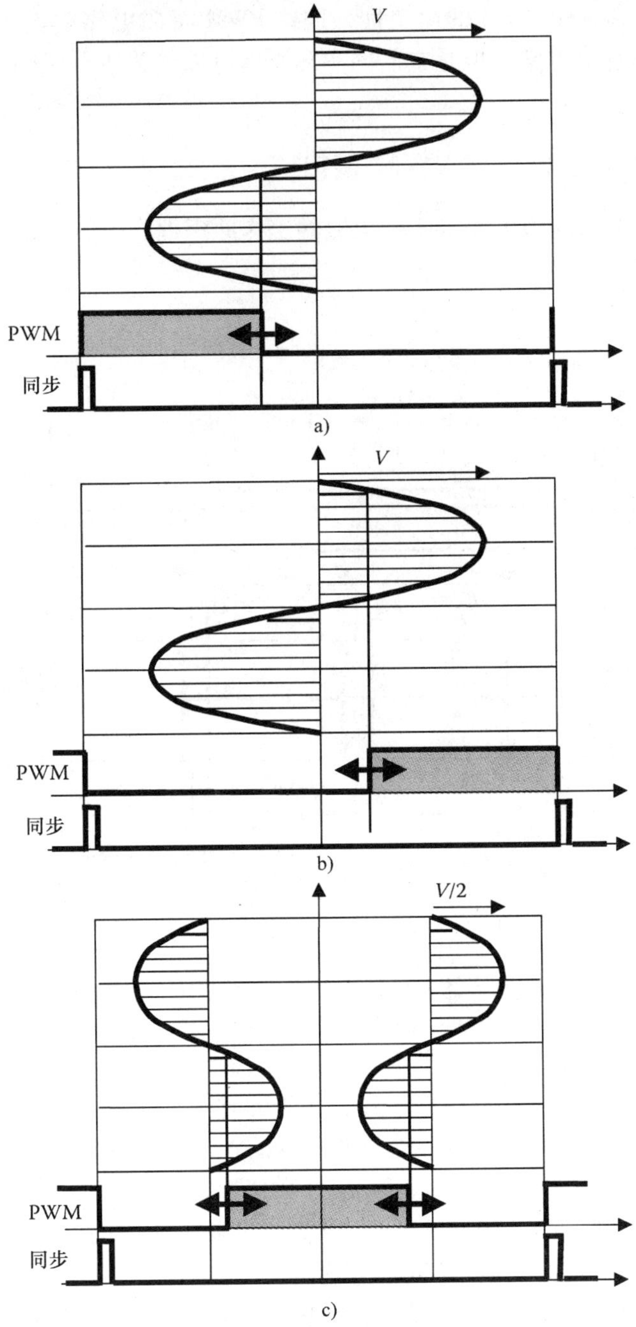

图 8.8　a）左对齐 PWM　b）右对齐 PWM　c）中心对齐 PWM

自20世纪80年代底以来市场上就有一些数字PWM集成电路可供选用，由于使用FPGA和ASIC设计的简单性，这些PWM集成电路解决方案不再代表一个有吸引力的解决方案，但是它们的实现原理可以作为现代FPGA[16]或ASIC解决方案的起点。

8.3.2 总线兼容的数字PWM接口

图8.9所示为西门子SLE4520电路的工作原理框图，类似的解决方案已经由Dynex实现。

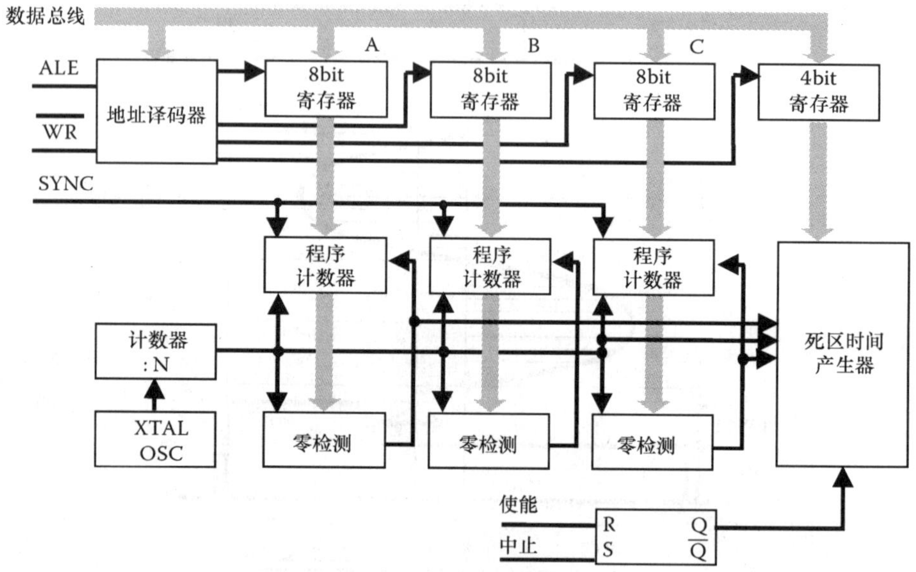

图8.9 SLE4520的功能框图

SLE4520电路被设计为用于任何8位微控制器及工作可以通过数据总线和控制信号总线编程的外部接口电路。每相相关的时间常数或脉冲宽度可以存储在一个8位寄存器中，并且可以在每个同步信号的控制下加载到计数器中。当逆变器控制信号变化开关信号状态时，可编程计数器计数降至零。利用一个4位寄存器可以对死区时间常数进行编程设定。当功率级发生故障时，紧急关断引脚被激活，它通过RS触发器取消PWM信号输出。

利用现代微处理器或数字信号处理器（DSP）[20,23-25]的数据和地址总线接口电路可以产生有死区时间和没有死区时间的PWM信号的类似解决方案。同样的想法实际上已用于客户定制的FPGA或ASIC器件中，但是它引用更多的数字器件可以从处理器的总线产生 PWM 信号，这是值得的。

IXYS 公司的 IXDP610 可用于开关功率变换器桥电路[21,22]，为开关功率变换器桥电路提供单通道双 PWM 控制。它有一个 8 位微处理器完整的数字可编程接口。他有一个数字比较器，利用这个有可编程常数的计数定时器后接一个死区时间发生器和可编程计数定时器进行常数比较。这个 IXDP610 能够控制开关频率范围为 0～390kHz 的功率 PWM 器件，具有 7 位或 8 位的分辨率，高达 11% 的死区时间。输出能够直接驱动 20mA 电流，适用于光电耦合器、栅极驱动电路或低功率模块的场合。通过来自保护传感器的逻辑控制信号可以实现对过电流、过电压或过温度的逐脉冲关断保护控制。

8.3.3　SVM 控制器的 FPGA 实现

SVM 代表了一种特殊的情况，在这一特殊情况下，需要利用一个数学方法来计算加载到计数器/定时器的时间间隔，然后再通过另一种方法定义开关序列，有许多可以用数字硬件电路来实现的解决方案。其中一个解决方案下面要介绍[2]，它考虑一个在每个取样周期内（有效 1 - 有效 2 - 零状态）只有 3 个状态的 SVM 产生。下面的间隔区间将有一个相反的顺序（有效 2 - 有效 1 - 零状态），这里在和上一个有效状态只有一个开关差别的情况下才会选用零状态。

如果考虑到三相系统的对称性及关于在每个广义 60°扇区平分线的对称性，则可以减少内存查找表容量。角坐标的最高有效位（MSB）反映扇区数量，并且它们用于在第 2 存储器查找表中选择合适的开关序列。第 4 MSB 用来定义在每个扇区的位置并建立有效状态序列。角坐标的最后四位用来读取用于 SVM 的时间常数 t_a、t_b。该内存查找表存储这些常数仅以 30°为间隔（在 30°范围内有 2^4 个增量）。每个时间常数被定义为 8 位，这个分辨率对 PWM 应用被认为是足够用的。

外部周期信号被用作系统时钟和分频器计数采样间隔周期。脉冲宽度的定义是有限的，如在存储器查找表的定义中所示，在一个采样时间间隔内只有 $2^8 = 256$ 个采样点。采样周期计数器的溢出会改变触发器 D 的工作状态，这个触发器的输出通过两个或门电路控制时间间隔 t_a 和 t_b 的序列。最后，利用一个“开关”模块在 60°扇区的第一半扇区和第二个半扇区内指定 A_1 和 A_2 两信号对应 t_a 和 t_b 的不同含义。例如，在 23°位置和调制指数为 0.6 的情况下导致 $t_a^1 = t_a(V_1) = 0.36T_s$ 和 $t_b^1 = t_b(V_2) = 0.23T_s$ 的位置产生。由于对称性，在 37°位置以同样的调制指数导致 $t_b^1 = t_a(V_1) = 0.23T_s$ 和 $t_a^1 = t_b(V_2) = 0.36T_s$ 的产生。所以控制开关序列利用 A_1、A_2、第 4 MSB 和另一个存储器查找表译码。

使用 2 个内存查找表不方便，特别是因为 2 个内存查找表的大小不同。利用一个组合电路和一系列的多路复用电路可以定义开关序列，如图 8.10 所示。观察所有可能的开关序列，可以得到如表8.1所示的合成结果。

图8.11所示为采用逻辑译码器而不是内存查找表的结果和一个6约翰逊计数[$D_0-D_1-D_2$]除法器的构建。计数器的输出可以用于具有P、A_1和A_2输入多路复用电路的地址。表8.2说明了在计数信号结束位置的译码结果。

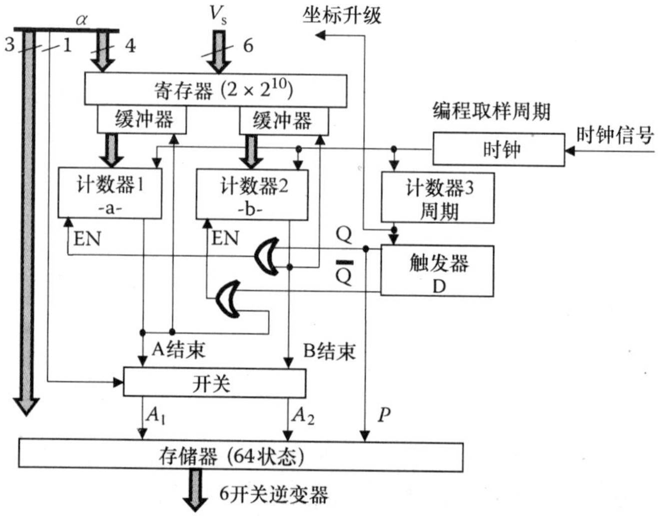

图8.10　SVM算法的纯数字实现工作原理框图

其他数字或FPGA的SVM算法合成可以在参考文献[3－7]中找到。它们中许多SVM算法的实现都可以以式（5.30）再接着开关序列译码的直接方式实现，根据不同的SVM算法，例如为了降低损耗（参见本书第5章的有关内容），后面的模块可以有所改变。

在触发功率半导体器件栅极的最后阶段可以用死区时间发生器来表示，在本书第3章的有关内容中介绍了死区时间间隔计算和有关规律。死区时间发生器通常和PWM算法一起实现，但是也有用于死区时间产生的专用电路。

表8.1　从计数信号的末端定义开关序列

初始零失量000				初始零失量111			
扇区	信号B	信号A_1	信号A_2	扇区	信号B	信号A_1	信号A_2
1	S_1	S_3	S_5	1	S_6	S_4	S_2
2	S_3	S_1	S_5	2	S_6	S_2	S_4

（续）

初始零矢量 000				初始零矢量 111			
扇区	信号 B	信号 A_1	信号 A_2	扇区	信号 B	信号 A_1	信号 A_2
3	S_3	S_5	S_1	3	S_2	S_6	S_4
4	S_5	S_3	S_1	4	S_2	S_4	S_6
5	S_5	S_1	S_3	5	S_4	S_2	S_6
6	S_1	S_5	S_3	6	S_4	S_6	S_2

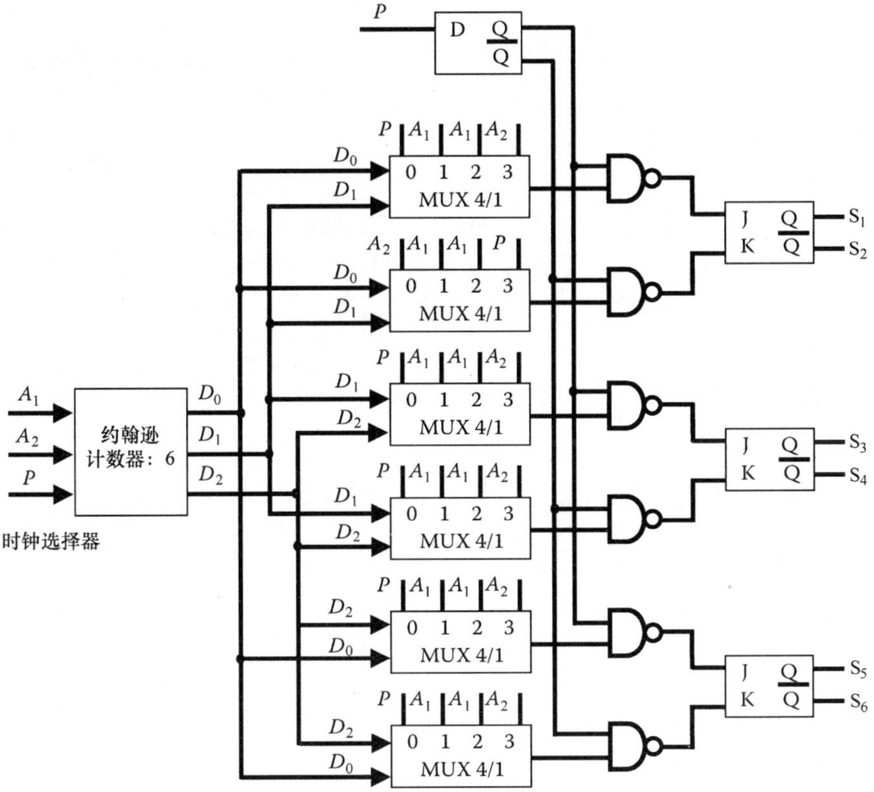

图 8.11 空间矢量调制数字合成与多路复用电路举例

表 8.2 建议实现

	地址	S_1	S_2	地址	S_3	S_4	地址	S_5	S_6
S	D_1-D_0	导通	导通	D_0-D_2	导通	导通	D_2-D_1	导通	导通
1	00	P	A_2	00	A_1	A_1	00	A_2	P
2	01	A_1	A_1	00	P	A_2	10	A_2	P
3	11	A_2	B	01	P	A_2	10	A_1	A_1
4	11	A_2	B	11	A_1	A_1	11	P	A_2
5	10	A_1	A_1	11	A_2	P	01	P	A_2
6	11	B	A_2	10	A_2	P	01	A_1	A_1

8.3.4 死区时间数字控制器

采用 IXYS 电路 IXDP630/631PI[21, 22] 的有计数器死区时间实现方案如图 8.12 所示。死区时间为 8 个时钟周期，时钟信号可以通过外部晶振或 RC 振荡器电路提供，控制时钟周期就可以调整死区时间间隔。利用相同的 IC 可以产生所有三相需要的死区时间。一个附加的“输出使能”信号能够关闭所有的输出或逐个关闭每个输出。通过图 8.12 可以理解这个电路的工作。控制信号 SIN 的每个正沿延迟栅极信号 $S\_$ 高的正沿，每个控制信号 SIN 的负沿延迟栅极信号 $S\_$ 低的正沿，$S\_$ 高的负沿和 $S\_$ 低的负沿直接跟踪控制信号的合适沿。

8.4 通用和专用数字处理器市场

8.4.1 在功率变换器控制中使用微处理器/微控制器的历史

本书第 1 章介绍了数字控制系统平台实现所需的主要控制功能。在数字世界中，可以实现所有这些功能的发展方向有两个。

第一个方向集中在通用微处理器的结构。这些器件控制代码的运行速度实现得非常快，包括在软件中实现的许多功能。在过去 25 年中，微处理器的发展开始于位处理器件，例如 intel 3000 或 AMD 2900；8 位微处理器如 intel I8080，Zilog Z80 和 I8085；16 位微处理器如 I8086，Z8000，摩托罗拉 68000，TI 公司的 16008/16032；以及 32 位微处理器如 68020 或 I80385。他们在 20 世纪 80 年代后期通过串联对算术协处理器升级，如 intel 80826/80287，国家半导体公司的 NS 32016/32081。其他大规模集成电路（LSI）也进行了这种技术进步：

1）高速硬件乘法器能够在 200ns 的时间内进行定点 24×24 位的计算，在 34ns 的时间内进行 16×16 的计算（例如 MPY016K－TRW）；

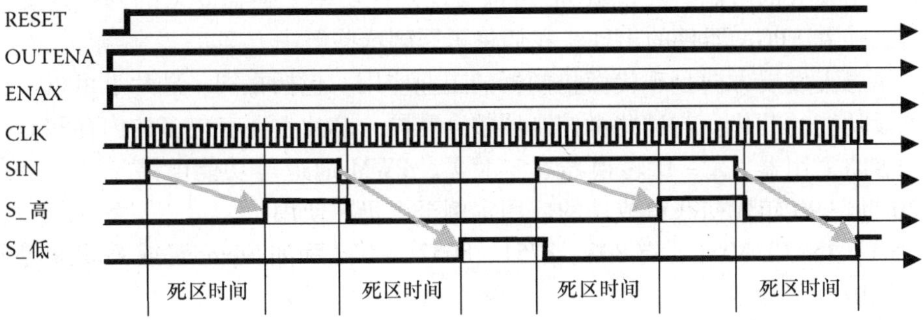

图 8.12 死区时间发生器电路 IXDP630/631PI 的时序图

2）用于计算高达 80 位变量点的运算模块（例如 AMD511、9512），它们通常作为主微处理器装置的从协处理器；

3）多通道数据采集系统（例如 AD162，AD364，DAS1150）或数字系统中现有微处理器的专用接口，例如 INTEL、PROLOG、MOSTEK、TI 或 DEC 等；

4）快速 RAM 存储器，具有双端口访问能力和巨大的容量；

5）用于微处理器总线快速接口的专用数字电路；

6）用于功率变换器控制的多路 PWM 信号产生的专用电路；

7）含 ROM – I/O 定时器外设，专用于现有微处理器扩展（例如用于与摩托罗拉 6800 设备连接的 MC6846）的复杂数字电路。

为了充分理解这个技术进步的变化，以在 20 世纪 80 年代得到广泛使用的 8 位微处理器 Zilog Z80 为例，时钟速度被限制在 4MHz，外围功能均基于和主处理器连接的独立芯片实现。一个叫 PIO – Z80 的专用器件是专门用于并行 I/O 的场合，另一个器件 SIO – Z80 用于串口通信的场合；专用存储器存取单元 DMAC – Z80 和定时器/计数器电路 CTC – Z80 完善了这个产品家族。一个完整的操作微系统必须包含所有这些芯片并位于一个共同的 PCB 上，为外部通信提供所有的数据、控制及可以和外界通信的地址信息等所有数据。一旦做好了这个电路板，并且对这个电路板进行了测试，就可以直接基于汇编语言编码实现，没有任何实时调试器或通过监控程序实现可视化操作的可能性。

20 世纪 80 年代末至 20 世纪 90 年代初所有这些数字解决方案的处理速度相当有限。由于通用性和简单性，它们中的一些解决方案仍在使用。另一种能够提高一般运算速度的方案是考虑使用一个大的存储器查找表中存储的控制结果的离线处理和存储解决方案。通过内存查找表可以提供实现不同 PWM 算法的最佳实施实例。最初，由于访问这些内存查找表固有的速度限制，对内存查找表法的使用有一个很大的限制。现代 ROM 可以实现现代功率变换器要求的开关速度。几年后，随着 FPGA 器件的出现，我们将再回到这些解决方案。

第二大发展方向是现代微控制器的工业应用，包括在同一硅片上可以实现专用外设功能的芯片。与这些微控制器整合在同一芯片上还有更多的内存和 I/O 接口和多路复用器、A－D 转换器、定时器、PWM 通道等功能电路。其中，有些在 20 世纪 90 年代初获得成功的应用实例至今仍在使用：

（1）INTEL 8051（有 803、8751、8052、8032 和如 Siemens 或 Philips 等公司的不同版本）含：

1）一个 8 位的微处理器和自己的时钟信号发生器电路；

2）一个布尔处理专用模块；

3）kB 的 ROM（没有存储器的 8031、有 EPROM 的 8751、有 8kB 和 BASIC 编译器的 8052）；

4）128 字节的 RAM（对 8052 而言有 256 字节）；

5）专门用于 PWM 信号产生的两个 16 位定时器/计数器电路（8052 内部含有 3 个这样的计数器）；

6）4 个可编程双向 I/O，有选择地用于每位的读操作、写操作和程序；

7）串行 I/O 通道；

8）两个外部中断输入，这些中断输入可以通过软件来中断或使能（8052 含有具有 6 个中断，含两个外部输入）；

9）用于算术运算的专用寄存器、堆栈管理、I/O 锁存器；

10）有 111 条指令的强大汇编语言，增强了对 BASIC 或 PL/M 翻译功能。

（2）产生于 80196 微处理器后的 INTEL 80186 微控制器体系结构类似于 8086－2，同时还包括以下特点：

1）时钟信号发生器频率为 8MHz；

2）两个高速的直接存储器存取（DMA）通道；

3）具有五级优先级的可编程中断控制器；

4）等待状态发生器；

5）专用总线控制器；

6）可能的协处理器接口；

7）软件和 8086 兼容，可选用 ASM86、PL/M86、PASCAL 86、FORTRAN86、LINK86、C 语言等进行编程；

（3）具有对模拟和数字系统增强接口的 INTEL 8096 的 16 位微控制器。含以下不同版本：

1）kB 或没有存储器；

2）转换时间为 42μs 的 4 个或 8 个 10 位 A－D 通道；

3）5 个 I/O 端口；

4）串行输出端口；

5）一个外部中断；

6）PWM 输出；

7）现有计数器的四通道快速捕获和事件定时；

8）以固定时间间隔、分辨率为 2ms 的脉冲产生 6 个快速输出可编程；

9）每个含有两个 16 位的定时器，一个定时器用于实时同步，一个定时器用于用于外部事件的减法计数；

10）看门狗电路；

11）PL/M 具有中断的汇编语言。

（4）还有类似的 Motorola MK 68200、MK3870、NEC μPD 78312、INTEL 8748、Philips PCB8049、MAB 4048 等器件。

8.4.2 用于功率变换器控制的 DSP

在单片机芯片中添加更多功能的所有这些努力在现代应用中还是显得不够，半导体工程师已经把注意力转移到了 DSP 器件[20, 23-25]。DSP 的出现主要用于通信业务中对数据和信号信息的快速处理。它们的特点是在同一芯片中非常快的时钟速率和额外的处理电路。对 DSP 器件，预计在 100ns 时间内完成 16×16 的乘法运算是很正常的。

最近，在功率变换控制领域，DSP 的使用已由专用电动机控制 DSP 到多相变换器控制的变化。这些器件是通用的，称为电动机控制 DSP，它们的特点是用于机器驱动和三相电网应用有关的三相功率变换器的 PWM 控制。世界上主要的数字信号处理器生产商是 TI 公司、摩托罗拉公司和模拟器件公司（AD）。每一种 DSP 的特点及在三相功率变换控制方面的应用主要介绍如下。

最大的 DSP 市场份额属于 TI 公司。他们的 DSP 通过在过去的 10 年时间里推出了一系列的迭代和版本。DSP TMS320 系列[23,25]基于哈佛架构，允许同时执行几个操作，以提高运行速度。

用于功率变换器的 DSP 控制首先得到使用的似乎是基于 TMS32010/32020 的通用 DSP，其特点如下：

1）工作于 16 位，指令周期为 160ns；

2）使用 144×16 的小 RAM 存储器；

3）一个 160ns 乘法操作的并行 16 位模组；

4）8 个 16 位 I/O 端口；

5）一个外部中断；

6）用于数据处理的专用寄存器；

7）一个16位定时器；

8）用于存储器进入多处理器工作模式的接口。

在20世纪90年代初，TI公司已经开发了一套基于叫作事件管理器的用于电动机驱动控制的外设。这是他们的第一代电动机控制DSP－TMS320F（C）24X，它是在20世纪90年代后期推出的第二代TMS320F（C）240X上的优化。2002年，TI公司发布了第三代电动机控制DSP－TMS320F（C）280X，内含一个非常高速度的CPU，能够在150MHz时钟频率下运行程序。本书第8.5节将详细介绍在使用TI公司DSP事件管理器的PWM实现中所有硬件和软件的可能性。

AD公司在电动机控制功能上有其他很好的DSP性能。AD公司推出了几种架构解决方案，并且都已试用过，AD公司推出器件最显著的特点可能就是关于电动机控制协处理器的开发。第一个解决方案被称为ADMC201，后来又被发展成ADMC330、ADMC401，最后组合为一个DSP外围电路封装在同一个封装内。本书第8.7节将重申这一架构开发的历史意义。DSP家族的ADSP－219X代表了AD公司另一个在电力电子技术领域有许多应用的解决方案[20]。这个16位定点DSP内核能够以它的现代版本完成160MIPS的运算。其他功率变换器控制相关的外围设备包括：

1）芯片上的8k字RAM可以在程序RAM和数据RAM之间分配使用；

2）用于传输数据和指令的专用存储器DMA用于外部存储器接口；

3）8通道，高达20MSPS取样速率的14位模数变换器；

4）工作于160MHz时钟信号、12.5ns分辨率的三相16位基于中心对齐的PWM发生器单元电路；

5）专用的32位编码器接口与配套编码器的事件定时器；

6）双16位辅助PWM输出；

7）三个可编程的32位定时器；

8）16个通用I/O引脚；

9）SPI和同步串行接口。

同一时代的其他DSP有NEC7720、Fujitsu MB8784和STC－DSP128。

这些DSP处理器在世界范围的广泛使用，鼓励开发专用的DSP应用软件库。以汇编语言和C语言编程的方式，这些DSP处理器有助于发展一种适用于电动机驱动应用的软件文化和编程方式。最近的努力可以提供代码模块化和自动软件验证。传统的开发工具已经扩展到循环查看器和自动编程工具。一些公司，如

Mathworks 公司推出了基于 PC 仿真程序的 DSP 系统，用来快速开发和调试专门用于功率变换控制的新代码。

8.4.3 多处理器结构的并行处理

在 DSP 大发展的同时，工程师们也尝试使用并行处理数字系统来控制功率变换器。即使它们不直接受益于特殊的外设，这些系统可以有更大的处理能力。因此，整个控制算法被带到了 PWM 算法的时间尺度。

在多处理器系统的软件工作是基于一个等待的过程列表，由特别设定的指令来创建并行任务，一个最小的上下文、几个定时器和中断有关系统之间的快速通信过程。并行微系统之间通信协议的选择非常重要，有几个选项：串行传输、通过握手并行传输、DMA 传输、FIFO 传输、双端口 RAM 存储器传输和多总线结构。在这类器件中有一种 INMOS 计算机集成电路 414，这个计算机集成电路能够在在 50ns 内运行于 32 位执行精简指令集，并在内部实现高速通信。

在软件平台的开发中和使用并行硬件的趋势是一致的。最简单的微处理器需要对大量并发事件进行建模。汇编语言是实现这些模型的最快方式，即使汇编语言编写的程序往往具有冗余的序列，并且过于详细。为了简化这个过程，许多工程师使用如 C、PL/M 语言，Visual Basic，Pascal 等高级编程语言。因此，编程被简化为确立明确的任务和编写每个任务的特殊模块工作。然后主程序将基于这些任务的优先级分组。

顺序处理任务不从并行处理器硬件得到所有的好处。第一种可以一致表示并行执行的编程语言是 APL[8]。然而，任务是通过计算能力分布计算的，因为在那个时候，真正的并行硬件是不可用的。ADA 编程语言代表了一个重要的进步，特别是在与专业的 32 位微处理器 iAPX432 的连接上。第一个真正并行评估的任务是通过编程语言 OCCAM 实现的，它可以实现同步和在不同的硬件任务之间实现通信。OCCAM 是适用于计算机集成电路的编程语言，但它可以以最小的修改适用于任何其他计算机。

OCCAM 分担每个独立的任务，可以分别在它们之间完成通信任务。整个程序可以看作是一个相互关联的过程网络。进程之间的同步要求所有的运行在最慢的过程决定的时间，并且每一步都有运行结果报告。通过软件时间标定计算机集成电路器件来模拟这个并发工作，接着是通过四串行通信通道进行通信。如果需要，则可以进一步扩展这个结构。

尽管这个并行结构的计算能力，但它们仍不适用于大系列的电力变换器的生产场合。电力变换器的制造运作需要减少焊接的终端数量和廉价的半导体解决方案。此外，固件的考虑也鼓励使用较简单的基于软件的解决方案。

8.5 低成本微控制器的软件实现

8.5.1 计数器定时的软件控制

许多微控制器并没有受益于一个专用的电动机控制外围设备，并且它们可以使用软件来实现 PWM 算法。实时计算仍然需要一个最小的定时器。该软件必须计算下一个采样间隔所需的时间间隔，并为每个状态顺序编程定时。显然，对给定的实时要求，所得到的 PWM 不会有非常大的 PWM 频率，但它可以满足许多低成本应用场合。考虑采用单定时器电路和逆变器控制的并行接口实现的传统 SVM 算法。在设计软件控制器时对这种数字结构提出了一些要求：

1）基于常用的 SVM 关系，必须通过软件计算每个时间常数，这将限制该系统能产生的基波最大频率；

2）在每个时间间隔开始时，定时器通道应该产生一个中断，然后由该方法产生的所有延迟通过软件补偿；

3）由计数器产生的每个中断，利用一个并行接口来产生 PWM 输出信号。

图 8.13 所示为这种方法的时间图。由于是纯软件实现，因此在支持处理器方面开关频率是有限的，而不会有太多其他功能可以在同一平台上运行。然而，优点是极大地降低了对硬件的要求：用一个简单的计时器和软件处理比较结果就足够。

这个解决方案不很实用，图 8.14 所示为另一个解决方案，在这个解决方案中使用了用于合成每个采样间隔的四个定时器通道。每个定时间隔的结束产生下一个逆变器状态定时和计数器的开始。需要相同的软件结构来计算 PWM 信号。

8.5.2 时间间隔常数计算

实现一个 PWM 算法的第二个主要要求是，要非常快速地决定不同状态间隔内计算加载到定时器里的常数。

本书 5 章介绍了 SVM 算法生成的对称性，对称性在每个 60°扇区后对应每个扇区的等分线。这有助于减少实现正弦/余弦（SIN/COS）函数查找表所需的表格大小。许多数字 DSP 或微控制器器件已经在他们的 ROM 里边有一个简短的 SIN 查找表，通常在一个完整的周期内有 256 或 512 个点。如果要求有一个更高的分辨率，则通过计算软件包，如 MATLAB 或 Mtah CAD 和相关的控制程序可以生成新的查找表。SIN 查找表中的点数决定了每个脉冲宽度的分辨率。这对高频开关采用先进控制器的应用场合是很重要的。因为内存不是一个严重的约束，所以在现代微控制器中加高分辨率的 SIN 查找表不是个问题。

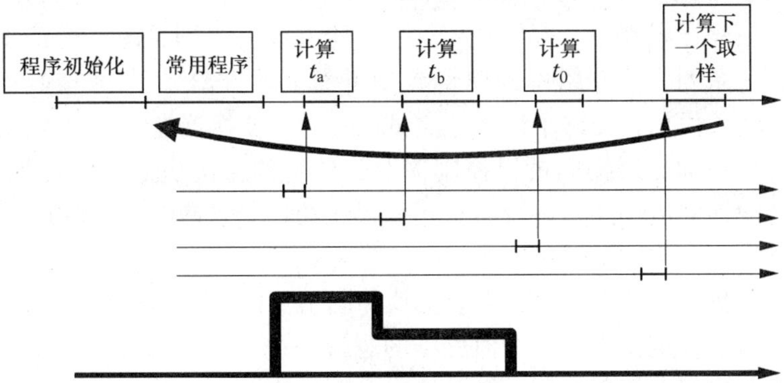

图 8.13　支持 SVM 的纯软件实现时间图

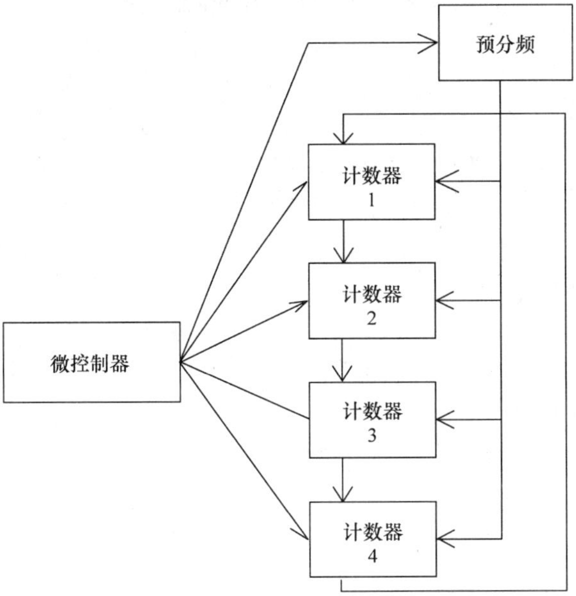

图 8.14　基于 4 个计数器的空间矢量算法的软件实现

利用现代控制器的计算速度，而节省对内存的要求是通过插值来近似基准信号一种完全不同的方法。不同的插值数学方法可供选用，这些插值算法可以用来扩展已经安装在微控制器或 DSP 的 ROM 内 SIN 查找表的范围，以产生满足 PWM

的现有要求。

实现插值的另一种方法是模糊逻辑。在1965年[9] Lotfi Zadeh教授首次发表论文提出了模糊逻辑理论。多年来，这一理论并没有受到关注，直到20世纪70年代，由于一系列广泛介绍模糊逻辑数学方面书的推出[10,11]才使其得到重视。在20世纪90年代初，提出了许多论文试图在功率变换器控制应用方面使用模糊逻辑的概念，特别是用模糊逻辑控制器取代传统的比例积分（PI）控制器。但是在功率转换器的应用场合并没有真正取得成功，主要是由于存在其他传统的非线性控制方法和实施中有一些困难。

在IEEE 1992年的模糊逻辑系统会议勾画出了模糊逻辑理论的特色，会上模糊逻辑理论被重新定位为一个插值思维的逻辑。

本书本节内容介绍了利用模糊逻辑来实现插值概念的例子，它利用降低点数的SIN查找表来生成SVM。

考虑在一个基波周期24点的PWM模型。在每个采样间隔期间，每个零状态在该模型内被均匀分摊。为了简化这个解释，这个演示只限于一个生成的60°扇区。可以用式（8.1）表示基于模糊逻辑的控制关系：

$$\text{如果}\ \alpha = i \cdot \frac{\pi}{12}\text{，则有}\ K_{\mathrm{a}} = K_i\text{，这里}\ i = 0,\cdots\cdots,4\text{。} \tag{8.1}$$

这就是说，对于60°的扇区角坐标的数目减少为5个，我们准确知道的是对每个活动矢量的时间常数值。这样整组的角坐标就可以用5个模糊子集来描述。图8.15所示为每个变量的隶属函数。本文选择隶属函数和线性去模糊化方法提出了一个对失真较少等价脆弱系统的探讨。此外，这种方法实现起来非常简单。在输出相电压不同近似方法的效果如图8.16所示。

线性去模糊化方法产生了一个很好的插值逼近效果，输出相电压的各次谐波误差低于精确计算方法的10^{-5}。这也反映在输出相电压THD的计算上。图8.17所示为两者之间的相似性。

下面给出有数值实例的一个软件实现算法：

1）计算下一个要求矢量位置（V_{s}，α）的极坐标。

例如：（V_{s}，α） = （0.45，212°）

2）在广义扇区内以角坐标的形式定义α_0。

$$\alpha_0 = 212° - \left(\mathrm{INT}\left(\frac{212}{60}\right)\right)60 = 32°$$

3）基于α_0位于每个有效矢量K_{a}，K_{b}时间间隔的模糊预测。

定义扇区数：

$$I = \mathrm{INT}\left(\frac{\alpha}{15}\right) + 1 = 3$$

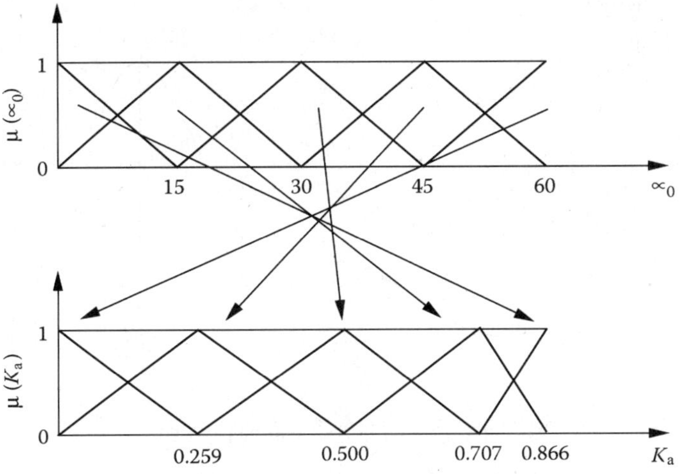

图 8.15　提出方法的模糊子集

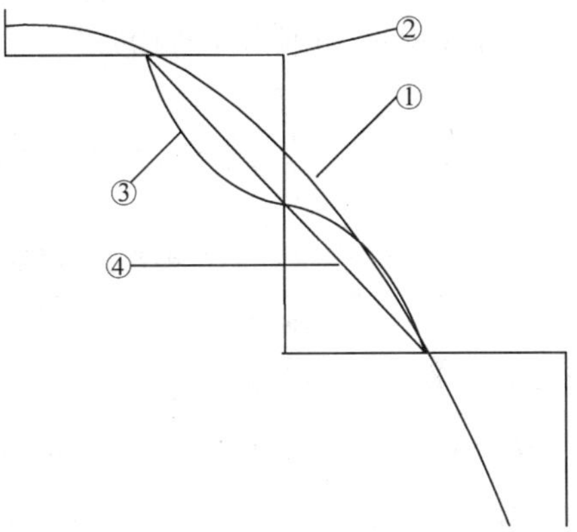

图 8.16　不同近似方法对输出相电压的影响：①正弦 PWM；②阶梯 PWM；③去模糊化重心法；④线性去模糊化

对左面子集计算 α_0 的隶属度

$$\mu_1(\alpha_0) = \frac{(15 \times 1 - \alpha_0)}{15} = 0.86$$

对右面子集计算 α_0 的隶属度

$$\mu_2(\alpha_0) = 1 - \mu_1(\alpha_0) = 0.14$$

通过线性去模糊化计算时间间隔

$$\begin{aligned} K_a &= (\mu_1(\alpha_0) \cdot K_I + \mu_2(\alpha_0) \cdot K_I + 1) \\ &= 0.86 \times 0.5 + 0.14 \times 0.707 \\ &= 0.528 \end{aligned}$$

利用线性去模糊化计算第 2 个时间间隔

$$\begin{aligned} K_b &= (\mu_1(\alpha_0) \cdot K_{6-I} + \mu_2(\alpha_0) \cdot K_{5-I}) \\ &= 0.86 \times 0.5 + 0.14 \times 0.259 \\ &= 0.467 \end{aligned}$$

4）利用对采样间隔周期的乘法运算决定实际的时间常数。

5）计算 $t_{01} = 0.5 \times (T - t_a - t_b)$。

6）选择合理的开关工作格式（$t_{01} \rightarrow t_a \rightarrow t_b$ 或 $t_{01} \rightarrow t_b \rightarrow t_a$）。

7）定时器编程。

这种以模糊逻辑为基础的方法可以扩展到三相感应电动机驱动器的 V/Hz 控

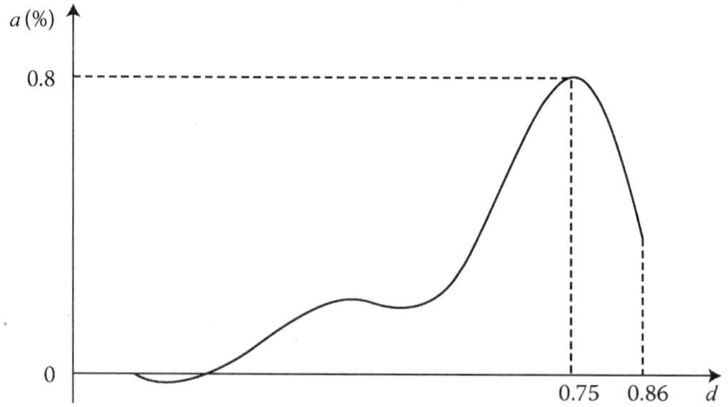

图 8.17　两种方法之间的相对不同

制。在整个范围内 V/Hz 特性不是线性的，但在低频范围内需要一定的非线性，以补偿在定子绕组电阻上的电压降。这种非线性也可以被映射成以模糊逻辑为基础的变量。最终得到的控制器具有 2 个输入，并且可以根据表 8.3 所示的规则表实现。语言程度一般和它们的语言意识无任何关系。每一条规则都可以被解释为：

如果 α 为小负数（NS），f 为正小数（PS），则有 t_a 为小负数（NS）。

表 8.3　模糊逻辑控制器规则表

α_f	大负数（NB）	小负数（NS）	正小数（PS）	正大数（PB）
负大数（NB）	正大数（PB）	正大数（PB）	正中数（PM）	负大数（NB）
负中数（NM）	正大数（PB）	正中数（PM）	零（Z）	负大数（NB）
负小数（NS）	正小数（PS）	零（Z）	负小数（NS）	负大数（NB）
零（Z）	正小数（PS）	零（Z）	负中数（NM）	负大数（NB）
正小数（PS）	零（Z）	负小数（NS）	负中数（NM）	负大数（NB）
正中数（PM）	零（Z）	负小数（NS）	负中数（NM）	负大数（NB）
正大数（PB）	零（Z）	负小数（NS）	负中数（NM）	负大数（NB）

与原型所提供的 24 个脉冲 PWM 情况下计算的时间常数，隶属函数被认为是对称三角形。将理想和近似的情况比较，所产生的最终控制面如图 8.18 所示。

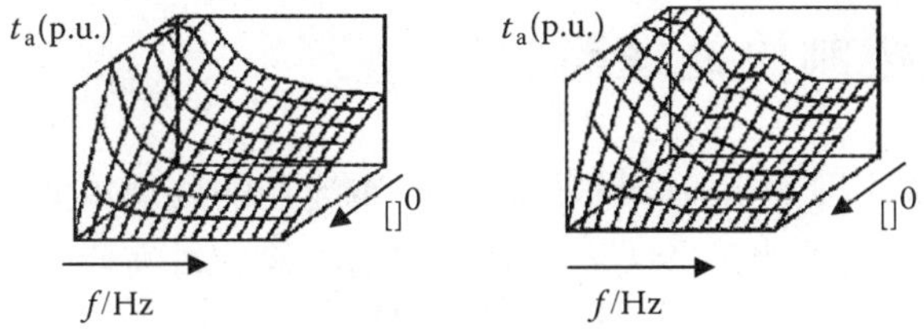

a)　　　　　b)

图 8.18　控制器面

a）理想和　b）近似

8.6　有功率变换器接口的微控制器

鉴于低功率电动机驱动在家电和伺服驱动器应用的巨大市场，一些生产厂商已经开发出专用的电动机控制微控制器。对这些设备低成本压力是非常大的，并放弃了基本逆变器控制应用程序没有必要的功能，这样可以增加它们的竞争力。随着简单、低成本的 8 位 CPU 的出现，这些设备受益于专用于 PWM 生成、A－D变换和数据采集的硬件接口。不同的通信接口的内部结构使他们适用于优化的电动机驱动场合。

在这个范畴内的一个很好的例子是 NEC μmpd78098x[14]。这类的微控制器有一个含 7 个用于事件管理可编程定时器/计数器的通道，以及一个运行在 8MHz 的低成本 CPU。使用一个 10 位的定时器用于 PWM 产生，它含有一个能够产生 3 对输出信号的电路（逆变器控制）和一个可编程的 8 位死区时间发生器电路。8 个 10 位的 A－D 变换器通道也可以用于功率变换器的反馈控制。一个 UART 通信接口可以把这个器件作为一个较低层次结构的控制器。

由于有限的时钟频率（8MHz），载波频率为 15.6KHz（64μs）或更高，当定时器被编程为一个 8 位分辨率或对应 10 位分辨率的 3.9kHz 载波频率（256μs）时不能产生需要的 PWM 信号。对应不同的开关频率，时钟频率被标定在这些值以下。对于较高的开关频率，不能实现 8 位或 10 位分辨率，对于同一定时器，定时器应与多个中断一起工作，并且应按适当的值分频这个频率。

摩托罗拉提供了可以运行在高达 32MHz 的一个类似器件，并具有一个用于电动机驱动应用场合的容错 PWM 控制器。摩托罗拉 68HC08 系列还包括一个死区时间发生器和一个有趣的死区时间补偿能力[27,28]。这些都是围绕所谓的定时器接口模块创建的，这也提供了捕捉功能。最后，该器件含 USB 接口、CAN 接口和 SPI 接口，以便和本地网络互连。像许多现代的微控制器或 DSP 芯片，都含有一个片上 flash 电路选项。

8.7 电动机控制协处理器

任何数字反馈控制解决方案都可以在一个通用的处理单元电路中实现，但是特定的控制和电力电子测量系统需要有专用的外设。目前研究的目的是提高功率专用外设的性能，并将它与主计算单元一起配置。

另一个研究方向是朝着以主处理单元外数字协处理器形式特定应用外设的方向进行[15]。

Analog Devices 公司的 ADMC201/./331 器件是使用这种方法的最知名商业解决方案。开发出来用于电动机控制的场合，模块含在同一可编程数字系统中可以实现矢量控制的功能模块电路。最初是作为 ADSP2105 的相伴电路芯片开发出来，它也可以与其他 DSP 或微控制器连接配合使用。

这类芯片的最新产品已将 26MIPS 的定点中央处理单元电路做到了 ADMC401 芯片内部。它包括：

1）8 通道同时采样模数变换器；

2）三相 16 位 PWM 发生器；

3）两个 8 位辅助 PWM 输出；

4）基于角坐标的 Park 直接和反数字变换。

ADMC331 包括预定义用于电动机控制的硬件数学函数，例如基于角坐标的矢量变换。基于矢量变换的硬件在三相系统控制中可以节省大量的时间。反馈控制回路可以运行在更高的速率，控制回路可以有更大的带宽。

最近，IR 公司开发了一个采用 FPGA 支持[15]的类似器件（加速器 TM），这个器件能够提供一个 5kHz 带宽的反馈控制环路。同时，所有的矢量控制算法部分都包含在 VHDL 模型内，以及在一个灵活的 FPGA 结构内实现，提供了磁场定向算法的快速并行处理。该数字系统使特定应用程序代码模块化和可移植性。这个数字系统的设计是置于直流电源总线，并直接控制电源器件的栅极电路。提供了具有更高层次的通信接口隔离的能力。

8.8 在 TI 公司的 DSP 中使用事件管理器

8.8.1 事件管理器结构

TI 公司制造了一套专用于电动机控制应用的 DSP 器件。这些 DSP 特定外设模块称为事件管理器，它具有电动机控制必要的所有功能。其中事件管理器之间的细微差别包括在“24x 器件、“24xx 器件和 280x 器件，但所有都是为了帮助实现电力变换器的控制。我们指的事件管理器是 24xx 器件只注意到细微的可能差别。在 21 世纪初 24xx 系列是最常使用的器件。

在 24xx 器件内有两个事件管理，每个包括：

（1）用于实现不同 PWM 算法的两个通用定时器、正交编码器或用于不同控制系统的采样信号周期产生。它们可以工作于 DSP 时钟或一个外部时钟信号，并且具有可编程周期和计数方向。有局部可编程比较模块能够检测时间和释放中断或设置输出。一个有趣的功能是允许同步于一个定时器工作，开始一个 A－D 变换工作。

（2）比较单元电路可以通过比较定时器值和预定义的时间常数直接产生 PWM 信号。每个比较单元有 2 个相关的 PWM 输出，工作于这两个由定时器之一提供的时间基准信号。比较单元的输出可以很容易地根据不同的目地进行编程，含基于载波 PWM 产生或硬件 SVM 的产生。

（3）PWM 电路含：

1）用于支持 SVM 算法硬件实现的硬件 SVM 状态机；

2）对称或不对称 PWM 信号发生器；

3）可编程死区时间信号发生器；

4）可编程输出逻辑

① 有两级深度存储器 FIFO 堆栈的捕获单元电路，对外部事件能够提供时间戳，在事件同步的应用场合有用；

② 用于编码器传感器接口的正交编码器脉冲电路，它是能够解码和对来自光学编码器脉冲计数的正交编码器；

③ 中断逻辑和与中央处理模块的接口，含有一种快速关断 PWM 和功率级的特殊功率驱动保护中断逻辑。

事件管理器包含在 24x 器件中，具有更加复杂的附加功能。然而，这些功能使用不多，由其他实施方案取而代之。

8.8.2 载波 PWM 的软件实现

本书第 3 章介绍了不同的基于载波的 PWM 算法。与一个三角形的高频波形和基准信号直接比较实现是简单的。可以利用采样间隔期编程的通用定时器产生三角波。利用每个连续计数加、计数减或加减计数工作模式生成非对称或对称的 PWM。利用三个可用的比较单元和基准信号的比较可以确保每个事件管理器都已连接到了一对 PWM 输出。在每个采样间隔中断期间比较单元被更新。时间间隔被上传到中心围绕着恒定采样间隔时间一半左右的事件管理器的比较单元。

例如，为了实现一个正弦 PWM 与调制指数 m 和采样时间间隔 T_s 的电路功能，通用定时器周期寄存器应与整数 N_T_s 对应的采样间隔编程，每个比较单元应以式（8.2）给出的时间间隔更新。

$$\begin{cases} N\_T_a = \dfrac{1}{2}N\_T_s[1 + m\sin\alpha] \\ N\_T_b = \dfrac{1}{2}N\_T_s\left[1 + m\sin\left(\alpha + \dfrac{2\pi}{3}\right)\right] \\ N\_T_c = \dfrac{1}{2}N\_T_s\left[1 + m\sin\left(\alpha + \dfrac{4\pi}{3}\right)\right] \end{cases} \tag{8.2}$$

取决于采样周期和基波周期，式（8.2）中的 α 以增量的形式计算。

8.8.3 SVM 的软件实现

基于 TI 公司 DSP 事件管理器的 SVM 算法的软件的最简单实现方法是使用先前 8.8.2 节介绍的对称 PWM 生成特征有关内容。通过适当定义的开关基准函数，每个开关的导通时间间隔可以基于式（5.41）~式（5.46）来计算。每个部分都可以选择，以产生一个从零矢量 000 或 111 开始的开关模式。这可以通过选择 PWM 输出信号的极性来编程。图 8.3 所示为在第一个 60°扇区，使用有源矢量 100 和 110 SVM 的一个矢量位置生成的例子。

用于比较模块在第一个 60°扇区内 PWM 产生的时间常数为式（8.3）和式（8.4）。

当从 000 开始时：

$$\begin{cases} N\_T_a = \dfrac{T_0}{4} \\ N\_T_b = \dfrac{T_0}{4} + \dfrac{T_1}{2} \\ N\_T_c = \dfrac{T_0}{4} + \dfrac{T_1}{2} + \dfrac{T_2}{2} \end{cases} \tag{8.3}$$

再利用式(5.41)~式(5.46)计算 T_1 和 T_2，利用式（5.47）计算 T_0。

当从 111 开始时：

$$\begin{cases} N\_T_a = \dfrac{T_0}{4} + \dfrac{T_1}{2} + \dfrac{T_2}{2} \\ N\_T_b = \dfrac{T_0}{4} + \dfrac{T_1}{2} \\ N\_T_c = \dfrac{T_0}{4} \end{cases} \tag{8.4}$$

这里，利用式（5.41）~式（5.46）计算 T_1 和 T_2，利用式（5.47）计算 T_0。

每 60°扇区都需要采用不同的方程组计算。用于 SVM 生成的软件程序也需要对每个扇区使用第一个零矢量的合理选择和编程。因为这个实现要使用在每个采样间隔的 000 或 111 两个零矢量，在一个基波频率周期的所有采样间隔可以从相同的零矢量开始编程，无论是 000 或 111。对每个采样间隔不需要额外的编程，但在比较单元内时间常数的变化需要额外编程。类似基于基准函数的实现可以用一个向上或向下计数的定时器来实现。

8.8.4　SVM 的硬件实现

事件管理器提供了一个硬件解决方案来实现 SVM 算法。用户必须编程所需输出的 PWM 信号极性，以确保 SVM 算法的硬件实现，并启动一个连续向上或向下计数工作模式的通用定时器。

在每一个采样间隔期间，相应的中断程序接收或计算要求的电压矢量坐标（V_d，V_q），以确定这些矢量属于哪个扇区。每个扇区的特点由两个相邻矢量 V_x 和 V_{x+60}决定，它们由事件管理器计算出的矢量码编程设定。请注意，TI 公司代码编程定义是本书中使用约定的反向。硬件 SVM 生成器还提供了一种首先用于在采样间隔来选择矢量，然后事件管理器将以确定的时间量对应于这些向量的切换模式。

用户软件必须计算分配给扇区内第一（T_1）和第二（T_2）活动矢量的时间间隔，同时计算零状态（T_0）所需的时间间隔。本书第 8.5 节给出了一些提示来实现这个计算。最终的常数位于如第一比较单元为 $0.5T_1$ 和第二比较单元为 $0.5(T_1+T_2)$。

在每个采样周期的开始期间和代表第一个编程设定有效扇区的开关模式进行比较。从定时器向上计数开始的在 $0.5T_1$ 的位置我们得到的第一个比较匹配。如果这种选择是这个扇区的第一个矢量，则输出切换到对应的是 V_x 的格式，如果这种选择是位于扇区的第二个矢量，则输出切换到对应的 V_{x+60}格式。

在第二比较匹配期间，在 $0.5(T_1+T_2)$时刻，模式被切换到一个零失量(000 或 111)，无论哪一个接近最后的有效矢量（或开关模式）。定时器继续计数到编程设定的周期，然后向下倾斜，向下计数。出现下一个匹配时，比较寄存器装入 $0.5(T_1+T_2)$。这用来使能“第二个”活动矢量。在斜率计数下降的第二次匹配时，“第一”活动矢量的切换模式被转移到输出。

由此产生的波形相对于采样周期中点对称。图 8.19 所示为在事件管理器（见图 8.20）中使用硬件生成器，在第一扇区（有效矢量 100 和 110）生成一个矢量的两种可能方法。这里只给出了高端 IGBT 的开关模式，低端 IGBT 工作于互补工作模式。

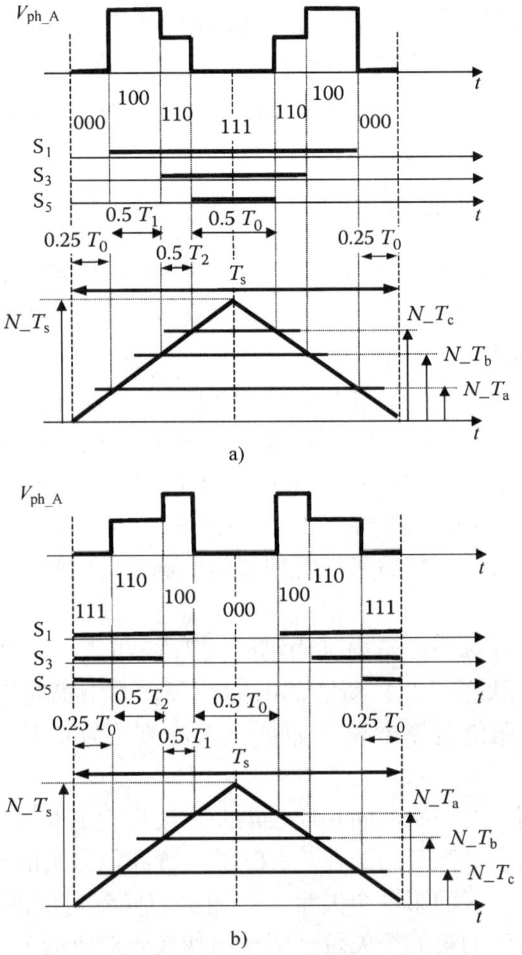

图 8.19　采用硬件 SVM 的矢量合成举例

a）从 100 开始采样间隔　b）从 110 开始采样间隔

注意，在每个采样间隔只使用一个零矢量，在整个 60°扇区允许使用相同的零矢量。第一个结果是，逆变器引脚上在整个 60°扇区内没有开关工作，这样减少了开关损耗。换言之，在事件管理器中 SVM 硬件实现是一种减少 PWM 算法损耗的方法，适用于电动机控制，在电动机驱动控制中电动流通常滞后于电压。在第 5 章的图 5.26 给出了这种方法（方法 DD1）的分析。以每个基波周期一些额外的开关为代价，其他减少 SVM 损耗的算法可以在相同硬件上实现。

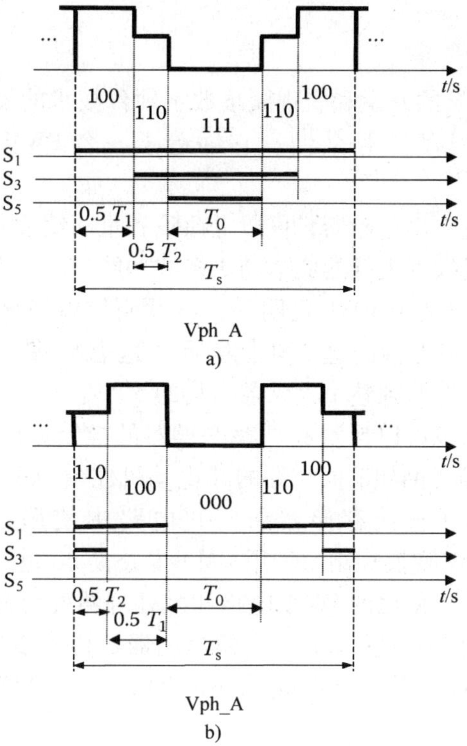

图 8.20　使用硬件 SVM 矢量合成实例

8.8.5　死区时间

在事件管理器中也含有时间发生器。如果死区发生器已启用，则对所有的 6 个输出都应编程设定一个单一的值，每个输出信号的上升（导通）时间被预先设定的时间间隔延迟。死区时间间隔取决于时钟周期、时钟信号预分频，4 位可编程常数覆盖了现代功率半导体器件所需要的所有时间间隔。

8.8.6　每个 PWM 通道

TI 公司的 DSP 还包括几个可以直接从定时器独立工作的 PWM 通道。每个独立 PWM 通道的编程非常容易，开始对周期计数器设置一个计时器，并在一个特殊寄存器加载一个比较常数。当定时器的值达到预装的比较寄存器中的值时，可以生成一个中断和输出切换信号。

8.9 使用闪存

任何 PWM 发生器的开发和实现紧跟数字硬件技术的发展。在过去5年中最重要的成果之一是闪存技术[30、31]，它创造了一个 PWM 发生器[34] 实现的新机会。

闪存是一种非易失性存储器，可以电擦除和重新编程。它提供了比以前的非易失性存储器技术提供了更低的成本与更多的功能。第一个闪存器件是由东芝公司的 Fujio Masuoka 先生于 1981 发明的，自发明年以来该技术被不断地稳定使用，在 2006 年的市场份额高达 200 亿美元，这意味着占有了整个存储器设备 34% 的市场。后来，上升到整个存储器市场的 50%。

闪存技术的成功也可以反映在功率变换器的控制方面。2011 年用于功率变换控制器的微控制器（例如前面介绍的“电动机控制 DSP”）引入了更多的片上闪存，例如在 DMA（直接存储器访问）电路中使用了越来越多的闪存技术[32, 33]。最早在功率变换控制中利用 DMA 电路是 20 世纪 80 年代初[35]。这时功率变换器控制电路中使用的 DMA 电路和微处理器配合使用，以获得更好的存储器访问能力。然而，直到 2011 年在微控制器器件中没有过多使用这个功能。现在，TI 公司的 Piccolo 系列和 Zilog 公司的 Z16FMC 系列对内部和外部闪存引入了 DMA 控制[32, 33]。

最近关于对外部大型闪存的另一项技术进展是采用改进的单、双或四 I/O 串行外设接口（SPI）接口。对 SPI 的工作原理大家已经了解了有相当长的一段时间，这种 SPI 主要是用于替换更为复杂的如 RS232、RS485 等总线解决方案的一个更为简单的选择。波特率的限制受限于串行每比特位的信息传输。较新版本扩展了相同的原则，以采用 2 线或 4 线在结合适当的通信管理来实现数据通信。通过一次发送和接收 2 或 4 位数据，从而可以提高至高达 320MHz 的数据传输速率。

在数字控制平台上使用闪存得益于本书第 3.7 节介绍的二进制编程 PWM 内容。而不是基于不同的定时器结构和载波信号与基准信号比较的常用方法，最新的方法是使用存储在大查表中优化 PWM 的方法。这使得在脉冲电平需进行复杂的优化，否则在功率变换器产品中是不可能实现的。

在过去的 30 年中有许多关于 PWM 算法优化的论文。由于在实现过程中需要用到大量的数字资源且通用性不广，他们在工业应用中不是很成功。现在在在闪存中可以存储独立于控制系统的大查找表，使在相同的外设中合成不同频率的取样信号成为可能。

图 8.21 所示为一种使用闪存的崭新架构[34]。闪存芯片被分成 2^n 块，每块

由 2^m 个扇区组成，每个扇区有高达 2^q 页的存储能力。控制系统的双轴输出提供 8 位的 128 字存储器查找表给出的起始地址，在给定的时刻它们定义了逆变器的状态。类似于本书 3.7 节中提出的二进制编程的 PWM，该表使用一个恒定时钟频率进行数据读取，并且数据被传输到三相功率变换器的 6 个驱动栅极。

图 8.21[34] 所示为一个基于 64MB 闪存的解决方案。例如在 2012 年，可以从如 Numonyx（M29W640）、ST 微电子（SST25VF064C）、Spansion（MirrorBit 64）公司以 2 美元得到的外部闪存芯片。这可以和 Siemens 的 SLE4520 和 Ixys IXDP610[21,22] 独立的总线兼容的 PWM 接口或 FPGA[16] 低成本解决方案相比较。

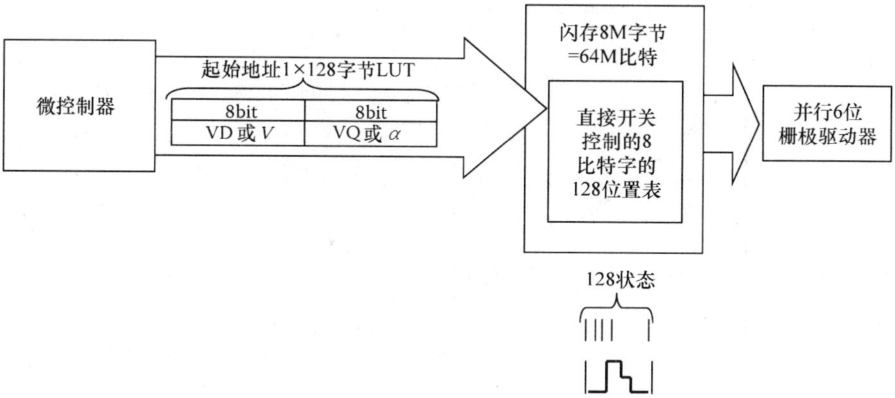

图 8.21　采用闪存存储器的硬件架构

另外，完整的 PLC 与 FPGA 解决方案可以考虑在同一器件中包含控制逻辑和基于 PWM 发生器的存储器。

闪存技术的推出为功率变换控制设计人员提供了一个重新考虑 PWM 控制信号产生的机会。我们的结论是，以前报道在学术实验室的最佳脉冲宽度调制算法由于闪存在工业的成功变得更为可能。

新结构的特点是只有一个起始地址，数据 DMA 电路或多 I/O SPI 协议允许阅读 128 字的页面，和微控制器软件的运行无关。相对常用的常规内存查找表法，阅读每个位置需要单片机的干预。作为起始地址，只有一次（vd，vq）地址被发送到内存，在没有主微控制器干预的情况下，整个 128 字的 PWM 序列被传输到栅极驱动器。

对应 128 时钟周期，采样频率允许各种各样的状态序列。在传统的 PWM 发生器内，在整个基波周期，在一个采样周期的状态序列是相同的。如本书 4.2 节中所介绍的有关内容，状态时序来自上、下或上/下计数器的计数。以前的解决方案也同意在整个基波周期的采样周期中使用，如［零状态→活动失量1→活动失量2→零状态］4个状态。新架构消除了这种限制。

根据以前介绍的有关优化PWM波形可能的标准，下面给出了不是很详细的选项：

1）零序列状态的最优共享，如图5.17和图5.18所示；

2）在60°扇区内的每个位置通过交替使用3、4或5个相同的脉冲，脉冲频率的变化取决于角坐标；

3）基于最优模式的过调制。

如本书前几章所介绍的有关内容，这些标准是相互独立的，并且在不同的基波频率、不同的时钟频率或不同的工作点可以使用相同的查找表。在PWM发生器中使用这些优化标准会导致图8.22所示的结果。

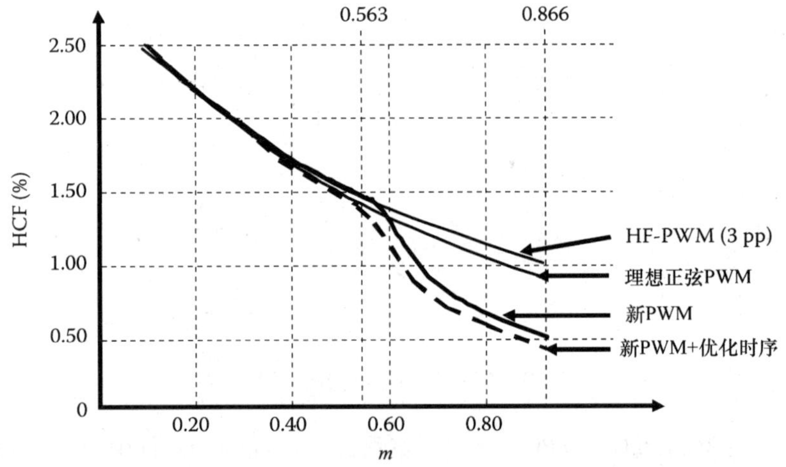

图8.22　使用3.6kHz开关频率和优化PWM的HCF

8.10　PWM实现的分辨率和精度

鉴于大量的数字平台能够适应PWM发生器的实现，值得掌握PWM算法的精度和分辨率细节。下面解释基于计数器和基于内存的这两种主要类型的实现。由于讨论核心限于PWM发生器的核心，因此我们会考虑基于计数器的结构作为任何通用数字的实现，包括DSP和PLC/FPGA解决方案。

大多数用于实现PWM算法的PLC/FPGA解决方案和基于计数器结构和使用微控制器的实现方法一样[7-11]。PLC/FPGA具有比微控制器更高水平的并行运行能力[11]，这可以用于如基于电流的死区时间补偿器更快的补偿算法，或对带宽应用有所要求的无差拍电流控制应用场合。这样的功能不会和基于计数器核心的 PWM 算法的实现相干扰。

通过定义，PWM 发生器的分辨率表示在理想基准信号情况下它可以检测到的最小变化。基于计数器的实现，现代微控制器以时间增量来测量分辨率。高分辨率 PWM 通道的分辨率可以低至 150ps，这对高于 200kHz 的开关频率是最有用的分辨率值。通常情况下，在 1～25kHz 的开关工作频率范围内不需要高分辨率的 PWM。例如，系统时钟频率为 100MHz 的 TMS320x280x 微控制器可以产生 12.3 位分辨率的 20kHz 常规 PWM 信号和工作于 18.1 位高分辨率 PWM 的工作模式[35]。

对压控高频电源的周期限制可能会导致相对于低于变换器开关频率稳态输出信号频率位置的振荡[36]。因为电流/电压纹波大于测量的分辨率，在三个相位转换器（开环或电流控制）这不是常见的情况，所以不确定性是由谐波/纹波，而不是由量化决定的。

对比示意图如图 8.23 所示。

	基于DSP和FPGA的传统计数器	快闪存储器	其他评价比较
微控制器的计算	基于Q30格式矢量计算正弦产生： - 额外的内存或 –256字的sine存储器泰勒级数表示，高达Q29	基于Q30格式正弦产生的矢量计算： –额外的内存或 –256字的sine存储器泰勒级数表示，高达Q29	相同性质 –高分辨率计算
PWM 发生器的参考	占空比[用w/R表示] –最高12位基于常规PWM –最高18位基于高分辨率PWM 模型	矢量坐标[VD,VQ]或[V,α] –8×8比特分辨率	–两个都是舍位结果
PWM 发生器	原理 定时器/计数器	原理 基于7位二进制编程(128个序列)	不同原理 –需要比较精度，而不是分辨率
脉冲功率级	栅极驱动器(IR2110，2A) –LS/HS 匹配误差(20 ns) –死时间分辨率(3位) –激励延迟(2×150 ns) –IGBT导通/关断(150 ns) –有限上升时间(dv/dt)	栅极驱动器(IR2110，2A) –LS/HS 匹配误差(20 ns) –死时间分辨率(3位) –激励延迟(2×150 ns) –IGBT导通/关断(150 ns) –有限上升时间(dv/dt)	同样的特性 –低于2×250 ns无分辨率保证 –脉冲有限的dv/dt

图 8.23　两种方法比较

图 8.24 所示为基于 12 位和 8 位的正弦波基准信号的产生，以在 3.6kHz 产生 PWM 波（50Hz 基波周期 72 个脉冲）输出，生成的结果可以和低频取样产生的结果相比较。根据定义，PWM 发生器的精度是指所产生脉冲和实际所需值的接近程度。内存查找表的物理大小限制了基于内存的 PWM 实现精度。今天认为基于广泛可用和可以承受 64MB 闪存的可行解决方案能够产生 0.4% 的精度。对更快访问的更大存储器器件可以在多个优化标准情况下更好地实现基于存储器的 PWM 发生器架构。

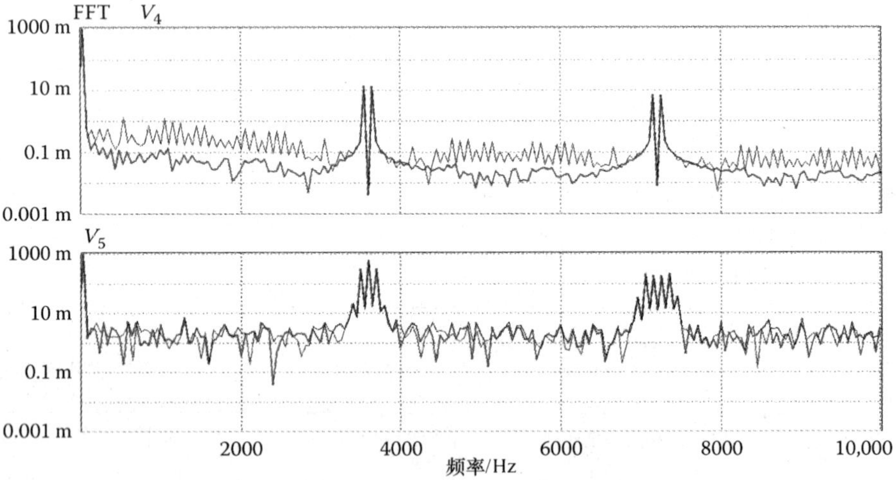

图 8.24 量化分辨率对谐波的影响

上图 = 正弦基准信号的量化分别基于 12 位和 8 位，软件编程 3.6kHz 采样；

下图 = 单引脚变换器输出 PWM 电压，50Hz 基波频率，基准信号的量化分别基于 12 位和 8 位，采样频率为 3.6kHz。

8.11 总结

本章介绍了中、大功率变流器控制的发展趋势。基于定义 PWM 通道的模拟或数字的不同理论原理，介绍了使用现代微控制器和 DSP 的各种实现解决方案。本章对功率变换器控制结构的最新解决方案进行了内容丰富的介绍。

参考文献

1. Bob, C. 2003. Getting more out of your motor—Motor driver ICs integrate more functions. Allegro Microsystems, *Application Note*.
2. Neacsu, D.O. 1993. A new digital controller for SVM algorithms. *IEEE SCS*, 1, 101–104.
3. Tzou, Y.Y. and Hsu, H.J. 1998. FPGA realization of space-vector PWM control IC for three-phase PWM inverters. *IEEE Trans. PE*, 12(6), 953–963.
4. Sangchai, W., Wiangtong, T., and Lumyong, P. 2000. FPGA-based IC design for 3-phase PWM inverter with optimized space vector modulation schemes. *IEEE Midwest Symposium on CAS2000*, pp. 106–109.
5. Deng, D., Chen, S., and Joos, G. 2001. FPGA implementation of PWM pattern generators for PWM invertors. *Canadian Conference on Electrical and Computer Engineering*, pp. 225–230.
6. Tonelli, M., Battaiotto, P., and Valla, M.I. 2001. FPGA implementation of a universal space vector modulator. *IEEE IECON*, pp. 1172–1178.
7. Cirstea, M., Aounis, A., McCormick, M., and Urwin, P. 2001. Vector control system design and analysis using VHDL (for induction motors). *IEEE PESC*, pp. 81–84.
8. Iverson, K.E. 1962. *A Programming Language*, John Wiley and Sons, New York.
9. Zadeh, L.A. 1965. Fuzzy sets. *Inf. Control* 8, 338–353.
10. Negoita, C.V. and Ralescu, D.A. 1975. *Applications of Fuzzy Sets to Systems Analysis.* Birkhauser Verlag and New York Halsted Press, Basel.
11. Mamdani, E.H. and Assilian, S. 1974. An experiment in linguistic synthesis with a fuzzy logic controller. *Int. J. Man Mach. Stud.* 7, 1–13.
12. Neacsu, D., Stincescu, R., Raducanu, I., and Donescu, V. 1994. Fuzzy logic control of a PWM V/f inverter-fed drive. *ICEM'94*, Paris, France, vol. III, pp. 12–18.
13. Saetieo, S. and Torrey, D. 1998. Fuzzy logic control of a space vector PWM current regulator for three-phase power converter. *IEEE Trans. PE* 13, 419–426.
14. Anon. 2000. NEC 78098x MCU, NEC, Datasheet Document No. U12804EJ2V1DS00 (2nd edition). Published February 2000.
15. Moynihan, F. 2000. Fundamentals of DSP-based control for AC machines. *Analog Dialogue*, 34(1), 334.
16. Takahashi, T. 2001. FPGA-based high performance AC servo motor drive—Accelerator TM configurable servo drive design platform. *International Rectifier*.
17. Mohan, N., Undeland, T., and Robbins, W. 2002. *Power Electronics*, 3rd edition. John Wiley and Sons, New York.
18. Thorborg, K. 1988. *Power Electronics*. Prentice Hall, London, UK.
19. Holtz, J. 1992. Pulsewidth modulation—A survey. *IEEE Trans. IE* 39, 410–420.
20. Anon. 2003. Mixed signal DSP controller ADSP-21990. Analog devices. Datasheet.
21. Anon. 1998. Inverter Interface and Digital Deadtime Generator for 3-Phase PWM Controls, IXYS Datasheet Documentation, pp. 1–20.
22. Anon. 2001. Bus compatible digital PWM controller. IXYS IXDP610 Documentation.
23. Anon. 2001. *TMS320LF/LC240xA DSP Controllers Reference Guide—System and Peripherals*. TI Literature no. SPRU357B.
24. Yu, Z. 1999. Space Vector PWM with TMS320C24x/F24x using hardware and software determined switching patterns. TI Literature no. SPRA524, March 1999.
25. Doval-Gandoy, J., Iglesias, A., Castro, C., and Penalver, C.M. 1999. Three alternatives for implementing space vector modulation with the DSP TMS320F240. *IEEE PESC*.
26. Trzynadlowski, A.M. 1994. *The Field Orientation Principle in Control of Induction Motors*. Kluwer, Dordrecht.

27. Anon. 2001. DSP56301 User's Manual—24-Bit Digital Signal Processor, Motorola Documentation no. DSP56301UM/AD, Revision 3, March 2001.
28. Anon. 2001. MC68HC908MR32 & MC68HC908MR16 Advance Information—HCMOS Microcontroller Unit, Motorola Documentation no. MC68HC908MR32/D, Rev. December 2001. REV 5.
29. Neacsu, D. 2005. Implementation of PWM algorithms. *IEEE PESC*.
30. Yinug, F. 2007. The rise of the flash memory market: Its impact on firm behavior and global semiconductor trade patterns. US International Trade Commission, *Journal of International Commerce and Economics*, Internet Version, July 2007, pp. 137–185.
31. Zitlaw, C. 2011. The future of NOR flash memory. *EE Times*, May.
32. Anon. 2011. *Piccolo Microcontrollers. Texas Instruments Corp., March.*
33. Anon. 2011. Motor Control MCUs Z16FMC Series Product Specification. Zilog Corporation.
34. Neacsu, D.O. 2012. Novel microcontrollers with direct access to flash memory benefit implementation of multi-optimal space *vector modulation. IEEE Trans. Industrial Informat.* 8(3), 528–535.
35. Rajashekara, K.S., Vithayathil, J. 1982. Microprocessor based sinusoidal PWM inverter by DMA transfer. *IEEE Trans. IE* 29(1), 46–51.
36. Anon. 2011. *TMS320x280x—High Resolution PWM—Reference Guide.* TI literature SPRU924F, Revised, October.
37. Peterchev, A., Sanders, S. 2003. Quantization resolution and limit cycling in digitally controlled PWM converters. *IEEE Trans. PE*, 18(1), 301–308.

第 9 章　闭环控制的实际应用

9.1　作用和原理图

利用闭环控制[1,2]技术可以改进功率变换器的性能。由于大功率转换器大多数为电压源，因此采用电流闭环控制是非常有用的，如图 9.1 所示。又因为功率变换器工作于高电压和高开关频率的工作状态，所以采用电流闭环控制面临一系列的具体问题。本章将讨论这些问题，并试图提供解决方案。

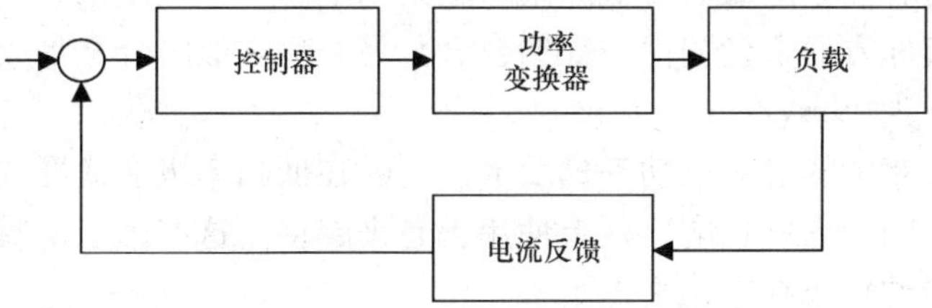

图 9.1　闭环电流控制系统图

9.2　电流测量——与 PWM 同步

电流闭环控制中最重要的模块与电流测量有关，对传感器和数据采集系统的主要要求和测量系统检测存在电噪声、温度和 EMI、电磁辐射的能力有关。已经开发出了一系列专用的传感器来克服这些信号检测中的困难问题。

9.2.1　并联电阻

老的电流检测解决方案是采用在电流通路串联一个低阻值的电阻，通过测量在电阻上的电压降来测量通过回路的电流。电阻的阻值可能在毫欧姆或微欧姆数量级，所以在满负载电流的工作条件下仅有少量的电压降降在电流检测电阻上。电流检测电阻在检测电流下应阻值稳定，并且温度稳定性要好，等效电感要小。例如，一个 1W、15A、0.005Ω 的表面贴装电阻可能有高达 5nH 的封装电感。

这个低阻值的电流检测电阻可以和接线电阻相比较，这意味着要避免在引线上的电压降对电流检测电阻上检测电压的影响。电流检测器通常配有四个连接端子，电压表只测量电流检测电阻上的电压降，没有任何来源于引线或连接而引起杂散电压的影响。这种测量方法能够避免由于导线电阻而引起的误差，这种电流测量方法被称为开尔文法或4线法。测量连接线与在铰链点的电源线绝缘，仅和被测量的接线端子连接，通过电流测量电路的电流不会通过功率回路，在电流测量通路不会引入任何误差测量电压。换言之，测量通路和功率电流通路没有共同的电流路径。开尔文连接分流电阻有4个连接触点。

分流电阻器通常用低温度系数的金属箔涂覆在阳极氧化铝基板上制成，可以采用传统的TO-247或TO-220封装，对较低功率应用场合采用表面贴装（SMT）封装。

锰铜导线（合金铜、锰、镍）在0～80℃温度范围内的温度系数为15ppm/℃，具有低温度系数的特点。另一种常用的低温度系数材料是镍铬，或叫镍铬合金，电阻率约为110mV/cm，比锰铜的44mV/cm的电阻率需要的导线长度更短。这有助于降低非常低电阻值电阻的电感。在温度系数和电阻值的长期稳定性技术指标方面，锰铜优于镍铬合金。另一种类似的合金是康铜（Eureka），康铜的电阻率为49mV/cm。

在过去十年中随着集成功率模块的出现，在低功率级变换器的封装方面发生了几个变化，因为它们在电路板上使用得越来越多。这有助于薄膜功率电阻作为表面安装元器件集成在电路板上。

现代低压DC-DC变换器的设计采用铜的布线来构建检测电阻[3]。同样也遵从开尔文连接的原则，布线的长度和宽度也要根据有关材料特性的知识进行适当计算。由于铜具有较高的温度系数，因此在工作过程中可能需要额外的补偿，或在工作条件下需要工作于较高的温度。我们可以看到现在PCB越来越多的安装了IPM。对应马力级功率范围的高电压应用场合也可以看到类似的设计。然而，现在对采用低温度系数精密并联电阻精确的设计需要仔细的考虑。

并联分流电阻的一个优点是它的带宽几乎是无限的。然而，通常在并联电阻后面需要添加隔离。

来自电流检测电阻的信号通常送到一个高共模抑制比的运算放大器进行处理，作为有用信号通常在一个大共模电压下浮地。这类仪表放大器的实例有+200V高共模输入的TI公司INA148或INA117运算放大器，INA146（100Vcm）、INA149（275Vcm）或Analog Devices公司的AD626运算放大器。由于这样的器件不能适应足够高的直流共模电压，因此检测电阻应放置在靠近地的位置。

通常在运算放大器的后面接一个低通滤波器进行信号处理。在多个设计选项中，可以考虑选用一个在通带频率范围内有恒定群延迟的二阶贝塞尔型滤波器，从而有较小的波形失真[4]。然而，二阶贝塞尔型滤波器的增益下降特性与巴特沃斯和切比雪夫滤波器的设计相比较不尖锐。如果开关频率相当接近与感兴趣的频率，则这些设计可能更为有效。无论采取哪种方式，建议遵循 Sallen - Key 拓扑来实现实际应用电路，如图 9.2 所示。

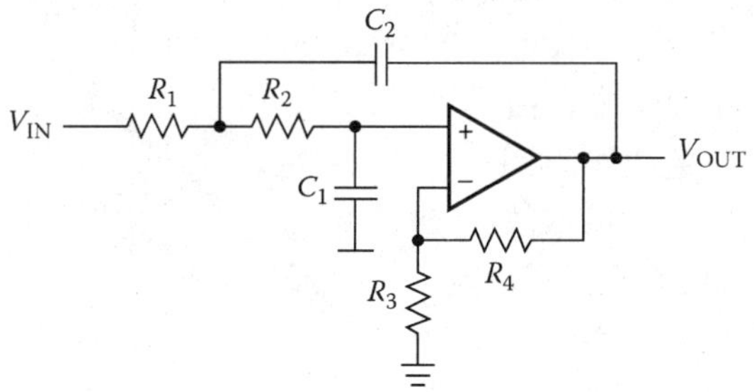

图 9.2　在测量路径上的 Sallen - Key 拓扑结构低通滤波器

另一个采用高压集成电路进行信号处理解决方案如 IR217x[5]。IR217x 是用于伺服驱动的单片高压集成电路电流检测集成电路。它通过一个外接并联电阻来检测电流，并利用检测信号来对一个固定频率的脉冲串进行调制，这些脉冲被传输到低端。信号输出格式是一个离散脉冲的 PWM 信号，消除了对 A - D 接口电路的需要，在任何 DSP 或微控制器内可以直接连接到定时器电路。

电流检测并联电阻的选择应在有一个易于信号处理的大幅度检测信号电压和允许的功耗之间进行折衷。较大的电压降意味着较大的检测电阻值，但是同时也会在电流检测电阻两端[6, 7]产生更多的功耗。

对电动机驱动应用场合交流供电电流是准正弦的，建议先从电流检测电阻的额定功率 P_{max} 和最大负载（电动机）相电流 I_{rms} 着手选择。有下面的结论成立：

$R = \dfrac{P_{max}}{I_{rms}^2}$ 对应直接连接在输出相电流线的电阻；

$R = \dfrac{2P_{max}}{I_{rms}^2}$ 对应接在低端 IGBT 发射极的电流检测电阻。

可以在参考文献[8]中看到类似的评价和布局建议。

9.2.2　霍尔传感器

由于大阻值的电流检测电阻固有电压降，因此现在在大电流应用场合利用并联分流电阻器来实现电流检测的方法已较少使用。另一选择是使用霍尔效应传感器。

1879 年在埃德温（Edwin）大厅，一个物理学的研究生用磁场来操作一长条黄金箔内的电荷载体。他在长条黄金箔内产生了一个垂直于磁场的电流，由于电流方向垂直于磁场方向，因此磁场对电荷施加了一个力，将这些电荷推到黄金箔条的顶部。后来，科学家发现了电子。今天，我们说霍尔发现的是他观测到的电子运动。

一个开环霍尔效应电流传感器如图9.3所示。它由作为传感元器件的半导体组成，由恒流源供电，由一个可编程放大器来提高毫伏输出到一个合理的输出电压值。通过霍尔效应产生一个和电流成比例的电流传感电阻。

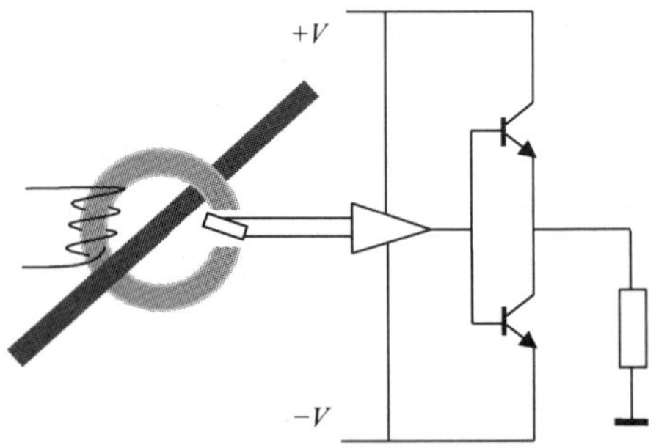

图9.3　开环霍尔效应电流传感器

较旧的器件使用激光修整，厚膜电阻器来调节可编程放大器，在标准磁场条件下使可编程放大器有一个标准的输出电压。较新的器件使用闪存来保存放大器的增益设置。在消耗功率非常小的条件下，霍尔效应电流传感器提供了一种抗噪声信号干扰的检测信号。

利用闭环电流传感器可以实现更好的性能。它们代表了不同层次的霍尔电流传感器，包括可以提供极低的温度失调漂移、工作稳定、重复性好、测量精度高的ASIC解决方案。

有几百安培电流检测能力的霍尔电流传感器可用于一大类的高精度测量电力电子应用场合。它们的带宽通常为100kHz左右，足以用于大功率变换器的应用场合[9]。

9.2.3　电流互感器

很长一段时间以来，电流互感器被认为是目前电流测量的最佳解决方案。然而，霍尔效应传感器件的出现降低了电流互感器的市场份额，即使在一类有限的应用场合电流互感器仍在使用，包括在高开关频率的功率变换器中仍在使用电流互感器。通常可以保证电流互感器的带宽大于霍尔效应传感器的带宽。

9.2.4　同步PWM

传感器后接一个模拟电路以适应后面数字电路输入信号的输入范围和带宽要求。对给定的一般电感类型负载，在脉冲电压的每个时间间隔内电流会有一个准线性变化。

围绕纹波电流平均值的电流纹波是由电感值、开关频率和电压脉冲的幅度决定的。在开关间隔期间任何时刻采样的电流在测量结果中引入了少量的纹波，导致混叠和失调效应，如图 9.4 所示。

为了缓解这些影响，如果在电流平均值上没有电流变化，则可以选择同步 PWM，以确保在零状态期间电流信号的采集。现在，这种解决方案已在单相和三相逆变器的设计中得到应用，它用于对如相移、全桥、零电压开关（ZVS）众所周知的 DC - DC 变换器控制场合。以前已归类于 Unitrode 电路。

与 PWM 信号同步的电流采样是在 TI 公司的 DSP 电路中使用的。这确保了电流信号的自动采样，或在三角波信号变化斜率时 A - D 通道的预选。在数字电路语言中，这等同于在计数器达到最低值或最大值时采样模拟输入信号。

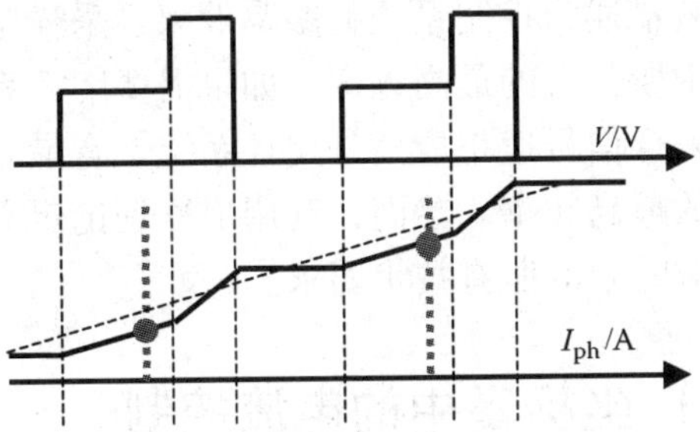

a)

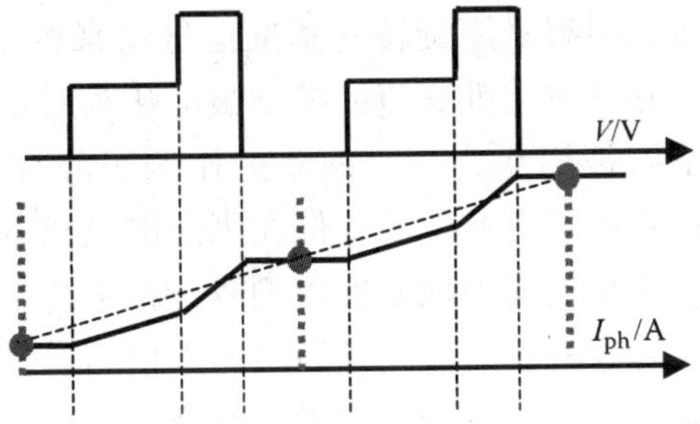

b)

图 9.4

a）在开关间隔内随机位置的电流采样　b）同步电流采样

9.3 电流采样率——过采样

现在一大类的现代变换器受控于数字结构，模拟输入信号的变换表示电流信号被转换成了数字信号，这个被转换成的数字信号必须在一个给定的采样率下进行。采样率的选择是对许多因素综合考虑后得到的结果[1, 2, 10]。

首先，在额定工作条件下功率级的开关状态由开关频率决定。PWM 工作的目的是跟据基准信号产生电压脉冲信号，采样电流的速率高于开关频率，在功率级对开关频率给定带宽限制时没有任何意义。尽可能高的采样电流频率是可能的，功率级的开关频率可能要受限于控制算法计算所需的实际时间。然而，即使控制算法计算在较低速率的情况下，采样电流仍工作于尽可能最高的速率是一个很好的做法。在这种情况下，我们需要更多的可用采样信号，这就是所谓的过采样。在初始采样和在采用线性数字滤波器转换这个高速率信号为需要的采样速率情况下，过采样能够降低对滤波器的要求。一般使用附加的采样来滤波最终结果。

最低采样频率是由电路或由影响控制系统工作特性的负载时间常数来决定的。这个约束也可以被描述为控制系统的跟踪效果。采样定理要求采样频率至少应两倍于被采样信号中所包含的最高频率。如果需要闭环系统在一个给定的带宽内跟踪一个信号，则采样信号速率应该是闭环系统带宽最高频率的至少两倍，这可能不同于工厂模型的最高频率。然而，利用采样理论定义较低的采样频率可能不会满足闭环系统响应时间的所有技术要求。

9.4 （a，b，c）坐标系中的电流控制

电动机控制和电网应用都采用旋转的基准信号帧来控制所谓的 $d-q$ 基准信号系统中的电流。电流分量成为准直流，控制被简化为对带宽的低要求。对于传统的感性负载，控制系统被简化为一个简单的比例积分（PI）控制器。旋转基准信号帧中的变量必须采用反变换技术存储在固定的三相基准信号帧中。

然而，如果系统是没有隔离中性线的单相或三相系统，则控制系统应能够跟踪一个正弦或谐波基准信号。在功率变换器结构中使用有源滤波器时会出现谐波基准信号。在任何情况下，不能使用同步坐标变换。

利用一个工厂模型 $G_p(s)$来考虑负载特性和功率变换器。控制系统的工作特性由传递函数 $G_c(s)$决定。利用开环传递函数有式（9.1）的结果成立。

$$G_{OL}(s) = G_c(s) \cdot G_p(s) = \frac{A(s)}{B(s)} \tag{9.1}$$

考虑到正弦基准信号。

$$f(t) = I \cdot \sin\omega t \Rightarrow F(s) = \frac{I \cdot s}{s^2 + \omega_0^2} \tag{9.2}$$

可以利用式（9.3）计算反馈误差信号。

$$E(s) = \frac{F(s)}{1 + G_0(s)} = \frac{B(s) \cdot F(s)}{B(s) + A(s)} = \frac{B(s)}{B(s) + A(s)} \cdot \frac{I \cdot s}{s^2 + \omega^2} \tag{9.3}$$

利用最终值，通过拉普拉斯变换，理论定义了一个时间函数的恒定稳态值，下面利用了部分展开式。

$$E(s) = \frac{a_1}{s+\omega_1} + \cdots + \frac{a_i}{s+\omega_i} + \frac{b_1}{s-\mathrm{j}\omega_0} + \frac{b_2}{s+\mathrm{j}\omega_0} \tag{9.4}$$

如果任何极点 ω_i 位于 s 平面的右半部分，则时域信号将会增加到无限值。我们将考虑这些负实部的极点。另一对来自基准正弦信号的虚部极点将引入时域误差信号，正弦波信号将持续存在下去，使稳态误差的定义不可能实现。为了避免这种情况，开环传递函数应具有相同的极点 $\pm \mathrm{j}\omega_0$，所以这些极点从误差传递函数消失，如果信号频率都已明确知道，则可以保证稳态误差减少到零。

这里有几种可能的解决方案。

1）利用 P－I－S 控制器[10]进行谐波基准信号跟踪，如图 9.5 所示；

2）利用前馈控制器[11]进行谐波基准信号跟踪，如图 9.6 所示。

这两种解决方案将在第 11 章中针对特定情况下 AC－DC 变换和其他基于直接开关变换器的状态（类似于回滞控制器）[12]进行更为详细的讨论。

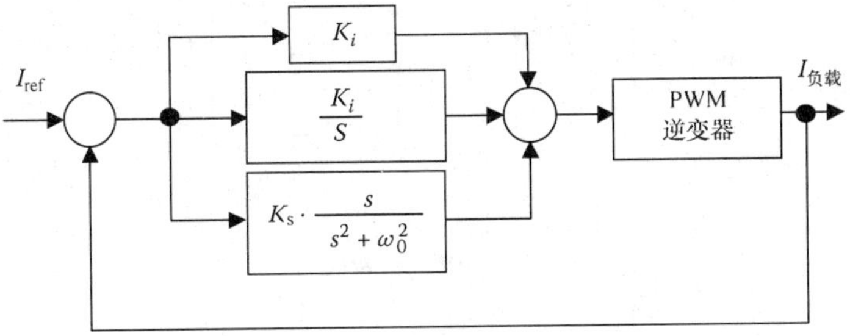

图 9.5　采用 P－I－S 控制器的电流控制和谐波基准信号跟踪

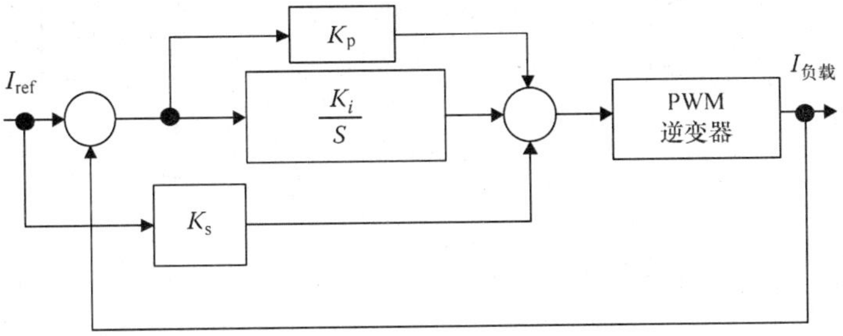

图 9.6　采用前馈控制器的电流控制和谐波基准信号跟踪

但是，系统的稳定性依赖于控制系统中 s 成分的增益。在谐振频率附近的增益较大，开环传递函数表现出大的相位变化。开环相位裕度随补偿增益的增加而减小。然而，适当地选择增益可以保证足够的相位裕度。

跟踪正弦信号的问题可以用一个包括正弦波形影响项的适当控制器来缓解。尽管这一解决方案是成功的，但利用基准信号跟踪旋转 $d-q$ 基准信号帧的电流控制方法更为成功。d 和 q 成分受限于固定的直流值，这个直流值使用常用的 PI 调节器很容易控制。

即使系统是有连接中性线的单相或三相系统，也可以用相量理论来计算每相的 $d-q$ 成分（独立于现有的其他相）[13,14]。

9.5 电流变换（3→2）变换的软件计算

实现电流控制最常见实现方法的是使用 Park/Clarke 变换集，见式（9.5）~式（9.7）。

$$\begin{bmatrix} I_\alpha \\ I_\beta \\ I_0 \end{bmatrix} = \frac{2}{3} \cdot \begin{bmatrix} 1 & -\frac{1}{2} & -\frac{1}{2} \\ 0 & \frac{\sqrt{3}}{2} & \frac{-\sqrt{3}}{2} \\ \frac{1}{2} & \frac{1}{2} & \frac{1}{2} \end{bmatrix} \cdot \begin{bmatrix} i_x \\ i_y \\ i_z \end{bmatrix} \tag{9.5}$$

$$\begin{bmatrix} I_d \\ I_q \\ I_0 \end{bmatrix} = \begin{bmatrix} \cos\theta & \sin\theta & 0 \\ -\sin\theta & \cos\theta & 0 \\ 0 & 0 & 1 \end{bmatrix} \begin{bmatrix} I_\alpha \\ I_\beta \\ I_0 \end{bmatrix} \tag{9.6}$$

相同的变换可以以单一的形式进行分组。

$$\begin{bmatrix} I_d \\ I_q \\ I_0 \end{bmatrix} = \frac{2}{3} \begin{bmatrix} \cos\theta & \cos\left[0-\frac{2\pi}{3}\right] & \cos\left[\theta-\frac{4\pi}{3}\right] \\ \sin\theta & \sin\left[0-\frac{2\pi}{3}\right] & \sin\left[\theta-\frac{4\pi}{3}\right] \\ \frac{1}{2} & \frac{1}{2} & \frac{1}{2} \end{bmatrix} \cdot \begin{bmatrix} i_x \\ i_y \\ i_z \end{bmatrix} \tag{9.7}$$

这些方程类似于式（5.8）~式（5.11），在本书的第 5 章中提供了更多的细节内容。

这些变换的软件计算见式（8.5）~式（8.7），专用历程是任何电动机控制或电网控制库的一部分。使用三角函数查找表对 90°扇区进行了优化。

在（d，q）坐标系中使用闭环控制通常需要仔细研究负载电路方程。由于负载可以包括一个一阶系统（电感或电容），因此控制措施出现在负载电路方程的导出项。以（d，q）成分转换的三相方程应该考虑到这些导出项。这样实部就有一个 90°的相位移，一个实数被变换成了一个虚数，或一个虚数被变换成了一个实数。这些项应该在控制系统中加以考虑，它们被称为交叉耦合项[12]。

9.6　（d，q）坐标系中的电流控制 – 模型 – PI 校准

以（d，q）成分表示的常用控制系统如图 9.7 所示。

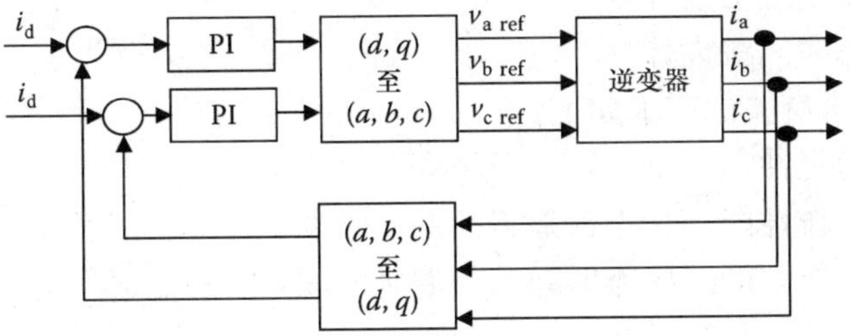

图 9.7　对称三相系统的（d，q）电流控制图

PI 控制系统可以用式（9.8）表示。

$$D_c(s) = k_p + \frac{k_p}{T_I \cdot s} \tag{9.8}$$

由于时域等效变量导致式（9.9）成立。

$$u(t) = k_p e(t) + k_I \cdot \int_0^t e(t)\,dt \tag{9.9}$$

考虑一个线性系统，这个方程的数字近似有式（9.10）成立。

$$u[kT_s + T_s] = k_p e[kT_s + T_s] + k_I \int_0^{kT_s} e(t)\,dt + k_I \int_{kT_s}^{kT_s+T_s} e(t)\,dt \approx$$

$$\approx k_p e[kT_s + T_s] + u_I[kT_s] + k_I \frac{T_s}{2}\{e[kT_s + T_s] + e[kT_s]\} \tag{9.10}$$

最后一个积分项的逼近有几种可能。式（9.10）是考虑使用时基 T_s 的梯形形式的一种近似，另外，下一个活动项的计算可以利用下面的方式之一来得到。

（1）累加器法。使用一个用作累加器的大寄存器 uI 用于积分项，积分成分连续被加到寄存器中，这是最常用的方法，其缺点是累加器可能饱和或溢出。

（2）增量控制器。增量控制器用于计算活动的变化。

$$\Delta u = u(kT_s + 1) - u(kT_s) = k_p(e[kT_s + T_s] - e[kT_s]) + k_I e[kT_s + T_s] \tag{9.11}$$

这种实现更快，并使用较短的代码，但是覆盖的信息在累加器中。

为了设计这个控制系统，定义PI控制系统最合适的增益，以（d，q）成分定义负载模型，开发一个满足给定稳态和瞬态响应要求的控制器可以用多种方法来实现。这些方法需要一个以运动方程或在一定频率范围内详细的频率响应精确过程为动态模型，这些方法包括：

1）用根轨迹法设计；

2）用频率响应法设计；

3）用状态空间法设计。

和设计要求有关的需求如下：

1）系统稳定性；

2）稳态工作性能（稳态误差 E_{rr}）；

3）动态工作性能（瞬态时间 t_p、响应时间 t_r、稳定时间 t_s、过冲 M_p），如图9.8所示。

所有这些设计方法简化了感性负载电流控制的设计。

实用中，操作者会通过试错法来调整调节器。自卡兰德（Callender（1936）[15]）以来比例-积分-微分（PID）控制器的整定就是研究的主题。许多解决方案是基于对来自实验的工厂模型预测，这可以从参考教科书里找到[1]。

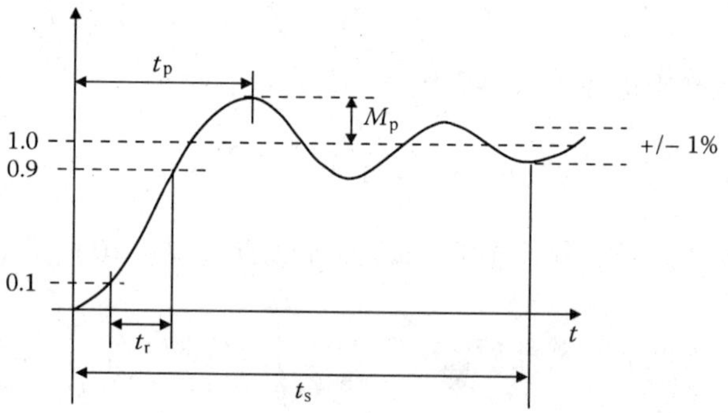

图9.8 时域瞬态响应参数

齐格勒（Ziegler）和尼克尔斯（Nichols）提供了PI控制器调节的两种实验方法[16, 17]，在阶跃响应瞬态期间直到达到衰减比为25%时，假定就实现了对控制参数的调节，相当于一个衰减瞬态响应为一个振荡（过冲）1/4的值以后。PI控制器的增益会导致 $k_p = 0.9/R_L$ 和 $T_I = L/0.3$，这里 R 代表阶跃响应的斜率，L 表示阶跃变化的滞后时间。

另一种方法被称为极限灵敏度法[1]，因为它依赖于在稳定性限制内对系统振荡振幅和频率的估计。先增加比例项，直到系统变得勉强稳定。这可以看出，在连续振荡的存在下要受到执行器饱和的限制。这些振荡的增益 k 和周期 T 被称为最终增益和周期。然后计算出的 PI 参数为 $k_{\mathrm{p}}=0.45k$ 和 $T_{\mathrm{I}}=\frac{T}{1.2}$。

9.7　抗饱和保护——输出限制和范围定义

系统的实际工作特性可以使执行器饱和。例如，一个具有输出有限可用输出电压范围的三相系统，任何控制系统超出此范围内的要求将会被转换为输出饱和及可控性的损失。如果在这些条件下误差信号继续被加到积分器，则该执行器将饱和，直到误差信号符号变化和整个过程方向改变。该系统的工作特性为一个开环系统，累加器成为了其中的不稳定源。

为了避免这种情况，采用了一个抗饱和积分器，当执行器饱和时关断积分工作。一个简单解决方案如图 9.9 所示。

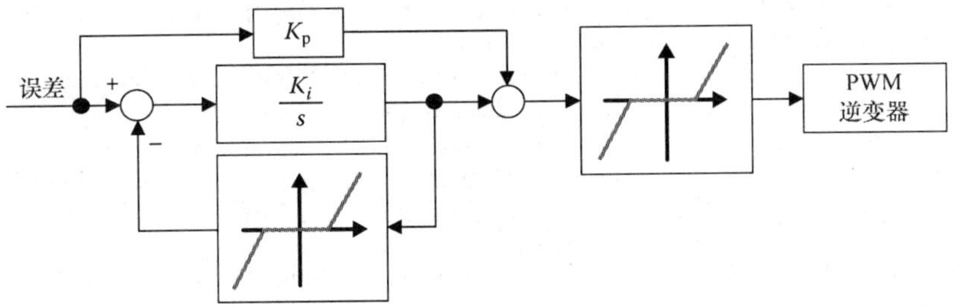

图 9.9　PI 控制器的抗饱和补偿

有许多数字控制解决方案可以实现抗饱和控制系统的功能。这里描述的系统显示依靠反馈的线性依赖关系，它能够在饱和期间引入一个抗饱和积分器的一阶滞后等效。

9.8　总结

功率变换器中的电流控制受到噪声和失真的影响，需要在滤波器电路中采取特殊的措施，并且测量存在的大纹波电流。数字电流控制是比较简单的，因为大量的应用场合仅适用传统的 PI 控制器。本章介绍了几个与实施相关的内容。

参考文献

1. Franklin, G.F., Powell, J.D., and Emami-Naemi, A. 2002. *Feedback Control of Dynamic Systems*, Prentice-Hall, Upper Saddle River, NJ.
2. Ogata, K. 1997. *Discrete Time Control Systems*. Prentice-Hall, Upper Saddle River, NJ.
3. Kmetz, J. 1997. Minimum size copper sense resistors. Micrel Application Hint 25.
4. Mancini, R. 2002. OpAmps for everyone. Application Note SLOD006B, Texas Instruments.
5. Adams, J. 2003. Using the IR217x linear current sensing ICs. Application Note AN-1052, *International Rectifier*.
6. Bille, S.M. 2012. Two or three shunt resistor based current sensing circuit design in 3-phase inverters. ST Microelectronics AN4076. Application Note.
7. Wood, P., Battello, M., Keskar, N., Guerra, A. 2002. IPM application overview integrated power module for appliance motor drives. Application Note AN-1044.
8. Anon. 2012. Current sense resistors. Application Note, TT Electronics.
9 Anon. LEM Sensors. Internet Documentation, www.lemusa.com.
10. Fukuda, S. and Yoda, T. 2001. A novel current-tracking method for active filters based on a sinusoidal internal model. *IEEE Trans. Ind. Appl.* 37, 888–894.
11. Neacsu, D.O. 2010. Analytical investigation of a novel solution to AC waveform tracking control. *IEEE International Symposium in Industrial Electronics*, Bari, Italy, July 2010, pp. 2684–2689.
12. Neacsu, D.O. 2004. Current control with fast transient for three-phase AC/DC boost converters. *IEEE Trans. Ind. Electron.* 51, 1117–1121.
13. Dong, G. and Ojo, O. 2005. Design issues of natural reference frame current regulators with applications to four-leg converters. *IEEE PESC*, Recife, Brasil, pp. 1370–1376.
14. Miranda, U.A., Rolim, L.G.B., and Aredes, M. 2005. A DQ synchronous reference frame current control for single-phase converters. *IEEE PESC*, Recife, Brasil, pp. 1377–1381.
15. Callender, A., Hartree, D.R., Porter, A. 1936. Time lag in a control system. *Philos. Trans. R. Soc. London A*, 235, 415–444.
16. Ziegler, J.G. and Nichols, N.B. 1942. Optimum settings for automatic controllers. *Trans. ASME* 64, 759–768.
17. Ziegler, J.G. and Nichols, N.B. 1943. Process lags in automatic control circuits. *Trans. ASME* 65(5), 433–444.

第 10 章　IPM

10.1　市场和技术考虑

10.1.1　历史

目前，大多数功率变换器产品已经被很好地定义且被许多客户接受。因此，企业的努力是通过卓越的运作使生产更便宜和更有效。在生产过程中通过崭新的控制架构、硬件平台、硬件封装方法和改进已为人所知的拓扑来实现有关改进。此外，设计过程中的制造工艺和元器件选择都已高度优化。

不同的研发机构已经采取了这一理念，并开始用于产品优化过程。例如，美国国防部的一个顶级研究赞助机构——海军研究办公室（ONR）在 20 世纪 90 年代中期和 21 世纪早期发起并领导了一系列旨在展示和提高功率变换器容量的封装、功率密度和控制架构的项目。主要的两个项目包括在学术界和工业界进行电力电子构建模块（PEBB）和后来的先进电力电子系统（AEPS）。

尽管大多数针对海军的应用项目，这些项目仍建立了标准基础和对任何中功率（数百千瓦）应用的封装。后来，ABB 公司将 PEBB 项目扩展到多兆瓦的功率范围。最近，不同的航空电子产品生产商采用 PEBB 作为未来开发的多电飞机系统的技术选择。

在本 2000 年的早期和中期，PEBB 的想法和先进电力 AEPS 项目思想被大功率半导体器件生产厂商吸收，并应用于 IPM 的开发。这些 IPM 的基本描述如下，而本书第 18 章将介绍基于这些 IPM 用于新技术和电路的高级研究主题。

在过去 30 年里，集成电路技术经历了一个令人印象深刻的发展。在同一芯片上晶体管的数量每一年都在不断成倍增加。这种巨大的技术能力结合计算机辅助设计技术的进展，最终出现了超大规模集成电路（VLSI），使用 VLSI 可以在单一的信号处理器件实现高性能的信号处理，并降低电子设备的体积。

类似的进步是由于功率半导体生产商之间的努力。现已实现栅极驱动器、传感逻辑和功率半导体封装在相同封装外壳里的混合集成电路。这种变化出现在通常被称为“IPM”的一组新器件中，当低功率范围稳定地达到了一定的使用标准，如图 10.1 和图 10.2 所示。这些 IPM 中含有完整检测和保护功能[1, 2]的栅极驱动电路。

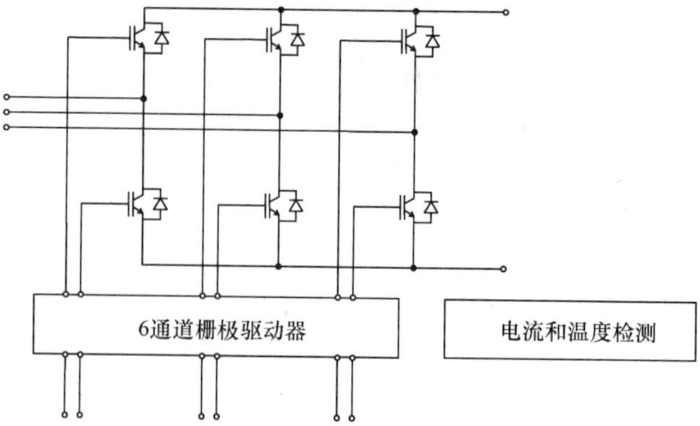

图 10.1　IPM 器件内部典型电路

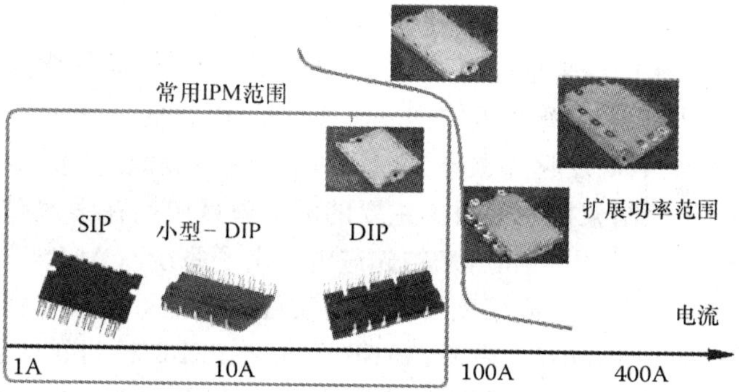

图 10.2　IPM 的封装和功率额定值举例

10.1.2　优点和缺点

IPM 器件具有以下优点：

1）由于功率半导体模块可以比分立元器件组成的系统有更好的性能，从而改进了系统的工作可靠性[19]；

2）由于功率模块具有更好的热设计和布局，这些都对系统工作可靠性有影响。推荐在逆变器应用场合使用生产厂商提供的功率模块，而不是采用多个分立元器件来构建逆变器[19]；

3）采用 IPM 器件构建逆变器电路可以获得比使用传统的功率开关构建逆变器电路 2～3 倍更好的功率循环能力；

4）比使用分立元器件解决方案的寄生电感小，有降低电压尖峰的优点，可以工作于较高的开关频率，并且开关工作损耗较低；

5）简化了功率级的连接（VDC +、VDC -、A、B、C）；

6）微控制器通过 6 逻辑电平输入连接；

7）所有低端和高端 IGBT 的激励延迟都匹配；

8）可以确保过电流和过温度故障保护功能的实现；

9）降低了系统的体积和重量；

10）易于电子设备的故障诊断和维修。

IPM 的缺点如下：

1）最大功率额定值有所降低；

2）由于热限制的原因开关工作频率受限；

3）由于这些模块使用常规的背靠背拓扑，因此仍然需要使用直流总线电容和无源滤波器。

由于以下技术进步的原因，使用 IPM 而不是使用分立元器件可以改善功率变换电路的性能：

1）IGBT 器件技术→降低了功率损耗；

2）封装材料→更好的热提取能力；

3）改进了栅极驱动器控制。

10.1.3　IGBT 芯片

最近 IGBT 器件的目标是提供具有零温度系数的基准电压 $V_{CE(on)}$，尽可能低的导通损耗，以及结合软开关过渡技术来降低 EMI。IGBT 技术的发展，从 20 世纪 90 年代初期以来带来的有关成果如下：

1）穿透平面 IGBT；

① 适用电压范围为 250 ~ 1200V；

② 有成本效益的技术，无论是速度或短路额定值优化至 10μs；

2）没有击穿的平面 IGBT；

① 适用电压范围为 600 ~ 1200V；

② 优化的耐用性；

③ 在较高开关工作频率下抗短路能力达 10μs；

3）场停止沟槽 IGBT；

① 适用电压范围为 350 ~ 650V；

② 开关和导通性能都有所优化；

③ 额定短路能力为 5μs；

④ 较小的封装内允许较大的额定电流值；

4）击穿沟道 IGBT；

① 适用电压范围为 600V；

② 在低开关频率下（低于1~5kHz）有成本效益的技术；

③ 额定短路能力为3μs；

④ 在较小封装内允许较大的电流额定值。

5）场停止沟槽IGBT；

① 极佳的开关和导通工作特性；

② 额定短路能力为10μs；

③ 较小的封装内允许较大的额定电流值。

不同生产厂商之间又推出了面向市场的类似技术，从历史演变的过程看变化不大。技术发展的多个选项允许IGBT芯片根据具体应用的专业化。IPM器件首先应用于家电和“白色家电”产品。这里应用场合是电动机驱动，不需要开关频率高于5kHz，一般为低于5kV/μs的过渡（或5V/ns）。因此，设计过程中的主要焦点是降低导通损耗。

10.1.4 栅极驱动器

为了从这些新的IGBT芯片得到最大的好处，对栅极驱动器本身进行了优化。用于改善IGBT工作性能的栅极驱动集成电路至少应根据IGBT的导通和关断时间取不同的栅极电阻值。最先进的器件也在考虑对开关电流有关的过渡斜率的动态控制[3,5]。例如在第2.5节中讨论的有关内容，由于栅极驱动器可以根据开关电流改变驱动速度，因此可以同时实现低损耗和低噪声，如图10.3和图10.4所示。

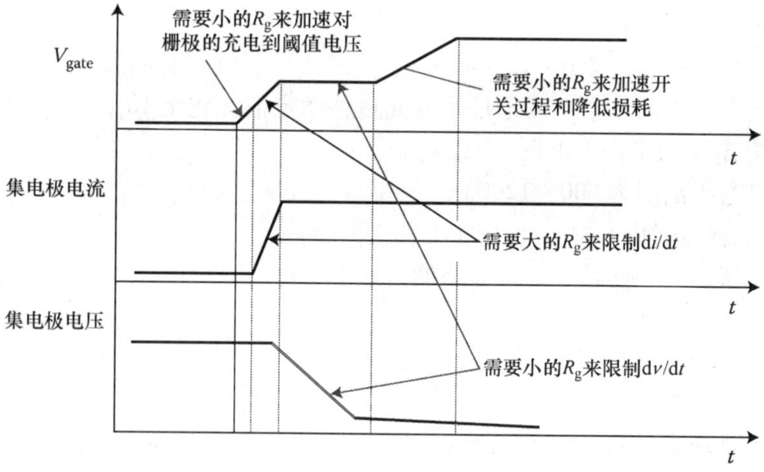

图10.3 非线性栅极电阻

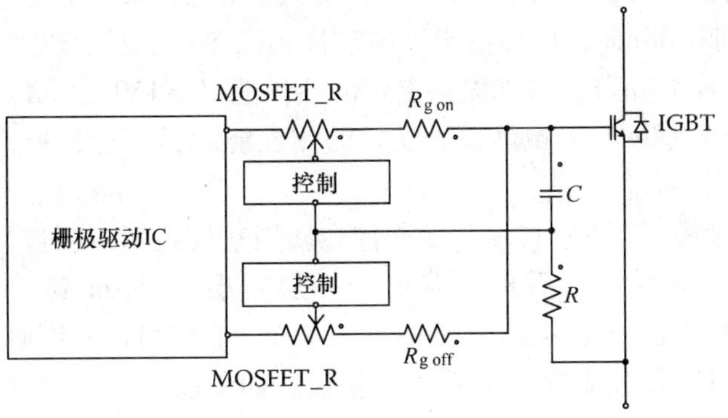

图 10.4　受控（非线性）栅极电阻的可能实现方法

10.1.5　封装

使 IPM 获得成功的第三个关键技术可能与封装制造有关。

首次使用的转移模具技术是基于铜引线架构的。对于更大功率水平，对热提取的要求更苛刻，通过铜引线的传热是不够的。冷却结构的进一步是对如模具树脂和铝散热片的集成。进一步而言，对更高功率水平需要更多的热提取技术可能与现在的陶瓷基板的集成技术有关。

相对于低功率集成电路（IC）技术，功率模块的基板必须能够承担更高的电流，提供更高的电压绝缘，能处理增加的功率损耗和热量。功率模块中基板的作用是提供电路连接和冷却，因为对基板而言需要面对工作温度高达 150℃ 或 200℃ 的工作条件，最常使用的基板技术是直接键合的铜基板和绝缘金属基板。

直接键合铜（DBC）基板是由粘合到一侧或两侧的氧化铝和铜片的瓷砖组成。铜和陶瓷砖被加热到一个受控的温度，在氮气和氧气的环境中，直到形成铜氧共熔合金，成功地把铜和作为基底的氧化物结合在一起。顶部的铜层可以使用 PCB 技术来绘制一个电路，而底部的铜层通常是通过连接到散热器或散热片来保持简单的冷却。

DBC 技术的优点如下：

1）热膨胀系数低，确保良好的热循环性能（高达 50000 个周期）；

2）极好的电绝缘性能；

3）很好的散热性能。

在 DBC 技术中使用的陶瓷材料可以是：

（1）氧化铝（Al_2O_3）。尽管热性能较低（24～28W/mK）且有点脆，但由于其低成本仍得到了广泛应用。多年来，对大多数应用场合，这种基板的厚度从0.63mm降低到0.38mm，以降低半导体芯片到散热片之间的热阻R_{th}。

（2）氮化铝（AlN）。可以提供更好的热性能（>150W/mK），成本较高。

（3）氧化铍（BeO）。虽然代表良好的热性能的另一种选择，但因为它有一定的毒性，使用不多。

绝缘金属基板（IMS）技术开始于像金属铝基板技术，覆盖一层薄薄的如环氧树脂的基础层介质，然后再接着覆盖一层铜层（35μm到大于200μm的厚度）。由于这种结构，IMS技术是一种单面基板，它仅可以在铜侧安装元器件。

功率模块可以设计成带基板或不带基板。如果没有基板，则DBC基板直接放置在散热器上。铜基板的替代解决方案包括如铝碳化硅（AlSiC）或钼铜复合材料，由于其导热系数低、成本高，因此主要用于牵引应用场合。

散热性能与功率模块封装材料的性能有明显的关系。因此，新材料的开发和改进会影响功率半导体模块的尺寸和重量。因此，当代的研发致力于电源拓扑结构本身的新机遇。因此，促进应用电路的出现并及时跟进封装技术是件非常有意义的事。

10.1.6 其他方法

完全不同的方法认为，应在常规基板模块[6]同一封装内进行PCB的封装集成。所以，在同一功率模块内部可以实现一些控制功能。

作为一个极端的例子，有些IPM内部把功率半导体器件和微处理器封装在一起。然而，因为没有被证明这种方法可以通过所有的EMI和安全标准，所以它们并没有得到太多的应用，在变换器系统集成的同时对已开发出的任何控制平台的适应有些限制，因此适应性有限。

10.2 IPM可用性的审查

自20世纪90年代后期[7]的第一个IPM产品出现以来，每个主要的大功率半导体生产厂商都有自己的电源模块解决方案，表10.1给出了一些常用的IPM器件的例子。引用的数值数据只是能够证明本章引入理论的一个例子，并没有任何意图来比较其性能。由于本书篇幅的原因，许多其他生产厂商如Cyntec和Sanyo（现在在安森美半导体公司（ON Semiconductor）内）没有在这里列出。

表 10.1 任意顺序［2，8－10］三相 IPM 技术举例

产品名称	生产厂商	发布年份	总线电压	额定电流
IRAMS	生产厂商：IR 公司	2004	600V	3.20A

封装	特点
• SIP 封装	• 5V 斯密特触发输入逻辑电平
• 具有全转移模式结构的功率芯片散热	• 欠电压锁定
• 最大功耗 73W	• 内部集成自举二极管
• 短路击穿 IGBT 的低 $V_{CE(on)}$	• 联锁功能
• 标准 3 相栅极驱动器	• 过电流和过温度保护
• 隔离电压有效值 2000V	• 内置温度检测器

产品名称	生产厂商	发布年份	总线电压	额定电流
SLIMM（STGIP）	生产厂商：意法半导体公司	2011	600V	10.20A

封装	特点
• SDIP－25/38L（ECOPACK）封装	• 有下拉和上拉电阻的 3.3V，5V，15VCMOS/TTL 迟滞比较器输入
• DBC 衬底导致低热阻	• 欠电压闭锁
• 最大功耗 42W	• 内部集成自举二极管
• 负温度系数下 IGBT 在 VCE（饱和）下的短路额定值	• 联锁功能
• 先进栅极驱动	• 过电流和过温度保护
• 隔离电压有效值 2500V	• 用于先进的电流检测运算放大器
	• 用于热控制的 5kΩ 负温度系数热敏电阻（NTC）

产品名称	生产厂商	发布年份	总线电压	额定电流
运动 SPM	生产厂商：飞兆半导体	2005	600V	3.20A

封装	特点
• 小型 DIP 封装（SPM27）	3.3V 输入
• DBC，w/裸露的陶瓷材料附着到框架上，然后制成环氧树脂	欠电压闭锁
• 额定短路优化 PT 平面 IGBT 设计	联锁功能
• 先进栅极驱动	过电流和过温度保护
• 隔离电压有效值 2500V	

产品名称	生产厂商	发布年份	总线电压	额定电流
SCM1100	生产厂商：Allegro MicroSystems 公司（SANKEN）	2007	600V	15A

封装	特点
• 功率 DIP 封装（所有）	• 3.3V/5V CMOS 输入
• 增强型功率耗散能力的裸露散热垫	• 欠压闭锁
• 最大功耗 41.7W	• 联锁功能
• 短路额定 IGBT	• 过电流和过温度保护
• 先进栅极驱动器	• 内部集成自举二极管
• 隔离电压有效值 2000V	

（续）

产品名称	发布年份	总线电压	额定电流
L 系列　生产厂商：三菱（Mitsubishi）公司 L1 系列	2005/2009	600V&1200V	215A&144A
封装 • 小封装/中型封装/大封装 • 最大功耗 128W/390W/833W • 集成第5代沟槽芯片（CSTBTTM）可以得到低饱和电压 • 隔离电压有效值 2500V	特点 • 需要没单独的 GD 供电 • 在短路保护、欠电压保护、过温度（OT）保护时单独的 GD 输出 • IGBT 芯片上的在片温度检测二极管		

产品名称	生产厂商：	发布年份	总线电压	额定电流
CIPOS （代码 IGCM） （代码 IKCS）	英飞凌公司 （在电力智能电网有限公司）	2010	600V	8.22A（mini） 6.20A（SIL）
封装 • 有小型封装和 SIL 封装两个版本 • 传递模塑技术 • 最大功耗 29W/p.u.（mini）& 59 W/p.u.（SIL） • 单片体二极管（mini）的英飞凌反向导通体二极管 IGBT 和 TrenchStop IGBT（SIL） • 隔离电压有效值 2000V		特点 • 3.3V LSTTL，CMOS 输入 • 自举电路 • 温度检测 • 欠电压锁定 • 过电流保护 • 避免交叉导通		

表 10.2　最新的高功率 IPM 产品公告

产品名称	生产厂商：	发布年份	总线电压	额定电流
V 系列	富士（FUJI）公司	2011	600	20，30，50
			1200	10，15，25
			600	50，75
			600	50~200
			1200	25~100
			1200	25，35，50
			600	200~400
封装 • 陶瓷绝缘（氮化硅基板）封装 • 尺寸 49.5×70×12.5 49.5×70×12.5 50×87×12 84×128.5×14 84×128.5×14 50×87×2 110×142×27		特点 • 新的第六代 IGBT 芯片（现场停止沟槽栅） • 最新的驱动集成电路使模块实现行业最小的功率损失（20%低于富士电机以前的产品）和最低水平的噪音 • 配备四报警灯的模块整体尺寸和厚度相对以前产品已经降低了80%（N，S，U 系列）		

2011 年底推出了新一代的高功率器件，见表 10.2。它们可以被看作是数百安培范围内扩展功率的一个重要飞跃。这个技术的一个非常重要的进步是因为它在整个低压 IGBT 产品范围推动了这一技术进步（对电力系统电压低于 1500V 而言）。

10.3　IPM 器件的使用

IPM 器件的出现对系统设计师而言开辟了一些新的研发机遇，系统设计师不必担心栅极驱动器设计和保护的底层优化设计。因此，电力电子设计人员可以专注于获得系统或功率电路级的性能，可以创造新的多开关拓扑结构，它们中的一些内容将在本书第 18 章中加以介绍。

这些 IPM 器件采用集成半导体器件及其冷却结构，使用非常有限的无源元器件或不使用无源元器件。电力电子设计人员受益于所有这些不含无源元器件的电路拓扑结构。在电力电子设备中，集成多个半导体器件与无源元器件数量的减少之间的折衷通常是值得的。这是在本书第 18 章中提出的先进研究项目的核心理念。它们是提高工作可靠性和可维护性半导体功率变换解决方案的设计趋势。

10.3.1　本地电源

设计一个采用 IPM 器件的电源电路包括选择下面的低功率外部元器件[12]：

1）为高端栅极电路供电的自举电源电压应不低于 UVLO 阈值电压（通常约为 11V 左右）；

2）对 HVIC 旁路本地电源；

3）一些 IPM 内含用于温度检测和过温度保护的热敏电阻；

4）一些 IPM 具有用于电流检测的外接选择电阻，一些 IPM 则把这些检测电路集成在 IPM 内部。

在所有这些任务中，浮动（高端）电源的设计决策是最具有开放性的讨论话题。每个通道的常用电源供电是采用一个叫自举电源的拓扑结构，如图 10.5 所示。这是基于在低端 IGBT 导通期间为高端电路供电电容器的充电电源（自举），这个充电电源为低端器件有关电路供电。在关闭低端 IGBT 后，栅极驱动器（保护和控制）的顶端 IGBT 通过存储在自举电容中的能量来提供能量。

自举电容通常采用高频工作特性好的陶瓷多层电容器（MLCC）来存储所需要的能量。而陶瓷电容和电解电容器的组合使用是传统的选择，大电容值的陶瓷电容器的可用性最新情况表明，采用一个单一的陶瓷电容器可以实现自举电容的功能。通常选择容量为 1 ~ 47μF，额定电压为 25V 的陶瓷电容器。

自举二极管要能承受 1.5 倍的总线电压，在使用一个常用的 600V IPM 时需要使用一个1000V的自举二极管。此外，在1~2A工作条件下，自举二极管是一个快速恢复二极管，恢复时间为50ns或更小。最后，插入一个和自举二极管串联的阻尼电阻（$R_{boot}=1\sim5\Omega$）是消除一些重要问题的有效途径，这些重要问题如下所示：

1）由于自举二极管的反向恢复电荷而引起的EMI；

2）由于线路负端杂散电感引起的峰值电压，这些负峰值电压作用于V_S电压而对自举电容过充电。

在设计HVIC和启动整个电路工作时，还需要采取一些其他小的预防措施。

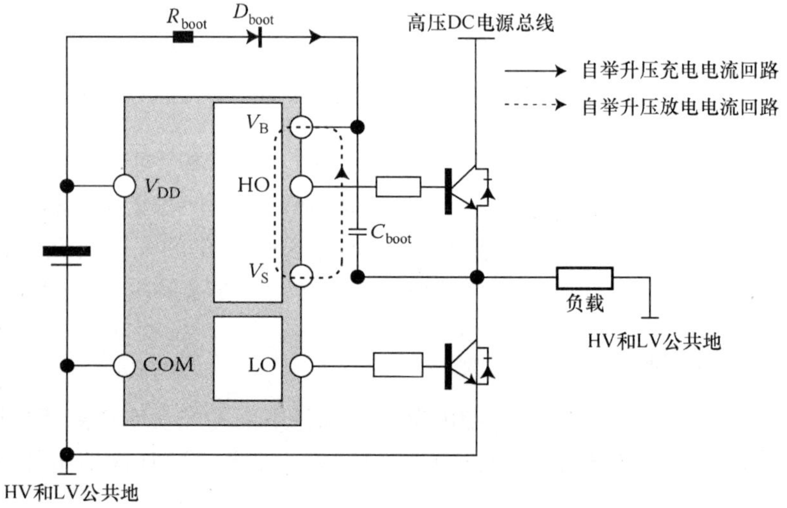

图10.5 自举升压电源工作原理

在以一个非常规的方式使用IPM来实现自举电源功能时就面临性价比的问题。例如，在本书第18章介绍的在特殊拓扑结构中使用IPM的特殊应用场合。这就不能从由于大的工作暂停时间间隔从低端导通而受益。

表10.3在这方面回顾了对电源方面的要求。

表10.3 高端电源技术要求

拓扑	图	关于t_{on}/t_{off}的评论	能否自举升压
简单并联	图14.1	正常PWM	是
交错	图14.22	正常PWM	是
并联组合二极管/CSI	图18.5	1/3周期	可以是w/专门设计
多电平	图18.11	正常PWM	是
	图18.12		
常规矩阵w/CSI	图18.15	Large t_{off}	否
	图18.18		
直接变换器w/VSI	图18.9	正常PWM	是
新型拓扑结构	图18.19	Large t_{off}	否

这个问题的一个可能解决方案是对每个栅极驱动器电路采用独立的供电。在工业系统中是采用特殊的反激式配置来实现的。在多模块构建的拓扑结构情况下，从模块化、无源元器件减少的目标而言，这种选择是不可行的。消除可能的无源元器件和设计一个接近使用全半导体器件的方法提高了可靠性且降低了损耗[13]。

非稳压 DC－DC 变换器的开关模式可以作为替代方案，对自举二极管而言这是一个理想的电路替代方案，如图 10.6 所示。例如，一个小封装 SIP4 的 RECOM DC－DC 开关变换器可以在没有外接元器件和不使用散热器的情况下工作，同时提供非稳压的 15V/15V 变换、1000V 隔离、2W 输出（133mA）、工作效率为 80%～85%。它可以驱动高达 680μF 的容性负载，足以用于大多数的栅极驱动应用场合。有多个其他生产商的产品可供选择使用。

对一个数字电路的设计应用场合，考虑在 500ns 的时间内要求的最大栅极电流为 4.5A 及 1V 的电压下降。可以用式（10.1）计算所需要的最小电源供电电容。

$$C_x \geqslant \frac{(4.5\text{A}) \times (0.5 \times 10^{-6})}{1} = 2.25\mu\text{F} << 680\mu\text{F} \tag{10.1}$$

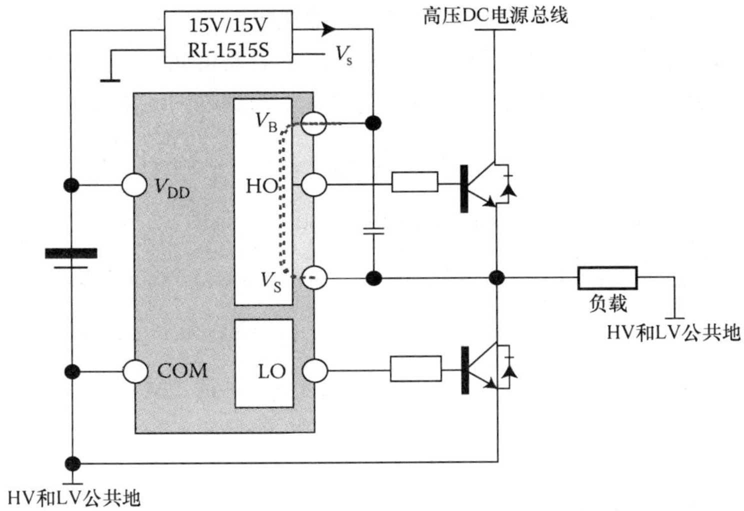

图 10.6 采用非稳压 15/15V 电源，1000V 隔离电压

对任何 IRF IRAMS 应用场合，可以采用 1206 封装的 10μF/25V 的表面安装 MLCC。另外也可以选用采用陶瓷表面贴装技术的 22μF 或 47μF 电容。

使用 DC - DC 混合变换器的解决方案显然更昂贵，但它解决了自举升压的一系列问题，并提供一个大的实验室来开发的新控制算法，表 10.3 给出了所有的新拓扑结构。

10.3.2 再生能量钳位

IPM 器件的主要用途和交流负载有关，设计人员应强调对电感性负载的工作在由于各种原因开关停止工作（例如自愿和非自愿的停止工作）后的工作情况。这可能是在一个故障情况下，由于驱动保护和来自负载的能量需要一个路径泄放，否则就会出现功率半导体器件损坏的情况。

在负载通过一个二极管通路去能量的场合这是最常用的方法，此外，一个背靠背配置的中间直流母线电容有时可能需要更快的放电或通过制动电阻对电压进行限制。这样的制动或放电电阻是和第 7 开关连接在直流电容器的。而背靠背变换器拓扑结构本质上是在两个 IGBT 的 6 封装中使用现有的二极管，在本书第 18 章中给出的任何直接（矩阵）变换器都需要从输入到输出使用一个额外的双二极管桥式电路。通常都需要这种额外的钳位电路，即使它在主电路拓扑图中没有显示出来。

另一方面，传统的 IPM 器件主要用于电流小于 50A 的低功耗应用场合，在这种情况下，常选用的保护方案是基于传统压敏电阻解决方案，如本书的第 6.2.4 节中有关内容所示。对于所有其他的工作模式，都需要负载的再生放电，这些变换器工作于第四象限，他们可以很容易地实现对从负载到电网能量流动的管理。

参考文献

1. Motto, E. 1998. Application specific intelligent power modules—A novel approach to system integration in low power drives. *PCIM Conference*.
2. Bhalerao, P. and Wiatr, R. 2008. New intelligent power module series. *PCIM Europe*, 2, pp. 21–22.
3. Motto, E.R. and Donlon, J. 2006. Speed shifting gate drive for intelligent power modules. *IEEE APEC*.
4. Neacsu, D.O., Nguyen, H.H. 2002. US Patent #6,459,324—Gate drive circuit with feedback-controlled active resistance.
5. Neacsu, D.O. 2001. Active gate drivers for motor drive applications. IEEE PESC2001, Vancouver, Canada, June.
6. Giacomini, D., Bianconi, E., Martino, L., Palma, M., 2000. A new fully integrated power module for three-phase servo motor driver applications. *International Rectifier Application Paper*.
7. Tolbert, L. 2012. Smart integrated power module. Project ID: APE046, 2012 U.S. *DOE Hydrogen and Fuel Cells Program and Vehicle Technologies Program Annual Merit Review and Peer Evaluation Meeting*.

8. Anon. 2008. IRAMS10UP60B-iMotion Series. Integrated power hybrid IC for appliance motor applications. International Rectifier's Datasheet.
9. Anon. 2010. STGIPS10K60A—IGBT intelligent power module. ST Microelectronics' Datasheet.
10. Lee, J.B., Lee, J.H., Cho, J., Chung, D.W., and Frank, W. 2010. AN-CIPOS mini-1-Technical Description, Infineon/LS PowerSemitech Application Note.
11. Shimizu, N., Karasawa, T., Takagiwa, K. 1012. New lineup of large-capacity "V-Series" intelligent power modules. *Fuji Electr. Rev.* 58(2) 65–69.
12. Schimel, P. 2011. A few useful tricks for modular inverter design. *IEEE APEC special session SP-2.2.1.*
13. Neacsu, D.O. 2010. Towards an all-semiconductor power converter solution for the appliance market. *IEEE Industrial Electronics Conference IECON*, Glendale, AZ, USA 2010.

第 2 部分　其他拓扑结构

第 11 章　谐振三相变换器

11.1　通过谐振与先进 PWM 器件降低开关损耗

已证明在高功率变换器引入开关工作方式可以减少损耗并提高工作效率。但是，功率半导体器件的工作远不是处于理想工作状态的，仍有损耗出现。在本书第 2 章中已说明这些损耗出现在开关器件的导通和开关过渡时间。

开关器件在导通期间的损耗称为导通损耗，导通损耗直接和开关器件在导通期间的管压降有关。现代 MOSFET 具有非常低的 $R_{ds(on)}$[1]。例如，CoolMOS 器件在 600V 工作电压下的开关工作电流可以高达 85A，受益于 $R_{ds(on)}$ 仅为 35 ~ 70mΩ（参见上面的 IXYS IXKK 85N60C），而最新的 Q2 类 HiPerFET 器件在 500V 工作电压下的开关工作电流可以高达 80A，受益于 $R_{ds(on)}$ 约为 60mΩ。其他常用的高电压 MOSFET 的 $R_{ds(on)}$ 在 150 ~ 200mΩ 范围。采用这些技术的 MOSFET 可以在高达 1200V 的工作电压下开关工作，同样，新的技术将 IGBT 的导通电压降到 2 ~ 3.5V 的范围内。沟槽栅 IGBT 被推荐用于 1.5 ~ 2.2V 低集电极 - 发射极电压降的场合（例如，Powerex CM200DU - 12F 可以在 600V 工作电压下开关工作电流为 200A）[2]。所有这些技术进步显著，在未来的几年间将继续朝这个方向努力。但是，与导通损耗采用的开关技术有关，不可能通过开关应用的拓扑技术最小化。设计者唯一可以做的事情是估测导通损耗与开关损耗所占的比重，并选择适当的功率开关器件。如果在应用中认为低的开关导通损耗更重要，则应当选用较低导通损耗的器件。如果相反，要求工作于高开关频率，则应该选用短瞬态过渡时间的开关器件。

第二类主要的损耗是功率开关半导体器件在导通和关断的瞬间由于电压和电流而引起的损耗。当功率开关器件改变其导通状态时，电压和电流有有限的过渡斜率，将在短时间内由于电流和电压的交叠引起开关损耗。任何开关器件在导通或关断器件的开关损耗取决于功率开关器件的技术特性和应用电路。这里，通过节能的电路设计有改善空间。因此，本书这一章的目的就是要了解有哪些节能技术可供选用，利用这些节能技术来帮助电路设计工程师进行电路设计。

在许多书籍或论文中对半导体器件开关过程的完整分析给出了论述。我们这里讨论开关过程的定时。图 11.1 所示为开关器件的导通工作特性。在本书的第 2 章也给出了有关波形，同时还给出了关于栅极驱动器设计的最合理定义。

半导体器件的功耗是利用半导体器件的漏极与源极（集电极 - 发射极）电压和通过漏极与源极（集电极 - 发射极）电流乘积来计算的。在开关切换过程中这个乘积明显很大。导通时，在电压改变前，电流变化是稳定的，在开关管的关断过程中，开关损耗的计算相反。此外，IGBT 的关断或双极型功率晶体管的关断有尾电流，这个尾电流会加大开关损耗。

通过减少电压和电流不接近于零的时间间隔来降低开关损耗是可能的。不同的栅极驱动技术都考虑了受控电压和电流转换斜率问题。然而，这种使开关损耗最小化的方法降低开关损耗有限。不可能使开关损耗过度陡峭，这时由于电路的所有寄生电感会产生较大的电压尖峰。电压斜率一般受限于半导体器件技术和电路寄生电容。

观察图 11.2 和图 11.1 可以看出电流和电压波形的定时是使开关损耗最小化的另一个可能的解决方法[3]。很显然，开关损耗取决于电压和电流转换之间交叠的时间。如图 11.1 所示，如果以某种方式在电流过渡期间使电压过渡为零，则这时开关损耗将会接近于零。同样，在电压过渡期间使电流过渡为零，这样也可以降低开关导通损耗。

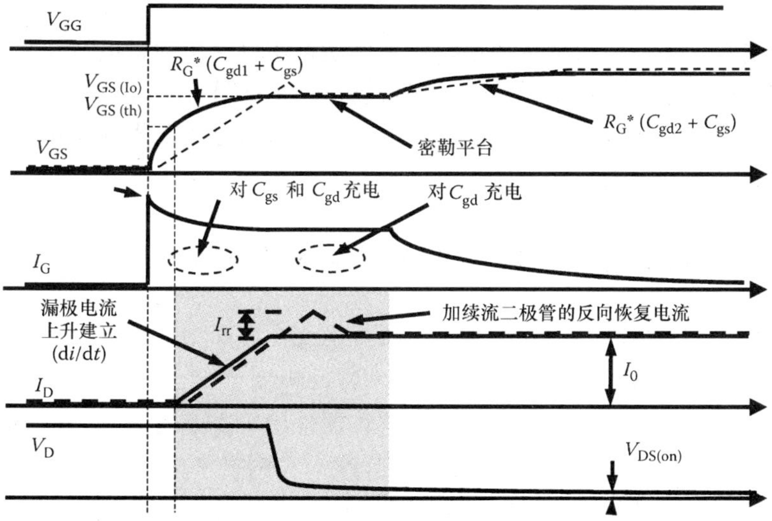

图 11.1　IGBT 和 MOSFET 功率器件典型开关波形

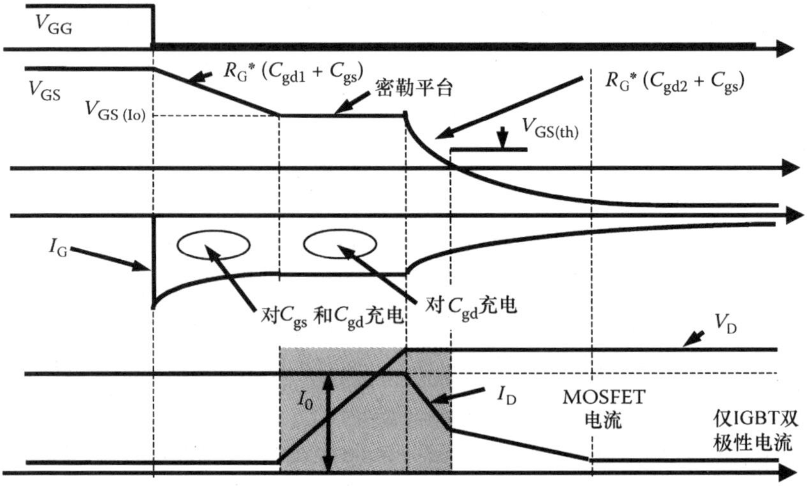

图 11.2　功率 MOSFET/IGBT 器件的关断典型波形

第 1 章介绍功率半导体器件在大功率处理中的作用和保持使用简单电路的重要性。改变电压和电流斜率的结果将会使电路复杂化，电源电路设计将面对选择合适的功率变换系统电路拓扑结构时需要做出的主要权衡问题。为了确保功率变换电路在合理的复杂范围内，谐振电路可以用来改变电压和电流斜率的时序。这可以以自激振荡或电路需要与电源开关工作模式同步，这种同步通常需要引入更多的开关，并进行相关的分析，以确认由于主功率级新加的器件与开关损耗的降低。

本章主要介绍在大功率变换系统中使用谐振功率变换的思想，并为电路提供若干实例。鉴于电力半导体器件的动态市场，这里的目标不是对所有可能的开关器件提供一个全面的分析，但目前的分析将帮助电力电子工程师在功率变换器拓扑选择时做出正确的决定。

11.2　是否还会从谐振大功率变换器中得到好处

让我们从一点历史知识开始介绍，最早得到广泛使用的功率半导体器件是可控硅整流器（SCR），也称为晶闸管。晶闸管这种器件可以通过一个外部电路提供的控制信号使其像二极管一样导通。这种器件用于逆变器需要用到特殊的关断电路来使晶闸管关断。有些关断电路采用谐振 *LC* 网络来构建。

用于大功率变换电路 GTO 晶闸管的发展简化了逆变器的构建。GTO 晶闸管在关断期间有一个非常大的尾电流，功率效率优化又回到了对谐振电路的需求。

后来，IGBT 成为功率半导体器件的主要选择。在 1982 年，RCA 和 GE 几乎同时宣布发现了该功率半导体器件[4]。IGBT 看起来是大功率开关的理想选择器件，在 20 世纪 90 年代早期，几乎所有 10～100kW 范围内功率变换器的生产都基于 IGBT。

然而，第一代 IGBT 仍有很大的开关损耗。在 20 世纪 90 年代初，降低 IGBT 的开关损耗是当时研发工作的重要课题。当时发表了数百篇有关论文和应用专利，也许这一领域的所有研究者，都以这种或另一种形式参与研究新的高功率谐振电源变换器应用。这些电路实际上并不是全新的，因为它们可以采用很早就在晶闸管或 GTO 晶闸管中使用的谐振变换器构建技术。

两个重要的研究方向是从当务之急出发[5]。首先需要强调的是新的谐振变换器拓扑的发明和开发。本书下面的有关内容将对这些解决方案在逆变器的应用进行分类。

通过在谐振电路的位置分类：

1）在直流母线的谐振电路允许一个简化的 6 开关变换器拓扑结构；

2）在每个变换器引脚（极电压）的谐振电路；

3）围绕每个半导体开关的谐振电路；

4）在输出端的谐振电路。

利用用于降低损耗的信号分类：

1）零电压开关（ZVS）：在开关过程中电压保持为零；

2）零电流开关（ZCS）：在导通状态改变期间零电流开关的电流为零。

根据谐振电路的复杂性分类：

1）自激振荡、连续、谐振工作；

2）在要求的主要器件开关前同步谐振摆动。

这个研究发展方向还涉及谐振电路工作的数学计算、谐振元件的选择和谐振电路无源元器件值可能变化的计算。第二个研究方向强调谐振电路系统的含义和效率的改进。对以下主题进行了分析：

1）通过与硬开关的比较了解在功率开关级降低开关损耗的工作原理；

2）评估由于谐振电路的引入而引入的附加损耗和由于开关电路的管理谐振摆动的释放；

3）了解在功率半导体器件上的附加应力，并强调在工作效率改进和使用软开关之间的折衷；

4）在功率级和谐振电路中采用最适合开关模式定时的数字控制器实现。

第二个研发努力方向的主要优点是承认使用谐振变换器的潜在缺点，并建立一个适当的系统级的损耗比较，而不是开关级的损耗比较。一些研究人员认为使用谐振转换器，通过将损耗分布于几个器件和元件有助于冷却系统。这是完全正确的，并将谐振变换器应用到更为通用的场合。

在20世纪90年代初，据报道，功率变换器的软开关工作可以降低多达10%的开关损耗。最近实施的解决方案声称可以获得2%～5%的功率损耗降低。需要注意的是如何估计降低这些损耗。

在20世纪90年代，半导体技术不断发展，新一代IGBT具有极好的开关时间和明显降低的功率损耗。IGBT的关断时间比较长，需要长达2ms的关断时间，是第一代IGBT的主要缺点。技术改进使得IGBT的关断时间低于200ns。最新设计出用于开关电源和UPS的最新一代IGBT的关断时间可以低于100ns。这就降低了损耗，使IGBT在工作于高电压、开关频率高于100kHz的应用场合，可以和MOSFET相比较或优于MOSFET。随时间的变化IGBT的最高可用开关频率已从10kHz提高到高于100kHz[6,7]。

为了更好地评估IGBT技术的进展，可以考虑表11.1和表11.2给出的有关数据。这些数据是从数据表中提取的。需要注意的是不同生产厂商给出的测量和报告的条件不同，给出这些数据的目的是估测在硬开关变换器中的开关损耗。没有对这些数据进行直接的性能比较。要注意重要的是，这样的开关损耗水平使它难以进一步改进谐振电路。

表11.1　100A的IGBT器件开关损耗比较（每个脉冲能量）

	导通能量			关断能量		
	40A /mJ	60A /mJ	80A /mJ	40A /mJ	60A /mJ	80A /mJ
Powerex600V F系列	0.90	1.06	1.08	1.80	2.50	3.00
Powerex600V F系列	1.20	1.80	2.10	2.00	2.60	3.20
Powerex600V F系列	0.70	1.00	1.05	2.00	3.00	3.30
Powerex600V F系列		1.36			0.80	
IRF WARP系列（50A）		0.80			0.50	

表11.2　400A的IGBT器件开关损耗比较（每个脉冲能量）

	导通能量			关断能量		
	100A /mJ	200A /mJ	300A /mJ	100A /mJ	200A /mJ	300A /mJ
Powerex600V F系列	4.00	6.00	10.0	5.00	10.0	20.0
Powerex 600V H系列	6.00	11.00	21.0	4.50	10.0	20.5
Powerex 600V NF系列	3.50	6.00	10.0	6.0	11.0	20.0
Toshiba IGBT++系列				11.0	16.0	21.0

功率半导体工业的技术进步和谐振变换器控制电路要求的复杂性降低了谐振开关技术在 10 ~ 100kW 功率范围大规模生产的应用范围。几乎所有生产厂商都通过减少寄生效应、使用新的半导体器件和优化栅极驱动器电路的方法，在生产功率变换器时采取保守的方法，仍使用硬开关技术生产功率变换器。

然而，在许多应用中，谐振电路是最佳的选择[5,8,9]，例如：

1）许多高压大功率变换器继续使用晶闸管、GTO 晶闸管，或可能从谐振开关技术获益而采用较老一代的 IGBT；

2）在非常高温的环境中使用的功率变换器可能会由于减少来自主要开关器件的损耗或通过转移部分损耗到谐振电路而受益；

3）在额定值边缘使用非常现代或先进的功率半导体，例如，利用可以工作于 600V、200kHz、20 ~ 50A 的新的 CoolMOS 或 HyperFET 器件来构建功率变换器，如果加大开关工作频率可以使在具体应用中获益（例如磁性材料的尺寸），则谐振开关技术是一个很好的选择；

4）构建适应非常小空间的功率变换器，可能需要使用谐振变换器技术。

让我们考虑在零电压或零电流下的功率半导体器件开关，并使这些分析独立于电路拓扑结构。

11.3　IGBT 器件的零电压过渡

11.3.1　工作于 ZVS 的功率半导体器件

在导通过程前，使开关半导体器件上的电压降为零可以降低开关损耗。仅在开关瞬间激活谐振电路，对这类变换器建议使用“准谐振”的技术术语。

重要的是要了解工作于零电压功率半导体器件的开关物理过程，以便更好地评估工作在这种工作模式的节能工作原理和有关的可能故障现象。

图 11.1 和图 11.2 强调了在栅极电压密勒平台的漏极 - 源极（发射极 - 集电极）电压的变化。栅极 - 漏极电容从漏极到栅极提供了一个反馈路径，它增加了栅极电路开关所需要的等效电荷。结果，总的动态输入电容大于总的静态电极电容。这种效应称为密勒效应，被 John Miller 先生首次用于真空管的研究工作。在栅极电压的第一个电压上升时，栅极 - 源极电容充电，并在平坦的部分（密勒平台），栅极 - 漏极电容充电。总的驱动电荷是密勒电容比栅源电容明显要高。密勒平台的宽度很大程度上取决于功率半导体器件漏极（集电极）上的电压。图 11.3 所示为在导通时栅极电压对漏极电流和电压的依赖关系。在第二个电压斜坡，由于功率级的电压和电流开关需要，因此两个电容被充电。

在零电压瞬变期间，密勒平台消失，没有电压差，需要额外对栅极 - 漏极电

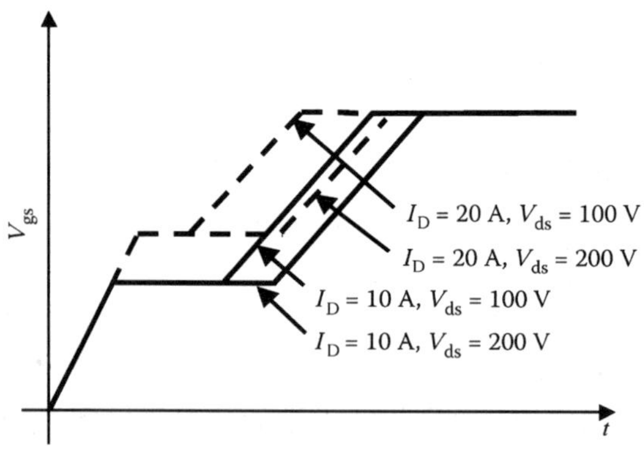

图 11.3　关断时不同电流和电压水平的栅极电压

容充电。由于总的电荷减少，并且在栅极驱动器的应力减少，因此这在栅极电路的设计中是非常重要的。

记住栅极电路的这种工作特性，有利于我们考虑工作于零电压过渡（ZVT）的功率半导体器件的合理选择。通常，开关性能是基于对要求的栅极电荷和跨导的综合分析。让我们比较一下图 11.4 所示两种器件的理论特性。栅极电压的第一斜坡由栅极－源极电容决定，比第二个器件要大。第二个器件有较高的跨导，因此需要较少的栅极电压来实现对给定集电极电流值的控制。这将导致器件的工作速度更快，并且得到一个有趣的结论就是，小的栅极电容的器件并不会总是工作得更快。

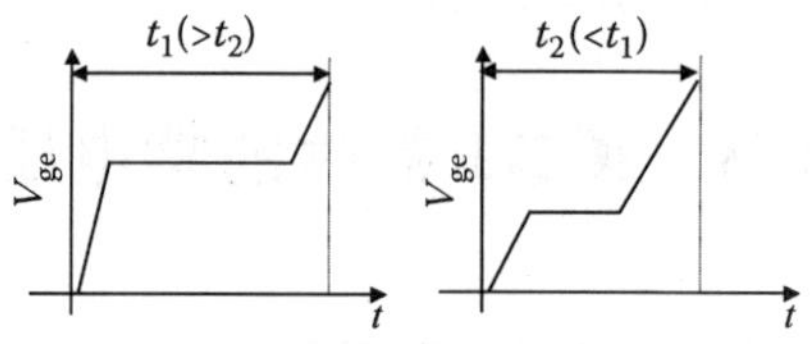

图 11.4　不同栅极特性

考虑到零电压瞬态下的工作，对相同的功率器件进行比较，由于在漏极（集电极）的电压降低而导致跨导效应降低，因此勾画出了选用小的栅极电容器件的优点。

现考虑与图 11.2 中功率半导体器件关断有关的关系。关断过程可以看作是导通的相反过程，除 IGBT 的尾电流特性和功率 MOSFET 的开关中不存在尾电流的问题外。尾电流的存在可以用 IGBT 模型中两个晶体管的伪达林顿连接加以解释，如图 11.5 所示。第二个双极型晶体管的基极（PNP）对附加的控制信号而言不可以直接到达，它的关断完全取决于器件内部的物理过程。由于 MOSFET 的沟道停止导电，因此电流停止流动，而 IGBT 电流迅速下降至尾电流开始的整个复合电流水平。因此，在这个交界处少数载流子的寿命，通过引入一个时间间隔来消除尾电流，从而减缓整个瞬态时间。

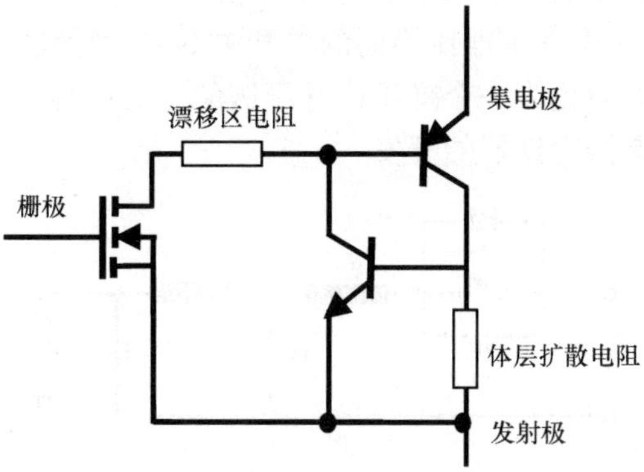

图 11.5　IGBT 器件等效电路

传统的寿命降低技术和/或 n_1 缓冲层用于收集在关断期间的少数载流子，常用于加速这个再组合过程。因为这些技术减小了 PNP 晶体管的增益，也增加了 IGBT 的电压降。此外，在关断期间收集少数载流子的寿命降低解决方案是由于在导通期间的准饱和的原因会加大导通损耗。尾电流的存在限制了 IGBT 关断期间 ZVT 的使用[5, 10, 11]。

可以定义基于谐振电路的初始情况或电路拓扑准谐振功率变换器提供的 ZVT。第一个解决方案如图 11.6 所示，其中谐振周期从谐振电容器上的过零电压开始。开关关闭后，由谐振电容 C_r 和电感 L_r 形成谐振电路。如果选择的谐振电路的周期是基于要求的，而导通开关过程又为零，则可以降低开关损耗。

一个替代解决方案如图 11.7 所示，在谐振周期，电容器 C_r 被连接到了外接固定电位 V_{ref}，如图 11.6 和图 11.7 所示的等效小信号电路模型是相同的。

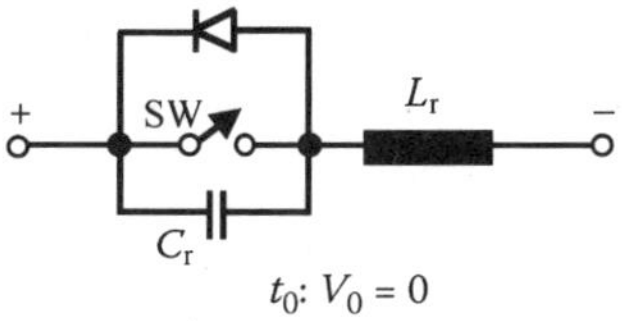

图 11.6　ZVT 准谐振电路电容器上的初始零电压

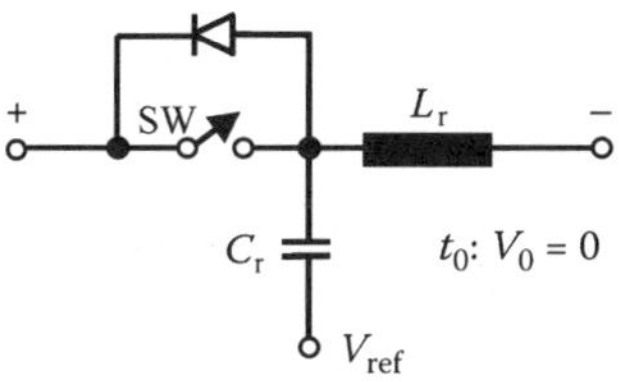

图 11.7　ZVT 准谐振电路电容器上的初始零电压

11.3.2 降压变换

现以一个非常简单的例子来说明电路工作原理[5]。

图 11.8 所示为一个在零电压换向的单开关 buck 变换器。本书第 3 章已介绍了将一个三相变换器简化为一个降压或升压级的有关内容。对谐振电路简单的理解有助于复杂三相谐振变换器的开发。

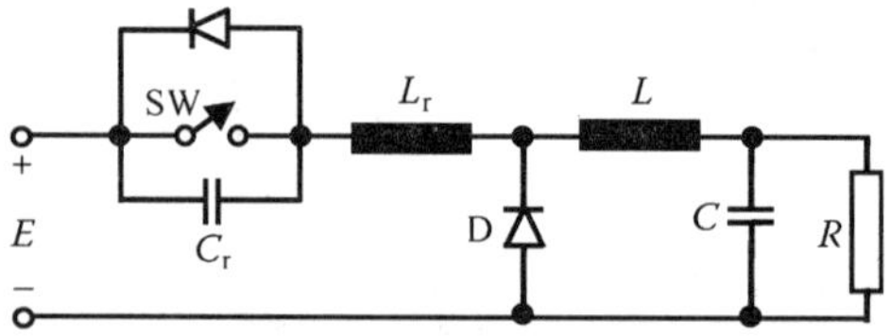

图 11.8　ZVT 准谐振电路电容器上的初始零电压

这个功率变换器中功率开关的工作遵循与传统 buck 变换器相同的控制特性，可以考虑负载滤波器 LC 是理想的，如图 11.9 所示。等效效果是一个用 I_L 表示的恒定直流负载电流。

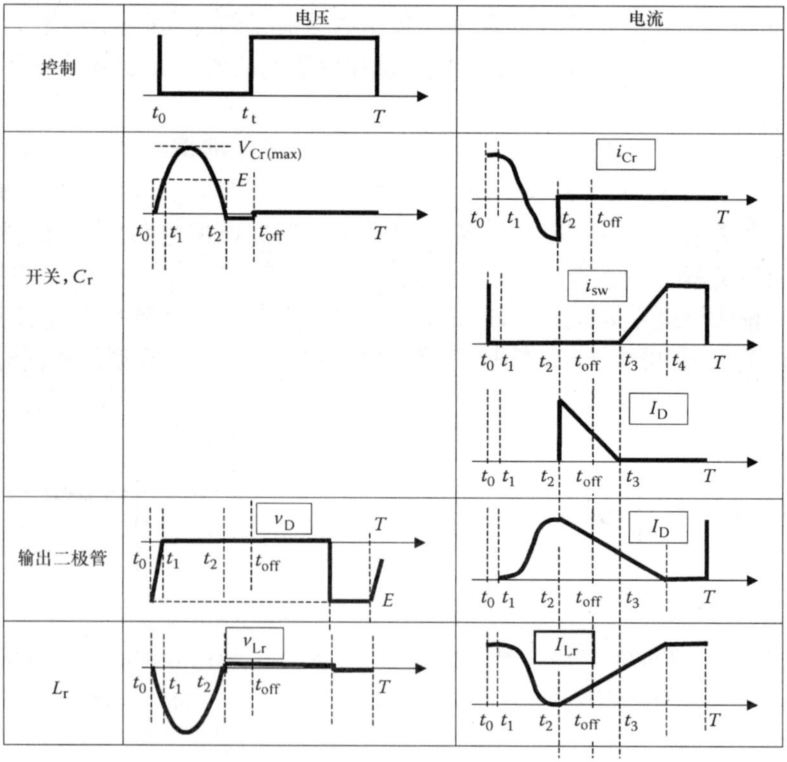

图 11.9　电压和电流波形

让我们先从关断过程开始分析，两端电压初始为零。负载电流 I_L 循环通过谐振电感 L_r 和谐振电容 C_r，在电容器两端产生线性增加的电压。

$$v_{Cr}(t)=\frac{I_L}{C_r}\cdot t \tag{11.1}$$

由于恒定负载电流的原因，在谐振电感 L_r 上的电压保持为零。这意味着在降压二极管 D 上的电压变化为线性变化。

$$v_D(t)=E-\frac{I_L}{C_r}\cdot t \tag{11.2}$$

在 t_1 时刻，在二极管 D 上加的是正向偏置电压，二极管 D 导通。

$$t_1=\frac{E}{I_L}\cdot C_r \tag{11.3}$$

谐振电路的特性可以用谐振频率 f_r 和特性阻抗 Z_r 来表示。

$$f_r=\frac{1}{T_r}=\frac{1}{2\pi\cdot\sqrt{L_r\cdot C_r}} \tag{11.4}$$

$$Z_r=\sqrt{\frac{L_r}{C_r}} \tag{11.5}$$

它们也和式（11.6）相关。

$$\omega_r\cdot Z_r=\frac{1}{C_r}\Rightarrow C_r=\frac{1}{\omega_r Z_r} \tag{11.6}$$

$$L_r=\frac{Z_r}{\omega_r} \tag{11.7}$$

式（11.3）可以写成和这些变量有关的式（11.8）。

$$t_1=\frac{E}{I_L}\cdot C_r=\frac{E}{I_L}\cdot\frac{1}{\omega_r Z_r} \tag{11.8}$$

如果选择的特性阻抗 Z_r 取得非常大，则时间间隔 t_1 可以被认为非常小或至少远小于 buck 变换器的开关周期。

在接下来的时间间隔期间，二极管 D 导通，负载电流和开关 SW 保持关断状态。输入电压 E 等于在谐振电路 L_r-C_r 上看到的电压，在谐振电容 C_r 上的电压可以用式（11.9）表示。

$$L_r\cdot C_r\cdot\frac{d^2v_{Cr}(t)}{dt^2}+v_{Cr}(t)=E \tag{11.9}$$

$$v_{Cr}(t)=E+Z_r\cdot I_L\cdot\sin[\omega_r(t-t_1)] \tag{11.10}$$

这里考虑了通过谐振电感的初始电流值。

在谐振电容 C_r 上的正弦电压达到峰值电压 $v_{Cr(max)}$，然后降低为零。

$$v_{Cr(max)}=E+Z_r+I_L \tag{11.11}$$

在电压达到零的时刻有式（11.12）成立。

$$t_2 = t_1 + \frac{1}{\omega_r} \cdot \left[\pi + \arcsin\left(\frac{E}{Z_r \cdot I_L}\right)\right] \quad (11.12)$$

这时通过谐振电路的电流由式（11.13）表示。

$$i_{Cr}(t_2) = i_{Lr}(t_2) = -I_L \cdot \sqrt{\left[1 - \left[\frac{E}{Z_r \cdot I_L}\right]^2\right]} \quad (11.13)$$

在 t_2 时刻通过输出二极管的电流可以用式（11.14）表示。

$$i_D(t_2) = I_L + I_L \cdot \sqrt{\left[1 - \left[\frac{E}{Z_r \cdot I_L}\right]^2\right]} \quad (11.14)$$

当谐振电压向负的方向摆动时，反并联二极管导通。这可以确保通过电感 L_r 的电流循环，直到能量被放完。在这段时间间隔 L_r 上的电压保持恒定。通过 L_r 和反向并联二极管回路的电流线性变化。

$$i_{Dsw}(t) = i_{Lr}(t) = \left[-I_L \sqrt{\left[1 - \left[\frac{E}{Z_r \cdot I_L}\right]^2\right]}\right] + \frac{E}{L_r} \cdot (t - t_2) \quad (11.15)$$

可以用式（11.16）表示流过二极管 D 的电流。

$$i_D(t) = I_L \cdot \left[1 + \sqrt{\left[1 - \left[\frac{E}{Z_r \cdot I_L}\right]^2\right]}\right] + \frac{E}{L_r} \cdot (t - t_2) \quad (11.16)$$

可以用式（11.14）导出式（11.17），利用式（11.17）来计算流过谐振电感和反并联二极管电流消失的时刻 t_3。

$$t_3 = t_2 + \frac{1}{\omega_r} \cdot \frac{Z_r \cdot I_L}{E} \cdot \sqrt{\left[1 - \left[\frac{E}{Z_r \cdot I_L}\right]^2\right]} \quad (11.17)$$

当开关 SW 导通时，通过 SW、谐振电感 L_r 和输出二极管的电流循环。由于输出二极管仍处于导通状态，因此谐振电感两端的电压等于输入电压 E，电流将继续从零到负载电流 I_L 线性变化，决定通过 D_{sw}、L_r 和输出二极管 D 电流的相同变化。

$$i_{Dsw}(t) = i_{Lr}(t) = \left[-I_L \sqrt{\left[1 - \left[\frac{E}{Z_r \cdot I_L}\right]^2\right]}\right] + \frac{E}{L_r} \cdot (t - t_2) \quad (11.18)$$

$$i_D(t) = I_L \cdot \left[1 + \sqrt{\left[1 - \left[\frac{E}{Z_r \cdot I_L}\right]^2\right]}\right] + \frac{E}{L_r} \cdot (t - t_2) \quad (11.19)$$

输出二极管的电流最后在时刻 t_4 消失，可以用式（11.20）计算时刻 t_4。

$$t_4 = t_3 + \frac{1}{\omega_r} \cdot \frac{Z_r \cdot I_L}{E} = t_2 + \frac{1}{\omega_r} \cdot \frac{Z_r \cdot I_L}{E} \cdot \left[1 + \sqrt{\left[1 - \left[\frac{E}{Z_r \cdot I_L}\right]^2\right]}\right] \quad (11.20)$$

式（11.20）考虑了式（11.16）和式（11.17）结果的影响。

最后，在时刻 t_4 后，开关是唯一通过谐振电感 L_r 向负载提供电流的器件。该开关的状态可以随时改变，整个工作周期重复。

需要注意的是时刻 t_2 和 t_4 非常重要，因为他们限制控制器工作导通和关断时间间隔的可能变化。他们的参数值由式（11.12）和式（11.20）给出，这些值依赖于无源元件 L_r 和 C_r 及负载电流和电源电压的参数值。负载电流是功率级工作过程中唯一可变的参数。

谐振电路的合理工作将和式（11.21）所示的限制条件有关。

$$Z_r \cdot I_L \geqslant E \tag{11.21}$$

可以看出，在一定电流大小的工作条件下可以得到 ZVT 工作条件，在轻负载工作条件下不会出现降低开关损耗的 ZVT 工作条件。还可以注意到，在轻负载工作条件下的开关损耗无论如何也被降低了。

当这个开关关断时，这个变换器只有通过改变整个的周期时间 T 来控制输出电压。关闭状态的持续时间取决于电路条件。可以利用式（11.22）计算平均输出电压。

$$V_C = E \cdot \left[1 - \left(\frac{1}{2} + \frac{Z_r \cdot I_L}{2\pi \cdot E}\right)\right] \cdot \frac{2\pi}{\omega_r \cdot T} \tag{11.22}$$

不幸的是，这依赖于负载电流和输入电压，并且可以被控制的唯一参数是开关周期。然而，这种分析说明了一个简单谐振电路的工作并不是以一个完整功率变转换器的设计为目的的。

功率开关上的电压根据输入电压 E 加大到电容 C_r（最大值）上的电压，这取决于电流的大小，这个电压可以高达输入电压的两倍，这意味显然高估了功率开关。当使用 IGBT 时，在 600V 和 1200V 器件的导通损耗没有太大的差别。然而，使用 250V、500V 和 600V 或 1000V 的 MOSFET 的 $R_{ds(on)}$ 之间有实质性差异，因为它们采用不同技术制作，$R_{ds(on)}$ 的比率可以高达两倍。此外，有更多的电流通过开关，导通损耗更大。一个公平的损耗比较应含有对开关损耗的优化和导通损耗变化的比较。

11.3.3　升压功率变换

许多功率变换应用需要通过一个升压变换，从一个低电压源到高电压负载的升压开关功率变换[3]。图 11.10 所示为一个用于这种工作条件可能的谐振电路。输入电感 L 可以用电流源来建模。

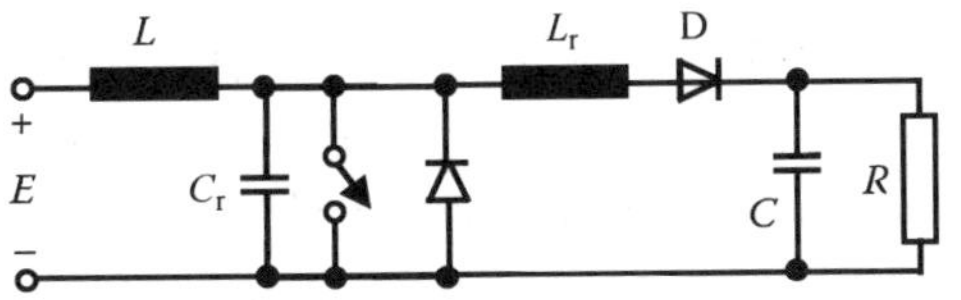

图 11.10　升压功率变换器

现在假设这个 boost 变换器的一般工作没有由于谐振电路的存在而被改变，并以开关在关断的时刻开始分析。这时，流过电感 L_r 的电流为 0，并且在电容 C_r上的电压为 0。输出二极管也处于关断状态。准恒定输入电流为电容 C_r 线性充电。

$$C_r \cdot \frac{dv_{Cr}(t)}{dt} = I_L \tag{11.23}$$

$$v_{Cr}(t) = \frac{I_L}{C_r} \cdot t \tag{11.24}$$

在 t_1 时刻，电容 C_r两端的电压达到输出电压 V_0 和在输出二极管两端电压的极性反转。可以利用式（11.25）计算时间间隔 t_1。

$$t_1 = \frac{V_0}{I_L} \cdot C_r = \frac{1}{\omega_r} \cdot \frac{V_0}{Z_r \cdot I_L} \tag{11.25}$$

这里式（11.25）考虑了前面给出的 ω_r 和 Z_r 参数。

在 t_1 时刻，二极管导通，开关SW保持它的关断状态，输入电流在谐振电容 C_r、L_r 支路和二极管D之间分配。电感 L_r 和电容 C_r 构成由负载等效电压 V_0 供电的谐振电路，谐振电路以电容上的电压等于负载电压开始工作。

$$L_r \cdot C_r \cdot \frac{d^2 v_{Cr}(t)}{dt^2} + v_{Cr}(t) = V_0 \tag{11.26}$$

电压谐振电容上的电压从 V_0 增加到最大值，然后减小到零。

$$v_{Cr}(t) = V_0 + Z_r \cdot I_L \cdot \sin \omega_r(t - t_1) \tag{11.27}$$

在 t_2 时刻，这个电压达到零。

$$t_2 = t_1 + \frac{1}{\omega_r} \cdot \left[\pi + \arcsin\left(\frac{V_0}{Z_r \cdot I_L}\right)\right] \tag{11.28}$$

仅在 $Z_r \cdot I_L > V_0$ 时，电压的谐振摆动达到零。可以利用式（11.29）计算通过电容器 C_r 的电流。

$$i_{Cr}(t) = C_r \cdot \frac{dv_{Cr}(t)}{dt} = I_L \cdot \cos\omega_r(t - t_1) \tag{11.29}$$

可以利用式（11.30）计算在 t_2 时刻通过电容器 C_r 的电流值。

$$i_{Cr}(t_2) = -I_L \sqrt{1 - \left(\frac{E}{Z_r \cdot I_L}\right)^2} \tag{11.30}$$

类似地，可以利用式（11.31）计算通过电感 L_r 和输出二极管的谐振电流。

$$i_{Lr}(t) = I_L - i_{Cr}(t) = I_L - I_L \cdot \cos\omega_r(t - t_1) \tag{11.31}$$

在时刻 t_2 之后，谐振电路具有摆动电容器上的电压向负值方向变化的趋势，但是反向并联的二极管导通，并且钳位这个电压。在电感 L_r 两端有一个恒定的电压，在时刻 t_2 通过电感 L_r 的电流线性变化。

$$i_{Lr}(t) = I_L \cdot \left[1 + \sqrt{1 - \left(\frac{V_0}{Z_r \cdot I_L}\right)^2}\right] - \frac{V_0}{L_r} \cdot (t - t_2) \tag{11.32}$$

可以利用式（11.33）计算通过反向并联二极管的电流。

$$i_{Dsw}(t) = I_L - i_{Lr}(t) = \left[- \sqrt{1 - \left(\frac{V_0}{Z_r \cdot I_L}\right)^2} \right] + \frac{V_0}{L_r} \cdot (t - t_2) \quad (11.33)$$

可以利用式（11.34）计算电流消失的时刻 t_3 。

$$t_3 = t_2 + \frac{1}{\omega_r} \cdot \frac{Z_r \cdot I_L}{V_0} \cdot \sqrt{1 - \left(\frac{V_0}{Z_r \cdot I_L}\right)^2} \quad (11.34)$$

不幸的是，这个时间间隔取决于输入电流和输出电压，它不受控制信号的影响。

在反向并联二极管关断前，在时间间隔（t_2，t_3）期间，在导通状态的任何时刻功率开关都应受到控制。这样，在时刻 t_3 检测到谐振电流反向时，开关导通，通过输出电感 L_r 的谐振电流线性放电持续到时刻 t_4。

$$t_4 = t_2 + \frac{1}{\omega_r} \cdot \frac{Z_r \cdot I_L}{V_0} \cdot \left(1 + \sqrt{1 - \left(\frac{V_0}{Z_r \cdot I_L}\right)^2}\right) \quad (11.35)$$

在开关周期的剩余时间内这个开关保持导通状态，负载二极管保持在关断状态。整个工作可以利用图 11.11 给出的波形加以理解。

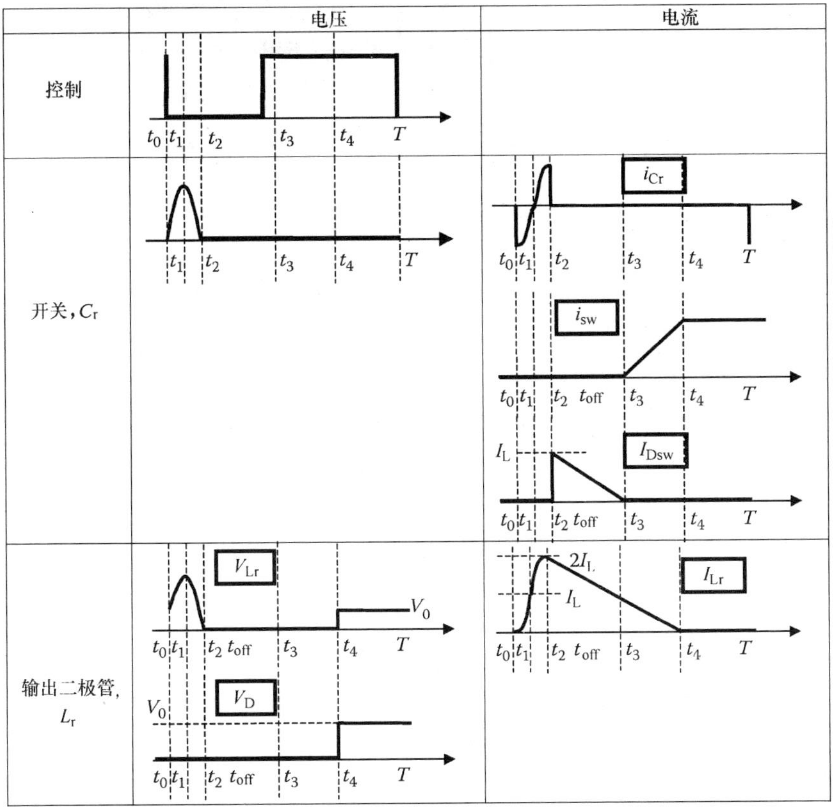

图 11.11　电压和电流波形

11.3.4 双向功率传输

在许多应用场合需要一个双向循环的负载电流，前面的功率级通过使用 MOSFET 的一个双模块得到增强。要推导出这样的一个双开关变转换器的谐振工作，首先需要注意到开关和谐振电感串联，并且在不改变变换器工作的条件下，可以改变它们的顺序，如图 11.12 所示。

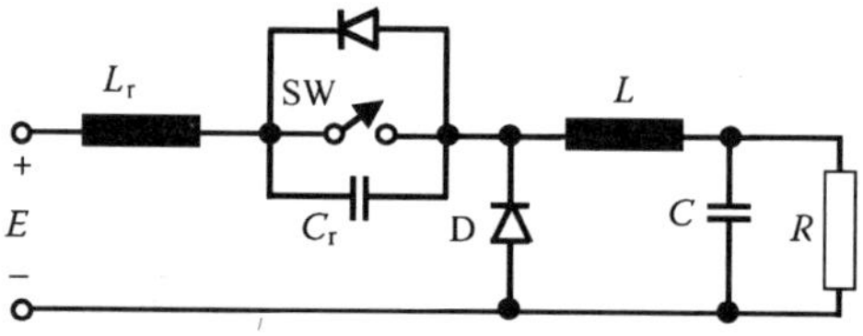

图 11.12　图 11.8 电路的另一种形式

利用一个组件开关来更换降压二极管、二极管和谐振电容会导致如图 11.13 所示的电路。输出滤波器对功率级的谐振工作没有任何影响，只有一个被认为是恒定负载的约束，如图 11.14 所示。在不带滤波器，但有恒定负载的功率级会出现同样的工作。

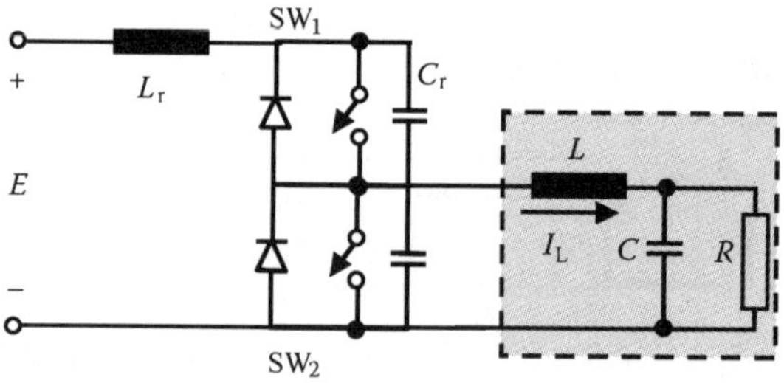

图 11.13　双模块功率级

了解这个变换器的谐振工作意味着要分别从“负载”到“输入”对升压和降压功率传输进行分析。这可以通过考虑 SW_2 为功率交换器件和二极管 D_1 为续流二极管的负载电压升压变换，以及 SW_1 为功率交换器件和二极管 D_2 为续流二极管的降压变换来实现。相同的中间状态会出现负的负载电流。现在让我们考虑开关 SW_1 导通和电流流出变换器，以及向负载循环流动的工作状态，当 SW_1 关断，两个开关处于关断状态时，并联电容器通过负载电流充电。

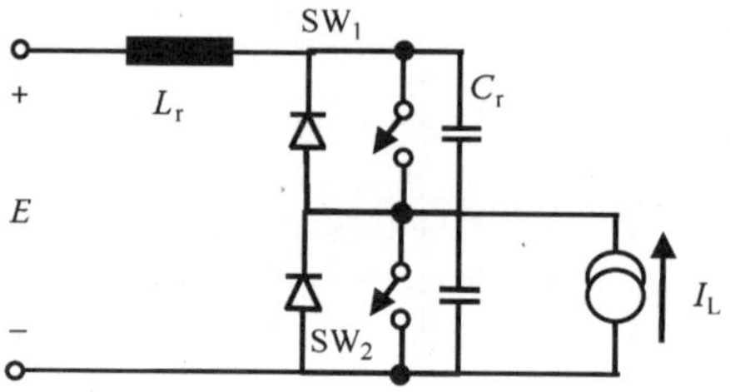

图 11.14　图 11.13 单引脚变换器等效模型

最初放电的高端电容增加了它的电压。以总线电压充电的低端谐振电容现在以负载电流放电。根据谐振电路极电压减小。如果负载电流的初始值足够大，则在命令开关 SW_2 导通前，谐振摆动电压达到零伏。如果负载电流没有足够的能量，则在开关 SW_2 上仍有电压时，开关 SW_2 将会在有开关损耗的情况下被命令导通，如图 11.15 所示。

我们最感兴趣的是扩展到三相变换系统。图 11.16 所示为基于本书第 3 章中给出的理论，并阐述了适用于三相变换系统谐振的电路工作原理。有趣的是，图中所示的谐振电路在功率级的构建中有时会自然出现。功率 MOSFET 或 IGBT 的输出电容 C_{oss} 和母线寄生电感是构建这个谐振电路的一个很好的起点。

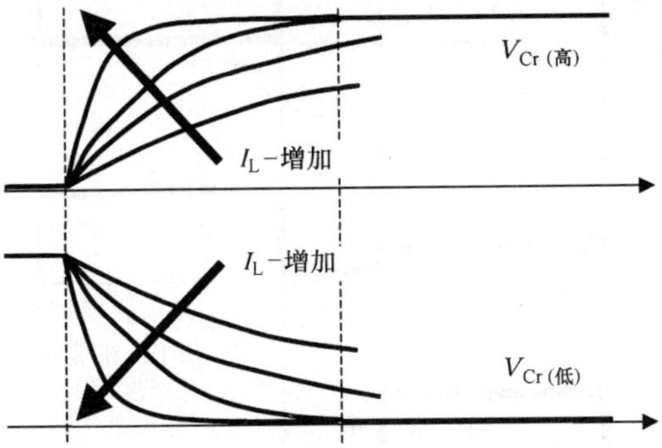

图 11.15　谐振电容器电压

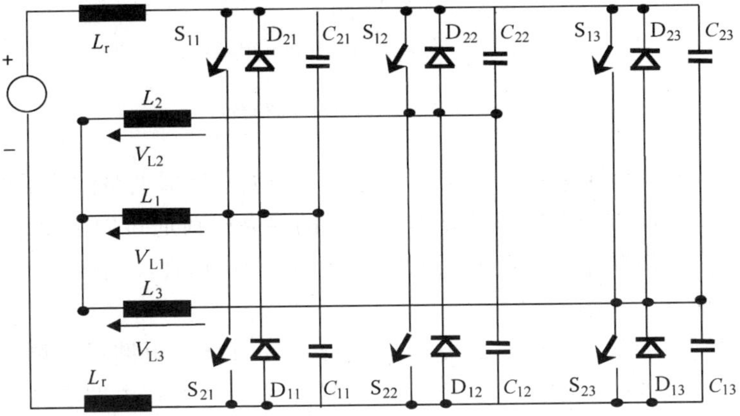

图 11.16　有谐振电路的三相系统

要注意这里给出的 ZVT 方法和本书第 6.2.5 节所示的谐振缓冲器之间的等效。

11.4　IGBT 器件的零电流过渡

11.4.1　工作于零电流开关的功率半导体器件

这里重新分析图 11.1 和图 11.2 中的漏极电路零电流条件下功率器件的开关[1,12]。由于在零电流下密勒阈值的减小，因此栅极电压的第一个斜坡结束更快。

图11.3也给出了解释。然而，密勒平台仍然依赖于漏极-源极（集电极-发射极）电路电压。导通过程中在电压向零摆动后，通过串联电感，电流可以慢慢增加到负载电流的实际值，如图11.17所示。

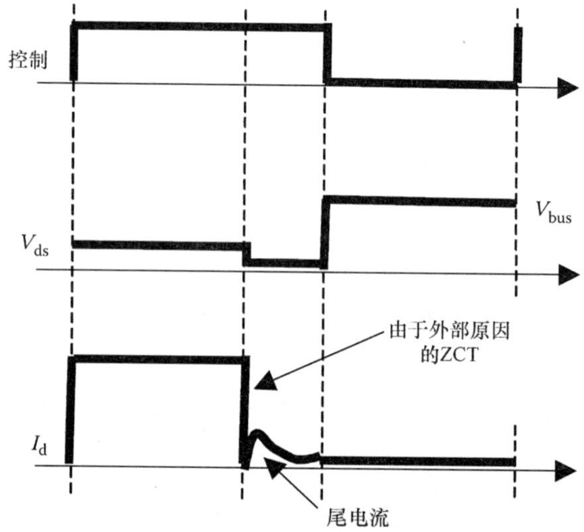

图11.17　ZCT的关断特性

关断时，在实际关断命令发出前，零电流开关的外部电路保证了可以消除任何漏极电流。从而被困在功率半导体器件内的多余电荷通过内部重组开始衰减。关断命令发出后使漏极-源极电压迅速上升。这个电压在反向偏置p基区漂移区交界处得到维持（见图11.5）。

当电源电压加到了漏极-源极（集电极-发射极）电路后，剩下的过程是一个具有尾电流特征的重组。这导致在在漏极（集电极）电路有一个关断电流的凹凸点。如果继续保持所加的栅极电压维持反偏层和MOSFET沟道，则漂移区中的过剩载流子可以冲进MOSFET沟道与重组过程同时进行。重要的是在所有载流子通过MOSFET沟道漂移出之前，维持栅极电路的控制电压，以便减小尾电流和在电源电路中的电流冲击，这样就相应地减少了开关损耗。这里简要分析了在关断开关时ZCT的优点。

ZCT类谐振功率变换器的特点是添加了一个和功率开关串联的电感，以便在关断时产生零电流。图11.18所示为一个基于附加电位V_{ref}的简化电路，图11.19所示为没有任何其他的电压源的解决方案。这个谐振电路降低了功率开关的关断损耗。在流过谐振电感L_r的电流为正弦变化情况下，在关断期间通过这个开关实现零电流是可能的。不幸的是，这个摆动电流会达到两倍的负载电流峰值，并且在功率开关管的导通期间这个大电流会通过功率开关管。需要加大功率开关管的额定值，相应也会增加功率开关管的导通损耗。

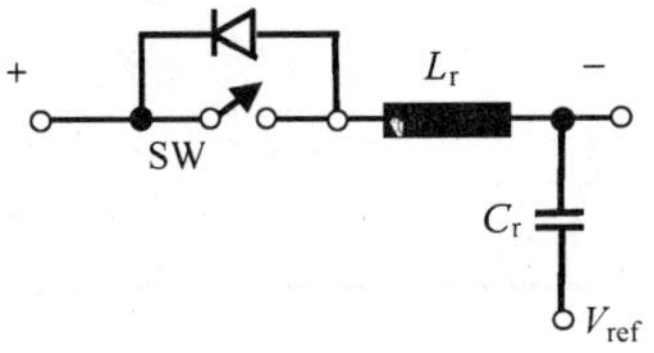

图 11.18　ZCT 准谐振电路

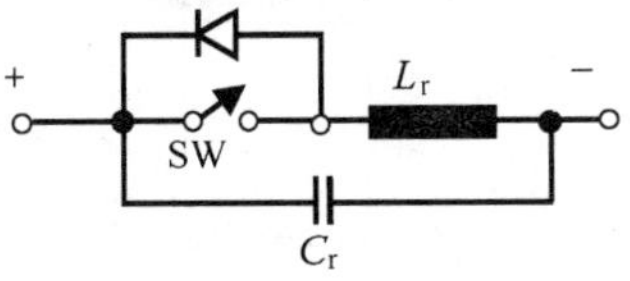

图 11.19　ZCT 准谐振电路

11.4.2　降压变换

现解释一个工作于 ZCT 谐振电路的 buck 变换器工作。简化电路工作原理图如图 11.20 所示。

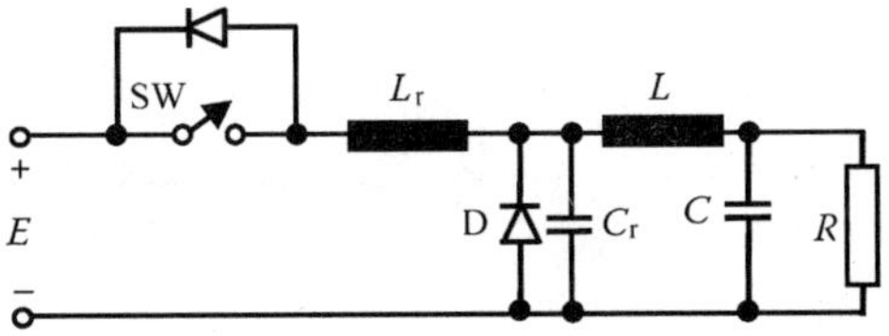

图 11.20　ZCT 准谐振电路

buck 变换器的工作不应改变传统的功率变换器的工作，并且在图 11.21 中的谐振周期假定负载电流保持恒定。让我们以通过电感 L_r 的电流为零和电容 C_r 两端的电压为零开始分析，负载电流通过输出二极管 D 保持连续。

在 t_0 时刻开关导通，电流通过 L_r 开始流通，通过功率开关管的电流线性变化。

$$L_r \cdot \frac{di_{Lr}(t)}{dt} = E \tag{11.36}$$

$$i_{Lr}(t) = \frac{E}{L_r} \cdot t \tag{11.37}$$

通过输出二极管 D 的电流由通过负载的电流和通过谐振电感电流之间的电流差决定，如式（11.38）所示。

$$i_D(t) = I_L - \frac{E}{L_r} \cdot t \tag{11.38}$$

在 t_1 时刻，通过输出二极管 D 的电流为零，二极管截止。利用式（11.7）有式（11.39）成立。

$$t_1 = \frac{L_r \cdot I_L}{E} = \frac{1}{\omega_r} \cdot \frac{Z_r \cdot I_L}{E} \tag{11.39}$$

在 t_1 时刻后，负载电流通过功率开关管和电感 L_r。电容器 C_r 不再被钳位于零电压，通过开关管和电感 L_r 电容器 C_r 可以产生额外的电流，电容器从零电压开始充电。基于电容器的初始电压为零，通过式（11.40）和式（11.41）可以

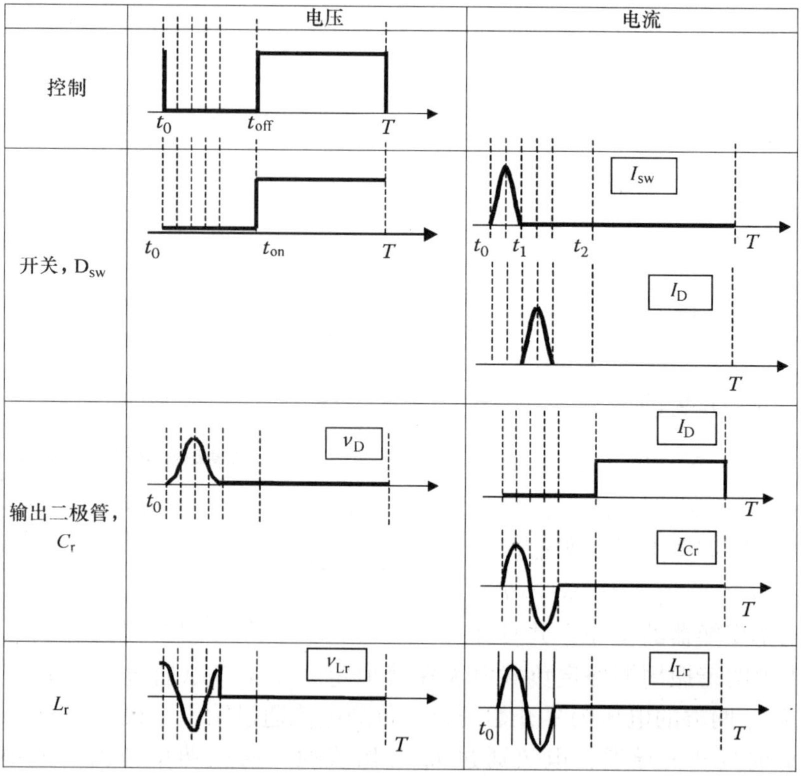

图 11.21　电压和电流波形

计算 $L_r - C_r$ 谐振电路中通过电感 L_r 的电流。

$$L_r \cdot C_r \cdot \frac{d^2 i_{Lr}(t)}{dt^2} + i_{Lr}(t) = I_0 \tag{11.40}$$

$$i_{Lr}(t) = I_L + \frac{E}{Z_r} \cdot \sin \omega_r (t - t_1) \tag{11.41}$$

这是一个初始值等于负载电流到电流最大值的正弦变化电流，然后这个电流下降为零。电流消失的瞬间有式（11.42）成立。

$$t_2 = t_1 + \frac{1}{\omega_r} \cdot \left[\pi + \arcsin \frac{Z_r \cdot I_L}{E} \right] \tag{11.42}$$

在谐振周期，这个电容器上的电压会有一个谐波变化。

$$v_{Cr}(t) = E \cdot [1 - \cos \omega_r (t - t_1)] \tag{11.43}$$

可以利用式(11.44)计算在电容器 C_r 上的最大电压。

$$v_{Cr}(t) = E\left[1 + \sqrt{1 - \left(\frac{Z_r \cdot I_L}{E}\right)^2}\right] \tag{11.44}$$

重要的是计算谐振电路所需要的能量，以延长其摆动为零的时间。在式（11.41）的电流达到零时就可以发生这种情况，有式（11.45）成立。

$$Z_r \cdot I_L \leqslant E \tag{11.45}$$

可以看出，这种解决方案对大负载电流的情况不适用。可以利用式（11.46）计算通过功率开关管和谐振电感的最大电流。

$$i_{Lrmax} = I_L + \frac{E}{Z_r} \tag{11.46}$$

这个电流可以大于 2 倍的负载电流。由于增加了这个额外的电流循环，因此肯定会加大功率开关管的导通损耗。

时刻 t_2 后，在零电流位置开关管关断，同时功率开关管和输出二极管处于关断状态。电容器 C_r 承担整个负载电流，电容开始放电。

$$C_r \cdot \frac{dv_{Cr}(t)}{dt} = -I_L \tag{11.47}$$

可以用式（11.48）表示电容器电压的线性变化关系。

$$v_{Cr}(t) = E \cdot \left[1 + \sqrt{1 - \left(\frac{Z_r \cdot I_L}{E}\right)^2}\right] - \frac{I_L}{C_r} \cdot (t - t_2) \tag{11.48}$$

当这个电压等于零时，在 t_3 时刻，输出二极管导通。

$$t_3 = t_2 + \frac{1}{\omega_r} \cdot \frac{E}{Z_r \cdot I_L} \cdot \left[1 + \sqrt{1 - \left(\frac{Z_r \cdot I_L}{E}\right)^2}\right] \tag{11.49}$$

输出二极管导通后，负载电流通过这个二极管循环，而没有电流流过功率开关管和电感 L_r。在 t_3 时刻后，功率开关管可以随时导通，从而重复整个工作周期。

由于根据谐振周期主功率半导体开关管关断，因此输出电压不依赖于控制信号的占空比，但取决于谐振周期。

$$\frac{V_0}{E} = \frac{T_r}{T} \tag{11.50}$$

通过功率开关管的电流是负载电流的几倍，这样就要加大功率开关管的电流额定值。另外还会加大功率开关管的导通损耗，这在设计功率变换级时应该是一个需要考虑的折衷因素。

11.4.3　升压变换

ZCT 的工作原理也可以应用于 boost 变换器。它假定谐振电路的工作不会影响 boost 变换器电路的主要功能和原来的 boost 变换器的工作。唯一的修改是串联了谐振电感 L_r 和并联了谐振电容 C_r。

现以导通时刻开始分析，如图11.22所示。一开始，功率开关管和输出二极管都导通，电容器 C_r 上的电压保持等于负载电压，如图11.23所示。输入电流在电感 L_r 和负载电流之间分配。通过电感 L_r 的电流线性变化见式（11.51）。

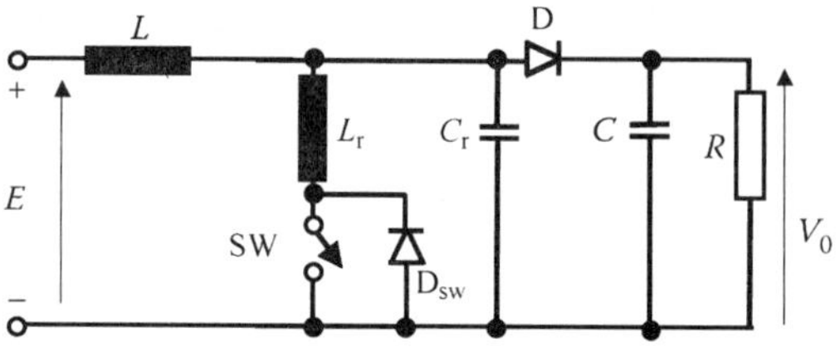

图11.22　ZCT升压变换器

$$L_r \cdot \frac{di_{Lr}(t)}{dt} = V_0 \tag{11.51}$$

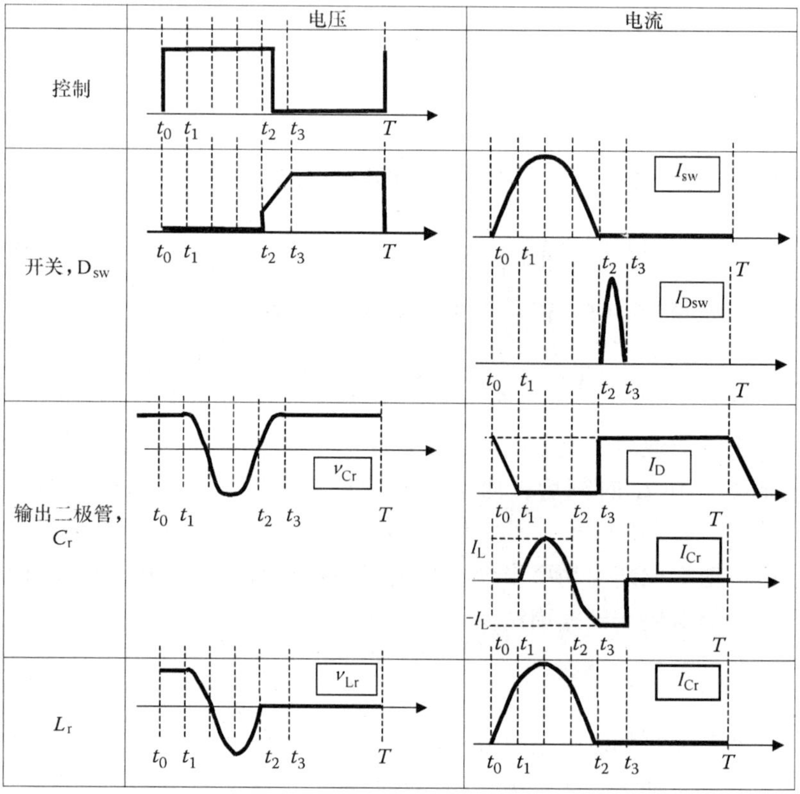

图11.23　电压和电流波形

$$i_{Lr}(t) = \frac{V_0}{L_r} \cdot t \tag{11.52}$$

负载电流等于

$$i_D(t) = I_L - i_{Lr}(t) = I_L - \frac{V_0}{L_r} \cdot t \tag{11.53}$$

在 t_1 时刻电流为零。

$$t_1 = \frac{L_r I_L}{V_0} \tag{11.54}$$

在 t_1 时刻后，并联谐振电路 $L_r - C_r$ 仍然保持在电路中，通过电感 L_r 的电流是微分方程的计算结果，如式（11.55）所示。

$$L_r \cdot C_r \cdot \frac{d^2 i_{Lr}(t)}{dt^2} + i_{Lr}(t) = I_L \tag{11.55}$$

利用式（11.56）所示的解：

$$i_{Lr}(t) = I_L + \frac{V_0}{Z_r} \cdot \sin\omega_r \cdot (t - t_1) \tag{11.56}$$

基于式（11.57）并联谐振电路上的电压变化。

$$v_{Lr}(t) = v_{Cr}(t) = L_r \cdot \frac{di_{Lr}(t)}{dt} = V_0 \cdot \cos\,\omega_r(t - t_1) \tag{11.57}$$

通过电感 L_r 的电流从初始值增大到最大值，在 t_2 时刻通过电感 L_r 的电流减小为零。

$$t_2 = t_1 + \frac{1}{\omega_r} \cdot \left[\pi + \arcsin\frac{Z_r \cdot I_L}{V_0}\right] \tag{11.58}$$

在 ZCT 工作下，这个电流也被关断。可以用式（11.59）计算这个时刻的谐振电压。

$$v_{Lr}(t) = v_{Cr}(t) = -V_0 \cdot \sqrt{1 - \left(\frac{Z_r \cdot I_L}{V_0}\right)^2} \tag{11.59}$$

在 t_2 时刻后，功率开关管处于关断状态，谐振电流继续流过反向并联二极管，在整个电流的负工作周期后，电流又达到零时，反向并联二极管关断。

$$t_3 = t_1 + \frac{1}{\omega_r} \cdot \left[2\pi - \arcsin\frac{Z_r \cdot I_L}{V_0}\right] \tag{11.60}$$

可以利用式（11.61）计算电容器 C_r 和电感 L_r 上电压变化的值。

$$v_{Cr}(t_3) = v_{Lr}(t_3) = -V_0 \cdot \sqrt{1 - \left(\frac{Z_r \cdot I_L}{V_0}\right)^2} \tag{11.61}$$

在这个时刻之后，应该出现主功率开关管的下一个开关工作，以便准备好另一个导通时间工作期。

这个非常简单的谐振电路的工作通过谐振周期这个参数与输入电压的关系决定输出电压。应开发出更为复杂的电路以确保实现对占空比和输出电压的完全控制。

11.5 准谐振变换器的可能拓扑结构

在本书前面章节中的所有分析和提出的所有电路由于工作于零电压导通，所以变换器电路的开关损耗低。不幸的是，它们代表了一个没有太多控制功能的非常简单的解决方案。由于对降低开关谐波的限制，要求精确实现关断时间和导通时间的控制。这意味着要使用更多演变的电路结构。本节给出了几个没有进行全面分析的实例。

11.5.1 极电压

我们可以定义一组基于三相功率变换器每个引脚谐振电路的谐振三相功率变换器电路。这些谐振电路的工作基于逆变器极的方法。图 11.24 和图 11.25 所示为几个实例。第一个代表的是图 11.13 所示电路的演变电路，它适用于零电压瞬态。下一步的演变发生在辅助谐振换流逆变器（ARCPI，见图 11.25），使用双向开关可以控制这个电路具有在精确时刻停止和释放谐振过程的能力。因此，可以改进 PWM 算法，并且可以优化负载的谐波。已经提出了这些电路的不同版本，优化的重点是在降低功率半导体器件和用于无源滤波器无源器件的额定值。

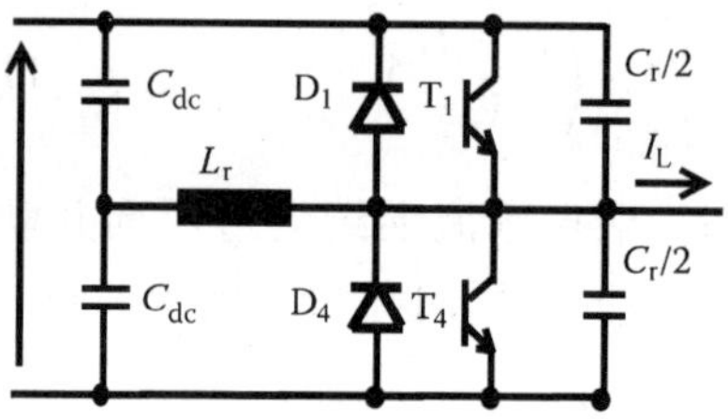

图 11.24 传统的谐振极逆变器

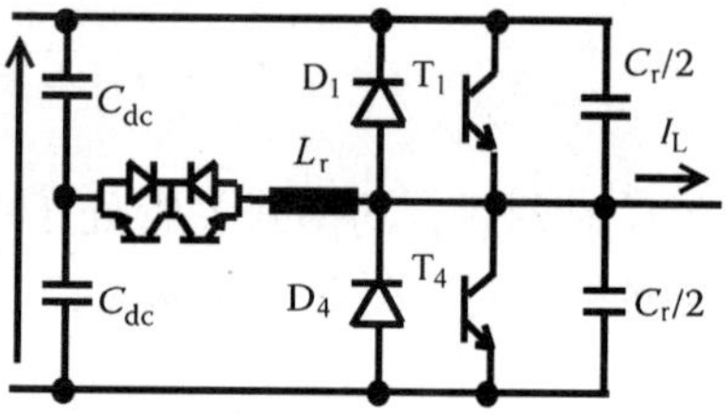

图 11.25 辅助谐振换流极逆变器

11.5.2 谐振直流总线

另一类变换器将谐振电路移到直流侧，以使主功率级的硬开关工作不变[10-16]，因而有在模块或变换器封装上的优势。在直流母线上的谐振电路产生电压的谐振摆动，这能够降低整个母线电压摆动至零。因此，在主变换器中的所有功率半导体器件在这个零电压间隔期间都可以改变它们的导通状态。

由于 PWM 算法的分辨率有局限性，因此直接的缺点就是谐振周期内的 PWM 工作。主 6 开关功率级从直流母线按正弦规律将脉冲的谐振应力分散到三相中去。在图 11.26 所示的电路中，所有功率半导体器件的电压额定值应为两倍于直流母线电压额定值。然而，这对谐振直流母线而言是一个最简单的解决方案。

由于这个约束在一个三相变换器中不是很容易实现，因此就通过并联另一个电容器，利用这个电容器来改变周期和谐振电路的阻抗，引入钳位电路来限制高峰值电压的跳闸，这样就改变了谐振电路的周期和阻抗，如图 11.27 所示。可以利用式（11.62）来计算对这个峰值电压的限制。

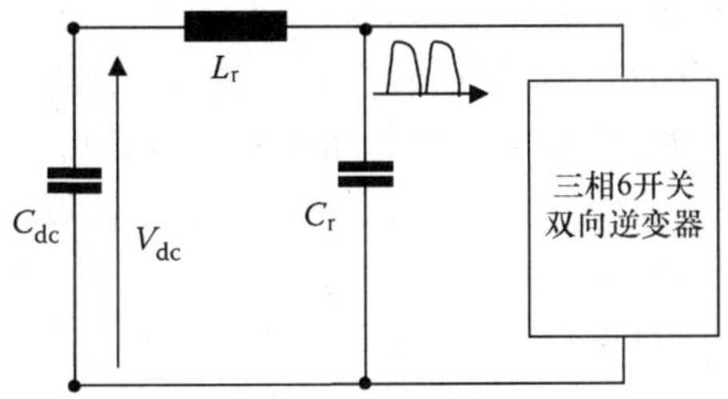

图 11.26　简单的谐振直流环节三相逆变器

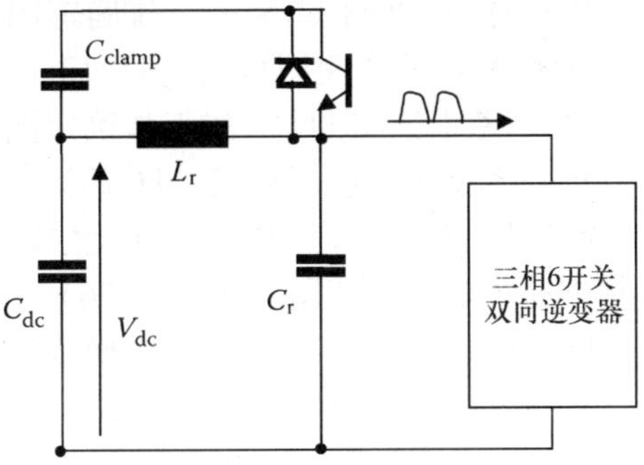

图 11.27　有钳位电路的谐振直流环节三相逆变器

$$K = 1 + \sqrt{\frac{C_r}{C_r + C_c}} \quad (11.62)$$

但是，这个解决方案不允许对脉冲宽度实现任何控制，并且所有脉冲应是谐振周期的倍数。另一种解决方案如图 11.28 所示，图 11.28 所示电路在输出电压所要求的脉冲宽度中断谐振周期。

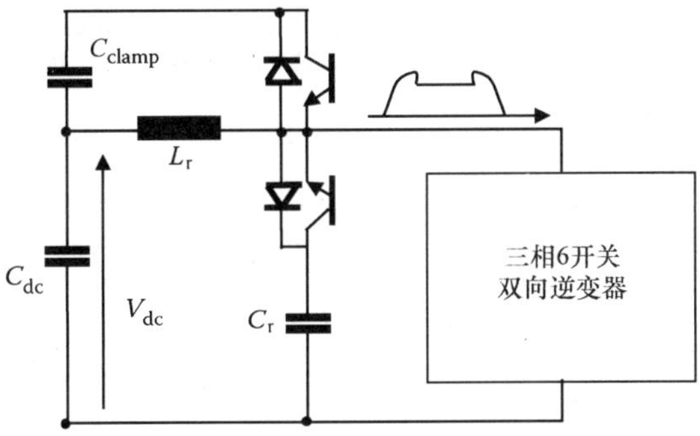

图 11.28　全受控的准谐振直流环节逆变器

11.6 三相谐振变换器专用 PWM

谐振 PWM 三相变换器的 PWM 控制主要问题在于允许的电压或电流波形谐振摆动所需的最小脉冲宽度。在本书第 4.5 节介绍了适用于谐振变换器 PWM 控制的几种好的 PWM 方法。阶梯 PWM 和 3 次谐波注入 PWM 都可以很好地实现对谐振功率变换器的控制。

一类特殊的三相谐振功率变换器基于谐振 $L_r - C_r$ 电路的连续振荡。因此，PWM 算法应考虑脉冲宽度与谐振周期的倍数关系。可以用特殊的优化方法来改善 PWM 模式。在本书第 3.7.3 节以一个二进制编程 PWM 算法为例给出了一个很好的实例。

问　　题

P11.1　根据图 11.9 的工作确定图 11.8 所示变换器的功率开关 SW 和二极管 D 的技术要求，使用从式（11.1）～式（11.20）的所有方程进行有关计算。

P11.2　根据图 11.11 的工作确定图 11.10 所示变换器的功率开关 SW 和二极管 D 的技术要求，使用从式（11.23）～式（11.35）的所有方程进行有关计算。

P11.3　根据图 11.21 的工作确定图 11.20 所示变换器的功率开关 SW 和二极管 D 的技术要求，使用从式（11.36）～式（11.50）的所有方程进行有关计算。

P11.4　根据图 11.23 的工作确定图 11.22 所示变换器的功率开关 SW 和二极管 D 的技术要求，使用从式（11.51）～式（11.60）的所有方程进行有关计算。

P11.5　验证式（11.62）。

参考文献

1. Anon. 2002. What is the benefit of CoolMOS in phase shifted ZVS bridge topology? *Infineon Application Note*, January.
2. Anon. 2000. Using IGBT modules. *Powerex Application Notes*.
3. Mohan, N., Undeland, T., and Robbins, W. 2002. *Power Electronics*. 3rd edition. John Wiley and Sons, New York.
4. Wheatley, C.F., Jr. and Becke, H. 1982. U.S. Letters Patent No. 4,364,073: "Power MOSFET with an Anode Region", RCA, December 14.
5. Bose, B.K. 1992. Power electronics—A technology review. *Proc. IEEE*, 80, 1303–1334.
6. Travis, B. 2000. IGBTs come of age in switchers—New high-speed IGBTs can beat MOSFETs in conversion efficiency and silicon area in switching supplies operating at 100 kHz and faster. *EDN* 27, 42–46.
7. Ambarian, C. 1997. WARP SpeedTM IGBTs—Fast enough to replace power MOSFETs in switching power supplies at over 100 kHz. *IRF Application Note*, IRF Technical Paper, 1–6.

8. Huth, S. and Winterheimer, S. 1993. The switching behavior of an IGBT in zero current switch mode. *Fifth European Conference on Power Electronics and Applications*, vol. 2, pp. 312–316, 13–16 September.
9. Vlatkovic, V., Borojevic, D., and Lee, F.C. 1994. Soft-transition three-phase PWM conversion technology. *IEEE PESC Conference Record 1*, Taipei, pp. 79–84.
10. Divan, D.M. 1986. The resonant DC link converter—A new concept in static power conversion. *IEEE-IAS Annual Meeting Conference Record*, pp. 648–656.
11. Divan, D.M. and Skibinski, S. 1987. Zero switching loss inverters for high power applications. *IEEE-IAS Annual Meeting Conference Record*, pp. 627–634.
12. Imbertson, P. and Mohan, N. 1993. Asymmetrical duty cycle permits zero switching loss in pwm circuits with no conduction penalty. *IEEE Trans. Ind. Appl.* 29, 212–125.
13. Divan, D.M., Venkataramakan, G., and De'Doncker, R.W.A.A. 1993. Design methodologies for soft switched inverters. *IEEE Trans. Ind. Appl.* 29, 126–135.
14. Dehmlow, K., Heumann, R., and Sommer, R. 1992. Resonant inverter systems for drive applications. *EPE J* 2, 225–232.
15. Alexa, D. 1995. Resonant circuit with constant voltage applied on the clamp capacitor for zero voltage switching at the power converters. *Elec. Eng.* 78, 169–174.
16. Trivedy, M., Shenai, K., and Larson, E. 1997. Critical evaluation of IGBT performance in zero current switching environment. *IEEE Conference Record*, pp. 989–993.

第 12 章　元器件小型化的三相功率变换器

12.1　减少元器件数量的解决方案

本书前面的章节已经大量分析了基于 6 功率半导体开关的三相变换器。这种传统的拓扑结构用于工业产品的主要关注之一就是与降低产品的成本有关。已证明，电源产品的最大成本份额对应功率级电路的构建。因此，降低功率电子产品成本的一个有效路径就是寻找新的可以减少元器件数量的拓扑结构，从而来降低成本。这对功率范围为马力级到几十千瓦的应用是非常重要的。

在过去二十年左右的时间里，许多文献已报道了不同的解决方案。一个重要的研究方向一直致力于新的功率因数校正功能的电网接口。其中包括单开关和三相 AC - DC 变换器，在本书第 9 章对它们都进行了分析。

对交流电动机驱动应用的可变频率和幅度的约束，限制了用于简化三相交流电源的新型功率变换器的工作。所有报告的解决方案结合了传统 6 开关逆变器的优点和缺点，其中没有一个解决方案真正捕捉到市场。这些不同于传统的 6 开关变换器新的解决方案必须了解和研究它们的优点和它们可以提供的机会，为进一步的研究开辟新方向。它们可以分为两类：

1）新逆变器拓扑，降低元器件的数量；

2）直接变换器，使用没有中间直流链路电容器的单功率级来完成直接AC - AC 变换。

12.1.1　新逆变器拓扑结构

可以减少元器件数量的最著名拓扑结构如图 12.1 所示[1-12]。它基于两个逆变器的引脚，而第三相取自直流电容器的中点。这种拓扑结构已被证明是工业应用中值得考虑的拓扑结构。正是这个原因，本章用了一个特殊部分来专门对它进行全面的分析讨论。也考虑了类似的 AC - DC 变换应用。

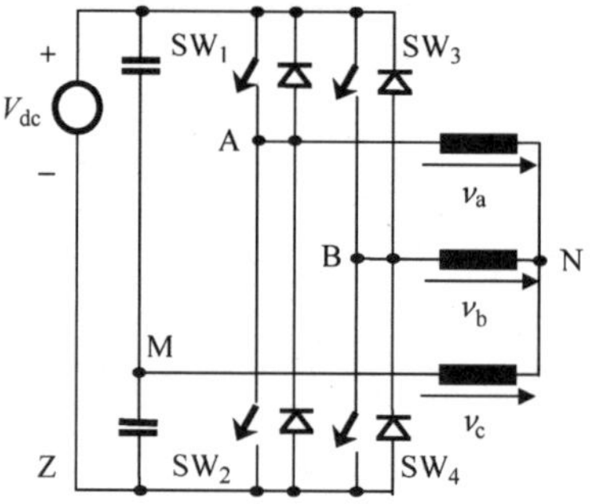

图 12.1　B4 逆变器拓扑

这种拓扑结构和一个单相前端变换器的有趣组合是使用一个 6 封装模块来实现整个 AC - DC - AC 变换[13]，如图 12.2 所示。

这种电路拓扑结构的缺点是需要使用较大直流电容器组的电容量值。两个变换级之间（AC - DC 和 DC - AC）相互独立受控，额外的控制模块用于两个阈值电平之间的直流电压管理。通过与传统拓扑结构的快速比较是在总线上有较大的直流电压。将在本书的 12. 2 节和 12. 3 节对这方面进行详细的讨论。

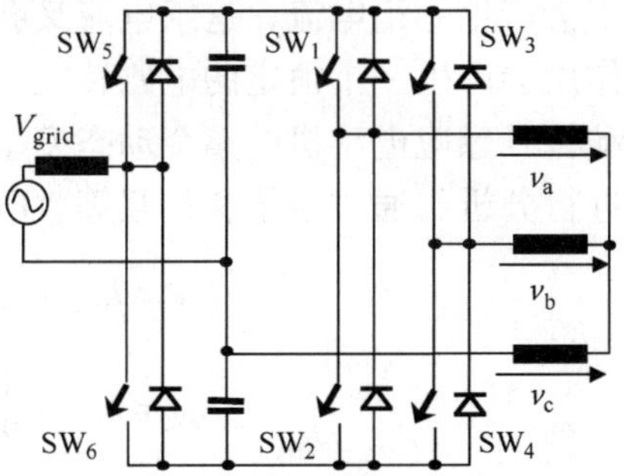

图 12. 2　减少了元器件数量的 AC - DC - AC 变换器

图 12. 3a[14 - 17] 所示为一个完全不同的方法，以减少在支持单向负载电流的 AC - DC - AC 功率电子变换电路的元器件数量。如果负载是一个三相交流电动机，则可以证明直流分量不会影响转矩的产生，只增加了电机器的损耗。每个引脚被简化为一个如图 12. 3b 所示有可变基准信号的 DC - DC 变换器。

这些波形可以用式（12. 1）～式（12. 3）所示的数学方法来表示。

$$i_{1d} = I_m \cdot [u(\omega t) - u(\omega t - 120)] \cdot \sin\omega t + I_m \cdot [u(\omega t - 120) - u(\omega t - 240)] \cdot \sin(\omega t - 60) \quad (12.1)$$

$$i_{2d} = i_{1d}(\omega t - 120) \quad (12.2)$$

$$i_{3d} = i_{1d}(\omega t - 240) \quad (12.3)$$

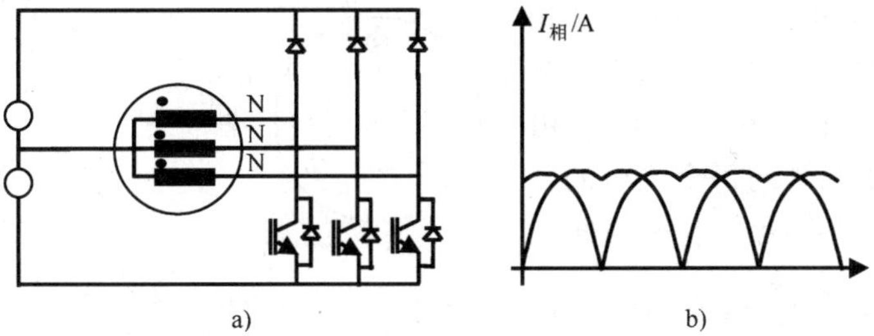

图 12. 3　单向电流的新 DC - AC 拓扑结构

可以证明的是两个基准电流之间的差是一个纯粹的正弦波。例如 $i_1 - i_{2d} = I_m \sin\varphi t$。需要注意的是，这些相电流对电动机内产生一个旋转磁场很重要。为了证明这一点，首先对图 12. 3b 所示的电流波形使用矢量变换如式（5. 1），有式（12. 4）的结果成立。

$$\bar{I} = \frac{2}{3}[i_{1d} + \bar{a} \cdot i_{2d} - \bar{a}^2 \cdot i_{3d}] \quad (12.4)$$

这里

$$a = e^{j\frac{2\pi}{3}} \quad (12.5)$$

经过计算后有

$$\bar{I}=\frac{1}{\sqrt{3}}\cdot I_{\mathrm{m}}\cdot \mathrm{e}^{\mathrm{j}\left[\omega t-\frac{2\pi}{3}\right]} \tag{12.6}$$

来自图 12.3b 的这些电流产生一个恒定角速度和幅度的旋转磁场。短路的转子中会产生一组电流，这组电流又会产生另一个磁场。定子和转子磁场之间的相互作用会产生一个恒定的电磁转矩。工作于不稳定的情况下特殊形状电流的感应电动机，感应电动机的整个动态模型理论在这里不适用。这里对每个时间间隔分别进行分析，通过定子和相互等效电感有

$$L_{\mathrm{sX}}=L_{\mathrm{sA}}+\frac{1}{2}M_{\mathrm{s(A,\ C)}}=L_{\mathrm{s}}+\frac{1}{2}M_{\mathrm{s}}$$

$$L_{\mathrm{sY}}=L_{\mathrm{sC}}-\frac{1}{2}M_{\mathrm{s(A,\ C)}}=L_{\mathrm{s}}-\frac{1}{2}M_{\mathrm{s}}$$

$$M_{\mathrm{s(X,\ Y)}}=\frac{\sqrt{3}}{2}M_{\mathrm{s(A,\ C)}}=\frac{\sqrt{3}}{2}M_{\mathrm{s}} \tag{12.7}$$

这里 $L_{\mathrm{sA}}=L_{\mathrm{sB}}=L_{\mathrm{sC}}=L_{\mathrm{s}}$ 且 $M_{\mathrm{s(A,\ C)}}=M_{\mathrm{s}}$。除了这些电感值外，最终的电压方程和传统的电动机模型动态方程类似，转子电流波形和$\frac{I_{\mathrm{m}}}{\sqrt{3}}$的正弦驱动输入完全一样。

电动机工作的物理解释如图 12.4 所示。让我们考虑通过 B 相的电流为零时，通过电子绕组 A 和 C 电流的时间间隔。只有在由（X，Y）双相系统的每个绕组的磁通和（A，C）系统产生的磁通相同时，对第 1 个$\frac{2\pi}{3}$弧度期间才可以导出一个等效的双相系统。

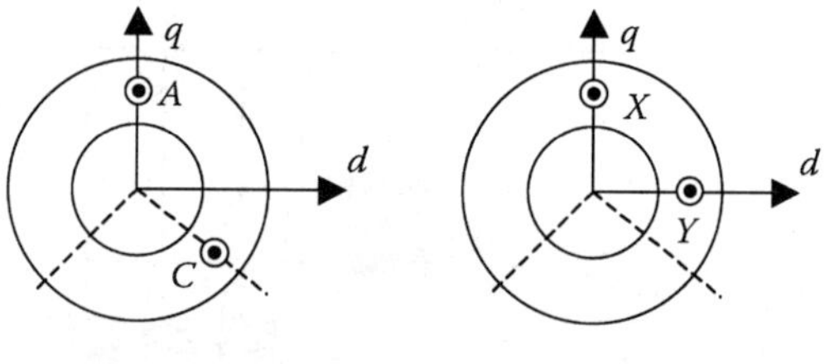

图 12.4 （A，C）到（X，Y）系统的变换以证明在给出的电流对所提出的感应电动机驱动的工作

尽管产生扭矩的有趣数学论证，但这个三相功率变换器不能以图 10.3a 所示的形式实现。这是因为通过直流中点的电流和直流电容器的电流流动方向相同，并且电容器 C_1 对 C_2 有一个放电的趋势。为了避免这种情况，采用了一个特殊的 DC－DC 变换器来稳定调节电容器上的电压[1,2]，这就复杂了功率级的设计。

图 12.5[17] 所示为另一种解决方案。其中一相采用不同匝数的反向构建，如果这相的电流是其他两相每个电流的加倍，则在直流总线就可以解决这个问题。

不幸的是，这意味着要构建一个如图 12.5 所示的特殊电动机。

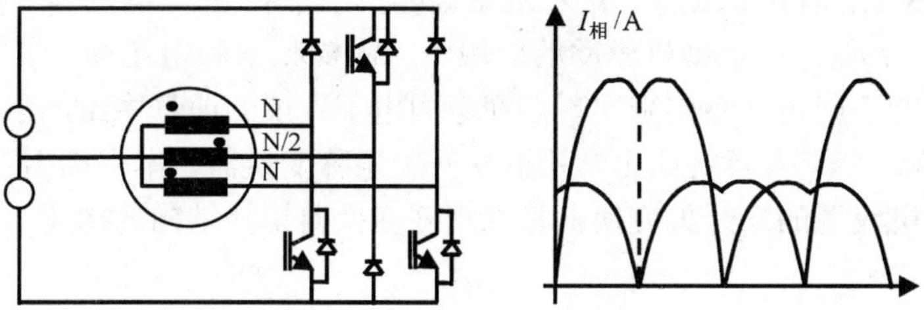

a)　　　　b)

图 12.5　图 12.3 想法的实施

使用建议的变换器和波形解决方案增加了感应电动机的损耗。这里给出了一种简化的损耗估测方法。

（1）电子绕组的铜耗。

$$P_{Cus} = R_s \cdot \left[\frac{1}{2\pi}\int_0^{2\pi} i_s^2 \mathrm{d}\omega t\right] \Rightarrow$$

$$P_{Cus} = 0.40 \cdot R_s \cdot I_m^2 = 1.2067 \times R_s[i_{ds}^2 + i_{qs}^2] \tag{12.8}$$

在和常规情况下一样，当使用相同的感应电动机时，就会发生增加 20.67% 的定子绕组铜损耗的现象。

（2）转子铜耗。当使用建议的电流波形时，转子电流为正弦波且转子铜损耗可以近似与传统的情况相同。

（3）铁损。在简化的感应电动机等效模型中可以包含等效电子绕组铁损的一个电阻，这将是通过等于定子电流和通过磁化电感电流差值的一个电流。对给定的转矩，通过适当地调整磁通量可以降低一些定子绕组损耗。

即使这些变换器的解决方案不是很实用，但它们代表了功率变换器技术概念的很好进步。考虑到先进的数学理论可能会导致未来新的拓扑结构出现，理解这些先进的变换器在探索未来的变换方法时是一个很好的开始。

12.1.2　直接变换器

鉴于中间直流母线中无源滤波器元器件的成本和尺寸，已开始探索直接变换的解决方案。首先，参考文献［18］提出了一个非常简单而实用的解决方案，它表示了基于常用晶闸管的交流控制器（见图 12.6a）能够产生一个具有恒频和可变幅度三相系统电压的 IGBT 等效电路（见图 12.6b）。

当高压端 IGBT 受控时，电路连接负载与电网。相反，当低端 IGBT 导通时，电路短路负载，使负载和电网分离。产生一串脉冲，可以适当地调节脉冲串的均方根值。

这两种拓扑结构最近重新采用能够优化功率级构建的反向导通 IGBT（IGBT－RC）。在许多电动机驱动的应用中，需要频率和电压受控，这可以利用矩阵变换器的不同拓扑结构来实现。在电力电子发展的前景中给出了矩阵变换器的重要性，本书第 16 章将给出常用的 9 开关矩阵变换器，本书第 18 章将介绍采用电压源或电流源的 6 开关变换器特殊矩阵变换器拓扑结构的构建。

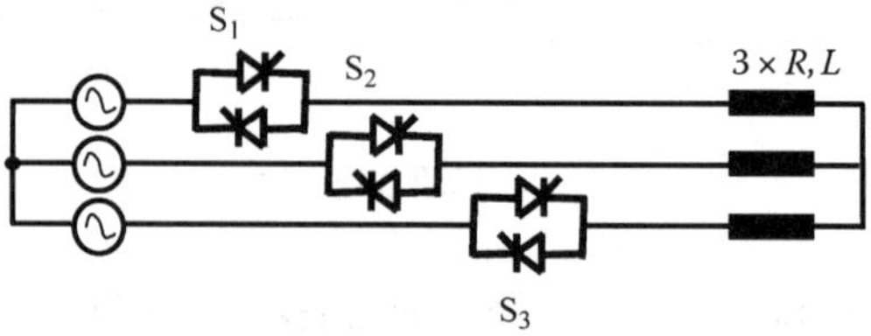

a)

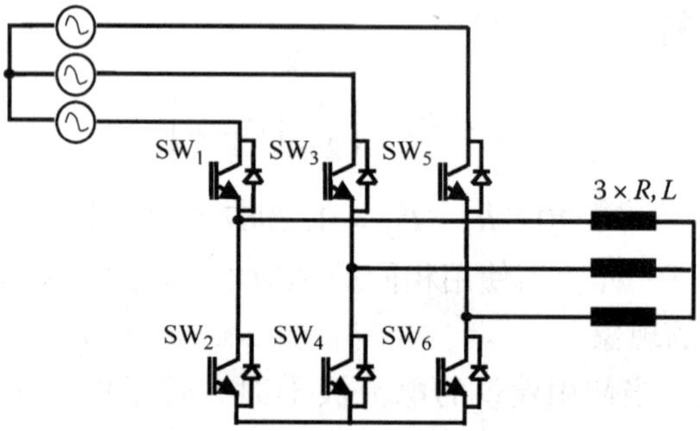

b)

图 12.6　基于 IGBT 的交流控制器

12.2　B4 逆变器

12.2.1　B4 逆变器的矢量分析

采用两个引脚的传统逆变器来构建新的逆变器拓扑结构，可以降低电路元器件的数量，而第三相是借鉴直流电容器组的中点，如图 12.1 所示。

首先让我们了解这个功率变换器是如何工作的。第三相是取自电容器组的中点，极电压（$M-Z$）总是固定于 $V_{dc}/2$。通过控制逆变器的其他两个引脚来构建相电压。第一个结果就是缺乏零状态：在工作过程中没有办法来保持三个极电压位于相同的电位。这意味着，应基于剩余的有源矢量来开发 PWM。电压源三相逆变器的工作规则表明，在逆变器的每个引脚都应该有一个开关处于导通状态。

如表 12.1 所示，这就将控制状态的数量限制于 4。由这些状态的组合可以产生一组相电压。如在本书第 3 章中所示，可以从极电压计算出相电压。这里逆变器拓扑结构采取了适当的计算方程组。

$$v_{NZ} = \frac{[v_{AZ} + v_{BZ} + v_{MZ}]}{3} \tag{12.9}$$

表 12.1　可能的逆变器状态和它们适当的电压

SW_1/SW_2	SW_3/SW_4	V_{AZ}	V_{BZ}	V_{AN}	V_{BN}	V_{MN}	V_d（Re）	V_q（Im）
1/0	1/0	V_{dc}	V_{dc}	$V_{dc}/6$	$V_{dc}/6$	$-V_{dc}/3$	$\frac{V_{dc}}{6}$	$\frac{V_{dc}}{2\sqrt{3}}$
1/0	0/1	V_{dc}	0	$V_{dc}/2$	$-V_{dc}/2$	0	$\frac{V_{dc}}{2}$	$-\frac{V_{dc}}{2\sqrt{3}}$
0/1	1/0	0	V_{dc}	$-V_{dc}/2$	$V_{dc}/2$	0	$-\frac{V_{dc}}{2}$	$-\frac{V_{dc}}{2\sqrt{3}}$
0/1	0/1	0	0	$-V_{dc}/6$	$-V_{dc}/6$	$V_{dc}/3$	$-\frac{V_{dc}}{6}$	$-\frac{V_{dc}}{2\sqrt{3}}$

$$\begin{cases} v_a = V_{AZ} - \dfrac{[v_{AZ} + v_{BZ} + v_{MZ}]}{3} \\ v_b = V_{BZ} - \dfrac{[v_{AZ} + v_{BZ} + v_{MZ}]}{3} \\ v_c = V_{MZ} - \dfrac{[v_{AZ} + v_{BZ} + v_{MZ}]}{3} \end{cases} \tag{12.10}$$

首先使用这种拓扑结构基于传统的基准三角形载波方法产生 PWM。基准信号波形被认为是相互间有 60°相位移的正弦波。可以用式（12.11）表示逆变器引脚的极电压。

$$\begin{cases} v_{AZ} = V \cdot \cos(\omega t) + \dfrac{V_{dc}}{2} + f_a(t) \\ v_{BZ} = V \cdot \cos\left(\omega t - \dfrac{\pi}{3}\right) + \dfrac{V_{dc}}{2} + f_b(t) \end{cases} \tag{12.11}$$

式（12.11）中的频率f_a和f_b是考虑到由于开关工作而引起的高频谐波分量。如果负载是严重的电感性负载或为电动机负载驱动，就可以忽略这些高频谐波分量，而仅考虑基波频率分量的波形，得到一个很好的近似，有式（12.12）、式（12.13）和式（12.14）、式（12.15）、式（12.16）成立。

$$v_{NZ} = \frac{V_{dc}}{2} + \frac{1}{3}\left[V \cdot \cos[\omega t] + V \cdot \left(\omega t - \frac{\pi}{3}\right)\right] =$$

$$\frac{V_{dc}}{2} + \frac{1}{3}V \cdot \left[2\cos\left[\omega t - \frac{\pi}{6}\right] \cdot \cos\left(\frac{\pi}{6}\right)\right] \tag{12.12}$$

$$v_{NZ}=\frac{V_{dc}}{2}+\frac{1}{\sqrt{3}}V\cdot\cos\left[\omega t-\frac{\pi}{6}\right] \tag{12.13}$$

和

$$\begin{cases}v_a=\left[\frac{V_{dc}}{2}+V\cdot\cos\ (\omega t)\right]-\left[\frac{V_{dc}}{2}+\frac{1}{\sqrt{3}}V\cdot\cos\left[\omega t-\frac{\pi}{6}\right]\right]\\ v_b=\left[\frac{V_{dc}}{2}+V\cdot\cos\left(\omega t-\frac{\pi}{3}\right)\right]-\left[\frac{V_{dc}}{2}+\frac{1}{\sqrt{3}}V\cdot\cos\left[\omega t-\frac{\pi}{6}\right]\right]\\ v_c=\left[\frac{V_{dc}}{2}\right]-\left[\frac{V_{dc}}{2}+\frac{1}{\sqrt{3}}V\cdot\cos\left[\omega t-\frac{\pi}{6}\right]\right]\end{cases} \tag{12.14}$$

$$\begin{cases}v_a=V\cdot\left[\cos\ (\omega t)\ -\frac{1}{\sqrt{3}}\cos\ (\omega t)\ \cdot\frac{\sqrt{3}}{2}-\frac{1}{\sqrt{3}}\sin\ (\omega t)\ \cdot\frac{1}{2}\right]\\ v_b=V\cdot\left[\cos\left(\omega t-\frac{\pi}{3}\right)-\frac{1}{\sqrt{3}}\cos\left[\omega t-\frac{\pi}{6}\right]\right]\\ v_c=-\frac{1}{\sqrt{3}}V\cdot\cos\left[\omega t-\frac{\pi}{6}\right]\end{cases} \tag{12.15}$$

$$\begin{cases}v_a=\frac{1}{\sqrt{3}}V\cdot\left[\frac{\sqrt{3}}{2}\cos(\omega t)-\frac{1}{2}\sin(\omega t)\right]=\frac{1}{\sqrt{3}}V\cdot\cos\left(\omega t+\frac{\pi}{6}\right)=\\ \quad\frac{1}{\sqrt{3}}V\cdot\sin\left(\omega t+\frac{2\pi}{3}\right)\\ v_b=V\cdot\left[\cos(\omega t)\cdot\frac{1}{2}+\sin(\omega t)\cdot\frac{\sqrt{3}}{2}-\frac{1}{\sqrt{3}}\cdot\cos(\omega t)\cdot\frac{\sqrt{3}}{2}-\frac{1}{\sqrt{3}}\cdot\right.\\ \quad\left.\sin(\omega t)\cdot\frac{1}{2}\right]=\frac{1}{\sqrt{3}}\cdot V\cdot\sin(\omega t)\\ v_c=\frac{1}{\sqrt{3}}V\cdot\cos\left[\omega t-\frac{\pi}{6}\right]=\frac{1}{\sqrt{3}}V\cdot\cos\left[\pi-\omega t-\frac{\pi}{6}\right]=\frac{1}{\sqrt{3}}V\cdot\sin\left[\omega t-\frac{2\pi}{3}\right]\end{cases} \tag{12.16}$$

总之，这种拓扑结构可以受控于两个60°不同相的正弦基准信号，从而产生一个对称的三相系统。此外，这两个基准信号应和要求的第一个相电压之间有30°的相位移，如图12.7所示。

利用矢量分析可以实现类似的控制。利用变换关系式（5.1）与表12.1所示的相电压，在复平面上的矢量将对应于每个工作模式。重要的是要注意，图12.1中不同的相位电压符号将在复平面上产生其他有源矢量。在图12.8所示的复平面上给出的矢量幅度为$\frac{V_{dc}}{\sqrt{3}}$，和分别为$V_{dc}/3$。

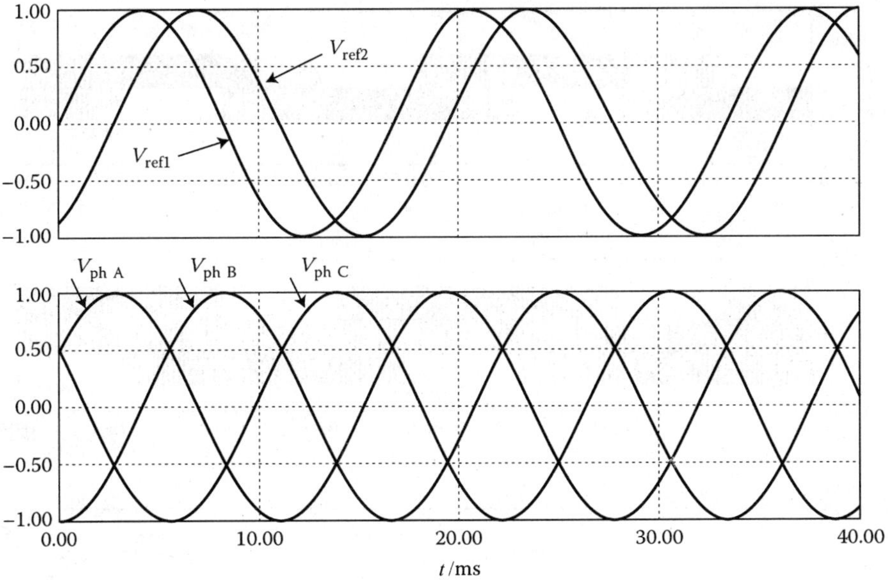

图 12.7　基准函数的相位信息和负载电压所需的基波相位（参见式（12.11）和式（12.12））

产生的对称三相系统是假定三个电压矢量顶点在一个圆轨迹上。当轨迹与多边形的切线方向一致时，该圆轨迹达到最大半径值，有式（12.17）成立。

$$V_{max}=\frac{V_{dc}}{2\sqrt{3}}\Rightarrow m=\frac{V}{\dfrac{V_{dc}}{2\sqrt{3}}} \tag{12.17}$$

需要记住，从传统的 6 开关逆变器所能获得的最大电压为$\frac{V_{dc}}{\sqrt{3}}$（见式(5.31)）。B4 逆变器需要双倍的直流电压来产生相同的输出相电压，这是这种拓扑结构的一个严重缺点，相应在功率半导体器件和电动机上产生的电压应力会增加。在直流母线电容上电压峰－峰值纹波电压的绝对值也会增加。最后，第三相电流通过直流侧电容器组循环，在两个电容器之间产生大的电压变化。这可以用大容量的电容器来校正。这个两引脚逆变器产生如图 12.9 所示的不对称相电压。由于一个引脚的循环电流通过直流

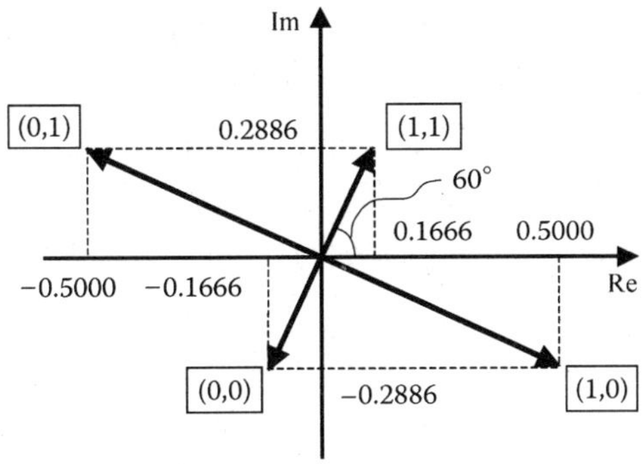

图 12.8　对应 B4 逆变器有源矢量的矢量表示

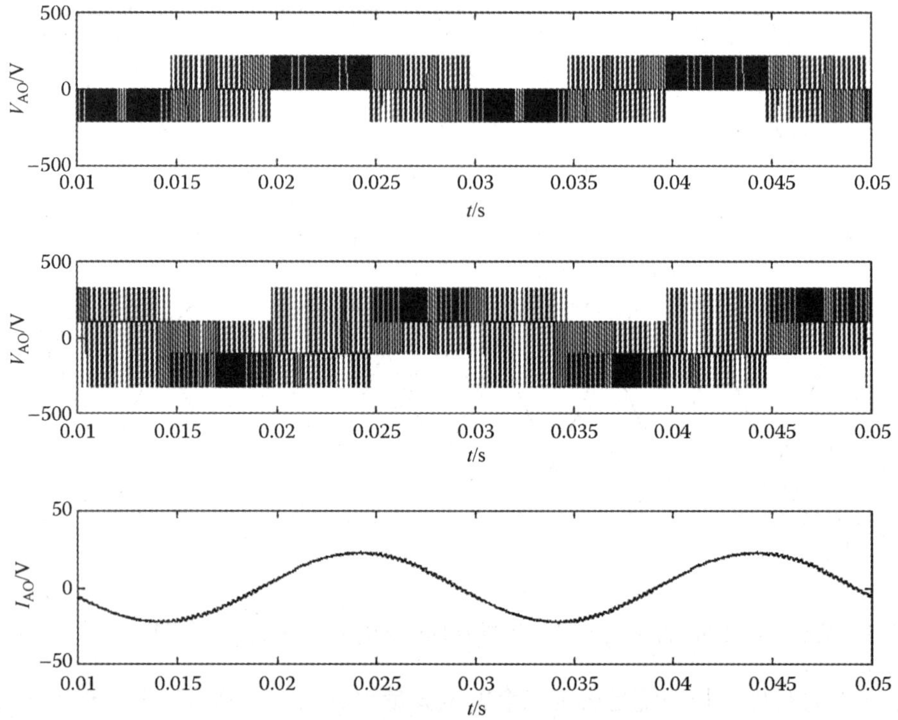

图 12.9　图 12.1 变换器的典型相电压

电容器组，因此不对称的工作可能会在线 - 线电压上引入 3 次谐波。连到电容器组引脚上的 3 次谐波成份将是逆变器另两个引脚上 3 次谐波的两倍，因为这些谐波成分被加入到了第一个引脚上。由于系统工作的非对称性，因此在 PWM 生成中需要考虑以下的有关限制：

1）相邻矢量分解给出了平均关系；

2）因为没有真正的零矢量，所以具有相反方向的两个矢量被认为是等时间间隔的，利用它们来合成一个零电压状态；

3）零矢量生成总是存在两种可能性，优先使用“短”的矢量，这是因为“长”的矢量会在感性负载上产生较大的电压降和较大的纹波电压；

4）结果，每一个矢量是由最小的三个矢量生成的，即两个短矢量和一个长矢量；

5）几个状态序列是可能的。

减少开关的数量决定了成本的降低和功率级导通损耗的降低。

12.2.2 对 B4 逆变器 PWM 算法的定义

这里对两个矢量 PWM 方法进行讨论。

方法 1

对两相邻矢量的矢量分解的思想是考虑用于两引脚逆变器的场合。如果考虑到所需的电压矢量位置在 V_2 和 V_3 之间，则与每个状态相关联的时间间隔由式（12.18）决定。

$$V_s \cdot \cos\varphi = \frac{\tau_2}{T_s} \times [V_2]$$

$$V_s \cdot \sin\varphi = \frac{t_3^1}{T_s}[V_3] \tag{12.18}$$

$$\begin{cases} t_2 = \dfrac{V_s}{[V_2]} \cdot T_s \cdot \cos\varphi \\ t_3^1 = \dfrac{V_s}{[V_3]} \cdot T_s \cdot \sin\varphi \Rightarrow \\ t_0 = 2t_3^1 = 2t_1 = T_s - t_2 - t_3^1 \end{cases}$$

$$\begin{cases} t_2 = \dfrac{V_s}{[V_2]} \cdot T_s \cdot \cos\varphi \\ t_1 = \dfrac{1}{2}\left[T_s - \dfrac{V_s}{[V_2]} \cdot T_s \cdot \cos\varphi - \dfrac{V_s}{[V_3]} \cdot T_s \cdot \sin\varphi\right] \\ t_3 = \dfrac{V_s}{[V_3]} \cdot T_s \cdot \sin\varphi + \dfrac{1}{2}\left[T_s - \dfrac{V_s}{[V_2]} \cdot T_s \cdot \cos\varphi - \dfrac{V_s}{[V_3]} \cdot T_s \cdot \sin\varphi\right] \end{cases} \tag{12.19}$$

$$\begin{cases} t_2 = \dfrac{V_s}{[V_2]} \cdot T_s \cdot \cos\varphi \\ t_1 = \dfrac{1}{2}\left[T_s - \dfrac{V_s}{[V_2]} \cdot T_s \cdot \cos\varphi - \dfrac{V_s}{[V_3]} \cdot T_s \cdot \sin\varphi\right] \\ t_3 = \dfrac{1}{2}\left[T_s - \dfrac{V_s}{[V_2]} \cdot T_s \cdot \cos\varphi + \dfrac{V_s}{[V_3]} \cdot T_s \cdot \sin\varphi\right] \end{cases} \tag{12.20}$$

当使用失量 $V_1 - V_3 - V_4$ 时，这些方程与 V_4 相同，而不和矢量 V_2 相同。此外，有几种状态序列的可能性：

00－10－11－11－10－00 或 11－10－00－00－10－11

作为最后的验证，第一个引脚上面开关的导通时间可以按矢量 V_2 和 V_3 上的时间和来计算。

$$t_a=\frac{1}{2}\left[T_s+\frac{V_s}{[V_2]}\cdot T_s\cdot\cos\varphi+\frac{V_s}{[V_3]}\cdot T_s\cdot\sin\varphi\right]=$$

$$\frac{1}{2}T_s\cdot\left[1+\frac{1}{2}m\cdot\cos\varphi+\frac{\sqrt{3}}{2}m\cdot\sin\varphi\right]\tag{12.21}$$

$$t_a=\frac{1}{2}T_s\cdot\left[1+m\cdot\sin\left[\varphi+\frac{\pi}{6}\right]\right]\tag{12.22}$$

第二个引脚上高端开关的导通时间为 t_3。

$$t_b=\frac{1}{2}\left[T_s-\frac{V_s}{[V_2]}\cdot T_s\cdot\cos\varphi+\frac{V_s}{[V_3]}\cdot T_s\cdot\sin\varphi\right]=$$

$$\frac{1}{2}T_s\cdot\left[1-\frac{1}{2}\cdot m\cdot\cos\varphi+\frac{\sqrt{3}}{2}m\cdot\sin\varphi\right]\tag{12.23}$$

$$t_a=\frac{1}{2}T_s\cdot\left[1+m\cdot\sin\left[\varphi-\frac{\pi}{6}\right]\right]\tag{12.24}$$

这些结果与前面基于 PWM 生成的类似，但角度坐标测量的基准不同。

方法 2

以相同的方式可以计算导通时间。不同在于 PWM 序列。有源矢量之间的角平分线化分复平面为 4 个区。对于每个这样的区可以考虑一个不同的状态序列。

$285<\varphi<15°$：11 – 10 – 00 – 10 – 11

$15<\varphi<105°$：01 – 11 – 10 – 11 – 01

$105<\varphi<195°$：00 – 01 – 11 – 01 – 00

$195<\varphi<285°$：10 – 00 – 01 – 00 – 10

比较结果

两种方法之间的比较结果见表 12.2。即使控制相同的功率变换器，它们也是不同的，重要的是要扩展到每一相或到线 – 线电压的比较，如图 12.9 所示。

12.2.3 直流电压变化的影响和相应的补偿方法

直流环节电压注定要比传统的 6 开关逆变器受到较大的纹波[19,20]。大于由整流电源产生的大于预期的纹波，在每个直流电压还有些通过电容器组相电流循环所造成的另一些相反的成分。这些成分和负载电流的大小有很大的关系。此外，直流母线电压的变化对每相电压和 6 开关逆变器相比有不同的影响，对 6 开关逆变器每相电压的影响方式相同。

表 12.2 改编自参考文献 [8]

		$m=0.2$	$m=0.4$	$m=0.6$	$m=0.8$	$m=1.0$
低次谐波成分—3 次谐波；VB – C 和 VA – C 为一半						
方法 1	VA – B	0.1734	0.0191	0.0059	0.0022	0.0015
方法 2	VA – B	0.1752	0.0198	0.0064	0.0025	0.0016

（续）

		$m=0.2$	$m=0.4$	$m=0.6$	$m=0.8$	$m=1.0$
低次谐波成分—5 次谐波						
方法 1	VB − C	0.0542	0.0115	0.0026	0.0023	0.0019
0.0015		VA − B	0.0519	0.0109	0.0054	0.0020
方法 2	VB − C	0.0535	0.0110	0.0045	0.0018	0.0015
0.0015		VA − B	0.0504	0.0102	0.0050	0.0024
低次谐波成分—7 次谐波						
方法 1	VB − C	0.0472	0.0111	0.0029	0.0020	0.0016
0.0014		VA − B	0.0481	0.0114	0.0032	0.0019
方法 2	VB − C	0.0445	0.0096	0.0042	0.0012	0.0010
0.0009		VA − B	0.0516	0.0122	0.0038	0.0014
总谐波成分—利用前 500 次谐波计算 HLF						
方法 1	VB − C	9.196	4.207	2.504	1.248	0.955
1.048		VA − B	4.669	2.282	1.526	1.287
方法 2	VB − C	12.132	4.601	2.680	1.323	1.089
0.931		VA − B	6.613	3.130	1.963	1.063

摘自：Blaabjerg F.，Kragh，H.，Neacsu，D. O.，and Pedersen，J. K. 1997. B4 逆变器的调制策略比较. EPE’97，vol. 2，pp. 378 − 385.

本书第 5 章给出了通过前馈补偿来适当地调节 SVM 算法，来校正直流母线上的电压变化。相同的一般概念也可以应用到 B4 逆变器。在这方面，基于直流电容器上的每个电压变化，表 12.3 重写了表 12.1。

表 12.3　考虑到每个电容器上的电压 V_{D1}、V_{D2}

SW_1/SW_2	SW_3/SW_4	V_{AZ}	V_{BZ}	V_{AN}	V_{BN}	V_{MN}
1/0	1/0	$V_{D1}+V_{D2}$	$V_{D1}+V_{D2}$	$V_{D1}/3$	$V_{D1}/3$	$-2V_{D1}/3$
1/0	0/1	$V_{D1}+V_{D2}$	0	$(V_{D1}+V_{D2})/2$	$-(V_{D1}+V_{D2})/2$	$(V_{D2}-V_{D1})/3$
0/1	1/0	0	$V_{D1}+V_{D2}$	$-(V_{D1}+V_{D2})/2$	$(V_{D1}+V_{D2})/2$	$(V_{D2}-V_{D1})/3$
0/1	0/1	0	0	$-V_{D2}/3$	$-V_{D2}/3$	$2V_{D2}/3$

通过考虑这些值的影响可以重写式（12.20），有式（12.25）成立。

$$\begin{cases} t_2 = \dfrac{3V_s}{V_{D1}+V_{D2}} \cdot T_s \cdot \cos\varphi - \dfrac{V_{D2}-V_{D1}}{V_{D1}+V_{D2}} \cdot T_s \\ t_1 = \dfrac{1}{2}\left[T_s - \dfrac{3V}{V_{D1}+V_{D2}} \cdot T_s \cdot \cos\varphi - \dfrac{\sqrt{3}V_s}{V_{D1}+V_{D2}} \cdot T_s \cdot \sin\varphi\right] \\ t_3 = \dfrac{1}{2}\left[T_s - \dfrac{3V}{V_{D1}+V_{D2}} \cdot T_s \cdot \cos\varphi - \dfrac{\sqrt{3}V_s}{V_{D1}+V_{D2}} \cdot T_s \cdot \sin\varphi\right] \end{cases} \tag{12.25}$$

通过观察图 12.10 和图 12.11 可以理解补偿的有效性。

在调制器饱和或趋于过调制前这个前馈补偿例子工作得很好。换言之，在任何工作点用式（12.20）计算出的时间常数都应保持为正。我们注意到 ΔV 纹波电压的绝对值在任何的 V_1 或 V_2 内，RV 为这个脉动的归一化值。

$$\mathrm{RV} = \frac{\Delta V}{\frac{V_{dc}}{2}} \tag{12.26}$$

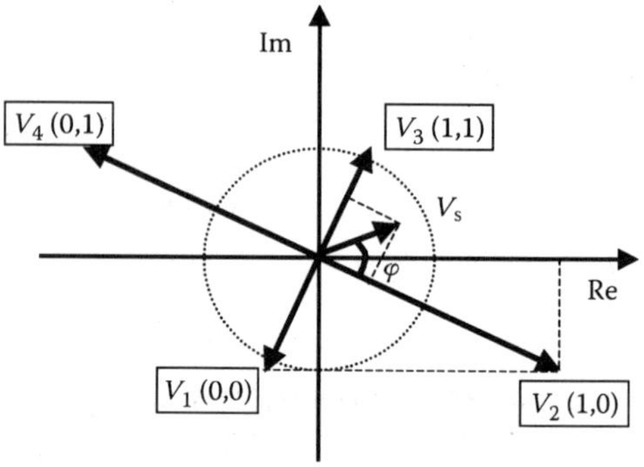

图 12.10　矢量分解

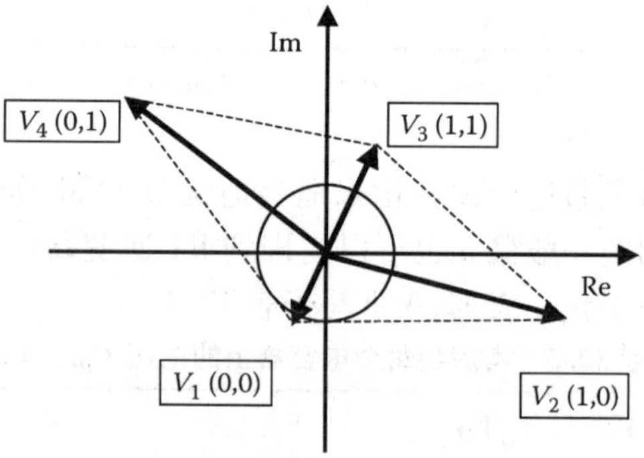

图 12.11　由于在直流母线电压上的纹波而造成有源矢量的变形

经过一些计算后，这些限制可以按下面的方法计算：

$$\begin{cases} \mathrm{RV} \leqslant \dfrac{\sqrt{6}}{4} \cdot m \\ \mathrm{RV} \leqslant 1 - m \end{cases} \tag{12.27}$$

这些约束的图形化表示定义了这种前馈方法的最大工作范围，如图 12.12 所示。

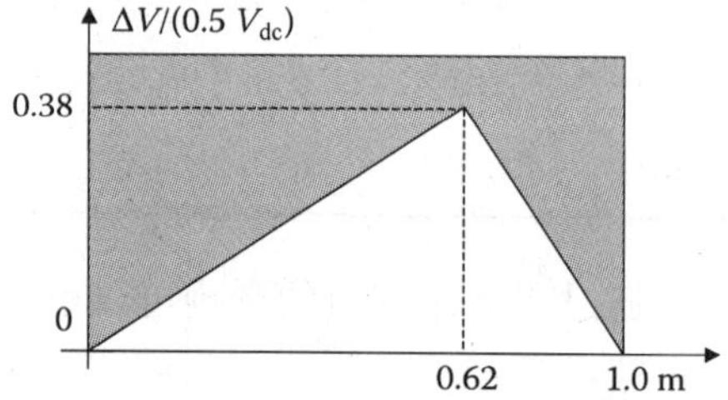

图 12.12　利用提出的方法对最大纹波的纠正

12.3　用于两相感应电动机的馈电两引脚变换器

两相感应电动机适用于一些 1kW 左右或低于 1kW 功率范围的低功率场合，尤其是用于自动化设备。相比于直流电动机、两相感应电动机的线性控制特性可以通过先进的方法，如磁场定向控制实现，使两相感应电动机有一个降低的起动转矩。主要的缺点是降低了工作效率和功率因数。

具有相同功率级两引脚逆变器（B4）的两相逆变器适用于这种电动机驱动的馈电，如图 12.13 所示。这个逆变器可以采用来自这个功率等级的单相二极管整流器的输出供电。工作于 PWM 控制的 IGBT 或 MOSFET 构建两相逆变器应确保频率的变化和输出电压的幅值变化。这两个电压的相位应有 90°的相位差，以在感应电动机产生适当的扭矩。每个逆变器引脚工作于如图 12.14 所示的（$-V_{dc}/2$）和（$V_{dc}/2$）电压范围之间的 PWM 工作方式。

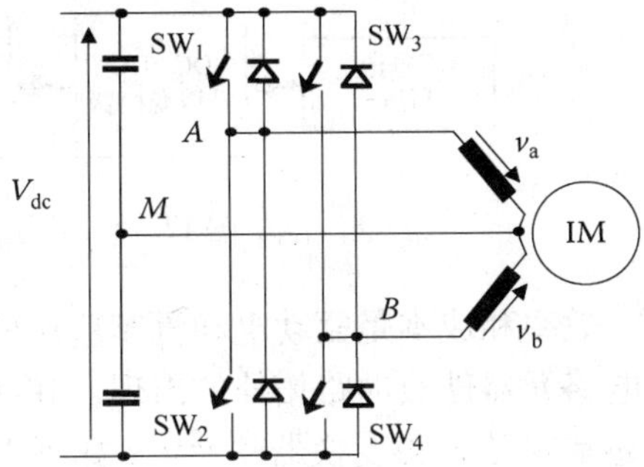

图 12.13　两相电动机驱动

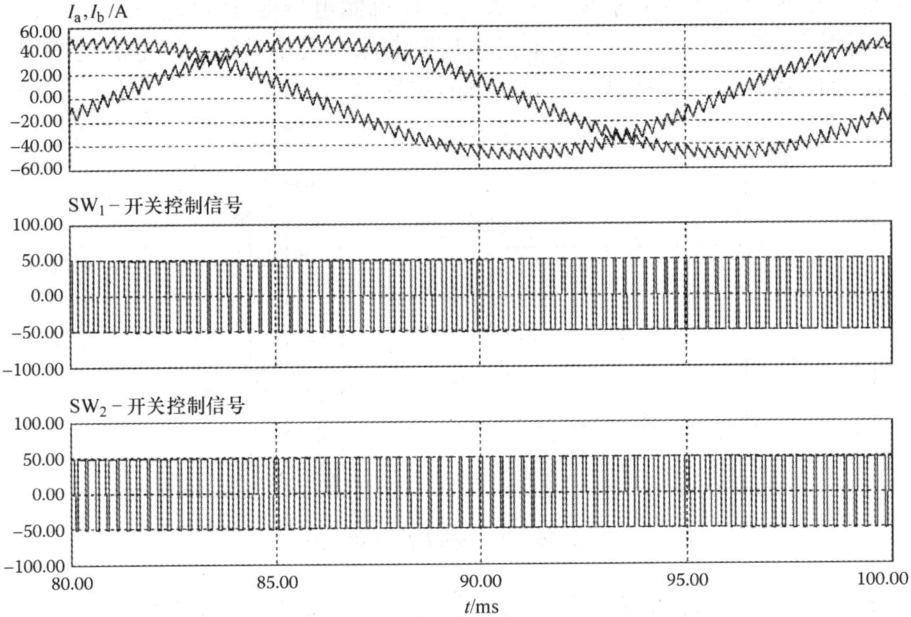

图 12.14　4kHz 开关频率驱动两相电动机控制的重要波形，波形表示 $m=0.5$ 和 50Hz 的基波

12.4　Z 源逆变器

混合动力和电动汽车的出现为汽车市场打开了一个令人印象深刻的发展电力电子解决方案的大门。连接到一个高电压电池组的典型电动机驱动如图 12.15 所示。它由一个能够增加和调节电池电压到一定设定值的升压变换器组成。第二级是一个能够产生高基波成分控制波形的单相或三相逆变器。

图 12.15　典型的双级汽车电机驱动

效率和成本是驱动电动汽车应用的关键因素，这也推动了能够降低电动机驱动电路元器件数电路拓扑的出现。在相同的功率级实现升压和逆变功能的电路拓扑通常叫做 Z 源变换器[21,22]，如图 12.16 所示。这种新型变换器引入了额外的零矢量状态。在传统逆变器运行的零状态，就像电流源变换器工作中的直流链路短路一样。因此，“Z 源”的名字就是这样出现的。在直流环节（直通）假设所有的 IGBT 短路，整个变换器的工作就像一个 boost 变换器，允许通过电感的电流增加。在变频器运行的常规工作状态，直流侧电压等于 $2V_{cap}-V_{batt}$，假定是由升压间隔来调节的。电容器两端的电压随着来自两个升压电感电流的增加而增加，即使负载电流对电容器起反向充电的作用。

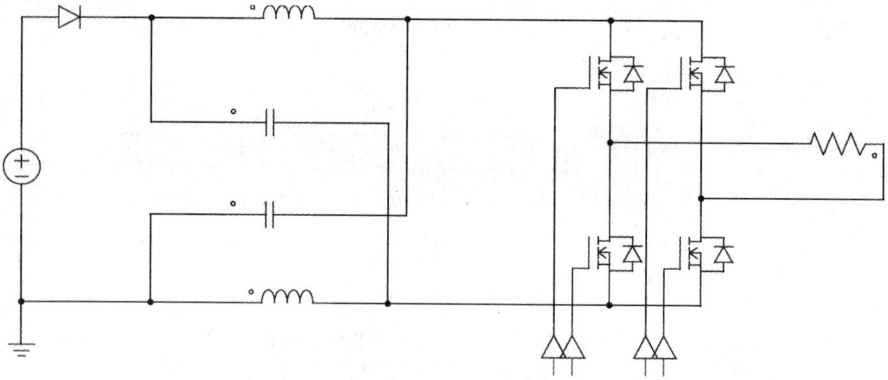

图 12.16　Z 源逆变器（单相版）

图 12.17 所示为在电容电压上存在相当大的 2 次谐波，这是单相逆变器工作所固有的。控制信号的细节如图 12.18 所示。

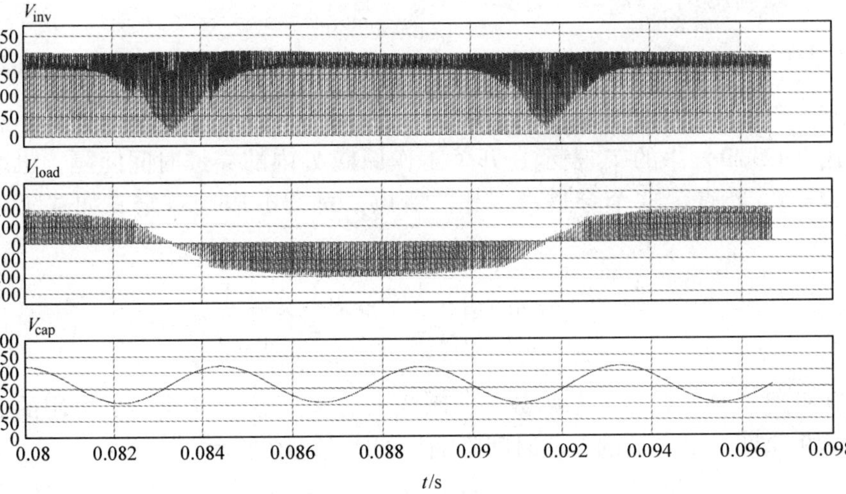

图 12.17　从 120V_{dc}电池产生 120V_{ac}交流电压的波形，输出无源低通滤波器（LPF）在图中没有画出（$C=1mF$、$L=0.5mH$、$f_{sw}=10kHz$ 的正弦调制）

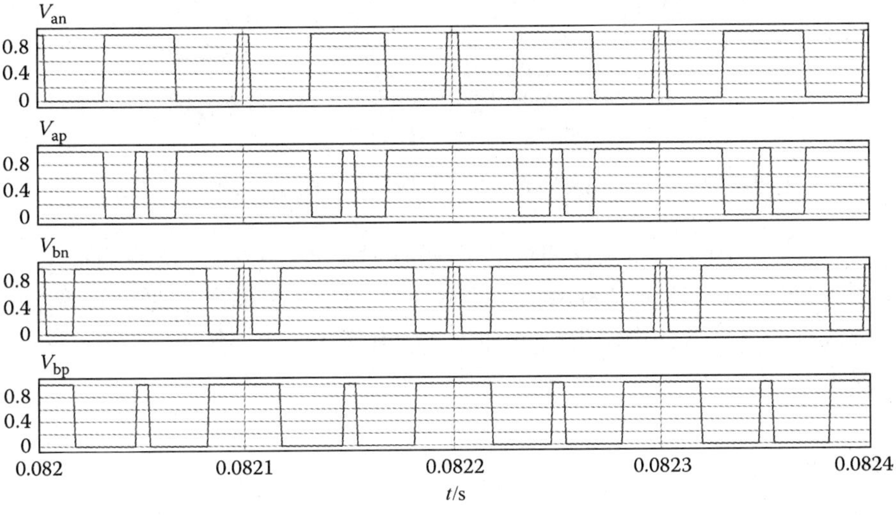

图 12.18　对 IGBT 器件控制信号的放大

与传统正弦调制控制相关的短路间隔设计适当地降低了变换器大小。输出电压的基波峰值计算如式（12.28）所示。

$$V_{out,峰值}=m\cdot V_{inv} \tag{12.28}$$

式（12.28）中的 V_{inv}表示功率变换级的输入电压，如同 boost 变换器的输出电压，可以利用式（12.29）计算。

$$V_{\text{inv}}=B\cdot\frac{V_o}{2}=\frac{V_o}{2}\cdot\frac{1}{1-2\frac{T_o}{T}}\tag{12.29}$$

式（12.29）中的 T_o 表示在开关工作周期 T 内的穿透时间间隔，也可以用公式 $D=T_o/T$ 表示这个穿透占空比。所以，总的电压增益定义如式（12.30）所示。

$$\frac{V_{\text{out,峰值}}}{V_o}=m\cdot B\times\frac{1}{2}=m\times\frac{1}{2}\times\frac{1}{1-2\frac{T_o}{T}}\tag{12.30}$$

升压因子 B 受限于调制指数 m，因为大的调制指数 M 会降低可用的零状态间隔，并允许一个更短的穿透时间间隔，如图12.19所示。

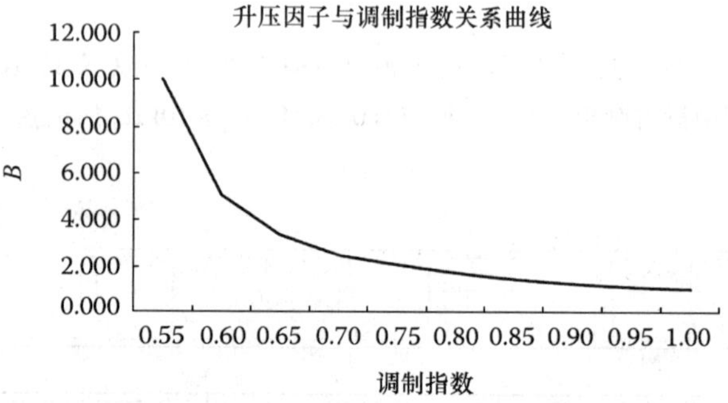

图12.19　在不同的调制指数（m）时的最大理想升压因子（B_{max}）

由于这个原因，多年来已经提出了改进的控制解决方案，以提高可用的升压因子[22]。另一种设计可以考虑从一个较大的 V_{inv} 电压来产生期望的输出电压，这样可以有一个较低的调制指数 m 和较大的升压因子 B，然而，对 $B\cdot m$ 的乘积是有限制的。

12.5　总结

在过去20年间功率变换器的新发展，工程师们已经尝试探索新的用于电能变换的三相解决方案。本章提出了几种拓扑结构，它们的目的是打开电源变换器的设计新思路。这些解决方案中的每一个解决方案都有各自的优点和缺点，使得它们各自仅适用于特定的场合。

参考文献

1. Covic, G.A., Peters, G.L., and Boys, J.T. 1995. An improved single phase to three phase converter for low cost AC motor drives. *Proceedings of PEDS'95*, Singapore, vol. 1, pp. 549–554.
2. Eastham, J.F., Daniels, A.R., and Lipcynski, R.T. 1980. A novel power inverter configuration. *IEEE IAS* 2, 748–751.
3. van Der Broeck, H.W. and Van Wyk, J.D. 1984. A comparative investigation of a three-phase induction machine drive with a component minimized voltage-fed inverter under different control options. *IEEE Trans. IA* 20, 309–320.
4. van Der Broeck, H.W. and Skudelny, H.C. 1988. Analytical analysis of the harmonic effects of a PWM AC/AC drive. *IEEE Trans. PE* 3(2), 216–223.
5. Blaabjerg, F., Freysson, S., Hansen, H.H., and Hansen, S. 1995. A new optimized space vector modulation strategy for a component minimized voltage source inverter. *IEEE APEC* 2, 577–585.
6. Blaabjerg, F., Freysson, S., Hansen, H.H., and Hansen, S. 1995. Comparison of a space-vector modulation strategy for a three-phase standard and a component minimized voltage source inverter. *Proceedings of EPE'95*, vol. 1, 806–813.
7. Blaabjerg, F., Neacsu, D.O., and Pedersen, J.K. 1997. Adaptive SVM to compensate DC Link voltage ripple for component minimized voltage source inverters. *IEEE PESC* 1, 580–589.
8. Blaabjerg F., Kragh, H., Neacsu, D.O., and Pedersen, J.K. 1997. Comparison of modulation strategies for B4-inverter. *EPE'97*, vol. 2, pp. 378–385.
9. Jacobina, C.B., da Silva E.R.C., Lima, A.M.N., and Ribeiro, R.L.A. 1995. Vector and scalar control of a four switch three phase inverter. *IEEE IAS* 3, 2422–2429.
10. Kim, G.T. and Lipo, T.A. 1995. VSI-PWM inverter/rectifier system with a reduced switch count. *IEEE IAS Thirteenth Annual Meeting*, Orlando, FL, USA, vol. 3, pp. 2327–2332, 8–12 October.
11. Ribeiro, R.L.A., Jacobina, C.B., da Silva, E.R.C., and Lima, A.M.N. 1996. AC/AC converter with four switch three-phase structures. *IEEE PESC* 1, 134–139.
12. Alexa, D. 1995. Static frequency converter with double-branch inverter for supplying three phase asynchronous motors. *EPE J.* 5(1), 23–26.
13. Enjeti, P. and Rahman, A. 1993. A new single-phase to three-phase converter with active input current sharing for low cost AC motor drives. *IEEE Trans. Industry Appl.* 29(4), 806–813.
14. Pan, C.T., Chen, T.C., Hong, Y.H., and Hung, C.M. 1995. A new DC link converter for induction motor drives. *IEEE Trans. EC* 10(1), 71–77.
15. Neacsu, D.O., Gatlan, C., and Gatlan, L. 1999. A three-phase sinusoidal current rectifier with three unidirectional switches and input transformer. *EPE'99*, September 2–4.
16. Neacsu, D.O. 1999. Current-controlled AC/AC voltage source matrix converter for open winding induction machine drives. *Proceedings of the 25th Annual Conference of the IEEE Industrial Electronics Society*, San Jose, CA, USA, vol. 2, pp. 921–926, 29 November– 3 December, 1999.
17. Welchko, B. and Lipo, T.A. 2001. A novel variable frequency three-phase induction motor drive system using only three-switches. *IEEE Trans. IA.* 37(6), 1739–1745.
18. Ziogas, P.D., Vicenti, D., and Joos, G. 1992. A practical PWM AC controller topology. *Conference Record of the 1992 IEEE IAS Tenth Annual Meeting, IEEE-IAS*, Houston, TX, USA, pp. 880–887, 3–5 October.
19. Lee, J.Y. and Sun, Y.Y. 1986. Adaptive harmonic control in PWM inverters with fluctuating input voltage. *IEEE Trans. IE* 33(1), 92–98.
20. Enjeti, P. and Shireen, W. 1992. A new technique to reject DC link voltage ripple for inverters operating on programmed PWM waveforms. *IEEE Trans. PE* 7(1), 171–179.
21. Peng, F.Z., 2003. The Z-source inverter. *IEEE Trans. Industry Appl.* 39(2), 504–510.
22. Peng, F.Z., Shen, M., and Qian, Z. 2005. Maximum boost control of the Z-source inverter. *IEEE Trans. Power Electron.* 20(4), 833–838.

第 13 章　基于三相电压源变换器的 AC－DC 电网接口

13.1　特性－控制目标－有功功率控制

由于电能量主要基于交流电路传输，因此能够将交流电压转换为直流电压的电子电路是电力半导体器件的第一个应用[1-6]。二极管整流器是最简单的电源变换器的电网接口，如图 13.1 所示。在更大的功率水平，采用三相系统进行能量传输和分布，并实现将三相交流电转换为直流电。所有关于二极管整流器设计方面的有关内容在大学的电力电子教材中已作介绍，这里将不再赘述。然而，表 13.1 回顾了有关可能的二极管整流器解决方案和有关波形质量需要适当考虑的因素。

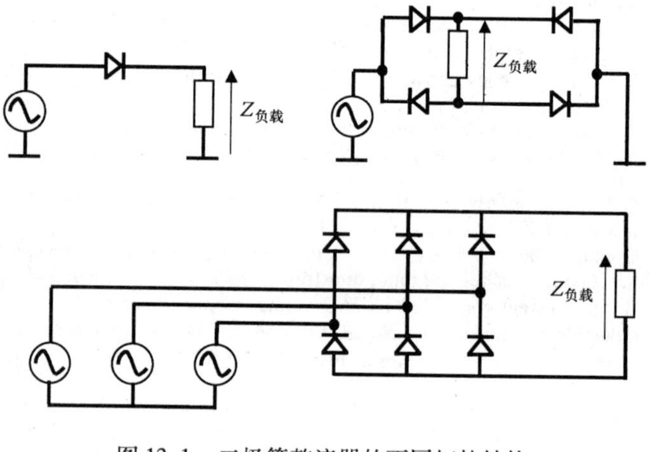

图 13.1　二极管整流器的不同拓扑结构

要注意，重要的是电网电流中的高谐波含量可能不符合现代对某些功率水平电能质量标准的要求。第 1 章给出了一些不同国家对电力变换器的主要技术要求。很容易看出大于一定值的电网电流，这类电路拓扑结构就不能满足电能质量要求。这类电路拓扑的第二个明显缺点是缺少对输出电压的控制特性。从历史上看，这个缺点首先是基于晶闸管的变换器需要面对的，如图 13.2 所示。基于晶

表 13.1　无输出电容滤波器不同二极管整流器方案的性能

拓扑	#二极管	半导体额定值（V/I）	输出平均电压
		单相	
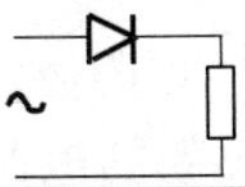	1	$V_{in} \cdot I_{pk}$	$V_{d0} = V_{ph} \cdot \frac{\sqrt{2}}{\pi}$
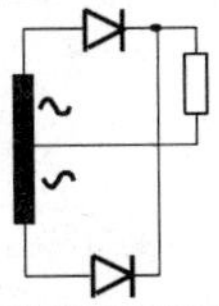	2	$V_{in} \cdot I_{pk}$	$V_{d0} = V_{ph} \cdot \frac{2\sqrt{2}}{\pi}$
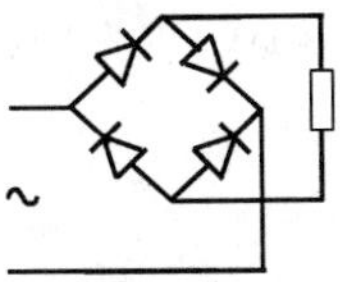	4	$V_{in}/2$，I_{pk}	$V_{d0} = V_{ph} \cdot \frac{2\sqrt{2}}{\pi}$
		三相	
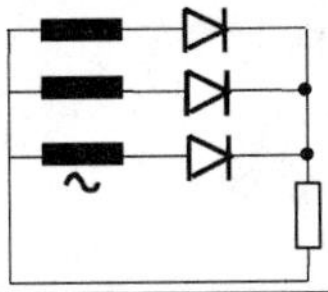	3	$V_{in} \cdot I_{pk}$	$V_{d0} = \sqrt{2} \cdot V_{ph} \cdot \frac{\sqrt{3}}{\pi}$
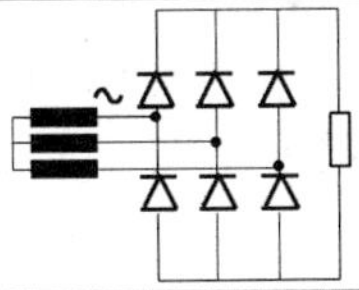	6	$V_{in} \cdot I_{pk}$	$V_{d0} = 2\sqrt{2} \cdot V_2 \cdot \frac{3\sqrt{3}}{2\pi}$

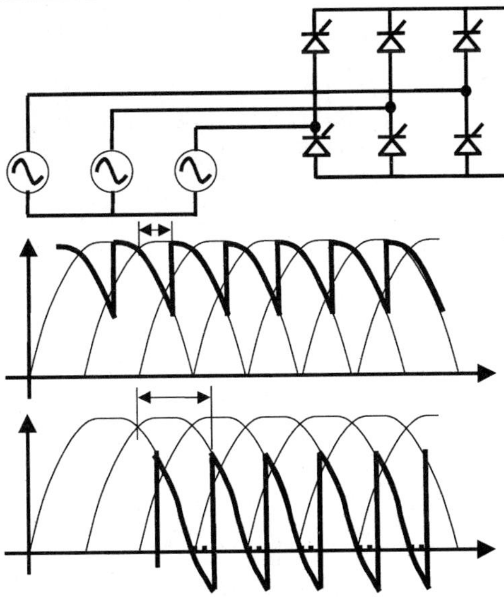

图 13.2　采用晶闸管桥式整流器在不同控制相位角时的输出电压波形

闸管变换器的工作是假定基于相位控制和输出电压低于二极管整流器的输出电压。基于晶闸管变换器的工作波形对应低功率因数，并且系统中有大的无功功率循环。

具有关断能力功率半导体器件的出现改善了电网电流的电能质量因数。在二极管或晶闸管整流器拓扑结构中首先使用 GTO 晶闸管开创了一类新的电源变换器。早期使用的解决方案实例如图 13.3 所示。

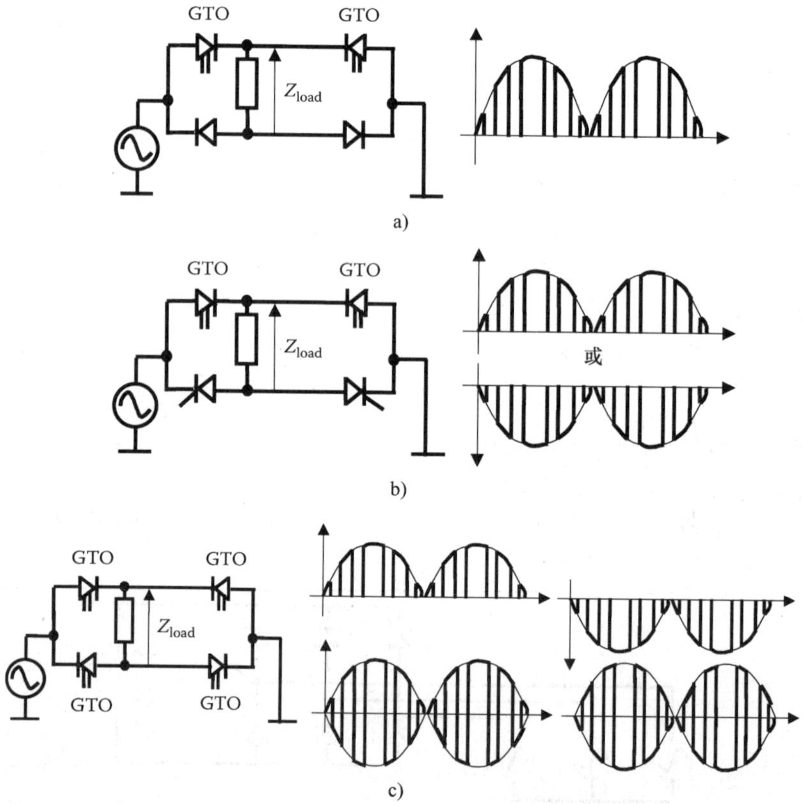

图 13.3　在单相电网的接口电路中使用 GTO 晶闸管

输出电压是含有直流分量和高频开关成分的脉冲串。电网电流等于通过两个器件的电流代数总和，并遵循脉冲控制策略。这使 THD 加大，或一般来说，需要降低电网的谐波含量。鉴于大的感性负载，在负载上产生的电压脉冲是由在每一个时间间隔内的脉冲引起的，如图 13.4 所示。

如果脉冲的数目少，则利用适当的控制策略可以消除电流波形中的低次谐波（第 5 次、第 7 次、第 11 次、第 13 次等谐波）。在本书第 4 章中介绍了一种适用于这种可以消除低次谐波成分的 PWM 控制器的设计细节。如果允许功率半导体器件工作于更高的开关频率，则可以考虑采用正弦 PWM 算法。在一个给定的时

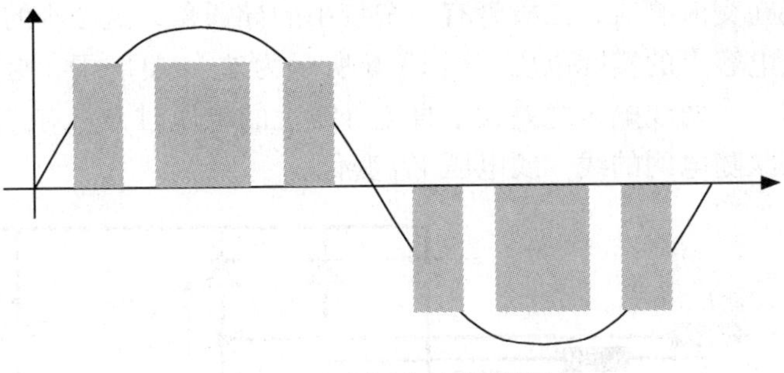

图 13.4　电网电流中的脉冲

刻，两个功率开关受控于正弦规律的脉冲宽度。

所有这些电路开关通过电网电路的电流。在开关电流的路径引入了一个电感，在功率开关管开关工作时会产生一个过电压。为了克服这个问题，需要在功率半导体开关器件添加缓冲电容器（如本书第 2 章和第 3 章所介绍的有关内容）。

所有前面介绍的功率变换器为确保对负载的能量变换都需要加一个大电感。例如直流电动机驱动或直流电磁铁电源的应用场合。然而，大量的应用场合需要为负载提供恒定的直流电压供电。这也包括在一个网格接口情况下实现交流电动机驱动的应用场合，这时直流电路接有一个非常大的电容器。关于额定直流母线和特定交流电动机驱动应用的详细信息在本书第 4 章中给出了讨论和分析。这里主要详细讨论电网接口的有关内容。

能够在直流中间电路产生电压的最简单电路是基于二极管的整流器。由于电网和直流母线都是电压源，因此应当使用一个电感来承受这两个电压源之间的瞬态电压差。在直流侧、电网侧或在两侧采取了不同的解决方案。当电感在直流侧时，这个电路的工作与前面介绍的大电感负载的二极管整流器相同。整流桥产生的输出电压包络线跟踪电网电压包络，这时电感的作用是一个滤波器，以产生恒定的直流母线电压，如图 13.5 所示。

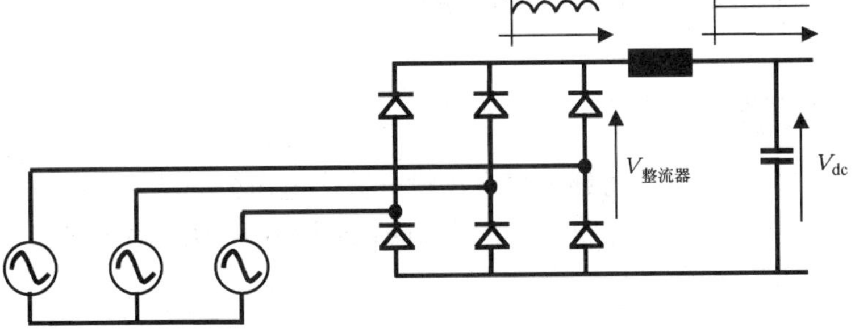

图 13.5　在直流侧采用电感滤波的二极管整流器

当电感接在交流侧时，二极管有一个较小的导通角，这个小的导通角大小取决于直流母线电容上的实际电压。图13.6所示为这个AC－DC变换器的拓扑结构和主要波形。当两线电压之差大于直流母线上的电压时，一对二极管导通，电容器上的电压跟随电网的线－线电压 V_{LL} 变化。

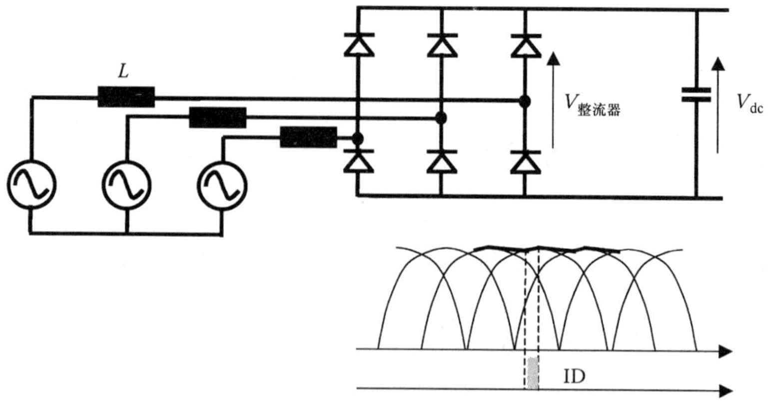

图13.6 在直流侧[⊖]采用电感滤波的二极管整流器

这个时间间隔对应直流母线电容器上的充电电量。当直流母线电压达到电网的线－线电压 V_{LL} 时，二极管关断，负载仅由总线电容提供能量。在二极管较短的导通时间间隔内，充电电流非常高，因为它是通过一个大的电位差和小的电网电感产生的。此外，在电路启动时的充电电流非常高，直到母线电压达到电网电压的包络电压。

整流桥的输出是一个准恒定的直流电压，具体输出电压值取决于电网的峰值电压。直流母线电压的大小和负载略有关系。如果没有负载，则直流母线上的电压精确地跟随电网线－线电压 V_{LL} 的峰值。负载电流越大，由于对电容器充放电而产生的纹波电压越大。最大纹波电压对应于二极管整流波形的线－线电压 V_{LL}。

13.2 控制系统中PWM的意义

13.2.1 单开关应用

正如前面所述，直流母线输出电压没有输出电压控制功能，电网电流由脉冲电流组成。简单的解决方案是采用一个buck或boost变换器后面再接一个直流电容器，如图13.7所示。

⊖ 应为交流侧——译者注。

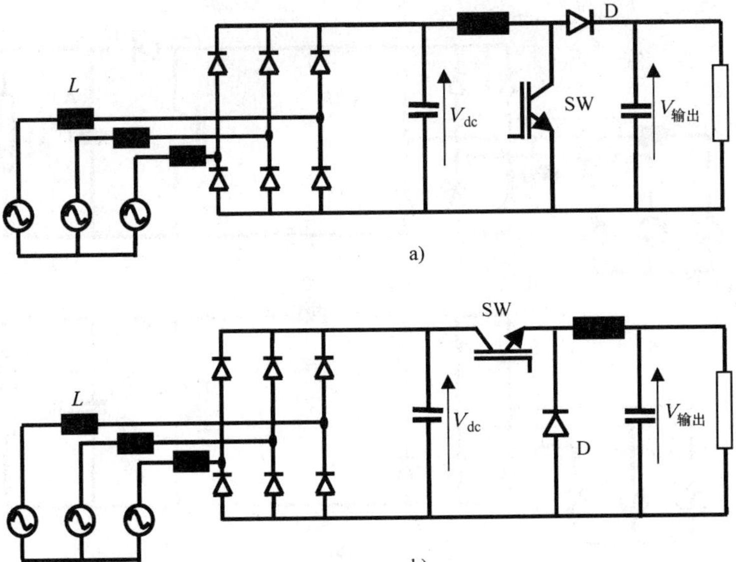

图 13.7　在二极管整流器后接 DC – DC 变换器

在这些变换器拓扑中有两个直流级电路，这意味需要有一个大容量的直流滤波电容器。一个更详尽的分析表明，输出电压可以由这两个功率变换级加开关控制函数的变换输出得到。这相当于在第二个功率变换器的输出端接一个电容滤波器。换言之，可以在 buck 或 boost 变换器的输入端直接使用整流器的输出电压。

此外，要求使电网电流尽可能接近正弦波形，减少谐波是可能的。boost 变换器的工作可以确保输入电流的连续性，并且使输入电流波形接近给定的参考信号波形。这是因为在工作过程中，电感出现在电网侧，电感电流不会被斩波。由此产生的可能电路拓扑结构如图 13.8 所示。其中，由于通过电感器电流的交流特性，因此优先在电网侧选用电感电路。这种拓扑结构的第二个主要优点是电网电流固有的高功率因数。

交流输入使用二极管整流且在一个高频率下斩波工作，电路具有实现电压控制简单、性能好和电路工作可靠性高的优点。在参考文献［7，13］中对一个二极管整流级联 PWM 升压斩波器电路进行了分析。在第一个解决方案[7]中，升压电感以相电感的形式位于电网侧，如图 13.8a 所示。对这种变换器的设计和分析在 Kolar 等人的工作中给出了进一步介绍和分析[8,9]。

boost 变换器工作在恒定频率不连续工作模式。这种工作模式有以下一些缺点：

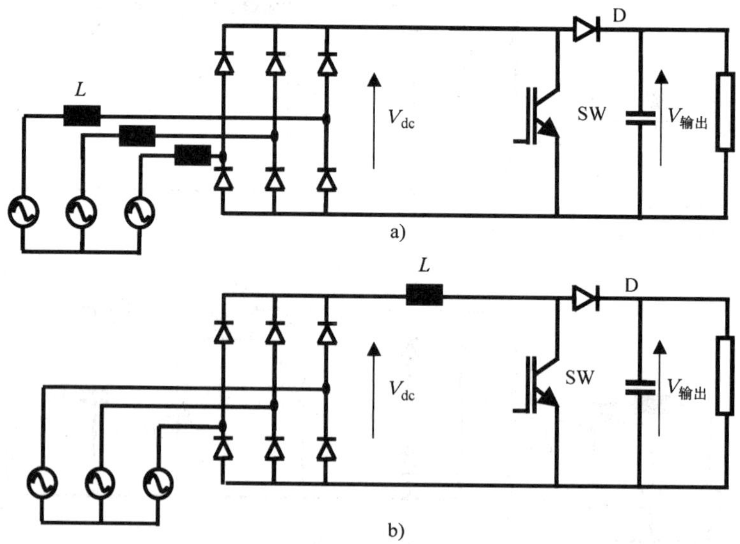

图 13.8　三相单开关升压变换器

1）高电压/电流应力；

2）EMI 传导。

具有以下优点：

1）高输入功率因数；

2）通过 ZCS 可以降低功耗；

3）在二极管中没有反向恢复的问题；

4）单控制回路控制输出功率和电压的可能性。

使用这种方法，在大功率应用中使用较低的开关频率并产生较低的输出电压会降低电网的功率因数且使电流 THD 大于 5%。解决方案包括在开关控制中注入谐波，以补充主要的电流谐波成分。

传统的升压变换器电网接口电路的控制方法较简单，但是 PWM 的优点不能被充分利用。通过大量的计算机分析表明在基准信号中使用 2 次谐波注入的 PWM 方法可以降低单相变换器的输入电流失真，这在 Weng 和 Yuvarajan 的工作中给出了结果[12,13]。用于 PWM 信号生成的基准信号通常是一个能够决定输出直流值的直流电压。通过注入一个与电网同步的 2 次谐波，减少了输出电压和输入电流与电网相位的固有变化，如图 13.9 所示。

这个电路含有一个低通电网滤波器，使在变换器的输入电压直接为整流器的输出电压。第二个滤波器电感 L_b 也作为一个 boost 变换器的升压电感。用于这个

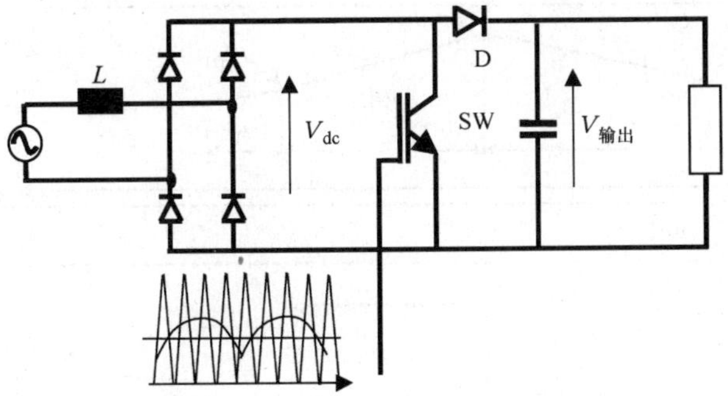

图 13.9　在一个单相 boost 变换器的基准信号中注入 2 次谐波

boost 变换器的开关可以采用功率 MOSFET 或 IGBT，这主要取决于具体应用场合。

当 IGBT 开关“SW”导通时，升压电感由相电压供电，并以磁能的形式存储在电感中。根据输入电压的相位，3 个二极管在任何时刻都导通。这个导通时间间隔通常有一个恒定的宽度，基于脉冲占空比可以改变输出电压的大小。当 IGBT关断时，储存在升压电感中的能量被转移到输出电容器。与任何工作于不连续导通工作模式的 boost 变换器一样，当电流消失时，能量传输到输出电容器的工作结束。这个工作持续时间 t_{off1} 直到第一相电流为零，这取决于存储的能量，因此，对应最低的相电压值。在一个三相系统中定义了 12 个时间间隔来观察相电压，从而进行工作分析，每个时间间隔有一个最低值不同的相电压。下面的放电时间间隔 t_{off2} 仅由两个二极管的导通决定。

图 13.10 所示为 PSPICE 的仿真结果，例如，对于给定 $v_R>0$，$v_S<0$，$v_T<0$ 情况下的电流波形。在相位 T，电流第一个达到零。电流最大值由 $I_{m,r}$（s，t）决定。并且在第三相电流消失时，在第一个两相中的电流由 $I_{0,r}$（s）决定。第二个波形总是表示在对应相位二极管整流器输入的电压波形。

对这个功率级的正常工作，Kolar 等人[9]的工作中对不同的 PWM 解决方案都加以了考虑。

1）恒定导通时间和恒定开关工作频率；

2）可变开关频率取决于电感放电间隔结束后立即导通 IGBT，工作在不连续导通工作模式的边界；

3）通过一个高度动态的输出电压控制在直流侧保持恒定的直流功率流动，这种解决方案需要非常大的系统带宽。

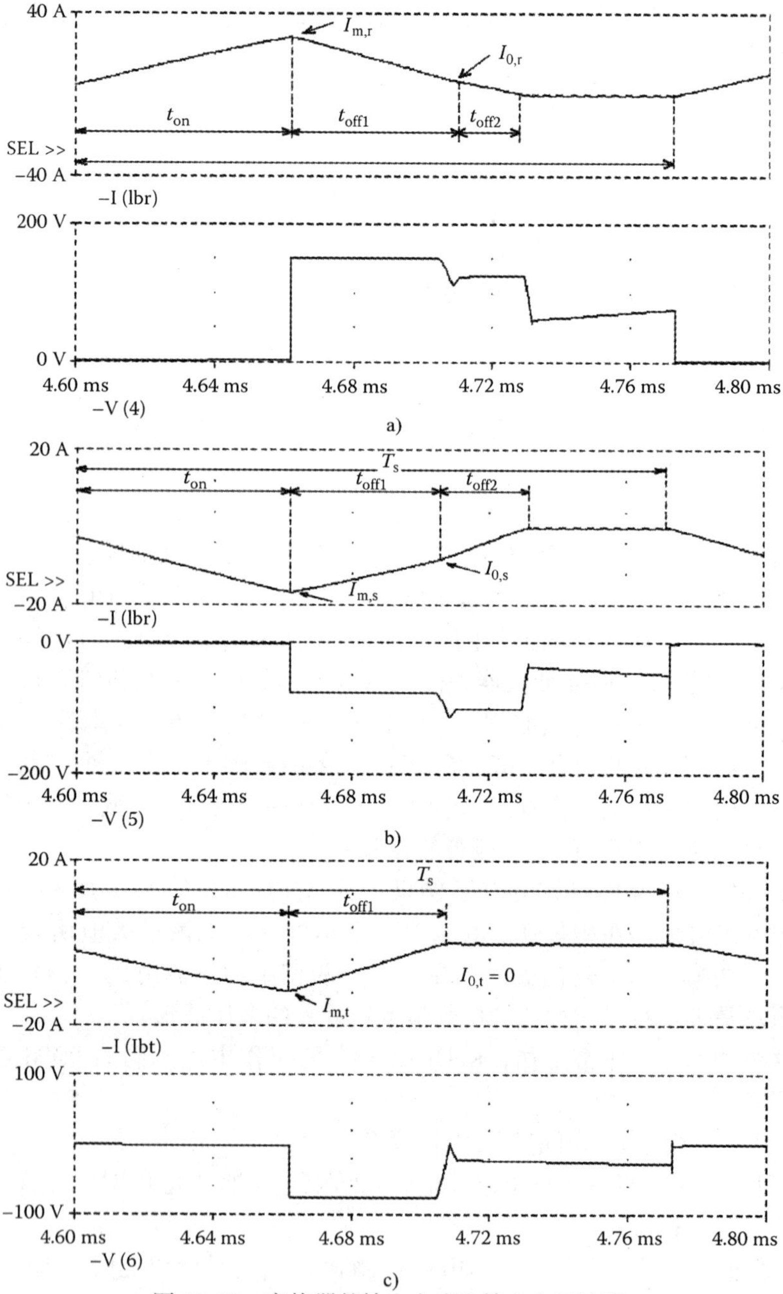

图 13.10　变换器的输入电流和输入电压波形

a）*R* 相　b）*S* 相　c）*T* 相

摘自：Neacsu，D. O.，Yao，Z.，and Rajagopalan，V. 1986. *IEEE PESC Conference*，*June* 1996，Baveno，Italy，24－27，pp. 727－732，IEEE 论文 0－7803－3500－7/96 © （1986）．印刷得到 IEEE. 的许可

了解图 13.11 所示功率变换器工作的各方面和图 13.9 所示谐波注入的工作原理，可以为单相变换器开发出一个性能改进的特殊 PWM 算法。IGBT 关断后的第一个时间间隔持续时间取决于最低相电压的瞬时值，通过对一个 PWM 控制基准信号的合理调制可以对这个第一个时间间隔持续时间进行补偿。如果传统工作的脉冲恒定占空比用 D_0 表示，则 PWM 控制的新基准信号可以由式（13.1）给出。

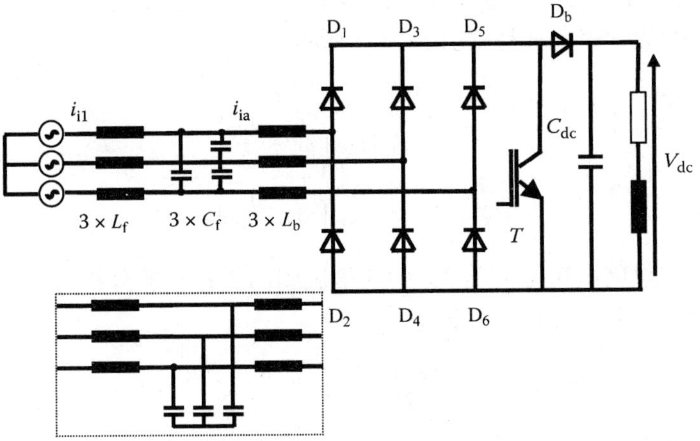

图 13.11　基本单开关三相 boost 变换器

$$D(t)=D_0\cdot(1+f(t)) \tag{13.1}$$

注入的谐波包含在 $f(t)$ 函数中，开关的导通时间可以用式（13.2）表示。

$$t_{on}=(D+f(t))\cdot T_s=D\cdot T_s \tag{13.2}$$

对变换器工作的定性分析揭示了 $f(t)$ 函数中 6 次谐波的重要性。有不同的方法来定义这个函数的精确形式或数学形式。许多解决方案主要是基于重复仿真或实验分析。下面基于计算机程序给出一个针对相电流理论推导优化表达式分析的解决方案。

然而，这种优化的 PWM 在功率变换级的输入级改善了谐波性能，并且实际的滤波器也会影响电网的谐波性能。

下面来导出通过升压电感电流的数学表达式[13]，假定如下：

1）无中线电流成分的对称三相系统；

2）忽略变换器的损耗；

3）在所有三相中的升压电感值一样；

4）进入功率级的所有电流为正，流进电网的所有电流为负；

5）高开关工作频率允许在取样间隔期间的电网电压保持恒定，并且在 t_{on} 和

t_{off1}期间通过电感的电流为线性变化；

6）在每个取样时间间隔内通过变换器的平均输入电流，由于输入滤波器的滤波效果可以用来评估电网电流；

7）由于三相系统的对称性可以简化对30°相位间隔区间内的分析（可以得到下一个30°相位间隔区间的结果，同样通过改变相位顺序可以得到对另一个60°相位间隔区间的分析）；

8）考虑到了如图13.10所示的间隔时间。

相电压的数学表达式如式（13.3）所示。

$$v_R = V \cdot \cos(\omega t)$$

$$v_s = V \cdot \cos\left(\omega t - \frac{2\pi}{3}\right)$$

$$v_T = V \cdot \cos\left[\omega t - \frac{4\pi}{3}\right] \tag{13.3}$$

对在R相电网电压峰值前30°的间隔区间内进行有关分析讨论，对R相输入电流的平均关系有式（13.4）成立。

$$\frac{t_{on} \cdot I_{m,r}}{2} + \frac{t_{off1}\ (I_{m,r} + I_{0,r})}{2} + \frac{t_{off2} \cdot I_{0,r}}{2} = I_{R,av} \cdot T_s \tag{13.4}$$

现在，从数学的角度定义每一个时间间隔。导通时间已由式（13.2）加以定义，第一个放电间隔取决于最后一阶段电压的瞬态值。

$$t_{off1} = \frac{t_{on} \cdot V_1}{V_2 - V_1} \Rightarrow t_{off1} = \frac{v_T}{-\frac{1}{3}V_{dc} - v_T} \cdot t_{on} \Rightarrow t_{off1} = \frac{-v_T}{\frac{1}{3}V_{dc} + v_T} \cdot t_{on} \tag{13.5}$$

可以用式（13.6）计算在T相电流消失时，R相电流的弯点值，有式（13.6）成立。

$$I_{0,r} = I_{m,r} - \Delta I = \frac{t_{on} \cdot v_R}{L} - \frac{t_{off1} \cdot \left[\frac{2}{3}V_{dc} - v_R\right]}{L} \tag{13.6}$$

$$I_{0,r} = \frac{t_{on} \cdot v_R}{L} - \left[\frac{-v_T}{V_{dc} + 3v_T} \cdot t_{on}\right] \cdot \frac{[2V_{dc} - 3v_R]}{L} \tag{13.7}$$

$$I_{0,r} = \frac{t_{on}}{L} \cdot V_{dc} \cdot \frac{v_R + 2v_T}{V_{dc} + 3v_T} \tag{13.8}$$

第一个放电时间间隔，二极管D_1、D_4、D_6导通。在R相（图13.11中的t_{off2}）的第二个放电时间间隔仅由二极管D_1和D_4的导通决定，有式（13.9）成立。

$$I_{0,r} = \frac{t_{off2}}{L} \cdot \frac{1}{2}[V_{dc} - v_R + v_S] \tag{13.9}$$

有式（13.10）成立。

$$t_{\text{off2}}=2V_{\text{dc}}\cdot t_{\text{on}}\cdot\frac{v_{\text{R}}+2v_{\text{T}}}{V_{\text{dc}}+3v_{\text{T}}}\cdot\frac{1}{V_{\text{dc}}-v_{\text{R}}+v_{\text{S}}}\tag{13.10}$$

在电流平均关系中考虑所有的这些公式，有式（13.11）成立。

$$I_{\text{R, av}}=\frac{D^2\cdot T_{\text{s}}}{2L}\cdot\left\{\begin{aligned}&v_{\text{R}}-\frac{3v_{\text{T}}}{[V_{\text{dc}}+3v_{\text{T}}]^2}\cdot[v_{\text{R}}\cdot(V_{\text{dc}}+3v_{\text{T}})+V_{\text{dc}}\cdot(v_{\text{R}}+2v_{\text{T}})]\\&+\left[V_{\text{dc}}\cdot\frac{v_{\text{R}}+2v_{\text{T}}}{V_{\text{dc}}+3v_{\text{T}}}\right]^2\cdot\frac{2}{V_{\text{dc}}+v_{\text{S}}-v_{\text{R}}}\end{aligned}\right\}\tag{13.11}$$

这里没有给出其他两相电流表达式的证明过程，但是可以作为习题来练习加以计算推导。

$$I_{\text{T,av}}=\frac{D^2\cdot T_{\text{s}}}{2L}\cdot\frac{v_{\text{T}}}{V_{\text{dc}}+3v_{\text{T}}}\cdot V_{\text{dc}}\tag{13.12}$$

$$I_{\text{S,av}}=\frac{D^2\cdot T_{\text{s}}}{2L}\left\{\begin{aligned}&\left[v_{\text{S}}-\frac{3v_{\text{T}}}{[V_{\text{dc}}+3v_{\text{T}}]^2}\cdot[v_{\text{S}}\cdot(V_{\text{dc}}+3v_{\text{T}})-V_{\text{dc}}\cdot(v_{\text{R}}+2v_{\text{T}})]\right]\\&-\left[V_{\text{dc}}\cdot\frac{v_{\text{S}}-v_{\text{T}}}{V_{\text{dc}}+3v_{\text{T}}}\right]^2\cdot\frac{2}{V_{\text{dc}}+v_{\text{S}}-v_{\text{R}}}\end{aligned}\right\}\tag{13.13}$$

这些表达式和 Kolar 等人的研究结果类似[8,9]，但是对电路电压有明显的依赖，非常适合于用计算机实现和求解。

计算机优化的目标是确定调制函数 $f(t)$，这个调制函数 $f(t)$ 减少了输入电流谐波。在这方面，优化条件被写为来自一组输入电流与电网电压同步正弦波的累积误差。在实际的实施中，通过功率变换器功率传递条件来计算这些基准电流的均方根值。

$$\min[(I_{\text{R, av}}-i_{\text{R}})^2+(I_{\text{S, av}}-i_{\text{S}})^2+(I_{\text{T, av}}-i_{\text{T}})^2]\tag{13.14}$$

解决这个最佳问题的第一种可能方法就是使用类似 Mathcad 的数学计算程序。在 R 相的电压峰值前，应该求解输入电压 30°扇区内对每相角的约束条件式（13.14），对不同占空比的结果如图 13.12 所示。对该问题的初步了解表明 6 次谐波可能是最佳的注入信号，也给出了合适的余弦近似调制信号。这个近似对这个控制器的实现是非常重要的。

注意余弦调制波形的振幅与开关占空比的线性关系。幅度由该线性关系给出，而相变化与一个用于与输入线电压同步的基于锁相环（PLL）的电路有关。这样获得的调制波被用于经典的 PWM 集成电路来控制开关工作。

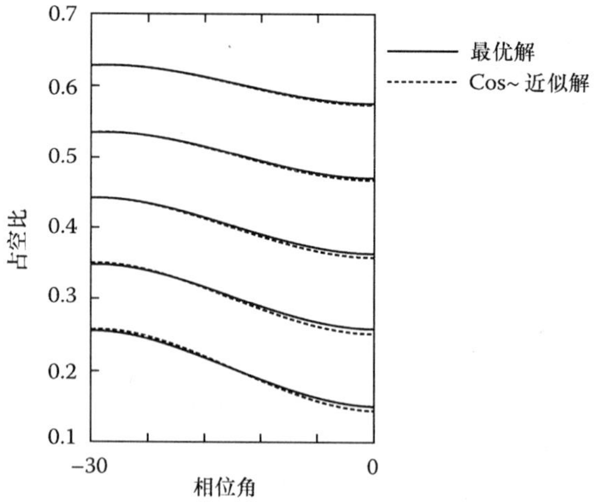

图 13.12　式（11.3）中相同相位脉冲占空比调制的结果

摘自：Neacsu，D. O.，Yao，Z.，and Rajagopalan，V. *IEEE PESC Conference*，*June* 1996，Baveno，Italy，24 - 27，pp. 727 - 732，IEEE Paper 0 - 7803 - 3500 - 7/96 © （1986）. 印刷得到 IEEE. 的许可

考虑到功率守恒原理可以帮助证明功率变换器输出电压的每个 $2n$ 次谐波与输入电流的 $2n+1$ 和 $2n-1$ 次电流谐波有关（输出恒定负载，输入对称系统）。例如，消除输出波形中的 6 次谐波也将减小输入电流中 5 次和 7 次谐波。

在 PWM 控制信号的基准信号中注入谐波信号能够校正输入理想低频电流的波形。图 13.13 所示为有和没有谐波注入所表现的理论低频分量波形。

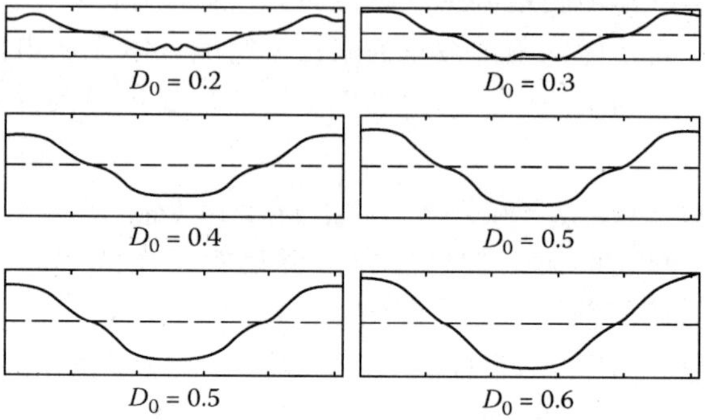

图 13.13　输入电流理论波形（实线，没有调制；虚线，有调制）

摘自：Neacsu，D. O.，Yao，Z.，and Rajagopalan，V. *IEEE PESC Conference*，*June* 1996，Baveno，Italy，24 - 27，pp. 727 - 732，IEEE 论文 0 - 7803 - 3500 - 7/96 © （1986）. 印刷得到 IEEE. 的许可

实际的输入电流谐波也会受到输入滤波器的影响。其中对输入滤波器的不利影响就是会造成控制信号的延迟和采样效果为输入电压和电流之间的相位移。为

了补偿这个相位延迟，可以考虑在谐波注入基准信号中加入一个小的相位移。

图 13.14 和图 13.15 给出了采用功率转换器作为电网接口的谐波结果，输入电流的 THD 仍然大于 5%，但是图 13.14 不包括输入滤波器的影响。剩余的谐波位于更高的频率，利用常用的低通滤波器可以滤除这些高频谐波。作为最佳的 PWM 降低了低频成分，有谐波注入和无谐波注入工作情况下的输入电流 5 次和 7 次谐波如图 13.15 所示。

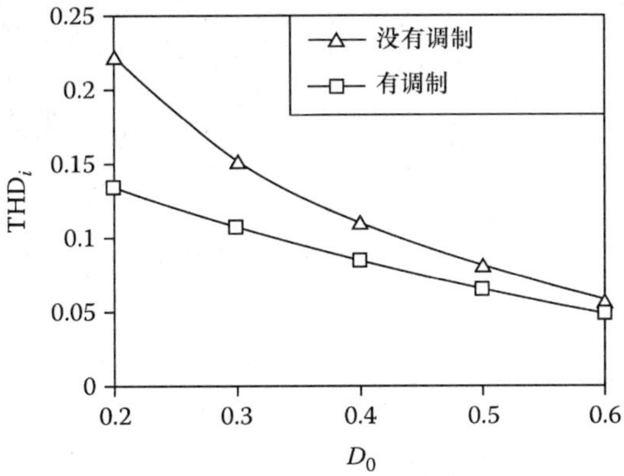

图 13.14　为在输入电流前 500 次谐波输入电流计算得到的 THD

摘自：Neacsu, D. O., Yao, Z., and Rajagopalan, V. *IEEE PESC Conference*, *June* 1996, Baveno, Italy, 24 - 27, pp. 727 - 732, IEEE 论文 0 - 7803 - 3500 - 7/96 © (1986). 得到 IEEE. 的印刷许可

由此可以看出，采用这种技术方案可以降低第 5 次和第 7 次谐波的累积效果($\min(V_5^2 + V_7^2)$)。对于 5kHz 的开关频率，在没有优化调制的情况下的低次谐波成分时 $I_5 = 6.77\%$ 和 $I_7 = 1.01\%$，而在有优化 PWM 的情况下导致 $I_5 = 3.84\%$ 和 $I_7 = 3.83\%$。但是，kW 级输出功率的这两个谐波是在 IEC555 - 2($I(5) = 1.14\text{A}$ 和 $I(7) = 0.77\text{A}$)规定的限制范围内的。对 $D > 0.5$，这两个谐波含量小于 4%，满足 IEEE519 - 1992 标准的要求。

在单开关三相 PWM boost 变换器的 PWM 基准信号中谐波注入有以下优点：

1）降低了由于不连续导通工作模式而带来的工作不稳定性风险；

2）以控制电路的最小和低成本修改适用于单开关三相 boost 变换器拓扑(包括现代的谐振变换器)；

3）可以用任何常用的工作于恒频开关工作频率的 PWM 集成电路实现；

4）降低了对所需电源滤波器的要求并在输入电流 THD 小于 5% 和输入功率因数大于 95% 情况下扩大了工作范围。

13.2.2　6 开关变换器

许多应用场合需要电网的双向电力传送，这意味着要使升压功率级变换器在没有二极管整流中间级的情况下更接近电网。图 13.16 所示为这个三相 6 开关功率变换器。本书第 3 章介绍了这种用于 DC - AC 变换和交流电动机驱动功率级的应用。具有不同控制特性的同样功率变换器是这个最重要的三相电子式电网接口电路[14-16]。

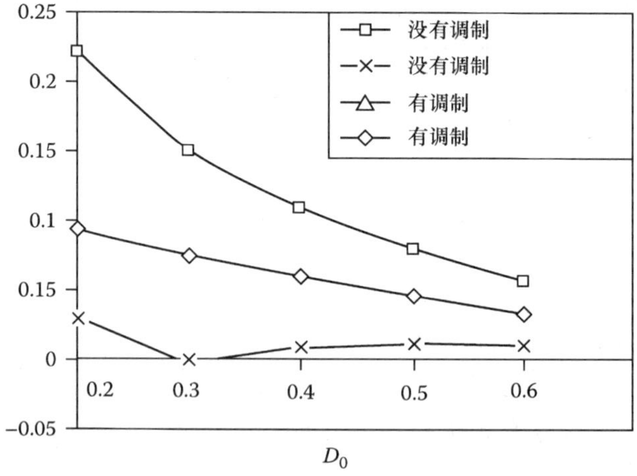

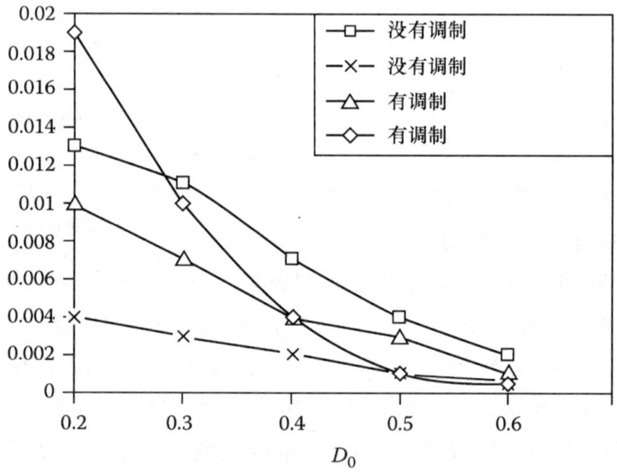

图 13.15　输入电流的低谐波含量

摘自：Neacsu，D. O.，Yao，Z.，和 Rajagopalan，

V. *IEEE PESC Conference*，*June* 1996，Baveno，Italy，24 - 27，pp. 727 - 732，

IEEE 论文 0 - 7803 - 3500 - 7/96 © （1986）. 印刷得到 IEEE. 的许可

尽管输入电流谐波低[17-23]，但这种拓扑在同时控制直流总线电压和输入功率因数的情况下允许双向功率流动。这确保了对不同的工业设备与电网之间有非常高性能的接口，例如电气驱动或直流负载供电。采用 AC - DC 升压桥变换器的电气传动也使得在驱动器的动态制动或加速过程中受益于节能。控制直流总线电压允许电容器放电到电网，而不是把能量消耗在制动电阻上，如图 13.16 所示。

现在从电网电气电路的角度进行这种功率变换器分析数学模型的开发。电网电压被定义为

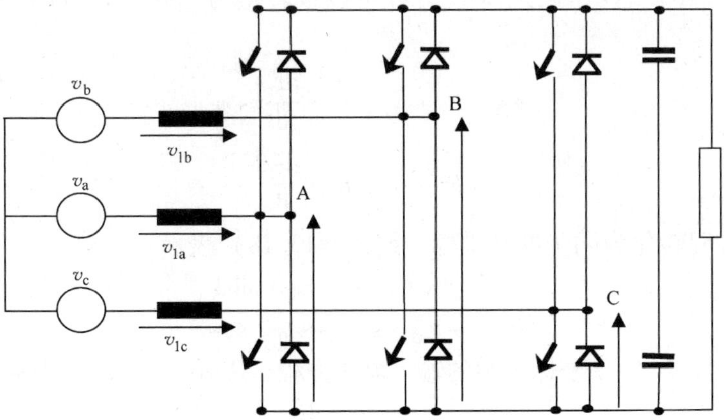

图 13.16　6 开关三相电网接口

$$e_{a0} = E \cdot \sin(\omega t)$$
$$e_{b0} = E \cdot \sin\left(\omega t - \frac{2\pi}{3}\right)$$
$$e_{c0} = E \cdot \sin\left(\omega t - \frac{4\pi}{3}\right) \tag{13.15}$$

每相电压方程式可以从功率变换器与每个极电压的依赖关系导出。

$$e_{a0} = R_r \cdot i_{1a} + L_r \cdot \frac{di_{1a}}{dt} + v_{a0}$$
$$e_{b0} = R_r \cdot i_{1b} + L_r \cdot \frac{di_{1b}}{dt} + v_{b0}$$
$$e_{c0} = R_r \cdot i_{1c} + L_r \cdot \frac{di_{1c}}{dt} + v_{c0} \tag{13.16}$$

对这种变换器分析的第一种方法是通过与交流电网电压[24]同步的 PWM 基准信号的调制指数的直流电压标量控制来开发的。由 PWM 电压信号的基波和电网电压产生的的差值被加到升压电感来决定输入电流。考虑到由于电感所产生的固有相位移，控制基准信号应该被适当地移相和同步。

第二种方法由功率变换器所谓的德尔塔控制来实现[25]，这是一种等效的滞后控制方法。

后来，矢量方法[9-13]被选为这种功率变换器的首选控制方法[13,26,27]。在本书第 5 章对用于三相系统 DC - AC 变换器矢量控制方法的讨论被扩展到对 AC - DC变换的讨论。在 $d-q$ 框架下提供了高性能的电流控制，具有分离有功和无功功率元器件的特别优点。对电网接口的一个最重要的要求是单位或可控的功率因数，现在这个控制功能变得非常重要。

式（13.16）表示的三相系统方程可以被转换为用式（13.17）表示的等效两相系统。

$$e_{x0}=R_r\cdot i_{1x}+L_r\cdot\frac{di_{1x}}{dt}+v_{x0}$$
$$e_{y0}=R_r\cdot i_{1y}+L_r\cdot\frac{di_{1y}}{dt}+v_{y0} \tag{13.17}$$

这些方程转化为同步参考坐标，用式（13.18）表示。

$$v_d=v_{x0}\cdot\cos\theta+v_{y0}\cdot\sin\theta$$
$$v_q=-v_{x0}\cdot\sin\theta+v_{y0}\cdot\cos\theta \tag{13.18}$$

生成在同步 $d-q$ 坐标系中的输入电压方程，用式（13.19）表示。

$$e_d=R_r\cdot i_d+v_d+L_r\cdot\frac{di_d}{dt}-\omega\cdot L_r\cdot i_q$$
$$e_q=R_r\cdot i_q+v_q+L_r\cdot\frac{di_q}{dt}+\omega\cdot L_r\cdot i_d \tag{13.19}$$

电网电压由两个常数项来表示。

$$e_d=E$$
$$e_q=0 \tag{13.20}$$

式（13.20）和式（13.19）表明，电网电流可以被分解为两个分量：

1）可以控制输入无功功率的 i_q 分量；

2）可以控制输入有功功率的 i_d 分量。

工作于单位功率因数意味着要保持输入无功功率 i_q 分量为0，有功电流 i_d 分量基准信号是由用于直流总线电压控制的输出PI控制器输出信号的许多倍，如图13.17所示，因为PI输出的信号起到直流总线能量传输的控制作用。

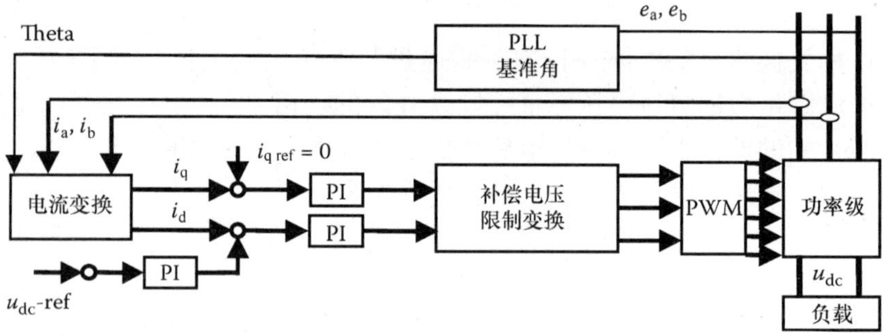

图13.17　基本控制结构

关于这个模块的补偿、电压限制和变换将在本章稍后的有关内容中加以说明。PWM模块必须将正交坐标的基准电压信号转换为6个功率开关器件的栅极驱动信号。在本书前面的有关章节介绍了可以用于 DC - AC 变换的几种 PWM 算法。所有的这些算法可以再简化设计为用于电网接口应用场合的一些栅极脉冲基准信号电压。这是一组基于从同相正交系统基准电压与载波波形比较的方法。

相对于载波 PWM 方法，空间矢量 PWM 的概念可以更好地利用直流母线电压。因此，空间矢量 PWM 代表一种最方便的调制方法。可以用式（13.21）表示功率变换器的最大输入电压。

$$V_{1a}^{max} = 0.61 \cdot V_{dc} \tag{13.21}$$

重要的是系统能有一个大的输入电压动态变化范围。可以加到升压电感的电压越大，可以实现的瞬变过程越快。下面会给出对关于闭环部分的全面分析。

根据这种 SVM 方法，任何瞬态三相电压的集合可以通过逆变器在定义的 6 步工作法的 6 个有效状态和空间状态之间切换，以便近似对应这个三相输入电压系统空间矢量的均匀旋转。在复平面上，由相邻开关矢量的加权相加来计算空间矢量任何期望的位置。

在定义了时间间隔后，在采样周期有几个分布活动状态的可能性。一个有趣的选择是每个开关器件在每个基波周期的 60°区间内不会切换。这也已在本书第 4 章中对通用 PWM 算法做了讨论。由于输入相电流的相位应和输入相电压的相位相同，因此这个 60°的非开关间隔区间应围绕逆变器的开关矢量来选择，如图 13.18 所示。图 13.19 所示为对应于这个工作的主要波形。

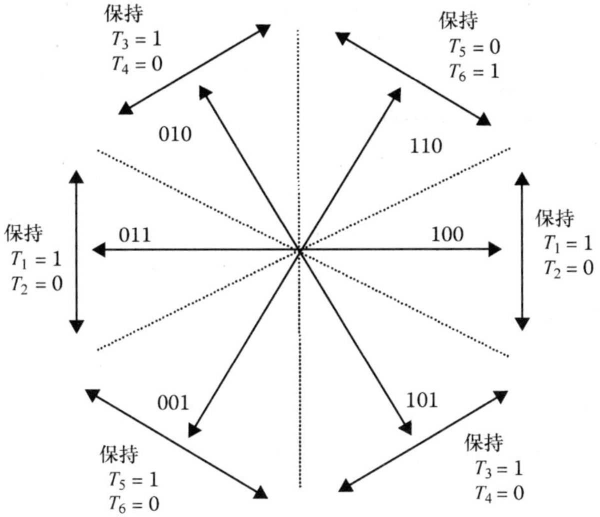

图 13.18　开关矢量和无开关间隔的定义

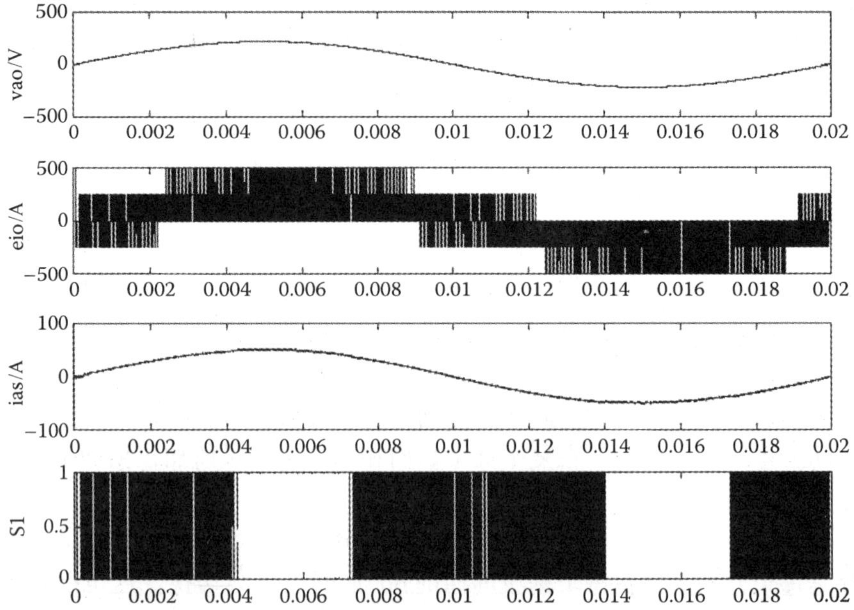

图 13.19　一个基波周期60°区间内无开关的调制波形特性

13.2.3　有电流注入器件的拓扑

目前电力电子技术已应用于越来越高的功率等级水平。较高功率的电力输送一般是采用三相系统，而不是采用单相系统。

因此，电力电子设计工程师就面临一个在三相系统中谐波抑制的标准要求和在安装电力电子系统保持较低的功率要求之间的重要折衷问题。一种折衷的解决方案是采用高功率二极管整流器和低功率补偿装置[28]组合的方法。简化的有源滤波器想法如图13.20所示。

在二极管整流器电路输入电流中加入一个补偿电流的想法已被进一步简化了无源注入电路的采用。这里值得一提的是早在20世纪90年代早期[29,30] Mohan等人的工作。核心思想是从负载侧检测3次谐波电流，并注入到所有的输入电流作为一个零序列分量，如图13.21所示。这里使用了一个能够创建3个相同3次谐波电流的特别构造的磁性器件，使这3个相同3次谐波电流加到输入电流中。在参考文献［31］中给出了其他类似工作原理的解决方案，它们由一个纯*RLC*网络组成，这个纯*RLC*网络调谐3次谐波电流，并且能够重复这个谐波成分，并把这个谐波成分注入到整流器的输入电流中。这个注入网络把0.50I的3次谐波电流注入到每相中去，通过导通二极管以0.75I的电流循环，在节点N由于

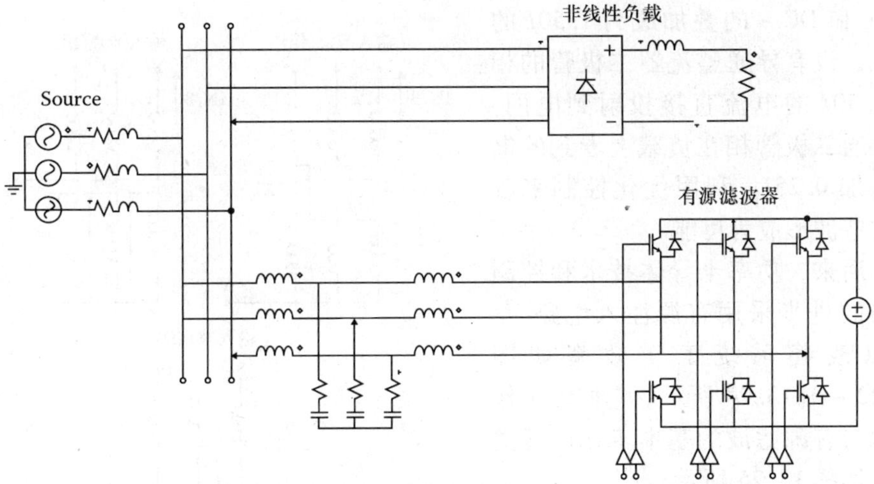

图 13.20　有源滤波器工作原理

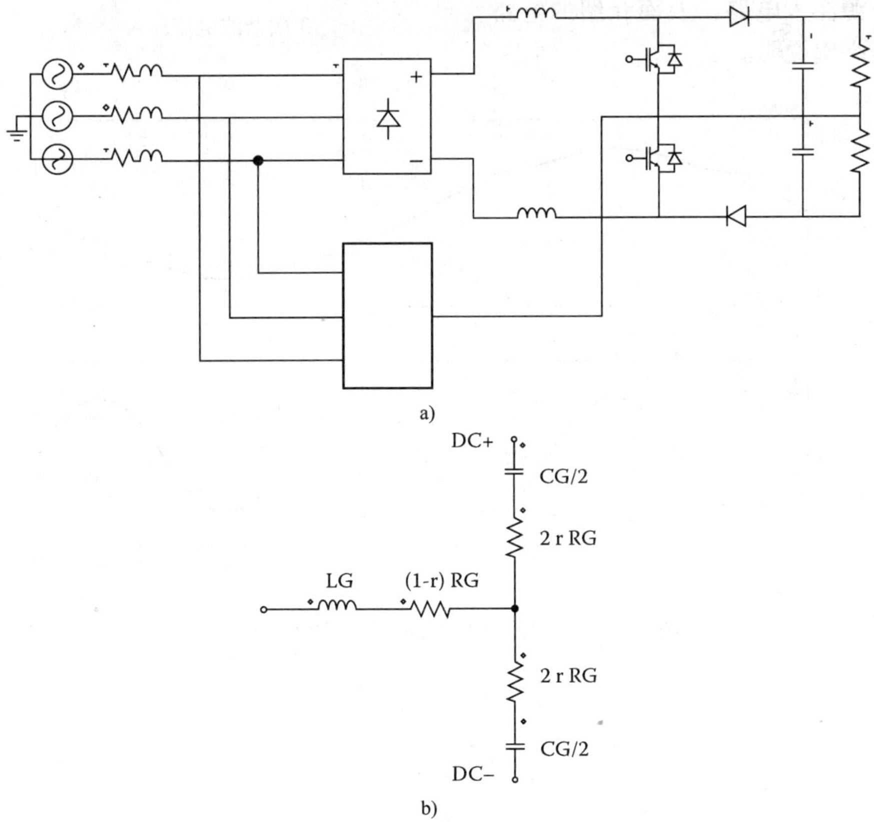

图 13.21　电流注入工作原理图

DC + 和 DC - 的叠加成为 1.50I 的电流，没有导通整流器二极管的相有 0.50I 的电流直接投射到电网，而导通二极管相在负载上看到的电流再加 0.25I。利用优化控制来改善这些波形成为可能。

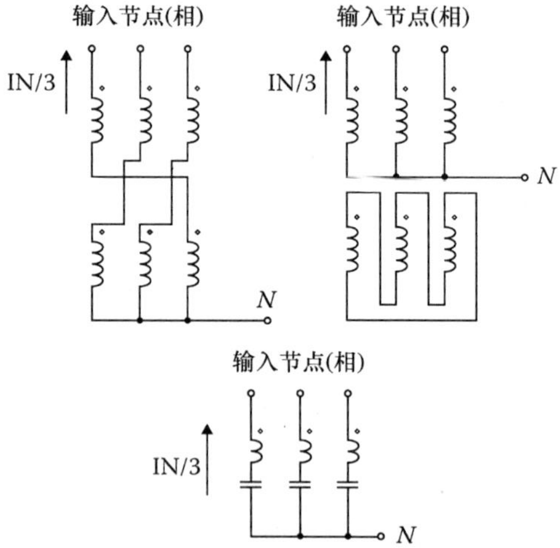

图 13.22 采用无源电路的 3 次谐波电流注入

后来，功率半导体技术和控制电路的进步采用有源注入电路[32]可以改善系统工作效率如图 13.22～图 13.24 所示。它们的工作原理与有源滤波的基本工作原理类似，如图 13.25 所示。

实用中有许多其他类型的无源和有源注入电路，上面介绍的电路只是举例说明。

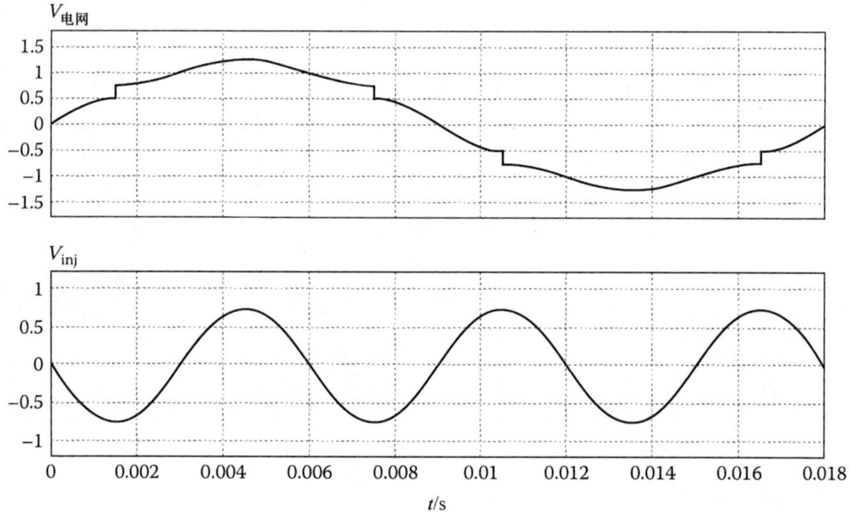

图 13.23 图 13.22 电路的注入电流和电网电流

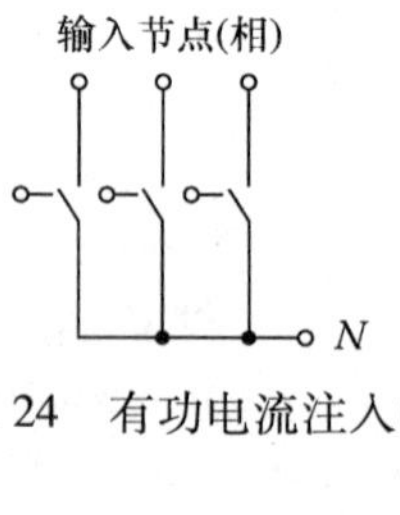

图 13.24 有功电流注入电路

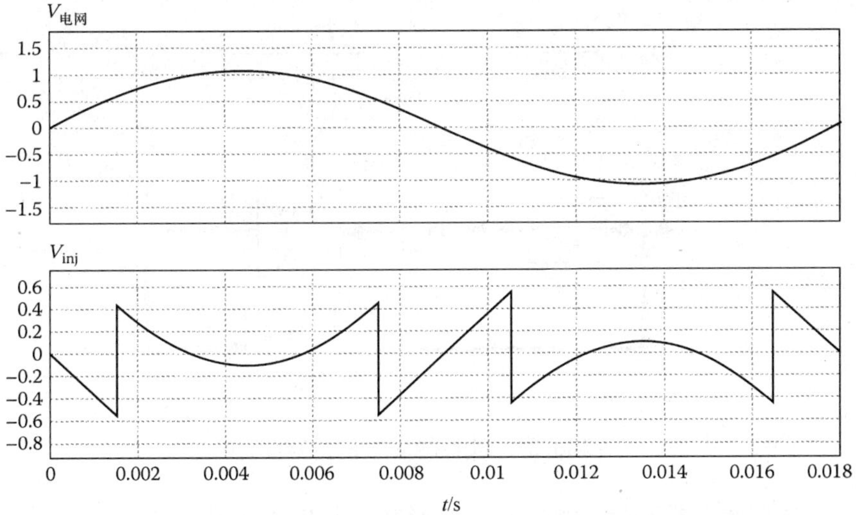

图 13.25　图 13.24 电路的注入电流和电网电流

13.3　闭环电流控制法

13.3.1　简介

如图 13.17 所示，控制系统中最重要的模块是闭环电流控制器。该系统的模型用式（13.19）和在每个轴上考虑的比例积分（PI）控制器来表示。由于式（13.19）对每个轴是不同的，因此考虑用不同交叉耦合项的补偿方法。这些项被认为是在下面的 PI 电流控制器的输出模型中。

13.3.2　PI 电流环

PI 电流环应该主要用于补偿在式（13.19）中由于升压电感项而引入的对负载电压的影响。图 13.26 所示为对应的工作原理框图。

有许多方法可以用来定义 PI 控制的增益，他们在本书第 9 章的有关内容中加以了介绍。这里给出一个基于升压电路参数简化后的近似。由于闭环传递函数单位增益的条件，有下面的 PI 增益。

1）积分项增益

$$k_{\mathrm{I}}=\frac{T_{\mathrm{RL}}}{2K_{\mathrm{RL}}\cdot T_{\Sigma}}=\frac{T_{\mathrm{RL}}}{2K_{\mathrm{RL}}\cdot\left(T_{\mathrm{s}}+\dfrac{T_{\mathrm{s}}}{2}\right)} \tag{13.22}$$

2）比例项增益

$$k_P = \frac{T_s}{2K_{RL} \cdot T_\Sigma} = \frac{T_s}{2K_{RL} \cdot \left(T_s + \frac{T_s}{2}\right)} \tag{13.23}$$

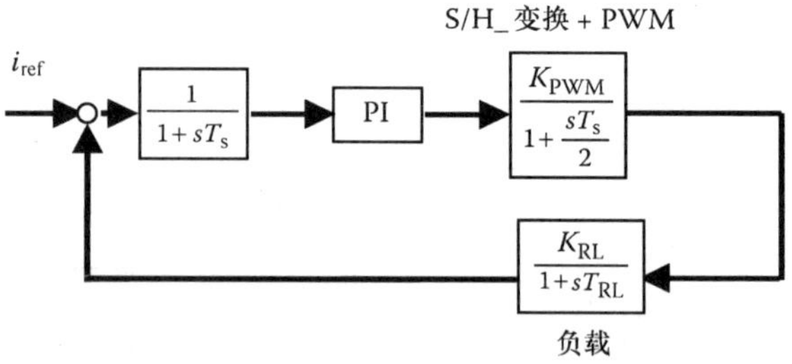

图 13.26　PI 控制系统工作原理图

三相功率变换器矢量控制的概念已经在本书的第 5 章相关内容里进行了讨论。由于在升压电感上有限的可用电压，在电网接口系统应用的瞬态响应特性中遇到了一些限制。没有特殊补偿的 PI 控制的直接应用衍生技术对输入电流阶跃的瞬态响应时间比电流阶跃下降的瞬态响应时间短，而后者在许多应用场合是很麻烦的。

13.3.3　瞬态响应时间

基于 PI 增益可以计算阶跃上升和阶跃下降瞬态的最小响应时间。电阻性分量很小，R_{ri} 项甚至可以忽略。由于负载的大感性特性，在升压电感上加一个大的电压可以得到一个有功电流的快速瞬态响应。

由于式（13.20）的第一个方程项包含了 E 项，因此根据电流变化的符号有两种不同的工作情况可用于电路工作状态分析：

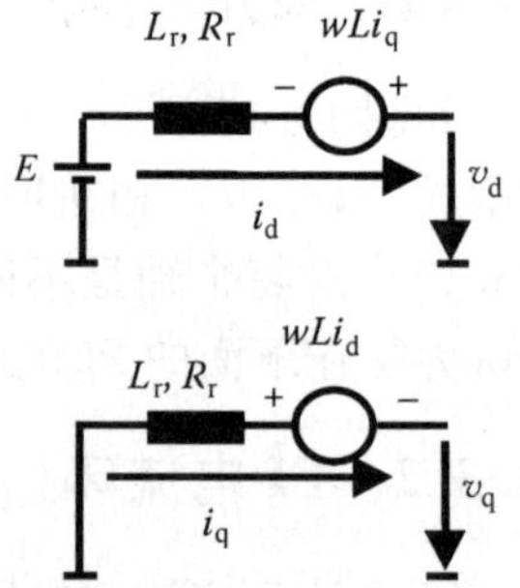

图 13.27　d 和 q 轴的等效电路

（1）升压。为了增加有功电流 i_d，有必要在电感 L_r 上提供最小可用电压，如图 13.27 所示。响应时间将会很小，有式（13.24）成立。

$$\Delta T_{up} \approx L_r \cdot \frac{|\Delta i|}{E + |V_{max}|} \tag{13.24}$$

（2）降压。为了减少有功电流 i_d，有必要在电感 L_r 上提供最大的可用电压。可以用式（13.25）计算对应的响应时间。

$$\Delta T_{\text{down}} \approx L_{\text{r}} \cdot \frac{|\Delta i|}{|V_{\max}| - E} \tag{13.25}$$

13.3.4　电压（v_{d}，v_{q}）的限制

很容易注意到一个较小的升压过渡时间可以得到不同的升压和降压时间间隔。PI 的阶跃基准信号将有迫使控制器输出一个更高可能值的趋势。通常，图 13.28 所示电路含有一个软件限制功能模块。这个图在式（13.19）介绍的 PI 实现的有关内容中给出了说明。交叉耦合项和 E 项也包括在内。交叉耦合项来自电流反馈，但是另一项将是基准电流。

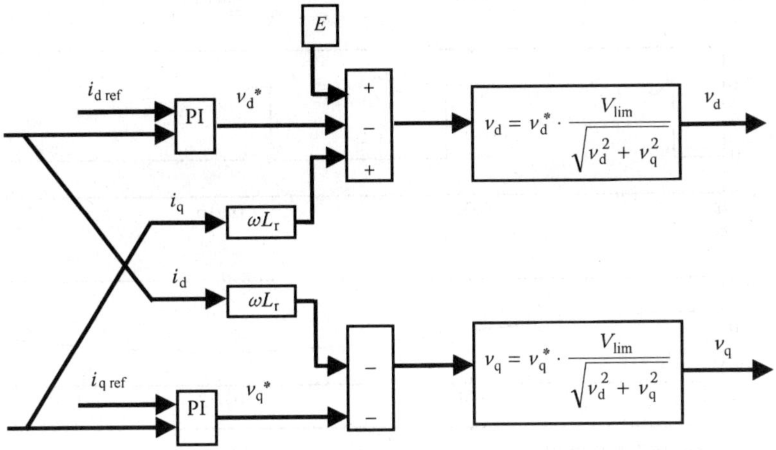

图 13.28　有限制的常用控制原理图

值得注意的是，有许多类似采用电动机控制系统的方法用于电网接口变换器的 PI 控制实现方法没有 E 项，但是这种实现方法的问题是比例 PI 控制器的输出动态范围由于电压成分 v_{d} 总是接近 E 值而进一步受限。电压数字范围也可能接近于 E 值，PI 控制器的输出可以由于接近电压范围的末端而数字饱和。图 13.29 所示为图 13.28 所定义的控制结构结果。

在技术文献中给出了许多的解决方案，通过人为加到输入升压电感上的电压可以克服这个问题[33,34]，图 13.27 和式（13.19）定义了在变换器的输入端增加最大可用电压的两种简单解决方案：

1）使用交叉耦合项；

2）忽略 PI 输出，并且在瞬态期间加最大可用电压。

13.3.5　最小时间电流控制

基于最佳控制理论，通过寻找最优控制电压来跟踪参考电流信号，利用最小

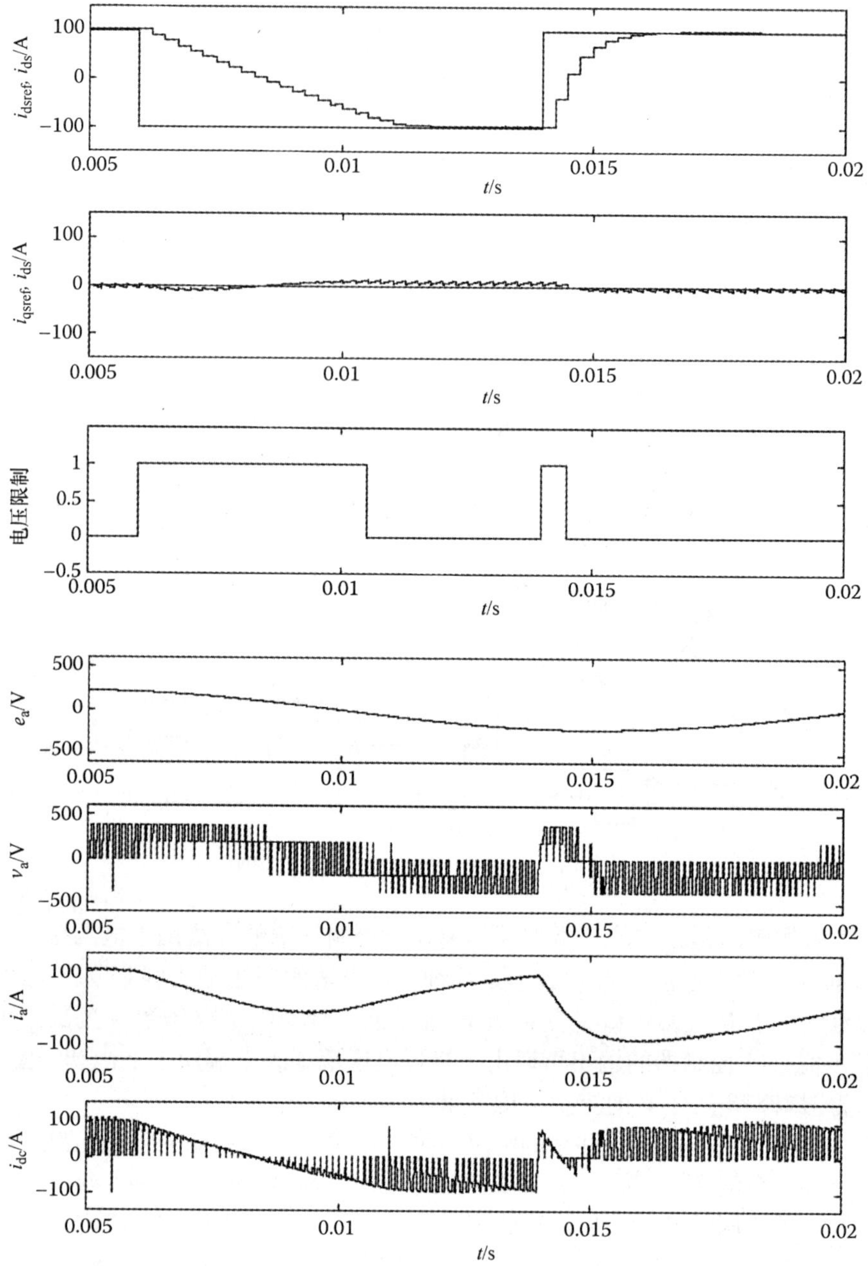

图 13.29 对 $L_r = 2.5\text{mH}$、$R_r = 0.1\text{V}$、$V_{dc} = 570\text{V}$、$E = 220\text{V}$、$f = 50\text{Hz}$，有电压限制的简单电流控制器

摘自：Neacsu，D. O. *IEEE International Symposium on Industrial Electronics*，Bled，Slovenia，July 1996，12－14，pp. 527－553. IEEE 论文 0－7803－5662－4/99 © （1996）. 印刷得到 IEEE. 的许可

时间电流控制器可以得到极好的控制性能。然而，这种实现方法的缺点是需要大量的计算。最小时间电流控制器非常类似以于下面介绍的解决方案，对此下面将给出更详细的讨论。

13.3.6　交叉耦合项

式（11.19）中的交叉耦合项（$\omega \cdot L_r \cdot i_q$）[34] 在有源电流 i_d 阶跃期间通过增加 i_q 轴电流来提高电压性能。这时，电流 i_q 用于使加到电杆上的电压最大化。对应 $i_q^2 + i_d^2 \leqslant i_{d_{max}}^2$，加一个较大的电流 i_q，这样可以加大（$\omega \cdot L_r \cdot i_q$）项且改进加到 i_d 轴有功电流的电压性能。在瞬态工作期间不能实现功率因数为 1 的目标。

可以用式（13.26）来表示电压增加。

$$\frac{\Delta v}{V_{lim}} = \frac{\omega \cdot L_r \cdot i_q}{0.61 \cdot V_{dc}} \tag{13.26}$$

利用图 13.30 的实现方法对有功电流的上升和下降的瞬态期间如图 13.31 所示。

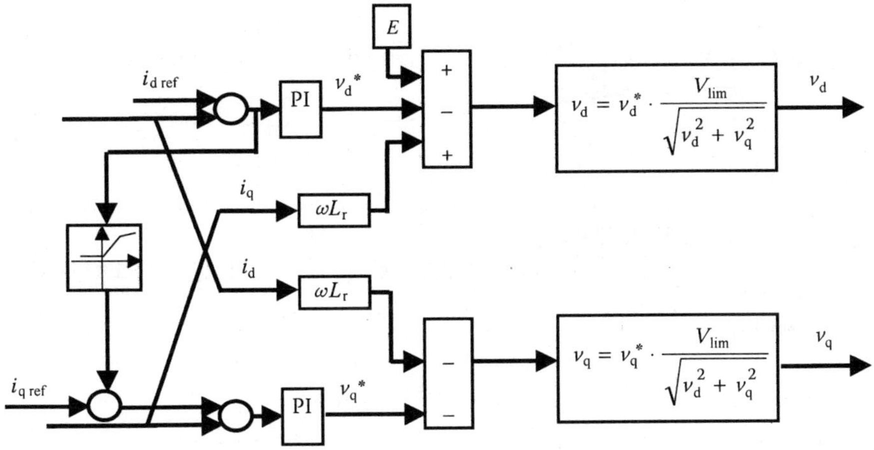

图 13.30　采用交叉耦合项的控制系统示意图

改变 i_q 基准电流或考虑 q 轴电流需要加到这个轴的电压 v_q，由于在任何时刻最大可以施加电压受到复平面上空间矢量最大半径的限制，因此在 q 轴加一个电压可以降低在 d 轴上的最大可用电压，这种不利有时又是这种方法的优点。因此，下面要分析的另一种解决方法就是在 PI 控制一个大电流误差工作条件下暂时中止工作，把所有电压都加到 d 轴。

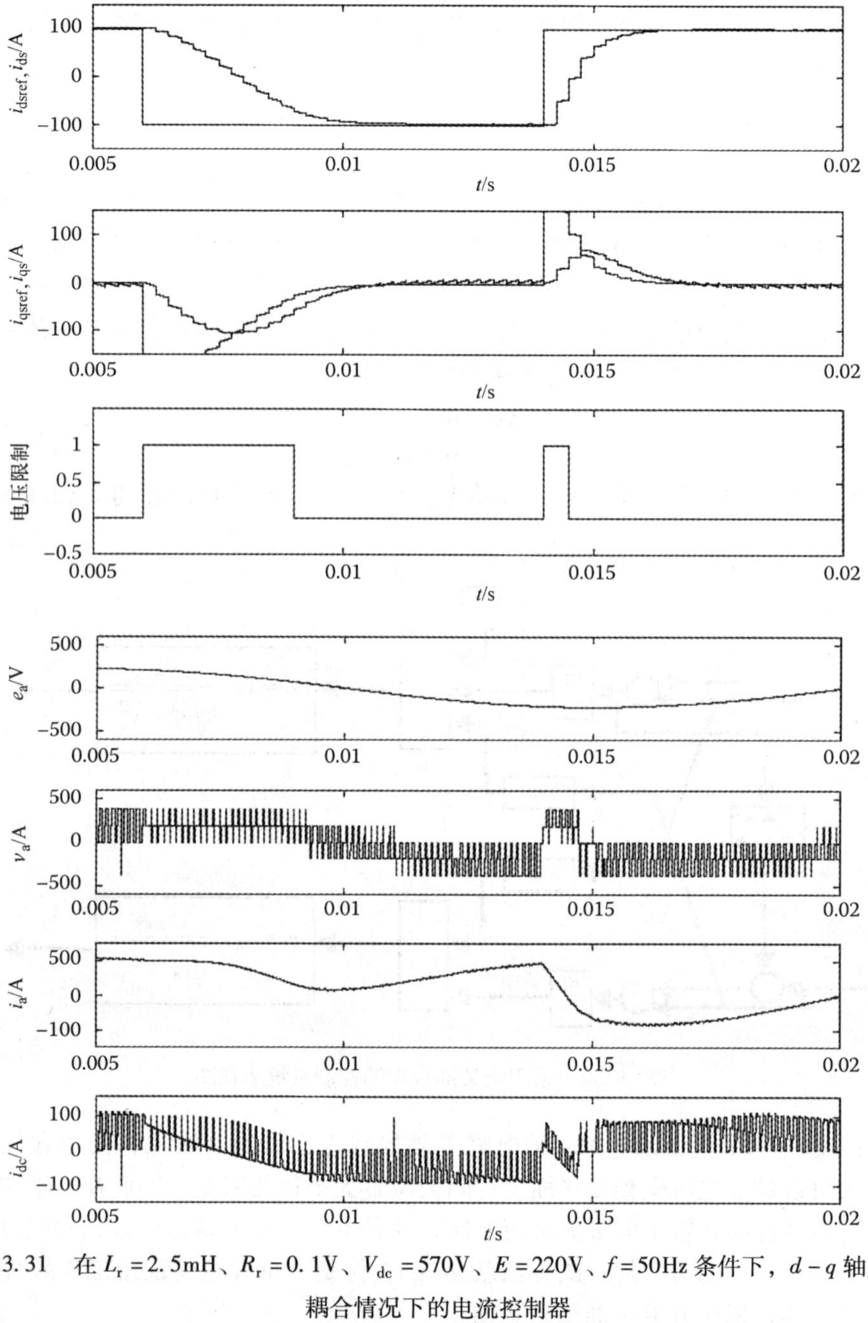

图 13.31　在 $L_r=2.5mH$、$R_r=0.1V$、$V_{dc}=570V$、$E=220V$、$f=50Hz$ 条件下，$d-q$ 轴交叉耦合情况下的电流控制器

摘自：Neacsu，D. O. *IEEE International Symposium on Industrial Electronics*，Bled，Slovenia，July 1996，12 - 14，pp. 527 - 553. IEEE 论文 0 - 7803 - 5662 - 4/99 © （1996）. 印刷得到 IEEE. 的许可

13.3.7　d 轴全可用电压的使用

可以用式（13.27）来表示对最大可用电压的限制。

$$v_d^2 + v_q^2 = V_{lim}^2 = (0.61 \cdot U_{dc})^2 \tag{13.27}$$

把所有电压加到 d 轴，$v_d = V_{lim}$，$v_q = 0$，并利用式（13.19）得到 q 轴电流为负，这将会进一步加大 d 轴电压。

对图 13.32 所示的情况重写式（13.19），并且忽略在升压电路电阻上的电压降，有式（13.28）成立。

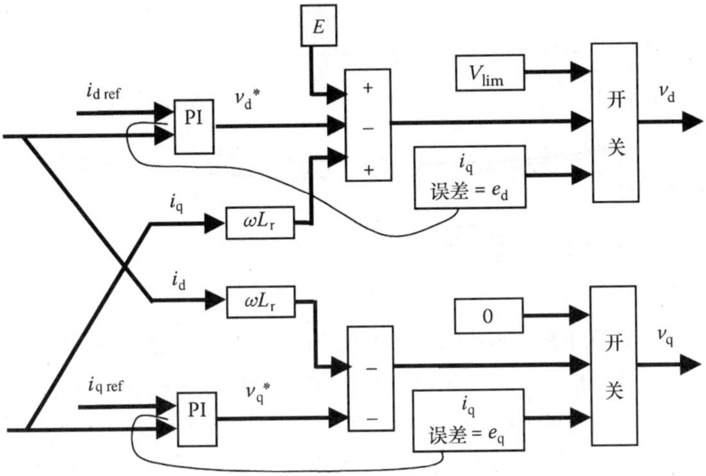

图 13.32　在瞬变期间 d 轴上整个可用电压应用的系统控制示意图

$$E - V_{lim} = L_r \cdot \frac{di_d}{dt} - \omega \cdot L_r \cdot i_q$$

$$0 = L_r \cdot \frac{di_q}{dt} + \omega \cdot L_r \cdot i_d \tag{13.28}$$

求解这个方程组，有下面的结果成立。

$$i_d(t) = I_d \cdot \cos\omega t - \frac{V_{lim} - E}{\omega \cdot L_r} \cdot \sin\omega t$$

$$i_q(t) = -I_d \cdot \sin\omega t + \frac{V_{lim} - E}{\omega \cdot L_r} \times (1 - \cos\omega t) \tag{13.29}$$

可以在 $i_d(\Delta T) = -i_d$ 的条件下计算从 I_d 到 $2I_d$ 降压的瞬态响应时间。图 11.27 所示为没有考虑采样效应的理论响应工作原理框图。

需要注意到非常有意思的是，从 I_d 到 $2I_d$ 电流阶跃下降的变化使 i_q 回到0，当又重新开始这个过程时将不会对这个 i_q 电流控制器的工作特性产生不利影响，如图13.33所示[27]。

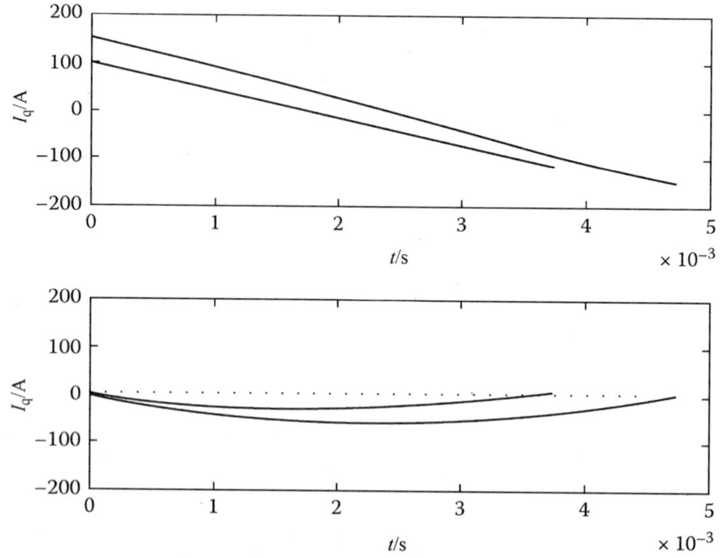

图13.33　i_d 电流阶跃下降的理论响应（100A到−100A和150A到−150A），工作条件为 $L_r=2.5$ mH、$R_r=0$、$V_{dc}=570$V、$V_{lim}=0.61*V_{dc}$、$E=220$V时的理论响应

摘自：Neacsu，D. O. *IEEE International Symposium on Industrial Electronics*，Bled，Slovenia，July 1996，12−14，pp. 527−553. IEEE论文0−7803−5662−4/99 © （1996）. 印刷得到IEEE. 的许可

图13.34所示为在瞬态工作期间 d 轴加全部电压的结果。利用图13.29和图13.31可以进行比较。i_d 电流值较大时，加在有功电流值轴上总的可用电压会导致更好的结果。如前所述，涉及交叉耦合项的解决方案需要在 q 轴上有一定的电压，以形成电流 i_q 并降低 d 轴上的剩余电压。此外，要求在两个轴的阶跃修改会在下面的一个瞬态产生不稳定性。

13.3.8　开关表和滞后控制

快速电流瞬变可以通过滞后控制实现，而不是通过PI控制来实现。考虑到三相系统的对称性，滞后控制可以认为是利用电网电流的两个正交（x，y）分量来实现。

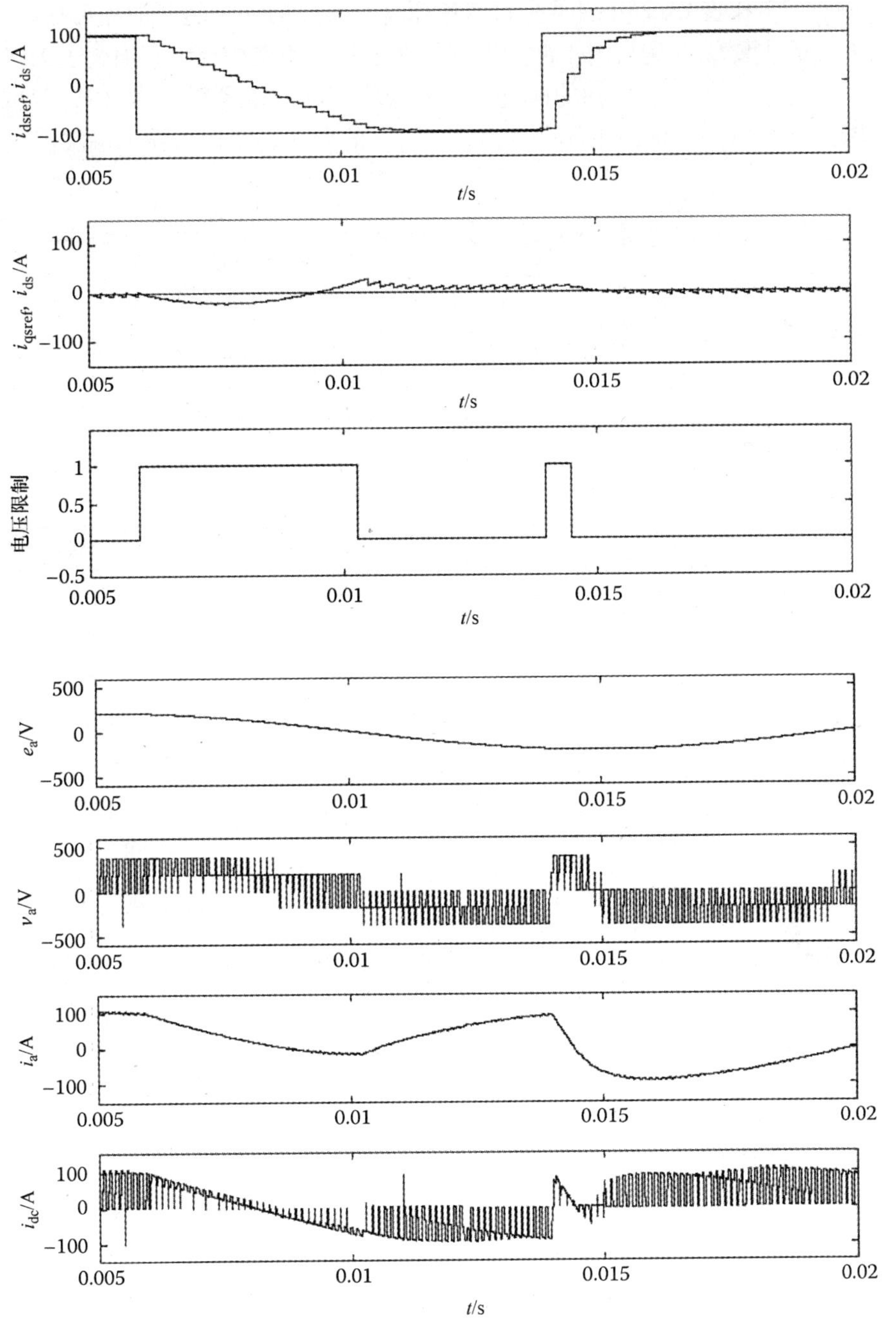

图 13.34　对 $L_r=2.5\text{mH}$、$R_r=0.1\text{V}$、$V_{dc}=570\text{V}$、$E=220\text{V}$、$f=50\text{Hz}$ 条件下 d 轴上的全电压

摘自：Neacsu，D. O. *IEEE International Symposium on Industrial Electronics*，Bled，Slovenia，July 1996，12 - 14，pp. 527－553. IEEE 论文 0－7803－5662－4/99 © (1996)．印刷得到 IEEE. 的许可

图13.35和表13.2介绍了在同步基准（d，q）的一种崭新的滞后控制方法。这种方法的主要优点是与用于滞后控制的常用静态基准相比，它简化了矢量控制系统的实现。在（d，q）轴的两电平电流滞后控制产生逻辑信号（y_d，y_q），这个逻辑信号可以唯一的以电压分量（v_d，v_q）的形式在变换器输入端实现变换。

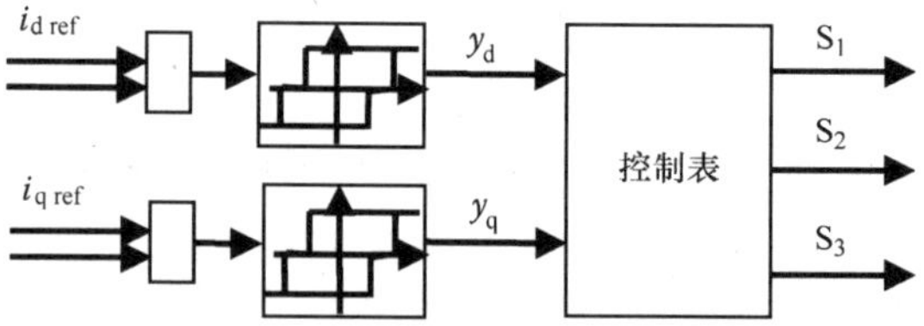

图13.35　同步帧中的滞后控制原理图

表13.2　开关表（θ电网电压角）

y_d	y_q	v_d	v_q	对角度选择最接近的
−1	−1	+	+	θ + π/4
−1	0	+	0	θ
−1	1	+	−	θ − π/4
0	−1	0	+	θ − π/2
0	0	0	0	零向量
0	1	0	−	θ − π/2
1	−1	−	+	θ + 3π/4
1	0	−	0	θ − π

采样频率也可以是有限的。开关表用于选择由这种算法产生的和坐标（v_d，v_q）最近的开关矢量，如图13.36和图13.37所示。作为替代方案，这种方法可以使用或不使用交叉耦合项。从某种意义上说，这种方法与用于交流电动机驱动器的直接转矩控制方法等效。

13.3.9　相电流跟踪方法

1. P－I－S控制器

单相和三相并网功率变换器也可以直接使用在一个固定参考帧中的相位或正弦电流来控制。利用一个正弦基准信号电流控制系统将其简化为一个PI控制器，如图13.38所示。不幸的是，已证明这种类型的系统会引入一个非零稳态误差。为了缓解这个问题，提出了一个基于内部模型工作原理的解决方案[35]。

现考虑一个正弦基准信号的情况。

$$i_{\mathrm{R}}=I_{\mathrm{R}}\cdot\cos(\omega t) \tag{13.30}$$

采用拉普拉斯（*Laplace*）变换。

$$I_{\mathrm{R}}(s)=\frac{I_{\mathrm{R}}\cdot s}{s^{2}+\omega_{0}^{2}} \tag{13.31}$$

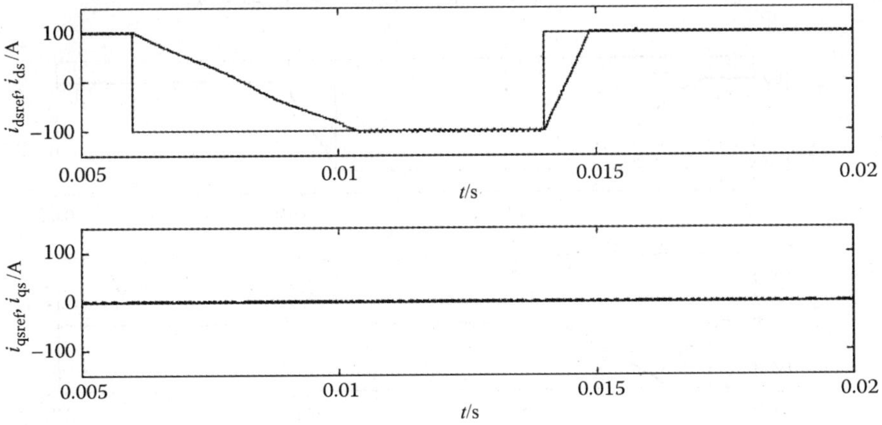

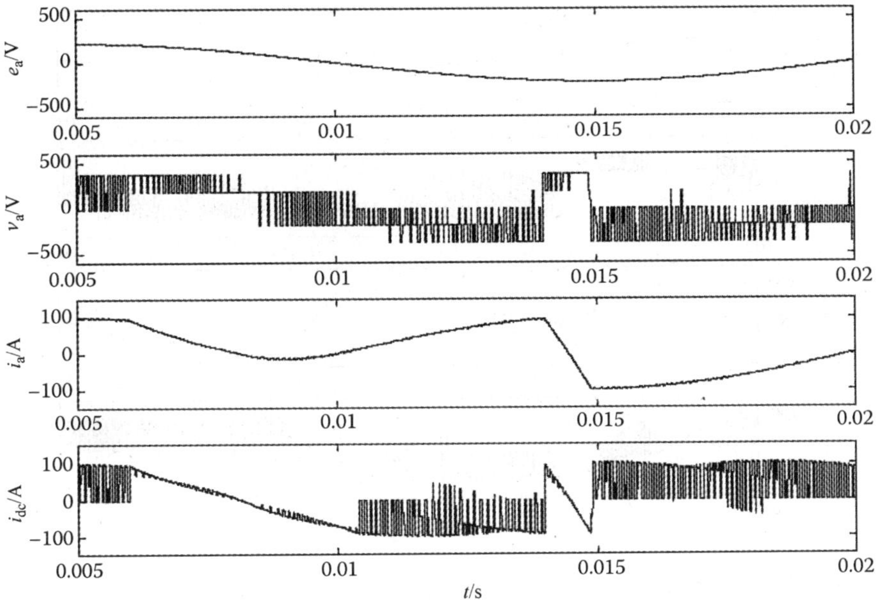

图 13.36 对工作条件为 $L_r=2.5$mH、$R_r=0.1$V、$V_{dc}=570$V、$E=220$V、$f=50$Hz 的开关表和滞后控制

摘自：Neacsu, D. O. *IEEE International Symposium on Industrial Electronics*, Bled, Slovenia, July 1996, 12－14, pp. 527－553. IEEE 论文 0－7803－5662－4/99.（1996）印刷得到 IEEE 的许可

可以用式（13.32）来表示对误差信号的拉普拉斯变换。

$$E(s)=\frac{I_{\mathrm{R}}(s)}{1+G_0(s)}=\frac{I_{\mathrm{R}}\cdot s}{s^2+\omega_0^2}\cdot\frac{1}{1+G_0(s)} \tag{13.32}$$

式（13.32）中的 G_0（s）表示控制系统的开环传递函数。

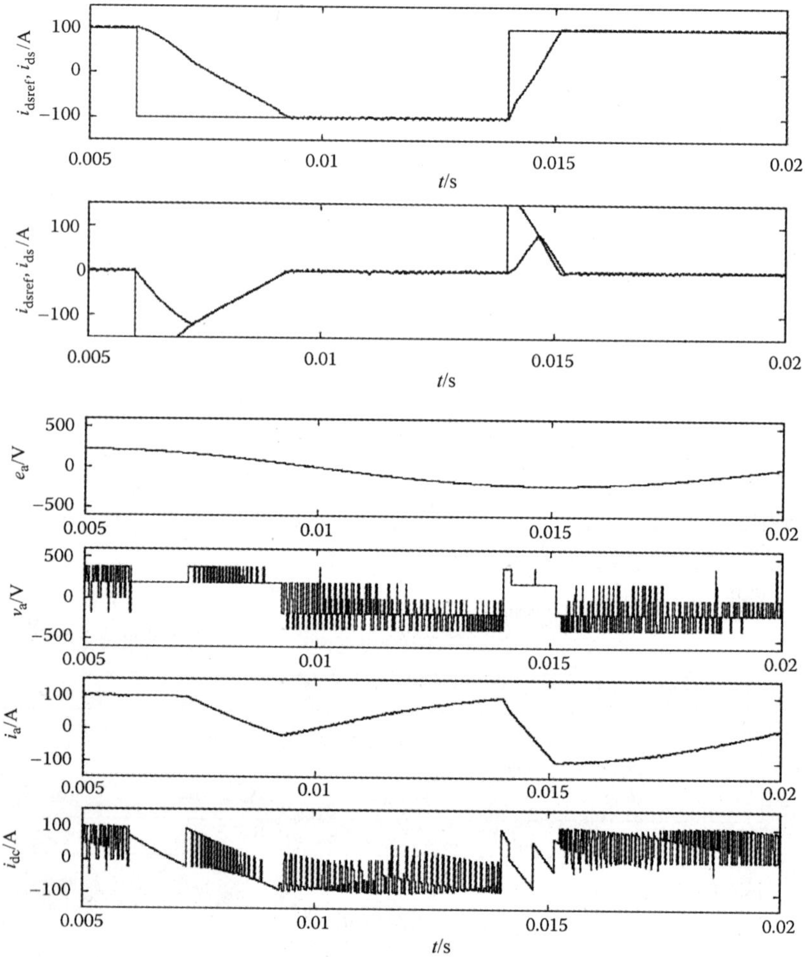

图13.37　在 $L_r=2.5\mathrm{mH}$、$R_r=0.1\mathrm{V}$、$V_{dc}=570\mathrm{V}$、$E=220\mathrm{V}$、$f=50\mathrm{Hz}$ 工作条件下的开关表和采用交叉耦合项情况下的滞后控制

摘自：Neacsu，D. O. *IEEE International Symposium on Industrial Electronics*，Bled，Slovenia，July 1996，12 – 14，pp. 527 – 553. IEEE 论文 0 – 7803 – 5662 – 4/99 © （1996）. 印刷得到 IEEE. 的许可

下面要找出一个能够消除由于正弦基准信号项引入的两个虚数极点（$\pm j\omega_0$）

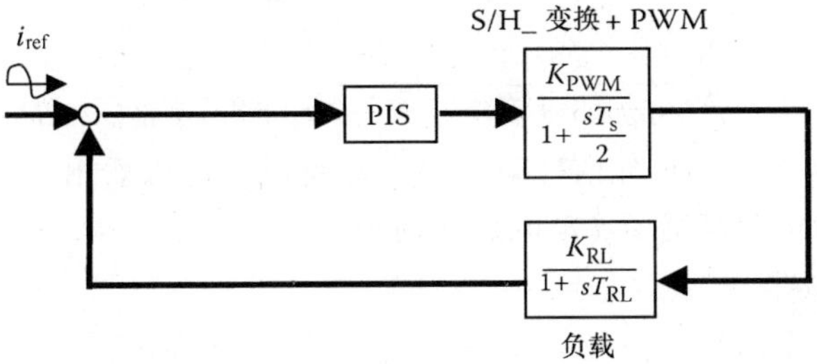

图 13.38　PI 控制系统工作原理图

影响的开环传递函数优化形式。这样，开环传递函数可以写为实数系数多项式比的形式，如式（13.33）所示。

$$G_0(s)=\frac{N(s)}{D(s)}\Rightarrow\frac{1}{1+G_0(s)}=\frac{D(s)}{D(s)+N(s)} \tag{13.33}$$

$D(s)=0$ 应具有相同的解（$\pm j\omega_0$）以便取消该正弦基准信号的影响。此外（$\pm j\omega_0$）不应在 $N(s)=0$ 时有解，这就可以保证消除复数解和降低稳态误差为零。

这种控制方法的实现如图 13.39 所示。传统的 PI 调节器通过对应的两个虚数解（$\pm j\omega_0$）而得到增强。

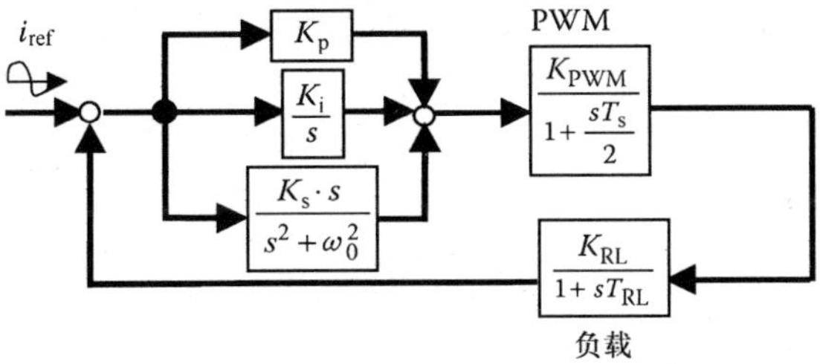

图 13.39　补偿控制器工作原理框图

调节器的等效传递函数变为如式（13.34）所示。

$$G_{PIS}(s)=K_p+\frac{K_i}{s}+\frac{K_s\cdot s}{s^2+\omega_0^2}=\frac{K_p\cdot s[s^2+\omega_0^2]+K_i\cdot[s^2+\omega_0^2]+K_s\cdot s^2}{s\cdot[s^2+\omega_0^2]} \tag{13.34}$$

可以用式（13.35）和式（13.36）计算开环传递函数。

$$G_0(s)=G_{PIS}(s)\cdot G_{INV}(s)\cdot G_{LOAD}(s) \tag{13.35}$$

$$G_0(s)=\frac{F_1(s)}{[s^2+\omega_0^2]\cdot F_2(s)} \tag{13.36}$$

和

$$E(s)=\frac{I_{\mathrm{R}}\cdot s}{s^2+\omega_0^2}\cdot\frac{1}{1+G_0(s)}=\frac{I_{\mathrm{R}}\cdot s}{[s^2+\omega_0^2]\cdot F_2(s)+F_1(s)} \tag{13.37}$$

$E(s)$没有由于正弦基准信号引入的虚数极点，可以看出（$\pm j\omega_0$）是由于新控制算法引入的传递函数$G_0(s)$的虚数极点。

2. 前馈控制器

前面命名的比例积分正弦（PIS）控制方法目前在电网相互控制和有源滤波电流控制中得到了广泛的应用。在参考文献［36，37］中提出了改进形式，也可以作为H_∞的应用。我们还注意到这些控制器可以用于各种较高次谐波的消除[38]。该方法的主要缺点在于它对电网频率精确认识的依赖，因为这是这种控制法的一部分内容。如果电网频率稍有变化，则它就会在跟踪系统产生稳态误差，如图13.40所示。

观察到作用于由两个IGBT开关器件组成逆变器引脚的电流控制器，通过独立控制每个功率开关器件，可以分开正极和负极电流的工作。这就产生了如图13.41所示控制系统的工作波形图。

从跟踪一个正弦波形（谐波、周期波）控制问题变化为（偶尔）跟踪一个变化波形[39]的问题。如果有任何稳态误差，则具有0基准的时间间隔将会复位稳态误差。因此可以近似考虑基准信号为一个分段的波形，并遵循一个类似情况下斜坡输入（也称为“速度”输入）控制系统的设计[40]。

基准输入信号就被等效于

$$i_{\mathrm{R}}=\omega_0\times I_{\mathrm{R}}\cdot t\cdot 1(t) \tag{13.38}$$

利用拉普拉斯变换有

$$I_{\mathrm{R}}(s)=\frac{\omega_0\cdot I_{\mathrm{R}}}{s^2} \tag{13.39}$$

为了在控制规律中实现对零分配的额外自由度，在控制环路的变化输入波形中加入一个前馈信号来补偿控制环的非理想工作特性，如图13.42所示。可以用公式（13.40）表示这个控制器的输出信号。

$$C_{\mathrm{PIFF}}(s)=\left(K_{\mathrm{p}}+\frac{K_{\mathrm{i}}}{s}\right)\cdot(I_{\mathrm{R}}(s)-I_{\mathrm{m}}(s))+K_{\mathrm{n}}\cdot I_{\mathrm{R}}(s)$$

$$I_{\mathrm{m}}(s)=C_{\mathrm{PIFF}}(s)\cdot G_{\mathrm{INV}}(s)\cdot G_{\mathrm{LOAD}}(s) \tag{13.40}$$

有式（13.41）成立。

$$I_{\mathrm{m}}(s)=\frac{\left(K_{\mathrm{p}}+\frac{K_{\mathrm{i}}}{s}+K_{\mathrm{n}}\right)}{\left(\frac{1}{G_{\mathrm{INV}}(s)\cdot G_{\mathrm{LOAD}}(s)}+K_{\mathrm{p}}+\frac{K_{\mathrm{i}}}{s}\right)}\cdot(I_{\mathrm{R}}(s)) \tag{13.41}$$

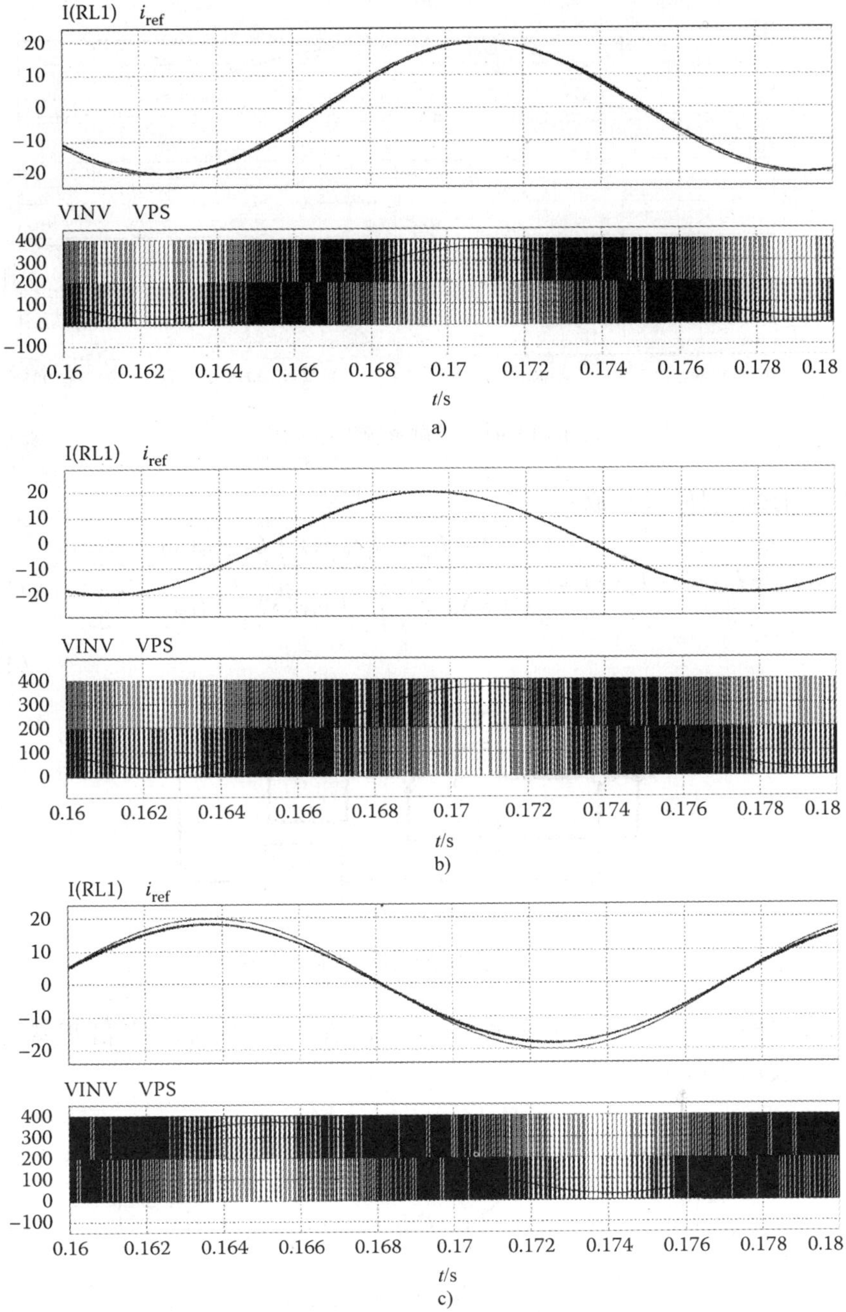

图 13.40　不同控制方法的结果：

a）传统的 PI 控制器　b）PI + 谐振　c）PI + 谐振不同步（电网频率为 56Hz，而不是 60Hz）

顶部波形 = 相电流基准和测量结果；底部波形 = 逆变器极电压和电网电压波形

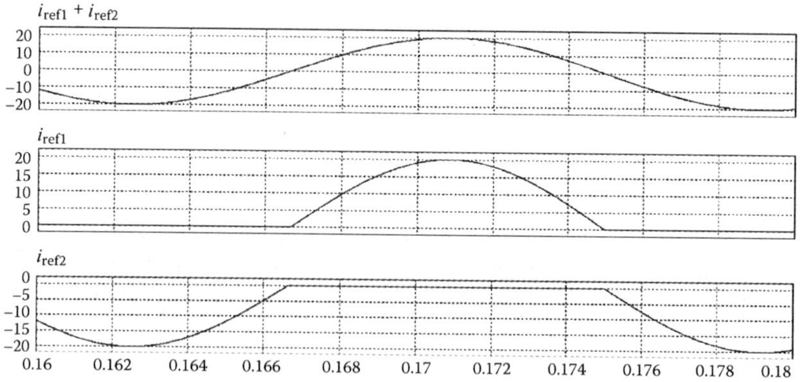

图 13.41　控制系统工作原理

最后有式（13.42）成立。

$$E(s)=I_{\mathrm{R}}(s)-I_{\mathrm{m}}(s)=\left[\frac{1-K_{\mathrm{n}}\cdot G_{\mathrm{INV}}(s)\cdot G_{\mathrm{LOAD}}(s)}{1+\left(K_{\mathrm{p}}+\dfrac{K_{\mathrm{i}}}{s}\right)\cdot G_{\mathrm{INV}}(s)\cdot G_{\mathrm{LOAD}}(s)}\right]\cdot I_{\mathrm{R}}(s) \tag{13.42}$$

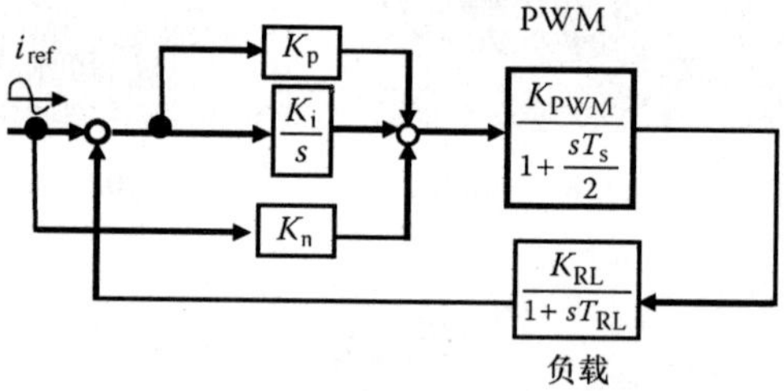

图 13.42　前馈控制器工作原理框图

因为在复平面没有右半平面的极点，所以可以利用终值理论，用式（13.43）表示稳态误差。

$$\begin{aligned}e_{ss}&=\lim_{t\to\infty}e(t)=\lim_{s\to0}s\cdot E(s)=\\&=\lim_{s\to0}\left\{s\left[\frac{1-K_{\mathrm{n}}\cdot G_{\mathrm{INV}}(s)\cdot G_{\mathrm{LOAD}}(s)}{1+\left(K_{\mathrm{p}}+\dfrac{K_{\mathrm{i}}}{s}\right)\cdot G_{\mathrm{INV}}(s)\cdot G_{\mathrm{LOAD}}(s)}\right]\cdot\frac{I_{\mathrm{R}}}{s^2}\right\}\\&=\lim_{s\to0}\left\{\left[1-K_{\mathrm{n}}\cdot\frac{K_1}{s+K_2}\right]\cdot\left[\frac{s}{s+GK_0}\right]\cdot\frac{I_{\mathrm{R}}}{s}\right\}=0\end{aligned} \tag{13.43}$$

采样结果如图 13.43 所示。它给出了当电网频率变化时对图 13.40 的改进。同样重要的是要注意与电网工作正确同步的作用。

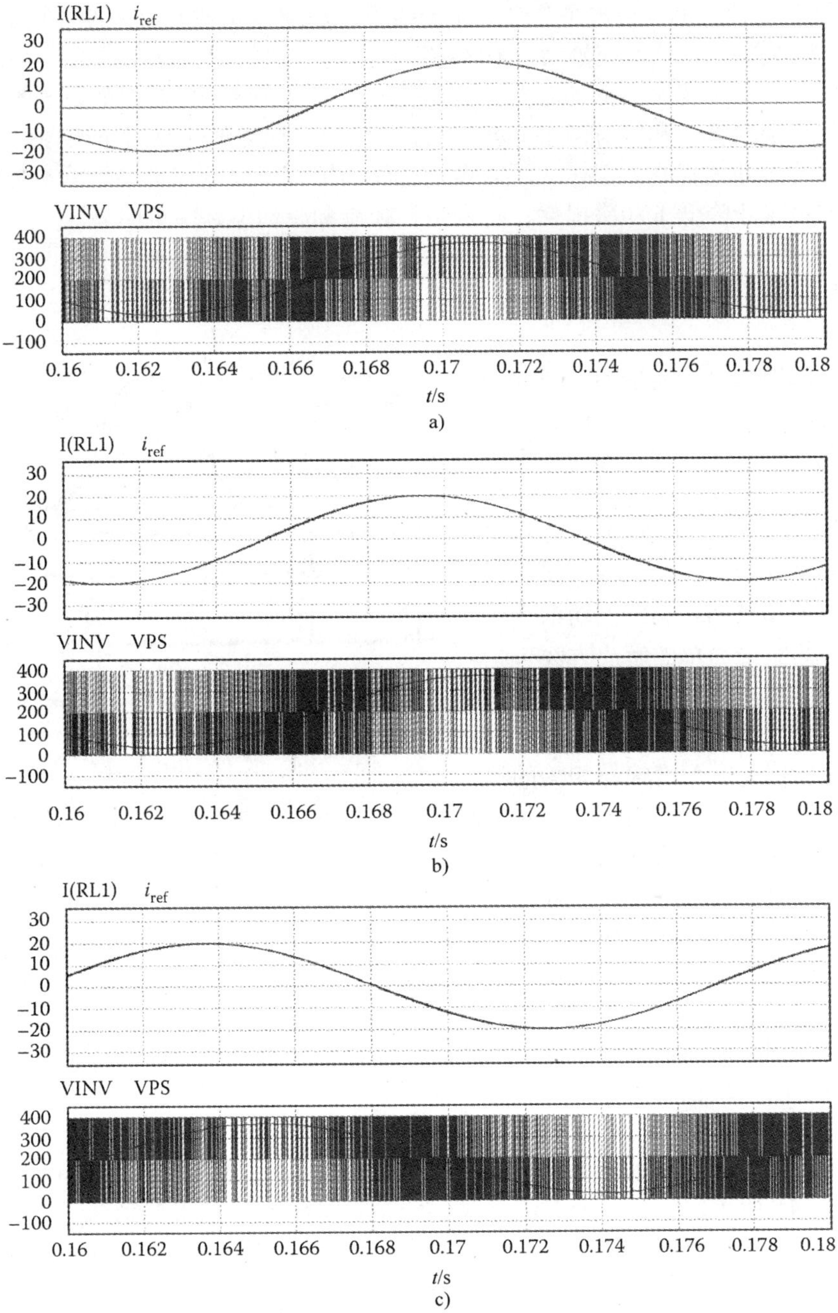

图 13.43　新概念的结果

a）使用 2 个常规的 PI 控制器　b）使用前馈元器件　c）同 b，工作在 56Hz，而不是 60Hz 的电网频率

顶部波形 = 相电流基准和测量结果；底部波形 = 逆变器极电压和电网电压波形

参考文献［40］给出了更多的实验结果。前馈控制器的工作性能可以与PIS（也称为谐振控制器）相媲美。在某些如模拟电源管理集成电路的一些应用场合，这个控制系统比谐振控制器的实现要简单。这在多谐波分量的电流补偿的应用场合特别明显。利用对两个IGBT组成逆变器引脚的分开控制作用和仅在180°区间的功率开关管开关工作，可以得到电能利用效率改进和更快的瞬态响应的好处。这意味着降低了功率损耗，特别是在控制和驱动电路中更明显。

13.4 电网同步

可以把与电网连接的功率变换器视为一个输入电压由电网决定的电流源。这意味着为了控制功率因数需要一个与电网相位同步的PWM工作模式。基于PLL电路得到与电网同步不同的实现方法。

用于连接到单相电网功率变换器同步控制最简单的解决方案包括一个过零检测器，然后再接一个计数器电路，如图13.44所示。

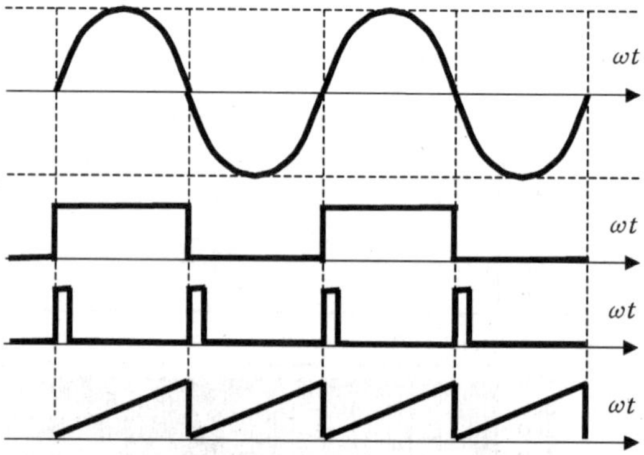

图13.44 简单同步电路工作原理

在任何与功率变换器相关的滤波器前都要检测电网电压，检测电路被简化成为一个变压器或电阻分压器的小功率检测电路。最终将检测得到的信号与例如双极型晶体管的基极－发射极结或一个集成电路比较器阈值相比较。这就提供了一个对应于交流电网电压变化的逻辑信号。这种检测方法的检测误差有几种来源，包括由于未经滤波的开关线电压噪声、分散作用和门限电平的温度变化，或过零时刻准确检测的延迟。然而，这些误差通常小于数字系统的量化误差（步长）。

检测到的逻辑信号边缘复位一个数字计数器，用于PWM模式的相位坐标计数。改进的系统包括一个能够过滤在检测过程中不必要的小变化的PLL配置。这有助于消除在零交叉点附近的抖动。

让我们考虑一个基于锁相环电路的同步方案。一个通用的锁相环电路原理图如图13.45所示，它由一个工作于N倍于被检测频率的电压控制振荡器（VCO）组成。在功率变换器中选择压控振荡器的频率等于PWM模式的采样频率是有意义的，如图13.46所示。由此产生的脉冲串的脉冲被N分频，产生一个和检测电压可比较的逻辑信号。

鉴相器用来比较检测到的信号相位和反馈电压的相位，相应地减小或增加控制电压大小。这个控制电压被用作VCO的基准信号，基于比较得到的相位差信号调节压控振荡器的工作频率。这个闭环控制方法的目标是生成信号频率，与检

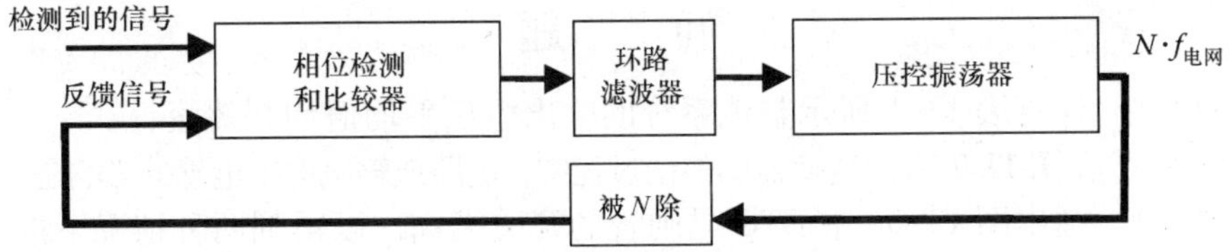

图 13.45　锁相环电路工作原理框图

测得到的信号频率一致。如果所检测到的信号频率或相位由于任何原因发生变化，则这个控制环路将作为一个滤波器，并且反馈信号不会出现抖动。反馈信号可进一步用做 PWM 信号的生成基准信号。一般，闭环 PLL 和用于计数的 PWM 模式角坐标采用相同的计数器。

在单相系统实施这个 PLL 控制时人们面临的主要问题是与在一个电网周期内有有限数量的 PWM 周期有关。PWM 产生过程的离散性限制了适当调节控制器相位的可能性。例如，一个 9kHz 开关频率的变换器允许在相位坐标有 150 个步进。反馈回路决定一次只能调节相位的 1 个 PWM 脉冲。当相位被突然重置为零时，效果是在每个过零点处滤波电压有一个可能的步进阶跃。另一种方法是使用异步 PWM 发生器，但它们不能保证电网电流的最佳谐波含量。然而，进化系统可以与允许非整数比的开关频率与电网频率的异步 PWM 一起工作。

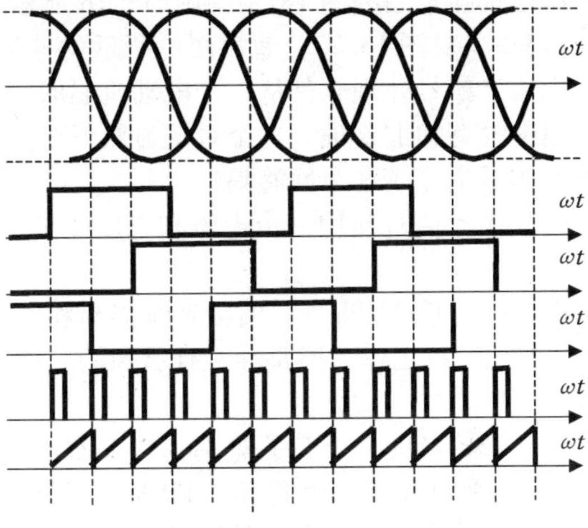

图 13.46　简单同步电路工作原理

该 PLL 功能可以用专用模拟或数字集成电路，或采用微控制器的软件程序或 DSP 控制系统来实现。电源信号频率是 50Hz 或 60Hz，这个频率与现代数字信号控制器相比较是非常低的。因此，微控制器的实现需要有一个过零检测器，这个过零检测器和数字硬件电路应该有一个直接接口电路、一个时钟频率为 PWM 采样频率的定时器/计数器计数电路和一个运行于相同采样频率的软件程序。

三相变换器的电网同步从多个过零交叉点和三相电网系统的对称性受益。检测模块包括所有三相的过零检测，这会导致信号的频率为电网频率的 6 倍。因此，PLL 电路可以提供更高的分辨率，以及更精细的检测频率调谐特性。数字控制器系统可以利用模拟电路或有软件程序的数字 PLL 集成电路来实现。

问　　题

P13.1　计算表13.1所示整流系统的输出电压平均值和有效值。

P13.2　在图13.2所示变换器的换向过程中，电路或输电电路电感的影响是什么？

P13.3　画出图13.3c中GTO晶闸管的开关模式，以得到两种情况下的输出电压波形。如何定义两种控制方法的半导体器件损耗？

P13.4　考虑如图13.7所示的两种拓扑结构。如果中间直流电容丢失会发生什么情况？维持电路要求的工作状态这一电容器的最小值是什么？

P13.5　比较图13.8这两种解决方案下整流二极管的额定值。

P13.6　比较图13.10中所示两种解决方案输入滤波电容器的额定值。

P13.7　根据式（13.3）~式（13.13）提供的例子，在只采用2次谐波注入时，计算在非常简单情况下一个单相变换器的电流波形形状。

P13.8　在同样的电网和负载条件下（例如2kW、120V/60Hz电网），分别比较用于构建常用的图13.11和图13.16所示功率变换器IGBT器件的额定值。

P13.9　对图13.22，忽略图中所示的控制系统中的E项的缺点是什么？许多人把数字信号处理软件从一个电动机驱动应用程序转换到一个电网连接的变换器应用中没有加上这项，这个系统显然仍可以工作，但有什么风险？你能用一个想象的例子来完成这个回答吗？

P13.10　通过使用一个电流和电压的矢量图确定在表13.2所示的开关序列的原因。

P13.11　通常情况下，实际系统的单相跟踪控制不补偿正弦基准信号，这个系统显然仍可以工作，但是存在什么风险？你能用一个想象的例子来完成这个回答吗？

P13.12　考虑一个开关频率为3.6kHz的单相并网变换器，即频率比为30。如果保持这个PWM发生器保持PWM生成模式和过零同步，在每个过零复位位置，滤波电压中可以有多大的阶跃（或在PWM的基准信号中）？

参 考 文 献

1. Anon. 1998. Ecostar—Power converter anti-islanding capability. *Application Notes*, Ballard Corporation.
2. Anon. Ecostar—Power converter designed for distributed generation. *Application Notes*, Ballard Corporation.
3. Anon. 1998. Ecostar—Multi-unit capability for grid and standalone operation. *Application Notes*, Ballard Corporation.
4. Chiang, H.D., Wang, J.C., Tong, J., and Darling, G. 1995. Optimal capacitor placement, replacement and control in large scale unbalanced distribution systems: System modeling and a new formulation. *IEEE Trans. Power Syst.* 10(1), 363–369.

5. Anon. 2001. PV system installation and grid interconnection guidelines in selected IEA countries, Fronius.
6. Anon. 2003. IEEE standard. IEEE P1547 std draft 01 standard for distributed resources interconnected with electric power systems. June 2003.
7. Prasad, A.R., Ziogas, P.D., and Manias, S. 1989. An active power factor correction technique for three-phase diode rectifiers. *IEEE PESC Conference Record*, pp. 58–66.
8. Kolar, J.W., Ertl, H., and Zach, F.C. 1993. A comprehensive design approach for a three-phase high-frequency single-switch discontinuous-mode boost power factor corrector based on analytically derived normalized converter component ratings. *IEEE IAS Conference Record*, Part II, pp. 931–938.
9. Kolar, J.W., Ertl, H., and Zach, F.C. 1993. Space vector-based analytical analysis of the input current distortion of a three-phase discontinuous-mode boost rectifier system. *IEEE PESC Conference Record*, pp. 696–703.
10. Tou, M., Al-Haddad, K., Olivier, G., and Rajagopalan, V. 1995. Analysis and design of single controlled switch three-phase rectifier with unity power factor and sinusoidal input current. *IEEE APEC Conference Record*, vol. II, pp. 856–862.
11. Ismail, E., Olivieira, C., and Erikson, R. 1995. A low-distortion three-phase multi-resonant boost rectifier with zero current switching. *IEEE APEC Conference Record*, vol. II, pp. 849–855.
12. Weng, D. and Yuvarajan, S. 1995. Constant-switching-frequency AC–DC converter using second-harmonic-injected PWM. *IEEE APEC Conference Record*, vol. II, pp. 642–646.
13. Weng, D. and Yuvarajan, S. 1995. AC–DC converter using second-harmonic-injected PWM. *IEEE PESC Conference Record*, vol. II, pp. 1001–1006.
14. Malesani, L., Rossetto, L., Tenti, P., and Tomasin, P. 1993. AC/DC/AC PWM converter with minimum storage energy in the DC link. *IEEE APEC Conference Record*, pp. 306–313.
15. Verdelho, P. and Soares, V. 1997. A unity power factor PWM voltage rectifier based on the instantaneous active and reactive current id-iq method. *IEEE International Symposium in Industrial Electronics*, July 7–11, pp. 411–416.
16. Habetler, T.G. 1993. A space vector based rectifier regulator for AC/DC/AC converters. *IEEE Trans. Power Electron.* 8(1), pp. 30–36.
17. Blasko, V. and Kaura, V. 1997. A new mathematical model and control of a three-phase AC/DC voltage source converter. *IEEE Trans. Power Electron.* 12(1), 116–123.
18. Verdelho, P. and Soares, V. 1997. A unity power factor PWM voltage rectifier based on the instantaneous active and reactive current id–iq method. *IEEE International Symposium in Industrial Electronics*, July 7–11, pp. 411–416.
19. Trznadlowski, A.M. and Legowski, S. 1994. Minimum-loss vector PWM strategy for three-phase inverters. *IEEE Trans. PE* 9(1), 26–34.
20. Enjeti, P. and Xie, B. 1990. A new real time space vector PWM strategy for high performance converters. *IEEE IAS*.
21. Chung, D.W. and Sul, S.L. 1997. Minimum-loss PWM strategy for a 3-phase PWM rectifier. *IEEE PESC*, 2, 1020–1026.
22. Habetler, T.G. 1993. A space vector based rectifier regulator for AC/DC/AC converters. *IEEE Trans. Power Electron.* 8, 30–36.
23. Kazmierkowski, M., Dzieniakowski, M.A., and Sulkowski, W. 1991. Novel space vector based current controller for PWM inverters. *IEEE Trans. Power Electron.* 6, 158–166.
24. Henze, C.P. and Mohan, N. A digitally controlled AC/DC power conditioner draws sinusoidal input current. *IEEE PESC*, pp. 531–540.
25. Malesani, L., Rossetto, L., Tenti, P., and Tomasin, P. 1993. AC/DC/AC PWM converter with minimum storage energy in the DC link. *IEEE APEC Conference Record*, pp. 306–311.

26. Neacsu, D.O., Yao, Z., and Rajagopalan, V. 1996. Optimal PWM control of a single-switch three-phase AC–DC boost converter. *IEEE PESC*, pp. 521–526.
27. Neacsu, D.O. 1999. Vectorial current control techniques for three-phase AC/DC boost converters. *IEEE ISIE*, pp. 527–532.
28. Kanaan, H.Y. and Al-Haddad, K. 2012. Three-phase current injection rectifiers. *IEEE Industrial Electron. Magazine* 6(3), 24–40. May/June 2012.
29. Naik, R., Rastogi, M., and Mohan, N. 1992. Third-harmonic modulated power electronics interface with three-phase utility to provide a regulated DC output and to minimize line current harmonics. *Proceedings of the IEEE IAS Annual Meeting Conference*, pp. 689–694.
30. Mohan, N., Rastogi, M., and Naik, R. 1993. Analysis of a new power electronics interface with three-phase utility currents and a regulated DC output. *IEEE trans. Power Delivery* 8(2), 540–546.
31. Pejovic, P. and janda, Z. 1999. An analysis of three-phase low harmonic rectifiers applying the third harmonic current injection. *IEEE Trans. Power Electron.* 14(3), 397–407.
32. Vasquez, N., Rodriguez, H., Hernandez, C., Rodriguez, E. and Arau, J. 2009. Three-phase rectifier with active current injection and high efficiency. *IEEE Trans. Industrial Electron.* 56(1), 110–119.
33. Choi, J.W. and Sul, S.K. 1998. Fast current controller in three-phase AC/DC boost converter using d–q axis crosscoupling. *IEEE Trans. Power Electron.* 13(1), 179–185.
34. Choi, J.W. and Sul, S.K. 1997. New current control concept—Minimum time current control in 3-phase PWM converter. *IEEE Trans. Power Electron.* 12(1), 124–131.
35. Fukuda, S. and Yoda, T. 2001. A novel current-tracking method for active filters based on a sinusoidal internal model. *IEEE Trans. Industry Appl.* 37, 888–895.
36. Timbus, A., Liserre, M., Teodorescu, R., Rodriguez, P., and Blaabjerg, F. 2009. Evaluation of current controllers for distributed power generation systems. *IEEE Trans. Power Electron.* 24(3), 654–664.
37. Lisserre, M., Teodorescu, R., and Blaabjerg, F. 2006. Multiple harmonics control for three-phase grid converter systems with the use of PI-RES current controller in a rotating fame. *IEEE Trans. Power Electron.* 21(3), 836–841.
38. Bojoi, R.I., Griva, G., Bostan, V., Guerrero, M., Farina, F., and Profumo, F. Current control strategy for power conditioners using sinusoidal signal integrators in synchronous reference frame. *IEEE Trans. Power Electron.* 20(6), 1402–1412.
39. Franklin, G., Powell, D., Emami-Naeimi, A. 2002. *Feedback Control of Dynamic Systems*. Prentice Hall, Upper Saddle River, NJ.
40. Neacsu, D.O. 2010. Analytical investigation of a novel solution to AC waveform tracking control. *IEEE International Symposium in Industrial Electronics*, Bari, Italy, July, pp. 2684–2689.
41. Neacsu, D.O, Yao, Z., and Rajagopalan, V. 1996. Optimal PWM control of a single-switch three-phase AC-DC boost converter, *IEEE PESC Conference 1996,* Baveno, Italy, June 24–27, pp. 727–732.

第 14 章　并联和交错式功率变换器

14.1　基于多个低功率器件并联解决方案和大功率器件构建的变换器的比较

本书第 1 章给出了对现在用于电网接口或电动机驱动器的并联或交错变换器的兴趣。由于功率半导体技术的不断发展会导致大功率单芯片 IGBT 的出现。

向并联变换器发展的第一步是混合（自定义）的 IGBT。这些模块在硅片层面并联 IGBT，具有许多优点。首先，这些芯片和栅极电阻放置得很近，减少了芯片之间的寄生电感。这也保证了封装内部整个芯片温度分布的均匀性。一层厚的铜层直接接合在陶瓷基板上，形成的导通路径为发射极电流提供电流路径并用于 IGBT 芯片热扩散层。IGBT 芯片通过焊接安装在该铜层上。陶瓷基板可以是氧化铝、铝亚硝酸盐或铍氧化物，材料具有良好的热导率且电压隔离能力高达 6000V，两者的热导率和电压隔离能力优于用于隔离并联分立器件的热垫。

在新的功率级的设计工作中，执业工程师必须决定是否使用混合（自定义）IGBT 模块或采用等效的分立器件。这里有几点值得考虑：

（1）在超过 5 片芯片时，使用混合（自定义）IGBT 模块值得考虑。它们的优点在于尺寸、电气隔离、热管理和整个系统的成本，开关工作没有噪声。最后一个优点就是没有对额外总线电容的需求。

（2）在采用并联两个或三个芯片开发一种新设计时，采用分立器件较有利。它们在电绝缘和杂散参数可控方面保证了电路板最小的占有面积。

下一个可能性是如图 14.1 所示用于大电流应用场合采用并联 IGBT 的构建方式。有一个明显的工程问题就是，是通过并联分立元器件来实现大电流开关更好，还是直接使用一个大电流额定值的开关器件更好的问题。

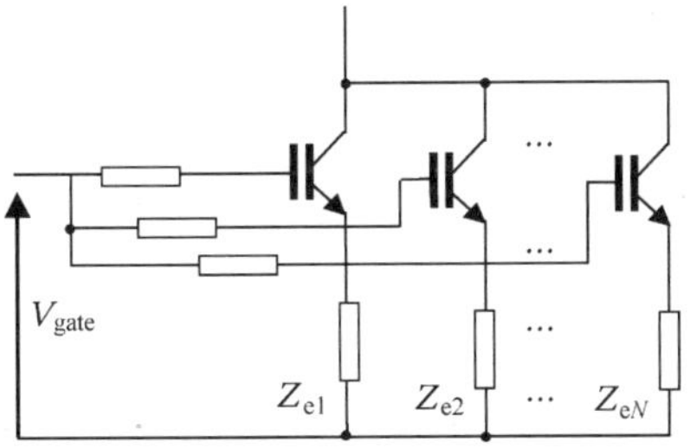

图 14.1　IGBT 并联

实现 1200A、1200V 开关到底采用哪种解决方案更好，是一个 1200A 的 IGBT 还是采用 4 个低功耗 300A 的并联 IGBT？为了回答这个问题，我们用一个数值举例和一个来自 Powerex 的 IGBT 资料信息的数据表进行比较。此外，这里将忽略对这两种器件的波纹差异和对不同缓冲器的要求。

热特性：

1）IGBT/二极管的热阻分别为 0.13/0.18［C/W］（300A）与 0.022/0.050［C/W］（1200A）；

2）散热器接触面积为 163.67in^2（300A）与 133.01in^2（1200A）。

二极管的恢复损耗为

1）300A 器件：$T_{rr}=250$ns，$Q_{rr}=17.6\mu$F；

2）1200A 器件：$T_{rr}=300$ns，$Q_{rr}=9.0\mu$F。

开关损耗和导通损耗：从关于开关和传导损耗的数据表信息，可以得出并联功率半导体开关是代表构建三相功率变换器有竞争力的解决方案，如图 14.2 和图 14.3 所示。

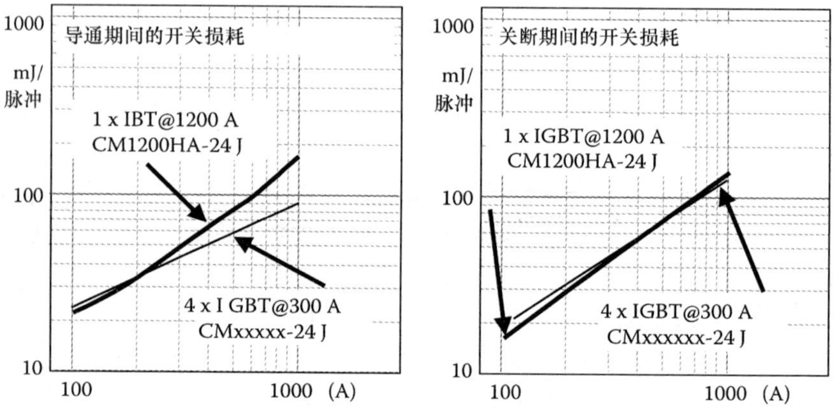

图 14.2 导通和关闭开关损耗

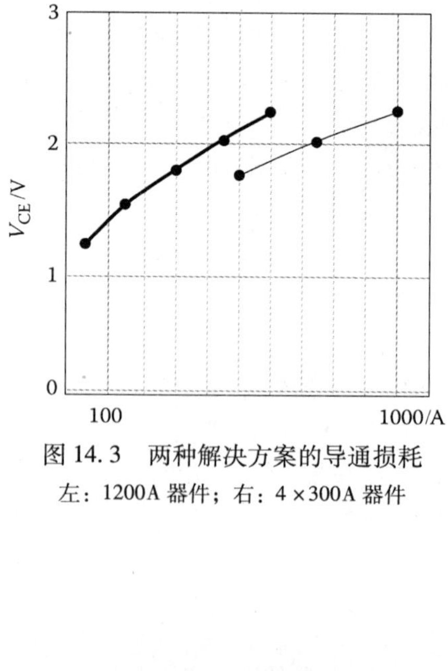

图 14.3 两种解决方案的导通损耗

左：1200A 器件；右：4×300A 器件

14.2　IGBT 器件并联的硬件约束

在论证了 IGBT 并联的适宜性后，还要了解对实际实现的限制。并联 IGBT 器件想法的基础是采用并联分享同样电流的低功耗器件。当电流分配不平等时，其中之一并联器件的电流可能会超过额定值。特别是对 IGBT 器件的并联使用，要注意避免器件在并联使用过程中电流不均衡问题，所以需要对 IGBT 器件实现保护。

在稳态或动态工作条件下会出现并联器件电流不均衡的现象，在稳态工作条件下出现电流不均衡现象是由于并联器件不同的 V_{ce}（I_C）工作特性和电路杂散电阻不同。不同的导通和关断的失衡是由于模块跨导的分布特性及由于寄生电感的差异。器件并联工作要受温度不平衡和热不稳定的影响。下面对每个不稳定源进行讨论。

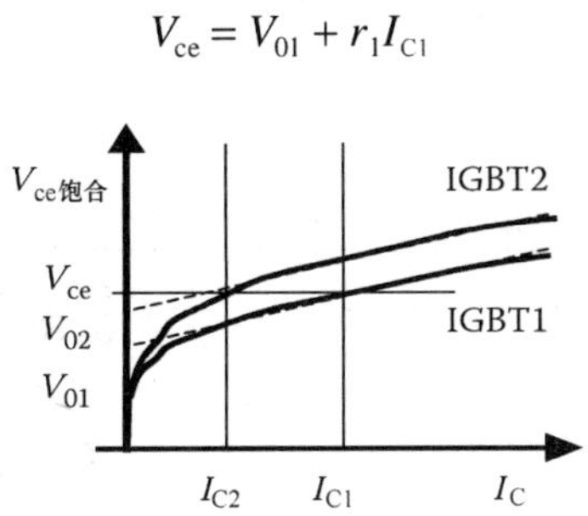

图 14.4　两个 IGBT 并联的 V_{ce}（I_C）关系曲线

由于 IGBT 生产制造的原因，两只并联的 IGBT 不可能有相同的工作特性。在导通时间内的 V_{ce}（I_C）特性如图 14.4 所示，可以对两只并联的 IGBT 中的每只做出如式（14.1）的近似。

$$V_{ce} = V_{02} + r_2 I_{C2} \tag{14.1}$$

反映通过每只 IGBT 的电流与并联 IGBT 的总电流之间的关系，有式（14.2）成立。

$$I_{C1} = \frac{V_{02} - V_{01} + r_2 I_{C总}}{r_1 + r_2}$$
$$I_{C2} = \frac{V_{01} - V_{02} + r_1 I_{C总}}{r_1 + r_2} \tag{14.2}$$

观察这两个公式表明，较低 V_{ce}的器件通过大部分的电流。此外，由于 N_p 个并联 IGBT 器件工作特性的分散性，使通过并联 IGBT 器件的总电流低于 $N_p \times I_r$。较高温度工作条件下可以更好地均流。例如，不平衡的静态特性表示在 25℃时有 15% 的不平衡性，而在 125°C 时的不平衡性降低为 5%。

为了衡量和匹配并联 IGBT 的 V_{ce}（I_C）工作特性，半导体生产厂商，如 Powerex 公司对不同级别饱和电压的器件给出了特殊标记。

例如，C：1.70 – 1.95V；D：1.90 – 2.15V

经过设计已匹配所有并联 IGBT 于相同的额定范围内，在选用并联器件时应当选用器件的降额系数。该降额系数值取决于半导体族，见表 14.1。静态降额系数可以被定义为如式（14.3）所示。

$$\delta = 1 - \frac{I_{总}}{N_p I_M} \tag{14.3}$$

并且，利用经验关系可以加以预测。

$$\delta = 1 - \frac{((N_p - 1)(1 - x)/(1 + x)) + 1}{N_p} \tag{14.4}$$

式（14.4）中的 N_p 表示并联器件数量，x 表示失配因子，对 250V 和 600V 器件的失配因子等于 0.10，对 1200V 器件的失配因子等于 0.15，对 1700V 器件的失配因子等于 0.20，如图 14.5 所示。

表 14.1　不同 IGBT 类的降额值

250V 沟槽栅	10%
600V	10%
1200V 和 1400V	15%
1700V	20%

寄生电阻存在于电路内部，寄生电阻是在 IGBT 的导通时间内可以影响电流分配的第二个因素。安装、母线和在 IGBT 的发射极和集电极的终端连接时都会引入寄生电阻。发射极电阻对电流分配的影响更大，因为 IGBT 的发射极电阻也会影响到栅极电路。根据不同的发射极电阻，会由于出现在发射上的电压降而减小实际加到栅极的控制电压 $V_{ge} = V_{control} - V_{re}$。这改变了 IGBT 的输出特性并将改变相应的集电极电流。不同的 IGBT 特征在相同集电极 - 发射极电压工作条件下有不同的工作电流。为了减少这种不平衡，有必要使发射极引线变短，并且要均匀地布线。这可以降低寄生电阻。

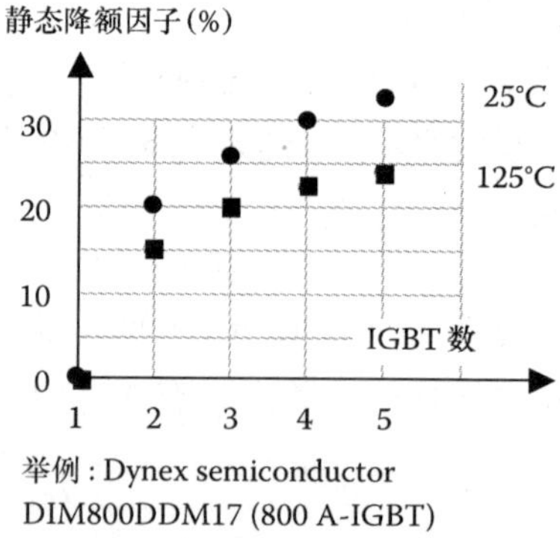

图 14.5　静态降额因子对 IGBT 数量的依赖关系

同样重要的是对导通或关闭的瞬态工作期间对电流分配进行分析。IGBT 的输出特性（$V_{ce} - I_C$）不会对瞬时关断电压的不平衡有任何直接影响。与此相反，跨导特性确定在瞬态期间的电流分配特性，如图 14.6 所示。

如果保证两个 IGBT 栅极工作条件相同，则具有较大跨导值（更为陡峭的特性）的 IGBT 通过的电流更大，从而导致更高的开关损耗。可以用类似定义静态降级因数的动态降级因数，比较如图 14.7 所示。

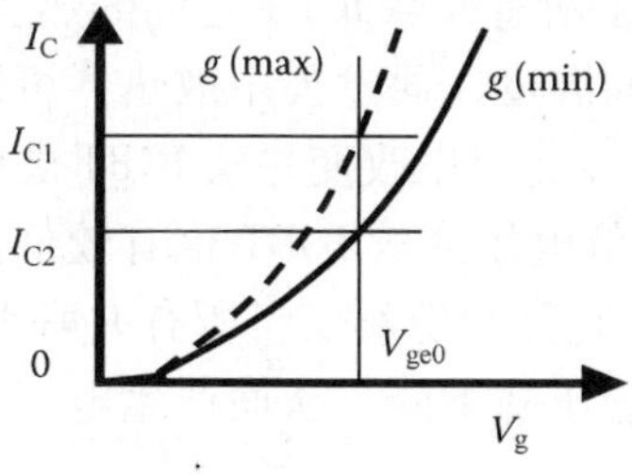

图 14.6　跨导特性

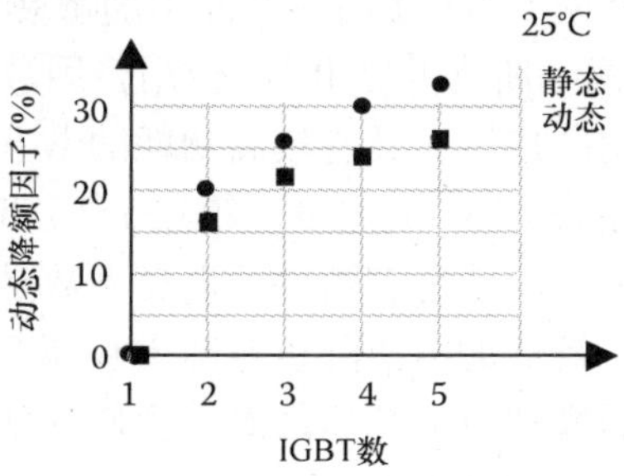

图 14.7　动态降额因子与静态降额因子比较

动态电流比静态电流更好分配。然而，动态电流分配对外部电路因素的影响更敏感，例如对在栅极 - 发射极电路环路中的杂散电感更为敏感。瞬变电流通过在 IGBT 发射极的寄生电感，并减少了有效栅极电压。不同的发射极电感值会导致在 IGBT 的栅极电路有不同的电压降，产生不同的过渡时间长度的延迟和不同形状的电流。为了减小这种不平衡，有必要使 IGBT 的发射极引线变短，并且接线均匀，如图 14.8 所示。

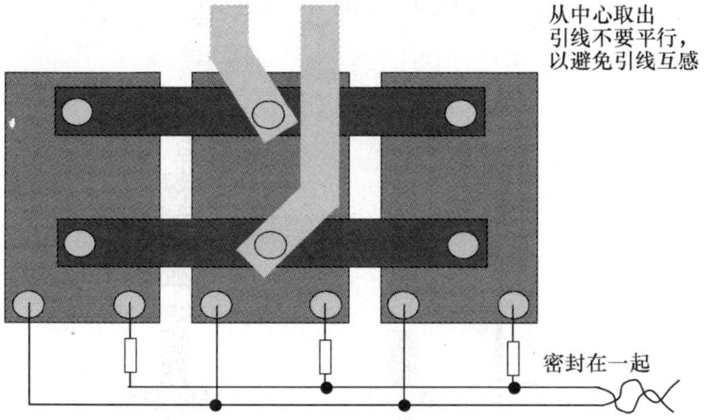

图 14.8　减少寄生效应的发射器连接

影响并联 IGBT 电流分配的另一个因素与被驱动 IGBT 的栅极驱动电路连接方式有关，最好每个并联 IGBT 使用具有独立的栅极电阻且每个 IGBT 使用相同的栅极驱动器，以消除寄生振荡的风险。此外，栅极电阻和 IGBT 驱动电路及 IGBT 发射极的连线要尽量短。

最后，还有一个温度不平衡的问题。所有 IGBT 的工作特性取决于温度和两个或多个并联 IGBT 之间的电流分配，并联 IGBT 之间的电流分配要受到每个并联 IGBT 结温的影响。每个 IGBT 的温度工作特性可以参考 IGBT 的技术参数表。

在稳态工作条件下，温度对电流分配有一定的影响。一个直接的解决方案就是所有并联IGBT使用一个公用的散热器，使所有并联IGBT的温度分布保持在10°C以内。所有并联IGBT使用公用散热器引入了所有并联IGBT之间的热反馈。通过公用散热器，具有较高功耗的IGBT有更高的温度，通过公用散热器可以影响其他并联IGBT的温度。第二个IGBT的工作点变化可以改变并联IGBT之间的电流分配。即使所有器件的温度系数是负的，较低电压降的IGBT也有较低的温度系数。较低的电压降也意味着要承担更大的电流分配份额。当所有并联IGBT的工作温度和电流都增加时，会使并联IGBT的管压降下降，从而产生电流分配补偿作用，如图14.9所示。

图14.10所示为这种理想连接方式的关系。

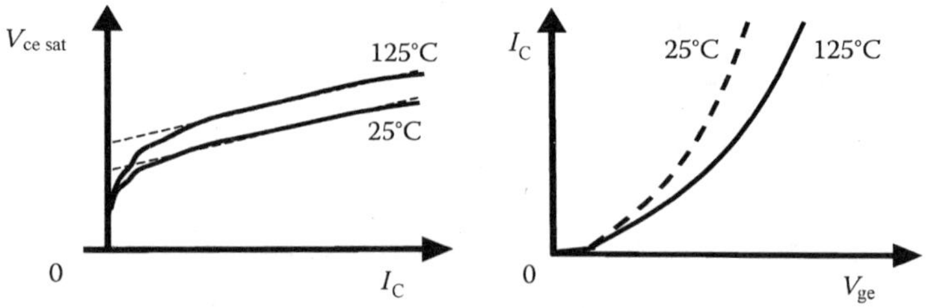

图14.9　IGBT的工作特性

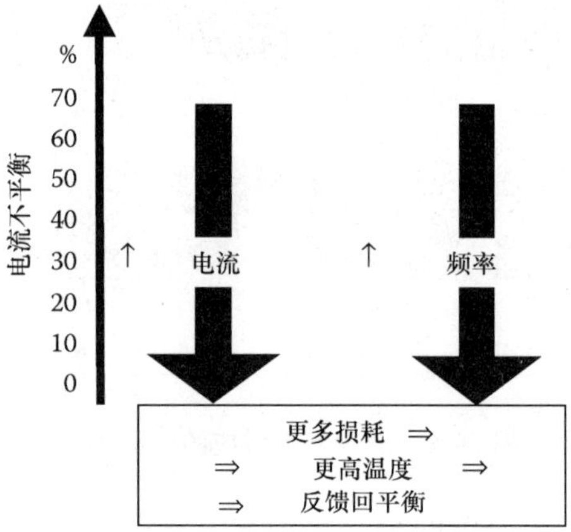

图14.10　电流不平衡取决于工作电流和工作频率

14.3　用于等电流均流的栅极控制电路设计

如图14.11所示，将有源栅极驱动电路用于IGBT之间的静态或动态电流平衡分配。有源栅极驱动电路需要模拟电流检测反馈电路的高工作带宽。在每个并联 IGBT 导通期间，栅极电压和电流受控，而瞬变延迟以动态方式受控。

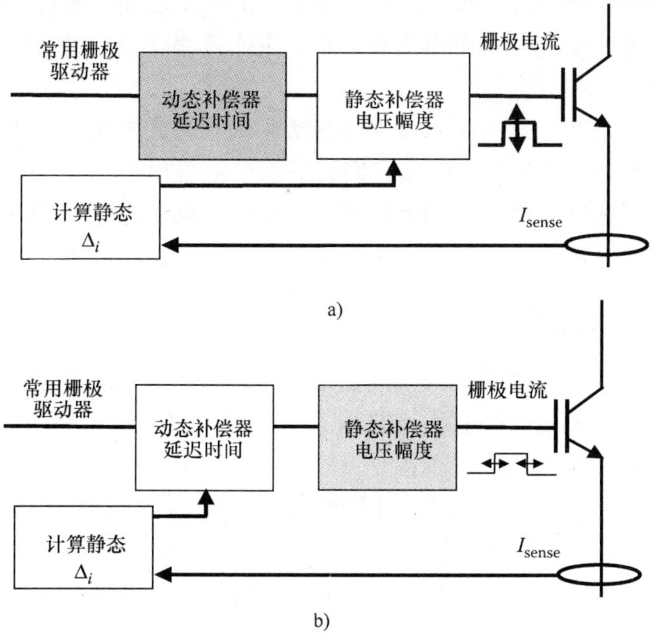

图 14.11　栅极驱动控制的电流分配

a）静态电流平衡　b）通过延迟导通和关断时刻的动态电流平衡

14.4　使用并联器件的并联逆变器引脚的优缺点

大功率应用的生产量不是非常大，很多项目最终有一个独特的原型或有一个很短的系列产品。由于大功率级需要一个特殊或个性化设计，因此许多工程师都受到并联低功率硬件的吸引。在本书本章前面的有关内容讨论过并联 IGBT 或 MOSFET 的有关内容，但是这并不总是一个方便的选择，因为功率级需要一个新的设计和封装。然而，功率级并联是一种很容易实现且便利的方式。努力在于将现有的控制系统用于并联工作[3]。这主要是通过软件与硬件的努力来实现的，但是进展受限。

虽然在研发实验室有许多研发团队曾尝试过并列运行工作，但只有少数厂家试图对并联应用这个新的解决方案有系统分析，并把它用于较大规模的批量产品中。该想法是在现有的批量生产产品中使用功率变换器模块，并生产添加专门制造的硬件，这些硬件可以支持这些模块的并联运行，同时可以添加和修改相关软件支持模块的并联运行。

有两种可能的并联方法，即通过电隔离和在直流侧的直接连接。隔离的解决方案中每个功率变换器使用单独的供电电源，利用变压器实现并联功率单元的输出功率叠加。这种系统会变得昂贵和笨重，工作效率降低，并严重限制了并联设备的数量。

第二种方法是基于直流侧直接连接与负载侧相间的电抗器。该控制系统必须确保平等的电流分配[4,5,11]。即使它们的平均电压值相等，它们的瞬时输出电压也不相等。这意味着在每侧相间电抗器上的电压不同。由于电压降会在模块之间产生循环电流，因此这会增加对功率半导体器件额定值的要求。

14.4.1 相间电抗器

功率变换器直接连接的重大挑战是什么？相间电抗器的设计要受到稳态或瞬态工作约束条件的限制。限制稳态波动需要使用大的电感，并降低 IGBT 导通损耗和滤波器损耗。电感的值越小，越可以提供大的电流摆动率。选定的电感应支持在采样间隔期间承担整个直流总线电压，同时产生低于指定量的最大纹波变化。此外，该电感应限制由于并联/交错电源变换器基准波形的差使基波频率成分产生的循环电流[6,9,10,12]。最后，对动态特性要求较高且允许有合理循环电流的应用场合可以选用较小电感值的相间电抗器。

功率级之间有不同的可能连接方式。如图 14.12 所示，相间电抗器成为了电路的一部分。

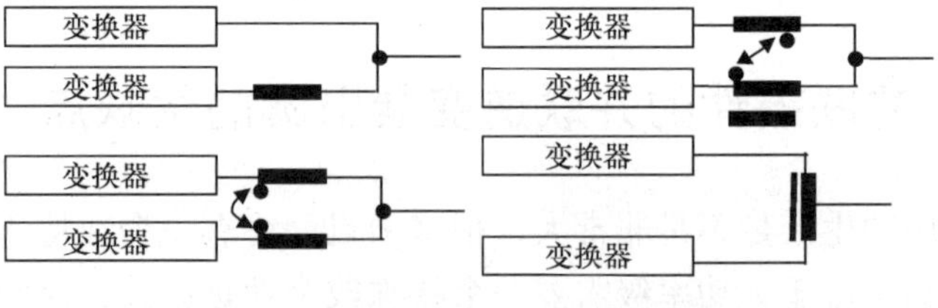

图 14.12　相间电感器的不同连接

通常使用单独的电感器或中点电感器。新解决方案采用直接或反相耦合的耦合电感。对直接耦合或反相耦合电感的分析给出了终端等效电感值。

对直接耦合 $Leq<L\Rightarrow$增加稳定——静态纹波

$$\text{对反相耦合，如果}\frac{M}{L}<d1/d2\text{，则 }Leq>L\Rightarrow\text{稳定下降——静态纹波} \quad (14.5)$$

另一种选择是在交流和直流侧之间分配电抗器，以改善交流侧的谐波滤波。这种想法在 15kW 以上功率结构的常规二极管整流器交流和直流侧有电感器的应用场合有所采用。

14.4.2　控制系统

控制系统的主要任务如下[4,5,11]：

1）均衡电流分配；

2）限制循环电流。

和以前一样，控制系统的设计是基于负载特性。对感性负载提出了一种基于开关模式选择的开环控制策略，如图 14.13a 所示，对负载端节点的电压不是明确给出了定义，并且有电感选择的问题。相反，由于对负载上的电压做出了很好的定义，因此对电容或较强的负载电压源特性意味着要有很好的闭环控制特性，如图 14.13b 所示。

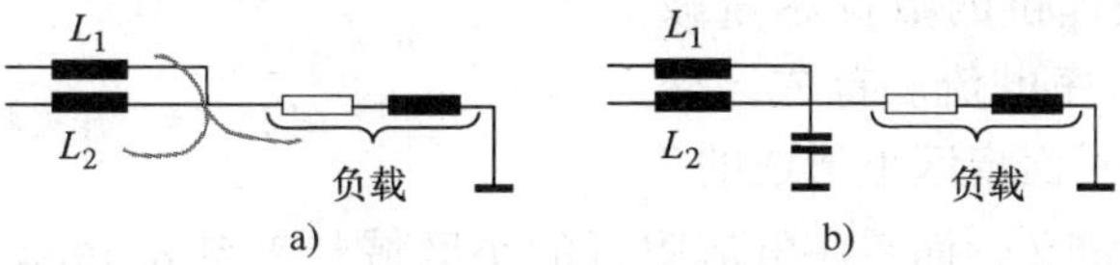

图 14.13　不同负载形式

14.4.3　变换器控制解决方案

所有 PWM 序列的选择对并联变换器很重要。首先，可以构建一个单一的 PWM 电路和使用相同的开关序列来控制所有的并联变换器。这种解决方案的缺点是难于对每个功率级的保护电路做出定义。此外，相间电感之间的任何不同都可以产生零序循环电流。

第二个解决方案中每个功率变换器使用不同的控制硬件，使用几乎相同的 PWM 模式，同时保留每个功率变换器自己的保护电路。这种解决方案的缺点是在工作过程中在纹波方面没有太大的改善。第三个解决方案意味着并联控制结构考虑到了所有可能的开关状态。这种解决方案限于小量并联变换器并联的应用场合，这样可以使并联功率变换器的开关状态数保持最低。这里只考虑两个功率变换器并联的应用。两个功率变换器的不同开关模式通过电感会产生不同的循环电流。

每个不同的 PWM 模式导致在相间电感会产生电压降，并且会由于负载的感性特性而产生电流变化。相反，两个相同开关工作模式变换器会保持相同的电流误差。由于控制回路中基准波形的不同、在给定时刻的有源矢量不同或由于每个变换器使用零状态之间的差异会产生环流电流。重要的是，在一个给定时刻使用的有源矢量的不同而产生的效果可以通过常用的（d，q）控制来校正。

可以从图 14.14 看出来自所有开关状态的电压矢量。使用这些矢量组合来生

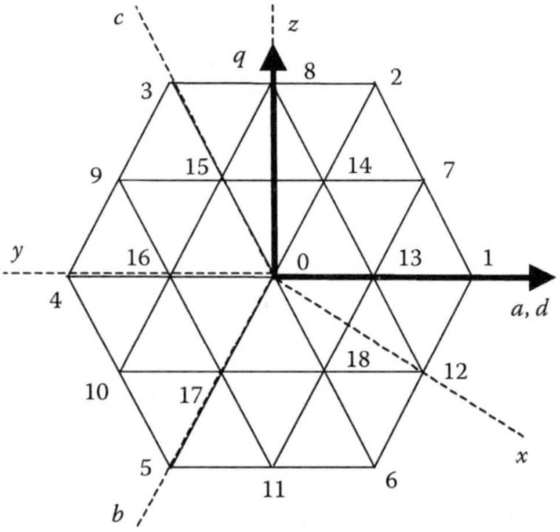

图 14.14　开关状态

成任何 PWM 的 SVM 非常类似于常用三相 6 开关变换器中使用的 SVM。系统每个工作状态都展现了不同逆变器引脚的循环电流。这些循环电流的变化率导致零序电流的变化。表 14.2 给出了零序电流变化率。表 14.3 给出了交叉电流的变化。

一旦完成对这种变换器的分析，目标是抑制电流谐波，同时提供小的 dΔi/dt 变化。开关模式的选择原则是利用前面表提供的数据尽量减少交叉电流和零序电流。首先，交叉电流矢量以复平面扇区上形成的7个扇区之一加以定义，而零序电流附近的小区域与来自表 14.2 值的一个小窗口比较器相比较。在整个工作中电流应该保持在一定的误差范围内，见表 14.4。

表 14.2　开关表

	000	001	010	011	100	101	110	111
000	0	17	15	16	13	18	14	0
001	12	5	16	10	18	11	0	17
010	15	16	3	9	14	0	8	15
011	16	10	9	4	0	17	15	16
100	13	18	8	15	1	12	7	13
101	18	11	0	17	12	6	13	18
110	14	0	8	15	7	13	2	14
111	0	17	15	16	13	18	14	0

表 14.3　开关表的零序列电流函数

	000	001	010	011	100	101	110	111
000	0	-1	-1	-2	-1	-2	-2	-3
001	1	-1	0	-1	0	0	-1	-2
010	1	0	0	-1	0	-1	-1	-2
011	2	1	1	0	1	0	0	-1
100	1	0	0	-1	0	-1	-1	-2
101	2	1	1	0	1	0	0	-1
110	2	1	1	0	1	0	0	-1
111	3	2	2	1	2	1	1	0

表 14.4　交叉电流

	000	001	010	011	100	101	110	111
000	0	$-ic$	$-ib$	$+ia$	$-ia$	$+ib$	$+ic$	0
001	$+ic$	0	$+\sqrt{3}ix$	$-ib$	$-\sqrt{3}ix$	$-ia$	$-2c$	$+ic$
010	$+ib$	$-\sqrt{3}iZ$	0	$-ic$	$+\sqrt{3}iy$	$+2ib$	$-ia$	$+ib$
011	$-ia$	$+ib$	$+ic$	0	$-2ia$	$+\sqrt{3}iy$	$+\sqrt{3}ix$	$-ia$
100	$+ia$	$+\sqrt{3}ix$	$+\sqrt{3}iy$	$+2ia$	0	$-ic$	$-ib$	$+ia$
101	$-ib$	$+ia$	$-2ib$	$+\sqrt{3}iy$	$+ic$	0	$\sqrt{3}iz$	$-ib$
110	$-ic$	$+\sqrt{3}ix$	$+ia$	$\sqrt{3}ix$	$+ib$	$-\sqrt{3}iz$	0	$-ic$
111	0	$-ic$	$-ib$	$+ia$	$-ia$	$+ib$	$+ic$	0

注：“+”代表轴上增量；“-”代表轴上减量。

14.4.4　电流控制

每个功率变换器中的每个电感电流可以单独控制或基于三相（d，q，0）概念控制，如图 14.15 所示。一般情况下，N 个相同子系统的系统可以被转化为一组 N 个子系统平均矢量的状态方程来描述。这将创建一个共模系统，这个系统描述了平均矢量的动态变化，利用这个系统可以定义对输出电压的控制。所有子系统平均矢量的偏差形成另一组加起来为零的 $N-1$ 个状态矢量。因此，系统动态特性通过对这组 $N-1$ 个状态矢量的平均矢量偏差加以描述。

可以有任何内部结构的 PI 控制器，这在本书相关章节中已对其做了讨论。每个电流控制器的增益和范围可以用基于（d，q）坐标的等效电路来定义。了解这些增益和限制是非常重要的，因为要同时修改工厂模型结构和闭环传递函数。根据功率传输方向，这些等效电路对应 buck 或 boost DC - DC 变换器。

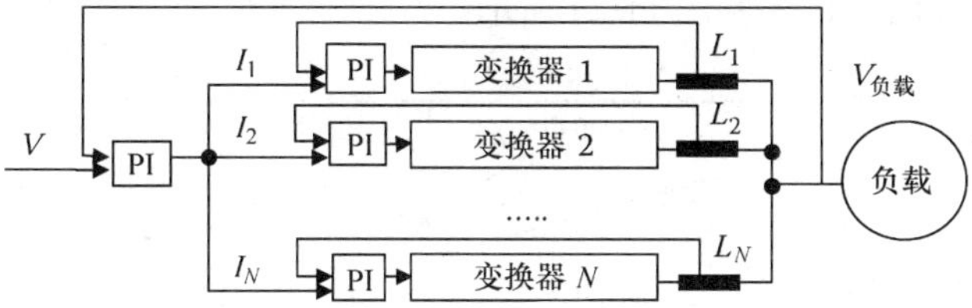

图 14.15　控制系统结构

14.4.5　并联变换器系统（d，q）控制的小信号模型

对基于（d，q）轴准直流变量的独自等效电路加以考虑，如图 14.16 所示。这可以有助于基于每个轴通过控制变量 D（脉冲占空比）导出一个小信号模型，如图 14.17 所示。D_{d} 和 D_{q} 表示基于（d，q）轴的脉冲占空比，m 表示变换器的调制指数，所以有 $D_{\mathrm{d}}^2+D_{\mathrm{q}}^2=m^2$。小信号模型可以从以所有电感电流和电容输出

电压作为状态变量的状态变量方程式导出（所有以功率传输方向来测量）。

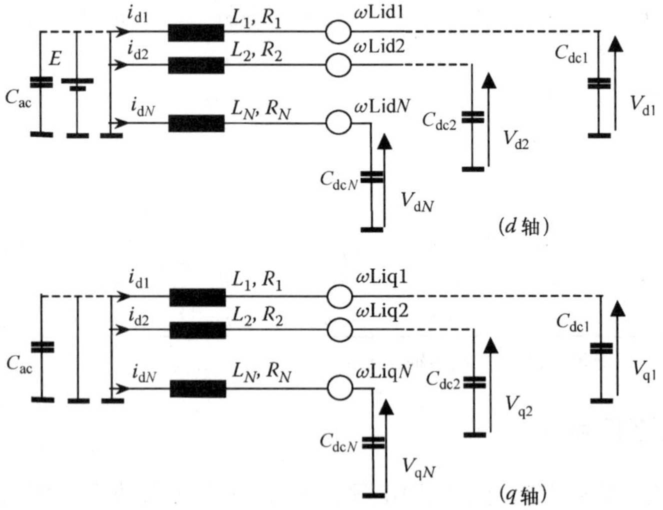

图 14.16　DC－DC boost 变换器

摘自：Neacsu，D. O.，Wagner，E.，Borowy，B. 2002. 37*th IAS Annual Meeting. Conference Record of the Volume* 3，13－18 October，pp. 1958－1965. 得到许可

$$x=\begin{bmatrix}i_L\\v_C\end{bmatrix}\qquad u=\begin{bmatrix}v_{IN}\\D\end{bmatrix}\qquad y=\begin{bmatrix}v_{OUT}\\i_L\end{bmatrix}\tag{14.6}$$

下面会给出简化控制功能。包括所有由于非线性和非最小相位系统特性不稳定性的详细分析可以参见本章参考文献［1，2］。单变换器与并联变换器的电流控制之间的区别可以在工厂不同型号的变换器中看到，如图 14.18 和图 14.19 所示。

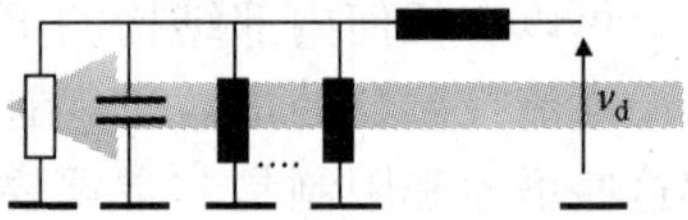

图 14.17　（d，q）轴的等效电路

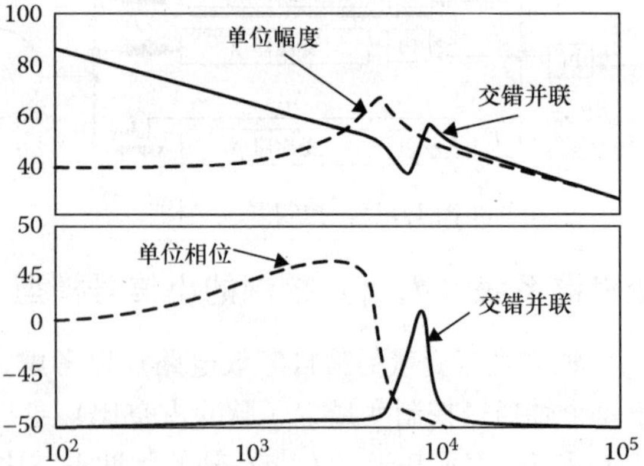

图 14.18　buck 变换器模型的波特图

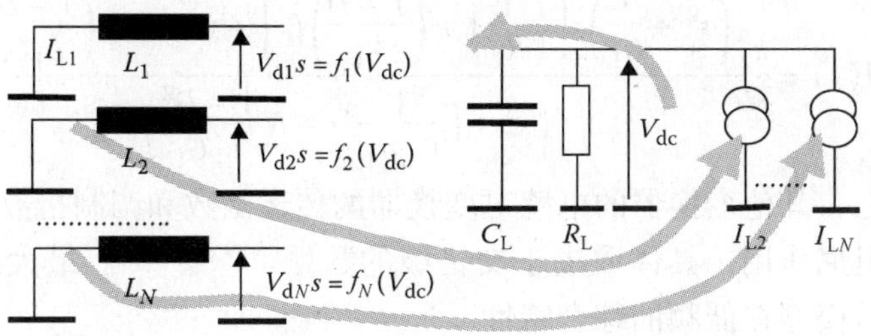

图 14.19　boost 变换器并联连接的等效电路

首先，当变换器的工作特性像 DC－DC buck 变换器且来自图 14.20 结果的等效负载小信号模型时，让我们先分析每个（d，q）等效电路。来自占空比与电感电流的传递函数如式（14.7）所示。

$$H(s)=\frac{k}{sL}\cdot\frac{\left(s^2+\left(\dfrac{1}{C_{AC}R_{AC}}\right)\right)s+\dfrac{(N-1)}{L_1C_{AC}}}{\left(s^2+\left(\dfrac{1}{C_{AC}R_{AC}}\right)\right)s+\dfrac{N}{L_1C_{AC}}} \tag{14.7}$$

其他变换器的电感会引入阻尼效应。每个交错级的调制指数与电感电流的传递函数是不同的。单级情况下的巨大差异在于低频时的综合特性[7,8]。

通过 DC－DC boost 变换器功率传输的（d，q）建模如图 14.19 所示，相应地导出了小信号模型。在图 14.19 中还给出了占空比到电感电流的传递函数。从图 14.19 可以看出第一个变换器的占空比决定电感 L_1 中电流的变化，接着就是在电容 C_L 上的负载电压的变化。通过其他电感和输出电容电压发生反馈变化，电压的变化引起负载电流的变化。基于小信号等效电路，可以计算占空比与电感电流的传递函数。

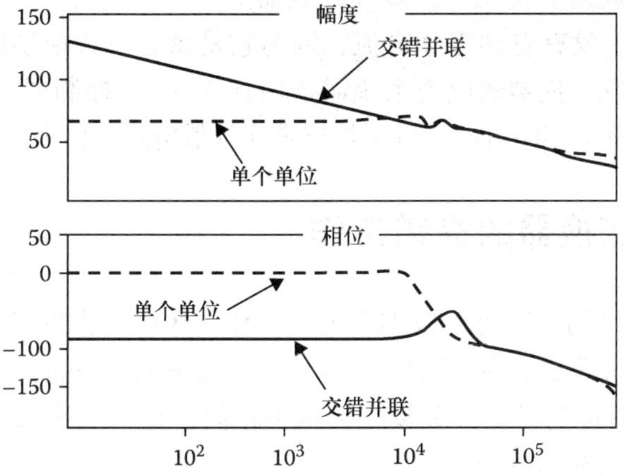

图 14.20　boost 变换器的伯德图

$$H(s)=\frac{k_2}{sL}\frac{\left(s^2+\frac{1}{C_L}\right)s\left[\left(\frac{1}{R_L}\right)+\left(\frac{1-D}{V_L}\right)I_L\right]+(N-1)\left(\frac{1-D^2}{L_1C_L}\right)}{\left(s^2+\left(\frac{1}{C_LR_L}\right)s+N\frac{1-D^2}{L_1C_L}\right)} \tag{14.8}$$

简而言之，其他变换器的电感对变换器的传递函数和调制指数与电感电流的传递函数有阻尼作用，具体取决于交错级的数量[6,9,10,12]。最大差异在于单一变换器小信号模型在低频的综合特性。

14.4.6 (*d*, *q*) 与 (*d*, *q*, 0) 控制

工业界使用的许多版本标准三相功率变换器的矢量控制实施仅考虑了（d，q）控制，没有考虑任何的零序列控制器。在交错功率变换器的并联硬件应用场合就出现了是常用的（d，q）控制就足够了，还是需要使用零序控制器来加以改进的问题。

如果一个或多个变换器引脚上的开关模式相互不同，则在功率变换器之间就会出现循环电流。假设只有一相显示有循环电流，则电源变换器的三个电流可以写为

$$I_a=x+\sin(\omega t),\ I_b=\sin(\omega t+120),\ I_c=\sin(\omega t+240)$$

在（a，b，c）被变换为（d，q）后，（d，q）中加了 $0.66x$，零序成分中加了 $0.33x$ 后。

重要的是要注意零序分量的综合作用。当电压被加到相间电感器时，由于不同功率级的开关工作模式不同，因此取决于电压的极性，零序电流增加或减小。当施加一个零电压时，零序电流保持恒定。加在相间电感上的重复电压可以使功率级加大零序分量的值直至一个危险的值。

在电流控制中，在每个（d，q）轴使用 PI 控制理想的在轴上提取额外的成分 $0.66x$，不会影响零序轴上的成分。所有这些三相电流都有相等的误差。如果这个误差太大，就需要使用一个零序控制器。

在共模模型中没有看到零序电流，因为它是微分模式模型的一部分。这意味着一个有 N 个并联变换器的电力系统需要用到 $N-1$ 个控制器，因为这里有 $N-1$ 个独立的电流。每个零序电流控制器根据零序等值电路上出现的相间电感来设计。

14.5 功率变换器的交错工作

相同并联连接的硬件可以以多种方式工作，这些工作方式会导致积累在输入和输出波形的纹波降低，如图 14.17 所示。最简单的解决方案是所有变换器都使用相同的 PWM 时钟信号。开关模式的结果相同，整个功率级的工作特性就像一个单一的大功率变换器。

不同的功率变换器可以使用不同的时钟信号，由于无源纹波消除（随机），可以

使输入/输出电流波形中的纹波降低$\sqrt{N}$倍。这绝对不是一个切实可行的解决方案。现有的受控硬件可以利用等相位位移（$2\pi/N$）来产生所谓的交错，如图 14.21 所示。

纹波幅度减少了 N 倍，纹波频率增加 N 倍，简化了滤波。这种解决方案首先用于 DC－DC 变换器，现在越来越多地用于交流应用。buck 或 boost 拓扑结构已被长时间地交错使用，以改善几个电源设备之间的谐波和功率分配问题。先进的方法通过这些变换器的谐波成分发送并联变换器的电流分配信息。这主要是由于开关频率和控制带宽之间的大比例可能性。相比之下，交流应用场合使用较低的开关频率和控制带宽是有限的。

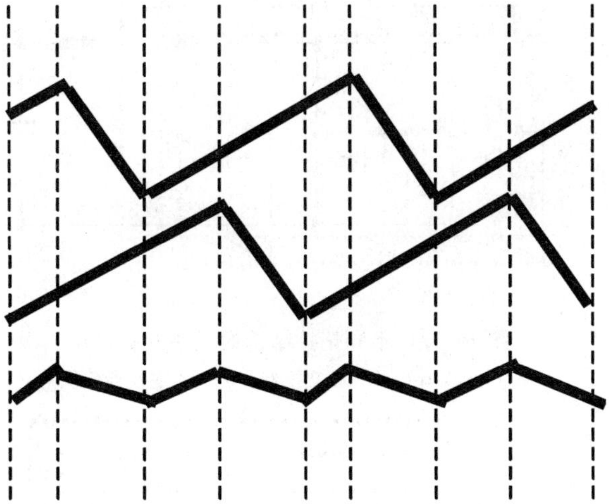

图 14.21　利用交错组成的波纹

交错已用于其他类型的三相变换器，例如用于由 buck 变换器衍生出的三相变换器（见第 3 章的参考文献［7］）或 B4 逆变器模块（见第 3 章的参考文献［8］），如图 14.22 所示。所有这些参考文献都对交错 6 开关三相变换器给予了大量的分析[6,9,10,12]。并联硬件采用交错控制有许多优点。最重要的优点是在使用之前的知识来构建、控制和保护每个三相逆变器和变换器。下面将讨论其他的一些优点，如图 14.23 所示。

当感应电压（伏秒）或相电压最大值的曲线下时正弦相电流的纹波最大。因此，由于交错工作最终使纹波电流下降。并联硬件的交错工作使导通损耗和滤波器损耗最小化。硬件并联工作提高了工作可靠性，确保了很好的冗余度。最后，硬件并联确保了电子系统的运转。

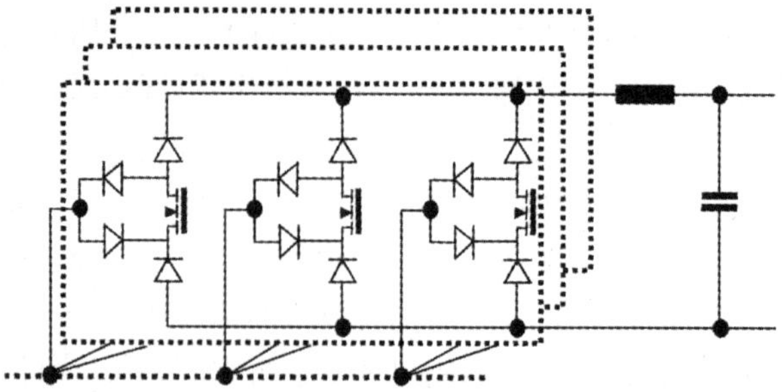

a)

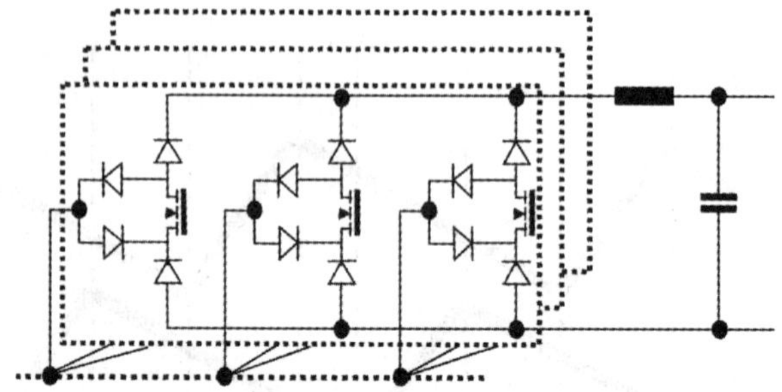

b)

图 14.22　不同拓扑结构的交错配置使用

a）buck 导出的三相变换器　b）B4 逆变器模块

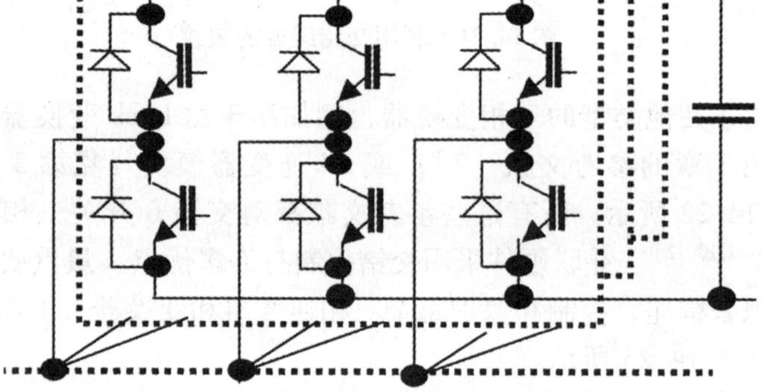

图 14.23　来自 PWM 基准信号差的循环电流

14.6　循环电流

已证明，循环电流是由不同的功率级开关工作模式之间差异的原因造成的。在多种工作模式下循环电流与 PWM 算法的选择有关。

首先，循环电流取决于每个功率变换器所使用基准波形（或导通时间）的不同，如图 14.24 所示。总之，正弦 PWM 导致基准信号之间较小的差异，并且在功率变换级之间会产生较小的循环电流。

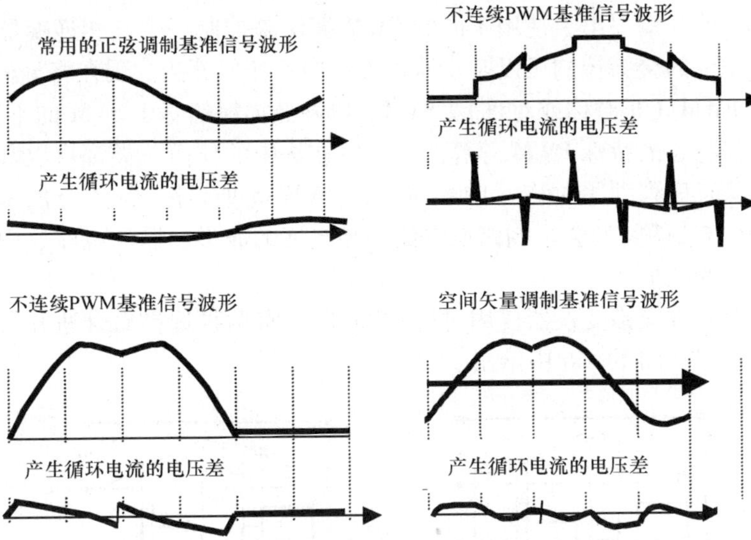

图 14.24　对偶数变换器不同交错的可能性

摘自：Neacsu，D. O.，Wagner，E.，Borowy，B. 2002. 37*th IAS Annual Meeting. Conference Record of the Volume* 3，13 – 18 October，pp. 1958 – 1965 得到许可

另一种类型的循环电流来自每个功率级所使用的不同有源矢量。由于同时采用了不同的有源矢量，逆变器的一个引脚被连接到 + 直流母线，而另一个逆变器相同的引脚连接到了 – 直流母线。这样的循环电流基于（d，q，0）分量分解，并且可以部分通过（d，q）电流控制器进行校正。

最后，当所有三个开关连接到直流母线的一个端子上，而另一个逆变器的电极连接到直流母线的另一端时就会产生纯零序电流。当一个变换器使用一个零个矢量，另一个变换器使用另一个可能的零矢量时就会发生这种情况。可以使用特别的 PWM 方法来避免使用任何的零矢量，如图 14.25 所示。

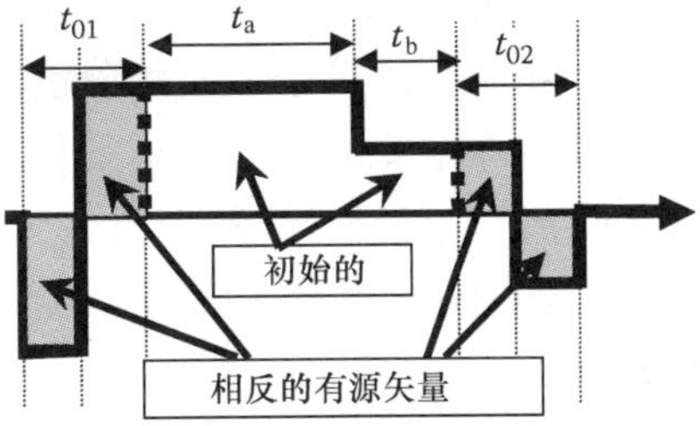

图 14.25　没有任何零矢量的 PWM 序列生成

只要有一个零状态是必要的，那么另一种解决方案是在所有电源变换器中选用相同的零状态。在几秒钟内可以改变选定的共同零状态，以避免运行温度上升。始终使用相同的零矢量，无论在 PWM 取样间隔期间使用了什么有源矢量，

都消除了与相同零状态有关的循环电流可能性。

14.7 PWM 算法选择[1,2]

在本书前几章提出了使用不同的 PWM 算法来控制一个三相逆变器的有关内容。并联硬件的交错控制可以基于这些算法中的任何算法。现在将分析集中于基于载波的 PWM（非对称或对称）、SVM、以降低损耗的基于 SVM 的不连续 PWM 或有相同零状态的特殊 PWM 等算法。这些方法中的任何一类都可以基于开关间隔期间的状态序列利用对称（中心对齐）PWM 或非对称 PWM 方法来产生。使用的 PWM 方法的类型会影响谐波电流和相电流的波形、循环电流、中点电压和直流侧电流的波形。

当一个偶数交错变换器使用对称 PWM 时，有两种选择最合适开关序列的可能性，这些都在图 14.26 中给出。

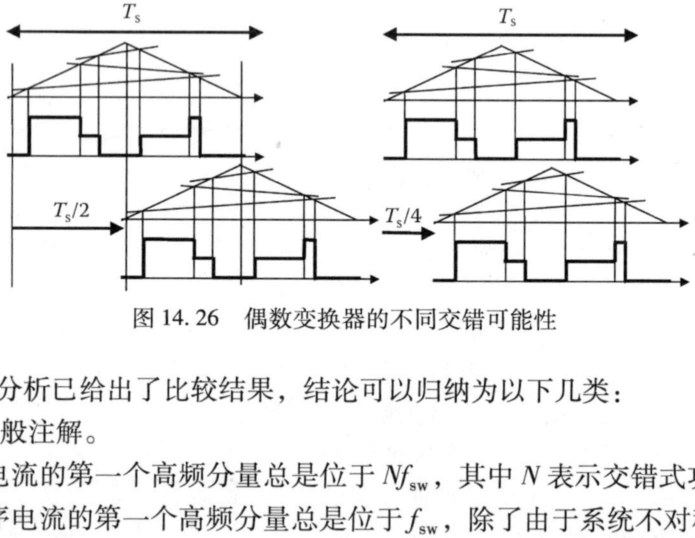

图 14.26 偶数变换器的不同交错可能性

大量的分析已给出了比较结果，结论可以归纳为以下几类：

（1）一般注解。

1）相电流的第一个高频分量总是位于 Nf_{sw}，其中 N 表示交错式功率级数；

2）零序电流的第一个高频分量总是位于f_{sw}，除了由于系统不对称而产生的频率成分，在直流母线和中点电压显示第一个高频分量位于 Nf_{sw}；

3）用 PWM 的最佳序列来减少负载谐波电流，在每个逆变器产生更高次的谐波电流；

4）当降低循环电流后，峰 - 峰值中点电压会在一个较大的区间反弹；

（2）载波 PWM。

1）对称 PWM 逆变器电流中会比非对称 PWM 产生更少的谐波电流；

2）利用脉冲或周期控制可以实现交错对称 PWM，如图 14.26 所示；

3）由于较多不同状态的叠加，因此对称方法中的零序电流较大；

4）在对称 PWM 方法中，中点峰 - 峰值电压较低；

（3）PWM 降低了损耗。

1）如果没有使用零序列电流控制器，则降低损耗的 PWM 显示在低频有一个非常大的零序电流；

2）在 SVM 或降低损耗的 PWM 中必须使用零序列控制器。

这项研究的最重要的结论是，在交错应用场合使用正弦 PWM 算法比使用 SVM 或降低损耗的 PWM 方法更有优势。

14.8 系统控制器

就像在一个变换器的应用，每个独立的三相逆变器受控于相同的控制器。PWM、功率级保护和电流控制都在每个逆变器的控制模块中实现，如图 14.27 所示。

关于这些系统控制器都有相关的参考文献供参考。系统控制器的主要任务是在并联逆变器之间合理地进行电流分配，严格的输出调节，分层保护，通过一个基准信号进行用户界面控制。

最重要的任务是在功率变换器之间均匀地分配电流。可以利用主－从控制、中心限位控制或循环链控制实现[4,5,11]，如图 14.28 和图 14.29 所示。

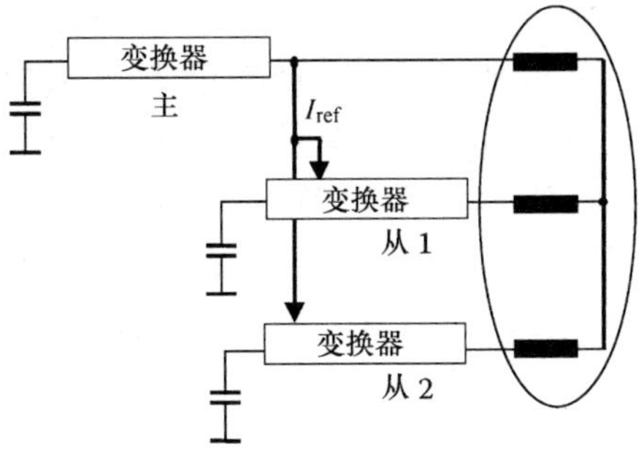

图 14.27 6 开关三相变换器的并联连接

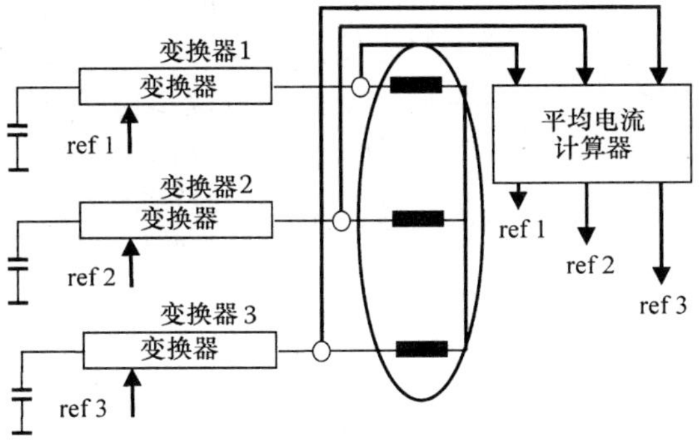

图 14.28 主－从结构

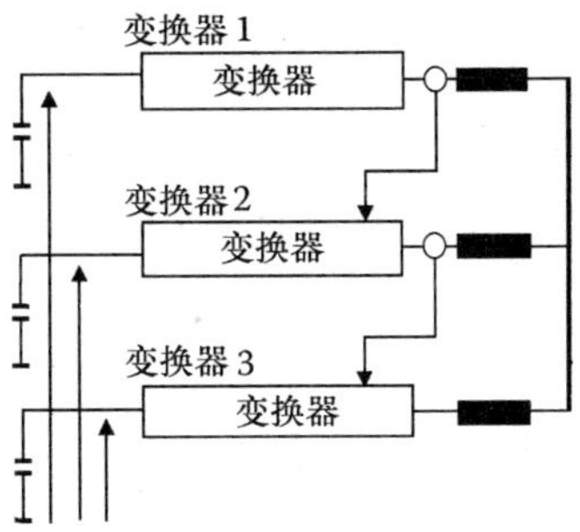

图 14.29 循环链控制

最后，每一种控制方法都必须有一个有效的通信协议或通信接口。由于要通过每个电源变换器中的硬件控制器来确保本地控制的实现，因此每个系统控制器必须至少配备两个通信端口。第一个通信端口用于功率级之间的通信，以确保实现电流分配和故障管理[13]。在通信信道上发送的通信信息取决于所选择的系统控制器结构，例如主-从控制、中心限位控制和循环链控制。

第二个通信信道用于PC接口的在线监测和开发，可以考虑认为是本地接口。

两个所需的通信信道是双向的，并且由于系统的复杂性，优先选择串行通信。对多变换器应用的可能的通信链路是CAN、RS232或RS485。变换器的S/H控制严重受到通信波特率或带宽的影响。在每一个PWM周期中要实现S/H控制，通信链路应保证在PWM频率下信息的充分通信交换。这是一个非常重要的约束和限制。

系统控制器要解决的最后一个问题与在一个更高层次水平的保护有关。已表明，本地控制器应确保电力半导体器件的快速保护、在过电流情况下的快速关机、IGBT去饱和、过电压或过温度保护。这些都是故障，出现迅速，应立即引起重视。一旦做出关机决定，则应通过每个变换器控制器对关机事件信息进行处理，软件进入关机处理和故障反弹消除处理流程。变换器内部网络的波特率有限，即时的全局决策是不可能的。常考虑的解决方案往往是根据所需的响应时间分散故障。有些故障通过常用的通信链路发送，有些故障信号通过应急硬件电路发送，以实现快速关断所有功率变换器的目的。通过系统监控不需要快速反应的故障定期状态报告，确保监控系统的可靠工作。通过一个专用的软件评价系统，并在这些报告的基础上对现有故障做出正确的反应。用于启动与/或从关机状态返回的软件流程定义是非常重要的。

另一个可能发生在运行期间的故障是通信链路的损失，即使是暂时的。最常见的解决方案是使用一种具有奇偶校验和安全功能的专用通信协议，用于监视通信信道。这进一步降低了通信波特率。特殊的通信协议设置一个标志用于某些故障和软件算法来启动关机程序，否则会在每个变换器出现不可控的循环电流。本地软件可以独立地检测这些故障并独立地关机。通常使用简化的解决方案，而不是使用专用的通信信道，通过通信信道在日常的故障管理中设定故障位。

14.9 总结

本章详细介绍了三相硬件的并行和交错工作的有关内容。因此，证明三相系统的交错运行是中大功率变换器的一种可行的解决方案，特别是在低电压大电流应用场合[14,15]。对设计方面和相间电感器的选择或PWM算法也进行了介绍。

问 题

P14.1 电力电子变换器需要并联三个 F 系列的 600V Powerex IGBT 来构成每个开关管。应该考虑的静态降额因子是多大?

P14.2 对相同的功率变换器，如果使用 200A 的 IGBT，则对这种电路结构允许通过所有 3 个 IGBT 的最大电流是多少?

P14.3 考虑一个有两个功率级的交错功率变换器，每个变换器的功率级受控于 10kHz 的正弦 PWM，电网频率为 60Hz，开环供电电压有效值为 120V。计算加到相间电感的低频分量。如果每个电感的电感量为 100mH，则对应的低频循环电流为多少?

P14.4 考虑式（5.30）给出的 SVM 算法的时间常数方程式，定义对应图 14.27 的新时间间隔。绘制在一个采样间隔内的开关模式，以在第一扇区中生成一个矢量。是否有任何支持中心对齐 PWM 硬件的实现方式?

参 考 文 献

1. Neacsu, D.O., Borowy, B., and Bonnice, W. 2001. Limiting inter-converter zero sequence currents within three-phase multi-converter power systems—Review and ultimate solution. *IEEE IECON*, Denver, CO, USA, pp. 1255–1261.
2. Neacsu, D.O., Wagner, E., and Borowy, B.N. 2002. Selection of the PWM algorithm for 3-phase interleaved converters. *IEEE IAS*, Pittsburgh, PA, USA, pp. 13–19.
3. Garg, A., Perreault, D.J., and Verghese, G.C. 1999. Feedback control of paralleled symmetric systems with applications to nonlinear dynamics of paralleled power converters. *Proceedings of the 1999 IEEE International Symposium on Circuits and Systems, ISCAS '99*, vol. 5, pp. 192–197, 30 May–2 June.
4. Zhou, X., Xu, P., and Lee, F.C. 2000. A novel current-sharing control technique for low-voltage high-current voltage regulator module applications. *IEEE Trans. PE* 15(6), 1153–1162.
5. Wu, T.F., Chen, Y.K., and Huang, Y.H. 2000. 3C strategy for inverters in parallel operation achieving an equal current distribution. *IEEE Trans. IE* 47(2), 273–281.
6. Perreault, D. and Kassakian, J. 1997. Distributed interleaving of paralleled power converters. *IEEE Trans. CAS* 44(8), 728–734.
7. Mazumder, S., Nayfeh, A., and Borojevic, D. 2002. Comparison of nonlinear and linear control schemes for independent stabilization of parallel multi-phase converters. *IEEE IAS*.
8. Mazumder, S.K., Nayfeh, A.H., and Borojevic, D. 2001. A novel approach to the stability analysis of boost power-factor-correction circuits. *IEEE 32nd Annual Power Electronics Specialists Conference, PESC 2001*, Vancouver, Canada, vol. 3, pp. 1719–1724, June.
9. Kelkar, S. and Henze, C.P. 2001. High performance three-phase unity power factor rectifier using interleaved buck-derived topology for high power battery charging applications. *IEEE 32nd Annual Power Electronics Specialists Conference, PESC 2001*, Vancouver, Canada, vol. 2, pp. 1013–1018, June.

10. Singh, B.N., Joos, G., and Jain, P. 2000. Interleaved 3-phase PWM AC/DC converters based on a 4-switch topology. *IEEE 31st Annual Power Electronics Specialists Conference, 2000. PESC 2000*, Galway, Ireland, vol. 2, pp. 1005–1011, 18–23 June.
11. Wu, T.F., Chen, Y.K., and Huang, Y.H. 2000. 3C strategy for inverters in parallel operation achieving an equal current distribution. *IEEE Trans. IE* 47(2), 273–281.
12. Chang, C. and Knights, M.A. 1995. Interleaving technique in distributed power conversion systems. *IEEE Trans. CAS* 42(5), 245–251.
13. Donescu, V. 2001. Fault detection and management system broadcasts motor drive faults. *PCIM*, June, 38–42.
14. Anon. 2000. FM2000—Modular drive design up to 2000HP. TECO-Westinghouse internet documentation.
15. Anon. 2000. Drive modules offer system integrator flexibility. *ABBACS600 in Engineering Talk.*
16. Neacsu, D.O., Wagner, E., Borowy, B., 2002. *37th IAS Annual Meeting. Conference Record of the Volume 3*, 13–18 Oct. 2002, pp. 1958–1965.

第 15 章　AC－DC 和 DC－AC 电流源变换器

15.1　简介

本书中的大部分其他章节涉及电压源变换器（VSC），涉及一种由 6 位双向开关电压源供电的功率变换器结构。另一种拓扑结构是电流源变换器（CSC）[1-3]，如图 15.1 所示。这种变换器的结构建立在由电流源供电的 6 单向开关的基础上。这意味着变换器必须始终确保电流循环的通路。此外，电流循环是从直流电流源流向负载的单向电流（对电流源逆变器（CSI）而言），或从交流电网到直流电流负载（对 AC－DC 电流源变换器而言）。可能的工作状态如图 15.2 所示。

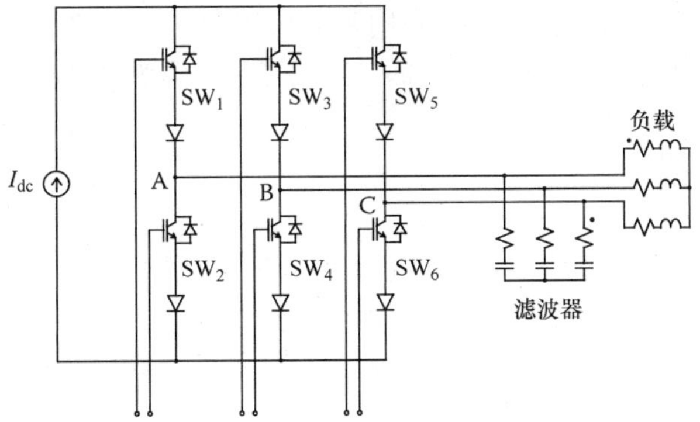

图 15.1　三相电流源逆变器

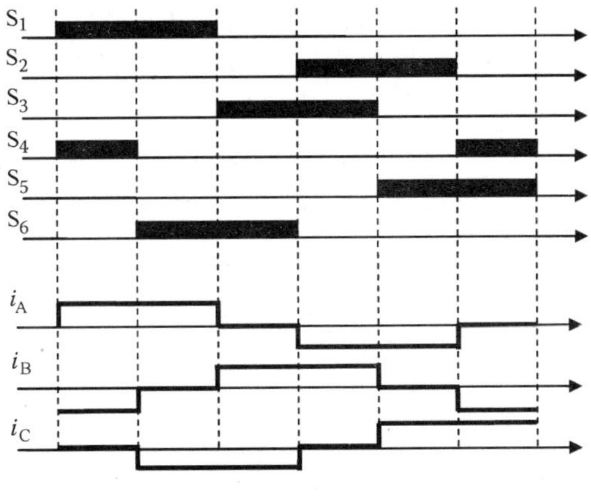

图 15.2　未调制电流源变换器的开关状态和电流

最古老的电流源变换器是基于晶闸管没有直流侧滤波电容的 AC－DC 整流器，这里，通过控制晶闸管来调节从电网流入负载的负载电流。由于电流源拓扑结构需要额外的阻流二极管将 IGBT 的寄生二极管变成一个真正的单向工作器件，因此 IGBT 器件的出现将越来越多的精力集中在电压源型的拓扑结构。最近出现的 IGBT－RB（反向阻断）器件对电流源变换器拓扑结构的研究出现新局面。

DC－AC电流源拓扑主要用于三相电动机控制。因此，本章仅对三相变换器进行分析。

电流源变换器/逆变器在和电压源结构相对比时，优点如下：

1）工作降低了功耗[4,5]；

2）工作降低了噪声；

3）不使用续流二极管改进了变换器的体积和重量。

4）由于使用了更少的元器件数量，因此变换器的工作可靠性得到了提高。

电流源变换器拓扑的缺点为电流瞬态响应工作特性较慢（由于电路拓扑结构为变换器＋滤波器）。

取样/开关频率通常选在1～10kHz范围内，以降低在换向期间由于交流侧漏抗产生的无功电能和由此而产生的器件应力。现今关心的其他有关问题是减缓共模电压的影响[6]。

利用调制指数 m 可以通过适当的PWM来实现电流调节控制。大多数的PWM算法类似于电压源变换器中采用基准信号波形和载波波形比较的方法来产生脉冲控制信号的控制方法。一般的基准波形是梯形波[10,11]或正弦波[7]。

15.2 电流换向

在任何时刻，控制功率级需要确保只有两个器件导通。不同的导通状态之间的过渡需要无缝进行，没有由于循环电流造成的损耗。这是一种类似于和死区时间发生器相反的机制来实现：通过允许定义旧状态和新状态开关的导通，引入一个小间隔来叠加相邻两个状态，这个概念对任何PWM算法都是成立的，可以用于AC－DC或DC－AC变换场合。

例如，在从开关 SW_1 和 SW_6 导通状态变化到开关 SW_3 和 SW_6 的导通、循环路径应保持，确保电流从DC＋进入变换器（见图15.2）。通常，在开关 SW_1 和 SW_3 受控导通时利用一个间隔区来保证，如图15.3所示[8]。这个间隔区被称为重叠，在关断导通开关时，必须有足够长的时间来导通

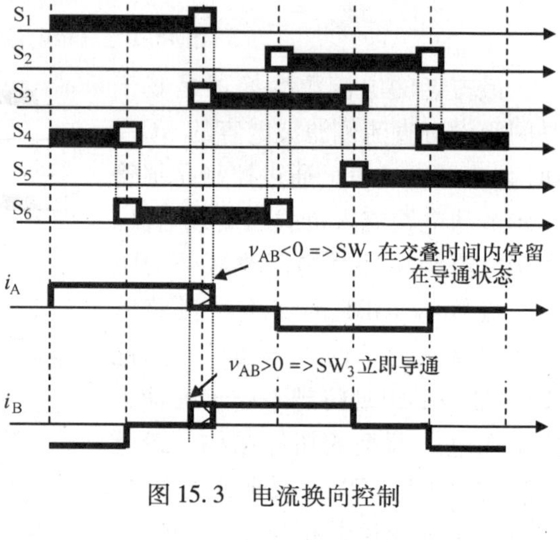

图15.3 电流换向控制

关闭的开关。这个重叠也为开关提供了一个最小导通时间。

开关 SW_1 和 SW_3 之间实际的电流换向取决于电路电压 v_{AB} 的极性（见图 15.1）。两个开关都有导通状态的栅极控制信号，并且在它们导通状态下的电压极性决定导通状态。在重叠间隔的开始或结束时刻是准确的换向发生时刻。一个准确的换向时刻不明确意味着有控制信号的损失和开关电流的不确定性，并且这个问题在重叠间隔会进一步出现在输出电流上。考虑在交流侧电流的每一个 PWM 信号的两个脉冲沿和交流侧的电流表示三种情况（类似于对死区时间间隔影响的分析），有

1）脉冲转移；

2）脉冲正在失去一些电流；

3）脉冲具有一定长度的增加。

这种脉冲形状变化的整体效果是交流侧正弦电流波形轻微的失真[9]。波形影响如图 15.4 所示。采用快速开关器件可以有较短的重叠时间，就不会产生波形

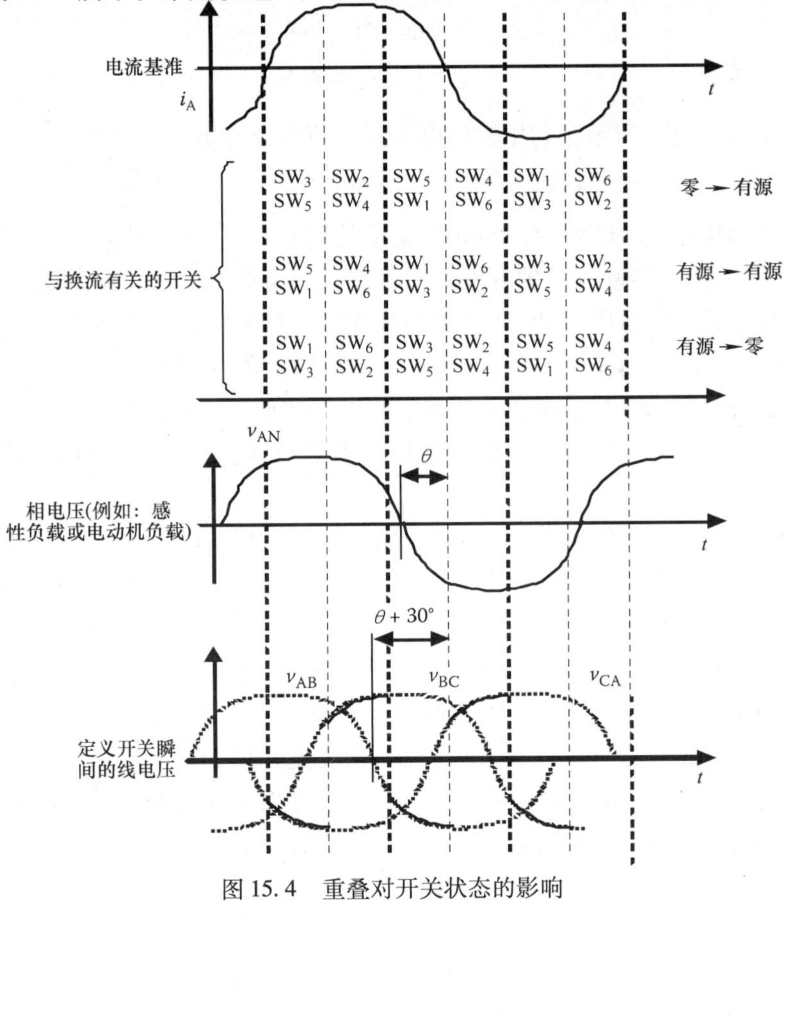

图 15.4　重叠对开关状态的影响

失真，否则就会影响电流波形。

最后，重要的是要注意，由于穿透保护的限制，常用的双通道（变换器引脚）或6通道（逆变器）的栅极驱动器不能实现这种栅极控制。个别的栅极驱动器允许同一个逆变器引脚上的两个开关导通。

15.3 使用开关函数来定义电路工作

在本书的第3.8节已对使用开关函数来描述一个三相电压源变换器工作的有关内容进行了介绍。这里也将同样的理论用于电流源变换器。开关函数被定义为能够表征分析状态变化的周期信号，而不涉及状态之间转换细节的函数。利用图15.1可以分析和开关控制信号一致的开关函数。

$$i_A = i_{dc}(S_1 - S_4) \tag{15.1}$$

$$i_B = i_{dc}(S_3 - S_6) \tag{15.2}$$

$$i_C = i_{dc}(S_5 - S_2) \tag{15.3}$$

如式（15.4）所示，利用输出电压瞬时值可以计算直流侧电压。

$$v_i = v_{AN}(S_1 - S_4) + v_{BN}(S_3 - S_6) + v_{CN}(S_5 - S_2) \tag{15.4}$$

MATLAB - SIMULINK 或 PSPICE 模拟仿真可以进一步用于功率变换器的建模，也可以用于 PWM 算法的开发。在没有任何重叠时间补偿或消除可能的滤波器谐振的情况下，通用的 PWM 算法的系统级波形如下面的有关图所示。不同的改进栅极控制脉冲生成选项将在本书15.4节的相关内容中详细介绍。这里给出的这些波形用于说明在不同开关频率下的工作波形。可以看出滤波器元件的选择有多么重要，并且避免由于滤波器结构而引起可能振荡的重要性，如图15.5～图15.8所示。

AC - DC 电流源变换器（也叫开关整流器）如图15.9所示。这里 PWM 脉冲通过 PLL 电路和电网同步，对于电路工作的建模使用了同样的开关函数理论。

电路的工作和电流源逆变器非常类似，但是现在能量从电网流到直流负载侧。通过输入 *LC* 滤波器确保了电路的正常工作，这里电感 *L* 由电网电感和可能的小滤波器电感叠加组成。开关函数和式（15.1）～式（15.4）相同。

仿真结果如下面的图所示。由于 *LC* 滤波器元件和 PWM 控制可以进一步优化，因此这里的有关图仅以说明为目的。需要注意的是控制信号与电网相位信息之间的精确同步问题，如图15.10和图15.11所示。

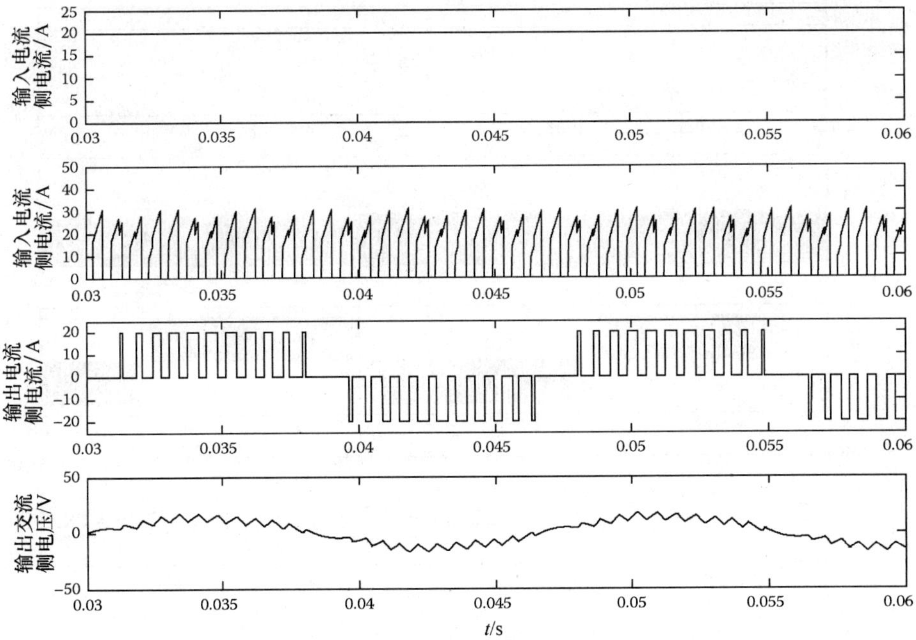

图 15.5　电流源逆变器的系统级波形$\left(\frac{f_{PWM}}{f_{OUT}}=24、L=1mH、C=470\mu F\right)$

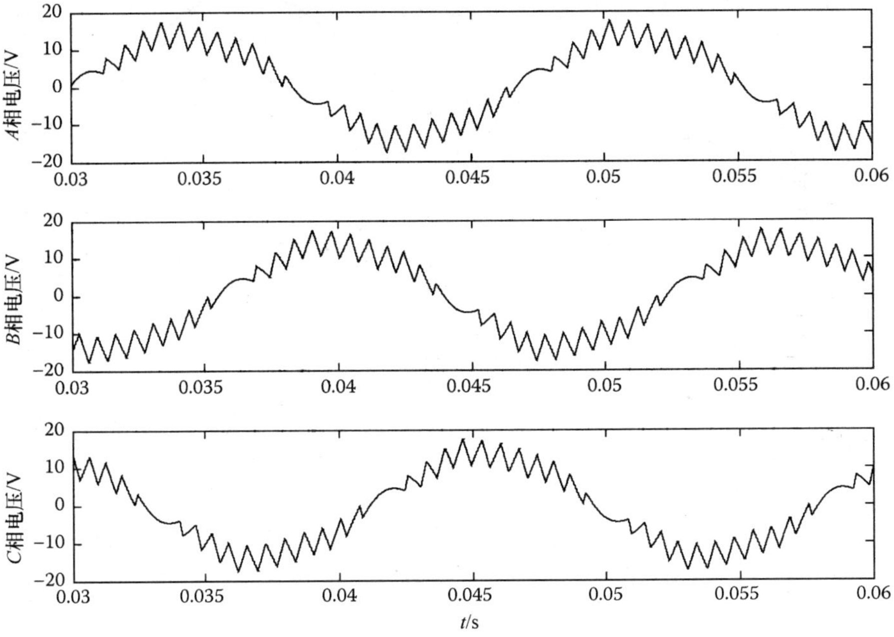

图 15.6　经过 LC 滤波器的输出相电压$\left(\frac{f_{PWM}}{f_{OUT}}=24、L=1mH、C=470\mu F\right)$

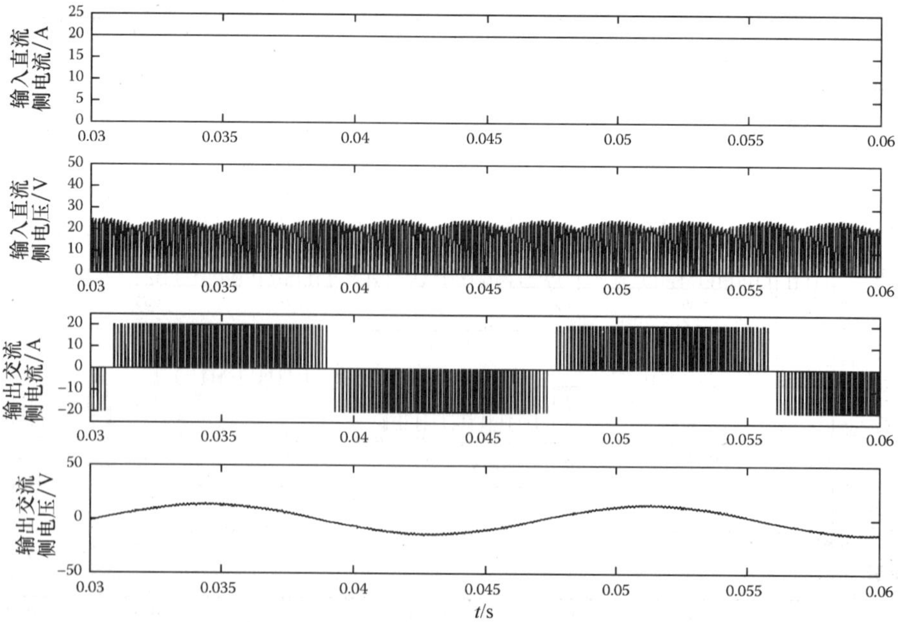

图 15.7　电流源逆变器的系统级波形$\left(\frac{f_{PWM}}{f_{OUT}}=120、L=1mH、C=470\mu F\right)$

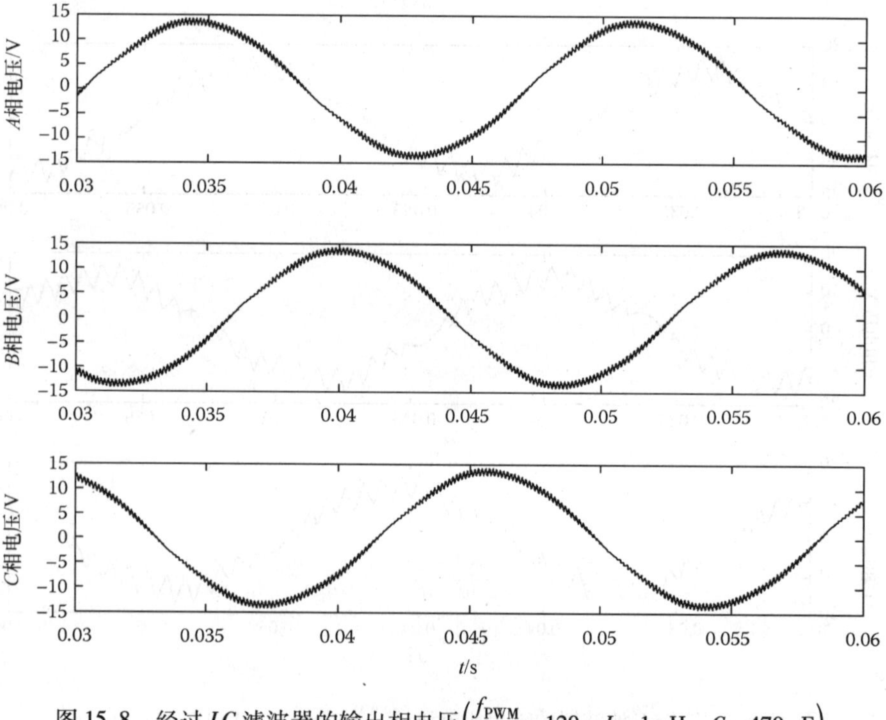

图 15.8　经过 LC 滤波器的输出相电压$\left(\frac{f_{PWM}}{f_{OUT}}=120、L=1mH、C=470\mu F\right)$

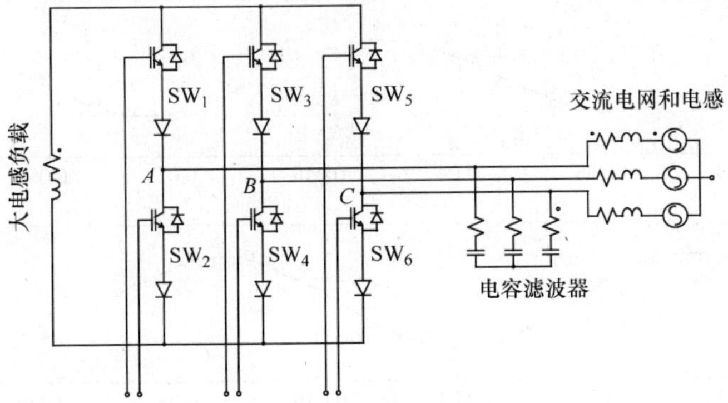

图 15.9 开关 PWM 整流器

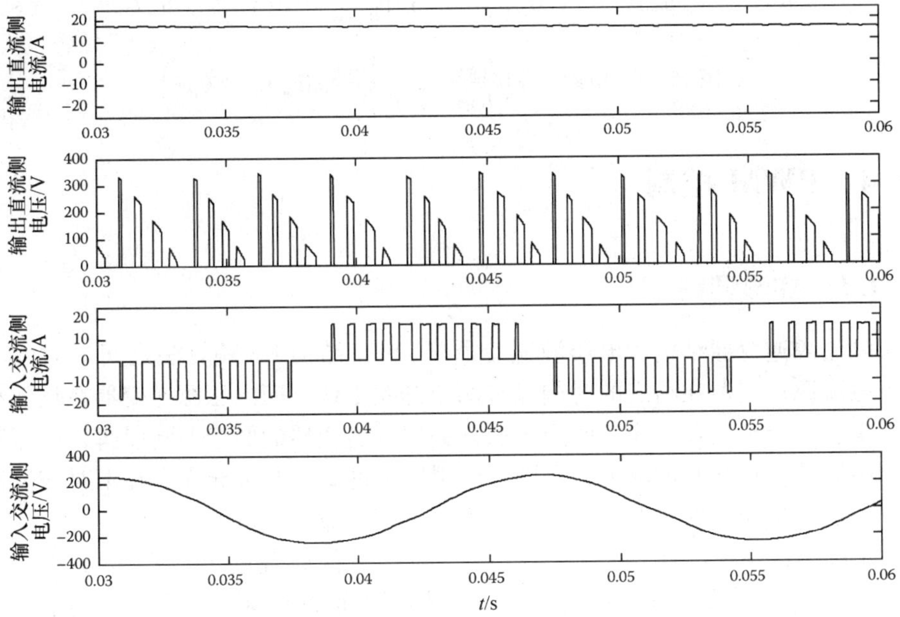

图 15.10 电网连接电流源变换器的系统级波形$\left(\frac{f_{PWM}}{f_{OUT}}=24、L=2mH、C=470\mu F\right)$

图 15.2 和式(15.1)~式(15.4)描述的工作不能允许在电路中调整电路的工作电流。这可以进一步通过各种 PWM 控制算法来实现。此外，也对这些 PWM 算法的优化进行了讨论。

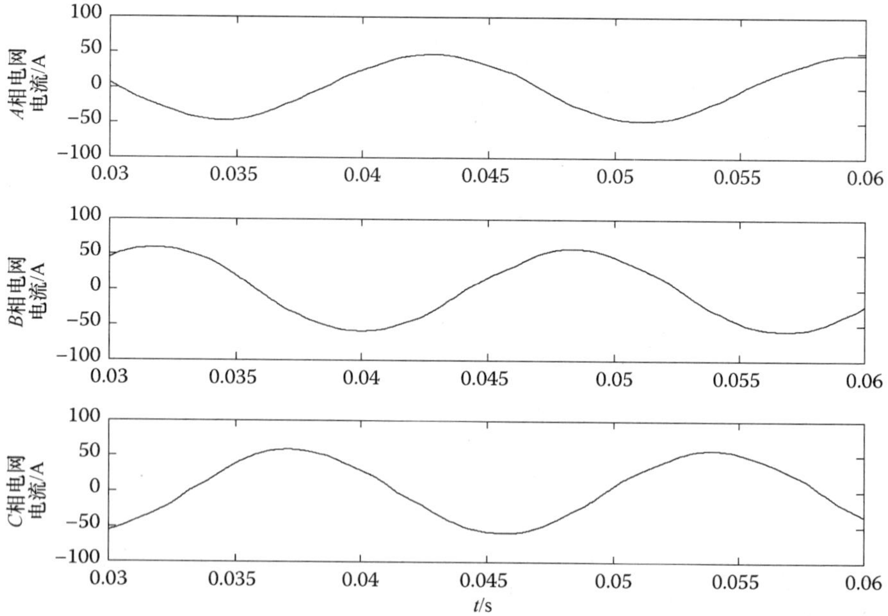

图 15.11　电网电流$\left(\frac{f_{PWM}}{f_{OUT}}=24、L=2mH、C=470\mu F\right)$

15.4 PWM控制

15.4.1 梯形调制

电流源逆变器结构和电压源逆变器（VSI）结构PWM算法之间最大的不同在于电流源逆变器在给定的时刻只有两个开关工作，而电压源逆变器在任何给定的时刻有三个开关在工作。两个导通开关属于逆变器的两个不同引脚，电流只在两相中流动。在某些情况下，在同一个引脚上的2个开关导通，在不对交流侧滤波电容器产生应力的情况下创建一个能够循环直流侧电流的路径。

最简单的PWM算法是基于载波调制器工作原理的电压源变换器，如图15.12所示。基准信号是一个单位幅度的梯形波形，在基准信号波形的斜坡比较产生PWM信号。这种方法被称为梯形PWM[10,11]。波形的中间部分为60°的平坦区间，类似的波形用于其他两相。

在脉冲频率（开关频率）与基波信号波形（基准）之间低比例时的脉冲PWM情况下，图15.13所示为使用这种PWM方法进过交流滤波器后得到的相电流波形实例。

15.4.2　谐波消除编程调制

基于如本书 3.7.1 节介绍的 PWM 算法生成优化算法，观察图 15.12 所示波形表明实际的数学结果在设计过程中考虑到了对谐波消除的限制，这种控制算法也可以用于对电流源逆变器的控制。开关时刻的角坐标是由微积分运算决定的，实际的 PWM 序列将根据对电流源逆变器的控制逻辑来决定。

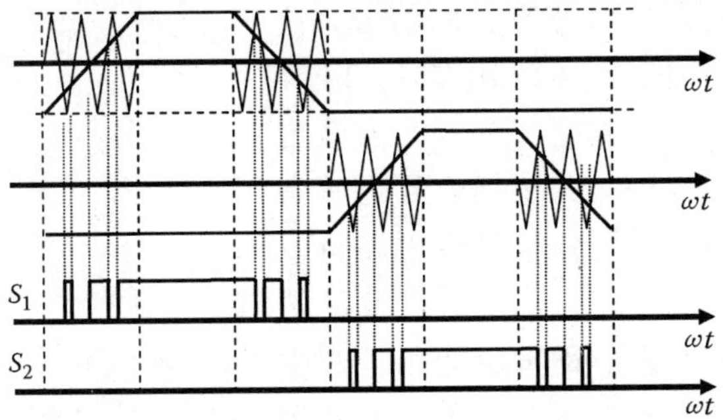

图 15.12　基于载波的 PWM 方法

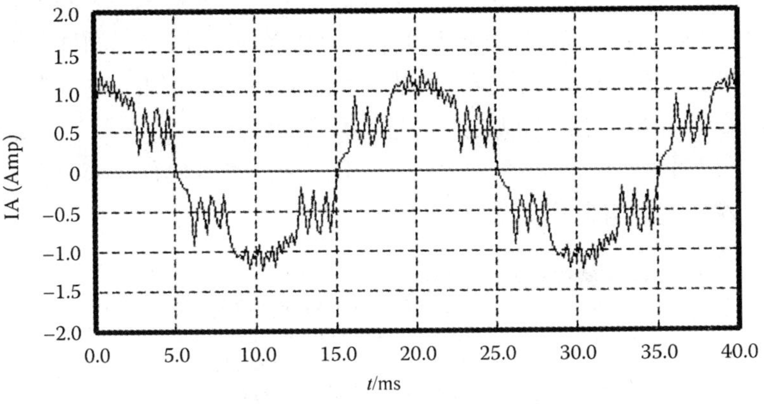

图 15.13　对低频率比，经过 LC 滤波器后的相电流举例

值得一提的是，当不同相的两个控制信号之间的差异（如线－线信号）用于单开关电流源逆变器结构时，一个采用任何 PWM 控制算法的三相电压源变换器可以用于电流源类型的结构。从电压源逆变器的线－线电压波形与电流源逆变器工作的相电流波形比较有相同的形状，这点也很明显。

由于在本书的 3.7.1 节给出了有关解释，解释被证明是正确的，因此这里不再叙述这种方法的数学细节和例子。

15.4.3 正弦调制

可以从电压源变换器控制器的正弦基准信号开始定义另一种用于电流源逆变器/变换器的PWM控制器，如图15.14所示[12]。首先利用简单的逻辑运算符，如图15.15所示计算与电流源变换器的状态有关的信号，这保证了6个有效状态的产生。利用图15.14导出的下一个零状态需要被定义为一个安全措施。在这个时间间隔中，需要插入导通状态以维持电流的循环。利用各种逻辑电路可以保证这点。

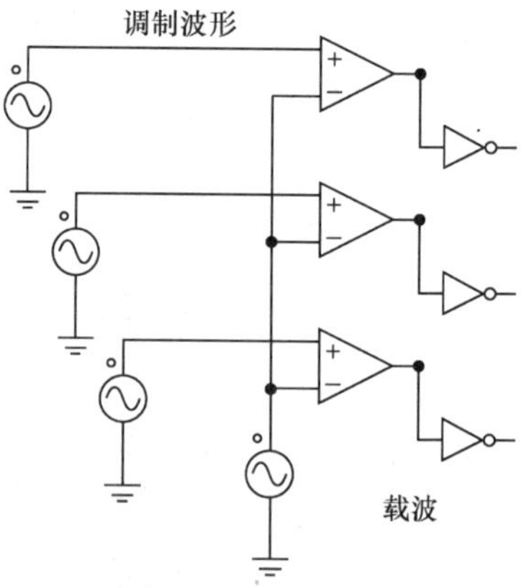

图15.14 电压源逆变器的PWM发生器

不幸的是，由于这个逻辑也能用于产生零状态和选择适当的开关序列，因此这个逻辑是不够充足的。这可以利用一个如本章参考文献［15］所示的组合逻辑来实现。

一种不同的方法与以开关状态的变换器状态码有关的微控制器实现关系更密切。传统的PWM控制器首先计算在不同开关状态下所用的时间间隔。然后，定义实际的状态并进行编码。根据开关状态码，利用存储器表选择实际的开关，如图15.16所示。内存查找表以仿真文件模块显示为“多路复用器+组合逻辑”，实际上可以以另一种方式来实现。这个表的第4个输入确保延续开关状态产生零状态。门控制信号如图15.17所示。

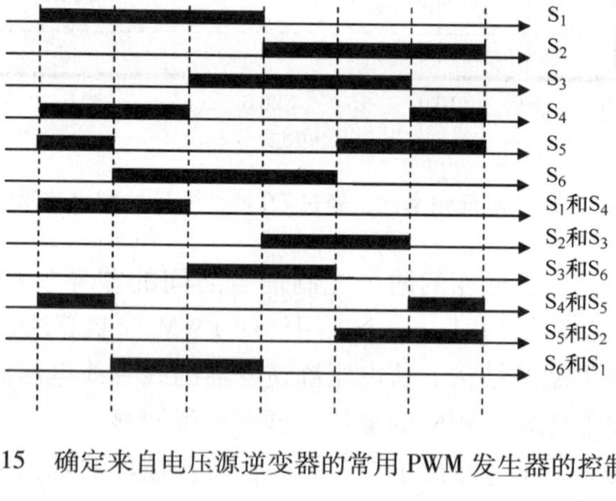

图15.15 确定来自电压源逆变器的常用PWM发生器的控制信号

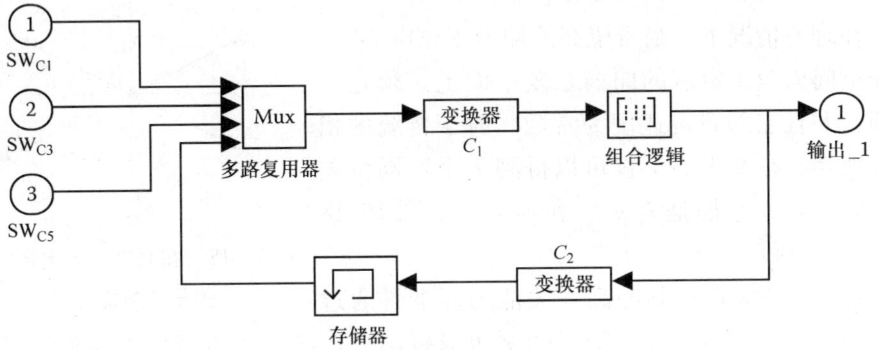

图 15.16　利用存储查找表选择开关状态，描述来自常用的 MATLAB 仿真文件

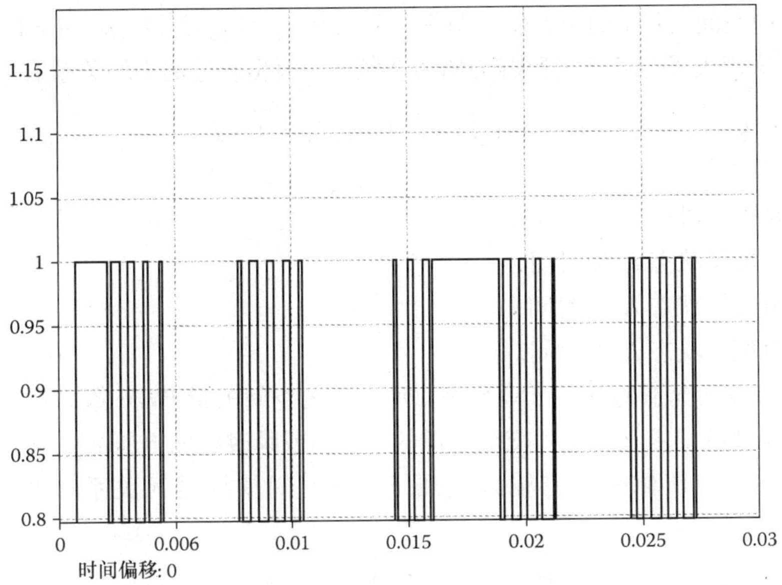

图 15.17　用于图 15.16 所示逻辑电路的控制信号

15.4.4　SVM

成功应用于电压源变换器控制的 SVM 算法被推荐用于电流源变换器的控制。

在这方面，对变换器的状态进行了分析且在复平面设定了适当的电流矢量[13，14]。在上侧有且只有一个开关和在较低侧必须被导通一次。两个开关的每一个配对决定变换器的特定状态。对变换器开关的导通状态有 9 种可能的组合。对于每一个状态，可以关联一个空间矢量来表示系统交流侧的电流。同样的理论适用于 AC－DC 和 DC－AC 变换器。

在理想情况下，当希望交流侧为正弦电流时，跟随空间矢量 I 定点的曲线在复平面上必须是一个圆，并且它的轨迹速度为常数。对于传统的相控变换器，在复平面上仅可以得到7个不同位置的空间矢量，它们是 $I_1 \sim I_6$ 和零 I_0，如图15.18及表15.1所示。

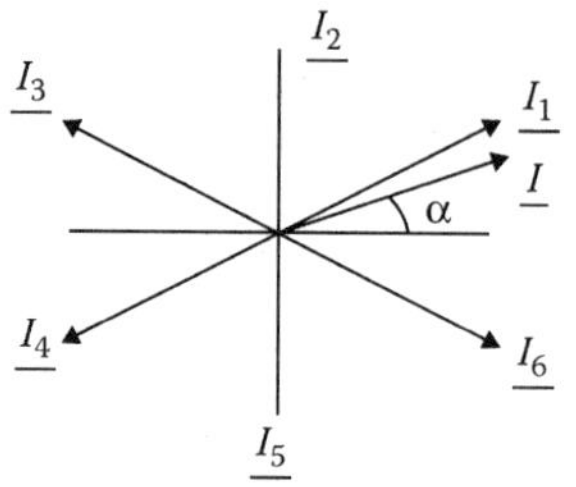

图15.18　在复平面上电流空间矢量的可能位置

适用于PWM控制的高开关能力新器件通过变换器的适当开关允许在圆形的多边形轨迹上合成一些不同的空间矢量 I 的位置。在同一个引脚开关上的开关导通允许零状态的产生，所以对变换器交流侧的感性电流总有一个电流通路。

要求的空间矢量 I 的位置位于两个空间矢量 I_a 和 I_b 之间，a，$b=1\sim6$（图15.18），这代表了与开关过程有关的两个状态。写出合适的平均关系有

$$\vec{I}_a \cdot t_a + \vec{I}_b \cdot t_b + \vec{I}_0 \cdot t_0 = \vec{I} \cdot T \tag{15.5}$$

这里：

T＝取样周期；

t_a＝分配给状态 I_a 的时间；

t_b＝分配给状态 I_b 的时间；

t_0＝分配给状态 I_0 的时间。

对于特殊情况下的 AC－DC 变换，所提出的空间矢量PWM策略考虑到对所需负载电流 I 的要求和对输入交流电源的不平衡或瞬时电网电压的失真。如果我们采用测得的交流侧变换器输入电压 E，则时间持续时间关系如式（15.6）所示。

$$\begin{cases} t_a = T \cdot k_v \cdot \sin(60° - \alpha) \\ t_b = T \cdot k_v \cdot \sin(\alpha) \\ t_0 = T - t_a - t_b \end{cases} \tag{15.6}$$

表15.1　变换器状态

矢量	开关
I_1	$SW_1 + SW_6$
I_2	$SW_3 + SW_6$
I_3	$SW_3 + SW_2$
I_4	$SW_5 + SW_2$

（续）

矢量	开关
I_5	SW_5+SW_4
I_6	SW_1+SW_4
I_0 [1]	SW_1+SW_2
I_0 [2]	SW_3+SW_4
I_0 [3]	SW_5+SW_6

这里

$$k_v=\frac{R\cdot I_{ref}}{E} \tag{15.7}$$

这些方程由一般理论导出，在本书的第 18 章中实际应用内容中将再次使用。

时间 t_0 必须被分裂成两个零状态，以至于从零状态到活动状态的过渡总是只涉及一个开关。为了简单和通用的优化要求，令 $t_0^+=t_{0-}$。图 15.19 所示为一个解释与 $I_1\sim I_6$ 之间空间矢量有关的电流脉冲合成实例。

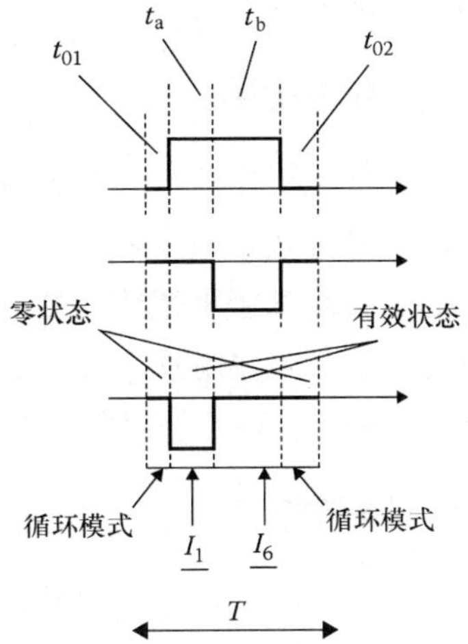

图 15.19　空间矢量调制中的脉冲信号产生

15.5　PWM 算法优化

一旦介绍了 SVM 的基本细节，就可以利用某些优化准则进一步改进该算法[13,16]。一般情况下，用于电流源逆变器/变换器的 PWM 算法的问题与开关频率的限制值有关。

由于电流源逆变器/变换器的交流侧通常紧接着一个 LC 滤波器，因此值得考虑这个滤波效果与逆变器电流时间积分函数的关系。此函数具有电压增益取决于电容器 C 的参数值和电网电路电感（AC－DC 的情况下）或电动机漏感 L（DC－AC 的情况下）的含义。

在复平面上的这个时间积分表示多边形轨迹与形状接近一个准确的圆。多边形轨迹和理想圆形轨迹之间的差异表示误差，并会导致电动机驱动情况下的转矩波动。

有几个标准可以考虑用于减少由于开关电流时间积分非圆轨迹产生的谐波

量，在有限开关频率的情况下这些特别有用。为了帮助理解这些优化方法，这里将展示电动机驱动情况下的结果，它们可以很容易地被扩展到电网接口的应用场合。

15.5.1 最小二次方误差

这个方法是产生一个正多边形的轨迹，通过一个恒定增量的角坐标来产生空间矢量位置。这种方法的结果是可以进一步提高在采样间隔内活动状态的正确定位。然而，额外的改进很小。

15.5.2 圆形轮廓

另一个优化工作原理与开关变换器已知的滞后控制概念接近。保持圆形轮廓内多边形轨迹等效于减少输出电压纹波的影响，并且提高输出功率效率。由于这一策略的定义是基于上述约束的几何分析，因此仅在低载波频率的情况下，定义几个边的多边形轨迹时这个准则是值得采用的。由此产生的 PWM 脉冲模式和增量调制（delta 调制）或滞后调制与之类似。

15.5.3 降低来自几何轨迹的低次谐波

由于交流侧的低通滤波器降低了电流的高次谐波，因此值得考虑选择一个能消除低谐波轨迹的可能性。自由度来自要消除的低谐波对应的多边形轨迹的边数目之间的关系。

以前对在复平面上表示矢量的研究证明矢量的旋转速度可以通过引入对在零矢量状态工作的调节来实现。观察这些结果概述了以前的优化方法（圆形轮廓和优化的几何轨迹）和传统的 SVM 算法之间的差异。可以导出一个折衷的解决方案，即通过频率调制或一个零矢量分裂调制来获得在复平面上所需要的轨迹。在本章的下一节将限于对零矢量分裂调制的讨论。

15.5.4 比较结果

上面介绍的谐波特性之间的比较是基于理想 PWM 的生成方法，而没有考虑在逆变器/变换器内的滤波器元件或增益损耗之间的谐振细节。

类似于本书的 3.5.3 节，逆变器输出电流的 THD 可以用式（15.8）来定义。

$$\mathrm{THD}_i = \sqrt{\frac{1}{I_1^2(d)} \sum_{k=2}^{\infty} I_k^2(d)} \tag{15.8}$$

图 15.20 所示为 SVM 和调制指数为 0.7、输出频率为 20Hz 和 24 脉冲的梯形

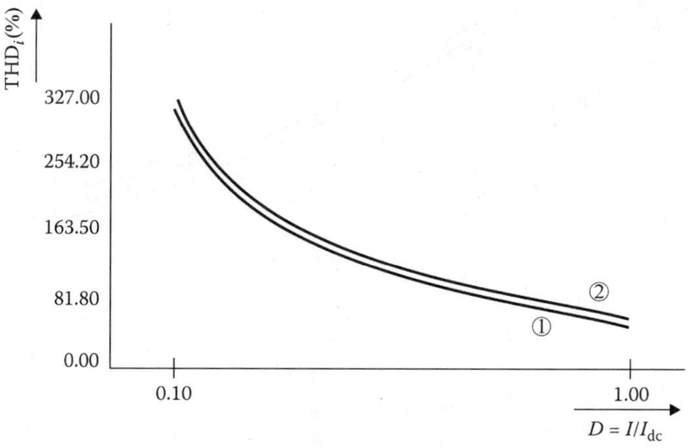

图 15.20　交流侧电流的 THD

① SVM；② 梯形 PWM

调制之间的直接比较。它表明，输出电流谐波低于传统的梯形调制波形的谐波，由于输出电流和电压几乎为正弦波，因此变换器的效率变得更高。

这些结果设定了对前面提到的优化方法理解的基础。依据本书 3.5.3 节提出的有关理论，进一步扩展这个比较，这里定义了一种新的谐波性能系数。高阶谐波通过交流侧滤波器被衰减，并且考虑到谐波的阶数可以做出一个更有意义的比较。因此对每个频率分量乘以$\frac{1}{k\omega}$就可以定义畸变系数。

$$\mathrm{HCF}_i[\%] = \frac{100}{I_i} \times \sqrt{\sum_{n=5}^{\infty}\left[\frac{I_n}{n}\right]^2} \tag{15.9}$$

也可以定义其他类似的失真因子来说明滤波器的影响[15]。

$$\mathrm{DF}_i[\%] = \frac{100}{I_i}\sqrt{\sum_{n=2}^{\infty}\left[\frac{I_n}{n^2}\right]^2} \tag{15.10}$$

下面的结果仅基于 HCF 系数。考虑三相系统的所有对称性，因为没有 2 倍频或 3 倍频的谐波，所计算 HCF 的谐波或 DF 系数的谐波可以从 5 次谐波开始。否则，对于一个真实的情况，这时系统不能被认为是对称的，在计算中所有的谐波就应该从 2 次谐波开始考虑。

最优方法可以和这个 HCF 谐波系数比较，以及和输出电流的 5 次和 7 次谐波含量比较（见图 15.21 ~ 图 15.24）。

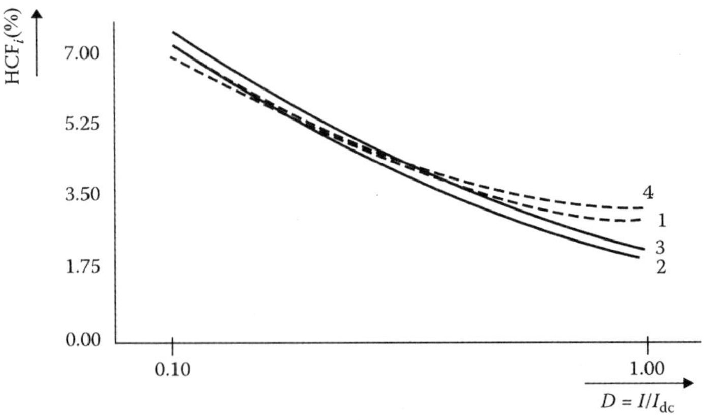

图 15.21　HCF：(1) =24 边多边形轨迹圆形轮廓 PWM；(2) =36 边多边形圆形轮廓 PWM；(3) 为优化几何轨迹 36 边多边形轨迹；(4) =最小二次方误差方法

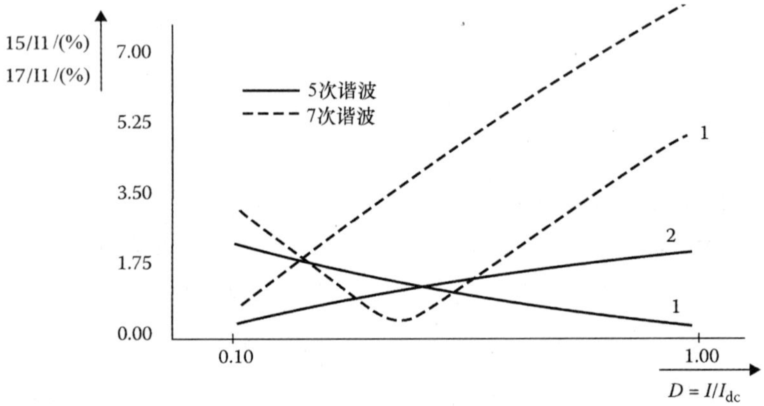

图 15.22　5 次、7 次谐波：(1) =24 边多边形轨迹的圆形轮廓 PWM；(2) =24 边多边形轨迹的最小二次方误差法

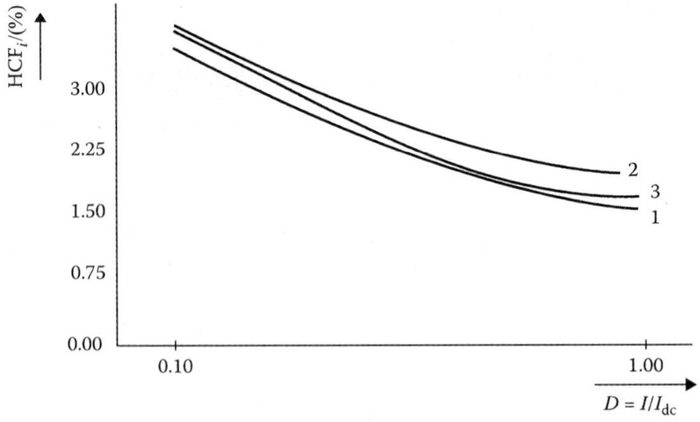

图 15.23　HCF：(1) =48 边多边形轨迹圆形轮廓；(2) 36 边多边形轨迹的优化的几何轨迹；(3) =传统 48SVM

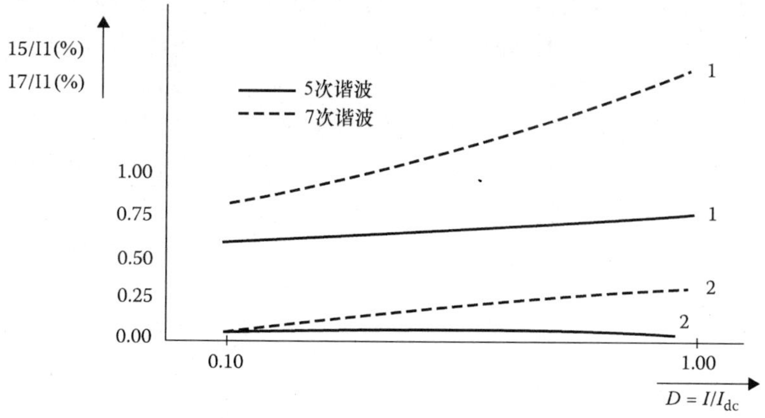

图 15.24　5 次、7 次谐波：(1)　=48 边多变形轨迹的圆形轮廓 PWM；(2)　=48 边多边形轨迹的最小二次方误差法

15.6　电流源逆变器－滤波器组合的交流侧谐振

由于交流侧电流波形由电流脉冲组成，因此电流源变换器通常后面接一个能够滤除较高次谐波电流，并为交流电路提供正弦电流的交流滤波器。因为无论是并网还是电动机驱动连接到电流源变换器的交流侧有电感，滤波器的电容和这个电感都构成谐振电路，如图 15.25 所示[17，18]。

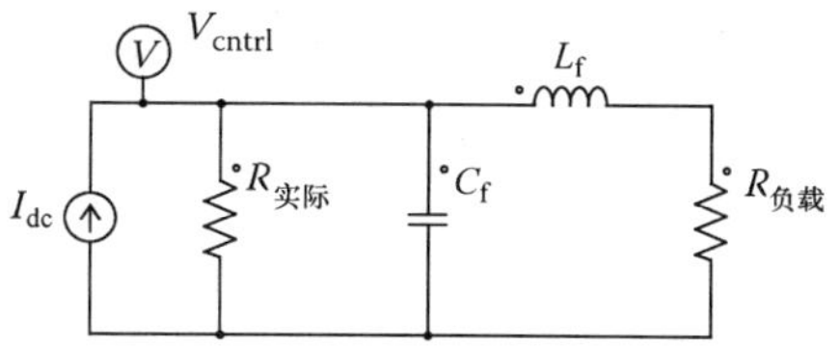

图 15.25　电流源逆变器－滤波器与谐振的电路组合

可以利用硬件和软件解决方案来防止谐振或阻尼谐振。对特定的频率可以加一个陷波器，或采用优化选择 PWM 和滤波器元件的方法，以避免来自电流源逆变器接近谐振频率的电流频谱流进滤波器。例如，通过适当的 PWM 方法选择可以消除 5 次和 7 次谐波，而滤波器（$L_f + C_f$）的谐振频率可以选择在约 4.6 倍基波频率的位置[5]。

最具学术性挑战性的解决方案是适当地设计控制回路。通常这种解决方案围绕通过控制一个虚拟电阻器有关硬件的谐振滤波器，使其谐振产生阻尼[17]。一个没有任何补偿的简单控制结构图如图 15.26 所示。由于变换器的输出是电流，受控方法是负载电路上的电压，因此负载电路上的电压通过电容器 C_f 上的电压来检测。

如果交流侧位于变换器的输出和负载是电动机驱动电路，则负载的电路方程应包含反电动势（e）。另外，在不同速度下电动机驱动运行和负载转矩水平意味着要改变谐振频率。相对其他控制方法，建议使用一个虚拟电阻来阻尼谐振。

虚拟电阻器基于反馈电压 V_c 在软件中来设置，如图 15.27 所示。高通滤波器（HPF）作用于这个电压以避免与基波波形的干扰，计算虚拟电阻的电流，并且考虑基准电流 I_{ref} 的影响。对虚拟陷波 HPF 会降低其瞬态阻尼性能，尤其是当对滤波电容的反馈电压有扰动的情况下更为如此。这是由于 HPF 的慢响应和较小的截止频率之间折衷关系造成的，并且较高的截止频率会导致高频信号的失真。在有关文献中对这种解决方案给予了大量的介绍。

和谐振阻尼的一个非常相似的方法是采用与一个虚拟的负电阻一起产生一个虚拟的负电感，如图 15.28 所示[19]。优点是降低了电流源变换器的损耗。

消除 LC 谐振的其他方法包括使用 LC 滤波模型的前馈控制补偿和使用谐波补偿器的控制成形方法。这种补偿器可以围绕 Posicast 控制器来设计[17]。这是分裂任何一步输入命令为两个中间步骤的设计方法。通过考虑两个步骤之间的停顿间隔作为参数，通过第二步产生的系统响应可以消除由于第一步激发的谐振响应，导致一个无振荡的工作步骤。

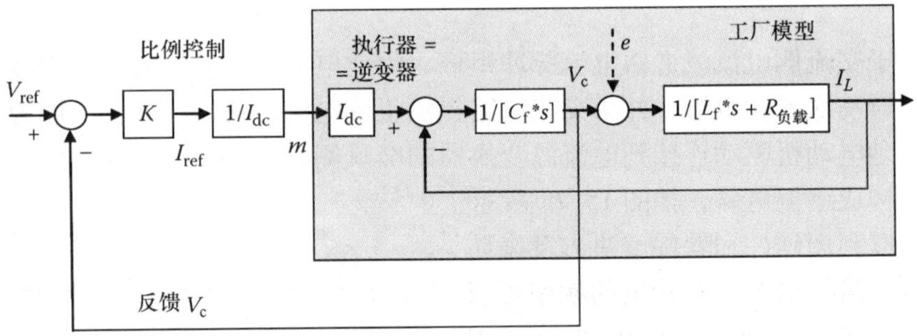

图 15.26　电容器电压控制系统的简化模型

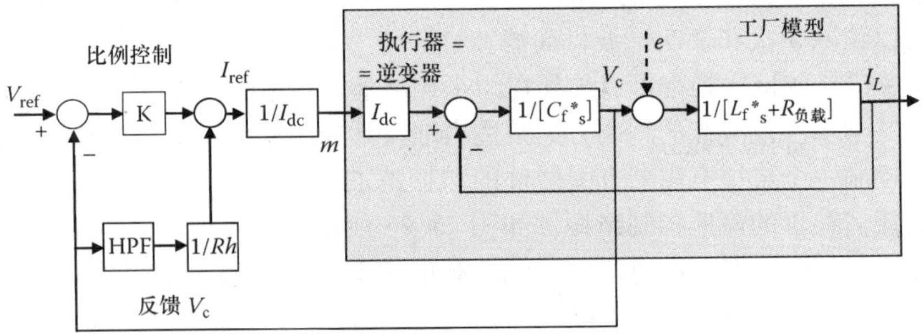

图 15.27　具有补偿的控制

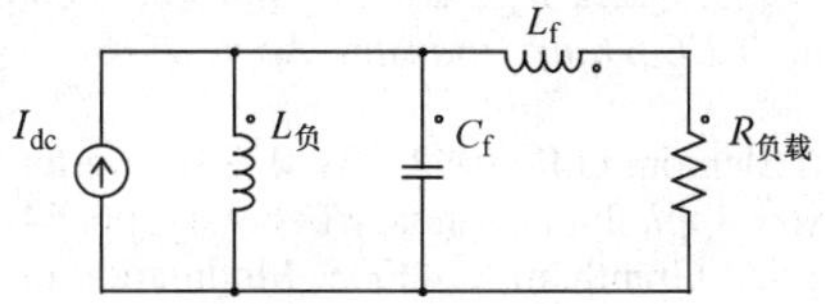

图 15.28 电路说明了利用虚拟负电感补偿

15.7 总结

对电流源变换器的优点和缺点进行了解释并概述了电流源变换器的基本工作。不同开关的电流换向需要注意保持电流的流通。可以采用各种不同的 PWM 算法，这些算法中的许多来自于电压源逆变器的 PWM 实现。介绍了采用无源和有源的方法来阻尼滤波器谐振和这类变换器的优点。

最近的努力是考虑多电平电流源变换器，这时有多个状态能够加到负载电流中，负载电流由几个电平的电流波形构成。多电平电流波形优化非常类似于电压源变换器在波形级的优化。

参 考 文 献

1. Trzynadlowski, A., 2010. *Introduction to Modern Power Electronics*. John Wiley and Sons, New York.
2. Holmes, D.G. and Lipo, T.A. 2003. *Pulse Width Modulation for Power Converters—Principles and Practice*. John Wiley and Sons, New York.
3. Wu, B., Pontt, J., Rodriguez, J., Bernet, S., and Kouro, S. 2008. Current-source converter and cycloconverter topologies for industrial medium-voltage drives. *IEEE Trans. Industrial Electron.* 55(7), 2786–2797.
4. Rey, J., Doval-Gandoy, J., Penalver, C.M., Lopez, O., Nogueiras, A., and Lago, A. 2005. Evaluation system for current source converter modulation techniques. *31st Annual Conference of IEEE Industrial Electronics Society*. IECON 2005, pp. 5, 2005.
5. Suh, S., Steinke, J., and Steimer, P. 2006. A study on efficiency of voltage source and current source converter systems for large motor drives. *37th IEEE Power Electronics Specialists Conference*. PESC'06, pp. 1–7.
6. Zhu, N., Xu, D., Wu, B., Zargari, N.R., Kazerani, M., and Liu, F. 2013. Common-mode voltage reduction methods for current-source converters in medium-voltage drives. *IEEE Trans. Power Electron.* 28(2), 995–1006.
7. Fukuda, S. and Hasegawa, H. 1988. Current source rectifier/inverter system with sinusoidal currents. *IEEE IAS Annual Meeting*, pp. 909–914.
8. Abu-Khaizaran, M. and Palmer, P. 2007. Commutation in a high power IGBT based current source inverter. *IEEE PESC'07*, pp. 2209–2215.
9. Halkosaari, T., Kuusel, K., and Tuusa, H. 2001. Effect of nonidealities on the performance of the 3-phase current source PWM converter. *Power Electronics Specialists Conference, 2001. PESC. 2001 IEEE 32nd Annual*, vol. 2, pp. 654–659.

10. Nonaka, S. and Neba, Y. 1991. Quick regulation of sinusoidal output current in PWM converter-inverter system. *IEEE Trans. Industry Appl.* 27(6), November/December, pp. 1055–1062.
11. Wu, B., Dewan, S.B., and Slemon, G.R. 1992. PWM CSI inverter for induction motor drives. *IEEE Trans. Industry Appl.* 29(1), January/February, pp. 64–71.
12. To, H.-P., Rahman, M.F., and Grantham, C. 2006. Modulation of current-source converters from gating signals for voltage-source converters. *37th IEEE Power Electronics Specialists Conference*, pp. 1–6, 18–22.
13. Neacsu, D.O., Pastravanu, A., and Lucanu, M. 1993. Space vector PWM AC/DC converter. *Proceedings of the Int'l Symposium SCS'97*, Iasi, Romania, pp. 252–255.
14. Neacsu, D.O. and Donescu, V. Performance characterization of space vector PWM current source inverter. *The 4th Int'l Conference OPTIM'94*, Brasov, Romania, vol. 4, section F, pp. 109–114.
15. Espinoza, J.R. and Joos, G. 1997. Current-source converter on-line pattern generator switching frequency minimization. *IEEE Trans. Industrial Electron.* 44(2), 198–206.
16. Halkosaari, T. and Tuusa, H. 2000. Optimal vector modulation of a PWM current source converter according to minimal switching losses. *IEEE 31st Annual Power Electronics Specialists Conference, PESC 2000*, vol. 1, pp. 127–132.
17. Li, Y.W. 2009. Control and resonance damping of voltage-source and current-source converters with LC filters. *IEEE Trans. Industrial Electron.* 56(5), 1511–1521.
18. Neba, Y. 2005. A simple method for suppression of resonance oscillation in PWM current source converter. *IEEE Trans. Power Electron.*20(1), 132–139.
19. Morsy, A.S., Ahmed, S., Enjeti, P., and Massoud, A. 2010. An active damping technique for a current source inverter employing a virtual negative inductance. *IEEE PESC*, pp. 63–67.

第 16 章　9 开关拓扑的 AC－AC 矩阵变换器

16.1　背景

在 20 世纪 90 年代，三相 AC－AC 矩阵变换器引起了大家的广泛关注[1－7]。对双向开关和 PWM 控制的实现方法进行了研究，并克服了许多对矩阵变换器实现的初始限制。这种持续不断的努力得到了回报，系统级产品有如安川（Yaskawa）公司的矩阵变换器，或来自如英飞凌公司、Semelab 公司、Dynex 公司或 IXYS 公司等生产厂商的功率模块。

安川公司的 AC7 矩阵变换器[8]代表了世界第一个低电压（230V/460V）矩阵变换器，可以直接将输入交流电压转换为输出的交流电压，无需使用直流母线。使用这种配置有助于提高能源效率，也克服了通常与传统的驱动，如谐波电流失真、线路再生、安装空间或电动机驱动、很长的电缆长度、轴承电流和共模电流等许多问题。这个产品线额定为 7.5hp㊀、15hp、30/40hp，可能延伸到 125hp，它们被推荐用于像离心机、电梯、自动扶梯或各种试验站等场合。第二条生产线是由安川公司提供给欧洲市场的例如 Varispeed F7 产品。

尽管矩阵变换器在学术上的成功[9－11]，但值得注意的是，在 2007 年安川公司对所有产品更名，从结尾名字的产品代数如…“G7”等，改为以 1000s 的如 A2000 产品。他们改变了所有这些产品的名字，除了基于矩阵变换器的调速交流传动产品。这些虽然都在产品阵容中，但是，在 2011～2012 年这段时间里它们不会显示在年度财务报告中作为一个单独的销售线，在2004～2006 年这段时间是这样做的。它似乎并不认为这是一个具有代表性的或可以出售的产品。此外，由安川公司提供的中等电压（数千伏）版本的矩阵变换器仅在一段时间，在一个皮革平整机公司取得成功[12]。

在 2006 年，另一家日本生产厂商富士（Fuji）公司带来了被称为 Frenic－MX 矩阵变换器系列产品。大多数其他生产厂商也已设计出了用于演示的目的矩阵转换器产品，而没有找到足够的好处，客户喜欢在他们的产品线中能真正用矩阵变换器取代（或完全取代）传统背靠背拓扑结构的变换器。

被证明优点是通常在空间和体积有挑战要求的应用场合，例如在航空系统[13－15]的应用场合。因此，为全电飞机概念提供了一个项目开发的很好机会。

㊀　1hp＝745.7W。

对矩阵变换器拓扑结构的学术兴趣推动了全面的工业研究，接着电力电子半导体生产厂商推出了适用于矩阵变换器功率级实现的集成模块。

传统的 AC - AC 矩阵变换器是一个矩阵开关，允许独立地进行频率、振幅和输出相位的控制，而工作同步于输入交流波形，有可控的功率因数，如图 16.1 所示。

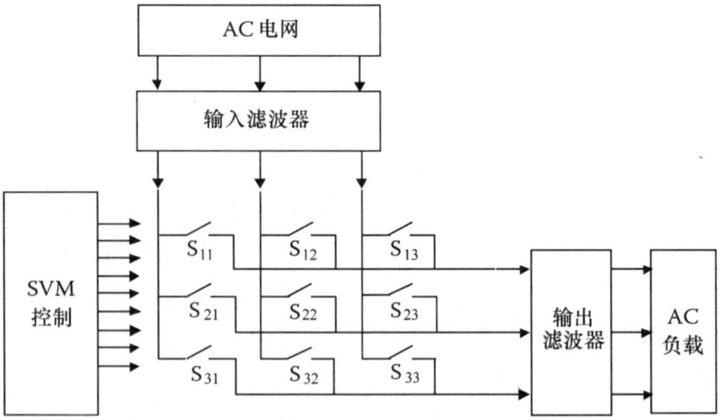

图 16.1　基本矩阵变换器拓扑

由于三相系统是最常用的，因此这里讨论的矩阵维数仅限于3。给定所有连接的可能性，三相 AC - AC 矩阵变换器由9个双向开关组成，允许一个输出端连接到任意输入端。任意对称的三相输出电压都可以从一组输入电压通过适当的矩阵变换得到。开关的 PWM 工作要求有3个电压源（或电容器）存在于一端为电感电流提供旁路路径。由于输入交流电源通常来自一个工业或住宅电网，具有很强的电压源特性，因此输出端将输出一个电压源为负载供电。

负载电流通过开关转换成一个脉冲电流反射回电网。这个电流脉冲会对电网造成问题，需要用到输入 *LC* 滤波器。矩阵变换器将作为一个电流型负载从滤波器的电容提取电流。在大多数情况下，这个电容器上的电压通过反馈回路不受控制，这在保护电路中应该加以考虑。

三相交流负载可以是电动机驱动或电源负载。在这两种情况下，负载应对功率变换器呈现电感特性。例如，三相交流电源在输出端将接有一个三相 *LC* 滤波器，以便为变换器提供所需的感性负载特性。此外，只有一个连接到相同输出端的开关可以在给定的时间导通。这意味着有27种可能的输入输出连接，如图16.2所示。

1）有6种每个输出端与不同输入端连接的可能性；这些都有同样$\frac{2\pi}{3}$的相位差，每个可以用在复平面负载参考帧中空间矢量的旋转来表示（称它们为“旋转矢量”）；

2）连接两个输出节点连接到相同的输入端有18种可能性，而第3个输出节

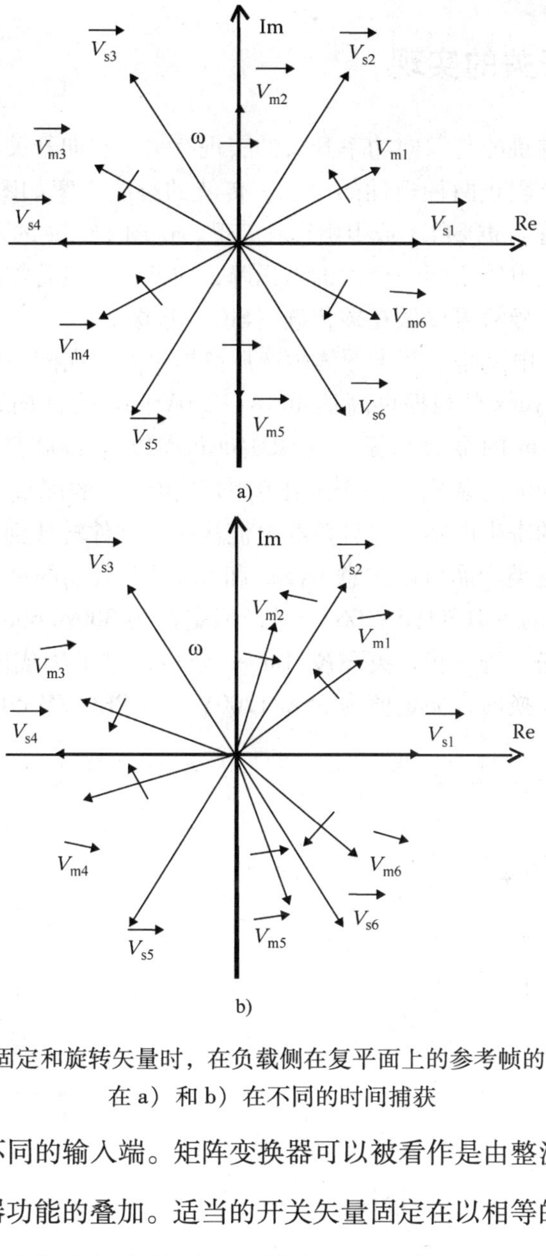

图 16.2 在考虑了固定和旋转矢量时，在负载侧在复平面上的参考帧的可能空间矢量位置：在 a）和 b）在不同的时间捕获

点被连接到一个不同的输入端。矩阵变换器可以被看作是由整流输出线电压供电的 3 个三相逆变器功能的叠加。适当的开关矢量固定在以相等的$\frac{\pi}{3}$相位差在负载基准帧的复平面，它们的幅度是随整流输出电压包络的变量（称它们为“平稳矢量”）；

3）当所有 3 个输出节点被连接到相同的输入端时，有 3 个空状态。

设计一个 PWM 算法意味着在可用状态之间平均，以在负载参考帧模拟一个旋转矢量。这里有各种方法可供使用。

16.2 功率开关的实现

最重要的硬件挑战与双向功率开关的实现有关。双向开关必须能够通过两个方向的电流，并能阻止两种极性的电压。传统的解决方案如图 16.3 所示，它们采用双极型晶体管、MOSFET 或 IGBT 来实现。在图 16.3a 的左侧组件可以防止在发射器—集电极电路之间一个大的电压降，因此，二极管需要有良好的反向恢复特性。另外，二极管可以做在碳化硅（SiC）基板上。

图 16.3a 所示电路是功率半导体生产厂商提供的由在同一封装内的半导体模块构成。例如，Dynex 公司提供高达 400A/1700V 的混合双向开关，器件安装在一个 140mm×73mm 的金属基板上（DIM400PBM17 - A000[16]）。另外，一组 3 个双向开关在相同的封装作为一个输出引脚（相位）的配置。这样的配置有助于减少器件之间的寄生电感，并且负载电流从一个器件转移到另一个器件时改善了开关过程。对这类产品可以注意 Dynex 和 Semelab 公司的有关产品。例如，由 Semelab 公司提供的 SML300MAT06 产品，额定值为 300A/600V，主要用于矩阵逆变器的引脚电路。进一步，英飞凌/Eupec 公司提供了集成度更高的集成在同一模块的全矩阵变换器，额定值为 35A/1200V（EUPEC FM35R12KE3[17]）。

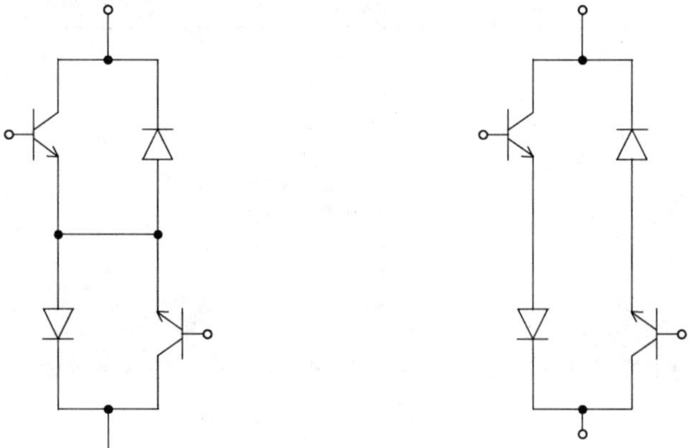

a)

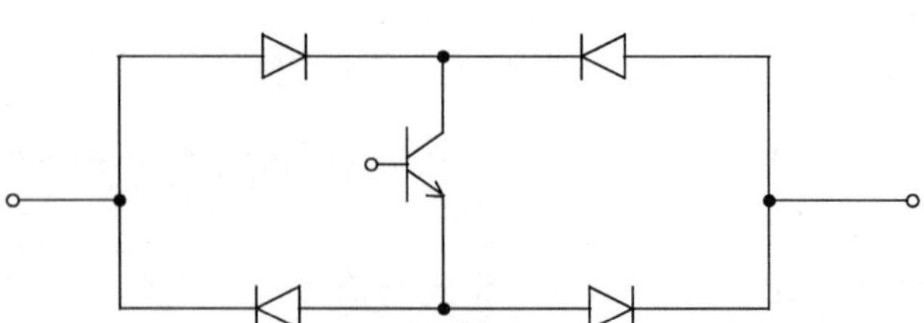

b)

图 16.3　双向功率开关的常规实现

SiC 器件的出现提供了一个用 SiC 二极管替代二极管或用 SiC JFET 替代功率开关器件的可能，为改进这些配置提供了机会[18]。这种方法使在强迫风冷系统的工作条件下功率密度水平可以达到 20kW/dm^{3}的水平。

基于双向开关矩阵变换器拓扑结构和其他电路拓扑的成功，最近已开发出 RB - IGBT（反向阻断 IGBT）[19，20]。这种新器件具有降低导通状态下电压降的优点，因为对反向阻断能力，串联二极管不再是必需的了。RB - IGBT 具有常用 IGBT 同样的基本结构。因此，RB - IGBT 的开关损耗、通态电压和常规的 IGBT 之间的权衡除常规的双向开关需要用到一个二极管外，没有什么不同。当反向偏置时，恢复特性和传统的二极管相同。在低电压范围，电流小于 100A 的产品已经投放市场[20]。

值得注意的是，这里采用图 16.3a 中所示功率开关实现的传统矩阵变换器与采用完全一样的 IGBT 构成的背靠背变换器相比，整个系统的功耗可以降低 1/3[21]，换言之，工作效率可以从 94% 提升到 96%[11，21]。采用 RB - IGBT 可以进一步降低系统损耗 40%[21]。从背靠背变换器到矩阵变换器功率密度也可以改进大约 1/3[11，21]。即使无数的其他损耗或效率测量准确地出现在许多关于 PWM 管理的文献报道中，这些大概的数字也值得被记住。

16.3　电流换向

在矩阵变换器拓扑中开关的 PWM 控制必须确保负载电流（通常是感性的）的循环路径。另一方面，两个输入节点不能短路。

对在如图 16.3a 所示构建双向开关的电流换向已经做了分析[2，22，23]。由于在开关换向时不可预知的时间延迟，因此可能会发生开路或短路的危险。在参考文献［22，23］中考虑了多步骤的开关程序，这需要独立控制双向开关两个可能方向的电流。

一种可能的建模方法是基于识别所有可能的电流换流状态，在当前的换向和本地状态机能够安全地实现多步过程。为了了解这种方法，让我们在这里考虑在简化的情况下，从一个输入相位到另一个相位的负载电流换向，如图 16.4 所示。假设，当 A_{12} 和 A_{11} 两个开关都已通过栅极驱动信号控制导通时，从通过引脚 A 的电流循环状态开始。相反，开关 B_{11} 和 B_{12} 的栅极已有对应的关断控制驱动信号。

当电流换向序列开始和第 2 个引脚上的电压大于第一个引脚的电网相电压时，就可以利用电流的方向信息，并且改变开关关断的栅极控制信号（A_{11} 或 A_{12}），这时开关是关断的（在图 16.5 的第 2 列的状态 2 和 4）。接下来可以将开关栅极导通信号加到 B_{11} 和 B_{12} 中不对应电流循环的开关上。最后，B_{11}、B_{12} 中的其他开关可以导通来承载负载电流，并且关断第一个引脚上导通的开关。

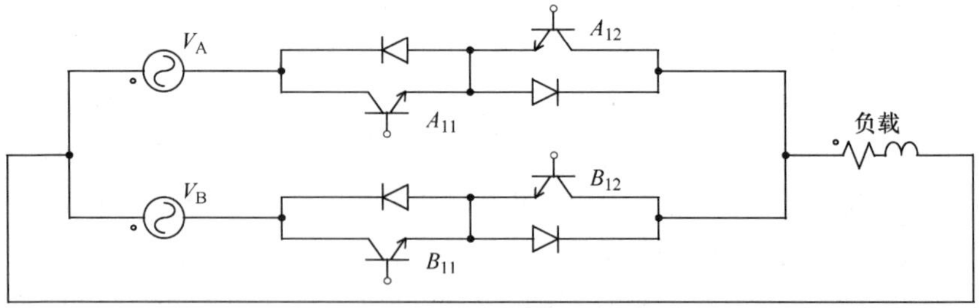

图 16.4　电流换向的示意图

这种方式根据电网电压关系和负载电流方向，可以判断所有可能的状态序列。从而生成图 16.5，图 16.5 所示为所有可能的由输入电压关系和负载电流方向从一个状态转移到另一个状态所有可能的情况和代码。为了保证信息的完整性，零电流的情况也包括在内。由于这里和 4 个开关有关（两个开关关断，其他两个开关导通），因此 4 列表示电流换向过程的 4 个中间阶段。

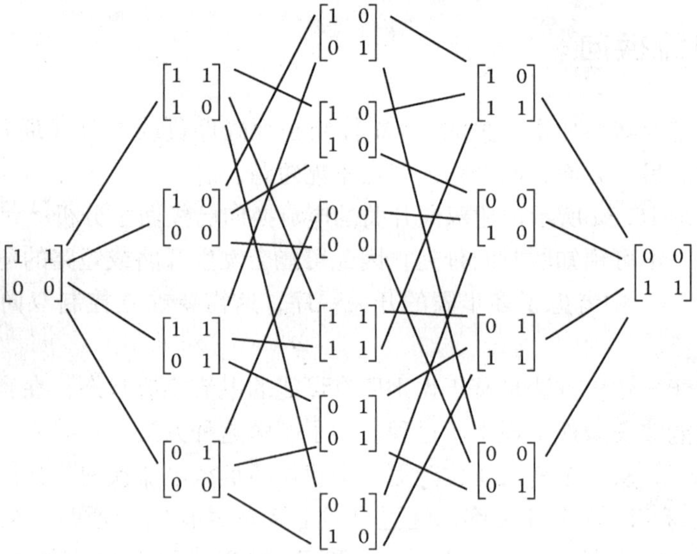

图 16.5　适当的电流换向状态转换图

图 16.5 所示为状态的数学模型，随着时间的推移，已提出各种不同的物理实现解决方案。它们都通过检测输出电流和输入电压，或利用至少检测输出电流

和输入电压一个参数的方法来实现。在某些情况下，由于零电流开关可以实现软导通和软关断。

16.4　无功功率钳位

对传统的 IGBT 保护电路，因为没有续流路径，所以矩阵变换器需要处理负载电路无功能量的恢复问题，常见的解决方案如图 16.6 所示。电网侧的二极管整流器设置钳位电压。通常电容器容量很小，取值取决于负载的性质。例如，一个最大输出电流为 30A、电动机电感为 1.15mH 的飞机驱动应用场合的 3kW 矩阵变换器[14，15]，这时需要使用容量为 2μF 的电容器。这个电容器通过附加的电阻放电或为其他辅助电源（检测和测量、微控制器、栅极驱动器等）供电。

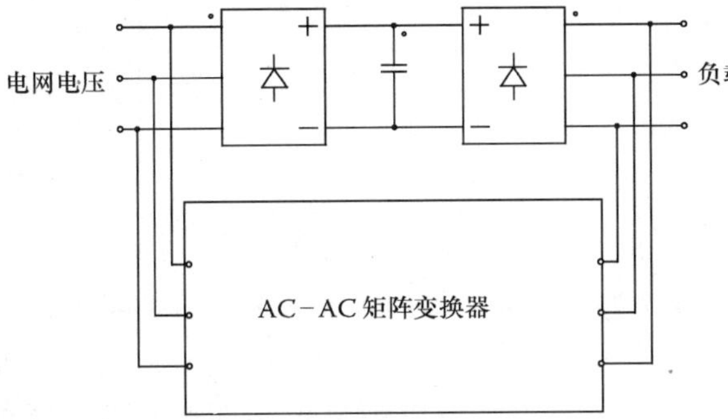

图 16.6　钳位保护电路

另一种用于低功率水平的解决方案使用压敏器件来钳位输入和输出电压[10]。

16.5　PWM 算法

16.5.1　基于 PWM 的正弦载波

类似于传统的 PWM 变换器，调制功能与每个开关和选择对应要求载波频率的恒定时间间隔有关，工作原理框图如图 16.7 所示。该实现包括比较每个调制函数与相同载波三角信号，例如用于传统 6 开关 PWM 变换器场合。由于两个输入线不能短路，因此图 16.1 中同一行的开关不能同时导通。此外，每个输出应连接到一个输入端以确保电流的连续导通。有如下的结果成立：

$$
\begin{cases}
m_{11}+m_{12}+m_{13}=1\\
m_{21}+m_{22}+m_{23}=1\\
m_{31}+m_{32}+m_{33}=1
\end{cases}
$$

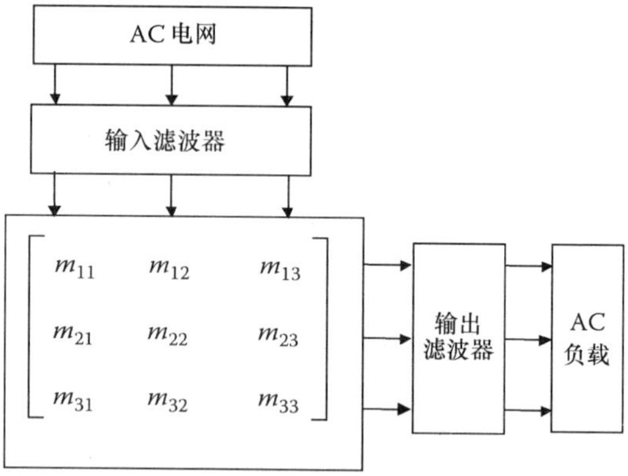

图 16.7　调制函数介绍

参考文献［24］给出了输入和输出关系。

$$[e]=[M]\cdot[v_2]\Rightarrow[v_2]=[M]^{\mathrm{T}}\cdot[e] \tag{16.1}$$

已证明，［M］可以被分解为两个矩阵，这两个矩阵基本上把频率变换器［M_{f}］和静止无功补偿器［M］分量分开。

$$[M]=[M_{\mathrm{f}}(t)]+[M_{\varphi}(t)] \tag{16.2}$$

此外，

$$[M_{\mathrm{f}}(t)]=\begin{bmatrix} C_{12}(0) & C_{12}\left(-\frac{2\pi}{3}\right) & C_{12}\left(\frac{2\pi}{3}\right) \\ C_{12}\left(-\frac{2\pi}{3}\right) & C_{12}\left(\frac{2\pi}{3}\right) & C_{12}(0) \\ C_{12}\left(\frac{2\pi}{3}\right) & C_{12}(0) & C_{12}\left(-\frac{2\pi}{3}\right) \end{bmatrix} \tag{16.3}$$

利用 $d-q$ 到 $a-b-c$ 变换可以导出矩阵［M_{f}］，当不考虑能量通过零序成分传输时，可以考虑电能通过一个虚拟的中间直流环节传输。对直接传递函数［M_{f}］，所有可能控制情况分享相同的表达式。

$$[M_{\mathrm{f}}(t)]=[C(\omega_1)]_{3\times2}\cdot[P]_{2\times2}\cdot[C(\omega_2)]_{3\times2}^{\mathrm{T}} \tag{16.4}$$

这里

$$[C(\omega_i)]=[b_1(\omega_i)\quad b_2(\omega_i)\quad b_3(\omega_i)] \tag{16.5}$$

式（16.5）表示由三相输入或输出系统的正交基矢量组成的矩阵，［P］表示能量传输含义的常数加权 p_{ij} 矩阵。

首先考虑三种不同的情况。

（A）选择

$$[P]_{2\times2}=P_{\mathrm{f}}\cdot\begin{bmatrix}1 & 0\\0 & -1\end{bmatrix} \tag{16.6}$$

定义共轭形式。

$$C_{12}^{A}(x)=\frac{2}{3}P_{\mathrm{f}}\cdot\cos[(\omega_1+\omega_2)t+x] \tag{16.7}$$

（B）选择

$$[P]_{2\times 2}=P_{\mathrm{f}}\cdot\begin{bmatrix}1 & 0\\0 & 1\end{bmatrix} \tag{16.8}$$

定义非共轭形式。

$$C_{12}^{B}(x)=\frac{2}{3}P_{\mathrm{f}}\cdot\cos[(\omega_1-\omega_2)t+x] \tag{16.9}$$

（C）考虑到共轭和非共轭形式后有

$$C_{12}^{C}(x)=P_{\mathrm{f}}\cdot\left\{\frac{1}{3}\cos[(\omega_1-\omega_2)t+x]+\frac{1}{3}\cos[(\omega_1+\omega_2)t+x]\right\} \tag{16.10}$$

在所有形式中，P_{f} 起和磁性变压器初级与次级匝数比同样的作用，并且 $x=0,\ \frac{2\pi}{3},\ -\frac{2\pi}{3}$。

当通过零序传输可能会在输出侧导致直流成分时要考虑第二项（$[M]$）。这可以用于中点电压补偿的情况。负载侧直流电压的产生通常不是由于传统矩阵转换器的原因。然而，这个数学模型包括了信息的完整性。

$$[M_{\mathrm{f}}(t)]=\begin{bmatrix}C_{1\varphi}(0) & C_{1\varphi}(0) & C_{1\varphi}(0)\\ C_{1\varphi}\left(-\frac{2\pi}{3}\right) & C_{1\varphi}\left(-\frac{2\pi}{3}\right) & C_{1\varphi}\left(-\frac{2\pi}{3}\right)\\ C_{1\varphi}\left(\frac{2\pi}{3}\right) & C_{1\varphi}\left(\frac{2\pi}{3}\right) & C_{1\varphi}\left(\frac{2\pi}{3}\right)\end{bmatrix} \tag{16.11}$$

这里

$$C_{1\varphi}(x)=\frac{\sqrt{2}}{3}P_{\mathrm{m}}\cdot\cos[\omega_1\cdot t+\varphi+x] \tag{16.12}$$

和 $x=0,\ \frac{2\pi}{3},\ -\frac{2\pi}{3}$。

通过［M］可以产生零序电压 V_{20}，并且可以调节变换器输出侧来反应以输入侧角频率 ω_1 表示的交流电压，这个交流电压的幅度和相位分别受控于 P_{m} 和 φ。

上面关于［M_{f}］的任何算法（以共轭或非共轭形式）产生一个有限最大电压的输出电压。适用于 PWM 的三相桥式变换器的一般解由注入调制波形中的 3 次谐波组成。在关于矩阵变换器的参考文献［25，26］中考虑了类似的解决方案，这里输出电压可以被看成是

$$
\begin{aligned}
[V_0] &= V_0 \cdot \begin{bmatrix} \cos(\omega_2 t) \\ \cos\left(\omega_2 t - \dfrac{2\pi}{3}\right) \\ \cos\left(\omega_2 t - \dfrac{4\pi}{3}\right) \end{bmatrix} + \frac{V_i}{4} \cdot \begin{bmatrix} \cos(3\omega_1 t) \\ \cos(3\omega_1 t) \\ \cos(3\omega_1 t) \end{bmatrix} - \frac{V_0}{6} \cdot \begin{bmatrix} \cos(3\omega_2 t) \\ \cos(3\omega_2 t) \\ \cos(3\omega_2 t) \end{bmatrix} \\
&= V_0 \cdot \begin{bmatrix} \cos(\omega_2 t) \\ \cos\left(\omega_2 t - \dfrac{2\pi}{3}\right) \\ \cos\left(\omega_2 t - \dfrac{4\pi}{3}\right) \end{bmatrix} + \frac{V_0}{2\sqrt{3}} \cdot \begin{bmatrix} \cos(3\omega_1 t) \\ \cos(3\omega_1 t) \\ \cos(3\omega_1 t) \end{bmatrix} - \frac{V_0}{6} \cdot \begin{bmatrix} \cos(3\omega_2 t) \\ \cos(3\omega_2 t) \\ \cos(3\omega_2 t) \end{bmatrix} \\
&= m \cdot V_{\max} \cdot \left\{ \begin{bmatrix} \cos(\omega_2 t) \\ \cos\left(\omega_2 t - \dfrac{2\pi}{3}\right) \\ \cos\left(\omega_2 t - \dfrac{4\pi}{3}\right) \end{bmatrix} + \frac{1}{2\sqrt{3}} \begin{bmatrix} \cos(3\omega_1 t) \\ \cos(3\omega_1 t) \\ \cos(3\omega_1 t) \end{bmatrix} - \frac{1}{6} \begin{bmatrix} \cos(3\omega_2 t) \\ \cos(3\omega_2 t) \\ \cos(3\omega_2 t) \end{bmatrix} \right\}
\end{aligned}
\tag{16.13}
$$

这就导致了下面产生单位功率因数调制波形的 m_{ij}形式。

$$
\begin{aligned}
m_{ji}(t) = \frac{1}{3}\Big\{ &1 + P_f \cdot \cos\left[(\omega_1 + \omega_2) \cdot t - (2(i+j) - 4) \cdot \frac{\pi}{3} \right] \\
&+ P_f \cdot \cos\left[(\omega_2 - \omega_1) \cdot t - 2(i-j) \cdot \frac{\pi}{3} \right] \Big\} \\
&- \frac{1}{18}\Big\{ P_f \cdot \cos\left[(\omega_1 + 3\omega_2) \cdot t - 2(j-1) \cdot \frac{\pi}{3} \right] \\
&+ P_f \cdot \cos\left[(\omega_2 - \omega_1) \cdot t - 2(1-j) \cdot \frac{\pi}{3} \right] \Big\} \\
&- \frac{1}{18\sqrt{3}} \cdot P_f \cdot \cos\left[4\omega_1 \cdot t - 2(j-1) \cdot \frac{\pi}{3} \right] \\
&+ \frac{7}{18\sqrt{3}} P_f \cdot \cos\left[2\omega_1 \cdot t - 2(1-j) \cdot \frac{\pi}{3} \right]
\end{aligned}
\tag{16.14}
$$

使用这些调制信号从0.500～0.866的峰值输入电压提高了最大可用输出电压，如图16.8所示。正如将在后面要介绍的，利用SVM也可以实现类似的结果[27]。

利用基准信号和三角载波信号的比较可以产生栅极控制脉冲，参考文献[25]提出的解决方案建议使用单端载波，如图16.9所示。通过具有双面对称脉冲的生成可以减少开关过程。无论哪种情况，选中的序列对应位于中间状态的最大瞬时值（例如图16.9中的阶段“2”）。

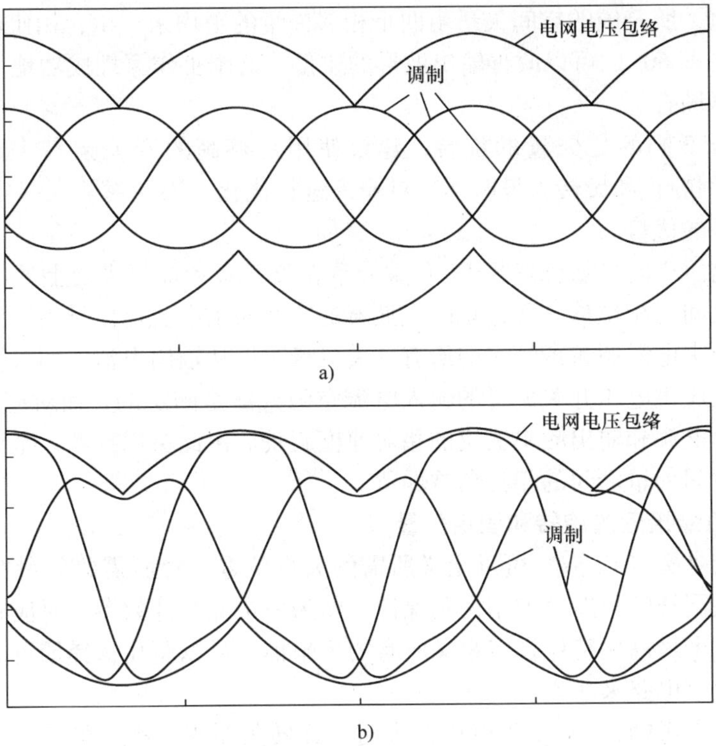

图 16.8　参考调制波形为

a）常规　b）扩展电压范围

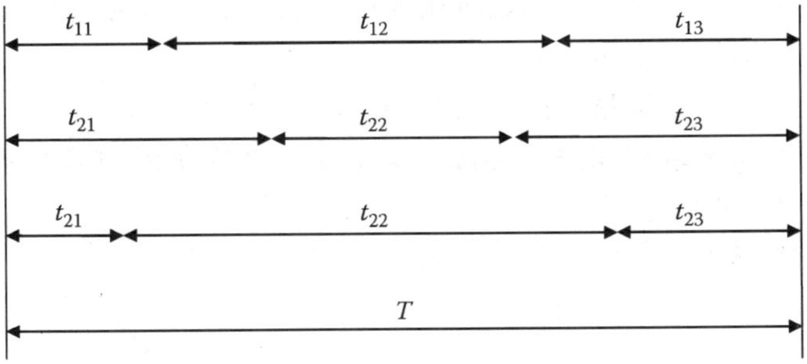

图 16.9　状态序列举例

16.5.2　考虑所有可能开关矢量的 SVM

几乎所有先前介绍的空间矢量 PWM 算法都是基于固定矢量的，并且清晰且令人信服，然而还没有使用所有开关组合比较分析的报道。参考文献［3］开发出了数学模型，并包括时间部分演算、模拟结果，以及基于所有这些开关矢量算法的实现步骤和使用所有可用开关组合的适当控制算法。

直观地，所希望的空间矢量由两个相邻矢量的平均来产生，相比较常规6开关逆变器（即60°）可以改善输出波形的质量。这个工作原理成功地用于多电平功率变换器场合。

这里所不同的是矢量的旋转，建议使用足够高的开关频率。此外，由于PWM在使用静止和旋转矢量时不易对输入进行优化，因此对输入（电网侧）电流没有明显的优势。

施加电压空间矢量到三相*RL*负载导致在负载参考帧复平面上的电压和电流空间矢量之间的相位移。通过矩阵变换器的这些输出电流可以导出输入电流。通过分析系统中电网源参考帧中的所有开关矢量可以从输出电流空间矢量来决定输入电流。对应主电压开关矢量的输入电流空间矢量是固定的，而对应的“静止”矢量是以由电源和输出频率决定的相对速度旋转。由此可以推断，基波频率下电压和电流空间矢量之间的相位角被保留。

1. 选用最接近的旋转和固定矢量

利用极坐标（V，α）可以定义所需的矢量位置。对所需的矢量在小幅度和大幅度时以同样的角度分辨率得到保证。作为一个除6计数器，对应扇区号利用二进制字3个最高比特位设定定义所有的角坐标，可以简化选择最近的旋转和固定矢量的数字电路来实现。

在负载参考帧，当v_{in1}为电压最大时，旋转矢量V_{m1}叠加在实轴上，为了避免V_{m1}的角坐标对电源频率变化的依赖，利用PLL和$v_{in2,3}$的输入电网电压可以实现同步。旋转矢量V_{m1}的角坐标绝对值可以从位于PLL的计数器读出，利用这个计数器的3个最高比特位，可以实现快速选择这个定义固定矢量幅度的线电压。

最后，状态时序可以被选为

零矢量→固定矢量→旋转矢量→零矢量

并且这加在每个取样间隔。类似于本书5.7.1节介绍的谐波基准信号生成，可以生成双面PWM信号。

2. 时间间隔定义

任何所需的负载侧电压矢量瞬时位置总是被置于一个旋转矢量和一个固定矢量之间。由一个旋转矢量（用指数m表示）和一个固定矢量（用指数s表示）界定的广义扇区类似于[6, 7]被动态定义，如图16.10所示。这简化了时间常数的计算。由平均关系产生分配给开关矢量时间部分的

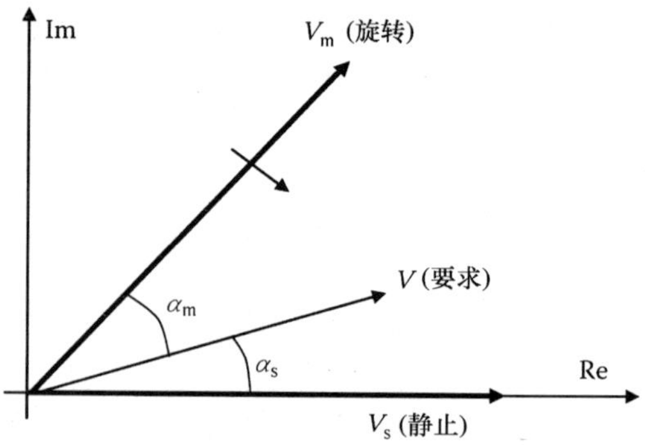

图16.10 分配给每个状态的时间间隔计算

定义。

$$\overrightarrow{V}_{m} \cdot t_{m} + \overrightarrow{V}_{s} \cdot t_{s} + \overrightarrow{V}_{0} \cdot t_{0} = \overrightarrow{V} \cdot T \tag{16.15}$$

这里 $t_{m} + t_{s} + t_{0} = T$。

通过预测实轴和虚轴上要求的开关矢量可以完成计算工作，一个固定开关矢量和负载参考帧的假设实轴有同样的方向（见图 16.2），有式（16.16）成立。

$$\begin{aligned} \mathrm{Re}: T \cdot V \cdot \cos\alpha &= \left[\frac{1}{T} \cdot \int_{0}^{T} (\mathrm{Re}\, \underrightarrow{V_{s}})\,\mathrm{d}t\right] \cdot t_{s} + \left[\frac{1}{T} \cdot \int_{0}^{T} (\mathrm{Re}\, \underrightarrow{V_{m}})\,\mathrm{d}t\right] \cdot t_{m} \\ \mathrm{Im}: T \cdot V \cdot \sin\alpha &= \left[\frac{1}{T} \cdot \int_{0}^{T} (\mathrm{Im}\, \underrightarrow{V_{s}})\,\mathrm{d}t\right] \cdot t_{s} + \left[\frac{1}{T} \cdot \int_{0}^{T} (\mathrm{Im}\, \underrightarrow{V_{m}})\,\mathrm{d}t\right] \cdot t_{m} \end{aligned} \tag{16.16}$$

在高脉冲率的情况下求解系统—当可以忽略基准系统的旋转时—考虑第 2 个矢量幅度与 α_{s} 和 α_{m} 之间的依赖关系，可以得到如下面解：

$$\begin{aligned} t_{m} &= \frac{V}{V_{m}} \cdot T \cdot \frac{\sin\alpha_{s}}{\sin(\alpha_{s} + \alpha_{m})} = \frac{V}{\sqrt{2}E} \cdot T \cdot \frac{\sin\alpha_{s}}{\sin(\alpha_{s} + \alpha_{m})} \\ t_{s} &= \frac{V}{V_{s}} \cdot T \cdot \frac{\sin\alpha_{m}}{\sin(\alpha_{s} + \alpha_{m})} = \frac{V}{\sqrt{2}E} \cdot T \cdot \frac{\sin\alpha_{m}}{\sin(\alpha_{s} + \alpha_{m})} \cdot \frac{\cos\frac{\pi}{3}}{\cos\left(\frac{\pi}{6} - (\alpha_{s} + \alpha_{m})\right)} \end{aligned} \tag{16.17}$$

对旋转和固定矢量的可能连续时间间隔是相同的。在采样周期分配给空间状态的时间部分可以被认为相互之间是相等的，可以利用式（16.18）计算。

$$\begin{aligned} t_{01} = t_{02} &= \frac{1}{2}T \cdot \left[1 - \frac{V}{V_{i}} \cdot \frac{\cos\left(\frac{\pi}{6} - \alpha_{s}\right)}{\cos\left(\frac{\pi}{6} - \alpha_{s} - \alpha_{m}\right)}\right] = \\ &\frac{1}{2}T \cdot \left[1 - \frac{V}{\sqrt{2}E} \cdot \frac{\cos\left(\frac{\pi}{6} - \alpha_{s}\right)}{\cos\left(\frac{\pi}{6} - \alpha_{s} - \alpha_{m}\right)}\right] \end{aligned} \tag{16.18}$$

可以得到的最大调制指数被定义为$\frac{V_{rms}}{V_{in}}$，计算值为 0.866。这个值等于传统背靠背变换器可得到的最大值，也接近于改进的基于载波 PWM 矩阵变换器的值[2]。

考虑了固定矢量和旋转矢量，从功率级的矢量分析导出的采用 PWM 算法的矩阵变换器工作的波形定义实例如图 16.11 所示。

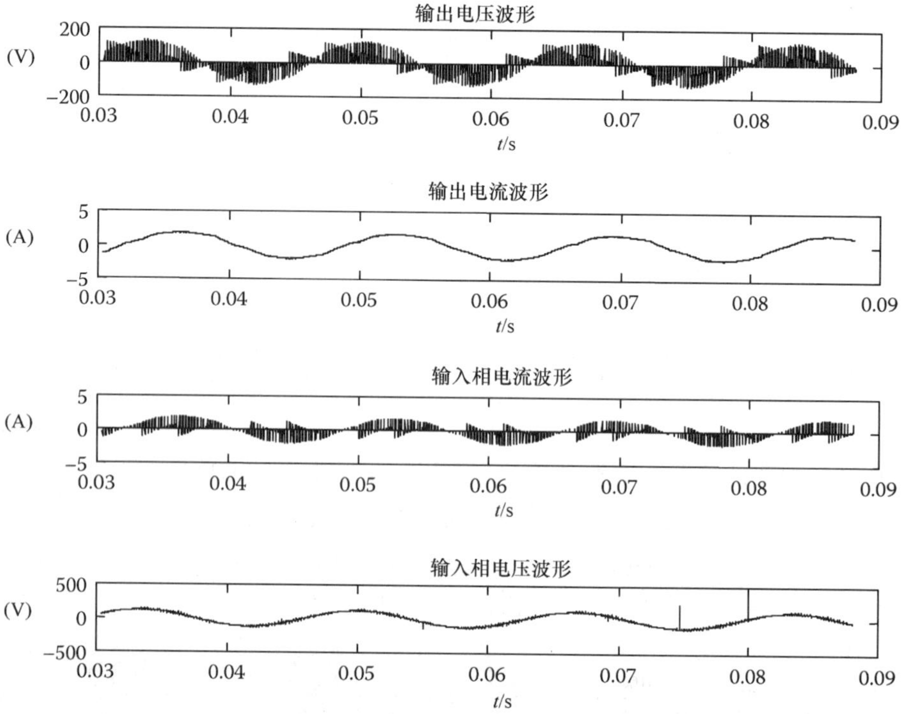

图 16.11　在 $N=72$、$f_1=30\text{Hz}$、$T=0.001388$、$m=0.7$ 负载由 $R=5\Omega$ 和 $L=50\text{mH}$ 组成时矩阵变换器端子波形

16.5.3　仅考虑固定矢量的 SVM

由于以前的 PWM 算法很复杂，非常依赖输入电网电压的相位同步，因此证明不是主要优点，一般考虑仅基于固定矢量的 SVM[28]。伴有生成的输出电压值的所有开关组合见表 16.1。矢量表示法如图 16.12 所示，可以看出，输出电压空间矢量的每一个矢量位置可以通过开关的多种组合实现。

该 PWM 算法是非常直观的，因为它可以被看作是一个没有中间直流环节的整流器—逆变器背靠背系统的叠加。和在三相逆变器的应用场合一样，这里可以使用和式（5.30）相同的方程式来计算。

$$\begin{cases} t_a=\dfrac{3V_s}{2V_{rec}}\cdot T_s\cdot\left(\cos\alpha-\dfrac{1}{\sqrt{3}}\sin\alpha\right)=\dfrac{\sqrt{3}V_s}{V_{rec}}\cdot T_s\cdot\sin\left[\dfrac{\pi}{3}-\alpha\right] \\ t_b=\dfrac{\sqrt{3}V_s}{V_{rec}}\cdot T_s\cdot\sin\alpha \\ t_0=T_s-t_a-t_b \end{cases} \tag{16.19}$$

表 16.1　开关序列和电压，考虑输入节点 *R*，*S*，*T* 及输出节点 *a*，*b*，*c*

矢量	开关			输出相电压			输出电压		线-线	输入电流		
+1	S_{11}	S_{22}	S_{32}	*R*	*S*	*S*	*R-S*	0	*S-R*	I_a	I_b+I_c	0
-1	S_{12}	S_{21}	S_{31}	*S*	*R*	*R*	*S-R*	0	*R-S*	I_b+I_c	I_a	0
+2	S_{12}	S_{23}	S_{33}	*S*	*T*	*T*	*S-T*	0	*T-S*	0	I_a	I_b+I_c
-2	S_{13}	S_{22}	S_{32}	*T*	*S*	*S*	*T-S*	0	*S-T*	0	I_b+I_c	I_a
+3	S_{13}	S_{21}	S_{31}	*T*	*R*	*R*	*T-R*	0	*R-T*	I_b+I_c	0	I_a
-3	S_{11}	S_{23}	S_{33}	*R*	*R*	*T*	*R-T*	0	*T-R*	I_a	0	I_b+I_c
+4	S_{12}	S_{21}	S_{32}	*S*	*R*	*S*	*S-R*	*R-S*	0	I_b	I_a+I_c	0
-4	S_{11}	S_{22}	S_{31}	*R*	*S*	*R*	*R-S*	*S-R*	0	I_a+I_c	I_b	0
+5	S_{13}	S_{22}	S_{33}	*T*	*S*	*T*	*T-S*	*S-T*	0	0	I_b	I_a+I_c
-5	S_{12}	S_{23}	S_{32}	*S*	*T*	*S*	*S-T*	*T-S*	0	0	I_a+I_c	I_b
+6	S_{11}	S_{23}	S_{31}	*R*	*T*	*R*	*R-T*	*T-R*	0	I_a+I_c	0	I_b
-6	S_{13}	S_{21}	S_{33}	*T*	*R*	*T*	*T-R*	*R-T*	0	I_b	0	I_a+I_b
+7	S_{12}	S_{22}	S_{31}	*S*	*S*	*R*	0	*S-R*	*R-S*	I_c	I_a+I_b	0
-7	S_{11}	S_{21}	S_{32}	*R*	*R*	*S*	0	*R-S*	*S-R*	I_a+I_b	I_c	0
+8	S_{13}	S_{23}	S_{32}	*T*	*T*	*S*	0	*T-S*	*S-T*	0	I_c	I_a+I_b
-8	S_{12}	S_{22}	S_{33}	*S*	*S*	*T*	0	*S-T*	*T-S*	0	I_a+I_b	I_c
+9	S_{11}	S_{21}	S_{33}	*R*	*R*	*T*	0	*R-T*	*T-R*	I_a+I_b	0	I_c
-9	S_{13}	S_{23}	S_{31}	*T*	*T*	*R*	0	*T-R*	*R-T*	I_c	0	I_a+I_b

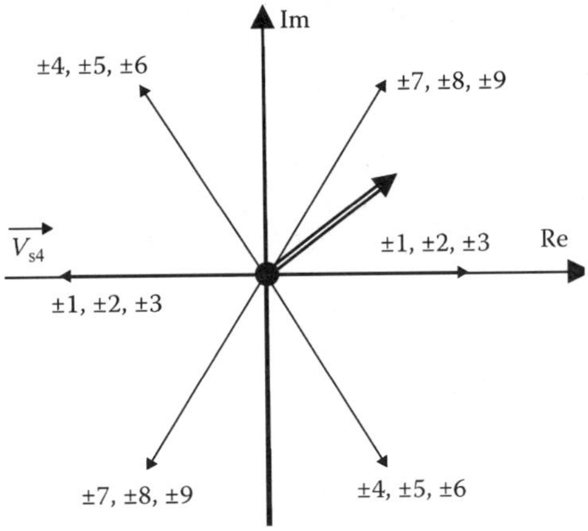

图 16.12　由表 16.1 所示的静态失量导出的可能开关失量

这里的直流电压已被与对应三相 PWM 整流电压瞬时平均的可变信号 V_{rec} 取代。

一个简单的方法是把“整流器”看作是一个三相二极管整流器，工作于最高输入线-线电压的选择器，电压被加到了“逆变器”侧（考虑图 1.2 无中间直流环节的模块）。因此“整流器”侧没有被调制，每对开关在每 60°的位置换流，直流链路电压 V_{ref}跟随线-线电压，所以在采样频率计算它的移动平均值。这种波动的补偿可以用一个简单使用整流电压到式（16.19）的前馈补偿来实现，如图 16.13 所示。采样结果如图 16.14 所示。可以看出每个输入电流有 120°的导通间隔。

在使用没有直流链路电容器的实际整流器—逆变器结构时，如果这个方案有其明显的优点，则在 9 开关矩阵变换器的实现中没有使用全部的资源。

如果需要控制输入相电流（相位移功率因数），则应考虑一个虚拟“整流器”的 PWM 工作。虚拟的“整流器”现在作为一个在任何时刻有两个开关导通直流侧电流的电流源变换器工作。中间直流母线电压和电流如图 16.15 所示。在每个时间间隔等于 PWM 采样间隔的移动平均计算也显示在图中，它看起来像一个反向整流电压，如图 16.16 所示[11]。

分配给每个状态的时间间隔计算可以使用表示依赖于输入电压和电流相位的平均虚拟直流母线电压信息，如图 16.16 所示。在最一般的情况下，当输入电流的相位被要求可控时，这些方程变为式（16.20）。

$$\begin{cases} t_a = \dfrac{2}{\sqrt{3}} \dfrac{V_f}{V_1 \cdot \cos(\Phi)} \cdot \cos\left[\varphi_i - \dfrac{\pi}{6}\right] \cdot T_s \cdot \sin\left[\dfrac{\pi}{3} - \alpha\right] \\ t_b = \dfrac{2}{\sqrt{3}} \dfrac{V_s}{V_1 \cdot \cos(\Phi)} \cdot \cos\left[\varphi_i - \dfrac{\pi}{6}\right] \cdot T_s \cdot \sin\alpha \\ t_0 = T_s - t_a - t_b \end{cases} \tag{16.20}$$

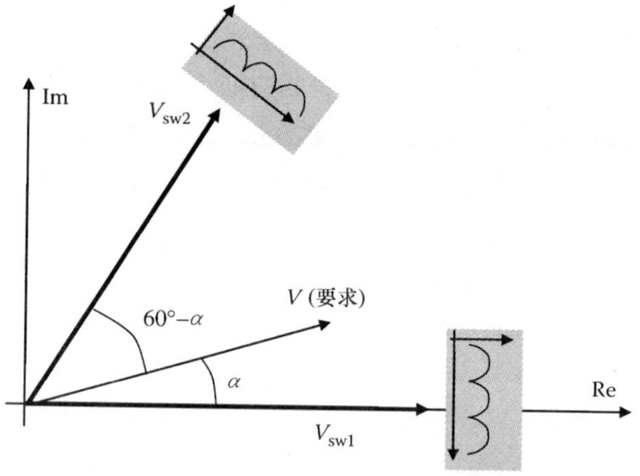

图 16.13 在考虑直流链路波动的情况下，在电网侧没有任何调制时，在虚拟整流器逆变器建立模型，“逆变器”工作情况下，计算分配给每个状态的时间间隔

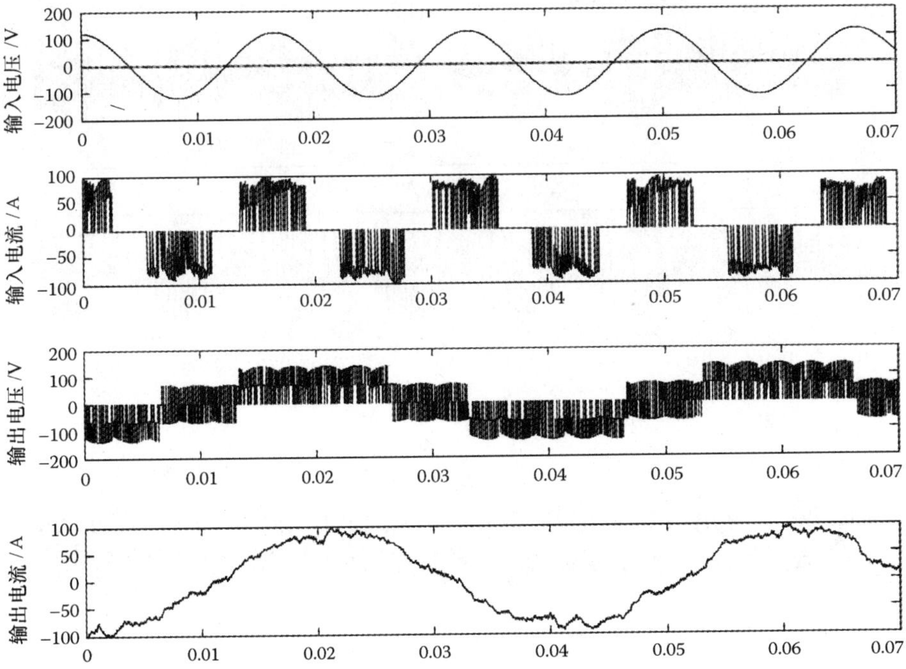

图 16.14 无调制虚拟整流器的工作特性波形工作条件为调制指数 $m=0.7$、输出频率 $f_0=12.5\text{Hz}$、开关频率 5.4kHz、电网电压 120V/60Hz、RL 负载为 $L=1\text{mH}$、$R=1\Omega$

φ_i 表示在复数平面上输入侧参考帧的输入电流瞬时角坐标，在相邻的电流矢量之间 60°扇形扇区内，$\varphi=\varphi_u-\varphi_i$ 表示输入电压、电流之间的相位移。对工作单位功率因数 $\cos\varphi=1$。

目前的理论并不能保证对输入位移因子的控制。由于对应要求的有源矢量没有状态的选择规则，因此可以使用这个状态选择的自由度来控制位移因子。想法是利用两个矢量来来产生每个开关状态，或在采样间隔使用 4 个有源状态。例如，V_{sw1}的位置可以利用任何 ±1、±2、±3 状态得到，并且 V_{sw2} 的位置可以利用任何 ±7、±8、±9 状态得到（见图 16.12）。对位移因子控制，图 16.17 所示为对应于每个状态的输入电流矢量。

把用于生成所需矢量位置的相同原理用于电流源变换器的场合。续流状态（零矢量）被保留，用于现在的“逆变器”级，并且用于电流矢量的脉冲 PWM 被简化，通过“逆变器”的工作分裂状态 t_a 和 t_b 为输入电流调制的两个状态。有式（16.21）成立。

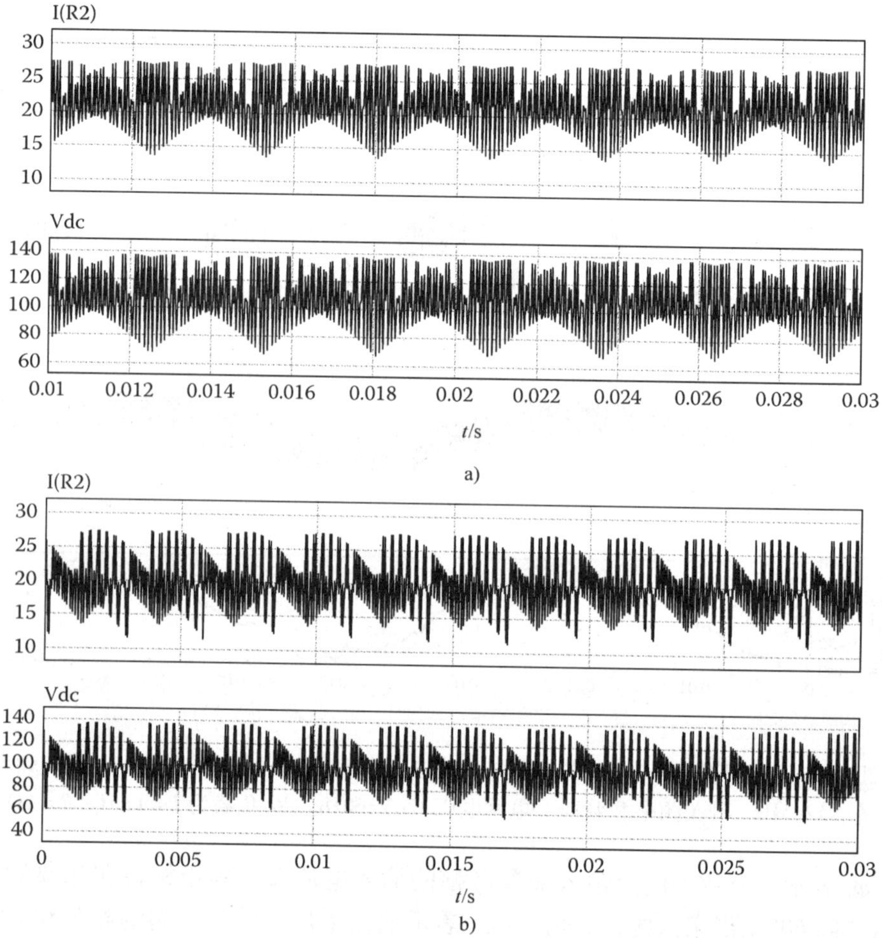

图 16.15　对单位功率因数，通用直流链路环节的电压和电流

a）或45°相位移　b）在电网侧，在直流链路环节没有任何电容（$f_{sw}=10\text{kHz}$）。

$$\begin{cases} t_{a1}=t_a\cdot\dfrac{\sin\left[\dfrac{\pi}{3}-\varphi_i\right]}{\cos\left(\varphi_i-\dfrac{\pi}{6}\right)} \\ t_{a2}=t_a\cdot\dfrac{\sin[\varphi_i]}{\cos\left(\varphi_i-\dfrac{\pi}{6}\right)} \end{cases}\quad \begin{cases} t_{b1}=t_b\cdot\dfrac{\sin\left[\dfrac{\pi}{3}-\varphi_i\right]}{\cos\left(\varphi_i-\dfrac{\pi}{6}\right)} \\ t_{b2}=t_b\cdot\dfrac{\sin[\varphi_i]}{\cos\left(\varphi_i-\dfrac{\pi}{6}\right)} \end{cases} \tag{16.21}$$

如上所述，φ_i 表示在复平面上输入侧电流参考帧的输入电流瞬时角坐标，它从有源电流矢量到60°扇区测得。等效于式（16.22）。

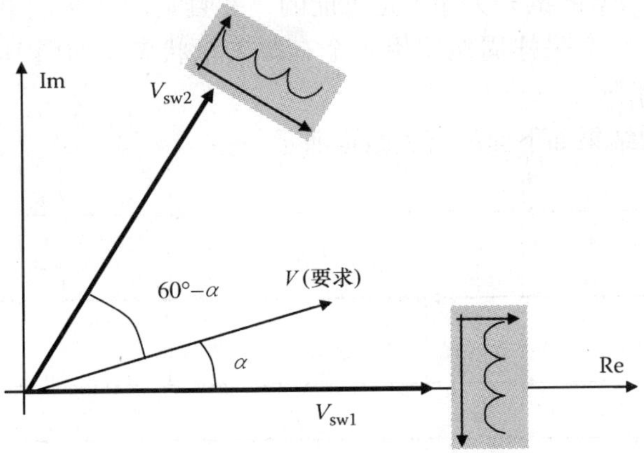

图 16.16　对虚拟整流器 - 逆变器模型，考虑由于整流器侧 PWM 工作而致使直流链路波动时，分配给逆变器工作的每个状态时间间隔计算

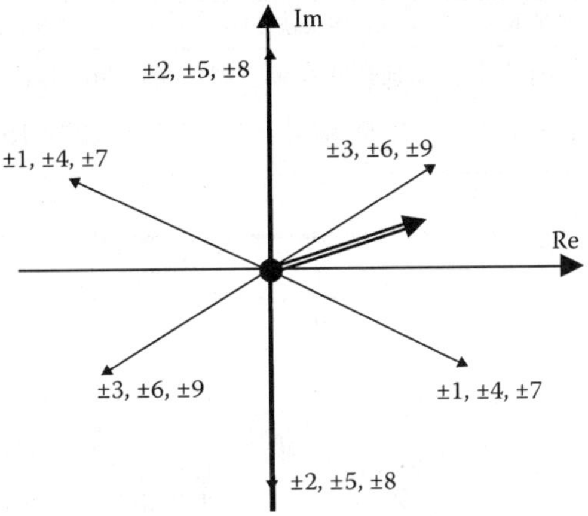

图 16.17　输入电流的矢量位置

$$\begin{cases} t_{a1} = \dfrac{2}{\sqrt{3}} \dfrac{V_s}{V_1 \cdot \cos(\Phi)} \cdot T_s \cdot \sin\left[\dfrac{\pi}{3} - \alpha\right] \cdot \sin\left[\dfrac{\pi}{3} - \varphi_i\right] \\ t_{a2} = \dfrac{2}{\sqrt{3}} \dfrac{V_s}{V_1 \cdot \cos(\Phi)} \cdot T_s \cdot \sin\left[\dfrac{\pi}{3} - \alpha\right] \cdot \sin[\varphi_i] \end{cases}$$

$$\begin{cases} t_{b1} = \dfrac{2}{\sqrt{3}} \dfrac{V_s}{V_1 \cdot \cos(\Phi)} \cdot T_s \cdot \sin\alpha \cdot \sin\left[\dfrac{\pi}{3} - \varphi_i\right] \\ t_{b2} = \dfrac{2}{\sqrt{3}} \dfrac{V_s}{V_1 \cdot \cos(\Phi)} \cdot T_s \cdot \sin\alpha \cdot \sin[\varphi_i] \end{cases} \tag{16.22}$$

这有助于产生一组任意所需要相位移的正弦输入电流。由于在这个复平面所需的输入电流矢量旋转，因此最合适的状态被选择用于 PWM 生成。从这一原则

出发，然而多个 PWM 的开关序列是可能的，并且它们在文献中加以了报道。最著名的方法是在每个采样周期使用 4 个有源矢量状态，如图 16.18 所示[1]，这里考虑了波形例子。

这种方法的结果如下面的有关数据所示。

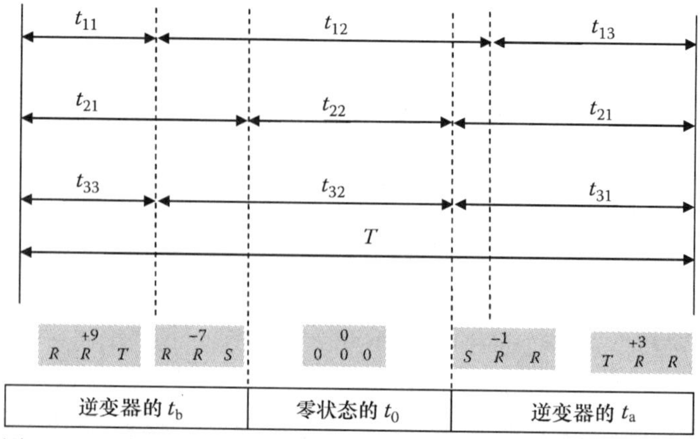

图 16.18　有 4 个有源状态的直接空间矢量调制的脉冲生成举例

1）高调制指数 $m=0.7$，输出频率 $f_0=12.5\text{Hz}$，如图 16.19 所示；

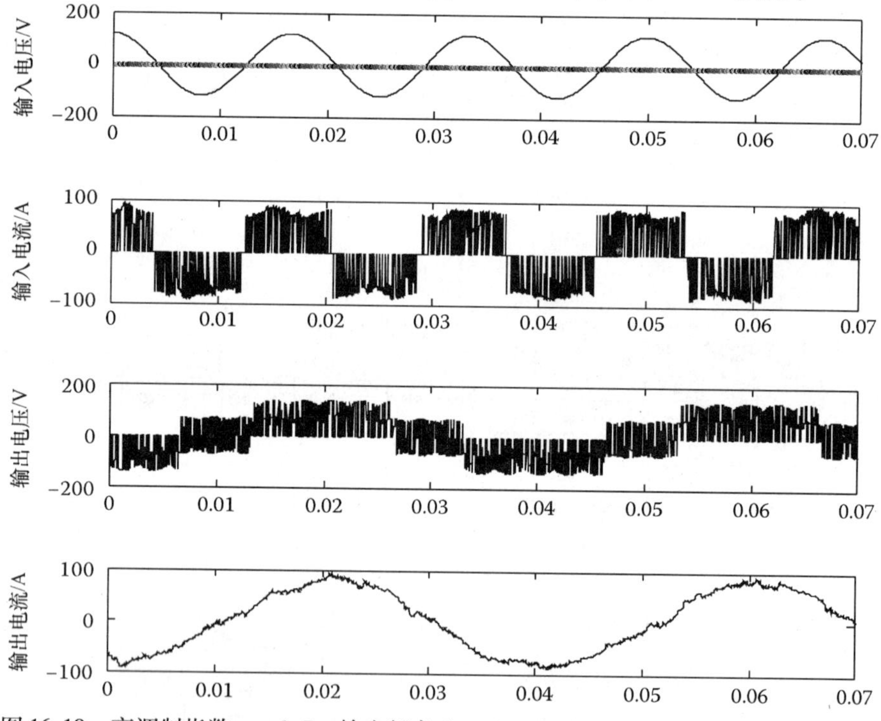

图 16.19　高调制指数 $m=0.7$、输出频率 $f_0=12.5\text{Hz}$（40ms）、开关频率为 5.4kHz、电网电压为 120V/60Hz、RL 负载为 $L=1\text{mH}$、$R=1\Omega$ 的工作波形

2）低调制指数 $m=0.15$，输出频率 $f_0=12.5\text{Hz}$，如图 16.20 所示；

3）高调制指数 $m=0.7$，输出频率 $f_0=52.0\text{Hz}$，如图 16.21 所示；

4）低调制指数 $m=0.15$，输出频率 $f_0=52.0\text{Hz}$，如图 16.22 所示；

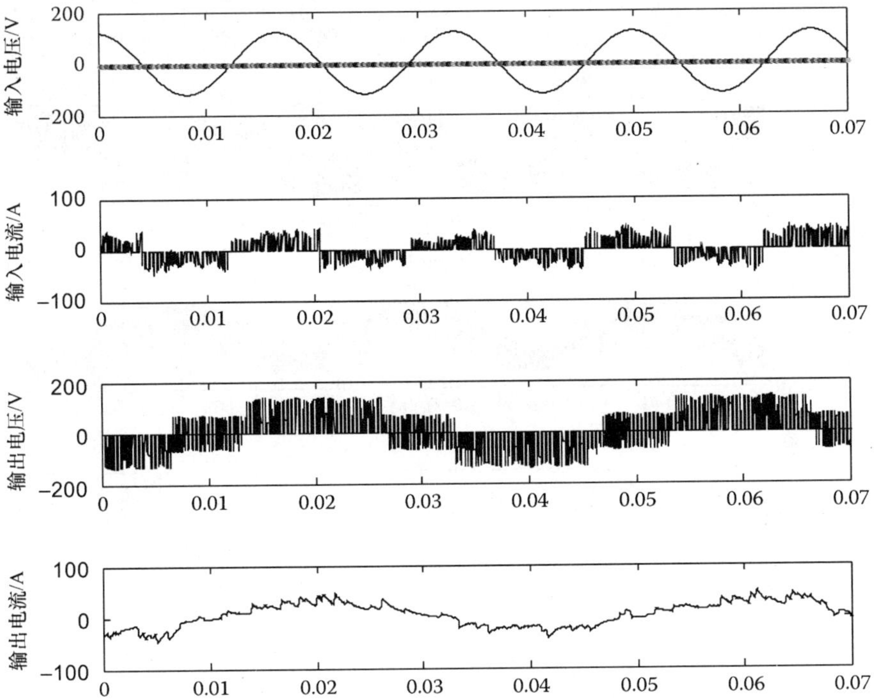

图 16.20　低调制指数 $m=0.15$、输出频率 $f_0=12.5\text{Hz}$（40ms）、开关频率 $=5.4\text{kHz}$、电网电压为 120V/60Hz、RL 负载为 $L=1\text{mH}$、$R=1\Omega$ 的工作波形

固定矢量的使用意味着在一个给定的时刻，两个输入节点（相）被连接到变换器，并且两个输出节点连接到相同的输入节点，而第 3 个输出节点（相）被连接到另一个输入节点（相）。

可以发现这种形式的 SVM 类似于本章后面要介绍的间接矩阵变换器的结果[9，11]。

16.5.4　间接矩阵变换器

如在第 16.5.1 节中对矩阵形式的方程式中介绍的，常规矩阵变换器的工作可以作为整流器工作序列接着没有任何中间直流链路电容器组的逆变器来理解。

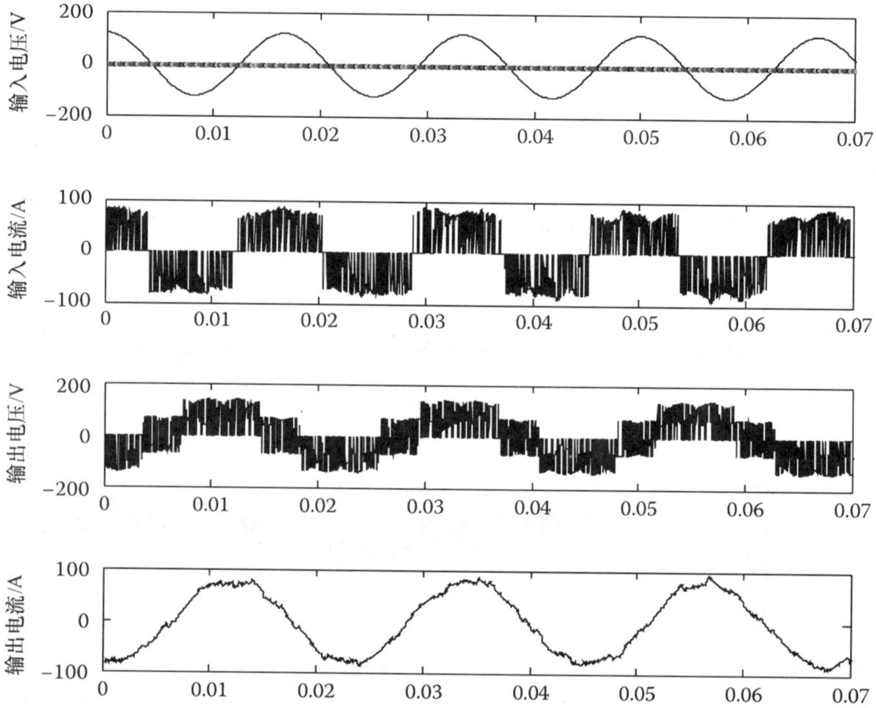

图 16.21　高调制指数 $m=0.7$、输出频率 $f_0=52.0\text{Hz}$（22ms）、开关频率为 5.4kHz、电网电压为 120V/60Hz、RL 负载为 $L=1\text{mH}$、$R=1\Omega$ 的工作波形

这意味着在三相交流输入电压被加到传统的 6 开关三相逆变器之前，三相交流输入电压被整流为 6 脉冲波形，如图 16.23 所示。

这个 PWM 原理也称为间接 PWM，它也可以让我们开发新的变换器结构，这个变换器实际工作是采用上面描述的虚拟波形。这和背靠背变换器是不完全相同的，因为它对前端变换器的实现需要用到一个双向开关。它来自于无功能量完全恢复和变换器四象限运行的要求。电路如图 16.24 所示，它被称为间接矩阵变换器（稀疏变换器）。

16.5.5　PWM 控制实现

上述建议的任何方法有许多实施可能性。最重要的方面与传统的计数器/定时器电路后面的专用“胶水逻辑”电路必要性有关。这个逻辑电路被用于 9 双向开关选择适当的开关序列，以及实现电流换向逻辑。

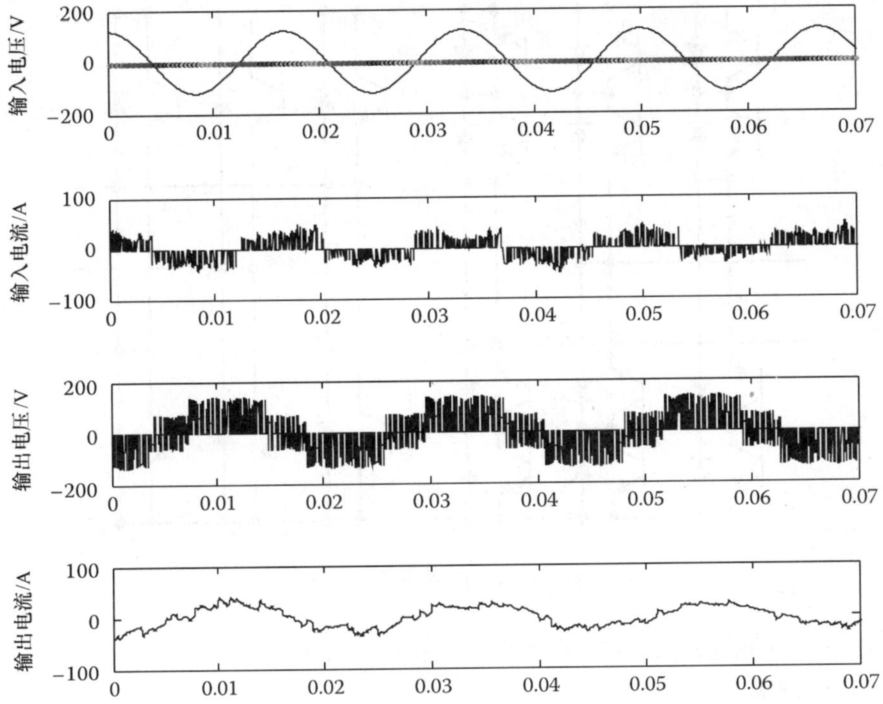

图 16.22　低调制指数 m = 0.15、输出频率 f_0 = 52Hz（22ms）、开关频率为 5.4kHz、电网电压为 120V/60Hz、*RL* 负载为 *L* = 1mH、*R* = 1Ω 的工作波形

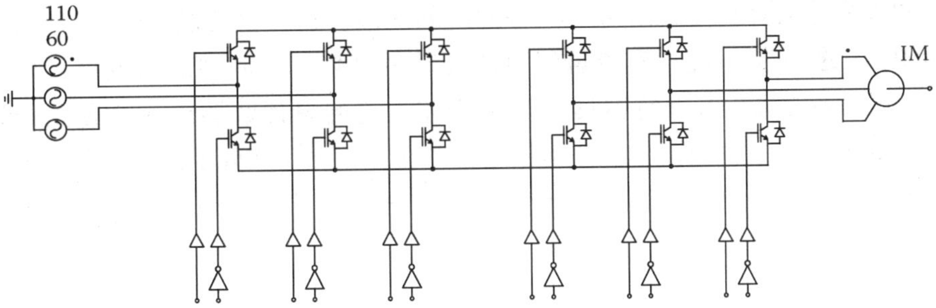

图 16.23　用于定义 PWM 算法的背靠背变换器概念

这里描述了一个可以用于直接或间接 PWM 的可能结构。取决于应用要求，微控制器软件应该用于对要求的输出波形的特性管理。需要一个 PLL 模块来获得与电网的同步，并检测电网电力系统的相位。PWM 软件有如下介绍的输入：

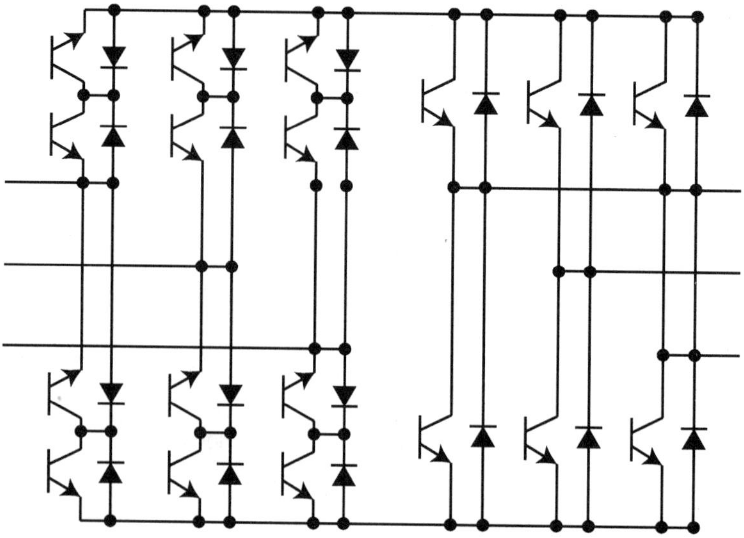

图 16.24　间接矩阵变换器

1）要求的输出相位和幅度（调制指数）；

2）电网瞬时相位信息。

这个信息按两个工作指标编码：K 对应于输出参考帧复平面中所要求的输出矢量扇区的扇区数，J 对应于输入参考帧复数平面输入电流矢量扇区数，并且它由外部 PLL 信息来确定。

软件程序要计算分配给每个状态的时间间隔。这可以通过 SVM 类型的公式来实现，计算包括对虚拟直流母线电压波动的补偿。时间间隔的数值可以按图 16.25 所示来安排。可以使用具有多个比较功能的单计数器或 5 个独立的计数器。计数器溢出信号与两个工作指标一起使用，来产生实际的门极控制信号。存储器查找表，一个 IF/THEN 软件流程，或通过这 7 个信号（5 计数器溢出和两

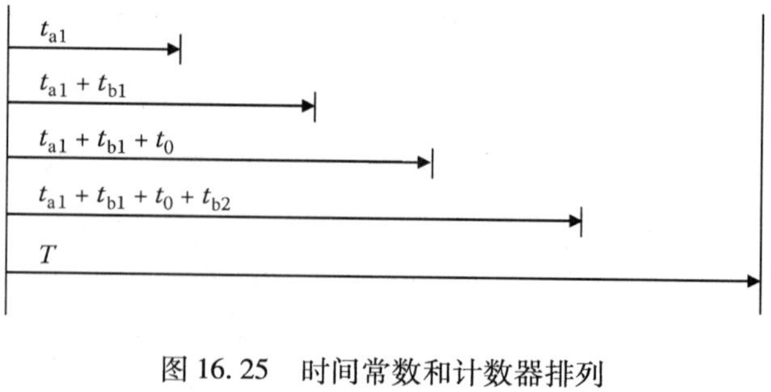

图 16.25　时间常数和计数器排列

个工作指标)，利用一个逻辑电路可以合成 9 开关的栅极控制信号。

设计一个 PWM 算法意味在这些可变状态之间平衡，以便在一个负载参考帧来模拟一个旋转矢量，有各种可供使用的方法，如图 16.26 所示。

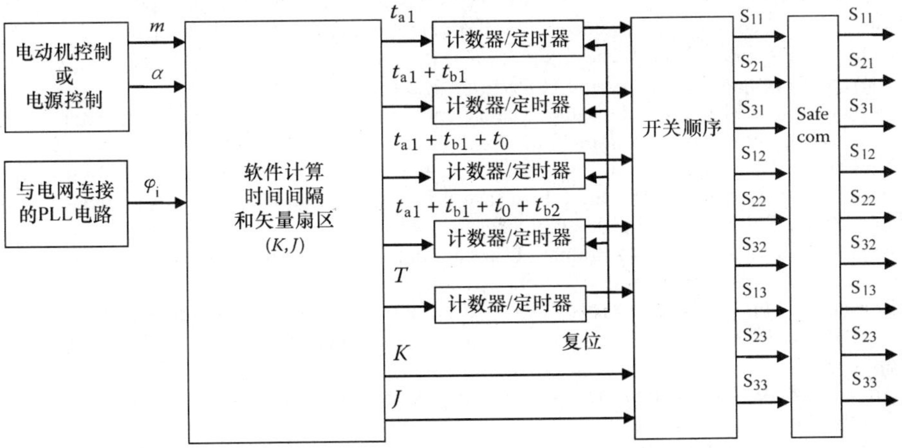

图 16.26　实现 PWM 算法的数字架构

16.6　总结

由于矩阵变换器提供了先进的 PWM 理念、滤波或电压源和电流源工作，因此矩阵变换器是学术研究和研发工作一个非常有吸引力的课题。在取代传统背靠背变换器解决方案时，常规矩阵变换器的成功是有限的。另外，其他直接变换器拓扑结构对未来探索似乎更具吸引力，因为它们克服了传统的矩阵转换器和背靠背变换器存在的问题。这些问题如下所示：

1）有限的输出电压（$m=0.866$）；

2）复杂的换向过程；

3）不规则拓扑结构的封装和批量生产；

4）受限的无功补偿能力；

5）非平衡输入电压下的有限工作。

这些问题在本书第 18 章介绍的解决方案中得到了克服。

参考文献

1. Borojevic, D. 1991. Space vector modulation in matrix converters. *VPEC Virginia Power Electron. Center* 5(1,2).
2. Huber, L. and Borojevic, D. 1991. Space vector modulation with unity input power factor for forced commutated cycloconverters. *Proceedings of PESC*, pp.1032–1041.
3. Neacsu, D.O. 1995. Theory and design of a space vector modulator for AC/AC matrix converter. *European Trans. Electr. Power Eng.* 4, 285–292.
4. Neft, C.L. and Shauder, C.D. 1988. Theory and design of a 30-HP matrix converter. *Proceedings of IEEE IAS'88*, pp. 248–253.
5. Nielsen, P., Blaabjerg, F., and Pedersen, J.K. 1996. SVM matrix converter with minimized number of switchings and a feed forward compensation of input voltage unbalance. *PEDES'96*, New Delhi, January 8–11.
6. Halasz, S., Schmidt, I., and Molnar, T. 1995. Matrix converters for induction motor drive. *EPE'95*, Sevilla, Spain.
7. Bernet, S., Matsuo, T., and Lipo, T.A. 1996. A matrix converter using reverse blocking NPT-IGBT's and optimized pulse patterns. *IEEE PESC'96*, Baveno, Italy, vol. 1, pp. 107–113.
8. Anon. 2008. AC7 matrix converter—Application Note, Document AN.AC7.01. Yaskawa Electric America, April.
9. Friedli, T. and Kolar, J.W. 2012. Milestones in matrix converter research. *IEEJ J. Industry Appl.* 1(1), 2–14.
10. Matteini, M. 2001. Control techniques for matrix converter adjustable speed drives. University of Bologna, Italy, PhD Thesis.
11. Kolar, J.W. and Friedli, T. 2010. Comprehensive evaluation of three-phase AC-AC PWM converter systems. *Tutorial at IEEE IECON.*
12. Yamamoto, E., Hara. H., Uchino, T., Kume, T.J., Kang, J.K., and Krug, H.P. 2007. Development of matrix converter for industrial applications. Yaskawa White Paper.
13. Lai, R., Pei, Y., Wang, F., Burgos, R., Boroyevich, D., Lipo, T.A., Immanuel, V., and Karimi, K. 2007. A systematic evaluation of AC-fed converter topologies for light weight motor drive applications using SiC semiconductor devices. *Proceedings IEEE Int'l Electric Machines and Drives IEMDC*, vol. 2, pp. 1300–1305.
14. Wheeler, P. and Clare, J. 2005. Matrix converter technology. *Tutorial IEEE IECON.*
15. Wheeler, P., Rodriguez, J., Clare, J.C., Empringham, L., and Weinstein, A. 2002. Matrix converters: A technology review. *IEEE Trans. Industrial Electron.* 49(2), 276–288.
16. Anon. 2010. DIM400PBM17-A000 IGBT bi-directional switch module. DS5524-3 November 2010 (LN27710).
17. Anon. 2001. Datasheet of FM35R12KE3. *Infineon Technologies*, 2001-08-16.
18. Schulz, M., De Lillo, L., Empringham, L., and Wheeler, P. 2011. Pushing power density limits using SiC-Jfet-based matrix converter. In: *PCIM Europe Conference*, VDE VERLAG GMBH, Berlin, Offenbach, vol. 1, 17–19 May 2011, pp. 464–470.
19. Motto, E.R., Donlon, J.F., Tabata, M., Takahashi, M., Yu, Y., and Majumdar, G. 2004. Application characteristics of an experimental RB-IGBT. *IEEE/IAS Ann. Meeting Conf. Rec.*, vol. 3, pp. 1540–1544, October.
20. Takei, M., Naito, T., and Ueno, K. 2010. *The Reverse Blocking IGBT for Matrix Converter with Ultra-Thin Wafer Technology*, Fuji.
21. Itoh, J., Odaka, A., and Sato, I. 2004. High efficiency power conversion using a matrix converter. *Fuji Electr. Rev.* 50(3), 94–98.
22. Burany, N. 1989. Safe control of four-quadrant switches. *IEEE IAS Conference Record 1989*, part I, pp. 1190–1194.

23. Oyama, J., Higuchi, T., Yamada, E., Koga, Y., and Lipo, T. 1989. New control strategy for matrix converter. *IEEE PESC'89 Conference Record*, pp. 360–367.
24. Ooi, B.T. and Kazerani, M. 1994. Application of dyadic matrix converter theory in conceptual design of dual field vector and displacement factor controls. *IAS Annual Meeting 1994*, pp. 903–910.
25. Venturini, M. and Alesina, A. 1980. The generalized transformer: A new bidirectional sinusoidal waveform frequency converter with continuously adjustable input power factor. *IEEE Power Electronics Specialists Conference Record*, pp. 242–252.
26. Watthanasarn, C., Zhang, L., and Liang, D.T.W. 1996. Analysis and DSP-based implementation of modulation algorithms for AC-AC matrix converters. *IEEE-PESC 1996*, pp. 1053–1058.
27. Klumpner, C., Blaabjerg, F., Boldea, I., and Nielsen, P. 2006. New modulation method for matrix converters. *IEEE Trans. Industry Appl.* 42(3), 797–803.
28. Huber, L. and Borojevic, D. 1995. Space vector modulated three-phase to three-phase matrix converter with input power factor correction. *IEEE Trans. Industry Appl.* 31(6), 1234–1246.
29. Ziogas, P.D., Kang, Y., and Stefanovic, V.R. 1986. Rectifier-inverter frequency changers with suppressed DC link components. *IEEE Trans. Industry Appl.* IA-22(6), 1027–1036.
30. Kim, S., Sul, S.K., and Lipo, T.A. 2000. AC/AC power conversion based on matrix converter topology with unidirectional switches. *IEEE Trans. Industry Appl.* 36(1), 139–145.

第 17 章　多电平变换器

17.1　工作原理和硬件拓扑结构

在本书 3.6.1 节中给出了利用图 3.21 所示的阶梯波来近似正弦波形的实例，从一步到另一步角度间隔的波形变化和每一步都可以通过对谐波约束来优化。然而，这样的双重优化用硬件可能难以实现。另外，利用一个模块化的方法比较容易构建和实现等高度电平的变化。

17.1.1　H 桥模块

先假设利用一个单相 H 桥变换器来产生每个电平，变换器的工作完全独立于其他的变换器，唯一目的是创建一个符合图 17.1 控制策略的楼梯状的电平（这是图 3.21 的扩展）。基本拓扑结构如图 17.2 所示。电路工作非常直观，由于每个 H 桥逆变器可以输出一个极性或通过其他直流侧电压[1] H 桥对角线 IGBT 的工作。通过控制每个模块的零状态可以实现零电压降。利用图 3.21 所示的分解，可以很容易地描述每个 IGBT 的导通时间间隔。

显然，电平数量可以高于 3。每个变换器的工作也需要确保一个恒压源供电。这里为了简化起见，没有画出其他的变换器或电池。图 17.2 所示变换器的另一种替代如图 17.3 所示，这里传统的单相 H 桥逆变器被分为两个逆变器引脚，每一个引脚最终贡献不同的交替输出电压（所有在图左边的 3 个引脚工作于正输出变化交替，右边的 3 个引脚工作于负极电压变化交替）。这个概念由西门子公司用于高压直流输电（HVDC）线路，这里的多电平变换器的额定功率高达 400MW，每个变换器臂采用 200 个功率模块构建[2]。

对图 17.1 所示波形的优化，使用这种拓扑结构用于高电压应用场合的另一个优点是与功率器件的额定值有关。如图 17.2 所示变换器引脚的特点是 IGBT 对直流电源的额定值，而不是用于加到负载的整个阶梯电压。例如，1200V 的 IGBT可以用于 $2400V_{rms}$负载电压的 3 电平变换器场合。同样的原则适用于更高电平的电压总线。这样一个有有源滤波，或在一个 18 电平变换器内部有电压控制的 30kV 的输电线路，可以使用额定值为 3000V 的中压 IGBT。

最后，让我们注意使用多电平变换器的另一个优点。它将在本章之后给出，加到有两个相邻电平的多电平变换器 PWM 控制，这意味着输出电压的斜坡由包

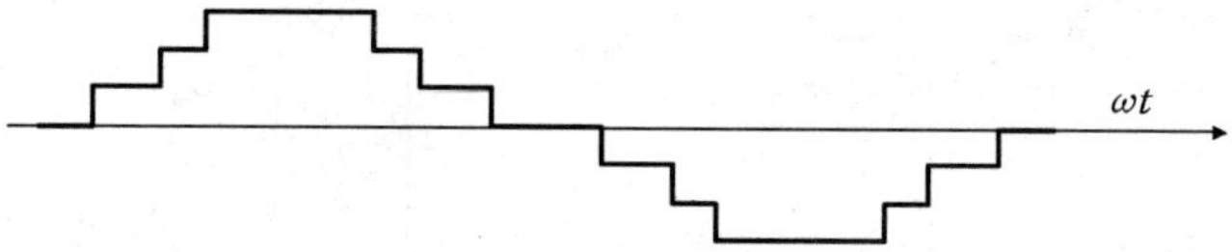

图 17.1　多电平波形

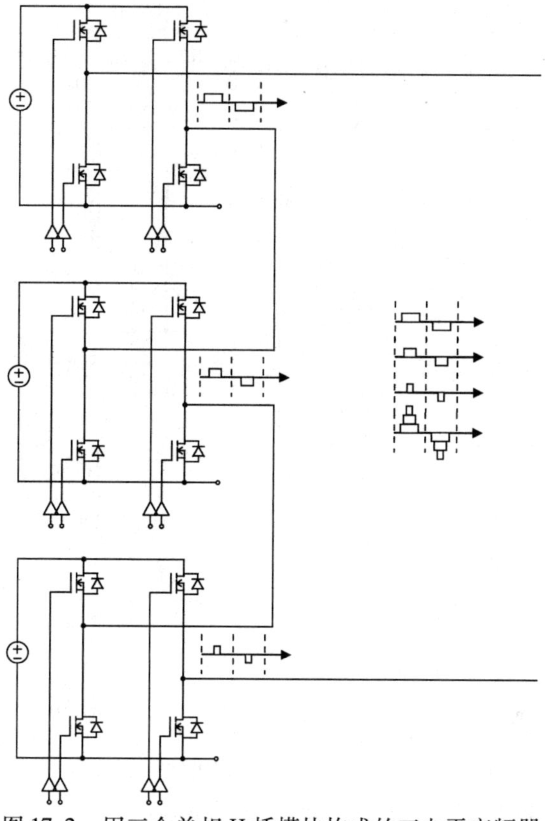

图 17.2　用三个单相 H 桥模块构成的三电平变频器

含较小高度的阶梯组成。在输出电压较小的变化意味着降低了由（dv/dt）产生的 EMI 辐射。

H 桥多电平变换器的模块化结构具有便于制造、服务和维护的优点。此外，大功率应用场合允许使用通过多个较低功率直流电源构成的分布式电源来供电，通常它们每一个使用高压、大功率交流电力线的另一个由功率变换器来实现。

这种利用 H 桥模块方法来构建多电平变换器在相对低的额定功率应用场合是很不经济的。这方面，有时可以考虑采用使用元器件数量较少的其他电路拓扑结构。

17.1.2　飞跨电容多电平变换器

本节介绍的这种拓扑结构工作原理[3]是基于一个分层结构的电容器，如图

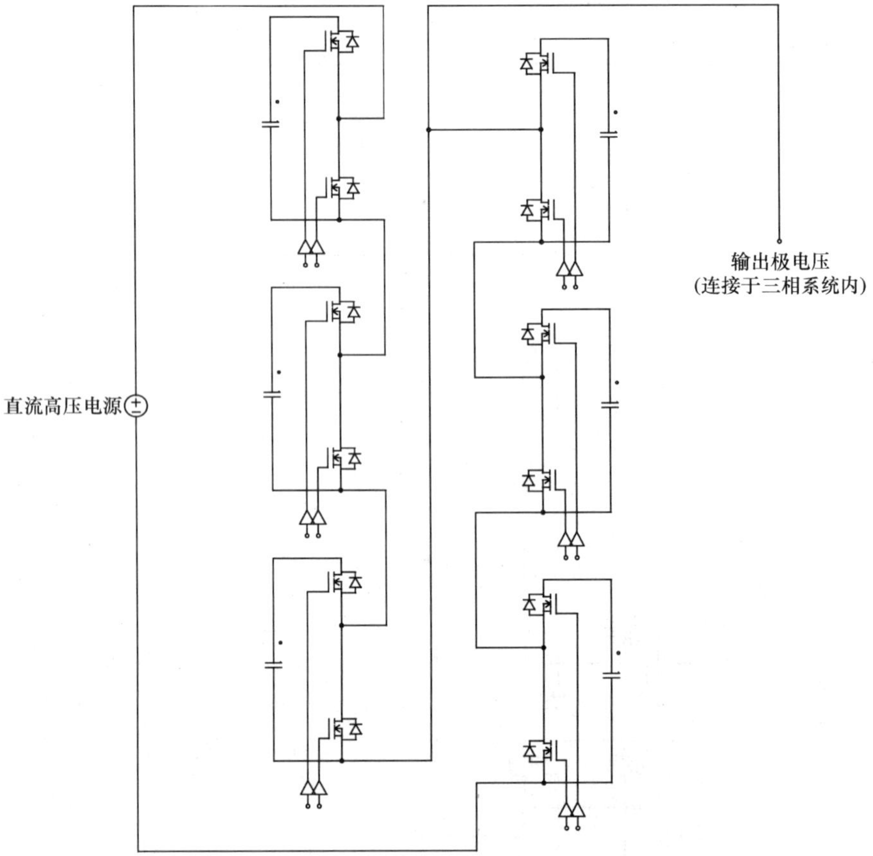

图 17.3　另一个由模块构建的三电平变换器拓扑

17.4 所示。三个相同的引脚可以构成一个星形联结负载的三相多电平变换器。每一个电容器上的电压需要保持相等的值，电容器电压要和变换器功率器件的电压额定值相一致。此外，m 电平的飞跨电容多电平逆变器需要 m 个电容器，以便在输出电压构建建 m 电平，并且当电容器的额定电压值都一样时，等于主开关的电压，这时每相有$(m-1)\times(m-2)/2$ 个辅助电容器。例如，在图 17.4 所示的4 电平变换器的特殊情况需要3 电平构建的电容器，并且有$(4-1)\times(4-2)/2=3$个辅助电容器。

飞跨电容拓扑结构的一个重要优点是固有的冗余性。同一电平的电压可以采用不同的电容连接。这在表 17.1 中对图 17.4 所示的 4 电平变换器给予了说明。这种自由度表示了一个重要的优势，因为在飞跨电容上的电压可以通过适当选择开关状态来控制。我们也注意到，这里对每个逆变器的引脚（相）总有 3 个器件导通。这可以概括为在给定时刻，在每个变换器的引脚，一个 m 电平多电平变换器有 $m-1$ 个器件（通常是 IGBT）导通。

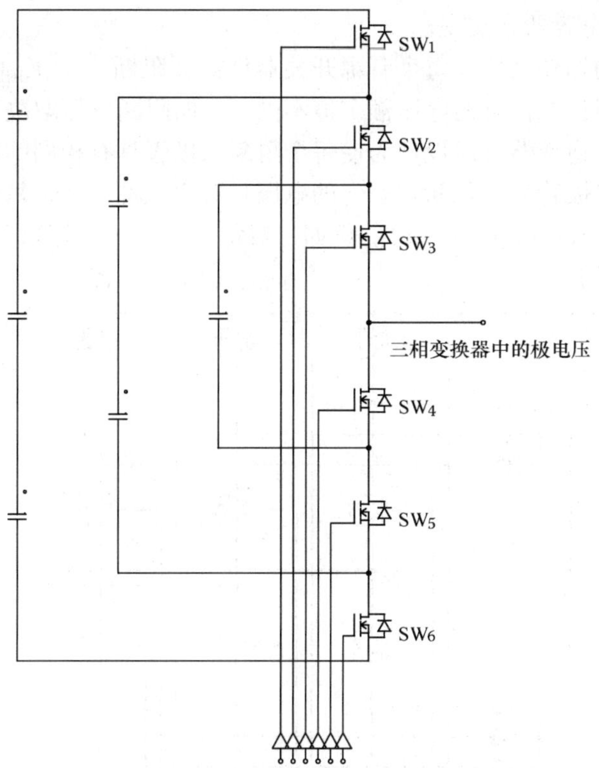

图 17.4　飞跨电容多电平（4 电平）变换器

表 17.1　在一个 4 电平飞跨电容器变换器可能产生的电压电平

	SW_1	SW_2	SW_3	SW_4	SW_5	SW_6
$3V_{dc}$	X	X	X			
$2V_{dc}=3V_{dc}-V_{dc}$	X	X		X		
$2V_{dc}$		X	X			X
$V_{dc}=3V_{dc}-2V_{dc}$	X			X	X	
$V_{dc}=2V_{dc}-V_{dc}$		X		X		X
V_{dc}			X		X	X

大量的电容器构成足够大的电容量，能够穿越短时间中断和深度电压骤降。

另一不利方面为控制算法相当复杂。变换器中电容器的正常工作随电容器的老化、温度和环境变化而造成的容量较大的变化，会恶化电容器的工作特性。

17.1.3　二极管钳位多电平变换器

最有名和最常用的多电平变换器结构如图 17.5 所示[4]。

在高压直流电源电压的电容分压器上设置了中间电压电平来为负载供电。极电压被钳位到这些二极管的中间电压电平。如图 17.5 所示，中间电平的数量为

1，需要用两个电容器来实现。

类似以前的拓扑结构，每个有源开关器件需要阻断一个 V_{dc} 电平。高阶多电平变换器要求钳位二极管的电压额定值不同，反向阻断电压取决于电容器的分压连接点。另外，逆变器可以设计为使每个阻断二极管具有相同的额定电压值，因为 n 个串联的二极管需要阻断 $n\times V_{dc}$ 的电压。对应这种设计，每个极电压所需的二极管总数为（$m-1$）×（$m-2$）。例如，对每个极电压（相），一个三电平变换器需要两个二极管。

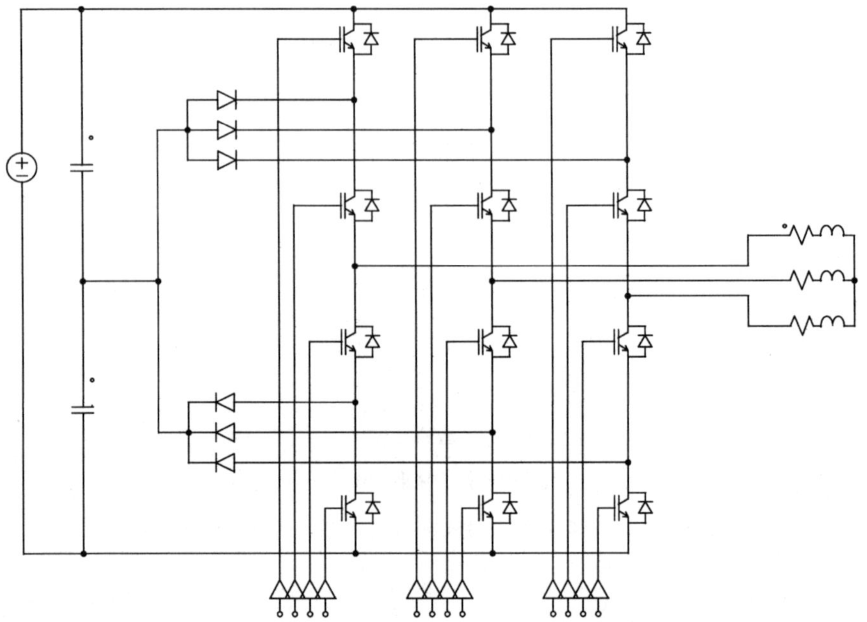
图 17.5　二极管箝位三电平变换器

所需的电容器数量低于以前的拓扑结构。在给定时刻逆变器同一引脚的IGBT导通，IGBT 串联彼此相邻放置。此外，在逆变器中导通器件的数量和逆变器结构的电平数有关。例如，一个三电平逆变器中有两个 IGBT 导通，一个 4 电平逆变器总有 3 个器件导通，以及一个 5 电平逆变器中同一引脚中有 4 个器件导通。缺点就是需要用到大量的二极管，并且要保持电容器上电压恒定的控制算法有些困难。基于这个原因，这种拓扑结构限于 3、4 或 5 电平，有限功率范围变换器的应用场合。在中压电动机驱动器应用场合非常成功。

在参考文献［6］中给出了有利于提高开关频率，类似于二极管钳位的多电平变换器拓扑结构。

最后，我们要注意的是二极管钳位逆变器具有冗余的线－线电压的产生，以及相电压没有冗余。电平数量为“n”，三个输出波形的瞬态电压为（i，j，k），在给定时刻的冗余数如式（17.1）所示。

$$N = n - 1 - [(\max(i,j,k) - \min(i,j,k))] \quad (17.1)$$

如在对 H 桥多电平变换器中所讨论的，这些冗余可以用于调节在直流侧电容器上的电压，调节在输出中性点的电压，或调节分配在同一引脚的开关状态。

17.1.4　组合变换器

另一个设计方向是围绕各种变换器拓扑结构的串联和它们的工作，使在负载产生多电平电压。这个工作原理的范围从两个有相位移控制的常规变换器简单连接到任何多电平转换器的组合以获得更多的电压电平。这种思想的根源在于早期电能处理半导体器件的使用中受控整流器中多相变压器的影响。我们将把这一类的变换器称之为组合变换器，因为它们可以从任何前面给出的两个拓扑的组合来实现。在图 17.6 中以适当的波形给出了几个例子[7-9]，这个工作原理可以扩展到

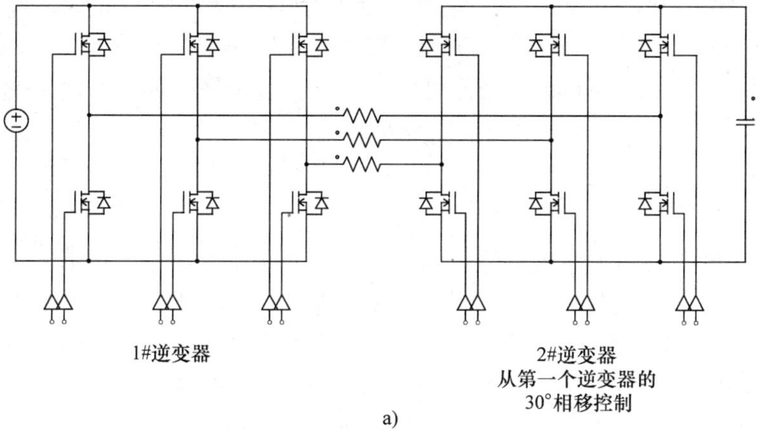

a)

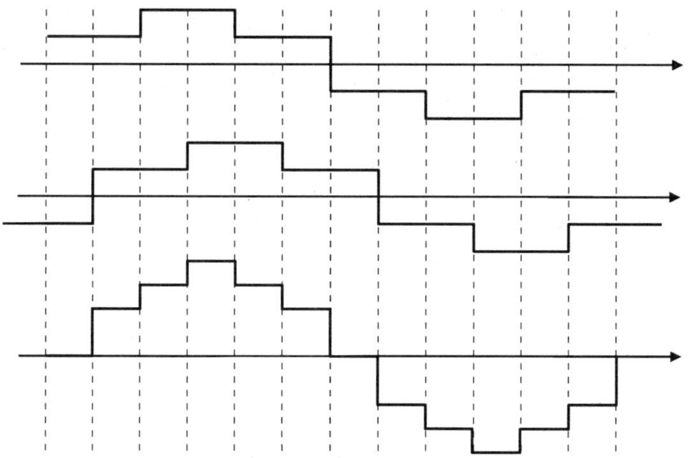

b)

图 17.6　多电平变换器的简单组合

a）拓扑结构　b）工作原理

前面给出的拓扑结构的任意组合。请注意，两个直流侧电源没有任何公共点，换言之，没有连接中性点。

17.2 设计和评价注意事项

17.2.1 半导体额定值

多电平变换器拓扑的成功来自于工作期间在每个功率半导体器件上电压的降低。这意味着可以以一个较低电压额定值等级的半导体器件用于中、高压应用场合。首先，中压 IGBT（高达 6kV）是最高额定值电压的单片器件，多电平变换器的使用开辟了在高电压应用（13～50kV）中有源滤波的可能性。另一个思路是，开关性能、导通工作器件的电压降和低压 IGBT 的成本（额定电压为 1200V）与中压 IGBT（6kV）相比更好。因此，多电平变换器的使用受益于用较低额定值的 IGBT 来提升整体的系统级性能。

17.2.2 无源滤波器

本章通过非调制工作的更好正弦波形近似介绍了多电平转换器的优点。这有助于减少交流电源或电网并网应用中对无源滤波器的要求。当功率级的控制采用 PWM 时，这种共性优势更为明显。图 17.7 所示为可能的最简单滤波器结构。另外，陷波器可以和 *LCL* 结构一起使用，以吸收滤波器的某些谐振频率。

同样重要的是要注意这些滤波器在高压中的应用，这时需要使用多个串联连接（电容器拆分）的电容器。电容器这种类型的连接使使用优化变得非常重要。

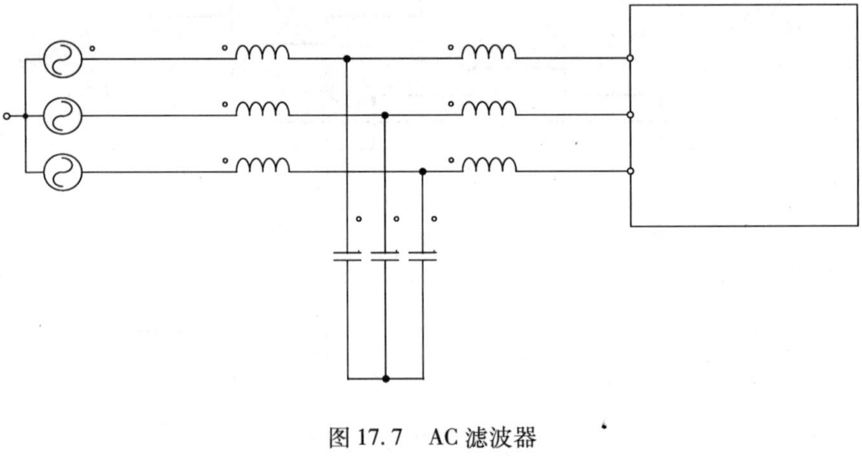

图 17.7　AC 滤波器

17.3　PWM 算法

17.3.1　工作原理

当不使用 PWM 工作时，多电平变换器的优点没有得到充分的发挥。这可以通过合成中等电压电平的平均项（作为移动平均），在两个相邻电压电平之间加短的时间间隔来调整。在常规桥式 6 开关变换器的 PWM 中这种工作模式是众所周知的。

因为仅需要相邻的电压电平，所以简化了 PWM 算法，并且易于理解。

图 17.8 所示使用常规 PWM 的多电平变换器的工作，用于在 DC - DC 变换器中改变电压。逆变器的目标是产生一个像正弦波的电压，这可以通过描述属于相邻电平（电平 k，电平 $k+1$）之间的波形，然后由根据对应的正弦波形部分调整脉冲的平均值，通过多电平变换器来实现。此外，在一个三相系统中建议使用对称的三相 PWM。有许多文献报道了多电平变换器的 PWM 算法，这里对最常用的 PWM 算法进行详细的解释。

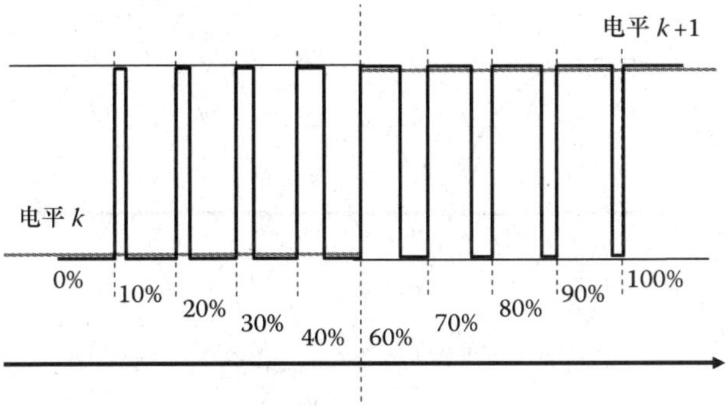

图 17.8　用于多电平变换器的 PWM 工作原理

17.3.2　正弦 PWM

首先考虑图 17.9 所示的通用多电平变换器。这种结构使得实际的变换器原理图抽象化，使我们能够专注于 PWM 生成算法，而无需花费精力于实际拓扑结构。稍后，我们将定义前面每一个给出拓扑结构 PWM 生成的特点。

对一个 4 电平变换器在每相产生的 PWM 电压如图 17.10 所示。相对于三角波形，根据正弦波形的实际瞬时位置，从图 17.9 的常规状态开关连接到图 17.10 所示状态。利用传统的 120°相位移，使用相同的算法用于其他两相。图

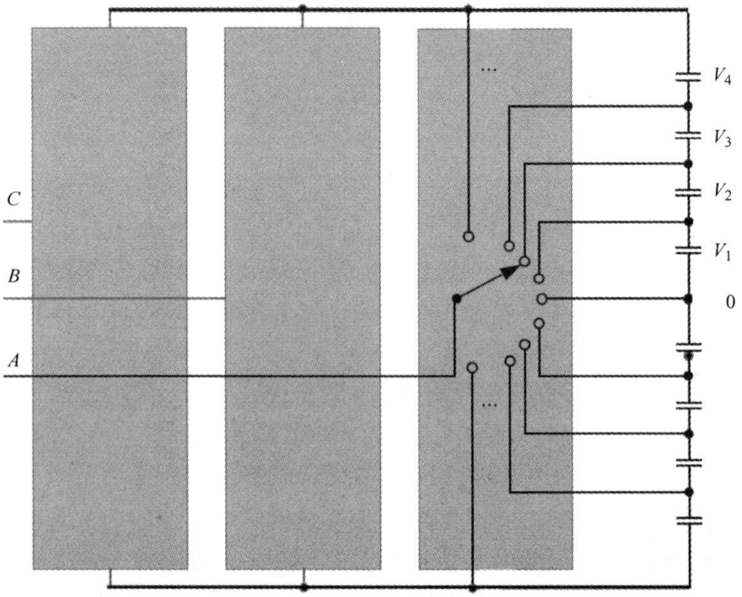

图 17.9　一个 m 电平三相变换器的电路原理图

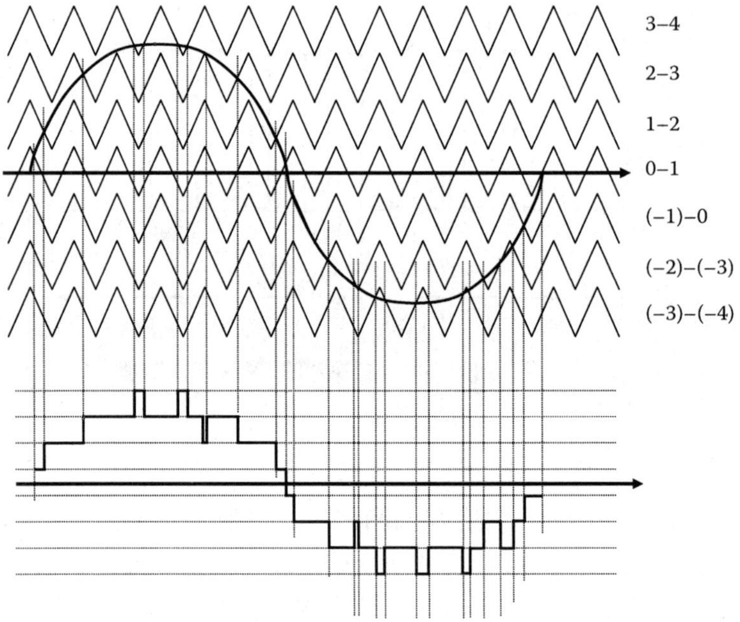

图 17.10　对一个 5 电平变换器三角－正弦 PWM 的解释

17.11～图 17.13 给出了这种 10kHz 载波调制、3 电平变换器正弦波调制实现的谐波谱。

尽管这种拓扑结构具有输出电压较高，而且可以使用较低等级额定电压的 IGBT 器件的优点，但是，SPWM 提供的输出电压受限。为了提高星形联结的三相负载的输出电压，在基准信号中注入了 3 次谐波成分。

$$\begin{cases} V_{\mathrm{a,ref}} = \dfrac{V_{\mathrm{dc}}}{2} \cdot \left[1 + m \cdot \cos(\theta) - \dfrac{1}{3} m \cdot \cos(3\theta)\right] \\ V_{\mathrm{b,ref}} = \dfrac{V_{\mathrm{dc}}}{2} \cdot \left[1 + m \cdot \cos\left(\theta - \dfrac{2\pi}{3}\right) - \dfrac{1}{3} m \cdot \cos(3\theta)\right] \\ V_{\mathrm{c,ref}} = \dfrac{V_{\mathrm{dc}}}{2} \cdot \left[1 + m \cdot \cos\left(\theta - \dfrac{4\pi}{3}\right) - \dfrac{1}{3} m \cdot \cos(3\theta)\right] \end{cases} \tag{17.2}$$

式（17.2）中的 m 表示调制指数，现在调制指数 m 高达 $\dfrac{2}{\sqrt{3}} = 1.15$。

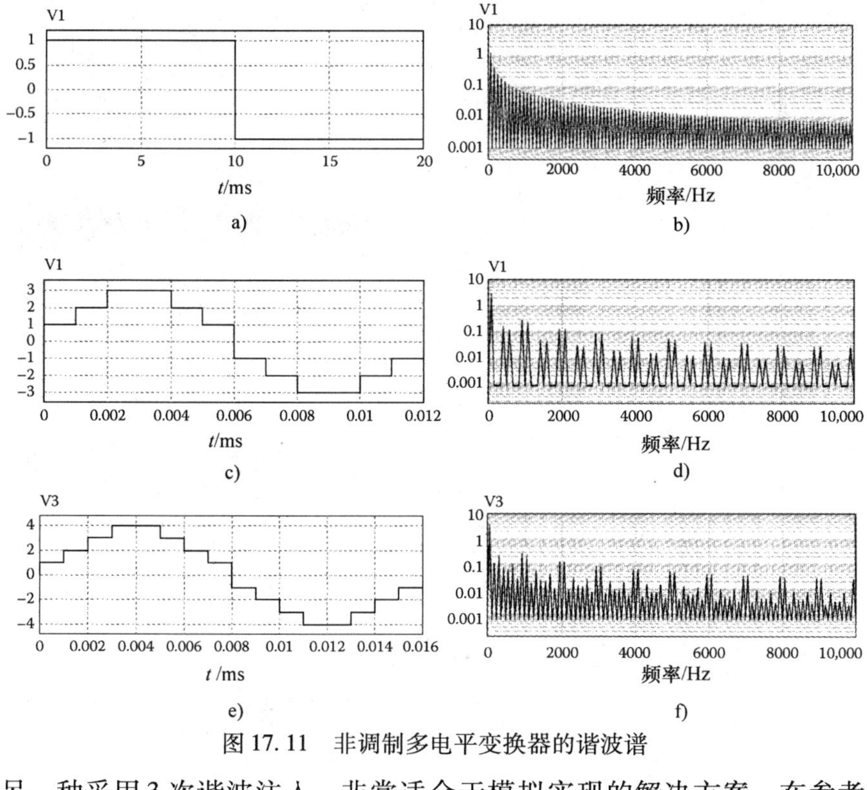

图 17.11　非调制多电平变换器的谐波谱

另一种采用 3 次谐波注入，非常适合于模拟实现的解决方案，在参考文献［10］中给出了解释。可以利用式（17.3）从这 3 个正弦基准信号计算出相加的信号。

$$v_{\mathrm{inj}} = \frac{\max\left(v_{\mathrm{a,ref}}, v_{\mathrm{b,ref}}, v_{\mathrm{c,ref}}\right) + \min\left(v_{\mathrm{a,ref}}, v_{\mathrm{b,ref}}, v_{\mathrm{c,ref}}\right)}{2} \tag{17.3}$$

可以被看成是三相波形包络线正负之间距离的一半。

如果计算出每个状态时间间隔，则很容易通过图 17.10 加以理解，实际的开关序列是通过适当地选择每个状态来提供所需的电压电平。

最常见的数字解决方案是计算低于基准信号波形的三角波形的数目，并随电压增加导通在同一个引脚上的开关。

在采用大调制指数的二极管钳位逆变器的工作情况下，如图 17.12 g，h 所示，内部开关的开关次数比外部开关的开关次数少。当使用可变开关频率时，使用适当的 PWM 可以避免这个缺点[11]。

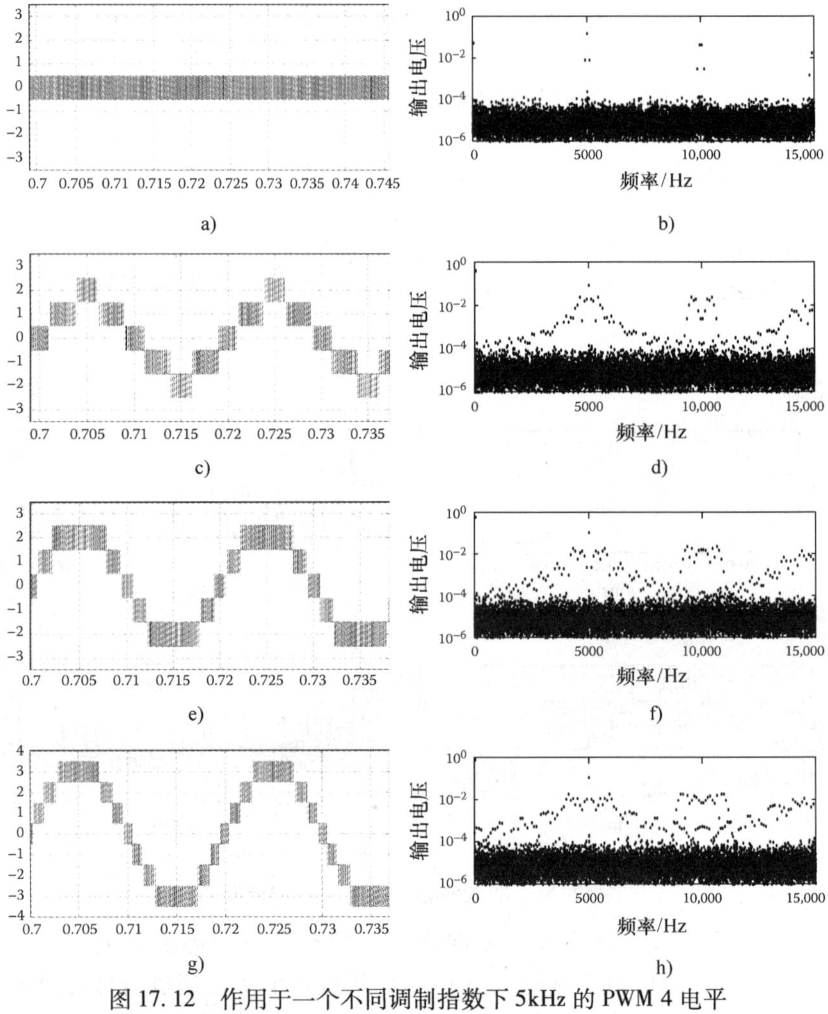

图 17.12　作用于一个不同调制指数下 5kHz 的 PWM 4 电平变换器（显示极点 - 中性点电压）SPWM 的谐波谱

利用下面提出的先进方法来提高工作效率：

1）对一些载波三角波形使用不同的频率[12]；

2）移动载波三角波形的边界，以平衡电容器上的电压[13]。

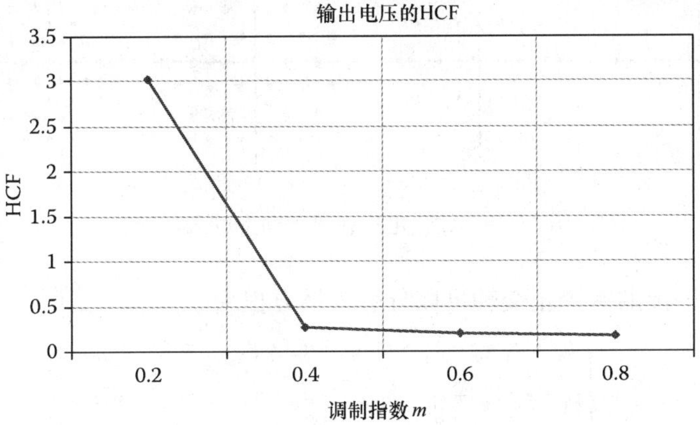

图 17.13　用输出电压% 表示的 HCF，图上显示前面给出的数据

17.3.3　SVM

在 20 世纪 90 年代初，用于传统 6 开关逆变器的 SVM 出现，鼓励使用这种方法来分析和用于多电平 PWM 控制的应用[14]。

首先，已确定在复平面上矢量的可能位置。多电平变换器能产生类似于传统的 6 开关逆变器的输出电压。例如，对图 17.5 所示的二极管钳位 3 电平变换器，可以利用一个电容器电压通过内部 IGBT 施加到负载，或可以利用在相同的直流母线电压的两个 IGBT 作为一个串联开关在负载产生两倍的电容器电压。这意味着所有可用的空间电压矢量图将以 1 × 和 2 × 电容电压作为对角线一半的两个六边形（像半径）。此外，在所有 12 个开关电路允许存在一些可以导致其他中间矢量位置的其他组合。图 17.14 中提供了几个多个多电平变换器的完整视图。

电平变换器的 SVM 方法设计包括确定在所需矢量位置附近的几个矢量位置，随后对一个要求的矢量为相邻位置矢量进行分解。从图 17.14 可以看出，任何所需的矢量位置将在一个由三个节点形成的三角形内。与每个状态相关联的时间间隔计算是通过采用类似于传统的两电平逆变器的伏秒平均来实现的。

$$t_a \cdot \overrightarrow{v_a} + t_b \cdot \overrightarrow{v_b} + t_c \cdot t_c \cdot \vec{v} = T \cdot \vec{V} \tag{17.4}$$

和

$$t_a + t_b + t_c = T$$

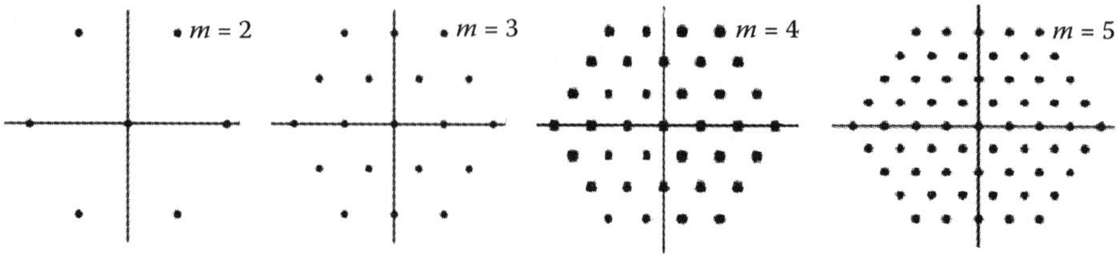

图 17.14 输出电压在复平面上的矢量位置

基于复平面的两个正交轴可以分解矢量方程为

$$\begin{cases} t_a \cdot v_{a,Re} + t_b \cdot v_{b,Re} + t_c \cdot v_{c,Re} = T \cdot V_{Re} \\ t_a \cdot v_{a,Lm} + t_b \cdot v_{b,Lm} + t_c \cdot v_{c,Lm} = T \cdot V_{Lm} \\ t_a + t_b + t_c = T \end{cases} \tag{17.5}$$

这个系统有3个方程和3个未知变量，有唯一的解［t_{a0}，t_{b0}，t_{c0}］。这个数学属性对定义PWM控制是非常重要的，因为也说明在控制一个多电平变换器时无需零状态。由于电压的步进变化（波形的快速转换）较小，从EMI和谐波产生的角度出发，它保证了更好的波形。

17.3.4 谐波消除

类似于本书第3.6.1节暴露出的问题，改变波形的角度间隔可以通过这里描述的任何对多电平电源变换器优化准则来计算，如图17.15所示。类似于图3.20，下面是对计算机优化波形分解原理的解释。傅里叶级数的引入有助于通过简单相加的分量波形的谐波来计算。

考虑相等的电压电平，图17.15a所示的楼梯波形以谐波级数的形式分解为

$$V_n = V_{dc} \cdot \frac{1}{n} \cdot [\sin(n-\alpha_1) + \sin(n-\alpha_2) + \cdots + \sin(n-\alpha_n)] \tag{17.6}$$

以谐波级数的形式，图17.15b所示的PWM波形被分解为

$$V_n = V_{dc} \cdot \frac{1}{n}[\sin(n-\alpha_1) - \sin(n-\alpha_2) + \cdots - \sin(n-\alpha_n)] \tag{17.7}$$

由于计算是非常相似的，因此不在这里复制计算过程[15]。不同的分析方法可以用于对谐波消除和THD/HCF抑制施加不同谐波限制的非线性方程组求解。它们可以利用如MathCAD的数学程序来实现。参考文献［16，17］提出了非常有趣的优化方法，这里考虑了不同电压电平的波形步进，这在谐波优化中可以有更高的自由度。

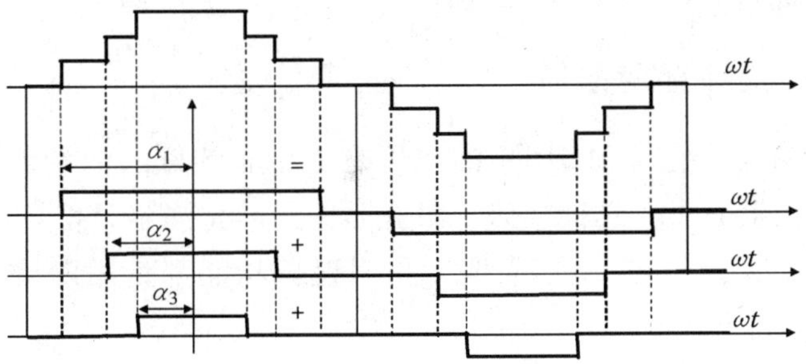

a)

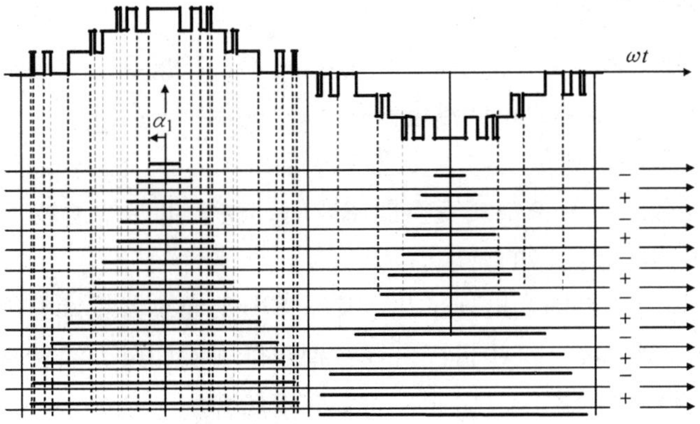

b)

图 17.15　准矩形波形的分解
a）常用阶梯波形　b）多电平 PWM 波形

17.4　应用细节

17.4.1　HVDC 线路

长距离大能量的传输采用 HVDC 线路。应用实例包括在美国和魁北克之间的线路实例，或在俄罗斯的线路实例。“经典”的 HVDC 线路工作于 500kV，运行于已安装的 4000MW 安装功率应用[18]。现代的解决方案已用于 5000 ~ 7200MW 功率 800kV 输电线路的电力传输。传统的解决方案包括采用晶闸管的电路整流电源变换器。这些变换器的特点是工作速度缓慢，但工作可靠，采用众所周知的工作方式。最近的努力鼓励采用工作于 kHz 范围的，例如 IGBT 的功率开关器件，提高了能量的快速控制性能（动态特性和电能质量更好）。这种现代解决方案的缺点是有2%～4%的额外损耗[2]。

17.4.2 柔性交流输电系统

柔性交流输电系统（FACTS）的作用是支持非常好的能量传输。根据这个名称，电源变换器有多个功能实现。最有名的是静止同步补偿器（STATCOM），它一般采用电压源逆变器来实现[18]。所有这些功能都是用以提高能量传输质量的。

17.4.3 电动机驱动

高压电动机驱动器受益于多电平变换器技术，已提到的主要好处如下：

1）功率半导体器件的较低额定值；

2）由于电压波形较低的电压步进改善了EMI；

3）在和常规的6开关桥式变换器比较时，由于更好的谐波工作特性，降低了对输入/输出无源滤波器的要求。

考虑到这些，在市场上出现了几个基于多电平变换器技术的产品，并用于电动机驱动器的控制软件。这些目标市场特别定位于例如风力涡轮机、航空电源系统和舰艇推进系统中的中压、多兆瓦功率应用场合。

参考文献

1. Khomfoi, S. and Tolbert, L. 2011. *Chapter 31, Multilevel Power Converters, in Power Electronics Handbook*, 3rd Edition. Elsevier, Butterworth-Heinemann, Amsterdam/Boston/Heidelberg/London/New York/Oxford/Paris/San Diego/San Francisco/Singapore/Sydney/Tokyo.
2. Gemmell, B., Dorn, J., Retzmann, D., and Soerangr, D. 2008. Prospects of multilevel VSC technologies for power transmission. *IEEE PES Transmission and Distribution Conference and Exhibition*, pp.1–16.
3. Meynard, T.A. and Foch, H. 1992. Multi-level conversion: High voltage choppers and voltage-source inverters. *IEEE Power Electronics Specialists Conference*, pp. 397–403.
4. Nabae, A., Takahashi, I., and Akagi, H. 1981. A new neutral-point clamped PWM inverter. *IEEE Trans. Industry Appl.* IA-17, 518–523.
5. Baker, R.H. 1981. Bridge Converter Circuit, U.S. Patent 4 270 163.
6. Floricau, D., Gateau, G., and Leredde, A. 2010. New active stacked NPC multilevel converter: Operation and features. *IEEE Trans. Industrial Electron.* 57(7), 2272–2278.
7. Corzine, K. 2005. *Operation and Design of Multilevel Inverters—Report Developed for the Office of Naval Research.*
8. Kawabata, T. and Ejioglu, E. 1997. New open-winding configurations for high power inverters. *IEEE ISIE*, pp. 457–462.
9. Stemmler, H., and Guggenbach, P. 1993. Configurations of high-power voltage source inverter drives. *EPE'93*, pp. 7–14.

10. Menzies, R.W., Steimer, P., and Steinke, J.K. 1994. Five-level GTO inverters for large induction motor drives. *IEEE Trans. Industry Appl.* 30(4), 938–944.
11. Tolbert, L.M. and Habetler, T.G. 1999. Novel multilevel inverter carrier-based PWM method. *IEEE Trans. Industry Appl.* 25(5), 1098–1107.
12. Tolbert, L.M. and Habetler, T.G. 1999. Novel multilevel inverter carrier-based PWM method. *IEEE Trans. Industry Appl.* 35(5), 1098–1107.
13. Espinoza, J., Moran, L., and Sbarbaro, D. 2003. A systematic controller design approach for neutral-point-clamped three-level inverters. *Proceedings of the IEEE Industrial Electronics Conference*, pp. 2191–2196.
14. Rodriguez, J., Correa, P., and Moran, L. 2001. A vector control technique for medium voltage multilevel inverters. *Proceedings of the IEEE Applied Power Electronics Conference*, vol. 1, pp. 173–178.
15. Chiasson, J.N., Tolbert, L.M., McKenzie, K.J., and Du, Z. 2004. A unified approach to solving the harmonic elimination equations in multilevel converters. *IEEE Trans. Power Electron.* 19(2), 478–490.
16. Du, Z., Tolbert, L.M., Chiasson, J.N., and Li, H. 2005. Low switching frequency active harmonic elimination in multilevel converters with unequal DC voltages. *IEEE IAS Annual Meeting Conf. Rec.*, vol. 1, pp. 92–98, October.
17. Filho, F., Maia, H.Z., Mateus, T.H.A., Ozpineci, B., Tolbert, L.M., and Pinto, J.O.P. 2013. Adaptive selective harmonic minimization based on ANNs for cascade multilevel inverters with varying DC sources. *IEEE Trans. Industrial Electron.* 60(5), 1955–1962.
18. Retzmann, D. 2009. *Tutorial on VSC in Transmission Systems—HVDC and FACTS*, Siemens AG.

第 18 章　在“开关网络”概念中使用 IPM

除了在本书第 10 章所示 IPM 器件的常规使用外，还有其他拓扑结构受益于 IPM 的使用。本章提出的拓扑结构的主要思想是把开关模式控制分解为多个功率开关，而不是使用一个更高功率额定值的器件。这在本书第 14 章中也进行了分析。多开关使我们能够对输出波形引入更多的控制，有降低损耗和提高电路工作可靠性的优点。最终，这将出现一个新的高性能拓扑结构组成的“开关网络”。

18.1　用于扩展功率范围的电网接口

本书的第 1 章给出了关于电网电流和采用与电能变换的电力电子拓扑无关的谐波电流的标准。利用 IPM 来降低电力电子设备的封装复杂度要求也适用于电网接口。虽然 IPM 器件的出现是值得注意的，但他们的功率水平往往是有限的。参考文献［1］提出了一种新颖的功率变换工作原理，利用一个二极管整流器来扩充一个功率 IPM 的功率容量，或逆转这个逻辑关系，使用 IPM 器件来校正一个二极管整流器的输入电流谐波。

以有源电力滤波器的传统拓扑结构为出发点，如图 18.1 所示，而不是局限于电流和功率的高级控制，这里使用在市场可以得到的 IPM 硬件。

一个二极管整流器中的功率二极管的导通角只有 120°，在每相有两个 60°的区间没有任何电流导通流动。电流控制算法仅在这个区间用来驱动来自三相功率变换器的电流流到电网中。为三相功率变换器供电的电能量取自二极管整流器整流后的输出电压和 3 个相电流的基准信号，如图 18.2 和图 18.3 所示。

由 6 开关功率变换器产生的电流通过两个导通的二极管形成回路，并返回功率变换器。这个循环电流将对二极管整流器有些过载。流过二极管的循环电流改善了输入电流（电网），即使根据离线电流基准信号，这也工作于有点不受控制的方式。电流控制器遵循在本书第 9.4 节和第 13.3.9 节，以及参考文献［2］讨论的前馈算法和基准信号。与电网电压控制系统的同步对定义 6 个工作模式和图 18.3 所示的死区时间间隔是非常重要的。6 个单独电流控制器中的每个需要快速锁定于三角波基准信号，并与/或其他电流控制器开始工作前工作。但是，二极管已经完成了它们的电流开关前必须开始和结束的工作。根据特有的硬件，这可能导致输入电流产生故障（见图 18.6）。

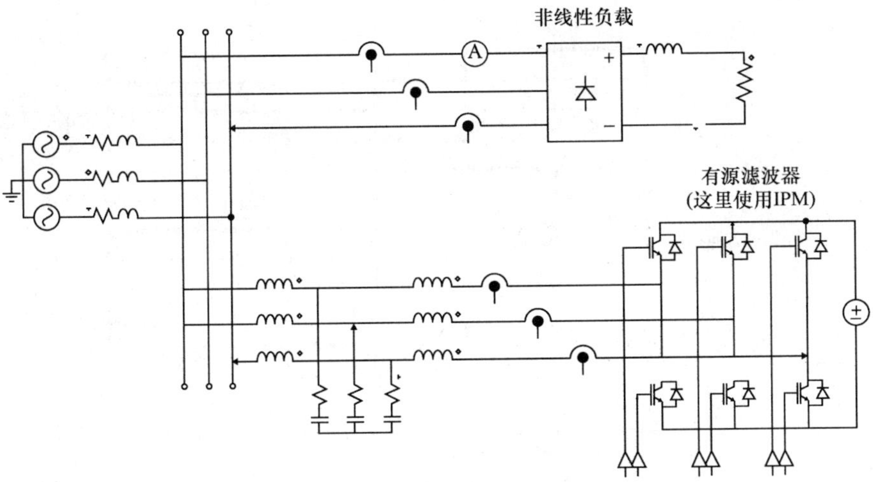

图 18.1 有源滤波器的常用拓扑结构

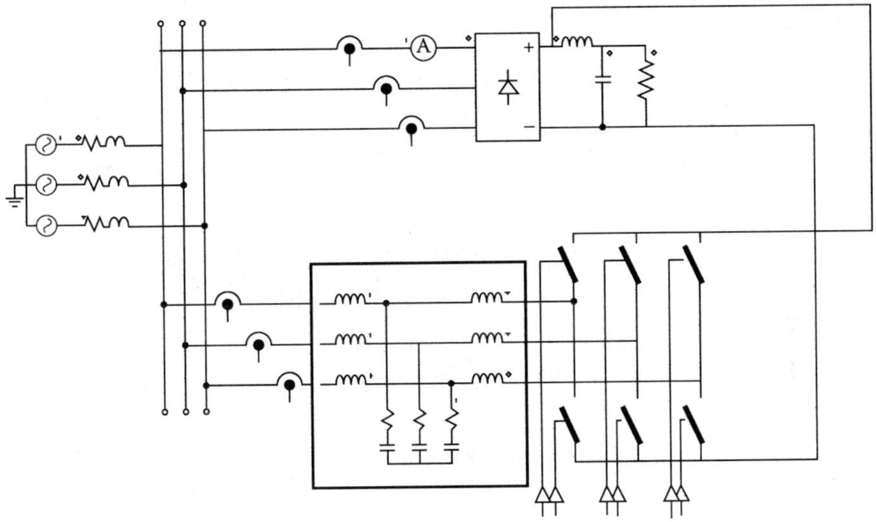

图 18.2 新硬件

图 18.4 所示为没有无源滤波的每个电流波形。在两个 60°间隔区间，可以看出这个 6 开关功率变换器通过三角波电流注入影响电路的工作。在剩下的 4 个 60°的间隔区间，电网电流通过整流器的导通二极管补偿电流循环来实现对电网电流的校正作用，并且脉冲电流叠加到传统的方波电流上。图 18.4 所示的波形在基波电流有很高的幅度，从而满足了电网谐波标准要求。

使用一个三角波形的电流基准信号引入了小的 3 次谐波成分，如图 18.6 所

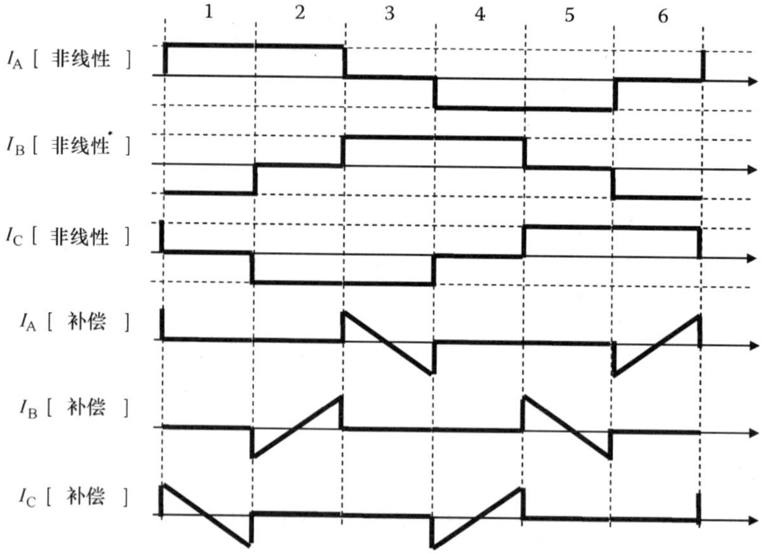

图 18.3　新方法的理论电流基准信号

示。功率变换的补偿额定值是相对于负载功率的额定功率。补偿变换器的最大峰值电流为负载电流的 0.5578 倍（见图 18.3）。由于每个 IGBT 开关工作时间为 1/6的开关周期，因此在线－线电压下、电流范围为负载电流的 －0.5578 ~ 0.5578 倍情况下，这对功率开关的损耗和热管理都是非常有利的。

现在计算在不同的电路配置下每个 IPM 包的功率损耗分布，如图 18.5 所示。为了进行比较，以一个背靠背的电动机驱动电路为例，使用由生产厂商提供的数据，以及生产厂商提供的关于自身损耗的计算公式进行有关讨论。

A. 传统的背靠背电动机驱动器（类似于制造商举例提供的数据举例）

系统数据：

1）电动机额定功率 1HP＝745W A/C

2）直流总线电压 V_{dc}＝400V

3）调制指数＝0.8

4）线－线电压 V_{LL}＝113V_{rms}

5）功率因数（PF）＝0.6

6）相电流 I_{ph}＝4A_{rms}

7）开关频率＝f_{sw}＝4kHz

功率损耗的计算：

1）$P_{开关}$（$I+D$）＝0.48W

2）$P_{导通}$，开关＝2.46W

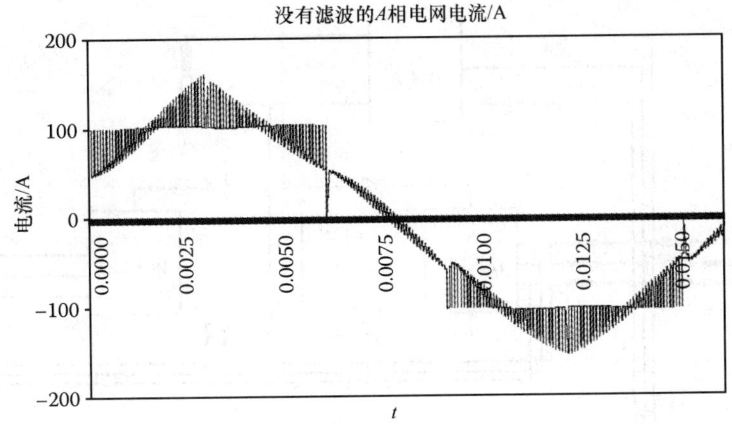

a)

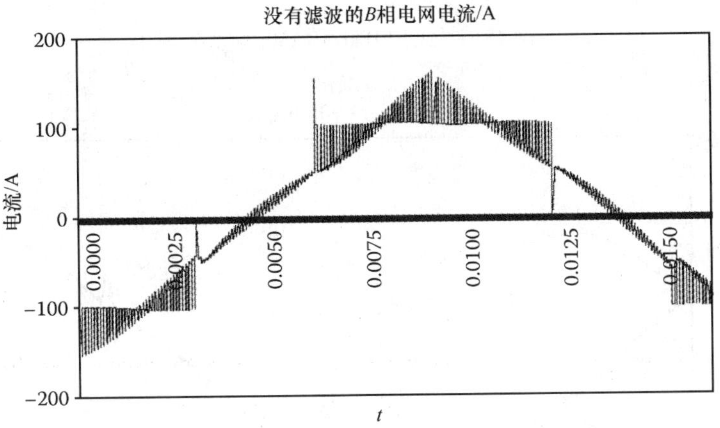

b)

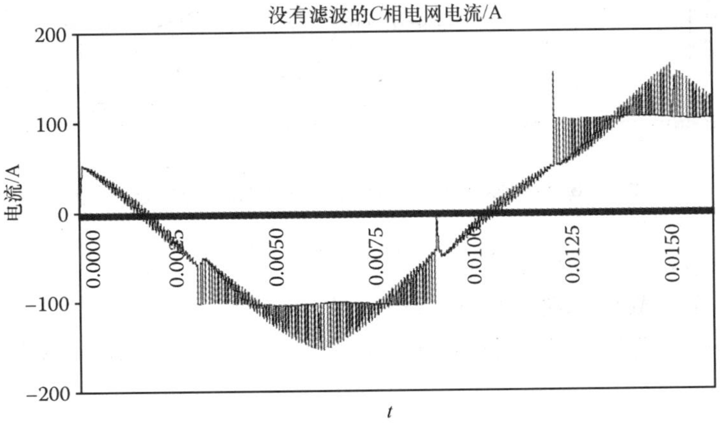

c)

图 18.4 电网相电流（数据样本打印采用 Excel）

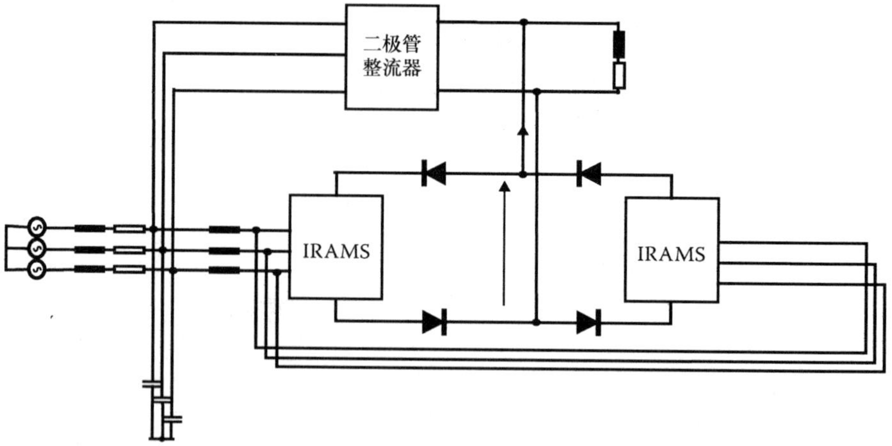

图 18.5 采用 IPM/IRAMS 模块实现

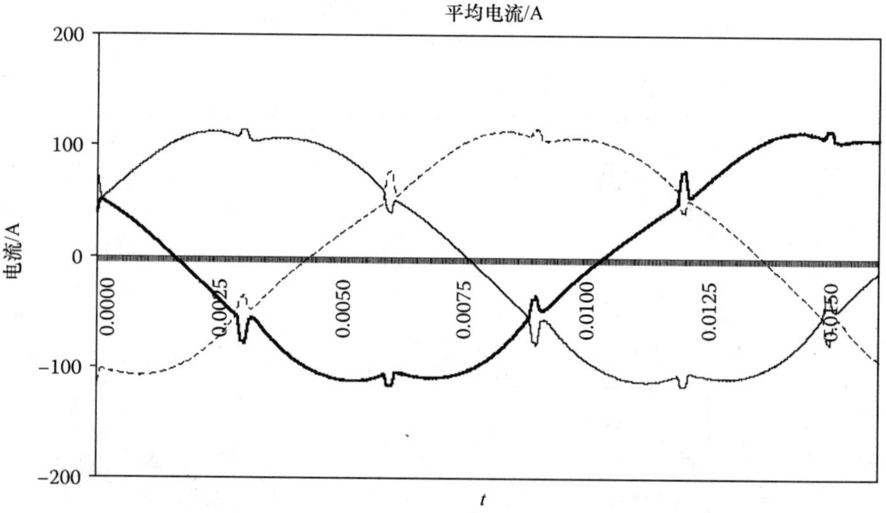

图 18.6 在 Excel 中取样运动平均 160μs 的电流计算结果

3）$P_{导通}$，二极管 = 0.64W

4）每个 IPM 的总功率损耗 = 21.48W

B. 新型变换器在有源滤波器中的作用（见图 18.2），和 25A 整流负载一起使用

系统数据：

变换器相电流 $I_{ph} = 10A_{rms}$

通过整流器的负载电流 $I_{整流} = 25A_{dc}$

开关频率 $f_{sw}=12.5kHz$

电源周期 =0.33

功率损耗计算：

$P_{开关(I+D)}=1.16W$

$P_{导通,开关}=1.11W$

$P_{导通,二极管}=0.53W$

每个 IPM 总功耗 =16.80W

C. 新型变换器在有源滤波器中的作用（见图 18.2），和 50A 整流负载一起使用

系统数据：

变换器相电流 $I_{ph}=20Arms$

通过整流器的负载电流 $I_{负载}=50A_{dc}$

开关频率 $f_{sw}=12.5kHz$

电源周期 =0.33

功率损耗计算：

$P_{开关(I+D)}=2.42W$

$P_{导通,开关}=1.46W$

$P_{导通,二极管}=1.06W$

每个 IPM 总功耗 =29.64W

当产生一定的整流负载电流（直流）时，对功率损耗直接比较时实现了它的传入控制，这是这种新变换器拓扑结构展示的另一个能力。基本上，我们正在寻求能够产生直流电流的总损耗较低的方法。下面的例子使用的是用于不同变换器设计大约 30W 功耗的数据。

A. 产生 $I_{整流}=6.5A_{dc}$的直接三相 IGBT 的 6 开关桥

系统数据：

$I_{ph}=5.0A_{rms}$

$m=0.8$

单位功率因数：

$f_{sw}=6.00kHz$

功率损耗计算

$P_{开关(I+D)}=0.87W$

$P_{导通,开关}=3.42W$

$P_{导通,二极管}=0.80W$

每个 IPM 总功耗 =30.54W

B. 整流器负载电流 $I_{整流}=20A_{dc}$的常规有源滤波器

系统数据：

$I_{ph}=22A_{rms}$

波形=谐波差，常规有源滤波器定义：

$f_{sw}=12.5kHz$

功率损耗计算：

$P_{开关(I+D)}=1.68W$

$P_{导通,开关}=2.99W$

$P_{导通,二极管}=0.35W$

每个 IPM 总功耗=30.12W

C. 用于整流器负载电流 $I_{整流}=50A_{dc}$的新方法

系统数据：

$I_{ph}=22A_{rms}$

波形=图 18.3

功率周期=0.33

$f_{sw}=12.5kHz$

功率损耗计算：

$P_{开关(I+D)}=2.42W$

$P_{导通,开关}=1.46W$

$P_{导通,二极管}=1.06W$

每个 IPM 总功耗=29.64W

总之，这种新控制概念受益于在二极管不导通电流的时间间隔，通过整流二极管注入一个三角波电流，会产生电网电流的自然补偿。如本书第 14 章所述，结果证明这种方法作为一种替代传统网格接口的方法。使用 IPM 可以实现节约或减少半导体元器件数量常规推理范式的转变（见图 18.5）。使用 IPM 可以降低使用的无源元器件的数量，具有尺寸、重量、工作效率和工作可靠性方面的优点。

总体而言，一个实现了非常低成本的解决方案，可以实现功率级采用元器件数量最少化，没有额外的电源或直流母线电容器，是一个完全集成的电子产品。

18.2 采用电压源逆变器功率模块的矩阵变换器

18.2.1 采用电压源逆变器模块的常规矩阵变换器封装

关于采用双向开关的实现和 PWM 控制的改相 AC - AC 矩阵变换器方面已做了相当多的研究工作[3-12]。本章介绍了传统矩阵变换器的工作与控制的有关内容。AC – AC 矩阵变换器的问题之一在于双向开关的实现。由于找不到双向开关，且双向开关需要特殊的封装，因此对这 3 个三相电流源变换器模块连接的另一种硬件封装的可能方法采用如图 18.7 所示。根据以前对这种拓扑结构、适当封装的专业知识和诀窍实现矩阵转换器。

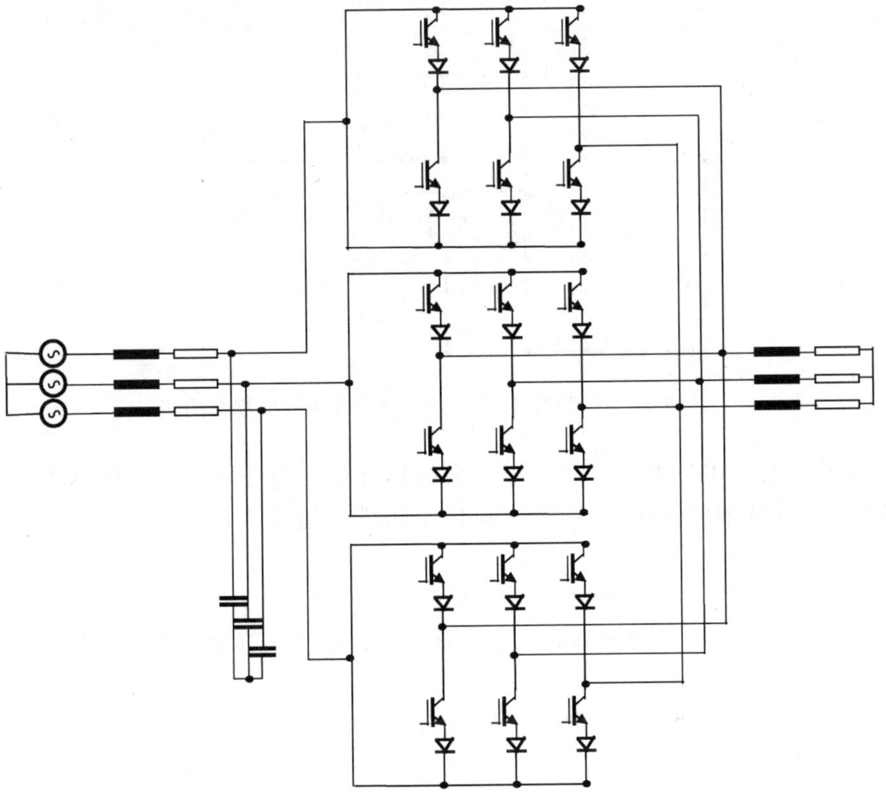

图 18.7　由 3 个三相电流源逆变器模块构建的 AC – AC 矩阵变换器

由于功率级的对称性，单向开关的连接有两种可能。重要的是按如图 18.7 所示面对输入直流侧来分组单向开关。按这种方式，当两个输出相被连接到相同的输入时，要避免短路变换器一个引脚的要求。这里可以使用用于矩阵变换器的通用 SVM 算法。图 18.8 所示为采用 IPM/智能随机存取存储器（IRAMS）的实际实现方法。

18.2.2　采用电压源逆变器模块的并矢矩阵变换器

鉴于对传统矩阵变换器的硬件限制，在参考文献［13 – 16］中给出了非常有前途的采用单向开关的新颖拓扑结构。在参考文献［17，18］中提出的方案包括 3 个工作于单位功率因数的正弦 SPWM 整流器，这个整流器用于形成三相输出电压系统。这里考虑利用 IPM 来实现这些拓扑结构。每个功率模块确保接近正弦，在输入侧的单位功率因数电流，能够控制变换器的输出跟踪正弦波形，从而降低输出电容的参数值。

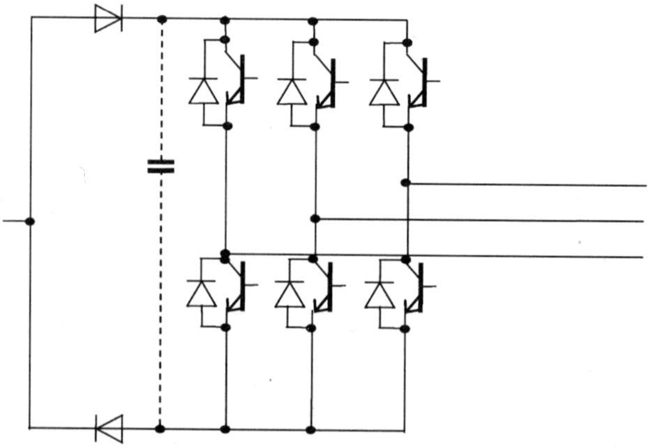

图 18.8 采用常规功率模块实现每个 CSI 变换器的相

参考文献［18］提出了并矢矩阵变换器理论，为任何一种直接 AC - AC 矩阵变换器 PWM 算法的进一步开发提供了可能。输出 - 输入关系由式（18.1）给出。

$$[e]=[H]\cdot[v_2]\Rightarrow[v_2]=[H]^{\mathrm{T}}\cdot[e] \tag{18.1}$$

已证明［H］可以被分解为两个矩阵，可以被分解为频率变换器和静态无功补偿器［H_φ］两个成分。

$$[H]=[H_{\mathrm{f}}(t)]+[H_\varphi[t]] \tag{18.2}$$

此外

$$[H_{\mathrm{f}}(\mathrm{t})]=\begin{bmatrix} C_{12}(0) & C_{12}\left(-\dfrac{3\pi}{3}\right) & C_{12}\left(\dfrac{2\pi}{3}\right) \\ C_{12}\left(-\dfrac{2\pi}{3}\right) & C_{12}\left(\dfrac{2\pi}{3}\right) & C_{12}(0) \\ C_{12}\left(\dfrac{2\pi}{3}\right) & C_{12}(0) & C_{12}\left(-\dfrac{2\pi}{3}\right) \end{bmatrix} \tag{18.3}$$

$$[H_\varphi(t)]=\begin{bmatrix} C_{1\varphi}(0) & C_{1\varphi}(0) & C_{1\varphi}(0) \\ C_{1\varphi}\left(-\dfrac{2\pi}{3}\right) & C_{1\varphi}\left(-\dfrac{2\pi}{3}\right) & C_{1\varphi}\left(-\dfrac{2\pi}{3}\right) \\ C_{1\varphi}\left(\dfrac{2\pi}{3}\right) & C_{1\varphi}\left(\dfrac{2\pi}{3}\right) & C_{1\varphi}\left(\dfrac{2\pi}{3}\right) \end{bmatrix} \tag{18.4}$$

在参考文献［19］考虑了不同形式的上述单元功能。

由 3 个三相电压源变换器模块构成的矩阵变换器拓扑结构工作原理如图

18.9 所示。控制每个变换器模块以产生在“直流侧”的直流电压上叠加交流电压。由于 3 线连接的原因，在负载上看不见直流分量。使用三相电压源变换器封装作为功率模块的可能性是这种拓扑结构的主要优点。

关于控制系统，有两种可能方法来定义一个常规矩阵变换器的控制算法：

1）基于标量 SPWM 的方法；

2）使用 AC - DC 功率变换器的矢量模型。

而原来的方法建议基准信号作为一个正弦波叠加在直流分量上，如图 18.10a 所示，提出了一种 3 次谐波含量较高的波形，如图 18.10b 所示。用这种方式，因为在任何时刻有一个变换器根本就不工作，从而改进了工作效率。

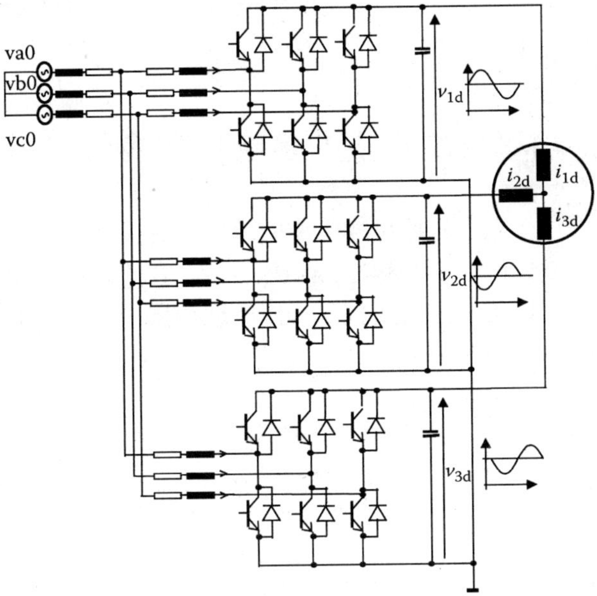

图 18.9　提出的三相电压源矩阵变换器的功率级电路工作原理图

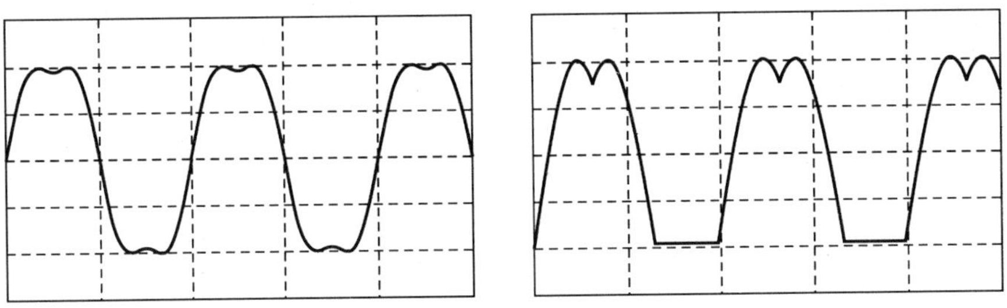

图 18.10　负载电压

a）正弦基准信号　b）新基准信号

这个变换器要求输出侧的电压源特性以电流源的形式注入电流到电容器。由于这个原因，输出电压的实际波形受到系统无源元器件的强烈影响，包括输出滤波器对输出电压实际波形的影响。这对正弦基准信号和注入了3次谐波的基准信号而言是成立的[19]。闭环PWM控制进一步提高了系统工作性能。

图18.10b提出控制方法的主要优点在于更大的可用输出电压。回到设计要求：功率变换器工作在对应要求的最大输出（相）电压，比在输出电容器组（滤波器）上的电压要低15.4%。此外，在电容器上的最大 dv/dt 要低于50%。这允许在相电压上对应相同的谐波性能可以工作于较低的开关工作频率。在某些情况下，对应要求的相同输出电压，可以选用较低最大直接工作电压的功率开关。

在参考文献［19］中对附加谐波进行了讨论。

18.3 由多个功率模块构成的多电平变换器

多电平变换器用于较高直流母线电压的应用场合，并由包括一个在输出电压（交流）能够产生更多电平的开关网络构成。为了信息的完整性，这里使用IPM来定义新拓扑的一些值得注意的实例。工作原理如图18.11所示。

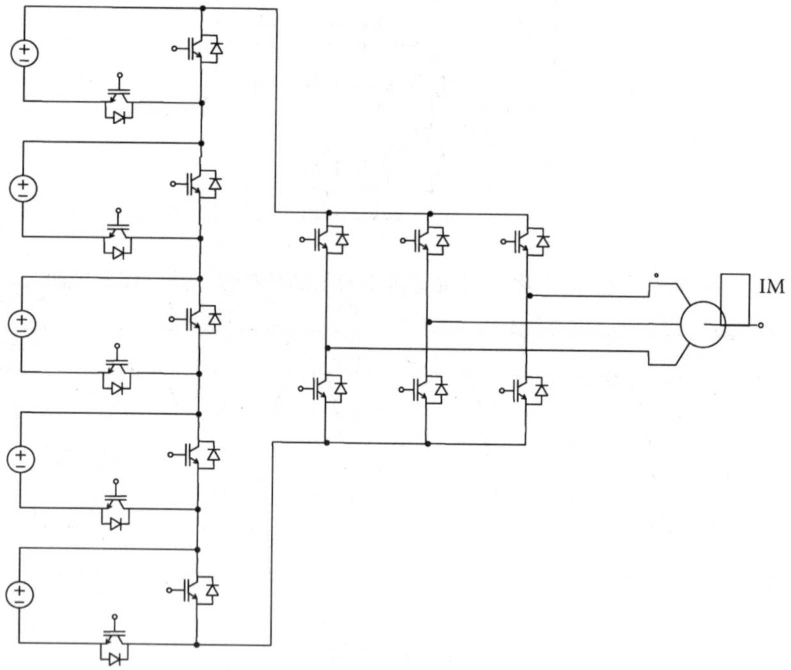

图18.11 采用富士公司IPM构建的新型多电平拓扑[20]

使用 IPM 来构建多电平变换器的另一种方法最近由一个波罗尼亚大学的博士论文[21]论述。基本工作原理如图 18.12 所示。

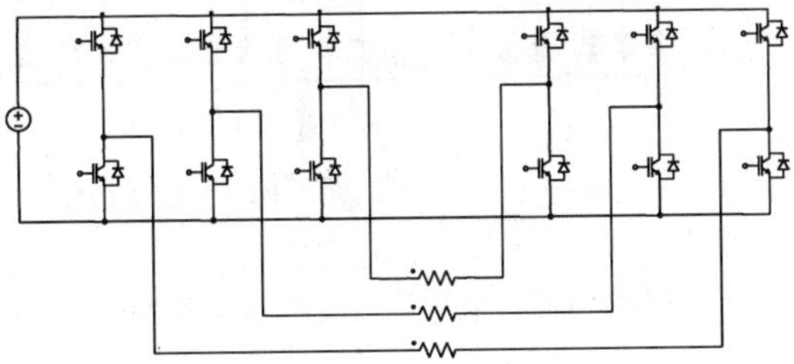

a)

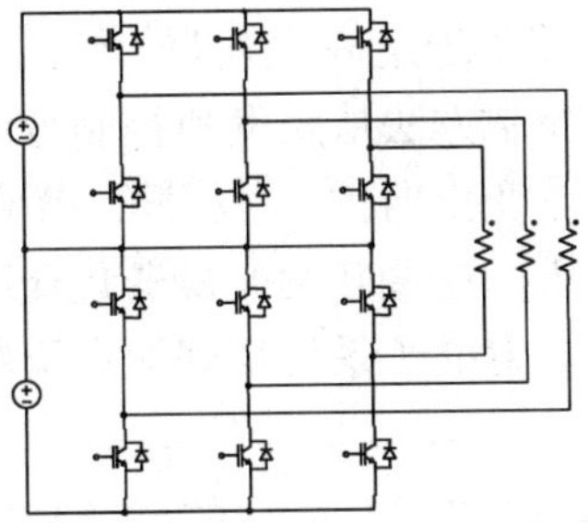

b)

图 18.12　系列

a）并联　b）基于多电平变换器的双 IPM

18.4　功率模块的新拓扑构建及其应用

18.4.1　周波变换器

由于无源元器件的固有电路损耗和工作可靠性问题，工程师们探讨了能够减轻对被动元器件需求的功率变换器拓扑结构。导致的变换器通常被命名为直接变换器。在这些替代方案中周波变换器是一个很老的解决方案[22-24]。

尽管 IGBT 的出现，周波变换器还仍然用于大功率场合，尤其是应用于如水泥磨机驱动、船舶推进、轧机传动、串级调速驱动器，磨球磨机、矿井提升机、测功设备。周波变换器的工作是基于不断变化的晶闸管器件的控制角来获得所需要的在负载高基波含量的波形。图 18.13 所示为一种三相到三相半波周波变换器的工作原理图。传统的整流器可以控制改变处于正的最大值和负的最小值之间的平均输出电压，而负载电流只能有一个方向。为了实现电动机应用场合的完整四象限运行，图 18.13 所示为两个相同的周波变换器反并联连接来为正、负电流提供流通路径。图 18.14 所示为三相－三相全波周波变换器工作原理图。

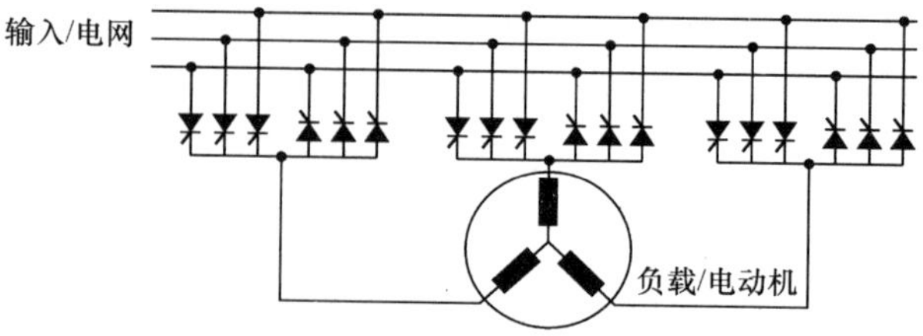

图 18.13　二象限周波变换器工作原理

对直接转换实现的现代和更新方法利用 IGBT 可以构建四象限周波变换器。这种变换器可以被视为类似于矩阵变换器[25，26]。图 18.15 中的拓扑图和工作原理如图 18.16 所示。控制方法从触发角控制变为同步 PWM 控制算法，同时系统的结构和工作仍与周波变换器[27－30]相同。优点在于采用简单的封装，在负载可以得到更大的可用电压。这些新的变换器是众所周知的多电平变换器、矩阵转换器，或开路负载串联电力电子系统很好的竞争对手。

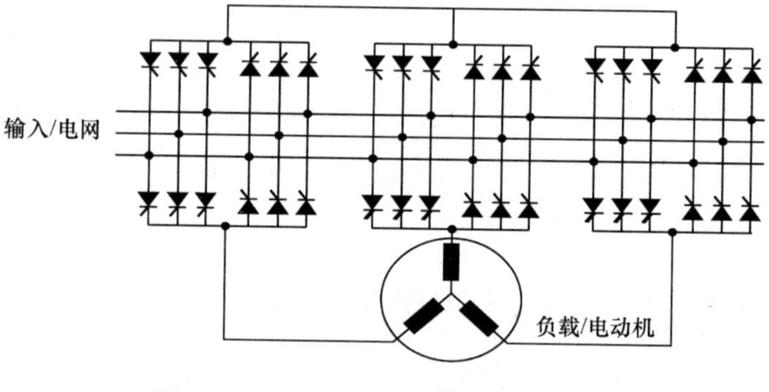

图 18.14　三相－三相全波周波变换器

前面介绍的 AC－AC 直接变换器首次在 1976 年发表的参考文献中报道[31，45[1]]，在参考文献中对器件和具体控制的问题进行了讨论。在参考文献［19，15］中对从电流源变换器导出的 SVM 的详细工作进行了讨论。同时定义了基于调制波形[20，21]的矩阵表示控制。

通过控制直流侧传统电网接口的电流源逆变器可以得到每个相电流。后来，已证明电网侧电流可以实现单位功率因数和低谐波电流含量的控制，并且这种控制可以扩展用于不平衡工作[27]或由于电网而引起的谐波应用场合。负载侧电流可以被认为是一个叠加了正弦波的直流分量。一直考虑使用一个特殊的波形来使基于正弦解决方案的直流分量减少到 82.8% 和电流峰值减少到 86.6% 的正弦电流峰值，如图 18.16 所示。

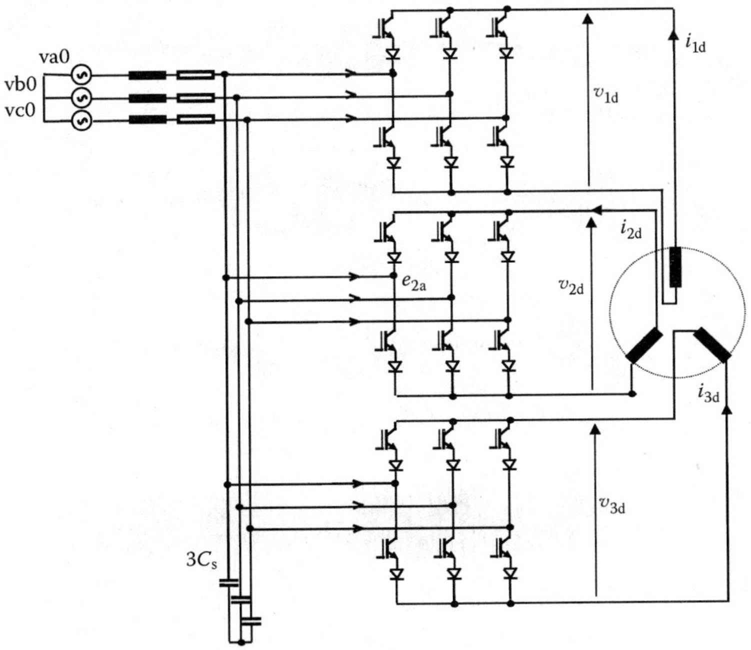

图 18.15　两象限直接功率变换器实现

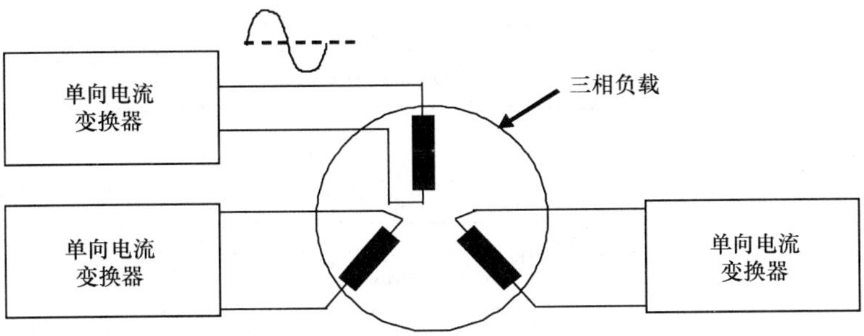

图 18.16　两象限基于 IGBT 的周波变换器工作原理框图

利用一个常用的中功率和大功率驱动电流源变换器可以实现一种可能的性能比较。如果转子绕组是采用大的条或双笼结构，以抑制电流（用于在额定频率下直接起动有较小的起动电流和较大的转矩），则对频率的依赖性 $K_s = 0.4 + 0.97\sqrt{f}$，并且可以高达 10。建议变换器在机器内部将比简单的电流源逆变器消耗更少的功率。尽管电流源逆变器工作于 PWM 的谐波抑制，机器的损耗比 IGBT 周波变换器要高，但更重要的是，他们中损耗的很大一部分是在电动机转子中。

下面的波形说明了采用在本章下一节中所介绍的控制系统的两象限功率变换

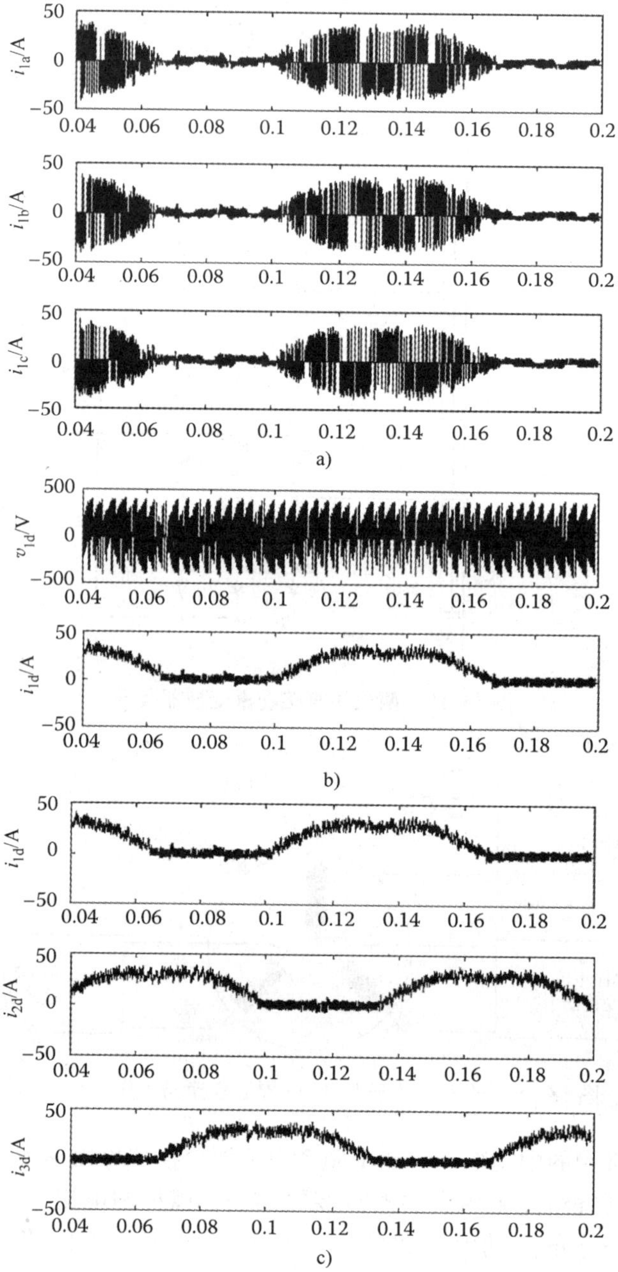

图 18.17　第1个变换器加控制信号的波形（$f_{输出}=10\text{Hz}$、$I_m=30\text{A}$、$f_{sw}=3.6\text{kHz}$、$V_{RL}=2\text{V}$、$L_L=4\text{mH}$）

a）变换器输入相电流　b）一个变换器的输出相电流和输出电压　c）所有三个变换器的输出相电流

摘自：Neacsu，D. O. 1999. *IEEE IECON* 1999，San Jose，CA，USA，November 29 – December 3. 得到许可

器的工作，如图 18.17 所示。图 18.18 所示为四象限直接 AC－AC 变换器能够更接近工业驱动器的情况。在大功率应用中使用开绕组负载更现实，这里负载通常接在每个可用相的两个端子，但是利用星形联结负载可以实现类似的工作。这个电力电子系统是由可变直流侧电流的 6 个传统电流源逆变器构成的。本章下一节要介绍对每个电流源逆变器的控制，它包括一个用于不平衡或电网谐波的补偿，而直流侧电流在闭环内得到控制。

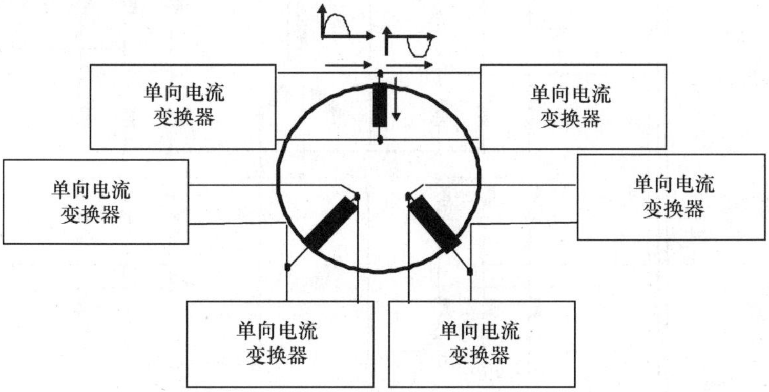

图 18.18　基于电流源逆变器模块的四象限直接 AC－AC 变换器

图 18.19 所示为完整的由电流源逆变器模块构成的四象限变换器功率级原理图。每个模块可以独立于系统实现，并且它的控制要求可以很容易地从系统要求中加以描述。设计和构建单个电流源变换器是这个系统的唯一设计任务。

表 18.1 提供了一个背靠背多电平变换器和串联变换器后又接功率因数校正电路的比较。可以看出其具有比矩阵变换器或其他没有使用任何特殊过调制算法[32]拓扑$\sqrt{3}$倍的更多电压，并且使用更少的无源元器件。

18.4.2　控制系统

让我们回顾一下每个单独的电流源逆变器的工作。正如本书第 16 章所示，此前在有关文献给出了许多控制算法的报道[33－37]。

利用图 18.20，重要的是要了解在实际应用中使用的变换器工作特性在输出端像一个电压源。在任何时刻，有两个开关导通，并且变换器的输出（AC－DC 变换器的常规直流电压）等于在两个输入滤波器电容上的电压差。作为输出电压的电压脉冲将被电路的电感过滤，以产生所需要的电流。观测这点，在这个变换器和三相电压源逆变器的输出之间提供了一个类比。控制系统采用基于 SVM 的算法，并且可以看出在直流侧变换器是一个电压源。因此，可以以电压矢量而不是传统的电流矢量来处理，如图 18.20 所示。

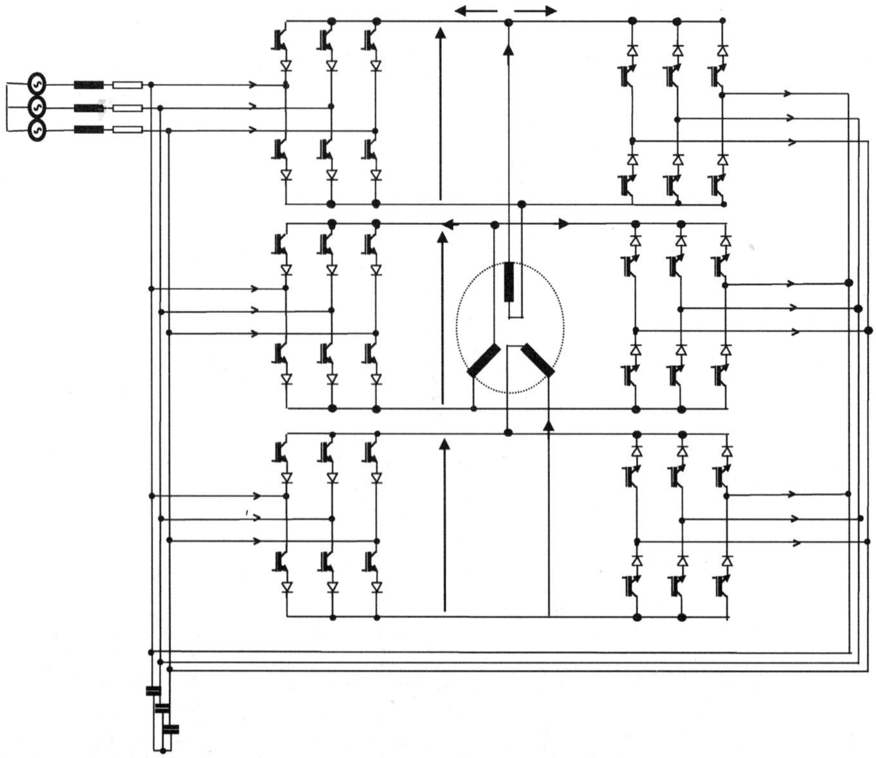

图 18.19　四象限变换器电路原理图

表 18.1　四象限 IGBT 周波变换器比较解

硬件元器件（造价、尺寸、重量）			
	四象限周波变换器	多电平	2 串联
IGBT/二极管	36	24	24
输入整流器	3LC	3LCL	3LCL
波形特性			
	四象限周波变换器	多电平	2 串联
最大输出电压与输入相电压有效值	0.866sqrt(3) * V_{ph}	0.866V_{ph}	2V_{ph}
同样基波相电流时的输出电流峰值	sqrt（6） * I_{ph}	sqrt（2） * I_{ph}	sqrt（2） * I_{ph}
工作和控制特性			
	四象限周波变换器	多电平	2 串联
单极性分量输出电流	否	否	否
产生平滑转矩	是	是	是
磁场定向矢量控制	是	是	是
输入功率因数校正	是	是	是

图 18.20 所示为采用低功率二极管整流器来检测输入电网电压的电路工作原理图。电路包含一个输入滤波器、电流控制和 PWM 信号发生器。基于电压矢量设计这个 PWM 电路可以忽略负载特性，并且更重要的是，利用输出电压作为电压基准（执行措施）来定义闭环电流控制。最后，一个 PLL 被用来锁定电源频率作为倍频器，以产生所需要的采样频率。可以进一步降低电源频率变化的影响。

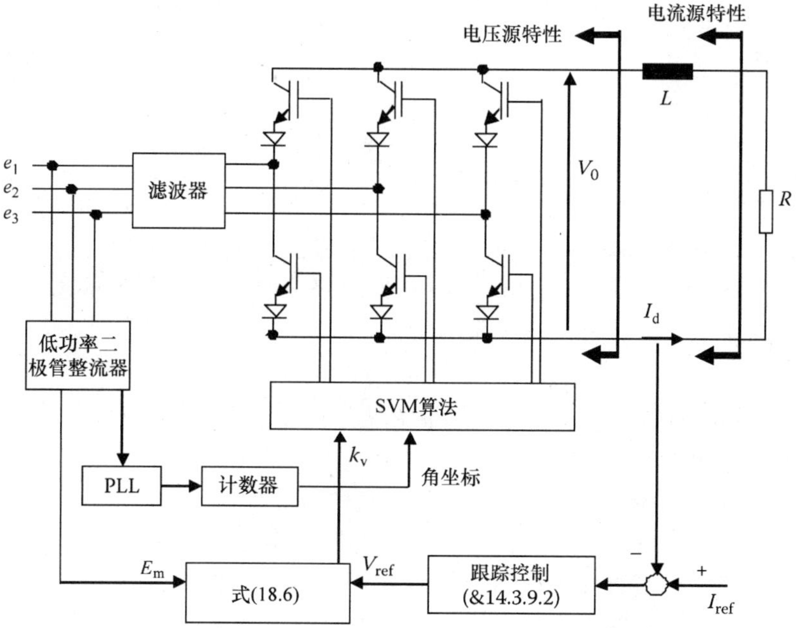

图 18.20　直流侧看去电压源的电流源变换器与电网的接口

18.4.3　PWM 发生器

这里简要地回顾了电流源变换器的 PWM 控制原理。在本书第 15 章有更为详细的讨论。在 PWM 采样间隔期间，负载电流 I_d 被认为是保持恒定的，并且在一个基波频率周期它应该受控并且跟随一个可变的基准信号。

因为一个，并且只有一个开关在上下半桥必须导通，开关“导通”有 9 种可能的组合。每一对的两个开关导通决定变换器的特定状态，并且空间矢量可关联到每个状态。因此，输出电压可以与任何线－线电压一致，或也可以为零。只可以得到 7 个不同位置的空间矢量：I_1 ~ I_6 和零 I_0，这 7 个不同位置的空间矢量如图 18.21 所示。在复平面上电流矢量的任何虚拟位置合成可以在一个采样间隔通过不同活动状态的结合来实现。

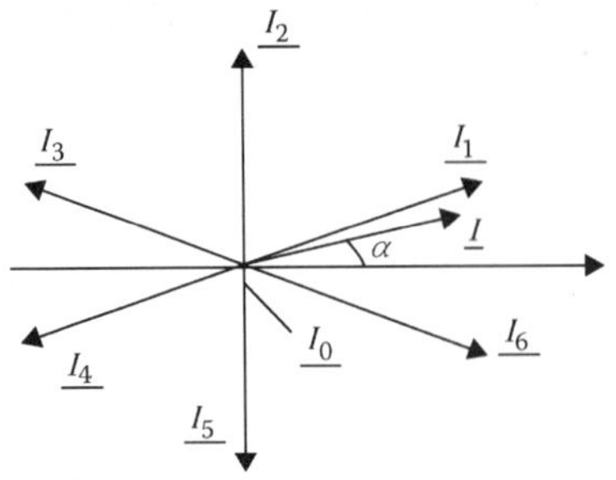

a)

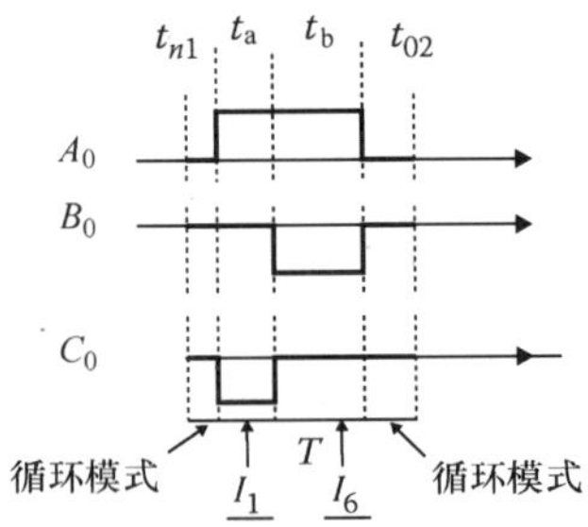

b)

图 18.21

a）当前空间矢量位置　b）合成所需的空间矢量位置

正如本书第16章所示，空间矢量 I 的任意要求位置总是位于两空间矢量 I_a 和 I_b 之间（$a,\ b\ =1\sim6$），这代表在开关过程中所涉及的活动状态。写出合适的平均关系有

$$\bar{I}_a \cdot t_a + \bar{I}_b \cdot t_b + \bar{I}_0 \cdot t_0 = \bar{I} \cdot T \tag{18.5}$$

这里，T 为采样周期；t_a 表示分配给状态 I_a 的时间；t_b 表示分配给状态 I_b 的时间；t_0 表示分配给状态 I_0 的时间。在零状态完成采样间隔，它可以通过接通在相同引脚上的开关得到，所以输出电感电流总有一个电流通路。

从图18.20观察电路可以将电流矢量控制转换为电压矢量控制。在这方面，需要考虑直接在功率级和负载前测得的输出电压。这种方法将进一步允许使用能够补偿谐波或其他电网失真的电压作为前馈分量。考虑 E_m 为整流输入电压的包络[37，36]，V 为变换器输出所需的电压矢量，可以以电压项的形式重写空间矢量理论，有

$$\begin{gathered} t_a = T \cdot k_v \cdot \sin(60-\alpha) \\ t_b = T \cdot k_v \cdot \sin(\alpha) \\ t_0 = T - t_a - t_b \\ k_v = \frac{R \cdot I_d}{E_m} = \frac{V}{E_m} \end{gathered} \tag{18.6}$$

式（18.6）中的 V 表示三相（v_{1d}，v_{2d}，v_{3d}）要求的基准信号，时间 t_0 在两个零状态之间分配。

电网电压的任何不平衡都反映在电网电压 E_m 的实时包络线上，因此它在SVM算法中得到补偿，如图18.22所示。这种补偿方法受益于参考文献［36］的研究结果。这种方法的缺点是限制了到最小值 E_m 的最大可用电压。控制器的设计遵循本书第13.3.9节介绍的有关要求[38，39]。

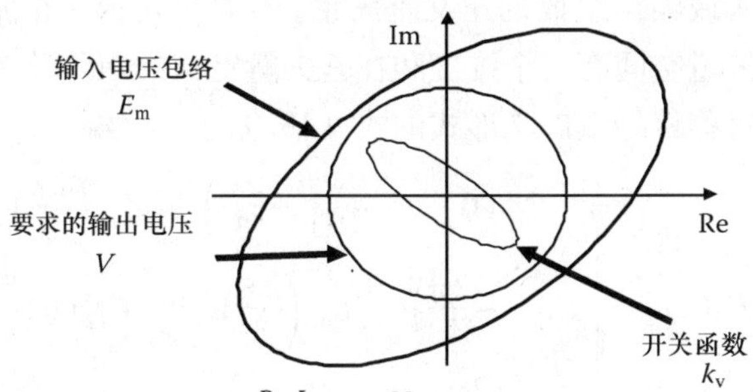

图 18.22　用于每个功率变换器单元的 SVM

18.5　广义矢量变换

前面讨论的一些变换器使用了一种特殊形状的相电流或相电压。变换器这种波形的有趣特性是相与相之间的差是一个纯粹的正弦波形。然而，矢量控制方法和所提出的波形之间的关联是必要的。传统的矢量控制方法有正交（d，q）或（x，y）作为输出的坐标。

让我们考虑一个广义的三电压集[40]

$$[e] = \begin{bmatrix} e_a \\ e_b \\ e_c \end{bmatrix} \tag{18.7}$$

这需要被转换为另一个电压集

$$[v_2] = \begin{bmatrix} v_{1d} \\ v_{2d} \\ v_{3d} \end{bmatrix} \tag{18.8}$$

通常的矢量控制理论利用 $d-q-0$ 帧的时间不变环境。现在通过一个中间固定增益的直流控制器要把这种变换用于从一个频率为 ω_1 的系统变换到频率为 ω_2 的系统。对所有可能的控制情况下，直接传递函数 $[H_f]$[15] 有相同的一般表达式

$$[H_f(t)] = [C(\omega_1)]_{3\times2} \cdot [P]_{2\times2} \cdot [C(\omega_2)]^T_{3\times2} \tag{18.9}$$

这里

$$[C(\omega_i)] = [b_1(\omega_i) \quad b_2(\omega_i) \quad b_3(\omega_i)] \tag{18.10}$$

表示三相系统输入或输出组成的正交基矢量，［P］表示一个常数权值矩阵 p_{ij}。对于三相系统，矢量空间有三个维度和在基矢量定义的矩阵总有唯一3项出现。

三相系统的对称性导致广义形式的式（18.9）。

$$[H_f(t)]=\begin{bmatrix} C_{12}(0) & C_{12}\left(-\frac{2\pi}{3}\right) & C_{12}\left(\frac{2\pi}{3}\right) \\ C_{12}\left(-\frac{2\pi}{3}\right) & C_{12}\left(\frac{2\pi}{3}\right) & C_{12}(0) \\ C_{12}\left(\frac{2\pi}{3}\right) & C_{12}(0) & C_{12}\left(-\frac{2\pi}{3}\right) \end{bmatrix} \tag{18.11}$$

矢量系统 B 矢量空间中的基矢量，提供了对来自矢量系统 B 的矢量空间线性组合的任何值 V 的独特表示，对一个3维矢量空间有式（18.12）成立。

$$\overline{V}=b_1(\omega_j)\cdot v_d+b_2(\omega_j)\cdot v_q+b_3(\omega_j)\cdot v_0 \tag{18.12}$$

或

$$\overrightarrow{V}=b_1(\omega_j)\cdot v_d+b_2(\omega_j)\cdot v_q \tag{18.13}$$

式（18.2）和式（18.3）中的 v_d，v_q，v_0 被称为坐标。如果矢量空间有有限的维度，那么所有可能的基矢量都有相同数量的元素。如果所有矢量都有单位幅度，并且两个矢量之间为正交，则这个系统的基矢量正交归一。

一般情况下，三相功率变换器分析考虑的正交基矢量为

$$[b_1(\omega_i)]^T=\sqrt{\frac{2}{3}}\left[\cos\omega_i t \quad \cos\left[\omega_i t-\frac{2\pi}{3}\right] \quad \cos\left[\omega_i t-\frac{4\pi}{3}\right]\right] \tag{18.14}$$

$$[b_2(\omega_i)]^T=\sqrt{\frac{2}{3}}\left[\sin\omega_i t \quad \sin\left[\omega_i t-\frac{2\pi}{3}\right] \quad \sin\left[\omega_i t-\frac{4\pi}{3}\right]\right] \tag{18.15}$$

$$[b_3(\omega_i)]^T=\sqrt{\frac{1}{3}}[1 \quad 1 \quad 1] \tag{18.16}$$

当省略零序时，b_3（ω_1）没有出现在频率变换器项中。

中间因子 P_f 起着和磁性变压器初、次次级绕组之间匝比相同的作用。例如，下面提供了三种可能的情况。

A. 选择

$$[P]_{2\times 2}=P_f\cdot\begin{bmatrix}1 & 0\\ 0 & -1\end{bmatrix} \tag{18.17}$$

有

$$C_{12}^A(x)=\frac{2}{3}P_f\cdot\cos[(\omega_1+\omega_2)t+x] \tag{18.18}$$

B. 选择

$$[P]_{2\times2}=P_{\mathrm{f}}\cdot\begin{bmatrix}1&0\\0&1\end{bmatrix} \tag{18.19}$$

有

$$C_{12}^{B}(x)=\frac{2}{3}P_{\mathrm{f}}\cdot\cos[(\omega_1-\omega_2)t+x] \tag{18.20}$$

C. 一般的依赖关系包括两种类型的项，有式（18.21）成立。

$$C_{12}^{C}(x)=P_{\mathrm{f}}\cdot\left\{\frac{1}{3}\cos[(\omega_1-\omega_2)t+x]+\frac{1}{3}\cos[(\omega_1+\omega_2)t+x]\right\} \tag{18.21}$$

由于一个矢量空间中对基矢量的定义，因此一个基矢量不是唯一的，并且可以定义一个新基矢量。这表明，对一个三相系统而言，式（18.17）~式（18.19）的选择不是唯一的。它不是正弦的基准信号，但是非正弦基准信号，特征唯一的一个三相系统开创了一个新数学工具。最终波形也被用于不连续 PWM 算法。

图 18.23 所示为这种方法给出的两种可能的波形例子。此外，为了简化数学计算，在分析中忽略了对应单极分量的第三项。

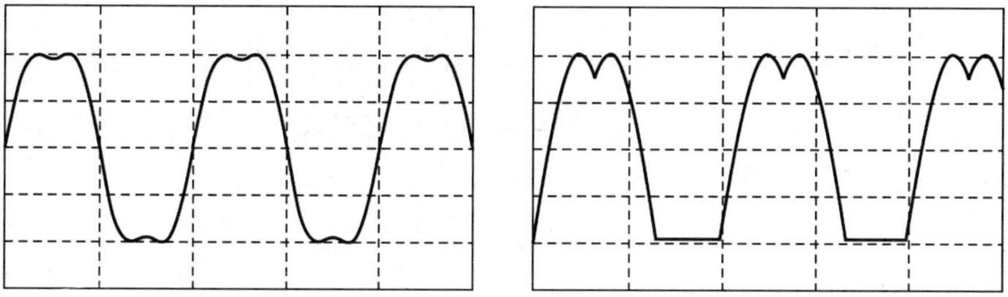

a)　　b)

图 18.23　输出侧基准函数的不同的选择

图 18.23a 所示的数学形式有以下两种函数形式，这两种函数形式可以被选为一个矢量空间的基矢量。

$$\begin{aligned}[b_1(\omega_2)]^{\mathrm{T}}=\sqrt{\frac{2}{3}}\Big[&\cos\omega_2t+\frac{1}{6}\cos(3\omega_2t)\cos\Big[\omega_2t-\frac{2\pi}{3}\Big]\\&+\frac{1}{6}\cos(3\omega_2t)\cos\Big[\omega_2t-\frac{4\pi}{3}\Big]+\frac{1}{6}\cos(3\omega_2t)\Big]\\[b_2(\omega_2)]^{\mathrm{T}}=\sqrt{\frac{2}{3}}\Big[&\sin\omega_2t+\frac{1}{6}\cdot\sin(3\omega_2t)\sin\Big[\omega_it-\frac{2\pi}{3}\Big]\\&+\frac{1}{6}\sin(3\omega_2t)\sin\Big[\omega_it-\frac{4\pi}{3}\Big]+\frac{1}{6}\sin(3\omega_2t)\Big]\end{aligned} \tag{18.22}$$

考虑到对 $C(\omega_1)$ 从式（18.6）~式（18.7）相同的基矢量，对 $C(\omega_2)$ 有新

的基函数（式（18.15）和式（18.16）），可以产生下面形式的调制信号。

$$[H_\mathrm{f}]=\begin{bmatrix} C_{12}^{D}(0,0) & C_{12}^{D}\left(-\frac{2\pi}{3},0\right) & C_{12}^{D}\left(-\frac{4\pi}{3},0\right) \\ C_{12}^{D}\left(-\frac{2\pi}{3},-\frac{2\pi}{3}\right) & C_{12}^{D}\left(-\frac{4\pi}{3},-\frac{2\pi}{3}\right) & C_{12}^{D}\left(0,-\frac{2\pi}{3}\right) \\ C_{12}^{D}\left(-\frac{4\pi}{3},-\frac{4\pi}{3}\right) & C_{12}^{D}\left(0,-\frac{4\pi}{3}\right) & C_{12}^{D}\left(-\frac{2\pi}{3},-\frac{4\pi}{3}\right) \end{bmatrix} \tag{18.23}$$

这里

$$C_{12}^{D}(x,y)=\frac{2}{3}P_\mathrm{f}\cdot\left\{\cos[(\omega_1+\omega_2)t+x]+\frac{1}{6}\cos[(\omega_1+3\omega_2)t+y]\right\} \tag{18.24}$$

类似地，可以考虑的基矢量

$$[b_1(\omega_2)]^\mathrm{T}=\sqrt{\frac{2}{3}}\cdot\left[f[\omega_2 t]\quad f\left[\omega_2 t-\frac{2\pi}{3}\right]\quad f\left[\omega_2 t-\frac{4\pi}{3}\right]\right] \tag{18.25}$$

$$[b_2(\omega_2)]^\mathrm{T}=\sqrt{\frac{2}{3}}\cdot\left[g[\omega_2 t]\quad g\left[\omega_2 t-\frac{2\pi}{3}\right]\quad g\left[\omega_2 t-\frac{4\pi}{3}\right]\right] \tag{18.26}$$

式（18.25）中的$f(\omega_2 t)$表示图18.23b给出的波形，$g(\omega_2 t)$表示有90°相位差的同样波形，有式（18.27）成立。

$$\begin{aligned} f(\omega_2 t)=&\left[u(\omega_2 t)-u\left(\omega_2 t-\frac{2\pi}{3}\right)\right]\cdot\cos\omega_2 t \\ &+\left[u\left(\omega_2 t-\frac{2\pi}{3}\right)-u\left(\omega_2 t-\frac{4\pi}{3}\right)\right]\cdot\cos\left(\omega_2 t-\frac{\pi}{3}\right) \end{aligned} \tag{18.27}$$

式（18.27）中的函数$u(x)$表示赫维赛德（Heaviside）函数（对$x<0$，$=0$和对$x>0$，$=1$）。

最后，表示为

$$C_{12}^{E}(x,y)=\frac{2}{3}P_\mathrm{f}\cdot\{\cos(\omega_1 t+x)\cdot f(\omega_2 t+y)-\sin(\omega_1 t+x)\cdot g(\omega_2 t+y)\} \tag{18.28}$$

有

$$[H_\mathrm{f}]=\begin{bmatrix} C_{12}^{E}(0,0) & C_{12}^{E}\left(0,-\frac{2\pi}{3}\right) & C_{12}^{E}\left(0,-\frac{4\pi}{3}\right) \\ C_{12}^{E}\left(-\frac{2\pi}{3},0\right) & C_{12}^{E}\left(-\frac{2\pi}{3},-\frac{2\pi}{3}\right) & C_{12}^{E}\left(-\frac{2\pi}{3},-\frac{4\pi}{3}\right) \\ C_{12}^{E}\left(-\frac{4\pi}{3},0\right) & C_{12}^{E}\left(-\frac{4\pi}{3},-\frac{2\pi}{3}\right) & C_{12}^{E}\left(-\frac{2\pi}{3},-\frac{4\pi}{3}\right) \end{bmatrix} \tag{18.29}$$

18.6　采用基于 IGBT 的 AC - AC 直接变换器 IPM 构建电流源逆变器模块

18.6.1　硬件开发

前面介绍的部分内容已经奠定了几个减少无源元器件数量的直接 AC - AC 电源变换器理论基础，可以基于传统电流源逆变器的电路来实现。不幸的是，没有用于这个用途的单一封装电流源逆变器可供选用。注意到电力半导体器件市场的发展，电压源逆变器（IPM）可以用于构建电流源逆变器的变换器。图 18.24 给出了这种硬件的实现。

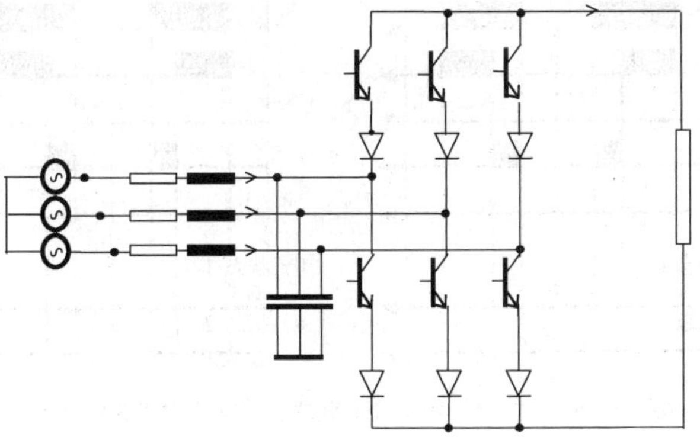

a)

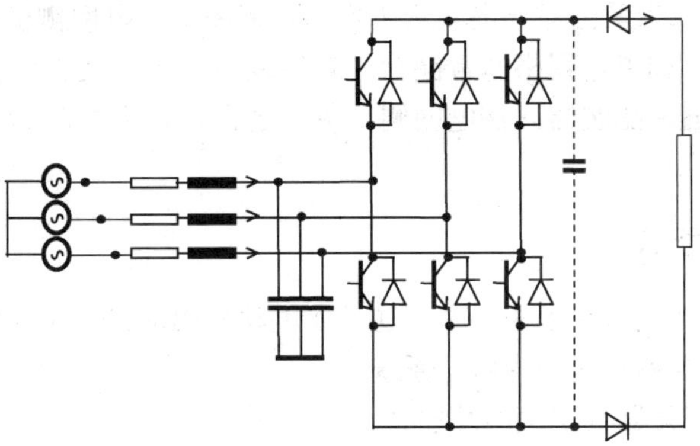

b)

图 18.24　常规

a）改进　b）电流源逆变器变换器

因为它们假设在零状态下直流母线短路，前面定义的用于电流源变换器 PWM 算法不能和图 18.24 所示的硬件一起工作，所以这样的工作是通过 IPM 的内部工作来避免的，并且引入一个短的死区时间来避免穿透短路工作。为了提升电源供电，应该满足的附加要求是低端开关的频繁工作。

在零状态期间使用相反的有源矢量，使用一种新的 PWM 算法是必要的，以避免功率开关的穿透工作。在平均矢量方程中使用两个相反的矢量用于 SVM 生成的相互补偿，利用图 18.25 对这种 PWM 算法进行了详细的说明。

在第一个零状态施加的矢量被选为和附近的活动矢量相同，并且在第二个零状态施加的矢量选用和第一个零状态相反的矢量。因此，在取样间隔期间，在使用的平均方程中两个矢量相互抵消。对开关频率为 3kHz 的工作情况，图 18.26 所示为单相电流控制的结果。开关过程的总数量保持不变。同样的电流控制设计和 PWM 发生器适用于所有的 6 个功率模块。

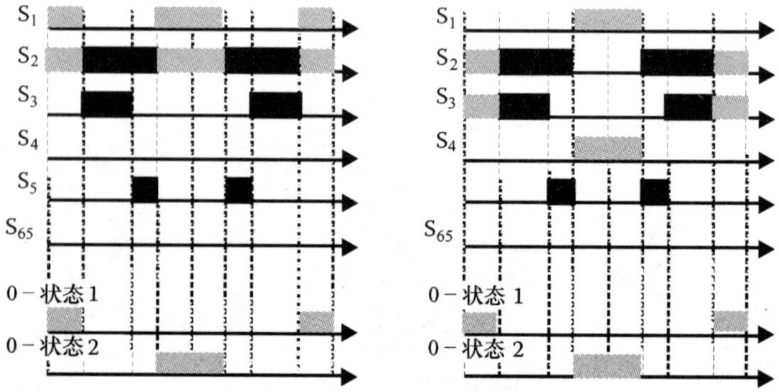

图 18.25　左：传统的 CSI 算法；右：VSI PWM 算法

图 18.27 所示为采用 IPM 的实现工作原理框图。在电网侧仍然需要使用一个小的 *LC* 滤波器，如果电网格非常健壮，满足理想电压源的技术要求，则可以省略这个小的 *LC* 输入滤波器。在电网侧，每个电流是 6 个电流的和，产生高基波分量的电流。

18.6.2　产品要求

最近在家电市场看到了采用基于逆变器电动机驱动的一个革命性变化。现已开发出了几个层次的家电电力电子系统：

1）使用常规元器件层次的结构；

2）多变换器子系统层次的结构；

3）多轴和多变换器系统层次的结构。

希望在以下子系统中家电电子产品有所创新：

1）半导体器件和封装；

2）电路拓扑；

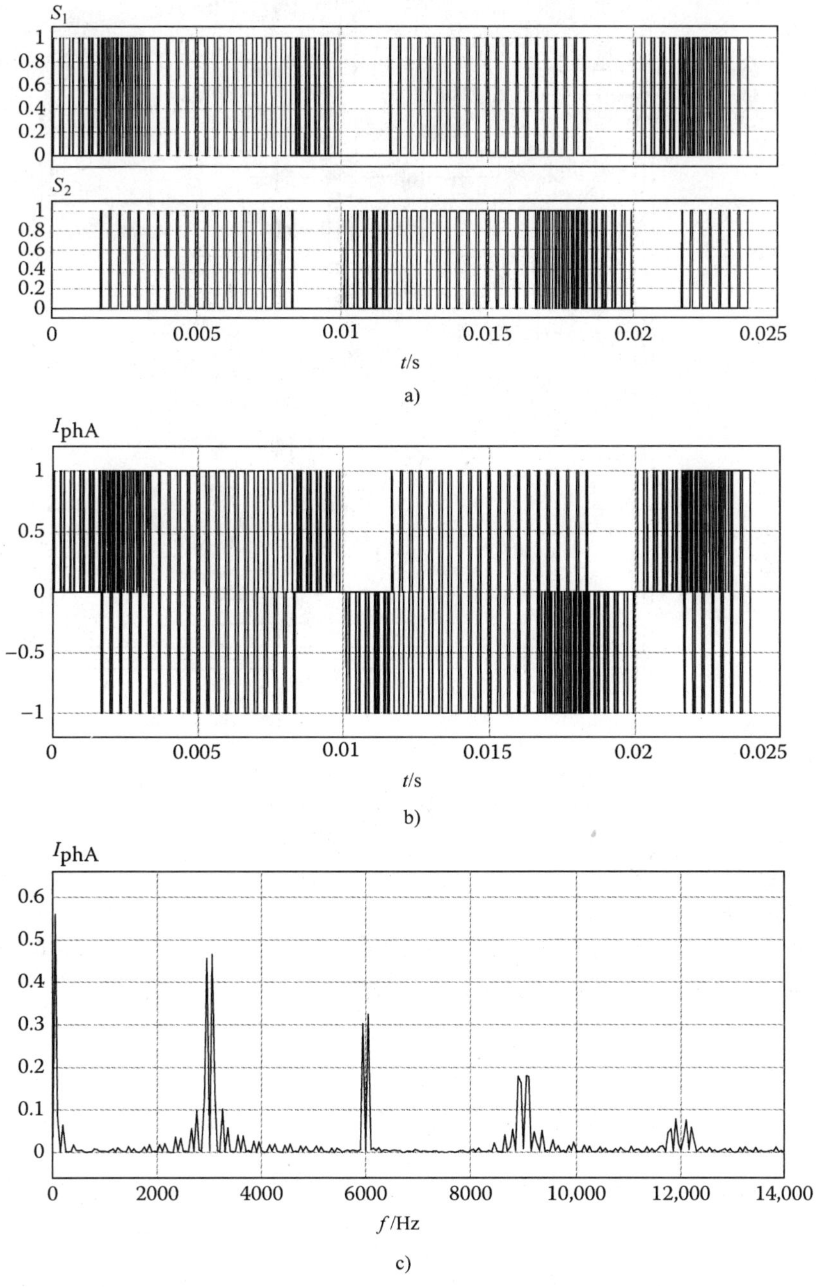

图 18.26　变换器运行于 3kHz 开关频率恒定直流电流

a）顶部和底部 IGBT 的开关信号　b）相电流　c）谐波频谱

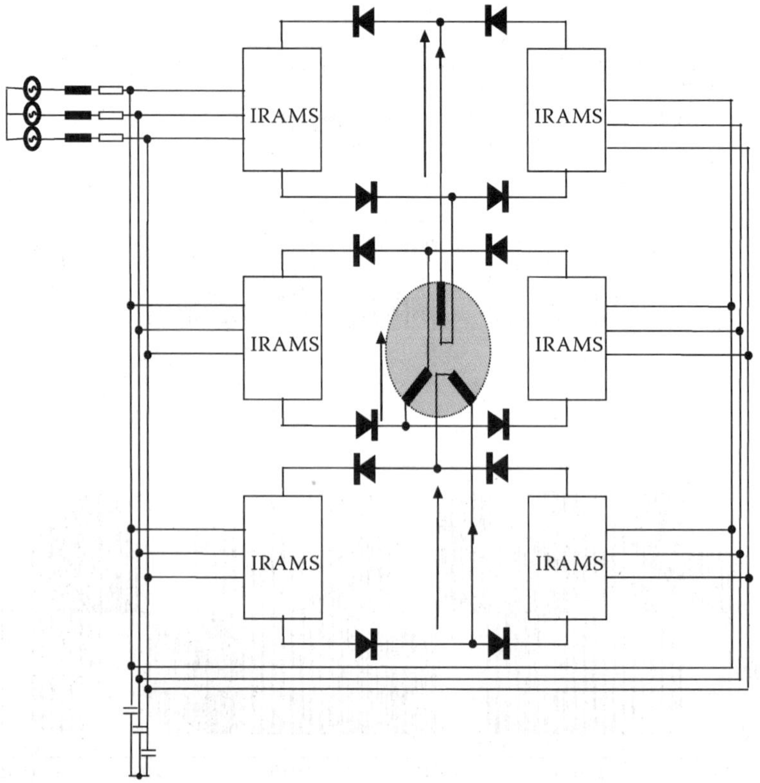

图18.27　新型变换器的IPM/IRAMS实现

3）通信和用户接口；

4）控制算法。

家电电力电子一个重要的发展趋势涉及新电路原型器件发展融合的集成功率模块的出现。系统级设计标准是成本（产品和维护）、能源效率、产品寿命和工作可靠性、对环境（噪声、温度、电网谐波等）的影响。

对家电消费市场最重要的要求涉及系统的工作可靠性。不同厂家对不同顾客表现出期望，平均无故障时间（MTBF）为20年，寿命的工作可靠性有90%的普遍接收程度。

正如本书第7章所讨论的，电解电容器是系统工作寿命的关键元器件，因为电解电容器是所有功率变换元器件中寿命最短的元器件。电容器的工作寿命受限于温度和电压应力而造成的电化学降解，并且由于温度和电压应力而加速降级。电解电容器的使用寿命用从40年前的1000h、65℃到今天的15000h、105℃。电容器的使用寿命可以用阿伦尼乌斯（Arrhenius）定律来预测。例如，一个电容器在额定工作条件为105℃，这时对应的工作寿命为10000h，而在65℃工作条件下的工作寿命为 160000h[39]。

因此，可以消除无源元器件和/或减少它们的重要性的任何解决方案，在计算系统的整体可靠性工作中是非常可取的。在 AC – AC 变换器中也可以使用这个概念，如果在 AC – AC 变换器中不使用电解电容器，则可以提高系统的工作可靠性。

可以进一步证明，功率半导体模块相对于单个元器件组成电路，工作可靠性更高，工作性能更好。IPM 可以提供更好的热设计和良好的布局，这些都可以反映在对系统工作可靠性的影响上。使用生产厂商提供的功率模块，而不是采用单个元件组装是逆变器应用的一个更好选择。

18.6.3　性能

前面的章节中已经给出了一系列采用周波变换器概念导出的崭新直接 AC – AC 功率变换器，并打算采用标准功率模块来实现。因此，它吸引了把这一概念应用到家电市场[39]。由于电动机驱动器中使用电子控制的最重要的优点是节约能源，因此重点仍然是在家电应用中在制冷和加热方面使用这种变换器。

这里提出的热性能与传统的背靠背解决方案相比较，对使用的 IPM 的热数据和生产厂商提供的数据相同。这里 IPM 采用 IRAMS10UP60，器件与散热器之间的热阻为 4.7℃/W。散热器采用 Wakefield#120，热电阻为 0.1℃/W。建议使用现成的散热器，热合金# 66365，散热器面积为 $0.63\times1.50\text{in}^2$，热阻为 5.4℃/W。

本书第 2.4 节给出了中功率电源变换器[41，42]的 IGBT 损耗计算。由于 IPM 结构的特殊性，参考文献［43］给出了损耗的经验计算方法，并且这里采用了这种计算方法。这种方法用于传统电动机驱动应用的结果显示，工作于环境温度，避免结温接近 125℃的工作条件下，每个开关上的功率损耗为 2.3W，整个封装的功率损耗为 14.1W。

这个经验模型考虑了每个开关，并且利用本书第 2.4 节中式（2.22）～式（2.24）给出的公式计算功率损耗，计算结果适用于采用 IR 智能随机存储器件（IRAMS）的功率损耗场合。

$$E_{\mathrm{ON}}=(h_1+h_2\cdot I^x)\cdot I^k=[(7.69\mathrm{e}-4)+(2.99\mathrm{e}-2)\cdot I^{-1.159}]\cdot I^2 \tag{18.30}$$

$$E_{\mathrm{OFF}}=(m_1+m_2\cdot I^y)\cdot I^n=[(1.76\mathrm{e}-2)+(4.34\mathrm{e}-2)\cdot I^{-0.492}]\cdot I^1 \tag{18.31}$$

$$V_{\mathrm{CEON}}=V_{\mathrm{T}}+a\cdot I^b=0.51+0.46\cdot I^{0.649} \tag{18.32}$$

在每个开关周期，开关过程的数量是必要的数据，以便使用这些方程用于整个系统的损耗计算，如图 18.28 和图 18.29 所示。

A. 常规背靠背变换器

开关损耗—IGBT = 开关过程如图 18.28 所示；

导通损耗—IGBT = 在 180°工作区间；

开关损耗—二极管 = 在负半波波形二极管开关（基准信号），部分导通。

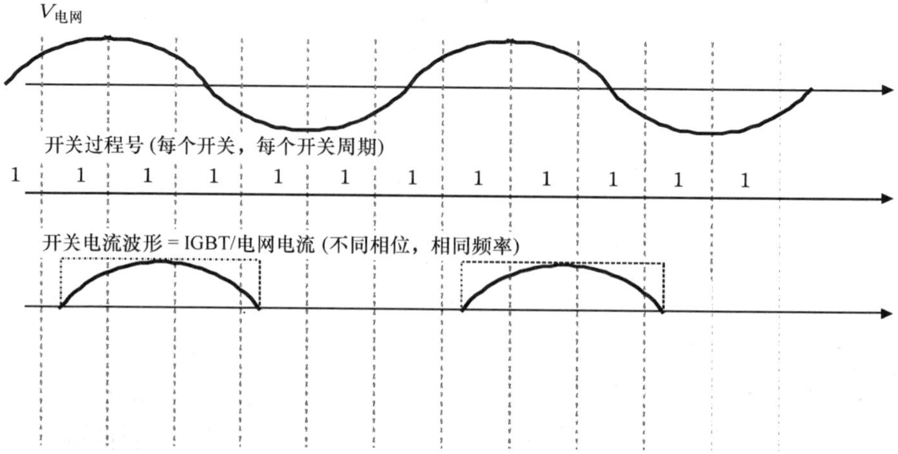

图 18.28　开关过程中开关损耗分布的计算（常规方法）

B. 基于多 IPM 的新拓扑

开关损耗—IGBT = 开关过程如图 18.29 所示；

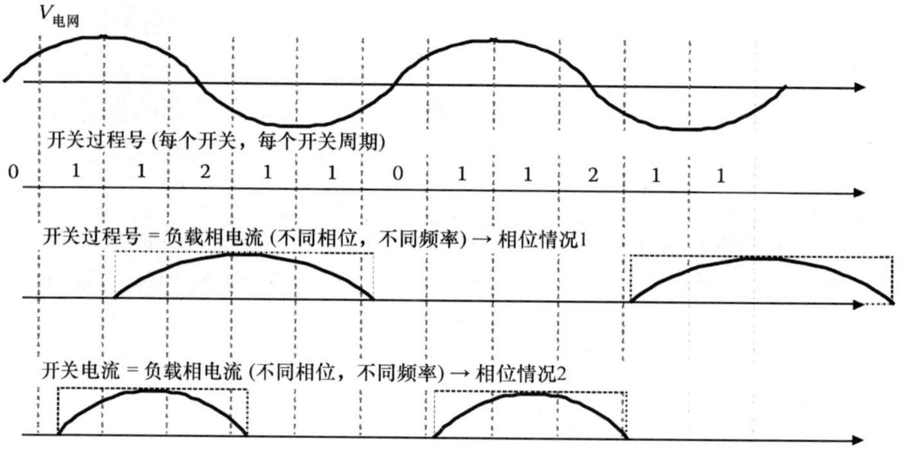

图 18.29　开关过程中开关损耗分布的计算（IPM）

导通损耗—IGBT = 在 120°总工作区间；

开关损耗—二极管 = 二极管在 IPM 外部，同样的导通工作，没有开关损耗。

开关过程的数量非常相似于背靠背变换器。在任何直接 AC – AC 变换器中由于与开关电流和负载和电网频率有关，所以不能很容易地表示开关损耗。

参考文献［43］讨论了一个实例：工作条件为 $V_{dc}=400V$、调制指数 =0.8、$V_{LL}=113V_{rms}$、PF =0.6、$I_{ph}=6.35A_{rms}$、$f_{sw}=3kHz$ 的1HP =745W 的 A－C 压缩机。表18.2给出了传统背靠背变流器和基于IPM的周波变换器的比较结果。假定负载电流为相同的频率。每个模块的功率损耗降低至少56%，这种功率损耗降低对一定的输入和输出波形的组合可能更重要。

逆向设计推理是值得的，并且观察用于负载功率 $P=2kW$（$I_{ph}=9.25A_{rms}$、电动机PF =0.6、工作电压为120Vac/相、工作频率为50Hz、开关工作频率为3kHz)，在最大热容量情况下启动的工作条件。这个系统可以驱动2kW的电动机负载，和驱动1HP =745W 电动机负载，工作于背靠背的双IPM的工作和热条件类似。

对系统功率密度和封装结果都令人印象非常深刻的是：输出功率为2kW (即4.1kW/L)[39]，整个功率级（直脚安装、6个独立的散热器、无源 *LC* 滤波和功率连接器）的占用空间为（$2\times2\times7.5in^3$ =）0.49L。2kW 输出功率(4.1kW/L)[39]。这可以和目前行业标准4kW/L的这类变换器相比较[44]。

表 18.2

（a）对1HP负载，背靠背变换器工作时的电压和电流，每个IPM封装的功率损耗分布

	背靠背变换器	新变换器
每个开关 P_{sw}	每个开关0.32W	高达0.32W
每个开关 P_{cond}	每个开关1.49W	1.00W
P_{diode}	0.53W	0
整个IPM模块 P_{loss}	14.1W	7.92W

（b）每个IPM封装的功率损耗分布2kW负载

	新变换器
每个开关 P_{sw}	0.75W（可变）
每个开关 P_{cond}	1.80W
P_{diode}	0
整个IPM模块 P_{loss}	15.30W

18.7 利用基于MATLAB的数百万FFT分析直接AC－AC变换器

18.7.1 直接或矩阵变换器谐波分析介绍

在本书前面有关内容中已经介绍了几种直接变换器拓扑结构[45]，每种拓扑

结构都采用不同的控制方法。众所周知，工作于PWM的功率变换器会在输入和输出端产生谐波[46,47]。在传统的桥式拓扑结构中，我们与两个频率打交道，即调制波形的基波频率和载波/开关频率。有多个与直接变换器谐波分析有关的直接挑战：

1）调制信号包含输入和输出频率，两个频率通常彼此独立，两个频率之间不构成一个整数比；

2）开关/载波频率不是输入频率或输出频率的有理数倍数。

长期以来，电力开关变换器的谐波分析需要用到复杂的、庞大的和耗时的计算，这就鼓励工程师自己开发快速的傅里叶级数算法[48-52]。最常用的程序包括一个有两个变量的傅里叶级数展开公式[48,52]。后来经过努力，提出了倍频[49,51]技术。参考文献［50，52］给出了相关结果。所有这些解决方案都给出了一个独立于仿真模型的快速谐波计算准确解。然而，它们在高等数学方面有丰富的内容，并用于每个专门的应用场合。因此，对实践工程师而言，他们使用起来不是非常方便。

在这段时间内，用于计算硬件的摩尔定律和今天我们使用的64位总线的计算机双核或四核处理器，巨大的T字节内存容量和高时钟频率。图18.30[53]对计算机的发展提供了一个快速的更新。从图18.30可以看出，相同的仿真模型，计算机10年前需要用1h的计算时间，现在在30s内就可以计算完。

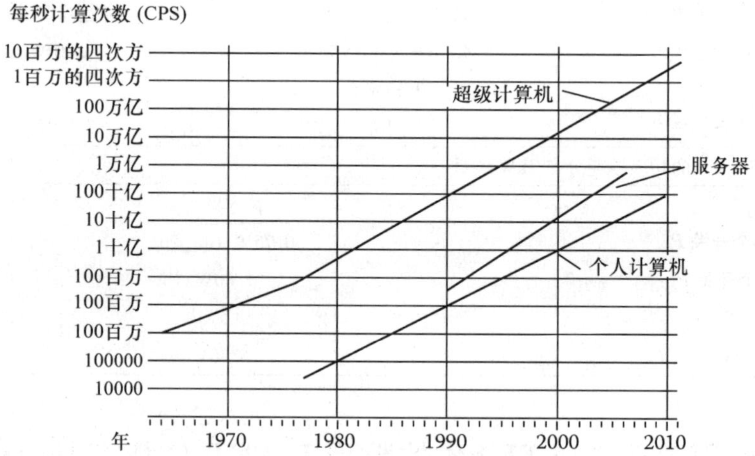

图18.30 处理能力的演化

当代计算能力的另一个例证是，在2012年可以第一次实时地实现电力电子模拟波形仿真。OPAL公司在IECON2012的产业论坛[54]上给出了一个基于Altera FPGA运行于时基系统的完整电动机调速驱动模型报告。这是模拟电力电子系统仿真的一个最重要的历史里程碑。

这些结果意味着使用简单的计算机计算来分析电力电子波形的优点。这是与技术发展同时进行的，它可能会减少谐波计算算法的学术争斗。不幸的是，由于主要生产厂商已经确立了他们自己的算法，因些这些算法的学术之争没有太多的实际价值。

无论是多变换器还是多频 PWM 变换器，工程实践都没有提供相应的数学函数描述。相反，这些信号来自从硬件或仿真模型获得的选定采样间隔而得到的测量结果（如 Matlab - Simulink、PSIM、Plexim 或类似的），因此它们是不连续的，是离散信号。一个信号的持续时间是有限的，在大多数情况下和傅里叶定理或信号要求的周期不相同，或信号可能根本不是周期性的。由于这些限制，设计了一个称为离散傅里叶变换（DFT）的频率分析方法来提取这个事先不知道的频率分量。本书第 3.5 节介绍了对 PWM 变换器的谐波分析。以下是反思这一信息，用以揭示其他计算机相关方面的直接（矩阵）变换器的必要分析内容。

在分析在固定时间间隔内采样导致 $2m$ 个取样样品产生（图 18.31）的情况下，可以利用欧拉傅里叶（Euler - Fourier）积分来近似计算分析。利用香农（Shannon）定律可以确定不同频谱线的 m。

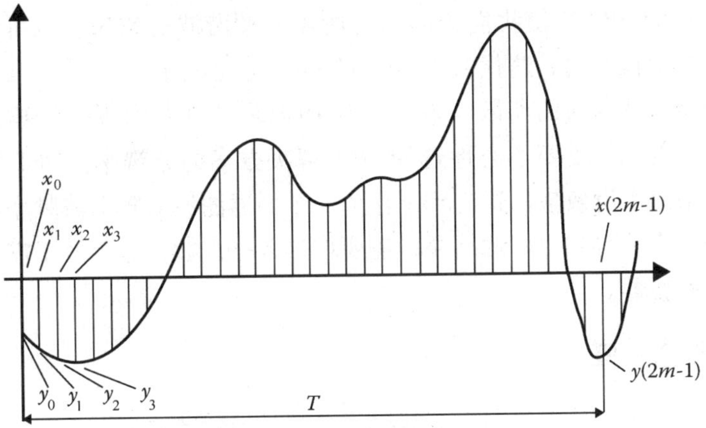

图 18.31 所获得时间信号取样

对每个采样有

$$y_q = \frac{A_0}{2} + \sum_{n=1}^{m}\left(A_n \cdot \sin\frac{2\pi \cdot q \cdot n}{2m} + B_n \cdot \cos\frac{2\pi \cdot q \cdot n}{2m}\right) \qquad (18.33)$$

这是一个近似的傅里叶级数，也是一个离散傅里叶积分计算。当我们知道所有采样 y_q 时，可以利用式（18.34）~式（18.36）进一步计算各谐波分量。

$$A_0 = \frac{1}{2m} \cdot \sum_{q=0}^{2m-1} y_q \qquad (18.34)$$

$$A_n = \frac{1}{m} \cdot \sum_{q=0}^{2m-1} y_q \cdot \cos \frac{n \cdot q \cdot \pi}{m} \tag{18.35}$$

$$B_n = \frac{1}{m} \cdot \sum_{q=0}^{2m-1} y_q \cdot \sin \frac{n \cdot q \cdot \pi}{m} \tag{18.36}$$

如本书第3.5节介绍的有关内容所示，由于结构具有以下特点，因此生成的计算过程非常简单。

1）$\beta = \pi \cdot \frac{q \cdot n}{m}$参数的计算和每个采样 y_q（$q = 1, \cdots, 2m - 1$）的谐波函数计算；

2）利用 A_n 和 B_n 计算每个乘积项；

3）计算 A_n 和 B_n；

4）计算每次谐波的幅度和相位。

当 m 选为和电网对称相关波形是6的倍数时，减少采样数量可以改善电路性能。对采样数量的增加，计算机需要运行非常长的时间，一些计算机程序仅提供低频率的计算。例如，SPICE的指令“FOUR”仅提供了前9次谐波的快速计算。第5版后的SPICE使我们能够指定所需低频谐波的数量。也可以通过FFT来降低计算机运行时间，这代表了DFT的实际应用案例。

DFT是傅里叶变换的离散等效，并且DFT采样可能隐藏一些被采样信号的特性。这意味着我们需要小心地选择DFT解决方案的分辨率。DFT的误差常来自于插值结果的平滑效应。这起到了作为一个低通滤波器随谐波频率增加而幅度衰减的作用。为了得到更好的结果，需要增加采样次数，这等效于需要一个更高带宽的低通滤波器。

18.7.2 参数选择

一旦通过实验或仿真得到有关数据，就需要用到谐波分析的后处理工具。在FFT/DFT分析中很好地理解参数设置是很重要的。

A. 分辨率

在变换点数取的越多，频率分辨率越好。

除了速度，在 $2^9 = 512$ 个变换点和 $2^{20} = 10485756$ 个变换点之间的不同在于分辨率。功率谱的频率范围从直流（0Hz）到被使用一半的采样频率。变换中采样点的数目决定功率谱的分辨率（一个512点的傅立叶变换将在它的功率谱有256个频点，而1048576点的傅立叶变换功率谱将有524288个频点）。

例如，如果希望看到功率转换器功率谱波形中分辨20Hz和21Hz的频率分量，则一个 512 点的傅里叶变换可能无法清楚地显示这些独立的频率分量，因为它的整个功率谱只分为 256 个等距点，并且所需的频率点十分接近。对于在 1MHz（1μs 的采样时间）的采样频率，频率间隔为 1MHz/512 = 1.94kHz = 1940Hz。

然而，如果变换包含更多的点，则将会有更多的点来对应更紧密的频率成分间隔。在本例，一个 1048576 点的傅里叶变换作用到一个 1μs 采样时间的离散信号，频率间隔空间将为 1MHz/1048576 = 0.95Hz。重新设置这个选择有 F_s = 1048，576Hz = 1.048MHz，频率步进为 1Hz。因此，现在就能看见 20Hz 和 21Hz 频率成分的区别，如图 18.32b 所示。

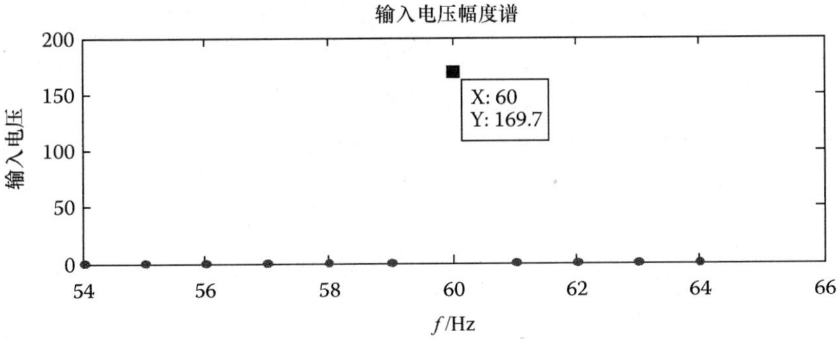

a)

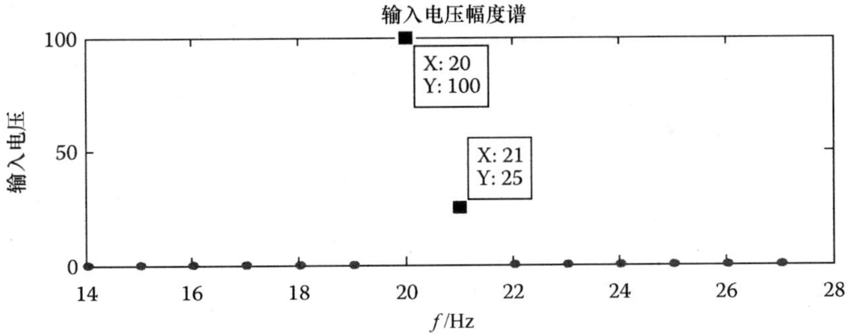

b)

图 18.32

a）60Hz 电网电压和 1Hz 阶跃的 FFT 表示

b）选择参数可以很好分辨 100V/20Hz 和 25V/21Hz

这里值得做出两点评论：

（1）大多数实验室设备是频谱分析仪，提供了最多 32768 点的 DFT 能力。在大多数情况下，它们非常合适分析 50/60/400Hz 基波频率和 10～30kHz 载波频率功率变换器的工作。可以通过开窗技术受益于 0.1Hz 分辨率或使用较低的分辨率画出 0～100kHz 频率范围的频谱曲线。

（2）随着计算机的出现，可以使用足够多点的 DFT 来分析功率变换器。考虑最高开关频率为 50kHz、1000 点的 PWM 分辨率（2^{10}计数器、50ns 的采集速率），对给定的频率产生 0.1Hz 的分辨率有 20MHz/0.1 = 200，000，000→134，217，728 = 2^{27}。

B. 精度

图 18.33 所示为一个不同时间间隔获得的单一正弦频率 60Hz 和 1000Hz 的频谱。当有一个分数周期时（在相邻的点的虚假谐波）[51]，出现的频谱有些展开。频谱展开（泄漏）是由在波形的端点能量不连续原因产生的。

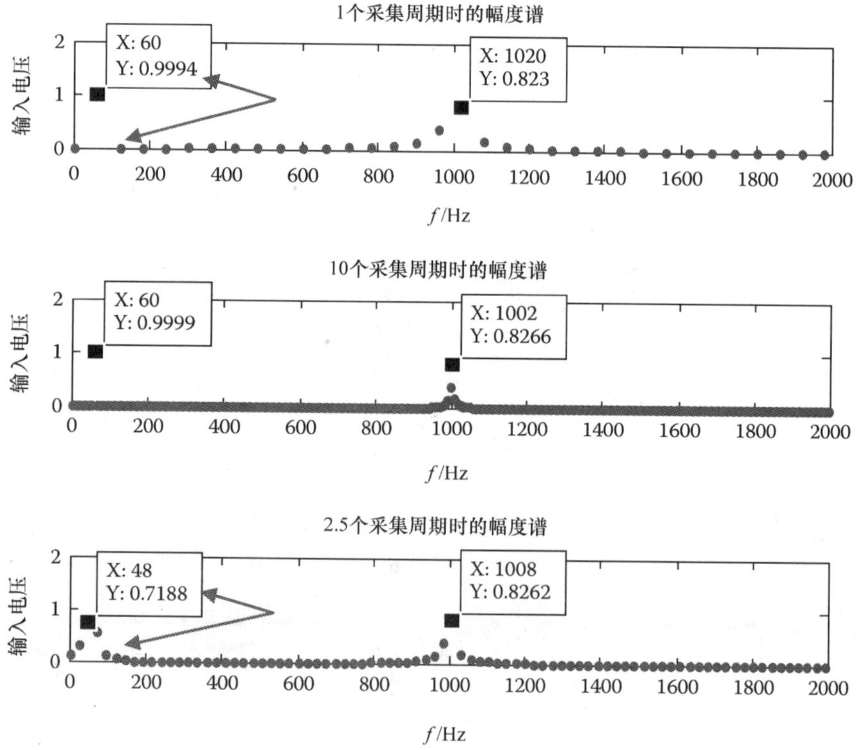

图 18.33　考虑不同时间窗时的频谱结果

可以用下面介绍的方法来减小泄露效应的影响：

1）使用常规的 DFT，而不是使用优化的 FFT；

2）使用 FFT 前时间序列乘窗口加权函数。

通过在窗口两端信号逐渐变为零，大多数窗口加权函数衰减是不连续的。利用窗口的方法，周期性不正确的信号在结束点将有一个平滑的过渡，从而有更准确的功率谱表示。但是，如果波形在所获得的时间间隔末端有重要信息，则会破坏波形的重要信息。

一些流行的窗口如海明（Hamming）窗口、巴特利特（Bartlett）窗口、汉宁（Hanning）窗口和布莱克曼（Blackman）窗口，每种窗口各有不同的特点。

（1）海明窗口提供了熟悉的钟形加权函数，仅以合理的频谱泄漏降低产生一个非常好的频谱峰值。

（2）巴特利特窗口提供了三角形状的加权函数，并且产生很好形状的峰值谱，同时也很好地降低了频谱泄漏。

（3）汉宁窗口提供了类似钟形窗口，并且产生很好的谱峰尖锐特性（和巴特利特窗口一样好）。但是，汉宁窗口有很好的谱漏衰减工作特性（优于巴特利特窗口）。

（4）布莱克曼窗口提供了一个类似于汉宁窗口的加权函数，但是形状更窄。因为狭窄的形状，布莱克曼窗口是减少频谱泄漏的最好窗口，但是谱峰锐度是唯一合理的权衡。

窗口函数的选择取决于对谱峰的锐度和频谱两边衰减之间的权衡。傅里叶分析软件包提供了一个可以选择的几个窗口，它可以用于选择消除 FFT 的频谱泄漏和固有失真。

对直接功率变换器的频谱分离要求，布莱克曼窗口在产生较弱项和定义峰值的应用场合是最好的选择。

18.7.3　MATLAB 中的 FFT

版本 6.0 后的 MATLAB 使用叫 FFTW 包的快速傅里叶变换来实现。FFTW 包是由麻省理工学院的 Matteo Frigo 和 Steven G. Johnson 开发的（大约 1997 年）。通过对各种平台上的性能比较显示，它的性能通常优于其他公开可用的 FFT 软件，甚至与供应商调谐码（像一些硬件频谱分析仪）竞争。与供应商的调整实施相反，它的性能是可移植的，在大多数计算机体系结构中，不对程序修改就可以在计算机上执行。因此得名“FFTW”，表示自称的“在西方最快的傅里叶变换。”

当 DFT 的维数是 2 次幂时，在 MATLAB 中没有调整或窗口选择需要。此外，当 DFT 的维数在 $2^{14} \sim 2^{22}$ 时，来自 MATLAB 的内部数据预加载信息用于优化计算。

对现代笔记本电脑，1048576 个真实样本的执行时间小于一秒的时间[55]。

18.7.4 直接变换器分析

A. 工作

我们将上述选择 MATLAB 的 DFT 算法用于对一个直接变换器分析的场合。此多变换器结构的工作在前面的参考文献［15－19］中给出了解释，并遵循 6 电流源变换器的内部连接以直接从线－线电网电压直接为负载提供电压源控制，如图 18.34 所示。利用下面的序列来实现 SVM：

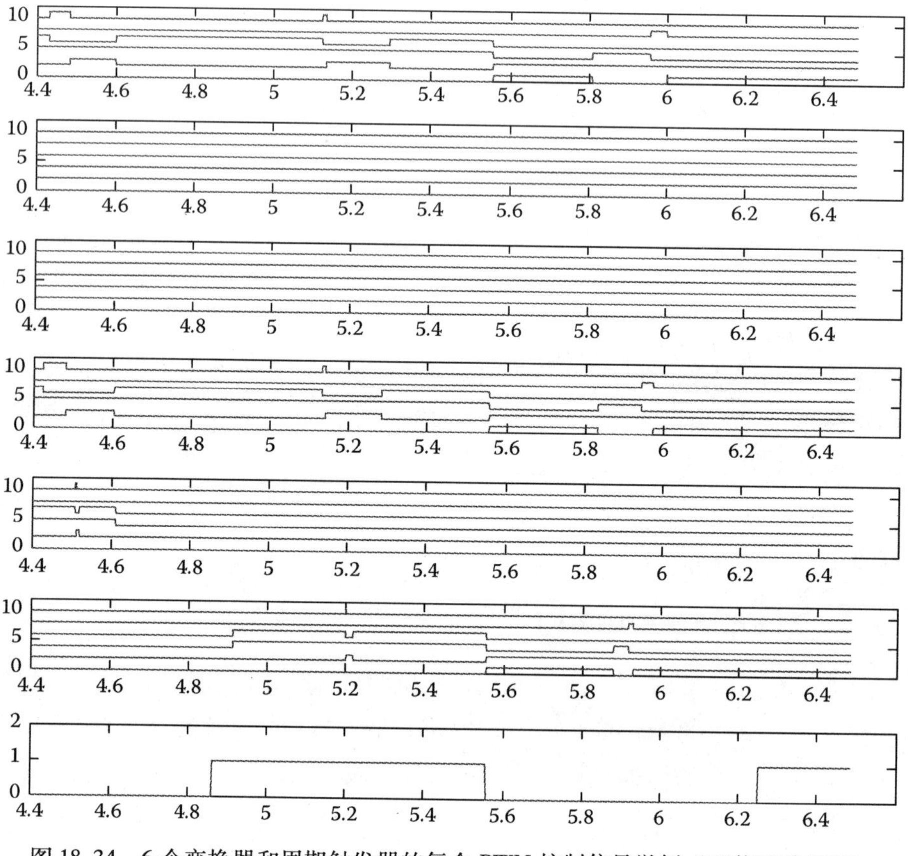

图 18.34　6 个变换器和周期触发器的每个 PWM 控制信号举例（两倍开关周期）

零状态→活动状态 1→活动状态 2→活动状态 2→活动状态 1→零状态

在减少开关过程数量方面这是非常有利的。在采样间隔内的两个零个状态之间是相等的。采样结果显示，可以看出 3 个变换器仅在一个给定的时刻工作。此外，脉冲分布具有相同的取样周期。

对开关频率为 1.44kHz、高度感性负载和输出 35Hz 较低电压幅度的变换器给出了完整的谐波分析，如图 18.35 所示。

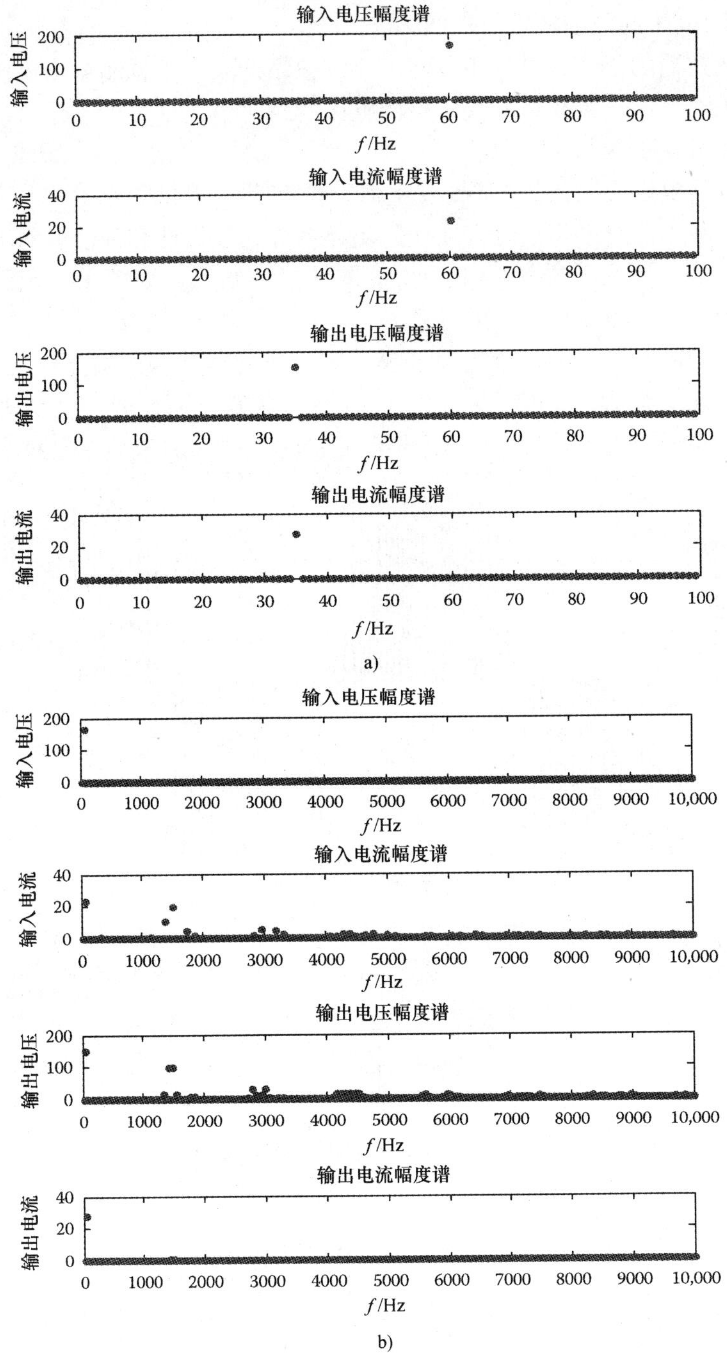

图 18.35　不同缩放窗口 1.44kHz 开关频率的重要波形采样

a）100Hz　b）10kHz

B. 电网电压的前馈补偿

每个变换器的工作通过三相电网电压的包络产生一个调制输出电压。对应每个脉冲的时间·电压乘积将取决于电网电压的瞬时值。这将产生输出电压和输入电流的一个时变扩频结果。

基于电网电压实际值的PWM发生器补偿有助于提供每个PWM脉冲电压负载所需的时间·电压乘积。这有在任何闭环系统的稳定性和补偿电网不平衡的优点。给出了第一相电压85%的不平衡谐波补偿的结果，如图18.36所示。可以看出在400Hz输出电压频谱的差异。

对一个平衡电网，如果适当地选择了DFT的参数，则在输出电压频谱之间或没有补偿（又称为自适应PWM[25]）时不应该有任何差异。这是因为在分辨率被设定于1Hz或低于1Hz时，这里有足够的基波周期来平均电网电压包络变

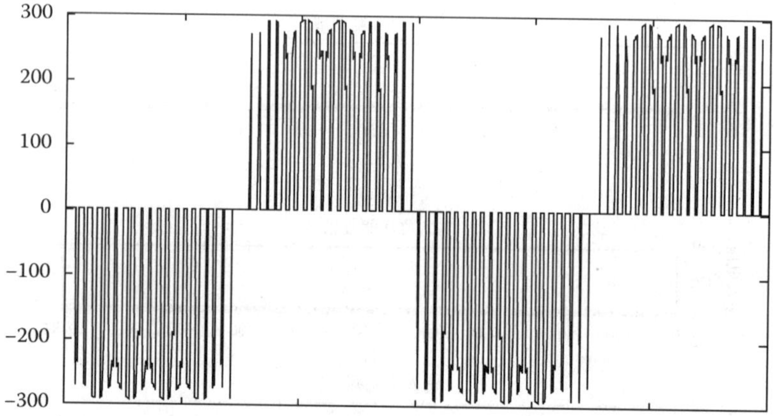

a)

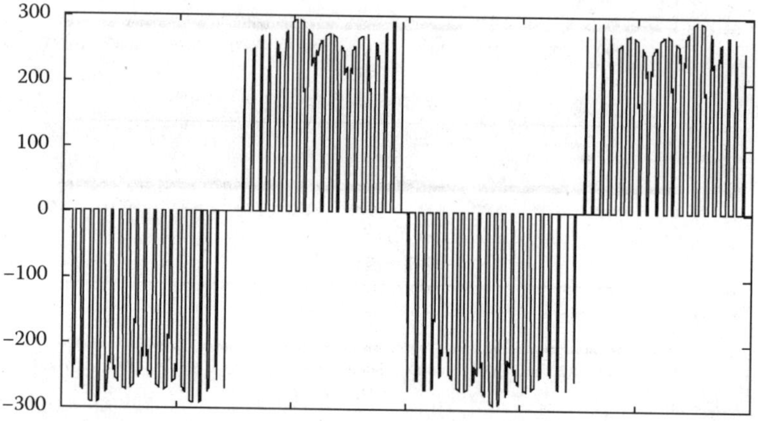

b)

图18.36 交错PWM控制器随机纹波的消除

a）为平衡输入电网电压的输出电压 b）电网电压第1相85%的不平衡时的输出电压

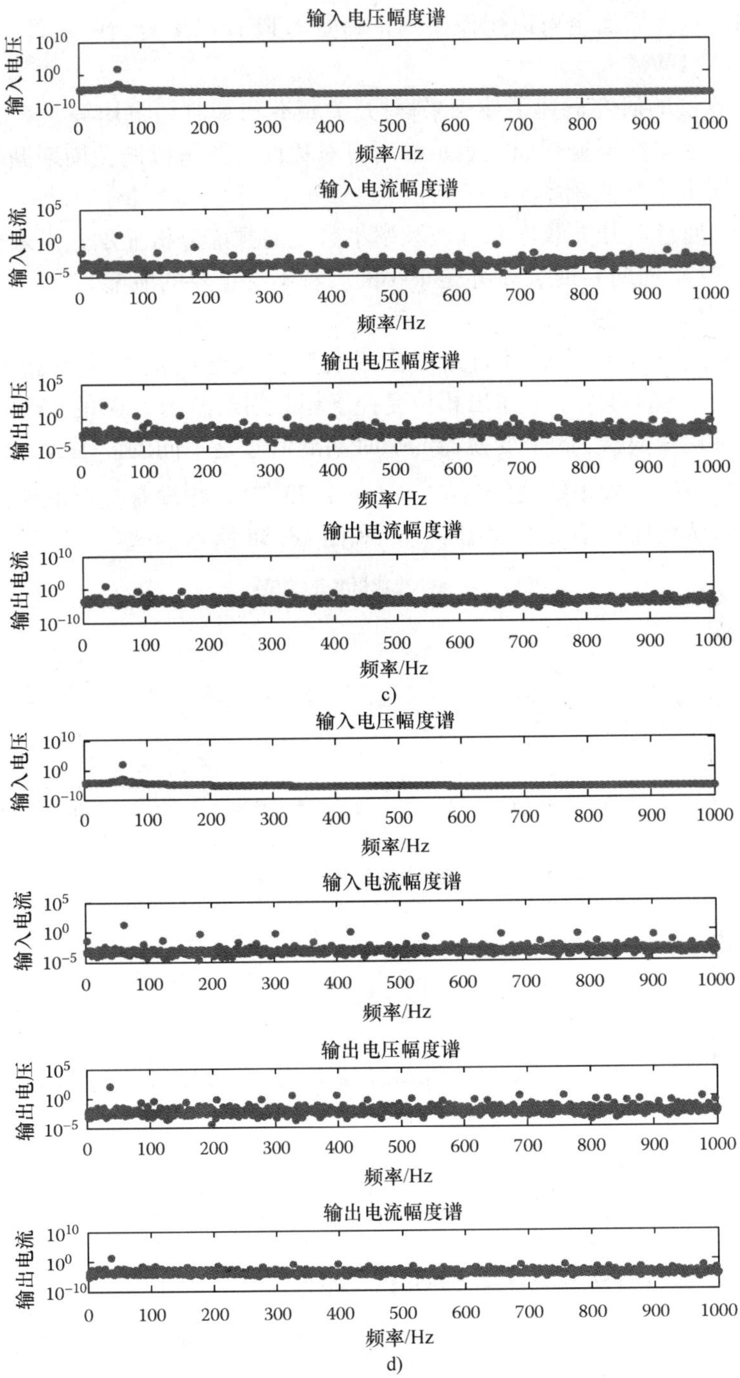

图 18.36 交错 PWM 控制器随机纹波的消除（续）

c）PWM 无补偿的频谱 d）由输入电压补偿措施

化的影响。这在后面也可以用作检测正确使用 FFT/DFT 分析的工具。

C. 同步 PWM

SVM 算法的研究概述了使用采样/开关频率和基波频率比等于 6 的倍数整数比的优点。这受益于复平面上表示的所有对称性，并可以避免周期循环有效值的波动（周期定于基波频率）。

然而，通过对开关频率和基波频率小数比的频谱分析显示，当采样时间足够长（大约 50 个周期）时，差异是很小的。看不见重要的泄漏。

D. 使用交错载波

传统桥式变换器是众所周知工作于交错并联运行的功率变换器。每个双（或双向）变换器对应一个输出相位受控于相互间载波为 120°的 SVM。相对于传统的交错桥式变换器，3 个变换器的瞬时基准信号是不同的。因此，输入电流仅表现出一种随机的最小纹波降低$\sqrt{N}=\sqrt{3}=1.73$[56]。在没有交错的情况下，所有其他波形和谐波保持不变，如图 18.37 和图 18.38 所示。

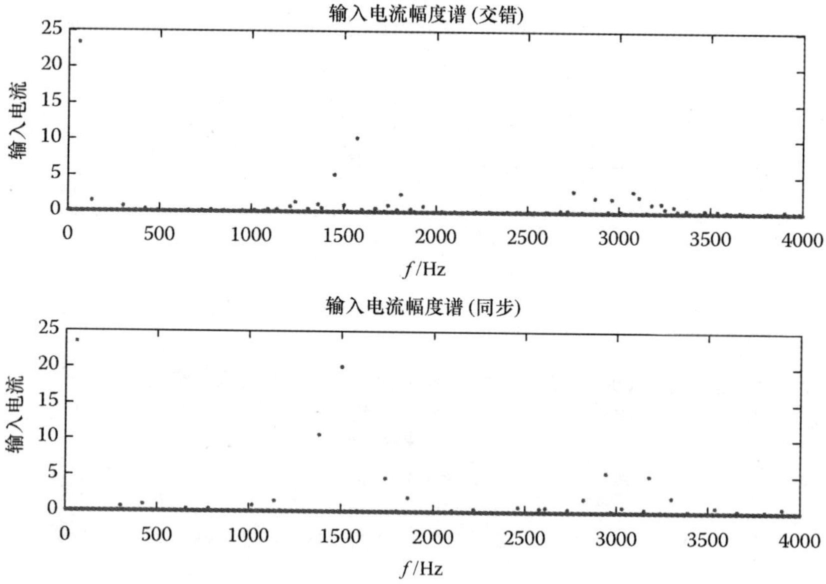

图 18.37　交错 PWM 控制器的随机纹波消除

18.7.5　多点 THD 和 HCF 分析自动化

图 18.39～图 18.41 所示为一个工作电压为提升后的 420V_{dc}总线电压和打开中线的背靠背变换器的有关波形。显然，尽管工作于相同的 PWM 1.44kHz 频率，实际的开关过程数不同于直接转换器的开关过程数。

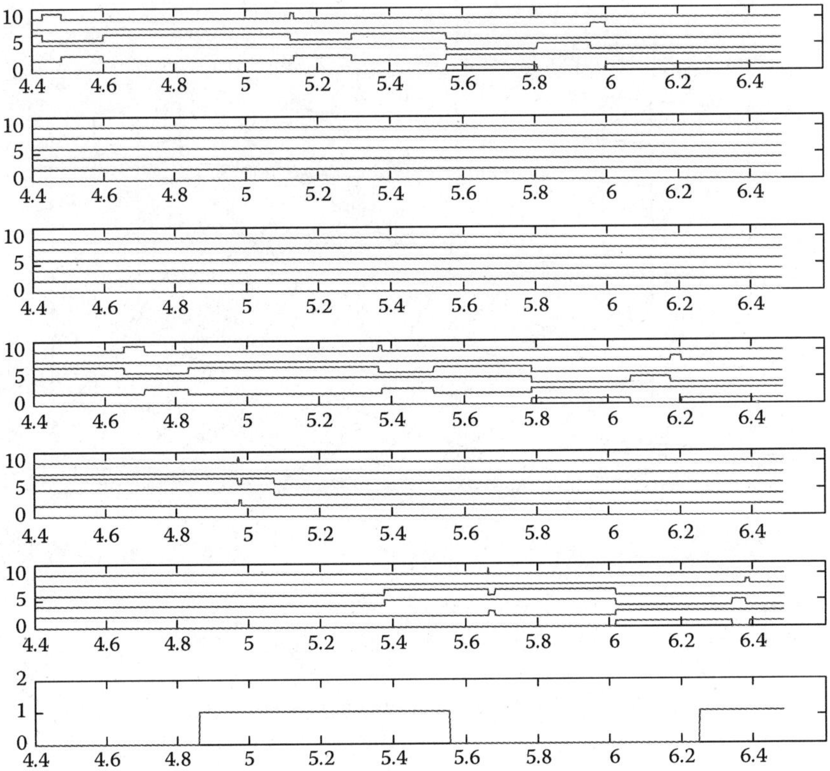

图 18.38　6 个变换器中的每一个 PWM 控制信号，
在交错工作条件下（和图 18.34 比较）

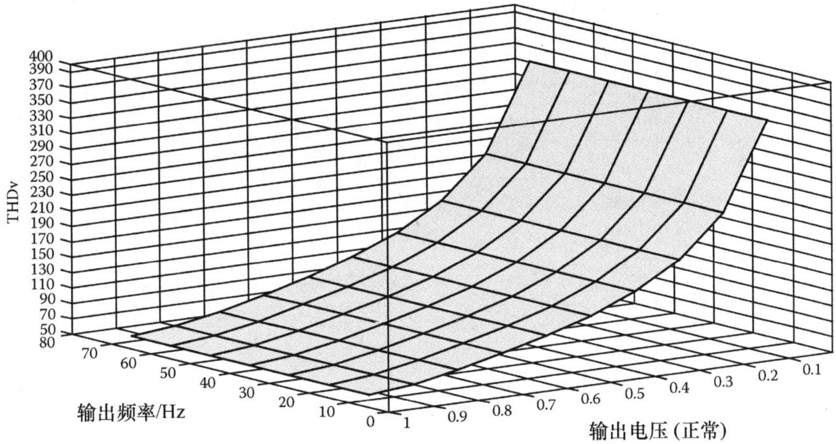

V_{rms}		17.9	35.9	54.0	72.2	90.4	108.6	125.2	145.4	162.2	171.6
m		0.1	0.2	0.3	0.4	0.5	0.6	0.7	0.8	0.9	1.0

图 18.39　在不同输出幅度和频率条件下输出电压的 THD

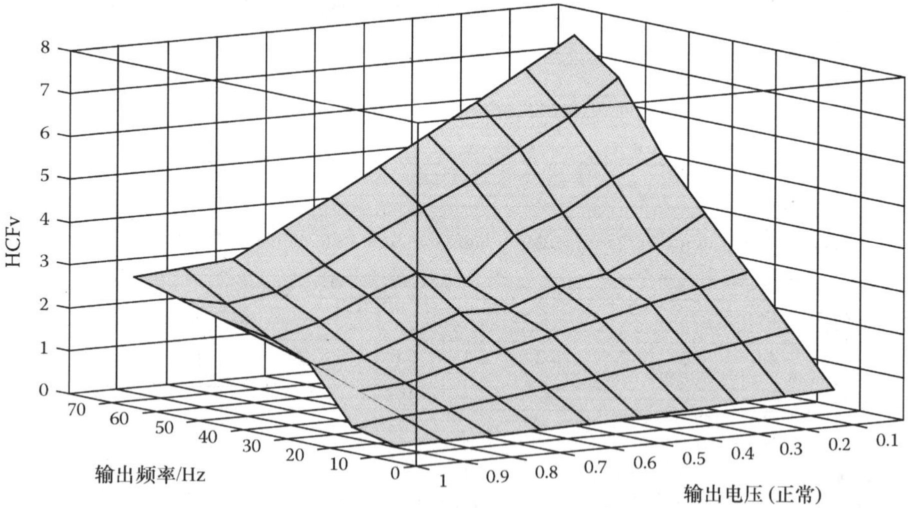

V_{rms}		17.9	35.9	54.0	72.2	90.4	108.6	125.2	145.4	162.2	171.6
m		0.1	0.2	0.3	0.4	0.5	0.6	0.7	0.8	0.9	1.0

图 18.40　在不同输出幅度和频率下的输出电压 HCF

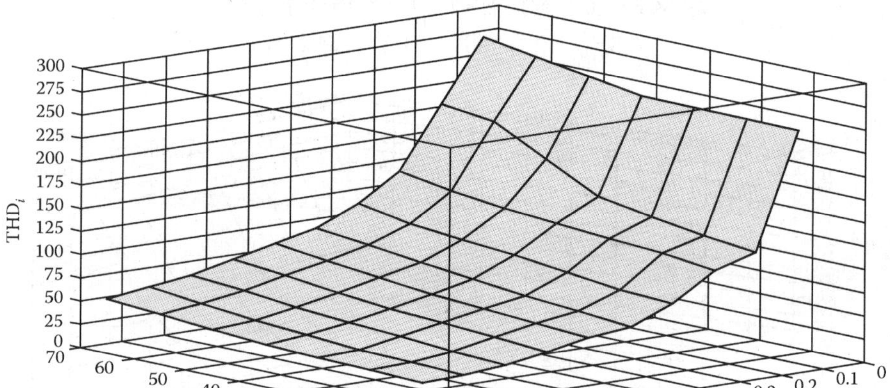

V_{rms}		17.9	35.9	54.0	72.2	90.4	108.6	125.2	145.4	162.2	171.6
m		0.1	0.2	0.3	0.4	0.5	0.6	0.7	0.8	0.9	1.0

图 18.41　在不同输出幅度和频率下的输入电流 THD

18.7.6 计算机性能评价

表 18.3 给出了两个传统的基于窗口计算机体系结构的运行时间。处理速度可以通过笔记本电脑功能更强大的图形处理单元运行 MATLAB 代码来进一步提高。

表 18.3 计算机处理能力

计算机	仿真	4 通道 DFT	THD/HCF 图
Pentium 4, CPU 3.2 GHz, 1G RAM	10, 000s	~4s	~120s
Quad - Core i7, CPU 3.4 GHz, 8G RAM	~2900s	~1s	~40s

参考文献

1. Neacsu, D.O. 2012. Principle of a novel component minimized active power filter for high-power magnet supplies. *IEEE Industrial Electronics Conference IECON*, Montreal, Canada, October.
2. Neacsu, D.O. 2010. Analytical investigation of a novel solution to AC waveform tracking control. *IEEE International Symposium in Industrial Electronics*, Bari, Italy, July, pp. 2684–2689.
3. Huber, L., Borojevic, D., and Burany, N. 1992. Analysis, design and implementation of the space vector modulator for forced-commutated cycloconverters. *IEE Proceedings of the Series B*, 139(2), March, pp.103–113.
4. Neacsu, D.O. 1995. Theory and design of a space vector modulator for AC–AC matrix converter. *European Trans. Electrical Power Eng.* 4, 285–292.
5. Nielsen, P., Blaabjerg, F., and Pedersen, J.K. 1996. SVM matrix converter with minimized number of switchings and a feedforward compensation of input voltage unbalance. *PEDES '96*, New Delhi, India, 8–11.
6. Holmes D.G. 1992. The general relationship between regular-sampled pulse width modulation and space vector modulation for hard switched converters. IEEE-IAS Annual Meeting, pp. 1002–1009.
7. Zhou, K. and Wang, D. 2002. Relationship between space-vector modulation and three-phase carrier-based PWM: A comprehensive analysis [three-phase inverters]. *IEEE Trans. IE* 49(1), 186.
8. Casadei, D., Serra, G., and Tani, A. 1996. A general approach for the analysis of the input power quality in matrix converters. *IEEE PESC '96*, Baveno, Italy, vol. 2, pp. 1128–1134.
9. Nielsen, P., Casadei, D., Serra, G., and Tani A. 1996. Evaluation of the input current quality by three different modulation strategies for SVM controlled matrix converters with input voltage unbalance. *PEDES '96*, New Delhi, India, January 8–11.
10. Neft, C.L. and Shauder, C.D. 1988. Theory and design of a 30-HP matrix converter. *Proceedings of IEEE IAS '88*, pp. 248–253.
11. Halasz, S., Schmidt, I., and Molnar, T. 1995. Matrix converters for induction motor drive. *EPE'95*, Sevilla, Spain.
12. Watthanasarn, C., Zhang, L., and Liang, D.T.W. 1996. Analysis and DSP-based implementation of modulation algorithms for AC/AC matrix converters. *IEEE-PESC1996 Conference Record*, vol. 2, pp. 1053–1058.
13. Ziogas, P.D. 1986. Rectifier-inverter frequency changers with suppressed DC link component. *Trans. Ind. Appl.* IA-22(6), 1027–1036.

14. Kazerani, M. and Ooi, B.T. 1993. Direct AC-AC matrix converter based on three-phase voltage source converter modules. *Proceedings of IECON 1993*, Mavi Lahaina, Hawaii, November 15–19.
15. Ooi, B.T. and Kazerani, M. 1994. Application of dyadic matrix converter theory in conceptual design of dual field vector and displacement factor controls. *IAS Annual Meeting*, pp. 903–910.
16. Kim, S., Sul, S.K., and Lipo, T.A. 1998. AC to AC power conversion based on matrix converter topology with unidirectional swtches. *APEC*, Anaheim, CA, pp. 301–307.
17. Kazerani, M. and Ooi, B.T. 1993. Direct AC-AC matrix converter based on three-phase voltage source converter modules. *Proceedings of IECON*, Mavi Lahaina, Hawaii, November 15–19.
18. Ooi, B.T. and Kazerani, M. 1994. Application of dyadic matrix converter theory in conceptual design of dual field vector and displacement factor controls. *IAS Annual Meeting*, pp. 903–910.
19. Neacsu, D.O., Alistar, A., and Kazerani, M. 2002. Insightful analysis of carrier PWM algorithms for direct AC-AC matrix converters based on voltage-source converter module. *IEEE IAS 2002*, Pittsburg, USA, October 13–19, vol. 1, pp. 459–465.
20. Su, G.J., Adams, D., and Multilevel, D.C. 2001. Link inverter for brushless permanent magnet motors with very low inductance. *IEEE IAS Annual Meeting.*
21. Lega, A. 2009. Multilevel converters: Dual two-level inverter scheme. PhD Dissertation, University of Bologna.
22. Mohan, N., Undeland, T., and Robbins, W. 2002. *Power Electronics*. 3rd edition. John Wiley and Sons, New York.
23. Trzynadlowski, A. 2010. *Introduction to Power Electronics*. John Wiley and Sons, New York.
24. Trzynadlowski, A. 2010. *Introduction to Power Electronics*. John Wiley and Sons, New York.
25. Huber, L. and Borojevic, D. 1991. Space vector modulation with unity power factor for forced commutated cycloconverters. *IEEE IAS'91 Conference Record*, vol. I, pp. 1032–1041.
26. Chu, R.F. and Burns, J.J. 1989. Impact of cycloconverter harmonics. *IEEE Trans. Industry Appl.* 25(3), 427–435.
27. Neacsu, D.O. 1999. Current-controlled AC/AC voltage source matrix converter for open-winding induction machine drives. *IECON*, Denver, USA.
28. Kazerani, M. 2001. A direct AC/AC converter based on current-source converter modules. *IEEE PESC*, Vancouver, Canada.
29. Neacsu, D.O. 2003. IGBT-based "cycloconverters" built of conventional current source inverter modules. *IEEE International Symposium SCS 2003*, Iasi, Romania, July 10–11, vol.1, pp. 217–220.
30. Neacsu, D.O. 2004. Analysis and design of IGBT-based AC/AC direct converters built of conventional current source inverter module. *IEEE IAS*, Seattle, WA, October 2004, vol. 3, pp. 1824–1831.
31. Jones, J. and Bose, B.K. 1976. A frequency step-up cycloconverter using power transistors in inverse series mode. *Int. J. Electron.* 41(6), 573–587.
32. Neacsu, D.O., Rajashekara, K., and Gunawan, F. 2006. Overmodulation algorithm for zero-switching modulation. *IEEE ISIE 2006*, Montreal, Canada, July 9–12, pp. 1299–1304.
33. Weinhold, M. 1991. Appropriate pulse width modulation for a three-phase PWM AC to DC converter. *EPE J.* 1(2), 139–148.
34. Ciscato, D. 1992. PWM rectifier with low DC voltage ripple for magnet supply. *IEEE Trans. IA.* 28(2), 414–420.

35. Pan, C.-T. and Chen, T.-C. 1993. Modeling and analysis of a three phase PWM AC-DC converter without current sensor. *IEE Proc. B* 140(3), 201–208.
36. Enjeti, P. and Xie, B. 1992. A new real time space vector pwm strategy for high performance converters. *IEEE/IAS Annual Meeting Conference Record*, pp. 1018–1025.
37. Neacsu, D.O., Pastravanu, A., and Lucanu, M. 1993. Space vector based PWM AC/DC converter. *IEEE CAS Section SCS93 International Symposium*, Iasi, Romania, November 4–5, pp. 252–255.
38. Neacsu, D.O. 2010. Analytical investigation of a novel solution to AC waveform tracking control. *IEEE International Symposium in Industrial Electronics*, Bari, Italy, July, pp. 2684–2689.
39. Neacsu, D.O. 2010. Towards an all-semiconductor power converter solution for the appliance market. *IEEE Industrial Electronics Conference IECON*, Glendale, AZ, USA, November.
40. Pan, C.T. and Chen, T.C. 1993. Modeling and analysis of a three phase PWM AC–DC converter without current sensor. *IEE Proc. B* 140(3), 201–208.
41. Blaabjerg, F. and Pedersen, K. 1997. Optimized design of a complete three-phase PWM-VS inverter. *IEEE Trans. Power Electron.* 12(3), 567–577.
42. Neacsu, D.O. and Takahashi, T. 2000. Computer-aided design of a low-cost low-power snubberless three-phase inverter. *IEEE Workshop on Computers in Power Electronics*, Blacksburg, VA, June, pp. 204–210.
43. Wood, P., Battello, M., Keskar, N., and Guerra, A. 2002. IPM application overview—Integrated power module for appliance motor drives. *International Rectifier AN-1044*.
44. Staunton, R.H., Ozpineci, B., Theiss, T.J., and Tolbert, L.M. 2003. Review of the state-of-the-art in power electronics suitable for 10 kW military power systems. *ORNL/TM-2003/209 Annual Report*, October.
45. Friedli, T. and Kolar, J.W. 2012. Milestones in matrix converters. *IEEJ J. Industry Appl.* 1(1), 2–14.
46. Holmes, G. and Lipo, T.A. 2003. *Pulse Width Modulation for Power Converters: Principles and Practice*. John Wiley and Sons, New York.
47. da Silva, E.R.C., dos Santos, E.C., and Jacobina, C.B. 2011. Pulsewidth modulation strategies. *IEEE Industrial Electron. Magazine* 5(2), 37–45.
48. Bowes, S.R. and Bird, B.M. 1975. Novel approach to the analysis and synthesis of modulation processes in power converters. *Proc. Inst. Electr. Eng.* 122, 507–513.
49. Odavic, M., Sumner, M., Zanchetta, P., and Clare, J.C. 2010. A theoretical analysis of the harmonic content of PWM waveforms for multiple-frequency modulators. *IEEE Trans. Power Electron.* 25(1), 131–141.
50. Fedele, G. and Frascino, D. 2010. Spectral analysis of a class of DC–AC PWM inverters by Kapteyn series. *IEEE Trans. Power Electron.* 5(4), 839–849.
51. Wang, B. and Sherif, E. 2013. Spectral analysis of matrix converters based on 3-D Fourier integral. *IEEE Trans. Power Electron.* 28(1), 19–25.
52. Gabriel, G.J. 2000. A general analytical theory of frequency conversion. *IEEE Trans. Circuits Syst.* I *Fundamental Theory Appl.* 47(2), 189–199.
53. Anon. 2012. The rise of the machines. *Popular Science* (www.popsci.com/content/computing).
54. Lapointe, V. 2012. Using FPGA-based simulator to design and test power electronic controls used in automotive, industrial systems, aircrafts, micro-grid and MMC HVDC. *IEEE IECON Ind. Forum*, Montreal, Canada.
55. Anon. MATLAB DFT, *Internet R2012b Documentation*.
56. Perreault, D.J. and Kassakian, J. 1997. Analysis and control of a cellular converter system with stochastic ripple cancellation and minimal magnetics. *IEEE Trans. Power Electron.* 12(1), 145–152.

图书在版编目（CIP）数据

中大功率开关变换器：原书第 2 版/（美）多林 O. 内亚克苏著；路秋生译.
—北京：机械工业出版社，2016. 11
（国际电气工程先进技术译丛）
书名原文：Switching Power Converters Medium and high Power (2nd Edition)
ISBN 978-7-111-54960-4

Ⅰ. ①中… Ⅱ. ①多…②路… Ⅲ. ①大功率－开关－变换器 Ⅳ. ①TN624

中国版本图书馆 CIP 数据核字（2016）第 232664 号

机械工业出版社（北京市百万庄大街 22 号 邮政编码 100037）
策划编辑：江婧婧 责任编辑：江婧婧
责任校对：张 征 封面设计：马精明
责任印制：李 洋
保定市中画美凯印刷有限公司印刷
2017 年 1 月第 1 版第 1 次印刷
169mm × 239mm · 32.25 印张 · 613 千字
0 001—3 000 册
标准书号：ISBN 978-7-111-54960-4
定价：139.00 元

凡购本书，如有缺页、倒页、脱页，由本社发行部调换

电话服务	网络服务
服务咨询热线：010－88361066	机 工 官 网：www. cmpbook. com
读者购书热线：010－68326294	机 工 官 博：weibo. com/cmp1952
010－88379203	金 书 网：www. golden－book. com
封面无防伪标均为盗版	教育服务网：www. cmpedu. com